图1 蒙古羊公羊 （荣威恒 提供）

图2 蒙古羊母羊 （荣威恒 提供）

图3 藏羊成年公羊 （余忠祥 提供）

图4 藏羊成年母羊 （余忠祥 提供）

图5 宁蒗黑绵羊公羊 （邵庆勇 提供）

图6 石屏青绵羊公羊 （邵庆勇 提供）

图7 巴什拜羊公羊 （王平 提供）

图8 巴什拜羊母羊 （王平 提供）

图9　巴音布鲁克羊公羊　（左北瑶　提供）　　　　　图10　巴音布鲁克羊母羊　（左北瑶　提供）

图11　乌冉克羊公羊　（刘永斌　提供）　　　　　图12　乌冉克羊母羊　（刘永斌　提供）

图13　阿勒泰羊公羊　（郝耿　提供）　　　　　图14　阿勒泰羊母羊　（郝耿　提供）

图15 广灵大尾羊公羊 （张建新 提供）

图16 广灵大尾羊母羊 （张建新 提供）

图17 柯尔克孜羊公羊 （侯广田 提供）

图18 鲁中山地绵羊有角公羊 （王金文 提供）

图19 和田羊母羊 （侯广田 提供）

图20 大尾寒羊公羊 （王金文 提供）

图21 大尾寒羊母羊 （王金文 提供）

图22 多浪羊公羊 （侯广田 提供）

图23　湖羊公羊　（张子军　提供）

图24　湖羊母羊　（张子军　提供）

图25　欧拉羊公羊　（余忠祥　提供）

图26　欧拉羊母羊　（余忠祥　提供）

图27　苏尼特羊公羊　（荣威恒　提供）

图28　苏尼特羊母羊　（荣威恒　提供）

图29　塔什库尔干公羊　（郝耿　提供）

图30　呼伦贝尔羊种公羊　（张志刚　提供）

图31　呼伦贝尔羊种母羊　（张志刚　提供）

图32　洼地绵羊种公羊　（王金文　提供）

图33　洼地绵羊种母羊　（王金文　提供）

图34　乌珠穆沁羊公羊　（荣威恒　提供）

图35　乌珠穆沁羊母羊　（荣威恒　提供）

图36　小尾寒羊成年公羊　（王金文　提供）

图37 小尾寒羊成年母羊 （王金文 提供）

图38 杜泊羊公羊 （廪洪武 提供）

图39 杜泊羊母羊 （廪洪武 提供）

图40 萨福克羊种公羊 （张英杰 提供）

图41 萨福克羊种母羊 （张英杰 提供）

图42 夏洛莱羊种公羊 （王国春 提供）

图43　夏洛莱羊种母羊　（王国春　提供）

图44　巴美肉羊种公羊　（王文义　提供）

图45　巴美肉羊种母羊　（王文义　提供）

图46　昭乌达肉羊公羊　（荣威恒　提供）

图47　昭乌达肉羊母羊　（荣威恒　提供）

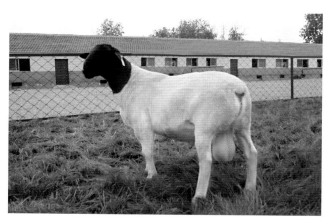

图48　鲁西黑头羊公羊　（王金文　提供）

图49　鲁西黑头羊母羊　（王金文　提供）

图50　川中黑山羊公羊　（朱万岭　提供）

图51　川中黑山羊母羊　（朱万岭　提供）　　　　图52　古蔺马羊公羊　（周光明　提供）

图53　古蔺马羊母羊　（周光明　提供）　　　　图54　贵州白山羊公羊　（毛凤显　提供）

图55　贵州白山羊母羊　（毛凤显　提供）　　　　图56　建昌黑山羊公羊　（木乃尔什　提供）

图57 建昌黑山羊母羊 （木乃尔什 提供）

图58 沂蒙黑山羊公羊（无角） （朱文广 提供）

图59 沂蒙黑山羊公羊（有角） （朱文广 提供）

图60 沂蒙黑山羊母羊（无角） （朱文广 提供）

图61 沂蒙黑山羊母羊（有角） （朱文广 提供）

图62 渝东黑山羊公羊 （姜勋平 提供）

图63 渝东黑山羊母羊 （姜勋平 提供）

图64 云岭山羊公羊 （邵庆勇 提供）

图65　云岭山羊母羊　（邵庆勇　提供）

图66　成都麻羊公羊　（周光明　提供）

图67　吕梁黑山羊公羊　（张建新　提供）

图68　吕梁黑山羊母羊　（张建新　提供）

图69　鲁北白山羊公羊　（朱文广　提供）

图70　鲁北白山羊母羊　（朱文广　提供）

图71 麻城黑山羊公羊 （姜勋平 提供）

图72 大足黑山羊公羊 （毛凤显 提供）

图73 大足黑山羊母羊 （毛凤显 提供）

图74 龙陵黄山羊公羊 （邵庆勇 提供）

图75 龙陵黄山羊母羊 （邵庆勇 提供）

图76 马关无角山羊公羊 （王玉琴 提供）

图77 伏牛白山羊母羊 （王玉琴 提供）

图78 贵州黑山羊成年公羊 （毛凤显 提供）

图79 贵州黑山羊成年母羊 （毛凤显 提供）

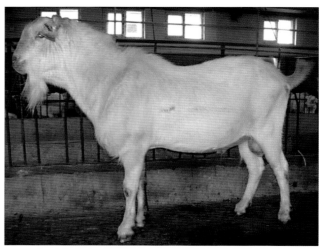

图80 黄淮山羊公羊 （张子军 提供）

图81 黄淮山羊母羊 （张子军 提供）

图82 莱芜黑山羊公羊 （朱文广 提供）

图83 莱芜黑山羊母羊 （朱文广 提供）

图84 雷州山羊成年公羊 （张子军 提供）

图85 雷州山羊成年母羊 （张子军 提供）

图86 美姑山羊公羊 （木乃尔什 提供）

图87 美姑山羊母羊 （木乃尔什 提供）

图88 黔北麻羊公羊 （毛凤显 提供）

图89 黔北麻羊母羊 （毛凤显 提供）

图90 波尔山羊公羊 （廖洪武 提供）

图91 波尔山羊母羊 （廖洪武 提供）

图92 南江黄羊公羊 （陈瑜 提供）

图93　南江黄羊母羊　（陈瑜　提供）

图94　安徽白山羊新类群公羊　（张子军　提供）

图95　安徽白山羊新类群母羊　（张子军　提供）

图96　天府肉羊公羊　（汪代华、徐刚毅　提供）

图97　天府肉羊母羊　（汪代华、徐刚毅　提供）

图98　酉州乌羊公羊　（毛凤显　提供）

图99　酉州乌羊母羊　（毛凤显　提供）

图100　兰坪乌骨绵羊公羊　（邵庆勇　提供）

图101　弥勒红骨山羊公羊　（邵庆勇　提供）

图102　弥勒红骨山羊母羊　（邵庆勇　提供）

图103　榕江小香羊公羊　（毛凤显　提供）

图104　榕江小香羊母羊　（毛凤显　提供）

图105　滩羊公羊　（杨新君　提供）

图106　滩羊母羊　（杨新君　提供）

图107 同羊公羊 （张建新 提供）

图108 同羊母羊 （张建新 提供）

图109 长江三角洲白山羊公羊 （李拥军 提供）

图110 长江三角洲白山羊母羊 （李拥军 提供）

图111 济宁青山羊公羊（有角） （朱文广 提供）

图112 济宁青山羊母羊（有角） （朱文广 提供）

中国肉用型羊

荣威恒 张子军 编

中国农业出版社

图书在版编目（CIP）数据

中国肉用型羊 / 荣威恒，张子军著 . —北京 ：中
国农业出版社，2014.12
ISBN 978-7-109-19751-0

Ⅰ.①中… Ⅱ.①荣…②张… Ⅲ.①肉用羊－饲养
管理 Ⅳ.①S826.9

中国版本图书馆 CIP 数据核字（2014）第 260639 号

中国农业出版社出版
（北京市朝阳区麦子店街 18 号楼）
（邮政编码 100125）
责任编辑　周晓艳
―――――――――――
北京通州皇家印刷厂印刷　　新华书店北京发行所发行
2014 年 12 月第 1 版　　2014 年 12 月北京第 1 次印刷
―――――――――――
开本：889mm×1194mm 1/16　印张：20.5　插页：8
字数：612 千字
定价：180.00 元
（凡本版图书出现印刷、装订错误，请向出版社发行部调换）

　　随着人们生活水平的提高和饮食观念的更新，日常肉食已向高蛋白、低脂肪的动物食品方向转变。羊肉瘦肉多、脂肪少、肉质鲜嫩、易消化、膻味小、胆固醇含量低，是颇受消费者欢迎的绿色肉食产品，而且肉羊养殖具有出栏早、周转快、投入较少的突出特点。

　　目前肉羊业发展的领先水平几乎都集中在几个发达国家，如新西兰、澳大利亚、美国等，他们已建立了完善的肉羊繁育体系、产业化经营体系，并拥有自己的专用肉羊品种。这些国家的肉羊良种化程度和产业化技术水平都很高，占据着整个国际高档羊肉的主要市场。

　　我国绵、山羊品种资源丰富，存栏量近3亿只，全国各省、自治区、直辖市均有肉羊产业分布。养羊业不仅是边疆和少数民族地区农牧民赖以生存和当地经济发展的支柱产业，而且在农区发展势头更为迅猛。近年来，我国已先后引进许多国外优良肉用羊品种，为我国肉羊业发展起到了积极的推动作用，养羊业已成为转变农业发展方式、调整产业结构、促进农民增收的主要产业之一，在畜牧业乃至农业中占有重要地位。

　　我国养羊业目前正处在一个重要的战略转型期，其特点是绵、山羊品种结构从以毛、绒用羊为主转向以肉用羊为主，羊肉生产结构由成年羊肉转向羔羊肉，饲养方式从粗放式经营逐渐转向集约化、商业化经营。在这样一个特殊的发展阶段，我们的首要任务是要加大肉用型绵、山羊品种的选育工作，在以往的工作基础上，有必要对国内现有的肉用型引入种羊、地方良种、新培育品种和各类生产性杂交组合进行一次全面评估，对这些品种的肉用生产性能、存栏规模和产业化价值作出科学的评价，以加强我国肉羊产业的科学区划和合理布局。根据不同生态环境和饲养条件，因地制宜地发展肉用型羊的不同产业，使我国肉羊产业正常健康和可持续发展。

　　国家肉羊产业技术体系岗位专家荣威恒、张子军等近年来搜集整理了大量的文献资料，并结合国家肉羊产业技术体系最新的研究成果编写了《中国肉用型羊》一书，全面介绍了我国100个肉用型羊的主要特征与生产性能、当前研究进展和产业发展现状。同时，结合产业发展的实际需求，界定了肉用型羊的概念，对主要肉用型羊进行了合理分类，对未来发展趋势作了必要的阐述。这是一部具有应用价值的学术读物，对于从事肉羊养殖业的科研人员、相关产业技术人员和农牧民养殖户来讲无疑是一部很好的参考书。希望该书的出版能对挖掘、保护和开发利用我国肉用型绵、山羊品种资源，培育适合我国自然条件的专门化肉羊新品种，对推进肉羊产业良种化起到积极的作用。

国家现代肉羊产业技术体系首席科学家

中国工程院院士

2014 年 12 月 20 日

QIANYAN 前言

　　《中国肉用型羊》详尽介绍了我国 100 个主要肉用型绵、山羊资源的概况、特征与性能、研究进展、产业现状等，介绍的均是我国肉羊产业中的主导品种。其中，蒙古羊、藏羊和哈萨克羊是著名的三大古老粗毛羊品种，巴美肉羊、昭乌达肉羊、察哈尔羊、南江黄羊和简州大耳羊是近年来自主培育的肉用型绵、山羊品种新秀，兰坪乌骨绵羊、弥勒红骨山羊等是独具特色的肉用型羊地方种质资源，杜泊绵羊、波尔山羊等是从国外引进用于提高地方品种产肉性能的世界顶级的专门化肉用品种。

　　全书共八章，分别为中国肉用型羊概况、地方肉用型绵羊、引入肉用绵羊、新培育肉用绵羊、地方肉用型山羊、引入肉用山羊、新培育肉用山羊、其他特色肉用型羊。同时，本书还界定了肉用型羊的概念，对主要肉用型羊进行了合理分类，并对我国当前的肉用型羊资源分布情况和未来肉用型羊发展趋势作了阐述。

　　全书内容力求结合我国当前肉羊产业发展的实际需求，编写过程中，每一个品种公开发表的资料都认真搜集并慎重筛选后作为参考文献且均注明出处。全书肉羊概况、特征、性能等数据资料齐全翔实，研究进展、产业现状相关信息及时、情况真实。希望该书对我国肉用型羊资源的认识、保护和开发利用乃至整个肉羊产业的可持续发展，起到一定的积极推动作用。

　　本书得益于国家现代肉羊产业技术体系平台的建设，体系首席科学家旭日干院士拨冗审阅了全部书稿并提了许多宝贵的修改意见，本书的出版还得到了首席科学家的经费资助和广大体系同仁的支持和帮助，在此表示衷心感谢！

　　由于编者水平所限，书中难免有许多不足之处，敬请给予批评指正。

编　者

2014 年 10 月

序

前言

第一章	**中国肉用型羊概况**	1
第一节	中国肉用型羊界定	1
第二节	中国肉用型羊区域分布	4
第三节	中国肉用型羊培育及应用现状	8
第四节	中国肉用型羊资源开发与利用	10
第二章	**地方肉用型绵羊**	12
第一节	蒙古羊	12
第二节	藏羊	14
第三节	宁蒗黑绵羊	18
第四节	石屏青绵羊	20
第五节	巴什拜羊	22
第六节	巴音布鲁克羊	25
第七节	腾冲绵羊	28
第八节	乌冉克羊	30
第九节	豫西脂尾羊	32
第十节	阿勒泰羊	35
第十一节	广灵大尾羊	38
第十二节	晋中绵羊	41
第十三节	柯尔克孜羊	44
第十四节	鲁中山地绵羊	46
第十五节	巴尔楚克羊	48
第十六节	和田羊	51
第十七节	大尾寒羊	54
第十八节	多浪羊	57
第十九节	湖羊	60
第二十节	兰州大尾羊	63
第二十一节	欧拉羊	67
第二十二节	苏尼特羊	70
第二十三节	塔什库尔干羊	72

第二十四节　哈萨克羊 ………………………………………………………………… 75

第二十五节　呼伦贝尔羊 ………………………………………………………………… 78

第二十六节　吐鲁番黑羊 ………………………………………………………………… 80

第二十七节　洼地绵羊 …………………………………………………………………… 83

第二十八节　乌珠穆沁羊 ………………………………………………………………… 86

第二十九节　小尾寒羊 …………………………………………………………………… 90

第三章　引入肉用型绵羊 ……………………………………………………………… 95

第一节　德国肉用美利奴羊 ……………………………………………………………… 95

第二节　杜泊羊 …………………………………………………………………………… 97

第三节　萨福克羊 ………………………………………………………………………… 100

第四节　特克赛尔羊 ……………………………………………………………………… 103

第五节　无角陶赛特羊 …………………………………………………………………… 105

第六节　夏洛莱羊 ………………………………………………………………………… 109

第四章　新培育肉用绵羊 ……………………………………………………………… 113

第一节　巴美肉羊 ………………………………………………………………………… 113

第二节　昭乌达肉羊 ……………………………………………………………………… 116

第三节　鲁西黑头羊 ……………………………………………………………………… 119

第四节　察哈尔羊 ………………………………………………………………………… 121

第五章　地方肉用型山羊 ……………………………………………………………… 123

第一节　白玉黑山羊 ……………………………………………………………………… 123

第二节　川中黑山羊 ……………………………………………………………………… 125

第三节　都安山羊 ………………………………………………………………………… 127

第四节　古蔺马羊 ………………………………………………………………………… 130

第五节　贵州白山羊 ……………………………………………………………………… 132

第六节　建昌黑山羊 ……………………………………………………………………… 135

第七节　尧山白山羊 ……………………………………………………………………… 139

第八节　沂蒙黑山羊 ……………………………………………………………………… 141

第九节　宜昌白山羊 ……………………………………………………………………… 144

第十节　渝东黑山羊 ……………………………………………………………………… 146

第十一节　太行山羊 ……………………………………………………………………… 148

第十二节　云岭山羊 ……………………………………………………………………… 151

第十三节　板角山羊 ……………………………………………………………………… 154

第十四节　北川白山羊 …………………………………………………………………… 157

第十五节　成都麻羊 ……………………………………………………………………… 160

第十六节　川东白山羊 …………………………………………………………………… 164

第十七节　昭通山羊 ……………………………………………………………………… 167

第十八节　川南黑山羊 …………………………………………………………………… 169

第十九节　湘东黑山羊 …………………………………………………………………… 171

第二十节　承德无角山羊 ………………………………………………………………… 174

第二十一节　吕梁黑山羊 ………………………………………………………………… 176

第二十二节　鲁北白山羊 ……………………………………………………………… 178

第二十三节　麻城黑山羊 ……………………………………………………………… 180

第二十四节　马头山羊 ………………………………………………………………… 183

第二十五节　闽东山羊 ………………………………………………………………… 188

第二十六节　西藏山羊 ………………………………………………………………… 190

第二十七节　大足黑山羊 ……………………………………………………………… 193

第二十八节　圭山山羊 ………………………………………………………………… 197

第二十九节　龙陵黄山羊 ……………………………………………………………… 199

第三十节　马关无角山羊 ……………………………………………………………… 201

第三十一节　陕南白山羊 ……………………………………………………………… 203

第三十二节　伏牛白山羊 ……………………………………………………………… 206

第三十三节　赣西山羊 ………………………………………………………………… 208

第三十四节　广丰山羊 ………………………………………………………………… 210

第三十五节　贵州黑山羊 ……………………………………………………………… 212

第三十六节　黄淮山羊 ………………………………………………………………… 215

第三十七节　莱芜黑山羊 ……………………………………………………………… 218

第三十八节　雷州山羊 ………………………………………………………………… 221

第三十九节　隆林山羊 ………………………………………………………………… 224

第四十节　凤庆无角黑山羊 …………………………………………………………… 227

第四十一节　罗平黄山羊 ……………………………………………………………… 229

第四十二节　美姑山羊 ………………………………………………………………… 231

第四十三节　宁蒗黑头山羊 …………………………………………………………… 233

第四十四节　黔北麻羊 ………………………………………………………………… 235

第六章　引入肉用山羊 …………………………………………………………… 239

第一节　波尔山羊 ……………………………………………………………………… 239

第二节　努比亚山羊 …………………………………………………………………… 242

第三节　萨能山羊 ……………………………………………………………………… 244

第七章　新培育肉用山羊 ………………………………………………………… 247

第一节　南江黄羊 ……………………………………………………………………… 247

第二节　安徽白山羊新类群 …………………………………………………………… 252

第三节　天府肉羊 ……………………………………………………………………… 255

第四节　湖北乌羊 ……………………………………………………………………… 259

第五节　简州大耳羊 …………………………………………………………………… 262

第八章　其他特色肉用型羊 ……………………………………………………… 266

第一节　西州乌羊 ……………………………………………………………………… 266

第二节　兰坪乌骨绵羊 ………………………………………………………………… 268

第三节　弥勒红骨山羊 ………………………………………………………………… 271

第四节　榕江小香羊 …………………………………………………………………… 274

第五节　滩羊 …………………………………………………………………………… 276

第六节　同羊 …………………………………………………………………………… 280

第七节　乌珠穆沁羊多脊椎新类群 ·· 283

第八节　长江三角洲白山羊 ··· 285

第九节　中卫山羊 ·· 288

第十节　济宁青山羊 ·· 291

附 ·· 294

参考文献 ··· 295

第一章

中国肉用型羊概况

我国养羊历史悠久，绵、山羊品种资源十分丰富，发展肉羊生产的潜力很大，全国羊的饲养量及羊肉、羊皮、羊绒等产品产量均占世界第一位。随着我国经济的快速发展，人民生活水平的不断提高，大家对优质、安全的动物性食品的需求量也在逐年增加。羊肉以其营养价值高、无污染、口感好而备受人们的青睐，成为我国膳食结构中不可缺少的食品之一。此外，在我国许多经济发展相对落后的地区，肉羊生产已经成为促进当地农业生产和农村经济发展的支柱产业和新的增长点。

过去羊肉的生产主要是利用羯羊和淘汰的老龄羊，所产羊肉的品质差，且生产性能低，经济效益不显著。如今人们不仅对羊肉的需要量增加，对羊肉质量的要求也有所提高，这就需要培育出产肉性能好、能生产高品质羊肉的品种。在生产实践中，人们逐渐重视产肉性能高的品种，并通过改善饲养管理条件和加强选种选育，逐步形成了具有特殊产肉性能的肉羊品种。

第一节　中国肉用型羊界定

从广义上讲，肉羊泛指用于育肥并能提供肉产品的幼年羊和成年羊。无论什么品种的羊都有产肉的性能，但由于品种不同，产肉的数量、质量和经济效益相差较大。肉用品种羊是在羊肉生产的发展过程中，根据生产用途不同而进行分类的，是畜牧学的一个专用名词，特指具有独特产肉性能的羊，包括肉用绵羊和肉用山羊（张文远等，2005）。简而言之，肉羊是指以生产羊肉为主，产皮、奶、毛（绒）等为辅或兼顾的绵、山羊品种（系）及其杂交类群。通过参照肉羊品种及其分类的特点，可以对肉羊品种加以界定。

一、肉用型羊特点

全世界已知绵羊品种和品种群 600 多个，山羊品种和品种群 200 多个。其中，纯属肉用方向的品种约占 10%。不同生产方向的绵、山羊品种，具有与其生产特点相适应的体型外貌和生产性能。肉用羊具有身躯长、肩宽厚、胸深宽、背腰平直、后躯发育宽大、肌肉丰满、体躯呈圆桶状或长方形、四肢短而细的特征，生长发育快，早熟，饲料报酬高，产肉性能好，肉质优良，繁殖性能强。其具体特点如下（冯德明，2003）。

（一）体型和外貌特征

1. 皮肤　肉用羊皮下结缔组织及内脏器官发达，脂肪沉积量高，皮薄而疏松。

2. 骨骼　肉用羊一般因营养丰满，饲料中矿物质充足，管状骨迅速钙化，骨骼的生长早期即行停止。因此，骨骼的形状比较短。

3. 头骨　肉用羊一般头短而宽，鼻梁稍向内弯曲或呈拱形，眼圈大而明亮，眼和两耳间的距离较远。

4. 颈部　肉用羊颈一般较短，由于颈部肌肉和脂肪发达，颈部显得宽深而呈圆形。

5. 鬐甲　鬐甲部位是由前 5～7 个脊椎骨连同其棘突及横突构成的。鬐甲两侧止于肩胛骨的上缘。肉用羊的鬐甲很宽，与背部平行。由于脊椎横突较长和棘突较短，脊椎上有大量的肌肉和脂肪，显得肌肉发达，鬐甲也显得宽。同时也可以看到发育好的肌肉和皮下脂肪充满了所有脊椎棘突和横突之间的空隙，因而背线和鬐甲构成一直线。

6. 背部 由于脊椎的横突较长，肉用羊肋骨较圆，肌肉和脂肪发达，因而形成宽而平的背。

7. 腰部 肉用羊腰部平直宽，故肉显多。

8. 臀部 肉用羊的臀部应与背部、腰部一致，肌肉丰满，两后腿间距离大。

9. 胸部 肉用羊胸腔圆而宽，长有大量的肌肉。虽然脊椎短，胸腔长度不足，但肋骨开张良好，显得宽而深。肉用羊胸腔内的容量较小，心脏不发达。

10. 四肢 肉用羊四肢短而细，前后肢开张良好而宽，并端正，显得坚实而有力。

(二) 早熟性

对于肉羊来说，早熟性是一个重要的生理因素，表现为体成熟（即体格和体重的早熟）和性成熟都早。体成熟早又称生长的早熟，是指家畜生长较快，幼年时期体重就可增长到成年时重的70%～75%或以上。性成熟早主要体现在初情期早。

因此，利用肉用绵、山羊品种体成熟早的特点，可以生产羔羊肉；而利用性成熟早的特点，则可以增加每只母羊终身的产羔次数。

(三) 体重大、生长速度快、胴体品质好

国外肉羊品种成年公羊体重均在100kg以上，成年母羊在80kg以上。羔羊断奶时，日增重可达350～400g，3～4.5个月就可屠宰，活重可达38～45kg，4月龄羔羊的胴体重达18～22kg，屠宰率48%～50%。从外部形态来看，肉羊体躯粗圆，背腰宽平，背部肌肉厚实，臀部肌肉丰满。胴体倒挂起来，两后腿之间呈U字形。从12肋骨处横截断，可见到棘突两边的两条眼肌，面积大，体表覆盖的脂肪不厚。羊肉特别是羔羊肉，体表脂肪少，瘦肉多，肉色也佳。

(四) 繁殖力高

繁殖力是肉羊品种的一个最重要经济性状，因此作为杂交的母本，除了要性成熟早、生长发育快外，更重要的是繁殖力必须较高，不仅需要年产胎次多（一年两产或两年三产），同时每胎产羔率也要高（一胎产仔在两羔以上）。即要求母羊具有四季发情，多胎多产，母性强，泌乳量高，羔羊成活率高。根据国外的经验，如作为生产羔羊肉用，则羔羊出生后6～8月龄就育肥出栏，而作为肥羔羊则在出生后4月龄就育肥出售。如果肉羊的繁殖性能差，一年一胎，一胎一羔，则不能适应市场和满足消费者的需求。

(五) 经济效益高

高的经济效益是同高繁殖力性状相互联系的。在正常的饲养管理条件下，一只产羔母羊年生产（羔羊）胴体重，比繁殖力低的母羊可多增产1.5～2.5倍，甚至还高。肉羊具有性成熟早、四季发情、年产胎次多（即一年两产或两年三产）、每胎产羔率高（两羔以上）等特点，这决定了肉羊的饲养期短、周转快。这就需要充分利用季节性饲草资源，达到当年屠宰，当年收益。

二、肉用型羊分类

(一) 生物学分类

根据生物学特性，肉羊可分为肉用绵羊和肉用山羊两大类。

(二) 品种特征分类

根据品种特征，肉羊可分为专门化肉羊品种、兼用型肉羊品种、地方肉羊品种、特色肉羊品种和配套系肉羊。

1. 专门化肉羊品种 专门用于羊肉高效生产的绵、山羊品种，具有肉用体型明显、生长发育快、屠宰率高、肉品质优、繁殖性能好、适应性强和遗传性能稳定等特点。符合绵、山羊品种基本条件，且群体中80%以上个体的生产性能指标达到以下要求时，则该品种属专门化肉羊，如波尔山羊和杜泊羊。

（1）体型外貌 头部粗大，颈部粗短与体型相称、肩宽肉厚、颈肩结合良好。体躯呈圆桶形，前躯发达、肌肉丰满，鬐甲宽阔、胸深而宽、肋骨开张，背部宽阔而平直，尻部宽阔丰满，臀部和腿部肌肉

发达，腹部紧凑坚实。四肢粗壮匀称，皮肤肥厚，松软结实，被毛粗短有光泽且富弹性。公羊两个阴囊下垂，大小一致，结构正常；母羊乳房发育良好，其他性器官正常。其他部位发育正常，无错颚、倒睫毛、肛门阴道脱和兼性特征等瑕疵。

（2）产肉性能　胴体重：6月龄左右羔羊屠宰时，绵羊胴体重15～17kg、山羊胴体重8～10kg；成年绵羊胴体重公羊50～55kg、母羊30～35kg，成年山羊胴体重公羊30～35kg、母羊20～25kg。屠宰率：6月龄左右屠宰率绵羊48%～52%、山羊40%～45%；成年绵羊屠宰率达到50%以上、成年山羊屠宰率达到45%以上。净肉率：绵羊45%以上，山羊30%以上。胴体品质：背膘厚度绵羊2.5～7.5mm、山羊1.5～3.5mm，肌肉脂肪含量适中、肉质细嫩、膻味轻、口感好。

（3）繁殖性能　产羔率：150%～200%。初情期和初配年龄：绵羊公羊初情期8～10月龄、初配年龄14～18月龄，母羊初情期6～8月龄、初配年龄9～12月龄；山羊公羊初情期5～7月龄、初配年龄14～18月龄，母羊初情期3～6月龄、初配年龄8～10月龄。母性好，泌乳力强，最好常年发情。

（4）育肥性能　日增重：在理想的育肥条件下，4～8月龄羔羊育肥期平均日增重绵羊200～300g、山羊100～150g，成年羊育肥期平均日增重绵羊应在150g以上、山羊应在80g以上。采食性能好，食性广，饲草料报酬高，便于规模化、标准化饲养管理。

（5）适应性　体质结实，抗病力强，对舍饲养殖方式的适应能力较好，能适应特定地区的生态气候和生产条件。

2. 兼用型肉羊　以产肉为主，产毛（绒）或产奶或板皮性能等也兼顾考虑的绵、山羊品种。符合绵、山羊品种基本条件，生产方向以肉用为主但能兼顾产毛、产奶等性状中的一种，性能指标满足以下基本要求时。

（1）体型外貌　体格较大，头颈粗壮，体躯较长，肋骨开张，后躯发育良好，肌肉丰满，四肢健壮，体质结实。

（2）产肉性能　胴体重：6月龄左右羔羊胴体重达到10kg以上，成年公羊胴体重达到40kg以上，成年母羊胴体重达到20kg以上。屠宰率：6月龄左右羔羊屠宰率达到45%以上，成年羊屠宰率达到38%以上。净肉率：净肉率达到35%以上。胴体品质：背膘厚度适中，肉质细嫩，口感好。

（3）繁殖性能　产羔率一般要求达到130%以上，初情期8～10月龄，初配年龄10～15月龄，母性好，泌乳力强，最好常年发情。

（4）育肥性能　在理想的育肥条件下，4～8月龄羔羊育肥期平均日增重150～200g，成年羊育肥期平均日增重应在100g以上。采食性能好，食性广，饲草料报酬高，便于规模化饲养，适应舍饲养殖方式的能力较好。

3. 地方肉羊　原产于某地，具有较好的产肉性能，非常适应当地自然生态和生产条件的绵、山羊品种。以产肉为主的地方绵、山羊品种均属于地方肉羊类型，如呼伦贝尔羊，一般应具有以下特点。

（1）对原产地的自然生态和生产条件具有独特的适应性。

（2）具有较好的产肉性能，羊肉品质独具特色，风味独特。

（3）耐粗饲，肉用饲养成本低。

4. 特色肉羊　能生产特殊羊肉产品或具有独特产肉性能的绵、山羊品种。符合绵、山羊品种基本条件，具有较好的产肉能力，能生产特殊羊肉产品或具有独特产肉性能，如云南兰坪乌骨羊。

5. 配套系肉羊　具有特殊生产性能，通过杂交能提高后代产肉性能或肉品质的绵、山羊品种（系）或类群。通过科学的杂交组合，可以提高后代产肉性能或肉品质的绵、山羊品种（系）或类群，均可以用作配套系肉羊生产，如湖羊，一般具有以下特征。

（1）肉用性能非常突出，能显著提高杂交后代的产肉力，可用作肉羊生产中的终端父本。

（2）羊肉品质风味独特，能有效改善杂交后代的肉品质，如果母本肉品质较差，可用作杂交父本。

（3）繁殖力很高，泌乳性能好，能显著增加杂交后代数量且其后代有较高的产肉力，可用作肉羊生产中的母本。

（4）群体数量大，分布相对集中，适应性好，与肉用父本的杂交后代具有一定的产肉力，便于产业化生产，该群体可用作肉羊生产中的母本。

（三）体型分类

根据体重体尺，肉羊可分为大型肉羊、中等体型肉羊和小型肉羊。其中，大型肉用绵羊成年体重公羊≥95kg、母羊≥70kg，大型肉用山羊成年体重公羊≥60kg、母羊≥40kg；中等体型肉用绵羊成年体重公羊 40～95kg、母羊 35～70kg，中等体型肉用山羊成年体重公羊 40～60kg、母羊 35～40kg；小型肉用绵羊成年体重公羊≤40kg、母羊≤35kg；小型肉用山羊成年体重公羊≤40kg、母羊≤35kg。

第二节　中国肉用型羊区域分布

绵、山羊品种的形成与社会经济的发展、市场需求及生态条件密切相关。社会经济的发展和市场需求的动态决定养羊业的主导方向，而生态条件的差异则直接或间接影响着绵、山羊的生长发育、生产力和繁殖力及其适应能力和分布情况等。在市场需求的影响下，从 20 世纪 60 年代起，养羊业的主导方向发生了改变，由毛用为主转向肉毛兼用，继而转向肉用为主的发展趋势。从总体上看，在中国 32 个省、自治区、直辖市均有分布。但是，受地域生态环境和经济状况差异的影响，各地区肉羊的分布极不平衡。总体上看，绵羊主要分布于温带、暖温带和寒温带的干旱、半干旱和半湿润地带，且西部多于东部，北方多于南方；而肉用山羊则主要分布在长江以南的亚热带地区（国家畜禽遗传资源委员会，2011）。

一、中国肉用型绵、山羊生态分布

（一）中国肉用型绵羊生态分布

绵羊属广适性的家畜品种，从南到北，从沿海到内陆，从中国东部到青藏高原均有分布。它既能适应海拔 3 000 m 以上的高原地带（如藏羊），也能适应低湿地区（如湖羊）。但是，绵羊主要分布在温暖干旱、寒冷干旱、温暖半干旱或寒冷半干旱的地带，即中国西北部和中部地区。

根据 2012 年绵羊存栏量的统计数据，各地区绵羊分布的比例为，北方地区（70.62%）高于南方地区（29.38%）；牧区（73.01%）高于半农半牧区（24.08%）和农区（2.91%）；内陆地区（86.46%）高于沿海地区（13.54%）。就以各大区分布比例而言，西北地区所占比例最高，为 42.77%，其次是华北地区（包括北京、天津）占 34.77%、西南地区占 9.08%、东北地区占 8.55%、华东地区（包括上海）占 4.30%、华中地区占 0.54%，最低为华南地区几乎无分布。省、自治区分布比例中，内蒙古、新疆、甘肃、青海和西藏五大牧区占 70.19%，江苏、上海、安徽、湖北和重庆等占不足的 0.1%，而福建、江西、湖南、广东、广西和海南基本无分布。

（二）中国肉用型山羊生态分布

山羊属适应性最强和地理分布最广泛的家畜品种，可在严寒、酷热等各种恶劣气候环境下繁衍生存。据统计，山羊分布遍及中国 32 个省（自治区、直辖市），东到黄海，南至海南，西达青藏高原，北自黑龙江。但是，肉用山羊主要分布在长江以南的亚热带地区。

相比绵羊，山羊在中国各地的分布更广，且分布数量也较均匀。根据 2012 年山羊存栏量的数据资料，按分布比例，南方地区（60.87%）高于北方地区（39.13%）；半农半牧区（39.17%）高于农区（36.61%）和牧区（24.22%）；内陆地区（76.31%）高于沿海地区（23.69%）。按大区分布比例，西南地区占 23.19%、华东地区（包括上海）占 19.69%、华中地区占 19.39%、华北地区（包括北京、天津）占 17.66%、西北地区占 12.34%、东北地区占 5.55%、华南地区占 2.19%。各省、自治区分布比例较大的有：河南占 12.39%、内蒙古占 11.74%、山东占 11.48%、四川占 10.22%、云南占 5.77%、安徽占 4.18%。

二、中国肉用型绵、山羊区域分布

根据草地资源特点、气候和地理条件，结合行政区域，以从东北部的大兴安岭，经阴山、贺兰山，直到西南部的巴颜喀拉山和冈底斯山为分界线，分界线的西北部地区一般为牧区，东南部地区为南方山羊区，中间过渡地区为北方农区。

（一）牧区

牧区包括新疆、内蒙古、甘肃、青海、宁夏和西藏，全区草地面积27 238.9万 hm^2，其中超过 4/5 草地属于可开发利用的范畴，分别占整个全国天然草地面积、可利用草地面积的69.34％、69.50％。

该地区冬季寒冷漫长，气候干燥，年平均气温 0～8℃，年降水量由东向西从 500mm 向 150mm 递减；除内蒙古自治区东部外，天然草场贫瘠，但在荒漠中的绿洲地区农业发达，然而可提供给绵、山羊在冬、春季节补饲的饲草饲料不足。其中，青藏高原境内山势平缓，丘陵起伏，湖盆开阔，到处可见天然牧场，但海拔一般在3 000m 以上，气候寒冷干燥，无绝对无霜期，枯草季节长。

该地区肉羊产业发达，肉羊饲养以绵羊为主、山羊为辅。据 2012 年统计，年末全区绵、山羊存栏量分别10 085.3万只、3 321.7万只，分别占我国绵、山羊年末存栏量的 70.19 ％、23.50 ％；羊肉产量 171.4 万 t，占我国羊肉产量的 42.75 ％。

该地区肉羊种质资源丰富，但养殖格局以饲养绵羊品种为主，饲养山羊品种为辅，分布着 25 个绵羊品种和 4 个山羊品种。其中，地方品种绵羊 17 个和山羊 2 个，培育品种绵羊 3 个，引入品种绵羊 5 个和山羊 2 个（表 1-1）。

表 1-1　牧区各省、自治区饲养的主要肉羊

地区	绵、山羊			
西　藏	藏羊		西藏山羊	
青　海	藏羊	欧拉羊	德国肉用美利奴羊	
宁　夏	滩羊	萨福克羊	特克赛尔羊	夏洛莱羊	中卫山羊
甘　肃	藏羊	兰州大尾羊	欧拉羊	滩羊	德国肉用美利奴羊
	萨福克羊	特克赛尔羊	努比亚山羊		萨能山羊
内蒙古	蒙古羊	苏尼特羊	呼伦贝尔羊	滩羊	德国肉用美利奴羊
	萨福克羊	无角陶赛特羊	夏洛莱羊	巴美肉羊	昭乌达肉羊
	努比亚山羊		乌珠穆沁羊多脊椎新类群		
新　疆	巴什拜羊	巴音布鲁克羊	阿勒泰羊	柯尔克孜羊	阿勒泰肉用细毛羊
	巴尔楚克羊	多浪羊	塔什库尔干羊	哈萨克羊	吐鲁番黑羊
	乌珠穆沁羊	德国肉用美利奴羊	萨福克羊	无角陶赛特羊	夏洛莱羊

（二）北方农区

北方农区包括黑龙江、吉林、河北、辽宁、山西、河南、山东、陕西、宁夏九个省（自治区）和北京、天津两个直辖市。本区域有草地4 086.0万 hm^2，其中 86.04％草地属于可开发利用的范畴，分别占全国天然草地面积的 10.40％和可利用草地面积的 10.62％。

其中，山西、陕西属内陆气候，干旱少雨，天然草场多属荒漠、半荒漠草原类型，植被稀疏，覆盖度在 40％以下，牧草多为耐旱、耐盐碱的藜科、菊科等多年生植物和小灌木，但牧草中干物质及粗蛋白质含量较高。水质呈碱性。荒漠中的绿洲农业发达，可提供农副产品作肉羊的冬春补充饲料。山东、河北、北京、天津、河南、辽宁、吉林、黑龙江气候较为温暖湿润，年平均气温一般在 8～14℃，年降水量400～700mm，农业发达，能提供比较丰富的饲草饲料，因此上述省、市地区山羊分布密度在全国最高。

该地区绵、山羊年末存栏量分别5 639.8万只、3 864.0万只，分别占我国绵、山羊年末存栏量的39.90％、26.89％。羊肉产量 134.6 万 t，占我国羊肉产量的 33.56％（中华人民共和国统计局，2013）。

该地区肉羊种质资源较为丰富，分布着 16 个绵羊品种和 14 个山羊品种，其中地方品种绵羊 9 个和山羊 11 个，培育品种绵羊 1 个，引入品种绵羊 6 个和山羊 3 个（表 1-2）。

表 1-2　北方农区各省、自治区、直辖市饲养的主要绵、山羊

地区	绵、山羊				
天　津			杜泊羊		
吉　林	德国肉用美利奴羊			萨福克羊	
北　京	杜泊羊	萨福克羊	特克赛尔羊		无角陶赛特羊
黑龙江	德国肉用美利奴羊	特克赛尔羊	无角陶赛特羊		萨能山羊
辽　宁	乌冉克羊	德国肉用美利奴羊	无角陶赛特羊	杜泊羊	夏洛莱羊	波尔山羊
			萨能山羊			
陕　西	滩羊	同羊	德国肉用美利奴羊	杜泊羊	陕南白山羊	波尔山羊
	努比亚山羊			萨能山羊		
山　西	广灵大尾羊	晋中绵羊	德国肉用美利奴羊	杜泊羊	夏洛莱羊	太行山羊
	吕梁黑山羊			努比亚山羊		
河　北	大尾寒羊	小尾寒羊	德国肉用美利奴羊	萨福克羊	特克赛尔羊	无角陶赛特羊
	夏洛莱羊	太行山羊	承德无角山羊	波尔山羊		萨能山羊
河　南	豫西脂尾羊	大尾寒羊	小尾寒羊	德国肉用美利奴羊	杜泊羊	无角陶赛特羊
	夏洛莱羊	尧山白山羊	太行山羊	伏牛白山羊	黄淮山羊	波尔山羊
			萨能山羊			
山　东	鲁中山地绵羊	大尾寒羊	洼地绵羊	小尾寒羊	德国肉用美利奴羊	杜泊羊
	萨福克羊	无角陶赛特羊	夏洛莱羊	鲁西黑头羊	沂蒙黑山羊	鲁北白山羊
	莱芜黑山羊	济宁青山羊	波尔山羊		萨能山羊	

（三）南方山羊区

南方山羊区包括江苏、安徽、湖南、湖北、四川、云南、贵州、广东、广西、福建、江西、浙江、海南 13 个省，重庆、上海 2 个直辖市，香港、澳门 2 个特别行政区及台湾地区（数据统计中不涉及台湾、香港和澳门）。本区域有草地 7 958.3 万 hm²，其中 82.67% 草地属于可开发利用的范畴，分别占整个全国天然草地面积的 20.26%、可利用草地面积的 19.88%。该地区水热资源丰富，植被覆盖率高且恢复能力强，生态环境良好，饲草饲料资源丰富。整个地区地处亚热带和热带，气候温暖潮湿，农业发达，灌丛草坡面积大，终年有丰富的饲草，特别是青绿饲草。

该地区绵、山羊年末存栏量分别 418.7 万只、5 174.6 万只，分别占我国绵、山羊年末存栏量的 2.91%、36.61%。羊肉产量 95.0 万 t，占我国羊肉产量的 23.69%。

该地区肉羊种质资源丰富，但以山羊养殖为主、绵羊养殖为辅的养殖格局，分布着 7 个绵羊品种和 43 个山羊品种，其中地方品种绵羊 7 个和山羊 36 个，培育品种绵羊 0 个和山羊 5 个，引入品种绵羊 0 个和山羊 2 个（表 1-3）。

表 1-3　南方山羊区各省、自治区、直辖市饲养的主要绵、山羊

地区	绵、山羊			
广　东			雷州山羊	
海　南			雷州山羊	
上　海	湖羊		长江三角洲白山羊	
福　建	闽东山羊		萨能山羊	
江　西	赣西山羊		广丰山羊	
湖　南	湘东黑山羊		马头山羊	
广　西	都安山羊	隆林山羊		波尔山羊
浙　江	湖羊	长江三角洲白山羊		波尔山羊
湖　北	宜昌白山羊	麻城黑山羊	马头山羊	湖北乌羊
安　徽	黄淮山羊		萨能山羊	安徽白山羊新类群

（续）

地区	绵、山羊					
重　庆	渝东黑山羊	板角山羊	川东白山羊	大足黑山羊	西州乌羊	
江　苏	湖羊	长江三角洲白山羊	黄淮山羊	波尔山羊		
贵　州	藏羊	贵州白山羊	贵州黑山羊	黔北麻羊		
云　南	藏羊	宁蒗黑绵羊	石屏青绵羊	腾冲绵羊	榕江小香羊	波尔山羊
	昭通山羊	圭山山羊	马关无角山羊	龙陵黄山羊	兰坪乌骨绵羊	云岭山羊
	宁蒗黑头山羊			弥勒红骨山羊	凤庆无角黑山羊	罗平黄山羊
四　川	藏羊	欧拉羊	白玉黑山羊	川中黑山羊	古蔺马羊	建昌黑山羊
	板角山羊	北川白山羊	成都麻羊	川东白山羊	川南黑山羊	美姑山羊
	波尔山羊	萨能山羊	南江黄羊	天府肉羊	简州大耳羊	

三、中国肉用型羊产业生产区域分布

自 20 世纪 60 年代起，中国肉羊产业得到了快速发展。20 世纪 80 年代末以来，中国就已成为世界上绵羊和山羊饲养量、出栏量、羊肉产量最多的国家。羊肉产量由 1980 年 45.1 万 t 迅速增加到 2012 年 401.0 万 t，年平均增长率 7.07%，而羊肉在中国肉类产量中的比重不断提高，由 1980 年的 3.70% 增至 2012 年的 4.78%。

据统计，在我国 32 个省（自治区、直辖市）均有羊的分布，而肉羊产区比较分散。以 2012 年数据资料（表 1-4）为例，内蒙古、新疆、甘肃、青海、河北、西藏、黑龙江 7 省、自治区绵羊存栏量占全国总量的 4/5 以上，现已成为中国绵羊肉的主产区；而河南、内蒙古、山东、四川、云南、安徽 6 省、自治区山羊存栏量占全国总量的 1/2 以上，现已成为中国山羊肉的主产区，其中以内蒙古尤为特殊，它既是绵羊肉的主产区，也是山羊肉的主产区。近些年来，随着国家"优化农业区域布局，加快建设优势农产品产业带"政策的实施，中国羊肉生产有进一步集中的趋势绵羊肉的生产不断向内蒙古、新疆、河北这三个省份集中，山羊肉的生产不断向河南、山东集中。这 5 个省份羊肉产量占全国的比重由 53.90% 提高到 55.66%（《中国统计年鉴》，2013）。

表 1-4　2012 年中国各省、自治区、直辖市的养羊业生产统计

地　区	绵　羊			山　羊			羊　肉		
	存栏（万只）	占全国（%）	全国排名	存栏（万只）	占全国（%）	全国排名	产量（万 t）	占全国（%）	全国排名
内蒙古	3 484.40	24.25	1	1 659.65	11.74	2	88.63	22.10	1
新　疆	2 976.74	20.72	2	525.31	3.72	9	48.01	11.97	2
山　东	540.95	3.76	8	1 622.85	11.48	3	33.10	8.26	3
河　北	963.00	6.70	5	450.49	3.19	11	28.70	7.16	4
河　南	76.65	0.53	16	1 751.05	12.39	1	24.75	6.17	5
四　川	226.92	1.58	13	1 444.98	10.22	4	24.02	5.99	6
甘　肃	1 408.63	9.80	3	380.12	2.69	15	15.90	3.97	7
安　徽	0.98	0.01	23	591.21	4.18	6	14.59	3.64	8
云　南	97.35	0.68	15	816.15	5.77	5	13.55	3.38	9
黑龙江	575.29	4.00	7	323.02	2.29	17	12.11	3.02	10
青　海	1 253.03	8.72	4	193.28	1.37	20	10.39	2.59	11
湖　南	—	—	28	500.81	3.54	10	10.30	2.57	12
西　藏	962.55	6.70	6	563.37	3.99	7	8.51	2.12	13
宁　夏	404.23	2.81	10	102.12	0.72	23	8.45	2.11	14
湖　北	0.55	0.00	24	434.51	3.07	12	8.15	2.03	15
辽　宁	329.50	2.29	11	392.30	2.78	13	7.89	1.97	16
江　苏	9.37	0.07	21	391.24	2.77	14	7.61	1.90	17
陕　西	102.03	0.71	14	542.90	3.84	8	6.85	1.71	18
山　西	469.85	3.27	9	364.14	2.58	16	5.93	1.48	19

（续）

地 区	绵 羊			山 羊			羊 肉		
	存栏（万只）	占全国（%）	全国排名	存栏（万只）	占全国（%）	全国排名	产量（万t）	占全国（%）	全国排名
吉 林	324.51	2.26	12	69.41	0.49	24	4.09	1.02	20
贵 州	17.20	0.12	20	272.89	1.93	18	3.53	0.88	21
广 西	—	—	30	203.59	1.44	19	3.25	0.81	22
重 庆	0.13	0.00	25	181.02	1.28	21	2.79	0.70	23
福 建	—	—	26	110.81	0.78	22	1.96	0.49	24
浙 江	65.02	0.45	17	42.16	0.30	27	1.67	0.42	25
天 津	36.52	0.25	19	4.87	0.03	31	1.47	0.37	26
北 京	41.44	0.29	18	16.63	0.12	30	1.21	0.30	27
江 西	—	—	27	54.60	0.39	26	1.10	0.27	28
海 南	—	—	31	66.03	0.47	25	1.03	0.26	29
广 东	—	—	29	40.18	0.28	28	0.88	0.22	30
上 海	1.15	0.01	22	24.46	0.17	29	0.57	0.14	31

第三节　中国肉用型羊培育及应用现状

我国绵、山羊品种资源极其丰富，分布广泛，但主要的地方品种以产毛皮为主，没有优势明显、特色鲜明的肉羊品种。除此之外，我国自主培育的肉用绵、山羊品种较少，目前培育的优秀肉羊品种只有巴美肉羊和南江黄羊。据美国农业部的统计资料表明，品种的贡献率在畜牧业的发展过程中占40%以上，这一数据充分表明肉用新品种的培育是肉羊产业发展的重要因素。

一、中国肉用型羊培育

（一）肉用型羊的主要种质特性及专门化肉用型羊育种的目标

1. 肉用型羊的主要种质特性　早期生长速度快，繁殖率高，身躯宽厚，四肢粗壮，体重大，胴体质量好，每产羔胎次生物学效率高（生物学效率一般以每消化100单位的可消化有机质所生产的胴体重量表示）。

2. 专门化肉羊育种的目标　主要是母羊性成熟早，全年发情，产羔率高，泌乳力强，羔羊生长发育快，饲料报酬高，肉用性能好，并注意把产肉和产毛的性状有机结合起来；同时，还要考虑早熟、胴体可食比例大、一生中利用年限长、育羔能力强、母羊难产少和抗病力强（姚军，2005）。

（二）肉用型羊培育方法

目前，世界上优秀的绵、山羊品种绝大多数是在18世纪末至20世纪中叶育成。时至今日，这些品种在国内外养羊业中仍发挥着举足轻重的作用。它们的育种方法，应该是我国现代绵、山羊品种培育的有效手段。

国内外绵、山羊品种主要通过两种方法形成，一是本品种选育；二是杂交育种。前者所形成的主要品种是具有特殊性的地方品种，后者主要作为培育兼用品种和具有高生产效益的专门化品种的方法。

从我国培育具有高生产力的专门化肉羊新品种的途径来看，一是事先育种目标不很明确，并且是在无系统的群众性绵、山羊杂交改良基础上，通过调查和整理现有羊群，选出理想型个体进行自群繁育，以培育成适应市场需求的新品种。二是以国内外市场的需求为依据，以符合当地的生态经济为条件，明确育种目标，拟定育种规划，制订育种方法，按照育种规划，有领导、有组织地开展新品种的培育工作。

（三）培育肉用型羊亲本的选择

1. 适于作为肉用绵羊品种培育的父、母本品种　父本有无角陶赛特、萨福克、夏洛莱、特克塞尔、滩羊、南非美利奴羊、德国美利奴羊、边区莱斯特羊、多浪羊；母本有东弗里生羊、罗姆尼羊、小尾寒羊、湖羊、乌珠穆沁羊、国内培育的细毛羊品种、阿勒泰羊等。

2. 适于作为肉用山羊品种培育的父、母本品种　父本有波尔山羊、南江黄羊、马头山羊；母本有关中奶山羊、成都麻羊等。

（四）不同生态区域肉用型绵、山羊培育

绵、山羊生态区域分布是自然因素和人类长期活动综合作用的结果，它能够反映绵、山羊对气候因素和各种自然地理的适应性。因此，在育种过程中应当考虑培育的新品种对当地生态环境的适应性问题，对不同的生态区域，如在黄淮海平原地区，母本可以选择小尾寒羊，父本可选择无角陶赛特羊、萨福克羊或夏洛莱羊等。对于肉用山羊的培育，母本选择适合当地生态环境的山羊，而第一父本选择奶山羊。这样杂交一代母羊体型较大，并能保持较高繁殖性能，终端父本可选南江黄羊或波尔山羊。

（五）肉用型羊培育应注意的事项

1. 在有关部门的组织领导下开展肉羊培育工作，在调查的基础上，综合考虑，统一筹划，切忌遍地开花，不顾客观实际，盲目开展。

2. 肉羊培育工作是一项长期而艰苦的工作，既不可急于求成，也不可一蹴而就，必须克服"育种不如买种"的消极情绪，立足当下，放眼未来，不能只考虑局部利益和眼前利益。

3. 新品种育成后，一定要避免以往重育种轻保种的做法，对此应建立完整的繁育体系和良种繁育基地等加以保种。

二、中国肉用型羊培育现状及存在的问题

（一）肉用型羊培育现状

1. 引入国外良种后利用率低　为了加快羊肉生产的发展快速，我国先后从国外引进了一些优良品种的种羊进行杂交改良和开展纯种选育工作，并取得了一定成效。但由于在引种上缺乏统一协调，几乎将世界上所有优秀肉用品种都引入我国，引入的这些品种肉用性能并没有本质上的差异，但在引进时数量多，引进的种羊质量参差不齐；在国外引种，一是用于品种改良，二是培育新的品种，而我国引入品种优良的种羊后，一是在小范围进行纯种选育，二是进行小规模的杂交改良试验，而且种羊多以炒种、倒种形式出现，并没有形成规模化的肉羊杂交生产体系。由于良种制度存在缺陷，缺乏严格的种羊质量标准和管理措施，致使我国引入优良品种的作用一直没有得到充分的发挥，肉羊的良种化程度依然较低（岳文斌等，2007）。

2. 肉羊培育进程缓慢　尽管我国是羊品种资源最丰富的国家，但大部分属于普通品种，引进一些肉用品种也只是与当地品种进行简单的杂交，而没有通过杂交培育肉用新品种，这与我国肉羊发展速度很不相符。此外，在羊的育种方面主要采用常规育种方法，目前比较先进的育种技术和繁殖技术应用范围有限，新品种育成的速度缓慢，影响了我国肉羊快速发展（贾志海等，2003）。

（二）肉用型羊培育存在的问题

1. 育种基础设施薄弱，资金投入严重不足　作为我国肉羊主产区的牧区和农牧区交错带，因地方政府、企业和养羊户经济实力不足，加之国家在育种经费、人力等投入滞后，因此配套设施的利用和种羊生产相对落后。尤其是市场短期行为和育种的长期性的矛盾致使许多国有育种场和扩繁场面临破产倒闭情况。

2. 肉羊育种水平和种质创新研究与生产的实际需求差距巨大　虽然我国绵、山羊种质资源丰富，但对于种质资源的挖掘利用和创新能力方面显得后劲不足，其中对繁殖性状的研究较为系统，而到目前为止，其他高产、优质、抗逆性状一直没有得到系统的研究。尽管我国开展育种的单位较多，但存在研究力量分散和经费无法保证的现象，而且我国在羊育种上既没有全国性的协作组织，也没有全国性的肉羊遗传改良及培育计划。在育种上，与育种相关的单位基本上各自为政，没有团结协作起来，更谈不上开展联合育种工作，育种工作往往前功尽弃。

3. 肉用绵、山羊性能测定和品种登记尚未实施，种羊质量没有保证　在肉用绵、山羊生产性能测

定和品种登记上我国目前尚未实施相应的制度，种羊从羊场直接流入市场，而其质量却缺乏有效监督管理，出现以次充好、以假乱真的现象。"重引进，轻选育"现状在种羊场普遍存在，肉羊育种规范化和生产企业的产业化水平有待进一步提高（马友记，2013）。

三、中国培育的肉用型羊及应用现状

（一）中国培育的主要肉用型绵羊

1. 巴美肉羊 该品种在我国于 1960 年开始育种，在 2007 年通过了国家畜禽遗传资源委员会审定，标志着我国第一个具有自主知识产权的肉用绵羊品种。

2007 年至 2013 年 6 年累计推广种公羊 8 300 多只，种母羊 34 000 多只，累计生产优质肉杂羔羊 530 多万只。由于巴美肉羊适合广大北方农区舍饲圈养，6 年来累计向辽宁、陕西、山西、新疆及内蒙古自治区的兴安盟、通辽、鄂尔多斯等地提供种公羊 3 000 多只。不仅提高了巴美肉羊的知名度，而且产生了显著的经济效益和社会效益，有力地推动了巴美肉羊种羊的生产。

2. 昭乌达肉羊 该品种在我国 20 世纪 50 年代开始育种，作为一个新品种于 2012 年通过农业部审定。该品种的育成对解决制约我国北方牧区及半农半牧区肉羊产业发展的品种资源瓶颈问题具有重要作用，为生产绿色有机羊肉产品创造了条件（魏景钰，2013）。

自 2012 年昭乌达肉羊品种通过农业部审定以来，存栏数量稳步上升，分布范围不断扩大。

3. 察哈尔羊 该品种是在内蒙古自治区锡林郭勒盟南部培育而成的优质肉毛兼用羊品种，于 2014 年通过国家畜禽遗传资源委员会鉴定。

目前，已累计鉴定种公羊 3.25 万只，培育种公羊 1.29 万只。该新品种的育成为牧民增收开辟了新途径，同时也有利于打造优质绿色羊肉品牌，促进草原生态保护。

（二）中国培育的主要肉用型山羊

1. 南江黄羊 该品种是我国历经 40 余年培育而成的第一个肉用型山羊品种。于 1996 年通过国家畜禽遗传资源管理委员会羊品种审定委员会审定，1998 年通过农业部批准并正式命名。

目前该品种已被推广到全国 20 多个省、自治区、直辖市，反应一致良好。同时，与国内许多山羊品种杂交，均取得较为明显的杂交优势，体重改进率为 26.33%～165.1%。目前，该品种羊总数已达到 53.93 万只。

2. 简州大耳羊 该品种是我国在进行肉用山羊新品种培育工作中，继培育出第一个肉用山羊新品种南江黄羊后的又一个具有特点的肉用山羊新品种，该品种历经 60 余年于 2012 年培育成功。

近年来，简州大耳羊已被推广到海拔 260～3 200m，气候−8～42℃的自然区域，但仍生长良好，繁殖正常。

第四节　中国肉用型羊资源开发与利用

当前，我国绵、山羊品种资源利用的主要措施是采用国外优良品种以改良地方品种，从而提高群体的生产性能。近年来，我国先后引进了波尔山羊、无角陶赛特羊、萨福克羊、德国肉用美利奴等优秀的专门化肉用品种，显著提高了我国肉羊的良种化程度和羊肉生产水平。不可否认，引进品种对我国地方品种良种化程度的提高及养羊业生产水平的进步起到了重要作用。然而，由于人们对引入品种及我国地方品种的认识不足，使得我国对绵、山羊品种资源的利用陷入了"引种热"的误区。同时，由于对引进品种的无节制推广和无计划杂交，很多情况下不但没有达到预期的改良效果，还在一定程度上对许多优秀的地方品种结成了冲击和威胁。我国未来肉羊品种的发展应在充分挖掘宝贵地方优良种质资源生长潜力的基础上，有计划有目的地合理利用引进的专门化肉用羊品种，从整个产业发展的需要看呈现以下趋势。

一、逐渐不再依赖国外肉羊品种

早在 20 世纪后半叶，特别是 90 年代以来，养羊业发达的国家，如澳大利亚、新西兰、英国、美国、阿根廷和乌拉圭等国，就已经重视畜牧科学研究，重视科研与生产紧密结合，并实现了品种良种化。据美国农业部1996年对美国50年来畜牧生产中各种科学技术所起的作用的总结，品种的作用居各项技术（包括营养、疾病、繁殖和设备等）之首，遗传育种的相对贡献率达到40%。新西兰用于养羊业生产的绵羊品种，基本上都是高生产力水平的良种或几个优良品种羊之间的杂种，这就奠定了新西兰养羊业高产优质高效水平的基础。根据新西兰绵羊育种协会1998年的资料，现阶段新西兰的绵羊品种29个，其中罗姆尼品种羊共有2 770万只，占全国绵羊总数的55.74%；在绵羊品种中，除美利奴羊、德拉斯代羊等品种为生产细毛、地毯毛外，其他品种，一般均属于生长发育快、早熟、肉毛性能好、繁殖力高的肉用或肉毛兼用专门化品种（赵有璋，2001）。

由此可知，优质肉羊品种的培育是一项长期而艰巨的工作，不可能一蹴而就。虽然短期内，我国缺乏自主高产品种、品种资源利用不充分的局面得不到有效缓解，但随着近年来畜牧工作者不断的选种选育，以及部分肉羊新品种的成功培育，我国肉羊产业将逐渐不再依赖国外肉羊品种（冯国胜，2014）。

二、国内地方品种资源保护与利用并重

近年来，全国各地引进了很多优秀肉羊品种，但由于缺乏统一的规划和指导，盲目地与地方品种杂交改良，导致部分地方优秀品种面临数量锐减，甚至面临消失的危险。此外，一味地杂交乱配也导致了优秀独特种质资源的丢失（周光明，2003）。因此，应加强地方品种保护，特别是性能独特的品种，在杂交利用时应权衡利弊，不要盲目杂交改良，树立保护与利用并重的理念，必要时建立保种场或保护区。另外，部分特色地方种可通过申报中国地理标志产品加以保护，如麦盖提多浪羊、郧西马头山羊、崇明白山羊、大足黑山羊、南江黄羊、麻城黑山羊等9个特色地方品种已申报成为中国农产品地理标志。

三、以培育我国肉羊新品种为核心

我国的绵、山品种资源非常丰富，尤其一些地方优良品种资源，具有繁殖性能高、抗逆性强、肉品质好等引进品种不可比拟的经济性状，如小尾寒羊、湖羊和济宁青山羊是目前世界上少有的多胎绵羊和山羊品种（冯国胜，2014）。我国肉羊品种培育已取得了一定成果，如南江黄羊、巴美肉羊、昭乌达羊和简州大耳羊等肉羊品种都通过了国家畜禽遗传资源委员会的品种审定。后期，国家还将继续多角度地支持培育具有我国自主知识产权的肉羊新品种，并形成杂交配套组合进行产业化开发，促使优良地方品种和新培育品种成为国内肉羊生产的主导品种，实现主要引进品种的本地化和国产化（浦亚斌等，2002）。此外，还需统一业界认识，凝聚各方资源，完善我国肉羊良种繁育体系，合理有序地开发地方羊种资源，推进群体遗传改良工作上一个新的台阶，结合常规技术与生物育种技术，运用动物遗传育种新方法和新技术，来培育我国新的肉羊品种。

四、品种数量下降，部分肉羊品种成优势品种

我国肉羊品种在产业化进程中，一部分繁殖性能不高、抗逆性不强、肉品质不够好的品种，将面临着群体数量减少甚至淘汰的危险。只有繁殖性能高、抗逆性强、肉品质好、生长速度快的品种才能成为促进当地肉羊产业发展的优势品种。现阶段被大量推广的优势品种主要是引进品种和部分国内品种，如杜泊绵羊和波尔山羊，以及国内的小尾寒羊、湖羊、济宁青山羊等。

五、肉羊育种专业化

育种工作需要大量的人力、物力和财力，因此肉羊品种的培育必须走上专业化道路，才能充分发挥各方资源的优势。其中，专业的肉羊育种公司（种羊场、保种场）将扮演重要的角色。政府建立育种补贴制度，对核心群羊只特别是基础母羊给予补贴，确保育种核心群的稳定。国家通过立法的形式对育种公司的育种工作进行监督，确保肉羊品种的繁育工作持续性，充分发挥育种公司的核心作用。

第二章

地方肉用型绵羊

第一节 蒙古羊

一、概况

蒙古羊（Mongolian sheep）是古老的绵羊品种，在我国数量多、分布广，为我国三大粗毛绵羊之一。该品种羊原产于内蒙古高原，内蒙古乌审旗大沟湾出土的河套化石以及羊的骨骼化石表明，该地区早在旧石器时代晚期就有人类和野羊同时存在。根据史书记载，在公元12世纪初成吉思汗建立蒙古汗国，北方各部落形成统一的内蒙古民族以后，内蒙古民族饲养的绵羊通称蒙古羊（张新兰等，2008）。现在所称的蒙古羊是在内蒙古高原中宜牧草原高寒、多风和干旱的生态条件下，以及北方各族人民以牧为生的特定社会经济条件下，经过长期自然选择和人工选育形成的。该品种具有生产力强、适于放牧、抓膘快、耐寒、耐旱等特点，并有较好的产肉、产脂性能。蒙古羊是我国绵羊业的主要基础品种，且在育成我国内蒙古细毛羊、新疆细毛羊、敖汉细毛羊、东北细毛羊及中国卡拉库尔羊过程中起重要作用。

蒙古羊现主要分布于内蒙古自治区，西北、华北、东北地区也有不同数量的分布。中心产区位于内蒙古自治区锡林郭勒盟、呼伦贝尔市、赤峰市、乌兰察布市、巴彦淖尔市等。作为蒙古羊主产区，内蒙古高原位于北纬 $37°24'\sim53°23'$、东经 $97°12'\sim126°04'$。其地貌由呼伦贝尔、锡林郭勒盟、巴彦淖尔、鄂尔多斯高原组成，平均海拔1 000m。产区由东北至西南成狭长形，北部为广阔的高平原草场，海拔为 $700\sim1\,400$m，南部的河套平原、土默川平原及西辽河平原、岭南黑土丘陵地带为主要农区。其气候为典型的大陆性气候，温差大，冬季严寒漫长，夏季温热且短，日照长，热量分布从东北向西南递增。地区年平均气温，东北部为0℃左右，西南部为 $6\sim7$℃；最冷（1月份）平均气温，东北部为－23℃，西南部为－10℃；最热（7月份）平均气温，东北部为18℃左右，西南部为24℃左右。大部分地区年降水量在 $150\sim450$mm，东部较湿润，西部干旱。大部分农区可以种植麦类、杂粮作物，部分地区种植甜菜、胡麻等，农副产品较为丰富。草场类型自东北向西南随气候土壤等因素而变化，由森林、草甸、典型荒漠草原而过渡到荒漠。东部草甸草原，牧草以禾本科为主，株高而密，产量高；中部典型草场，牧草以禾本科和菊科为主。东部主要牧草有针茅、碱草和糙隐子草；中部多为针茅、糙隐子草和兔蒿组成的植被；向西小叶锦鸡儿逐渐增多。西部荒漠草原和荒漠地区植被稀疏，质量粗劣，以富含灰分的盐生灌木和半灌木为主，牧草有红砂、梭梭、珍珠柴等。

二、特征与性能

（一）体型外貌特征

1. 外貌特征　由于所处自然生态条件、饲养管理水平不同，蒙古羊体型外貌有较大差别。蒙古羊一般表现为体质结实，骨骼健壮。头形略显狭长，鼻梁隆起。公羊多有角，母羊多无角，少数母羊有小角，角色均为褐色。颈长短适中。胸深，肋骨不够开张，背腰平直，体躯稍长。四肢细长而强健。短脂尾，尾长一般大于尾宽，尾尖卷曲呈S形。体躯毛被多为白色，头、颈、眼圈、嘴与四肢多有黑色或褐色斑块。农区饲养的蒙古羊，全身毛被白色，公、母羊均无角（图1和图2）。

2. 体重和体尺　蒙古羊成年羊体重和体尺见表2-1。

表 2 - 1　蒙古羊成年羊体重和体尺

性别	只数	体重（kg）	体高（cm）	体长（cm）	胸围（cm）	管围（cm）
公	64	61.2±9.9	68.3±3.2	70.6±6.0	93.4±5.8	8.4±0.6
母	261	49.8±5.4	63.9±3.7	69.5±4.4	84.5±4.9	7.6±0.6

注：2006 年 8～10 月由内蒙古自治区家畜改良工作站在新巴尔虎右旗、西乌珠穆沁旗、西子王旗、乌拉特后旗测定。
资料来源：国家畜禽遗传资源委员会，2011。

（二）生产性能

1. 产肉性能　在内蒙古自治区，蒙古羊从东北向西南体型依次由大变小。苏尼特左旗成年公、母羊平均体重分别为 99.7kg 和 54.2kg；乌兰察布市成年公、母羊分别为 49kg 和 38kg；阿拉善左旗成年公、母羊分别为 47kg 和 32kg。产肉性能较好，成年羊满膘时屠宰率可达 47%～53%。5～7 月龄羔羊胴体重可达 13～18kg，屠宰率 40% 以上。锡林郭勒盟畜牧工作站 2006 年 9 月，对 15 只成年蒙古羊羯羊进行的屠宰性能测定表明，平均宰前活重 63.5kg，胴体重 34.7kg，屠宰率 54.6%，净肉重 26.4kg，净肉率 41.6%（国家畜禽资源委员会，2011）。

2. 繁殖性能　蒙古羊初配年龄公羊 18 月龄，母羊 8～12 月龄。母羊一般一年产一胎，一胎一羔，产双羔概率为 3%～5%。母羊为季节性发情，多集中在 9～11 月份；发情周期 18.1d，妊娠期 147.1d；年平均产羔率 103%，羔羊断奶成活率 99%。羔羊初生重公羔 4.3kg，母羔 3.9kg；放牧情况下多为自然断奶，羔羊断奶重种公羔 35.6kg，种母羔 23.6kg（国家畜禽资源委员会，2011）。

三、研究进展

杨杰（2011）从基因影响的角度上解释了纯种蒙古羊肉质优良的原因，筛选出影响蒙古羊肉质性状的主要候选基因，为培育生产性能高、产品质量优的肉羊新品（种）系提供了基因资源。试验分别以 3 日、1 岁、5 岁蒙古羊肌肉组织为试验材料，采用 mRNA 差异显示技术筛选得到了影响蒙古羊肉质性状的候选基因 TPM1。筛选得到的差异表达基因 TPM1 经相对定量 PCR 检测，结果显示 TPM1 在 3 日羊肌肉中的表达量最高，是 5 岁羊中的 2.675 倍、1 岁羊的 2.189 倍，5 岁羊和 1 岁羊肌肉组织中 TPM1 表达量差异不明显。

何小龙等（2012）为揭示蒙古羊卵巢组织差异表达基因 ADAMTS1 外显子 3 的遗传多态性及在单双羔蒙古羊卵巢和子宫组织中的表达差异性，采用 PCR-SSCP 技术结合 DNA 直接测序技术对蒙古羊 ADAMTS1 基因外显子 3 的遗传多态位点进行了检测，并采用实时荧光定量 PC（RQ - PCR）技术对蒙古羊 ADAMTS1 基因在单双羔蒙古羊卵巢和子宫组织中的差异进行了分析。结果表明，蒙古羊 ADAMTS1 基因的第 3 外显子第 141 碱基处存在 C→T 的点突变，而该处突变未能引起氨基酸序列的变化；x^2 适合性检验结果表明，整个蒙古羊群体呈现低度多态（PIC＝0.233）并处于 Hardy-Weinberg 非平衡状态（$P < 0.05$）；PQ-PCR 检测结果发现，ADAMTS1 基因在双羔羊卵巢组织和子宫组织中的表达量均高于单羔羊，分别是单羔羊相应组织表达量的 2.04 倍和 2.30 倍。研究结果表明，ADAMTS1 基因对于蒙古羊的多羔性状具有重要的作用，是蒙古羊多羔主效基因。

高晋芳等（2014）建立了蒙古羊脂肪间充质干细胞（adipose-derived mesenchymal stem cells，AD-SCs）体外分离培养方法，并对其生物学特性和多向分化潜能进行了鉴定。利用 I 型胶原酶将蒙古羊脂肪组织消化后，离心得到单核细胞，并进行传代培养，测定其倍增时间。采用甲苯胺蓝染色和 PAS 染色法以及 RT-PCR 法，分别从组织学水平和基因水平对第 3 代蒙古羊 ADSCs 向成神经和成心肌的诱导分化情况进行鉴定。结果显示，分离得到的脂肪间充质干细胞大小较为均匀，呈梭形或星形的成纤维细胞样；传代接种后第 4 天细胞进入指数生长期，第 8 天进入平台期，前 10 代 ADSCs 的倍增时间平均为 34.1h；经成神经诱导后，细胞呈胶质细胞状，RT-PCR 检测 ENO2 和 GFAP 基因表达呈阳性；心肌诱导后，细胞体积增大，多呈长梭形，平行排列；诱导 15d 后部分细胞可见类肌管样结构，PAS 染色可见明显的糖原沉积，RT-PCR 检测 NKX2.5 和 GATA-4 基因表达呈阳性，表明获得的蒙古羊 ADSCs 具有多向分化潜能。此研究为利用蒙古羊 ADSCs 作为供体细胞克隆及转基因克隆供体细胞作了探索性的基础研究，为提高克隆效率提供了新的研究思路和理论基础。

陈琦（2009）对蒙古羊的多脊椎进行了研究，发现多脊椎现象非常普遍，而且其比例有明显上升的趋势。例如，14＋7、14＋6、13＋7 这 3 种多脊椎类型的比例，80 年代初分别为 3.05%、17.42%、36.61%，1997 年分别上升到 6.57%、19.66%、63.16%；而 13＋6 这种普通类型，则从 42.91%下降为 10.56%。多脊椎羊可以提高羊的产肉量。张立岭等（1998）对 39 只 7 月龄当年去势公羔作了屠宰测定，统计其中的胸腰椎数 13＋6 和 14＋6 两种类型的组合，胸腰椎数为 20（13＋7 和 14＋6）的羊的活重、胴体重、净肉重、净肉率，分别比（13＋6）型的羊高 3.09kg，2.43kg，2.07kg 和 2.1 个百分点。此外，（14＋6）型的相应指标也稍好于（13＋7）型的羊。表明多一枚胸椎，羊的活重、胴体重、净肉重和净肉率都比普通型羊的高。张立岭（2001）根据文献综述和交配试验推断，蒙古羊的胸椎数与腰椎数的增加，是部分常染色体上 Homeobox 基因突变的结果，从而使胸腰椎组合由 13＋6 分别增加为 14＋6、13＋7 或 14＋7 这 3 种主要多脊难类型。14＋6、13＋7 多脊椎类型最常见，14＋7 类型的比例较低（3%～5%）。

四、产业现状

蒙古羊是我国分布地域最广的古老品种，耐粗饲、宜放牧、适应性强，但是其肉、毛产量偏低。受杂交改良的影响，群体数量下降，2005 年末存栏 1 320 万只，其中内蒙古自治区存栏 1 200 余万只，甘肃等省、自治区存栏 120 余万只。2008 年存栏量较 1985 年减少了 34.0%，分布范围也逐渐缩小，生产方向由以毛用为主转向以肉用为主。对于蒙古羊的发展现在也存在很多问题，由于蒙古高原上过度放牧，荒漠化、沙化日益严重，生态环境越来越不利于牧草的生长和蒙古羊的繁衍生息。目前的草原退化趋势对蒙古羊的发展繁衍有着直接的威胁，因此保护和恢复蒙古羊赖以生存的草原生态环境至关重要。

蒙古羊于 1985 年收录于《内蒙古家畜家禽品种志》，1989 年收录于《中国羊品种志》，2007 年列入《内蒙古自治区畜禽品种保护名录》。

五、其他

蒙古羊群体是分子遗传学、发育遗传学与群体遗传学研究的理想动物资源，主要表现在此绵羊品种种群大、变异多、分布广。虽然蒙古羊尚未面临外来品种的巨大压力，但半个多世纪以来，许多用外来品种"改良"蒙古羊的尝试从来就没有停止过。例如，从 20 世纪 50 年代开始用苏联的各种细毛品种、半细毛品种与蒙古羊杂交；60 年代又引入西欧的毛用、兼用细毛羊及半细毛羊改良蒙古羊；70 年代以后，澳洲美利奴细毛羊又接踵而至。但蒙古羊靠自身的整体优势基本阻止了外来品种基因的入侵，这是迄今任何其他绵羊品种或其他畜种无法做到的。实践证明，蒙古羊在蒙古草原上绵羊品种中占主导地位。因此，提高蒙古羊的生产性能，开发蒙古羊的高产潜力，研究蒙古羊的基因组的特点，分析蒙古羊的有利基因与有利性状的遗传规律，就成了遗传育种工作者当务之急的工作。

第二节　藏　　羊

一、概况

藏羊（Tibetan sheep）又称西藏羊、藏羊系，是中国三大粗毛绵羊品种之一，属粗毛型绵羊地方品种。原产于青藏高原的西藏和青海，与青藏高原毗邻的地区，如四川、贵州、云南和甘肃等省也有分布。藏羊生活在平均海拔 3 500m 以上生态环境恶劣的青藏高原，对青藏高原的生态环境具有很强的适应能力，具有抗病力强、体质结实等特点。

由于藏羊分布面积广，各地海拔、地形、水热条件差异大，因此在长期的自然和人工选择下形成了一些各具特色的自然类群。根据藏羊繁育地区的自然生态环境、社会经济条件以及羊的外形特征和生产性能等差异，藏羊可分为草地型（高原型）、山谷型（河谷型）和欧拉型等，其中草地型（高原型）藏羊是西藏羊的主体，数量最多。藏羊的中心产区位于北纬26°50′～36°53′，东经78°25′～99°06′，地处青藏高原的西南部，平均海拔4 000m以上。气候特点表现为日照长、辐射强烈、气温低、温差大、干湿分明、多夜雨、冬春干燥、多大风、气压低、氧气含量少。年平均气温−2.8～11.9℃，温差大；年降水量75～902mm，分布极不均匀；年日照时数1 476～3 555h，西部多在3 000h以上。境内江河纵横、水系密布；草场类型多样，有高山草原，以旱生禾本科牧草为主；高山草甸、沼泽草甸及（灌）丛草甸草场，牧草茂密、覆盖度大、产草量较高。主要牧草植物有紫花针茅、冰川棘豆、青藏苔草、红景天、草地早熟禾、矮大绒草、细叶苔、垫状点地梅、垫风毛菊等。农作物主要有青稞、豌豆、小麦、油菜等，一般一年一熟（国家畜禽遗传资源委员会，2011）。

西藏羊形成历史悠久，距今约4 000年的西藏昌都卡洛遗址出土的大量"畜骨钻"和"土坯坑窖以及饲养的围栏，栏内有大量的动物骨骼和羊粪堆积……"即可佐证。又据薄吾成考证（1986），"今天的藏羊是古羌人驯化、培育的羌羊流传下来的。其原产地应随古羌人的发祥地而为陕西西部和甘肃大部，中心产区在青藏高原"（国家畜禽遗传资源委员会，2011）。西藏境内主要分布于冈底斯山、念青唐古拉山以北的藏北高原和雅鲁藏布江地带；青海境内主要分布在海南、海西、海北、玉树、黄南、果洛六州的广阔高寒牧区；甘肃境内主要分布在甘南藏族自治州各县；四川境内分布在甘孜藏族自治州、阿坝藏族自治州北部牧区。产区海拔2 500～5 000m，多数地区年降水量300～800mm，相对湿度40%～70%，年平均气温−1.9～6℃。草场类型多样化，包括高原草原、高原荒漠、亚高山草甸、半干旱草场等。山谷型（河谷型）藏羊主要分布在青海省南部的班玛、昂欠两县的部分地区，四川省阿坝州南部牧区，云南的曲靖市、昭通市、丽江市和保山市腾冲县等。产区海拔在1 800～4 000m，主要是高山峡谷地带，气候垂直变化明显。年平均降水量500～800mm，年平均气温−13～2.4℃。草场以草甸草场和灌丛草场为主。欧拉型藏羊是藏系绵羊的一个特殊生态类型，主产于甘肃省的玛曲县及毗邻地区以及青海省河南、蒙古族自治县和久治县等地。

藏羊是一个产肉、皮、毛的兼用型品种。与普通羊肉相比，藏羊肉具有少污染、蛋白质含量高、脂肪少、胆固醇含量低、富含矿物质和维生素、肌肉中肌红蛋白含量高等特点，是一种复合营养、口味鲜美的半野味肉食品。藏羊肉味美多汁，肉质鲜嫩，含有人体必需的脂肪酸，有益人类健康。随着我国经济的发展和群众生活水平的提高，肉食消费需求趋向于牛、羊肉，充分开发利用藏羊肉产品，符合现代人绿色食品消费观念。

二、特征与性能

（一）体型外貌特征

1. 高原型（草地型）　高原型藏羊体质结实，体格高大，前胸开阔，背腰平直，四肢较长，尾短小呈圆锥形；头呈三角形，鼻梁隆起，公、母羊均有角，公羊角长而粗大，呈螺旋状向左右伸展；母羊角细而短，多数呈螺旋状向外上方斜伸。体躯被毛以白色为主，富光泽，毛纤维弹性好、强度大。被毛呈毛辫结构，辫穗长过腹线，被毛较长。

2. 山谷型（河谷型）　山谷型藏羊体格较小，善于登山远牧，结构紧凑，背腰平直，体躯呈圆桶状，头肢杂色者居多，头呈三角形。公羊大多有角，向后上方弯曲，母羊大多无角或有小角。体躯被毛以白色为主，被毛短，为毛丛或小毛辫状结构，后躯毛稍粗。

3. 欧拉型　体格高大，早期生长发育快，产肉性能好。背腰宽平，后躯丰满。头稍狭长，多具肉髯。头、颈、四肢多为黄褐色花斑，大多数羊只体躯被毛为杂色，少数个体全白或体躯白色。公羊前胸着生黄褐色毛，母羊不明显。

藏羊成年公羊、母羊见图3和图4。

（二）生产性能

1. 高原型（草地型）　成年公羊体重51.0kg，母羊43.6kg。屠宰率43%～47.5%。母羊一般年产一胎，一胎一羔，产双羔者很少。

高原型藏羊体重和体尺的调查统计结果见表2-2。

表2-2　天峻县不同年龄高原型藏羊体重和体尺

类型	体重（kg）	体高（cm）	体长（cm）	胸围（cm）
成年公羊	41.84±6.58	68.13±4.78	73±3.71	87.59±5.66
成年母羊	37.29±5.97	63.53±4.44	72.27±3.49	85.55±4.72
周岁公羊	27.77±5.46	59.42±4.07	65.45±4.29	77.11±5.95
周岁母羊	27.58±4.47	56.27±4.43	62.72±4.36	72.72±5.03

注：诺科加等于2011在青海省天峻县测定。

对青海省天峻县高原型藏羊产肉性能统计的结果为：成年羯羊宰前平均体重48.5kg，胴体重22.3kg，屠宰率46%；成年母羊宰前平均体重42.8kg，胴体重19.4kg，屠宰率45.3%（诺科加等，2011）。

2. 山谷型（河谷型）　藏羊成年羊体重公羊40.65kg，母羊31.66kg。屠宰率48%左右。

白元宏等（2004）对青海省河北乡山谷型藏羊的主要生产性能进行了测定，见表2-3。

表2-3　青海省河北乡山谷型藏羊主要生产性能

类型	体重（kg）	体高（cm）	胴体重（kg）	屠宰率（%）
成年公羊	50±0.64	67±0.54	22.1±0.38	44.1
成年母羊	45±0.77	63±0.58	18.5±0.39	41
羯羊	48±0.66	—	21±0.37	43.7
10月龄羯羔	26±0.54	—	8.3±0.33	32

3. 欧拉型　成年羊体重公羊75.85kg，母羊58.51kg；1.5岁羊体重公羊47.56kg，母羊44.30kg。成年羯羊的屠宰率为50.18%（国家畜禽遗传资源委员会，2011）。

剪毛后成年种公羊平均体重71.88kg，2.5岁公羊体重66.00kg，1.5岁公羊体重53.37kg，6月龄公羔体重35.19kg；剪毛后成年母羊平均体重59.24kg，2.5岁母羊体重53.82kg，1.5岁母羊体重42.98kg，6月龄母羔体重31.20kg。

藏羊成年公、母羊体型分别见图3和图4。

三、研究进展

俞红贤（1999）为研究藏羊对高原低氧环境的良好适应性，比较观察和测量了高原藏羊和平原小尾寒羊的肺组织结构，并就藏羊肺组织形态测量指标与高原低氧的关系进行了初步探讨。结果表明，藏羊肺泡较小尾寒羊的小，但单位面积肺泡数藏羊有24.94个，小尾寒羊有17.71个，藏羊较小尾寒羊多（$P<0.05$）；显微镜下所见，藏羊肺泡隔内毛细血管较小尾寒羊的丰富，且多成开放状态，管径相对较大，管腔内红细胞数量较多，在弹性纤维特殊染色标本中，藏羊肺泡隔内弹性纤维较小尾寒羊的粗大且数量多；藏羊的肺泡隔较小尾寒羊的厚（$P<0.05$），藏羊肺泡较厚与肺泡隔内富含毛细血管和弹性纤维含量较多有很大关系，肺泡隔内丰富的毛细血管说明肺内血液供给丰富，有利于肺动脉血液向肺内的灌注和减缓肺动脉压力的升高；而肺泡内较多的弹性纤维在肺强有力吸气后，有利于肺组织弹性回缩，促进肺内气体的排出。藏羊终末细支气管的管径大于小尾寒羊（$P<0.05$），有利于增加肺容量和提高气体交换量。藏羊和小尾寒羊肺组织在光学显微镜下的基本结构相同，均由气体导管部和呼吸部及血管神经等间质组织构成，但因两种动物所处生态条件差异较大，特别是受高原低氧的影响，藏羊肺组织在长期自然进化中形成了一些适应高原低氧环境的组织学结构特点，特别是形态测量指标上的一些特点。这些特点大多与藏羊肺组织适应高原低氧有关，是藏羊肺组织适应高原低氧的重要形态学特点。

冶政云等（2000）为利用陶赛特绵羊优良特性，充分利用杂种优势进行肉羊高效益生产技术开发，并筛选出了生长发育快、早熟、体大、产肉性能和繁殖性能高的杂交组合，提高了肉羊生产水平。在高寒牧区天然放牧条件下，进行羔羊肉生产。杂交一代羔羊平均初生重 3.12kg，4 月龄断奶重 27.14kg，4 月龄羯羔胴体重 12.52kg，屠宰率 46.14%，净肉率 74.36%，显著高于当地藏系羔羊。试验结果显示，利用陶赛特肉用公羊与当地藏系羊杂交，杂种优势明显，同等饲养管理条件下，杂种羔羊生长发育快，具有明显的肉用体型，为各地进行肉羊业生产提供了科学依据。陶×藏杂一代表现出放牧采食性好、生长快、产肉多、适应性强，且比较适合于牧区放牧育肥，有条件的地区，如能提前产羔，采取放牧加补饲的育肥模式，将获得更大的经济效益。

王欣荣等（2011）选择 15 只 1～6 岁的甘南草地型藏羊进行屠宰性能和肉品质测定，比较不同年龄藏羊产肉力及食用品质的优劣。结果表明，随着藏羊年龄的增长，屠宰指标会发生相应的变化。5 岁时，宰前活重、胴体重分别达到 64.50kg 和 29.39kg，4 岁时屠宰率和眼肌面积分别为 45.54% 和 20.86cm²；1～3 岁羯羊背膘厚度（GR）较低，3 岁之后脂肪含量逐渐增多。在肉品质指标中，5 岁以上藏羊肌肉中氢离子浓度增高，羊肉不宜贮存过久；3～5 岁的羯羊肉嫩度好，剪切力值低；1～3 岁的藏羊失水率偏高，但熟肉率好；4～6 岁藏羊的失水率低，但熟肉率较低。因此，从甘南草地型藏羊的产肉性能和肉用品质指标来看，5 岁之前的藏羊肉仍然有较好的利用价值。

李文文等（2013）为探索 GH 基因与绵羊产肉性能的相关性，利用 PCR-SSCP 方法，对甘肃甘南"欧拉型""甘加型"和"乔科型"藏羊（共 154 只）GH 基因第 4 外显子进行了多态性检测，并从其中随机选择 62 只（"欧拉羊"22 只、"甘加羊"22 只、"乔科羊"18 只）进行肉品质测定及相关性分析。结果表明，甘南藏羊 GH 基因在第 4 外显子存在 AB 和 AA 两种基因型，AB 型个体在 1 286bp 处存在 T/C 的杂合；检测到的多态位点与产肉性能相关性分析表明，"欧拉羊"AA 型个体的屠宰率和剪切力显著高于 AB 型个体（$P<0.05$），但 AB 型个体的背最长肌在宰后 24h 时的 pH 显著大于 AA 型（$P<0.05$）；"甘加羊"与"乔科羊"不同基因型各指标间均差异不显著（$P>0.05$），说明该位点对"欧拉羊"的产肉性能具有一定的相关性。郭淑珍等（2013）对欧拉羊与山谷型藏羊杂交试验组和山谷型藏羊本交对照组所产的后代进行了初生、3 月龄、6 月龄、12 月龄、18 月龄的体重跟踪测定和差异显著性检验。结果表明，欧山杂交 F₁ 代公、母羊初生至 3 月龄、3～6 月龄、6～12 月龄、12～18 月龄日增重分别比同期对照组后代日增重均快，差异极显著（$P<0.01$），并且随着月龄的增加，日增重降低。说明欧山杂交后代的生长速度在初生至 12 月龄增长速度快，而 12～18 月龄的增长速度减慢，适宜羔羊肉生产。

四、产业现状

藏羊是我国著名的粗毛羊品种，作为母系品种曾参与了青海细毛羊、青海高原毛肉兼用半细毛羊、凉山半细毛羊、云南半细毛羊和澎波半细毛羊等新品种的育成。藏羊 1989 年收录于《中国羊品种志》，草地型西藏羊 2000 年被列入《国家畜禽品种保护名录》，2006 年列入《国家畜禽遗传资源保护名录》。现采用保种场保护。2006 年在西藏阿旺地区建立了阿旺绵羊资源保种场。2008 年年底藏羊存栏数在 2 300 万只以上。近 15～20 年来，藏羊数量恢复或略有增长，但选育程度低，品种整齐度较差。

青藏高原气候严寒，生态脆弱，近年来草地的不合理运用，尤其是超载放牧、草原建设落后、鼠害等，使草场大面积退化、沙化和荒漠化，在川西北草地型藏羊等牲畜近几年群体质量没有提高，但数量发展迅速，严重超载放牧，草畜矛盾十分突出。

五、其他

藏羊除肉质鲜美深受消费者追捧外，高原型藏山羊也以生产优质山羊绒而闻名于世。青海藏羊羊毛纤维长、弹性好、强度大、富光泽，"西宁毛"驰名国内外，不仅是纺织地毯的优良原料，而且还是生产长毛绒的上等原料。至 2011 年，青海省已经连续 6 年举办了"世界地毯博览会"，地毯远销中东、欧美等地，地毯产业不断壮大。

第三节　宁蒗黑绵羊

一、概况

宁蒗黑绵羊（Ninglang Black sheep）属肉毛兼用型绵羊地方品种，是在云南省丽江市宁蒗彝族自治县特殊的自然环境条件下，经自然选择和当地少数民族长期的人工选择而形成的地方遗传资源。该品种1987年被收入《中国畜禽遗传资源名录》，2010年通过国家畜禽遗传资源委员会鉴定，2011年被评为云南省"六大名羊"之一。

宁蒗黑绵羊主产于云南省丽江市宁蒗彝族自治县，分布于玉龙、永胜、华坪等县，在永宁、宁利、烂泥箐、翠玉、大兴、红桥、蝉战河、战河、新营盘、跑马坪、永宁坪11个乡镇亦有广泛分布。

产区宁蒗彝族自治县位于北纬26°35′～27°56′、东经100°22′～101°16′，地处云南省西北部、横断山脉中段东侧、青藏高原与云贵高原过渡的接合部，与四川大凉山相连，俗称"云南小凉山"。境内有金沙江和雅砻江水系。绵绵山脉自南而北纵贯全境，江河纵横切割形成了高山峡谷相间的地形，构成复杂多样的高原小盆地、金沙江峡谷、高原条状山地、高原谷地、河流冲积地貌。地势北部和西部较高，东部和东南部较低。平均海拔2 800m，境内白岩子山主峰最高海拔4 510.3m，最低点在宁利乡金沙江畔子补河口，海拔1 350m。气候属低纬高原季风区，干湿季分明。因受高原和高山峡谷地形的影响，立体气候显著，年平均气温12.70℃，年极端最低气温为－9℃左右，年极端最高气温将达到30℃左右，在10℃以上的积温为3 782℃；无霜期150～170d；年降水量918mm，相对湿度69%。年平均日照时数2 321h，日照率53.80%。年平均风速3.3m/s。土壤以棕壤和黄棕壤为主。全县耕地面积2.62万hm²，农民人均占有耕地0.11 hm²。农作物以马铃薯、荞麦、燕麦、玉米、稻谷、大豆、杂豆等为主。天然草山草坡面积29.88万hm²，多年生人工草场1.18万hm²，光叶紫花苕0.5hm²，年产鲜草及农作物秸秆140.97万t，有山地灌木丛类、山地草丛类、山地灌丛类、高山草甸类、撂荒地类5个草地类型（国家畜禽遗传资源委员会，2011）。

宁蒗黑绵羊长期生长在冷凉地区，具有遗传性能稳定、体质结实、体格较大、行动敏捷、耐高寒等优点，缺点是产毛量低，有髓毛含量高。由于该品种在当地长期粗放饲养管理，因而具有适应冷凉山区多变的环境条件，具有性情温顺、易管理、抗病性强、饲料利用范围广、采食能力强、耐粗饲等特点。

二、特征与性能

（一）体型外貌特征

1. 外貌特征　宁蒗黑绵羊全身被毛为黑色，额顶有白斑（头顶一枝花）者占76.4%，尾、四肢蹄缘为白色者占66.5%，被毛稀粗有异质。头稍长，额宽微凹或稍平，鼻隆起，耳大前伸，眼睛中等大小，灵活；公羊大多有螺旋形粗角；母羊一般无角，有角的比例只占31.3%，有角者为姜角。颈部长短适中，颈肩结合良好。体躯丰满，近长方形，胸宽深，肋骨开张，背腰平直，体躯较长，腹大充实，尻部匀称。四肢粗壮结实，蹄质坚实呈黑色，尾细而稍长。骨骼粗壮结实，肌肉丰满。母羊乳房圆大紧凑，发育中等；公羊睾丸大，左右对称（图5）。

2. 体重和体尺　宁蒗黑绵羊体重和体尺见表2-4。

表2-4　宁蒗黑绵羊体重和体尺

性别	只数	体重（kg）	体高（cm）	体长（cm）	胸围（cm）	尾长（cm）	尾宽（cm）
公	20	42.55±5.77	64.63±3.34	67.95±3.19	83.13±7.66	20.03±2.61	4.38±0.89
母	80	37.84±3.15	61.76±3.42	65.88±4.00	79.13±6.62	19.19±2.18	3.90±0.82

注：2006年11月在西川乡的沙力和跑马坪乡的跑马坪、二村、沙坪坪测定。

资料来源：国家畜禽遗传资源委员会，2011。

（二）生产性能

1. 产肉性能 宁蒗黑绵羊屠宰性能见表 2-5，宁蒗黑绵羊肌肉主要化学成分见表 2-6。

表 2-5 宁蒗黑绵羊屠宰性能

性别	只数	宰前活重（kg）	胴体重（kg）	屠宰率（%）	净肉率（%）	肉骨比
公	15	35.41±4.72	15.74±2.03	44.45	35.47	3.95
母	15	35.81±2.72	16.16±1.62	45.13	34.87	3.40

注：2007 年 7 月对 12 月龄以上公、母羊进行测定。
资料来源：国家畜禽遗传资源委员会，2011。

表 2-6 宁蒗黑绵羊肌肉主要化学成分

性别	只数	水分（%）	粗蛋白（%）	粗脂肪（%）	粗灰分（%）
公	15	71.26±2.80	21.42±1.34	6.29±3.40	1.03±0.08
母	15	70.72±4.02	20.90±1.82	7.37±5.40	1.01±0.12

资料来源：国家畜禽遗传资源委员会，2011。

2. 繁殖性能 公羊性成熟在 7 月龄左右，初配年龄为 12～18 月龄，利用年限 5～8 年。自然交配比例为 1∶15～20 只。公羊寿命 10 年左右。母羊初情期 6 月龄左右，12 月龄配种。春、秋两季发情，但主要在 6～9 月发情配种（6～7 月为发情高峰期）。发情周期 16～19d，发情持续期为 1～3d；妊娠期为 150d。一年产一胎，产单羔。初生重公羔 3.2kg，母羔 2.7kg；哺乳期平均日增重 90g。4 月龄断奶公羊重 14.8kg，母羊重 13.5kg。断奶成活率 81.5%。母羊利用年限 5～6 年，7 岁后开始淘汰。一般饲养条件下寿命可达 12 年左右。

三、研究进展

饶家荣等（1999）应用红细胞 C_3b 受体花环（C_3bRR）和免疫复合物花环（ICR）试验，证实了宁蒗黑绵羊红细胞表面存在补体 C_3b 受体（C_3b receptor，C_3bR），表明红细胞免疫系统（red cell immune system，RCIS）的概念亦适用于这种动物。宁蒗黑绵羊的 RCIS 有其独特之处，研究结果统计分析得知，宁蒗黑绵羊红细胞 C_3bRR 率及 ICR 率分别 16.87 和 13.96，C_3bRR 率和 ICR 率间差异极显著（$P<0.01$）。从其研究结果可知，宁蒗黑绵羊红细胞上"占位"CR1 数目与"空位"CR1 数目存在着极显著差异（$P<0.01$）。对宁蒗黑绵羊红细胞 C_3bRR 和 ICR 分别代表红细胞表面 C_3b "空位"和"占位"状态的含义作出了新的解释。

陈红艳等（2007）运用 29 个微卫星位点，采用 POPGENE 软件，分析云南 4 个地方绵羊品种间的亲缘关系。研究结果发现，宁蒗黑绵羊和迪庆绵羊先聚到一起，其次和昭通绵羊、腾冲绵羊聚到一起。4 个绵羊品种处于同一水平，说明它们之间的分化不大。其中，腾冲绵羊和昭通绵羊亲缘关系较远，而宁蒗黑绵羊和迪庆绵羊则较近。这既与其绵羊品种生存的地理位置相一致，也与兰容等（1998）利用 mtDNA 和血液蛋白研究云南绵羊多态性的研究结果一致。从计算结果可以看出，4 个绵羊品种亲缘关系较近，而同一性较高。这在一定程度上说明云南绵羊祖先的共同性。

肖建华等（2011）为了解宁蒗黑绵羊消化道寄生虫感染情况，以提供防治措施，随机直肠采集新鲜粪样 26 份，通过漂浮法和沉淀法检查寄生虫，麦克玛斯特氏法（McMaster's method）计数虫卵，结果：线虫卵检出率 100%，其中检出 6 份毛尾线虫卵，检出率 23.08%，EPG 从 33～2375 不等。沉淀法未检出虫体，检出 21 份吸虫卵，检出率 80.77%，其中检出 7 份列叶吸虫卵，检出率 26.92%，EPG 为 33～800。结果提示，吸虫和线虫感染宁蒗黑绵羊相当严重，建议重视寄生虫病的监测和诊断并采取综合防治措施。

四、产业现状

2008 年末，宁蒗黑绵羊存栏 60 793 只，能繁母羊 29 485 只，用于配种的成年公羊 1 966 只。宁蒗黑绵羊从未开展种质资源保护和提出保种、利用计划及建立品种登记制度，未进行生化或分子遗传等相关测定。目前主要是提供羊肉，羊毛用于擀制披毡和垫毡等民族特色产品，皮张用于制作羊皮褂或板皮出售。

五、其他

宁蒗当地各族人民自古就有养羊的习惯。在长期的生产生活中形成了"食其肉为贵、用其毛为荣"的绵羊利用等级观点，各民族喜披羊皮褂劳作、披毡避雨御寒和擀制"垫毡"床垫，婚丧嫁娶时以羊待客，做嫁妆、送回礼等。绵羊是当地各族人民重要的生产和生活资料。彝族是一个崇尚黑色与火的民族，喜披黑披毡，祭祀时需用7月剪的黑羊毛扎制灵牌，亲属必须用黑羊献祭；丧事时逝者必须盖用黑绵羊毛擀制的褶皱披毡，同时还要宰黑绵羊公羊作为断气羊和开路羊等习俗，对黑绵羊给予了极大的重视。因此，宁蒗黑绵羊是当地特殊的自然环境条件下的自然选择与各族人民长期的喜爱和人工选择而形成的遗传资源。

鉴于宁蒗黑头绵羊目前的现状，赵庭辉等（2010）提出了宁蒗黑绵羊的保护与开发利用的对策与措施。其内容主要是：①建立宁蒗黑绵羊保护区；②建立选育提高区；③建立商品基地建设区；④建立健全保种选育及开发利用的长效运行机制。

第四节　石屏青绵羊

一、概况

石屏青绵羊（Shiping Gray sheep）是一个以全身被毛青色为主要特征的肉毛兼用型地方绵羊品种，2012年被评为云南"六大名羊"之一。现已被列入《云南省畜禽遗传资源保护目录》及《中国畜禽遗传资源目录》。

石屏青绵羊中心产区位于云南省红河哈尼族彝族自治州石屏县北部山区的龙武镇、哨冲镇和龙朋镇。中心产区的3个乡镇位于北纬24°06′～23°47′、东经102°13′～102°43′，面积为876.39km²。境内山高水多，属典型的山地地貌。境内最高海拔2 544.2m，最低海拔860m。年平均气温18℃，年最高温度35℃，年最低温度7.5℃。相对湿度75%，无霜期240～300d。年平均降水量800～1 200mm，分旱、雨两季，5～10月为雨季，雨水多集中在6～8月，11月至翌年4月为旱季。土壤类型以红壤为主，占总数的83.83%，pH为4～6；紫色土占总数的8.43%，pH为4～6.5；燥红土、水稻土、冲积土分别占总数的3.45%、4.07%、0.22%。境内水利资源丰富，山谷间有坝塘、泉水、河流，有大小水库27座，龙潭51个。河流分属珠江水系和红河水系，主要河流有甸中河、小路南河、水瓜冲河、哨冲河等。中心产区与分布区的三乡镇，荒山荒坡及草山草坡面积4 398.7hm²，野生牧草主要以禾本科为主，菊科、蓼科、豆科次之。多为灌木林混杂草场，牧草覆盖度较高；其余为森林面积，以乔木林、灌木林较多。主要粮食作物有水稻、小麦、玉米、马铃薯。主要经济作物有烤烟、萝卜、甘蔗、油菜、水果（孔凡勇等，2011）。

石屏青绵羊具有行动灵活、善爬坡攀岩的独特性能。而且遗传性能稳定，性情温顺，耐寒、耐粗饲，适应性和抗病力强；肉质细嫩，味香可口。一年四季均以放牧为主，各种青草、树叶、灌木、农作物秸秆等均为该羊采食的饲料。但由于该品种尚未经过系统选育，再加上产区饲养水平较低，因此个体生产性能差异较大。

二、特征与性能

（一）体型外貌特征

1. 外貌特征　石屏青绵羊毛被以青色为主。头部、腹下、四肢被毛短而粗，为黑色刺毛，肤色为白色。体格中等，结构匀称，体质结实，呈长方形。头呈三角形，额宽，鼻梁隆起，耳小平伸，眼小有神。

公、母羊多数无角，少数有角者呈倒八字形（图6），为灰黑色。颈长短、粗细适中，肋开张较好，胸宽深，背腰平直，尻部稍斜，后躯比前躯稍高。四肢较细，腿较长，蹄质坚实、多呈黑色。尾细而短。母羊乳房圆小紧凑，公羊睾丸大小适中，左右对称；骨骼粗壮结实；肌肉发育良好（孔凡勇等，2011）。

2. 体重和体尺　石屏青绵羊成年体重和体尺见表2-7。

表2-7　石屏青绵羊体重和体尺

性别	只数	体重（kg）	体高（cm）	体长（cm）	胸围（cm）	胸宽（cm）	胸深（cm）	管围（cm）	尾长（cm）	尾宽（cm）
公	26	35.8±2.5	61.49±5.6	63.57±6.9	79.8±6.6	21.52±2.23	30.26±3.26	8.14±0.58	18.60±2.74	4.19±0.87
母	90	33.8±3.6	60.9±4.2	61.33±6.21	78.2±5.0	20.22±2.07	29.86±3.19	7.74±0.45	18.65±2.01	3.69±0.75

注：2006年在龙武、龙朋、哨冲三个乡测定。
资料来源：国家畜禽遗传资源委员会，2011。

（二）生产性能

1. 产肉性能　石屏青绵羊屠宰性能见表2-8。

表2-8　石屏青绵羊屠宰性能

性别	只数	宰前活重（kg）	胴体重（kg）	屠宰率（%）	净肉重（kg）	肉骨比
公	15	32.32±5.54	13.21±2.22	40.87±5.31	10.16±1.72	3.33
母	15	29.82±4.41	11.81±2.19	39.60±4.97	8.89±1.92	3.04

注：2006年12月由红河州畜牧站、石屏县畜牧局测定。
资料来源：国家畜禽遗传资源委员会，2011。

云南省动物营养与饲料重点实验室对30份样品的部分肉质指标进行了检测，结果见表2-9。

表2-9　石屏青绵羊部分肉质指标

样本数	粗水分（%）	粗蛋白（%）	粗脂肪（%）	粗灰分（%）	发热量（MJ/kg）
30	71.66±1.83	24.65±2.05	4.97±1.49	1.27±0.13	7.29±0.63

资料来源：国家畜禽遗传资源委员会，2011。

2. 繁殖性能　公羊7月龄进入初情期，12月龄达到性成熟，18月龄开始配种；母羊8月龄进入初情期，12月龄达到性成熟，16月龄开始配种。公羊利用年限3~4年，长者达6~7年；母羊利用年限6~8年，终生产羔7~9胎。公、母羊混群放牧，自由交配，公、母比例1:15左右，发情以春季较为集中。母羊发情持续期1~2d，发情周期16~24d，5~6月配种，10~11月产羔，妊娠期145~157d，产羔率95.8%，羔羊成活率95.5%。一般一胎一羔，公、母羔羊初生平均体重分别为2.9kg和2.6kg（孔凡勇等，2011）。

三、研究进展

通过数据库对该品种的检索，该品种暂未发现有关育种、繁殖、饲养等方面的研究进展。

四、产业现状

近年来，石屏青绵羊的保护工作受到了各级部门的高度重视，现已列为云南省省级畜禽遗传资源保护品种，列入《中国畜禽遗传资源目录》。目前采用保护区保护。2006年开展了石屏青绵羊畜禽遗传资源调查，进行了保种群、保护区的建设，群体整齐度有所改善，生产性能逐步提高。在龙武、哨冲两个乡镇建立2个保护区、8个保种群，在保护区和保种群内严禁饲养其他同类羊。存栏数由2006年调查时的933只发展到2009年的3 118只（其中能繁母羊1 967只、成年种公羊131只、后备羊1 020只），增长了234%，出栏615只，实现产值61.5万元。种草养畜的方式，农作物秸秆青贮、氨化等综合配套技术的推广，减少了过度放牧对生态环境的破坏，取得了较好的社会、生态、经济效益。但石屏青绵羊总群体数量仍较少，处于维持状态。目前石屏青绵羊尚未开展系统选育，也未引入过其他品种杂交，羊群处于自群繁育状态，遗传性能稳定，体型外貌特征基本一致（孔凡勇等，2011）。

石屏青绵羊肉质鲜美、营养丰富，已经成为老人、病人冬季进补的营养品。石屏青绵羊价格也持续上涨，2012年10月，鲜活青绵羊价格已达到每千克50元，与2007年的每千克22元相比，涨了1倍还多，经济收益相当可观（吕海英等，2012）。

五、其他

石屏青绵羊从何地而来，如何演变到目前的品种尚无据可考。据乾隆二十四年（1759年）《石屏州志（卷三）》毛部记载："马、牛、羊……"说明250多年前，石屏已饲养羊等家畜。另据康熙广西府志弥勒州物产志提到："兽之属：牛、马、驴、骡、羊……"，"家遇有婚姻丧葬……不过多畜牛、羊、鸡、猪数只，……每田主一来，科敛上者献牛羊……"说明到康熙年间，羊已成为了人们生活中不可缺少的重要部分。由于中心产区是彝族聚集的高寒山区，交通不便，彝族群众一般的婚丧嫁娶及举行各种重要活动都要宰羊，妇女喜欢用青绵羊皮做垫背、用毛毡子御寒防雨防潮；因此受当地彝族群众生产、生活、风俗习惯及自然环境条件的影响，经过长期自然选择和饲养驯化，逐渐形成了体型外貌较为一致的石屏青绵羊这一独特地方品种（孔凡勇，2011）。

2012年3月，农业部种羊及羊毛绒质量监督检验测试中心主任陶卫东、国家肉羊产业技术体系昆明综合试验站站长邵庆勇等专家到石屏县哨冲镇，对石屏青绵羊生活的自然生态环境、生物学特性、资源状况等进行了调查，并采集毛样、血样、肉样送国家测试中心检测。同时，制作的羊体标本作为我国一个新发现的绵羊遗传资源在国家级绵羊种质资源基因库展出。石屏青绵羊"落户"于农业部种羊及羊毛绒质量监督检验测试中心，标志着石屏青绵羊成为了我国又一个新的绵羊遗传资源。

第五节 巴什拜羊

一、概况

巴什拜羊（Bashbay sheep）是肉脂兼用粗毛型地方绵羊品种，因其由爱国人士巴什拜·乔拉克·巴平培育成而得名。20世纪初，牧民巴什拜从苏联迁居裕民县时带来500多只羊，后又购入本地哈萨克母羊作为母本，从带来的羊中严格选育优秀种公羊，同时导入野生盘羊进行杂交改良，通过牧民的长期精心选育，形成了体质结实、早期生长发育快、产肉性能好、对恶劣自然生态环境适应性极强的优良地方品种。

巴什拜羊的原产地为新疆塔城裕民县，该县位于塔城砰地西南部，该品种羊现主要分布于裕民、托里、额敏、塔城等县，博尔塔拉、伊犁、昌吉、乌鲁木齐、哈密等地也有少量分布。塔城地区位于新疆维吾尔自治区西北部、伊犁哈萨克自治州中部，横跨准噶尔盆地西北地带及准噶尔西部山区，北纬$46°09' \sim 47°03'$、东经$83°24' \sim 87°20'$，海拔$470 \sim 2\,800$m。塔城盆地地方系统可利用水资源总量17.47亿m^3，已利用7.68亿m^3，水资源利用率44%。塔城地区属中温带干旱和半干旱气候区，春季升温快，冷暖波动大。夏季月平均气温在20℃以上，炎热期最长90d，酷热期最长29d。秋季气温下降迅速，一个多月时间，气温可下降20℃。冬季严寒且漫长，持续期将近半年。年极端最高气温40℃，极端最低气温−40℃。塔城盆地降水量稍多，年平均降水量290mm，蒸发量1\,600mm。乌苏、沙湾和布克赛尔3个县所处的准噶尔盆地降水稀少，年平均降水不足150mm，蒸发量却高达2\,100mm。全地区年日照$2\,800 \sim 3\,000$h，无霜期$130 \sim 190$d。土地资源丰富，区域内分布的草甸棕钙土、荒漠化草甸土、暗色草甸土、冲击性草甸土及盐土等。土壤有机质积累较多，肥力较高。地区冬牧场主要牧草有狐茅、苔草；夏季牧场气候凉爽，牧草繁茂；春、秋牧场主要牧草有针茅、狐茅、灰蒿、博乐蒿、木地肤、旱雀麦等。

二、特征与性能

（一）体型外貌特征

1. 外貌特征　巴什拜羊毛色以红棕色为主，褐色、白色次之，头顶和鼻梁为白色，因而当地人也称其为白鼻梁红羊。头大小适中，耳宽长并下垂。母羊多数无角，头顶部的毛较长；公羊大都有角，角呈棱形。颈中等长，胸宽而深，鬐甲和十字部平宽，背平直。腿长而结实，蹄小而坚实。肌肉发育良好，股部肌肉丰满，沉积在尾根周围的脂肪呈方圆形，下缘中部有一浅纵沟，将其分为对称的两半，外面覆盖着短而密的毛，内侧无毛。母羊的乳房发育良好（图 7 和图 8）（国家畜禽遗传资源委员会，2011）。

2. 体重和体尺　巴什拜羊体重和体尺见表 2-10。

表 2-10　巴什拜羊体重和体尺

类型	性别	只数	体重（kg）	体高（cm）	体长（cm）	胸围（cm）	胸深（cm）
成年羊	公	35	85.7±8.3	74.1±2.7	76.7±2.9	101.1±5.9	35.2±2.0
	母	35	60.2±5.2	67.5±2.5	70.0±2.2	92.2±5.4	30.5±1.4
育成羊	公	35	60.4±4.9	67.2±2.0	71.0±2.2	89.2±3.2	32.3±1.3
	母	35	55.0±3.2	64.0±3.0	66.4±2.6	83.0±7.2	28.4±1.5

资料来源：国家畜禽遗传资源委员会，2011。

（二）生产性能

巴什拜羊产肉性能好，在放牧条件下 4 月龄断奶，公羔宰前活重 33.8kg，胴体重 19.0kg，屠宰率 56.2%，净肉率 45.8%，肉骨比 4.4；母羔宰前活重 30.1kg，胴体重 16.7kg，屠宰率 55.5%，净肉率 44.8%，肉骨比 4.2。巴什拜羊 6 月龄性成熟，初配年龄为 18 月龄。母羊发情周期 18d，发情持续期 24~48h，妊娠期 150d；年平均产羔率 105.0%，羔羊成活率 98.0%。初生重公羔 4.4kg，母羔 4.3kg；断奶重公羔 36.4kg，母羔 34.8kg；哺乳期平均日增重公羔 267.0g，母羔 254.0g。

三、研究进展

巴什拜羊是 20 世纪 40 年代培育出来的哈萨克羊的一个重要分支，由巴什拜主持培育而成。巴什拜是当时全疆最大牧主，塔城地区第一任专员，家畜育种实干家（决肯·阿尼瓦什，2010）。

近年来畜牧科技工作者针对巴什拜羊也作了很多研究。

买买提明巴拉提等（1999）对 4.5 月龄公羔（n=87 只）的产肉性能进行了测定，并与国内几个肉用品种羔羊的产肉性能进行了比较。结果显示，4.5 月龄巴什拜羔羊的屠宰率、骨肉比、净肉重和净肉率均明显高于其他品种羔羊；肉用型巴什拜羊羔羊的胴体外形美观，脂肪沉积量适中，皮肤薄而疏松，骨骼较短而细，羔羊的肌肉细嫩坚实、多汁，脂肪主要集中在尾部，其余的分布在体表和肌纤维间，无膻味。羔羊的胴体粗圆，背部肌肉厚实，倒挂起来两后腿之间呈 U 字形。决肯·阿尼瓦什等（2007）对 4~4.5 月龄巴什拜断奶羔羊进行肉质分析。结果表明，羔羊肉中必需氨基酸含量（8.83%）和鲜味氨基酸含量（6.44%）的合计在氨基酸总含量（17.3%）中所占的比例高达 88.27%。说明巴什拜羔羊肉细嫩多汁，营养价值高。

克木尼斯汉·加汉（2002）为深入了解巴什拜羔羊的增重规律，对部分公、母羔羊从初生重到 4 月龄体重进行了定期测量。结果发现，巴什拜羊早熟性能较突出，羔羊出栏体重、生长速度和胴体品质均符合肥羔生产要求，但巴什拜羊繁殖力（110%）与世界部分肉用羊品种相比稍低。因此，在纯繁生产肥羔时，从遗传育种方面应改进提高双羔基因频率，而在经济杂交生产肥羔时，将巴什拜羊作为杂交父本是最理想的。吴景胜等（2009）为探讨双羔素对巴什拜羊繁殖性能的影响，选择 50 只经产母羊作为试验组并注射双羔素，以同一养殖小区内的未经处理的 452 只经产巴什拜母羊作为对照组，观察测定产羔率和双羔率。结果显示，试验组 50 只产羔 61 只，产羔率 122%，对照组 452 只产羔 464 只，产羔率 102.65%。试验组产羔率比对照组提高了 19.34%（$P<0.01$）。试验证明，注射双羔素可提高巴什拜羊母羊产羔率。

决肯·阿尼瓦什等（2007）对野生盘羊与巴什拜羊第二代杂种羔羊生长发育进行测定，通过对第二代杂种羔羊初生前的生长发育、哺乳期的生长发育测定，并且绘制了累积生长、绝对生长和相对生长曲线图，计算分析生长发育的速度、强度等指标，并与纯巴什拜羔羊比较。测定结果表明，第二代杂种羔羊在胚胎期四肢生长强度比体躯强，这一点继承了盘羊的遗传特性；从初生到断奶期间体躯的生长速度和强度较好，这方面继承了巴什拜羊早期生长发育快的遗传特征，但在体尺指标和外部特征上野生基因占优势，为今后巴什拜羊与野生盘羊杂交改良工作提供科学依据。随后，决肯·阿尼瓦什等（2010）又对野生盘羊与巴什拜羊进行导入杂交和回交，通过对杂交一代和一二代回交后代生长发育、肉用表型、脂臀大小、外形体质、肉成分的变化进行观察及测定，并与纯巴什拜羔羊进行了比较。结果表明，一二代回交后代羔羊在体尺指标和外部特征上野生基因占优势，脂臀减少，有些母羊几乎没有脂臀，脂肪含量和胆固醇含量降低，蛋白质含量和瘦肉率明显提高。这在减少脂臀体积及提高羔羊肉性能生产方面提供了科学依据。海拉提·库尔曼等（2012）对野生盘羊与纯巴什拜羊杂种后代的生长发育、总繁殖率、常见病发病率、抗寒能力等适应性性状与纯巴什拜羊进行了比较。结果表明，杂种一代羊的适应性较差，而回交二代羊的适应性（总繁殖率 105%，4.5 月龄体重达 35.8kg，常见病发病率 3.3%）最好，杂交效果明显，是培育瘦肉型巴什拜羊新品系的主要组合。

努尔太等（2002）利用引进的优质萨福克羊与巴什拜羊进行杂交，对其杂交一代羔羊产肉性能进行测定。结果发现，杂交一代初生、4 月龄、6 月龄、8 月龄体重均高于巴什拜羊。去势公羔经过适当育肥屠宰后效果更为明显，具有父本明显的生长发育快、适应性强等特点，同时具有母本对环境的适应性。阿德力（2005）选择 3~4 岁、体重相近的适龄小尾寒羊和巴什拜羊母羊各 90 只作母本，成年萨福克公羊、小尾寒羊公羊、巴什拜公羊各 2 只作父本，组成 4 个杂交组合，以小尾寒羊和巴什拜羊为两个纯繁对照组。采用人工授精的方法，待产羔完毕，在相同的饲养环境下，于 8 月龄时进行屠宰试验和产肉性能分析。萨（♂）×巴（♀）和萨（♂）×寒（♀）的后代胴体重比巴什拜羊和小尾寒羊分别高出 5.72kg 和 4.12kg，净肉重比巴什拜羊和小尾寒羊分别高 4.81kg 和 3.86kg，增重显著（$P<0.05$）。但萨（♂）×巴（♀）的后代胴体重、净肉重比小尾寒羊分别高出 12.01kg 和 10.49kg，增重极显著（$P<0.01$）。因此，适当引进一些萨福克种羊对提高羊肉产量有一定的益处。

四、产业现状

巴什拜从 1919 年开始从地方品种哈萨克羊中选出优良母羊作为母本，以选育出类拔萃的种公羊，严格选种选配，历经 30 年（1919—1949 年）精细培育出了白鼻梁，且体躯棕红色的肉用型粗毛脂臀优良绵羊品种。20 世纪 40 年代末，巴什拜羊在原产地裕民县纯种的总存栏数达 1.5 万多只。新中国成立后，托里、额敏和塔城等地对巴什拜羊进行了大力推广，无论数量或质量巴什拜羊都有了很大的发展和提高（决肯·阿尼瓦什，2010）。1978 年塔城地区畜牧兽医站提出保留巴什拜羊这个地方良种的方案，并在裕民种羊场建立了巴什拜羊核心群。1982 年开始，在地、县有关部门的重视下，以新疆农业大学哈米提·哈凯莫夫教授为首的专家组对巴什拜羊进行了系统的调查和研究；同时，制订了巴什拜羊要经过本品种选育来提纯复壮的周密的育种计划，进行了严格淘汰、选种选配、人工授精、生长发育的测定研究，羔羊的屠宰鉴定、肉品质的测定、产肉性能指标的统计分析，开始了整群选育工作。选择主要指标基本符合要求的 2 400 多只羊组建核心群，经过 3 年的选育提高，于 1985 年制定了巴什拜羊的品种鉴定标准，1989 年自治区畜牧厅和标准局审定批准并颁布了巴什拜羊标准（BZ16500B43002-89）（决肯·阿尼瓦什，2010）。通过对巴什拜羊的进一步选型培育和扩繁推广方面的大量工作，在 2007 年，经过重新审定，经自治区畜牧厅和标准局审核通过颁布了巴什拜羊新标准（DB65/T2760-2007）。

针对巴什拜羊的科研项目也很多。在 1992—1996 年有"八五"重大项目"巴什拜羊羔羊肉生产体系的建立与推广",1999—2002 年自治区农办发展了巴什拜羊"羔羊肉加工产业化生产配套技术推广"项目,2004 到 2012 年间实施了《引用野生盘羊培育小尾型巴什拜羊新品系》《裕民县发展 20 万只标准化巴什拜羊产业化基地》《巴什拜羊新类型选育》《巴什拜羊产业化生产》等科技项目。

经过 10 余年的保种选育提纯和推广,该品种的基因库基本得到了保护,繁育了红毛品系、黑毛品系、白毛品系和瘦肉型品系 4 个品系。在 2010 年全地区推广的巴什拜羊及其改良羊已达到 120 多万只(克木尼斯汉·加汉,2010)。

五、其他

巴什拜羊被毛以棕红色为主,褐、白色次之。产毛量大于其他粗毛羊品种。每年春、秋各剪一次毛。绒毛含量大,有髓毛较细,含少量干死毛,被毛光泽好。成年公羊年产毛 1.63~1.89kg,成年母羊年产毛 1.23~1.27kg。

当年出生的巴什拜羊冬羔,到深秋季节往往能够宰出 20kg 的连骨羊肉。巴什拜羊生长迅速的特性,使其在新疆众多绵羊品种当中,成为罕见的、一年当中需要剪两次羊的品种羊。一次在 5 月下旬,一次在 9 月下旬。粗羊毛虽然廉价,但是却提供了游牧生活离不开的、制作毛毡的原料。

在牧民的游牧生活当中,修建毡房需要用毛毡,毡房里防潮御寒的物品需要用毛毡,夏日里在草原小憩要铺毛毡,招待客人时还要用毛毡当垫子。不仅如此,毛毡还是美化牧民起居生活的装饰品,经过刺绣剪切的毛毡称为花毡,花毡挂在墙壁上就成了漂亮的装饰挂毡,铺在炕上同样是一种美的享受。一般情况下,5 月剪的羊毛质地较差,用于擀制修建毡房时用的毛毡,而 9 月剪的羊毛则用来擀制各种床上用品。

前几年,由于牧民定居、牧区用毡量下降等原因,巴什拜羊毛几乎成了无人问津的废品。近年来,随着新疆草原风情旅游热的兴起,市场对传统毡房以及毛毡制品需求量大增,巴什拜羊毛又有了用武之地。

第六节 巴音布鲁克羊

一、概况

巴音布鲁克羊(Bayinbuluke sheep)原称茶腾大尾羊,现称巴音布鲁克黑头羊,是肉脂兼用粗毛型绵羊地方品种。巴音布鲁克羊具有遗传性能稳定、早熟、耐粗饲、抗病力强,当年羔羊入冬前能长到成年羊的 60%,对当地恶劣的生态气候条件适应性强等优点,是新疆三个大尾羊绵羊品种之一(耿岩,2008)。

巴音布鲁克羊主产区在新疆巴音郭楞蒙古自治州的和静、和硕、焉耆、轮台等县,既是巴音郭楞蒙古自治州的当家品种,又是巴音布鲁克高山草原的主体畜种。巴音布鲁克大草原,草场总面积 191.47 万 hm²,是仅次于内蒙古鄂尔多斯的全国第二大草原,也是巴州和新疆发展畜牧业生产的一个主要基地。巴音布鲁克区位于和静县境内西北部,北纬 42°41′~43°21′,东经 83°~84°31′。东起查汗努尔和哈尔嘎特达坂,西至克尔乌松,南起克肯尼克和科克铁克两达坂,北至那拉提额肯两达坂,形成天山中部高山山间盆地,平均海拔 2 500m,四周群山环抱。由于高海拔和雪山环抱,因此形成了特殊小气候区,夏季凉爽,冬季寒冷,春季多风、干旱、少积雪;年平均气温 4.5℃,最低温度−48.1℃;绝对无霜期62d,绝对降水量 269mm,降水多集中在 6~8 月,年蒸发量 1 023~1 248mm,相对湿度 70%。年平均日照时数 2 529h,年平均风速 2.7m/s。积雪期 150~180d。该区水源充足,有大面积沼泽,沼泽地带的山前平原坡度平缓,水草丰富。巴音布鲁克区总面积 245 万 hm²,可利用面积 78 万 hm²。整个草原大体分为三个类型:高寒草原草场约 44.6 万 hm²,高寒草甸草场 98.9 万 hm²;高寒沼泽草场 10.1 万hm²。土壤以亚高山草甸土为主,植被以密丛禾本科草为主。草层矮,一般在 20cm 左右,覆盖度30%~50%。牧草耐寒、耐旱,耐牧性强,营养价值高,但产量低,一般产鲜草 11 740kg/hm²,鲜草总贮量 48.6 亿 kg,标准载畜量 155 万个绵羊单位(耿岩,2008)。

二、特征与性能

(一)体型外貌特征

1. 外貌特征 巴音布鲁克羊体质结实,结构匀称,体格中等。头较窄、长,鼻梁隆突、弯曲,两眼微凸,耳大下垂。公羊有螺旋形角,母羊有的有小角,有的仅有角痕。后躯发达,腿长,背腰平直而长,臀部稍高于鬐甲,四肢结实,蹄坚实。体躯较窄、长。毛色多黑头白身,头、颈也有棕色、黄色、花色。以黑头白身为标准色,为异质毛。短脂尾,尾部脂肪沉积,呈方圆形,平直或稍下垂,尾下缘中部为一浅纵沟,将其分成对称的两半(图9和图10)(国家畜禽遗传资源委员会,2011)。

2. 体重和体尺 成年巴音布鲁克羊体重和体尺见表2-11。

表2-11 巴音布鲁克羊成年羊体重和体尺

性别	只数	体重(kg)	体高(cm)	体长(cm)	胸围(cm)	胸深(cm)
公	30	59.0±19.8	74.4±6.5	82.8±9.6	93.5±11.3	35.9±4.7
母	66	45.0±9.6	71.2±4.2	76.0±4.7	86.1±7.3	31.5±3.6

资料来源:国家畜禽遗传资源委员会,2011。

(二)生产性能

1. 产肉性能 巴音布鲁克羊初生重公羔3.85kg,母羔3.67kg。4月龄平均体重公羔26.84kg,母羔26.94kg。成年羊平均体重公羊69.5kg,母羊43.2kg。成年公羊宰前体重63.25kg,胴体重29.41kg,屠宰率46.5%;当年羔宰前体重30.4kg,屠宰率44.1%(金花,2003)。

2. 繁殖性能 巴音布鲁克羊5~6月龄性成熟,初配年龄1.5~2岁。母羊发情周期17d,妊娠期145~150d;产羔率97.0%,羔羊成活率91.7%。羔羊初生重公羔3.9kg,母羔3.7kg;断奶重公羔26.8kg,母羔26.9kg;哺乳期平均日增重公羔191g,母羔194g(国家畜禽遗传资源委员会,2011)。

三、研究进展

巴音布鲁克羊虽然具有早熟、耐粗饲、抗寒抗病、适应高海拔地区等特点,但作为肉用品种,其繁殖率低,体重偏小,前躯偏窄,尾巴大,产肉性能差,尤其是胴体脂肪过多。这些缺陷的存在直接影响了巴音布鲁克羊的经济效益。为提高当地羔羊经济效益和改良自身缺陷,乌云毕力克等(2012)以体格大、后躯发育良好、繁殖力高(产羔率为150%~250%)的德国美利奴羊作为父本,巴音布鲁克羊作为母本进行杂交试验,并对德巴F_1代羔羊的产肉性能进行了测定。结果表明,德巴F_1代增重效果明显,采食好,生长速度快,上膘快,肉质鲜嫩,无论是胴体重、净肉重,还是屠宰率、净肉率均高于巴音布鲁克羊。此研究为进一步探讨德美公羊与当地巴音布鲁克羊杂交效果及确立最优杂交组合提供了依据。

为全面掌握巴音布鲁克羊各阶段的生长特点,有针对性地加强各生产阶段的饲养管理,达到提高巴音布鲁克羊生产性能,科学有效地指导当地畜牧业的生产,尼满等(2009)针对巴音布鲁克羊的生长规律进行了研究。其选择0~6月龄的纯种巴音布鲁克羊羔羊和巴音布鲁克羊经济杂交羔羊,在自然放牧状态下,观察羔羊生长规律及经济杂交效果。通过对母羊妊娠后期进行补饲,研究补饲对羔羊产后生长的影响。结果表明,巴音布鲁克羊从出生到6月龄的过程中,2~3月龄增长最快,其次是1~2月龄、0~1月龄,4~5月龄体重下降,5~6月龄又开始增加。妊娠后期母羊补饲对羔羊产后生长没有明显影响。经济杂交羔羊杂交优势明显,公、母羔羊累计生长体重均极显著高于纯种巴音布鲁克羔羊。因此,根据羔羊生长规律,加强羔羊生长高峰期营养和管理,是提高巴音布鲁克羊经济效益的重要措施。

巴音布鲁克羊曾经被多个品种进行过杂交改良。新疆细毛羊育成后,巴州地区掀起了一股细毛羊推广热,当地从1953年起用细毛羊杂交改良巴音布鲁克羊。由于细毛羊不适应当地气候条件,因此杂种细毛羊的繁殖及成活率低。马学光等(1994)从1986年开始,先后三次从青海省引进毛肉兼用型半细毛种羊200余只,并将其终年放牧于和静县巴音布鲁克牧区的伊科扎克斯台牧场,主要开展了对引进种羊的原种繁殖与适应性观察和对巴音布鲁克羊杂交改良效果的测试工作。结果显示，引进种羊本身的适应性是好的，具有较强的抓膘能力和抗病力，羊毛质量良好，对当地羊的改良效果也比较明显。但是，由于产羔期间当地气候多变等原因，羔羊死亡率高。若该项试验有必要进行下去，在改良方式上除需实行二代横交固定外，还必须注意产羔期间的护理工作和加强种羊冬、春补饲与兽医防治工作，在提高羔羊成活率上下功夫。这样才能保证改良工作的继续进行和经济效益的明显提高。

陈维伟（2007）在研究中发现巴音布鲁克羊品种退化非常严重，主要表现在体型变小、体重下降、毛色变杂等较严重的退化现象。并在 2005 年对 2 597 只当年生巴音布鲁克羔羊进行屠宰称重，测定胴体重，平均每只为 10.2kg；同时，对巴音布鲁克区某单位的 104 只该品种当年生羔羊进行屠宰称重，平均胴体重每只为 7.1kg。而同期对 101 只当年生伊犁羔羊进行屠宰称重，其平均胴体却为每只 16.7kg，相比之下二者存在很大差异；与几年前测定的每只 13.8～16.8kg 的结果相比，也有了明显下降。究其原因，主要包括畜牧业生产管理薄弱、种公羊管理不规范、近交退化严重、饲养管理水平低、草场资源严重退化、存栏规模不断增大、草畜矛盾突出等。为维护草地植被，保护草原生态，尼满等（2007）设计试验在冷季对巴音布鲁克羊进行补饲，并从中探索能否提高其产肉性能。试验证明，在巴音布鲁克特殊的环境气候条件下，依靠放牧加补饲对巴音布鲁克羊的生长是非常有利的。并且这样可以避开每年 9、10 月份羊只出栏的高峰期，而在元旦、春节羊肉价格较高时上市销售，也可以保持很好的膘情，从而依靠时间差来取得比较高的经济效益。

喻世刚等（2010）通过选择胎次一致、产羔日期接近、所产羔羊初生重差异不显著的健康巴音布鲁克母羊 15 只，分别于 40d 和 60d 实施早期断奶，研究早期断奶对巴音布鲁克羊母羊血清生长类激素及生殖激素浓度的影响。结果表明，早期断奶更利于母羊正常生理机能的维持，对卵巢周期恢复和生殖功能重建具有一定促进作用。方光新（2010）同样通过对 40 和 60 日龄的巴音布鲁克羊进行早期断奶，饲喂不用粗蛋白水平的代乳料，测定试验羔羊血清中免疫类指标，研究早期断奶对巴音布鲁克羊羔羊的应激反应及免疫的影响。结果表明，对 40 和 60 日龄巴音布鲁克羊羔实施早期断奶，对羔羊机体免疫会造成不良影响，存在一定的应激；但羔羊生长到 90 日龄时，机体免疫力逐渐恢复到正常水平。

四、产业现状

新疆细毛羊育成后，当地从 1953 年起用新疆细毛羊杂交改良巴音布鲁克羊，到了 1960 年被改良的母羊达到 17 万余只。但是由于细毛羊不适应当地的气候条件，杂种细毛羊的繁殖成活率很低，1964 年当地停止了对巴音布鲁克羊的杂交改良，同时确定了巴音布鲁克区被规划为巴音布鲁克羊繁育基地。地区在各乡建立核心母羊群，除了少量的与外来羊种进行杂交改良外，巴音布鲁克羊主要以本品种选育为主。该地区在 1990 年颁布了《巴音布鲁克羊标准》，这也促进了巴音布鲁克羊本品种的选育改良，提高了巴音布鲁克羊品质（管永平，2002）。巴音布鲁克羊于 1989 年被收录《中国羊品种志》。

巴音布鲁克羊的主产区是新疆巴音郭楞蒙古自治州和静县，该县巴音布鲁克羊的数量占全州绵羊总数的 43％以上。而整个巴音布鲁克羊的群体数量由 1980 年的 53.5 万只发展到 2007 年的 57.7 万只，在 2009 年全州数量达到 120 万只（尼满，2007）。

五、其他

资料显示，巴音布鲁克羊是蒙古汗国元太祖十四年到太祖十九年由蒙古族带入的蒙古羊与当地土种羊杂交，结果改良优势明显。到了 1771 年，土尔扈特、和硕特回归祖国，带回一批欧俄羊种，与当地改良的蒙古羊再次杂交繁育，通过长期的风土驯化，在巴音布鲁克这个特定的环境中，由蒙古族牧民精心培育而成的品种（管永平，2002）。

近年来，巴音布鲁克羊品种退化严重。为了保护这一优良的地方品种资源，2004 年以来，陈维伟等（2007）对巴音布鲁克羊广泛开展了品种鉴定工作。通过调查，以巴音布鲁克区基础相对较好的巴音郭楞乡和巴音布鲁克牧场为重点，对该品种母羊进行了鉴定，选出外貌特征、体型符合品种标准的母羊组建核心群。并以此为基础，对全区的巴音布鲁克羊进行选育提高：一方面是为了对品种进行提纯复壮，另一方面是为了优化品种基因，保护这一优良地方品种。2004年共对34 180只母羊进行了鉴定，其中合格2 677只；2005年共对46 082只母羊进行了鉴定，其中合格3 830只。两年鉴定母羊总数为80 262只，合格6 507只，其中合格母羊只占8.1％。同时2006年对全区的种公羊也进行了鉴定，共鉴定了9 114只公羊，其中合格235只，占公羊总数的2.6％，目前可供使用的3 427只，也仅占37.6％。以上鉴定结果表明，巴音布鲁克羊不仅屠宰胴体重有明显的下降态势，而且从整体外貌看也很不一致。目前多数羊有色毛部位超过肩胛部，有些四肢分布有色毛，甚至有的全身各部位出现不一的有色毛花斑，多数羊头部有白色花斑或条纹。这些均不符合该品种的外貌标准。

第七节　腾冲绵羊

一、概况

腾冲绵羊（Tengchong sheep）属藏系粗毛型山地肉毛兼用型品种，因产于云南省保山地区腾冲县而得名。1987年该品种载入《云南省家畜家禽品种志》，并收入《中国畜禽遗传资源名录》。

腾冲绵羊主要分布在云南省腾冲县，中心产区在该县的滇滩、固东、明光3个乡镇，在界头、猴桥、中和等乡镇亦有分布。腾冲县位于北纬24°38′～25°52′，东经98°05′～98°46′，面积5 692.86km²。境内山脉南北走向，岭谷相间，东部高黎贡山和西北部大姐妹山、高良工山形成屏障，向西南急剧降低，呈长弓马蹄状地形。龙川江、大盈江、槟榔江及其支流多沿断裂地带发生，自北向南，纵贯全县切割形成许多山地和河谷盆地。全县平均海拔1 650m，最高点在北部3 780m的高黎贡山大脑子峰，最低点在南部930m的龙川江边。地势南低北高，差异悬殊。腾冲县气候受地形、地势的影响，境内可划分为北部高寒山区、中部温带区、南部亚热带区。全县年平均气温14.6℃，极端最高温度30.5℃，出现在6月份；极端最低温度-4.2℃，出现在1月份。年平均降水量1 457.7mm，5～10月为雨季，降水量1 201mm。为年降水量的82.93％。年平均相对湿度79％，年平均无霜期283d。全年日照时数2 149.6h。全县土壤类型分为亚高山草甸土、棕壤、黄红壤、黄壤、红壤、火山灰土等。境内水利资源丰富，天然湖泊有青海和白海，泉水502处，温泉水81处。全县森林覆盖率占34.6％，林间草地较多。全县有草地约11.54万hm²，占总面积20.28％，其中林间草场占草地面积38％，产鲜草30.4kg/hm²（产草量按当地实测产量，下同），为绵羊越冬牧场；山地疏林草场产鲜草为45.93kg/hm²（禾本科占68.8％、菊科占1.8％、莎草科占2.5％、豆科占1.8％），可供绵羊夏、秋放牧；山地河谷草丛草场，产鲜草55.47kg/hm²（禾本科占58.4％、莎草科占11.8％、豆科0.3％、其他占24.9％）。牧草从3月中旬开始萌发，11月份枯黄，青草期可达8个月。

腾冲绵羊具有耐粗饲、抗潮湿、体型大、抗逆性强、肉质好、较温驯、合群性强、易管理等特点。成年羊与羔羊均采取全年放牧饲养的方式，管理水平较低。一般白天放牧，晚上赶回"上圈"，很少补饲。

二、特征与性能

（一）体型外貌特征

1. 外貌特征　腾冲绵羊头深而短额，耳窄长鼻梁隆起。公、母羊无角（仅有退化角，凸出部分为0.5～0.8cm，占调查数1 200只羊的10％）。颈细长，鬐甲高而狭窄，背平直，肋骨略拱，胸部欠宽，臀部窄而略倾斜，腹线呈弧形。体格高大，身躯较长，四肢粗壮，体质坚实，尾长呈长锥形，长21～30cm。调查的186只腾冲绵羊中，头、四肢、体躯为全白毛色的仅3只，占总数1.6％；头和四肢为花色斑块的有183只，占98.4％；其中体躯部位全白毛色的159只，占总数85％。毛色比例：黑色的占75％，褐色占15％，棕黄色占10％。被毛覆盖面积差，头、阴囊或乳房及前肢膝关节以下，后肢飞节以下均为刺毛。腹毛粗而覆盖度差。

2. 体重和体尺　腾冲绵羊成年体重和体尺见表2-12。

表 2-12 腾冲绵羊体重和体尺

性别	只数	体重（kg）	体高（cm）	体长（cm）	胸围（cm）	胸宽（cm）	胸深（cm）	尾宽（cm）	尾长（cm）
公	20	50.98±3.29	68.08±2.78	72.4±3.39	90.75±2.44	21.92±2.03	30.92±1.73	5.6±0.58	29.45±1.69
母	60	48.36±4.64	66.71±3.99	68.65±9.11	88.19±6.16	21.69±2.07	29.67±2.41	5.44±0.61	27.52±3.37

注：在明光、滇滩、马站、猴桥等乡镇测定。

资料来源：国家畜禽遗传资源委员会，2011。

（二）生产性能

1. 产肉性能 选择年龄 1～1.5 岁羯羊 30 只进行屠宰测定，平均宰前活重 45.46kg，胴体重 19.87kg，屠宰率 43.71%（国家畜禽遗传资源委员会，2011）。

2. 繁殖性能

（1）母羊初配年龄与配种季节 多数母羊初配年龄为 18 月龄左右。一年中除 12 月至翌年 2 月很少发情外，其余时间均可发情配种，但 3～5 月为发情配种旺季。发情周期为 18～22d，发情持续期为 1～3d。

（2）妊娠期、产羔率及多胎情况 母羊妊娠期为 150d，产羔旺季为 9～10 月。此期由于牧草丰盛，母羊膘好乳多，羔羊发育健壮，成活率高，母羊双羔率占 1.43%，三羔者罕见。腾冲绵羊的繁殖性能见表 2-13。

表 2-13 腾冲绵羊的繁殖性能

参加配种母羊数（只）	繁殖率		死亡率		繁殖成活率	
	产羔数（只）	占配种母羊（%）	羔羊死亡数（只）	占产羔数（%）	成活羔羊数（只）	占参加配种母羊数（%）
140	142	101.43	18	12.67	124	88.57

资料来源：云南省畜牧局，云南省家畜家禽品种志编写委员会，1987。

三、研究进展

目前国内专门针对腾冲绵羊的研究相对较少。

四、产业现状

腾冲绵羊 1950 年有 1.34 万只，到 1980 年年底存栏 3.77 万只。在数量上虽然有了很大的发展，但由于饲养管理粗放，草场面积减少，牧草退化，因此没有明确的选育目标及繁殖体系，该地方良种生产性能有所下降。与 1963 年比较，1979 年抽样测定的结果为：公羊体重减少 3.36kg，为 6%；母羊减少 0.48kg，为 0.77%。近两年由于管理体制的变化，有些个体户对羊群管理较差，出售时寄生虫病侵袭严重，畜群数量有下降趋势。腾冲绵羊自 1956 年先后引入兰布里羊、高加索羊、新疆细毛羊、德国美利奴等细毛羊进行杂交改良。因细毛改良羊不能适应当地过多的雨水等自然条件，发病较多，同时年剪毛两次，毛纤维过短，因此 1973 年后又引入罗姆尼、考力代进行半细毛改良，其杂交种后代虽然受到当地群众的欢迎，但仍在试验阶段。

受引进羊杂交改良及其他因素的影响，腾冲绵羊群体数量逐年减少。2005 年末存栏 7 600 只，比 1980 年下降了很多。加上缺乏系统选育，近亲交配现象严重，体格变小，品质有所退化，该品系处于维持状态。

目前尚未建立腾冲绵羊保护区和保种场，未进行系统选育该品系处于农户自繁自养状态。

五、其他

腾冲绵羊从何地而来，如何演变到目前品种尚无据可考（国家畜禽遗传资源委员会，2011）。经查阅当地历史资料《永昌府志》《腾越厅志》《保山县志》，可知最早于 1554 年（嘉靖三十三年）有记载："畜属：牛马骡驴猪羊犬""动物制造：牛皮羊毛，其为用也，貌若秋毫，牛皮可做靴鞋底，羊毛可做毡，然仅是供牧人自用，并无销行于市者。"说明早在四百多年前，腾冲已饲养绵羊与其他家畜了，其产品主要自用，商品率很低。腾冲绵羊属藏系短毛型绵羊，是长期以来受自然选择与人工选择而形成的一个地方良种。

腾冲绵羊终年放牧，一般 200～250 只组成一群，由 3 个人带 1 只牧犬进行管理，称为"火塘"。过去没有羊舍，后来在山上盖起了羊舍，称为"上圈"，用以避风雨和利于羊羔成活并可积肥。

第八节　乌冉克羊

一、概况

乌冉克羊（Wuranke sheep）属肉脂兼用型绵羊品种。据史料考证，乌冉克羊来源于蒙古羊，随乌冉克人的迁途而引入，是在当地特定的生态环境条件下，经过长期自然选择和人工选育而形成的一个地方品种。乌冉克羊有其特定的遗传特性，既不属于水草丰盛生态型的乌珠穆沁羊，也不同于半荒漠、戈壁生态型的苏尼特羊，而是喀尔喀蒙古羊系统中的一个地方类型。以体大、瘦肉多、抗逆性强、肉质优良而著称，于 2009 年列入《国家畜禽遗传资源名录》。

乌冉克羊中心产区位于内蒙古自治区锡林郭勒盟阿巴嘎旗北部地区的吉日嘎朗图、巴彦图嘎、白音图嘎、青格勒宝力格、伊和高勒、额尔敦高比和那仁宝拉格等苏木。阿巴嘎旗地处内蒙古锡林郭勒盟中北部，位于北纬 $43°04'～45°26'$、东经 $113°27'～116°11'$。东与东乌旗、锡林浩特市为邻，南与正蓝旗接壤，西与苏尼特左旗毗连，北与蒙古国交界。产区以低山阶状高平原、台地、丘陵为主体，兼有多种地貌单元组成的地区，没有明显的山脉和沟壑，地势呈波状起伏。地形东北高西南低，海拔 960～1 500m，最高点海拔 1 648m。阿巴嘎旗地处中纬度西风气流带内，属中温带半干旱大陆性气候。年平均气温 0.7℃，年平均地温 2.8℃。年平均相对湿度 59％，年平均日照时数 3 126.4h，年平均降水量 244.7mm。年平均无霜期 103d，降雪期 217d，年平均风速 3.5m/s。阿巴嘎旗雨量稀少，风大，沙尘暴多在 3～5 月份频发，平均每年 6 次左右。

阿巴嘎旗草场资源十分丰富，属典型草原草场。全旗土地总面积 27 495km²，其中可利用草场面积为 24 813km²，占总面积的 90.25％。广阔的天然草场是畜牧业生产的资源优势。全旗草场从北到南，分为低山丘陵干旱草原草场、高平原干旱草原草场、沙地植被草场，湖盆低地草甸四大类型，其中高平原干旱草原草场占总面积的 75.27％，草场级别有 6、7、8 三个级别，其中 Ⅱ 等 7 级草场占优势。草场植被覆盖率较高，主要由旱生或广旱生植物群落组成，共有种子植物沙参、白芍等 200 余种，另外还有在国际上享有盛誉的蒙古黄芪药材。主要牧草有小禾草、大针茅、碱草、冰草、草蒿、隐子草等，为乌冉克羊的生长提供了特殊的营养成分。

乌冉克羊是蒙古羊品种中具有独特品质的羊群，耐寒、抗旱、抗灾能力强，成活率高，生长发育快，生命力极强，对草原气候和放牧饲养条件有良好的适应性。乌冉克羊不仅抓膘快，而且在冬、春季保膘能力强，能在较短的夏、秋青草季节迅速恢复体力，抓好膘。在冬、春漫长枯草季节，无任何补饲的情况下，能很好地保持膘情和体况。这对草原放牧型羊群来说，对母羊怀孕保持胎儿的正常发育和产羔后的产奶非常有利。

乌冉克羊在高平原干旱草原草场上大群放牧，在不加任何补饲条件下，羔羊平均初生重公羔 4.36kg，母羔 3.92kg；最小出生重 3.30kg，最大出生重 6.30kg。3 月中旬出生的羔羊到 8 月末断奶时的体重，羯羊 36.8kg，母羔 34.8kg。出生至 4.5～5 个月龄平均日增重羯羔 240.4g，母羔 227.0g。8 月龄羯羔的体重相当于成年羯羊体重的 60％以上，秋季抓好满膘后的当年羯羊，有些体重可达到 50kg。出生时体重 4kg 左右的羔羊，断奶时体重可达原来体重的 10 倍以上。乌冉克羊在幼龄期间生长发育快，较早熟，可大幅度缩短生产时间，具备了肥羔生产的基础条件，当年育肥屠宰更能获得较高的经济效益。

二、特征与性能

(一) 体型外貌特征

1. 外貌特征 乌冉克羊体躯毛色洁白，头颈部、前后膝关节下部多有色毛，头部以黑花头、黄花头居多。体质结实，结构匀称，体格较大。头略小，额部较宽，鼻梁隆起。眼大而突出，多数个体头顶毛长而密。部分羊有角，公羊角粗壮，母羊角纤细。公羊颈粗而短，母羊颈细而长，公、母羊均无皱褶 (图 11 和图 12)。四肢端正有力，前肢腕关节发达，管骨修长，后肢两跗关节间距宽，蹄大而广，蹄质坚硬，蹄踵挺立，蹄冠明显鼓起，蹄围较大，对抗雪灾有独特的性能。短脂尾，肥厚而充实，尾宽略大于尾长。尾呈圆形或椭圆形，尾中线有道纵沟。尾尖细小而向上卷曲，并紧贴于尾端纵沟。骨骼粗壮，肌肉丰满，发育良好。皮肤致密而富有弹性，被毛厚密而绒多。

2. 体重和体尺 乌冉克羊成年羊体重和体尺见表 2-14。

表 2-14 乌冉克羊成年羊体重和体尺

性别	只数	体重 (kg)	体高 (cm)	体长 (cm)	胸围 (cm)	管围 (cm)
公	135	77.3±10.6	71.3±3.8	75.8±4.7	101.1±9.5	8.9±0.7
母	328	60.2±7.0	66.4±2.8	71.5±3.8	100.8±5.2	8.8±0.4

注：2006 年 10 月在阿巴嘎旗畜牧工作站对阿巴嘎旗吉日嘎朗图苏木、白音图嘎苏木的乌冉羊进行了测定。

资料来源：国家畜禽遗传资源委员会，2011。

(二) 生产性能

1. 产肉性能 乌冉克羊屠宰性能见表 2-15。

表 2-15 乌冉克羊屠宰性能

类型	只数	宰前活重 (kg)	胴体重 (kg)	屠宰率 (%)	净肉重 (kg)	净肉率 (%)
成年羯羊	5	82.5±6.4	44.1±3.7	53.5	40.05±2.0	48.5
1.5 岁羯羊	30	55.5±6.8	28.6±5.0	51.5	24.5±4.8	44.1
羔羊	10	39.5±8.7	19.7±4.5	49.9	16.9±4.2	42.8

注：2006 年 10 月在阿巴嘎旗畜牧工作站对阿巴嘎旗吉日嘎朗图苏木、白音图嘎苏木的乌冉羊进行了测定。

资料来源：国家畜禽遗传资源委员会，2011。

乌冉克羊具有多肋骨、多腰椎的形态学特征。2006 年 11 月对吉日嘎朗图、伊和高勒和额尔敦高毕 3 个苏木 16 个自然群、794 只羊的调查，多肋骨 (14 对) 羊有 150 只，占 18.9% (国家畜禽遗传资源委员会，2011)。

2. 繁殖性能 乌冉克羊性成熟较早，一般出生后 6～7 月龄性成熟，母羔比公羔成熟略早。公、母羊均在 1.5 岁开始配种，繁殖年限 7 岁左右，发情期为 17～21d，发情持续期平均 44h。母羊的发情季节和公羊的性活动期集中在秋季，一般在 9～11 月满膘体壮时性活动最旺盛。按当地气候和棚圈设施条件安排配种季节，传统上多安排在 10 月中、下旬，翌年 3 月末或 4 月初开始产羔。近些年来有些牧民为了接早春羔，10 月初配种，3 月末接羔。乌冉克羊的产羔率 113%，双羔率较低，一般在 10% (国家畜禽遗传资源委员会，2011)。

乌冉克羊在大群放牧、棚圈条件简陋的情况下，羔羊成活率和母羊群繁殖率较高，羔羊成活率一般在 99% 左右。

三、研究进展

吉尔嘎拉等 (2003) 阐述了乌冉克羊的形成、种质特性、体尺、体重、生长发育、产肉力、繁殖力及适应性等，并在产肉力指标上与阿巴嘎旗的乌珠穆沁羊、苏尼特羊作了对比。其研究表明，乌冉克羊的体尺、体重有明显的季节性变化，终年放牧饲养条件下，经过寒冷漫长的冬、春枯草期，羊只掉膘，体重下降；夏季青草期，羊只迅速抓膘复壮，体重明显增加。胸围的增长幅度最大，成年公羊胸围101.3cm，最大可达110cm。胸围代表了羊前躯的发育程度，胸围大则说明其胸部宽、深，肋骨开张好，具有较高产肉性能的骨骼基础和体型。据报道，羯羊胸围每增加1cm，活重即相应增加2.02kg。对肉羊来说，胸部发育良好，也就意味着胸宽、背膘宽、尻平。乌冉克羊长期生活在高原干旱草原上，对恶劣的自然环境条件和特定的生态环境，表现了很强的适应能力。在终年放牧不加补饲的条件下，抓膘快、产肉多，有较高的生产性能。屠宰试验测定，臀腿肉占整个胴体的百分率在当年羔羊为32.09％，1.5岁羯羊为33.05％，2岁以上的羊为32.63％，特别是羔羊肉的胴体品质好，肉质细嫩，肥瘦适宜，更加说明羔羊胴体以及肉品质的优良。乌冉克羊的净肉率均达到40％以上，1.5岁羊和成年羊都在45％以上。在羊肉净肉中，瘦肉率占的比例很高，分别为58.39％和60.91％。胴体上瘦肉和脂肪较适宜，这符合胴体的品质要求，还适合消费者的需求。

四、产业现状

1977—1978年的特大雪灾，使抗逆性差的弱羊和品质低劣的不良个体基本被淘汰，有效地纯化了乌冉克羊的血统。1989年曾对乌冉克羊作过一些系统调查和选育工作。近年来，广大牧民有意识地选留优良个体，淘汰不良个体，人为地选优去劣，进一步优化了羊群质量并提高了生产性能。

为保护当地的生态环境，近10年来广大牧民根据草场面积和产草量，合理调整了家畜的饲养量，乌冉克羊数量有所下降。至2009年存栏量约7.4万（国家畜禽遗传资源委员会，2011）。

目前，尚未建立乌冉克羊保护区和保种场，处于农户自繁自养状态。

五、其他

乌冉克羊因喜食草原上野生药用植物，特别是沙葱类牧草，所以肉质含氨基酸、脂肪酸种类齐全，素以体大、蛋白质含量高、肉质细嫩鲜美、无膻味而著称。其最大的特点是比乌珠穆沁羊及苏尼特羊多出一节脊椎和一对肋骨。当地牧人称乌冉克羊是喝矿泉水和吃中草药生长的，其营养价值十分丰富。

第九节 豫西脂尾羊

一、概况

豫西脂尾羊（Yuxi Fat-Tailed sheep）源于中亚和远东地区，属蒙古羊系，在公元10世纪前后，随着"丝绸之路"的开通而被农牧民引入当地，经过豫西人们长期驯化选育而成。具有抗病力强、耐粗饲、抓膘快、肉质鲜美等特点，是河南省优良的肉皮兼用型地方绵羊品种。于1986年录入《河南省地方优良畜禽品种志》。

豫西脂尾羊中心产区地处河南省西部，位于三门峡市的陕县、渑池县、义马市、卢氏县、湖滨区、灵宝市等县（市）、区的63个乡镇，在偃师、伊川、洛宁、嵩县、汝阳、新安亦有分布。

中心产区位于豫、秦、晋三省交界处，北纬33°31′24″～35°05′48″、东经112°21′42″～112°01′24″，东西长153km，南北宽132km，是我国东部地区和西部地区的结合部。东临洛阳，西接陕西，北隔黄河与山西省相望，南连伏牛山与南阳接壤。海拔100～2 000m，地形复杂多样，有山地、丘陵、旱塬、河川和平原等多种类型。产区属暖温带大陆性季风气候，气候温和，四季分明。年平均气温13.2℃，无霜期184～218d；年降水量550～880mm，年蒸发量1 537mm，相对湿度60％～70％；年平均日照时数2 354h；冬季多西北风，年平均风速6.7m/s。土壤类型主要有褐土、红黏土和棕壤土三大类。作物以小麦、玉米、豆类、薯类、谷子为主。人工牧草种类繁多，常见的有紫花苜蓿、白三叶、红三叶、串叶松香草、冬牧70、籽粒苋、鲁梅克斯、墨西哥玉米等高产品种。牧坡多属石质风化沙砾及岩石坡，土层薄，岩石裸露面积较大。牧草覆盖率为30％～70％，植被以禾本科牧草为主，主要有白草、黄背草、茅草及蒿类等，为豫西脂尾羊提供了丰富的饲草饲料来源（国家畜禽遗传资源委员会，2011）。

豫西脂尾羊体格较小,四肢健壮,脂毛较短,适于长途跋涉放牧,提供的优质毛皮、板皮、油脂可作为轻工业、手工业的重要原料。脂肪集中屯积于尾部,脂尾肥大,有利于在牧草生长旺盛季节抓膘。羊只将脂肪从皮下、内脏集中屯积于尾椎周围,形成长大的尾脂。既可以扩大皮肤面积,又可提高皮肤的散热速度,非常利于绵羊顺利渡过盛夏、酷暑的炎热天气。当地群众习惯选择角大雄威、体质结实、四肢粗壮、脂尾肥大、善于屯肥的公羊作种用,选择性情温驯、不易伤害羔羊的无角母羊来繁殖。

二、特征与性能

(一)体型外貌特征

1. 外貌特征 豫西脂尾羊被毛多为白色,占97%。少数羊脸和耳部有黑斑,头及四肢下部无绒毛,为刺毛所覆盖,腹部均为细短的有髓毛。周岁公羊和母羊被毛厚度分别为5.77cm和5.40cm,毛长分别为6.44cm和6.60cm;成年母羊毛长和毛厚分别为4.28cm和4.1cm。羊毛密度平均为每平方厘米2 168根。体格大小中等,体质结实,骨骼健壮,肌肉发育较丰满。侧视体型呈两头小、中间大的不规则长方形,头中等大小,耳大下垂,鼻梁稍隆起,额宽平。成年公羊螺旋形角占99%,母羊多无角,约3%的羊有小角;体躯长而深,胸部宽深,肋骨开张良好,腹大而圆,背腰平直,尻宽略斜;四肢短而健壮,蹄质坚实,呈蜡黄色,爬坡能力强;成年公羊脂尾大,近似方形;母羊方圆形,较公羊小。尾尖紧贴尾沟,将尾分为两瓣,垂于飞节以上(白跃宇等,2010)。

2. 体重和体尺 豫西脂尾羊成年体重和体尺见表2-16。

表2-16 豫西脂尾羊体重和体尺

性别	年龄	只数	体重(kg)	体高(cm)	体长(cm)	胸围(cm)	胸宽(cm)	胸深(cm)
公	1周岁	6	50.5±12.5	73.2±5.0	72.5±5.3	93.3±3.8	26.0±1.4	32.5±3.6
	成年	10	67.5±13.5	80.2±3.6	87.9±8.8	99.0±16.3	36.7±1.0	49.7±1.0
母	1周岁	6	48.5±10.3	67.8±7.9	67.9±7.9	91.2±7.7	20.0±2.3	25.0±2.3
	成年	36	40.0±4.5	78.9±5.8	78.9±5.8	91.7±2.9	24.0±2.4	29.0±2.3

注:由河南省畜牧局提供。

资料来源:国家畜禽遗传资源委员会,2011。

(二)生产性能

1. 产肉性能 豫西脂尾羊屠宰性能见表2-17。

表2-17 豫西脂尾羊屠宰性能

性别	只数	宰前活重(kg)	胴体重(kg)	屠宰率(%)	净肉重(kg)	净肉率(%)	肉骨比
公	15	56.5±2.3	26.1±1.3	46.2±0.0	21.7±1.0	38.4±0.3	4.9
母	19	41.6±3.2	21.4±4.6	51.4±0.7	17.0±0.7	40.8±0.5	4.7

注:由河南省畜牧局提供。

资料来源:国家畜禽遗传资源委员会,2011。

2. 繁殖性能 豫西脂尾羊5~7月龄性成熟,初配年龄公羊1~1.5岁,母羊8~10月龄。公羊一般利用年限3~5年,母羊为6年。母羊发情多集中在春、秋季节,春季3~4月份,秋季10~11月份,发情周期18~20d,妊娠期150d;多两年产三胎,母羊产单羔占86%,双羔占11%左右,年平均产羔率106%,羔羊断奶成活率98%。

三、研究进展

常景周等(2000)在偃师市利用小尾寒羊改良豫西脂尾羊,与豫西脂尾羊相比,其杂交一代具有明显的改良效果。在相同的饲养管理条件下,公、母羔羊初生重分别增加1.0kg和0.3kg,1月龄体重分别增加 2.4kg 和 0.2kg，2 月龄体重分别增加 2.1kg 和 1.2kg，3 月龄体重分别增加 5.8kg 和 3.8kg，6 月龄体重分别增加 9.8kg 和 9.0kg；1 岁羊体重增加 11.2kg，1.5 岁羊体重增加 15.0kg；屠宰率增加 2 个百分点；产毛量年平均增加 1.3kg；繁殖率提高 75.5 个百分点。

为了进一步研究体细胞经超低温保存后生物学特性的变化，及探索体细胞系在动物遗传资源保存中的应用，刘希斌（2006）以豫西脂尾羊为研究对象，应用组织直接培养法，成功构建了豫西脂尾羊的体细胞系。通过系统研究所建细胞系的生物学特性，希望为日后体细胞克隆、结构基因组、功能基因组等研究提供试验材料和数据。该试验采用组织块贴壁培养法，对豫西脂尾羊耳缘组织进行原代和传代培养，成功建立了耳缘组织成纤维细胞系。细胞生长动态学观察表明，豫西脂尾羊细胞的倍增时间为 41.5h，并且细胞经 5 次传代后形态无显著差异。试验对新建立的细胞系冷冻保存了一定数量的细胞，冻存前和复苏后细胞活率均在 89% 以上。试验中对培养细胞进行形态学观察核型和同工酶分析以及 GFP 在培养细胞中表达的观察。结果表明，豫西脂尾羊细胞 $2n = 54$ 占 89.5%；乳酸脱氢酶、苹果酸脱氢酶、同工酶电泳图谱正常，没有交叉污染；细菌、真菌、支原体检测呈阴性。豫西脂尾羊细胞系的建立，使豫西脂尾羊这个国家重要遗传资源在细胞水平上得以保存下来，也为进一步进行基因组和体细胞克隆等研究提供了理想的生物材料。

田亚磊（2009）运用 SPSS 软件对 139 只豫西脂尾羊体尺、体重的测定结果进行了相关分析和通径分析，并建立了最优回归方程。结果表明，豫西脂尾羊的体重（Y）与体高（X_1）、体长（X_2）、胸围（X_3）、胸宽（X_4）、胸深（X_5）、尾宽（X_6）、尾长（X_7）均呈极显著正相关。胸深、体高、胸宽的直接作用和间接作用对体重的影响都极大。得到最优回归方程为 $Y = 0.438X_1 + （-0.209）X_2 + 0.554X_5$；经 t 检验，方程具有极显著的真实性和拟合度。为了明确豫西脂尾羊的体高、体长、荐高、胸围、胸深、胸宽、管围等体尺指标之间的关系，白俊艳等（2011）采用系统聚类和方差最大旋转法，并应用 SPSS 软件对上述 7 个体尺指标进行了聚类和主成分分析。结果表明，聚类分析可以将这 7 个体尺指标聚为三个亚类，第一亚类包括体高、荐高、体长、管围，第二亚类包括胸围和胸宽，第三亚类只有胸深；而主成分分析将 7 个体尺指标区分为两个相对独立的主成分，其中第一主成分的贡献率为 80.879%，第二主成分的贡献率为 7.799%，这两个主成分在一定程度上反映了豫西脂尾羊的体型特征及今后的选育利用信息。

邓雯等（1998）研究了豫西脂尾羊排卵规律及胚胎生长发育规律，发现豫西脂尾羊以单侧卵巢排卵为主，单侧卵巢排卵母羊百分比为 98.18%；其中，左侧为 34.35%，右侧为 63.64%。右侧卵巢排卵母羊数极显著多于左侧卵巢排卵的母羊数（$P < 0.01$）。总排卵率及排单卵、排双卵和排三卵的百分率分别为 110.91%、90.91%、7.27% 和 1.82%。其胚胎以胎儿中期生长速度最快，而体重增长自进入胎儿中期以后一直比较明显。研究结果表明，豫西脂尾羊产羔率低的直接原因是排卵率低，主要是排双卵和排三卵的比例低，而不是排卵后胚胎吸收或流产等问题。因此，提高豫西胎尾羊繁殖力的措施应着重从提高母羊的排卵率入手。

为了分析 5 个微卫星位点 BL1038、BM757、BM4621、OarFCB304、OarFCB48 在豫西脂尾羊群体中的多态性，白俊艳等（2012）采用非变性聚丙烯酰胺凝胶电泳方法检测其多态性。结果表明，在豫西脂尾羊群体中共发现 5 个微卫星位点有 60 个等位基因，有效等位基因（Ne）为 6.0103~10.8468，平均 Ne 为 8.4303，OarFCB48 的 Ne 最高为 10.8468；5 个微卫星位点的平均杂合度（H）为 0.8767，OarFCB48 的 H 最高为 0.9078。微卫星位点 OarFCB48 的多态信息含量（PIC）最高为 0.9021，BM757 的 PIC 最低为 0.8175，平均 PIC 为 0.8665。说明豫西脂尾羊群体属于 PIC 较高的遗传群体。

朱剑凯（2010）为了给豫西脂尾羊肉品质优良的主观印象提供客观的试验依据，以豫西脂尾羊和小尾寒羊背最长肌为原料肉，进行比较研究。研究结果表明，相对于小尾寒羊，豫西脂尾羊肉不仅具有高蛋白、低脂肪、低胆固醇等很高的营养品质，而且具有保水性好、嫩度高、熟肉率高等优良食用品质，而对颜色的研究结果表明，与小尾寒羊相比，豫西脂尾羊肉色更鲜红饱满。这些结果充分说明了豫西脂尾羊肉具有理想的化学成分和物理性状。

白俊艳等（2011）以豫西脂尾羊为研究对象，检测了血红蛋白（Hb）、转铁蛋白（Tf）、红细胞蛋白质（Ep）、前白蛋白（Pa）、血清酯酶（Es）共 5 个基因座的多态性，以便更深入地了解豫西脂尾羊的遗传多样性及与其他绵羊品种的亲缘关系，为保种选育和品质的进一步提高提供理论依据。

四、产业现状

豫西脂尾羊存栏数量的变化分几个阶段：1981 年河南省第一次进行品种资源调查时全省存栏达 68 万只；1986—1989 年，由 22.22 万只增加到 26.27 万只；1990—1996 年逐渐下降至 17.82 万只；1997 年后饲养量逐年增加；2005 年养殖数量达 40.02 万只。豫西脂尾羊小群体的饲养规模大部分以存栏 50 只左右为主。1986—2005 年豫西脂尾羊近 20 年存栏情况见表 2-18。

表 2-18　1986—2005 年豫西脂尾羊存栏情况

年份	1986	1987	1988	1989	1990	1991	1992	1993	1994	1995
存栏量（只）	22.22	23.95	26.70	26.27	23.13	21.72	21.68	21.10	20.54	20.48
年份	1996	1997	1998	1999	2000	2001	2002	2003	2004	2005
存栏量（只）	17.82	18.23	21.82	23.70	25.75	27.66	33.11	36.85	36.17	40.02

2005 年豫西脂尾羊总数达到 40.02 万只，其中母羊 21.65 万只，能繁母羊 13 万只，用于本交的母羊 11.5 万只；公羊 18.37 万只，其中用于配种的成年公羊 1.62 万只；育成羊 6.4 万只；哺乳羔羊 10.35 万只，其中公羔 5.43 万只、母羔 4.92 万只。

经过 20 多年的培育，豫西脂尾羊品质有了很大变化。首先是体尺体重有很大增加。周岁公羊由 1981 年的 24.03kg 提高到 2005 年的 50.5kg，增长了 110%；周岁母羊由 1981 年的 18.69kg 提高到 2005 年的 48.50kg，增长了 159%。成年公羊由 1981 年的 35.48kg 提高到 2005 年的 67.50kg，增长 90%；成年母羊由 1981 年的 27.16kg 提高到 2005 年的 40kg，增长 47%。成年公羊体高、体长分别增长 30.22%和 40.39%；成年母羊体高、体长分别增长 16.23%和 31.15%。其次是屠宰率有明显提高。2005 年比 1981 年屠宰率增加了 6.45%。最后是优良性状没有缺失，如耐粗饲、抗病力强、耐炎热和抓膘快的特点得以保存。现存在的主要问题有：①保种育种意识缺乏，专门人才匮乏，只能在小范围内流动，造成近亲繁殖现象；②繁殖率较低，双羔率为 11%。在今后的工作中，应积极进行本品种选育，提高其繁殖性能。

目前尚未建立豫西脂尾羊保护区和保种场，未进行系统选育，处于农户自繁自养状态。局部地区养殖户常引进外来品种进行杂交，加之封山禁牧的影响，这使豫西脂尾羊的发展面临一定的困难。

五、其他

豫西脂尾羊具有肉质鲜美、细嫩，色正味佳，温而不热，油而不腻的特点，用豫西脂尾羊肉熬制的羊肉汤呈乳白色，香、鲜、浓，香而不膻，爽而不黏，是豫西特色名吃。目前，应尽快开发豫西脂尾羊的产品多样化，打造品牌产品，加快利用这一优良地方品种，使它真正成为农村经济的一大支柱产业（陈喜英，2008）。

第十节　阿勒泰羊

一、概况

阿勒泰羊（Altay sheep）又名阿勒泰大尾羊，是新疆维吾尔自治区的一个优良肉脂兼用型粗毛羊品种。阿勒泰羊是在哈萨克羊的基础上选育而成的肉脂兼用羊，因其产地和种羊繁育基地在新疆福海，且尾臀硕大而曾经被人们称为福海大尾羊。阿勒泰羊在终年放牧、四季转移牧场条件下，仍有较强的抓膘能力。具有耐粗饲、抗严寒、善跋涉、体质结实、早熟、抗逆性强、适于放牧等特性。

阿勒泰羊的主产区在新疆维吾尔自治区的福海县，具体主要分布在福海、富蕴、青河、阿勒泰、布尔津、吉木乃及哈巴河等县（市）（国家畜禽遗传资源委员会，2011）。福海县位于新疆维吾尔自治区北部，阿勒泰地区中部，准噶尔盆地北缘，阿勒泰山南麓，地理坐标为北纬 45°00′～48°10′、东经 87°00′～89°04′。地形总趋势北高南低，由北向南呈阶梯状递减，依次分布有山地、丘陵戈壁、平原沙漠等多种地貌。有额尔齐斯河和乌伦古河两大水系以及乌伦古湖、托勒库勒湖，属中温带大陆性气候。全县耕地面积 5.07 万 hm²，可开发利用耕地面积 8 万 hm² 以上，农作物主要以打瓜、食葵、油葵、玉米等农作物为主。水资源十分丰富，土壤多为潮土、草甸土、棕钙土。草场类型多样，主要牧草为芨芨草、委陵菜、针茅、狐茅、白蒿、苦艾蒿、梭梭、沙拐枣等。主要农作物有玉米、小麦、油葵、甜菜，饲料作物主要为饲用玉米和紫花苜蓿（国家畜禽遗传资源委员会，2011）。全县共有可利用草原面积 152.96 万 hm²，饲草贮量 11.21 亿 kg，理论载畜量为 216.77 万只羊单位，是发展畜牧业的最基本和最主要的资源。福海县地处亚欧大陆中心，属大陆性中温气候区，平原多于山区、沙漠多于绿洲。气候特点呈现为：春季冷暖变幅大，夏季短促，冬季严寒且漫长。降水较少，蒸发强烈，春、冬季大风较多，无霜期短，积雪覆盖时长达 5 个月之久。年实际日照时数为 2 788h，作物生长的 4～10 月，日照时数在 1 900h 左右；作物生长旺盛的 6～8 月，各月日照均在 300h 以上，一日最长日照时数可大于 14h。

阿勒泰羊春秋季牧场位于海拔 800～1 000m 的前山地带及 600～700m 的山前平原。这个地区夏季炎热、冬季严寒、春季牧草萌发早，羊群只能在春、秋季利用草场，并在此配种。夏季牧场位于阿勒泰山海拔 200～2 400m 的中山带，平均气温为 12℃（7 月），绝对最高气温为 28.8℃，年降水量为 350～500mm。这一地带阴坡有生长成片的落叶松林，阳坡有丰茂的草原，牧草种类多。

二、特征与性能

我国 2009 年 12 月发布了 NY/T 1816-2009《阿勒泰羊》农业行业标准。该标准具体规定了阿勒泰羊的品种特性、生产性能和等级评定等。该标准适用于阿勒泰羊的品种鉴定、分级、种羊出售或引种。

（一）体型外貌特征

1. 外貌特征　肉脂兼用体型明显，体质结实，体格大。整个体躯宽深，颈中等长，肋骨拱圆。部分个体头部呈棕黄色或黑色。耳大下垂，公羊鼻梁隆起，具有大的螺旋形角；母羊鼻梁稍隆起，约有 2/3 个体有角（图 13 和图 14）。鬐甲十字部平宽，背平直。股部丰满。脂臀宽大而丰厚，平直或稍下垂，下缘中央有浅纵沟，外观呈方圆形，脂肪蓄积丰满，向腰角与股部延伸。腿高而结实，蹄质坚实，姿势端正。身躯被毛颜色以棕红色和浅棕红色为主。

2. 体重和体尺　在终年放牧的条件下，于每年 9 月膘度最肥时，阿勒泰羊一级羊体重、体尺下限指标见表 2-19。

表 2-19　阿勒泰羊一级羊体重、体尺及剪毛量下限指标

类型	体重（kg）	体尺（cm）									
		体高	体长	胸围	胸宽	胸深	十字部宽	管围	脂臀长	脂臀宽	脂臀厚
4 月龄公羔	40.0	—	—	—	—	—	—	—	—	—	—
4 月龄母羔	38.0	—	—	—	—	—	—	—	—	—	—
1.5 岁公羊	70.0	72.0	74.0	92.0	22.0	32.0	20.0	8.0	15.0	30.0	13.0
1.5 岁母羊	55.0	65.0	67.0	85.0	18.0	28.0	18.0	8.0	12.0	25.0	10.0
2 岁公羊	85.0	75.0	77.0	100.0	25.0	35.0	22.0	8.5	20.0	35.0	15.0
2 岁母羊	65.0	70.0	72.0	90.0	20.0	30.0	18.0	8.0	12.0	25.0	10.0

资料来源：NY/T 1816-2009。

（二）生产性能

公羔初生重 4.5～5.0kg，母羔初生重 4.0～4.5kg；初产母羊繁殖率为 103%，经产母羊繁殖率为 110%；平均屠宰率为 51%～54%。

（三）等级评定

1. 4 月龄羔羊

特等：体重超过一级羊品种规定最低指标10%以上的羊，为特等。

一级：体重、体尺及剪毛量等指标见表2-19。被毛较密，毛色为棕红色、白色和其他浅色。

二级：体型及脂臀发育较好。公羔体重大于等于35.0kg且小于等于40.0kg，母羔体重大于等于30.0kg且小于等于38.0kg。

三级：生产性能低于二级下限指标要求。

2. 1.5 岁羊

特等：体重、剪毛量超过一级羊品种规定最低指标10%以上的羊，为特等。

一级：见表2-19。

二级：公羔体重大于等于65.0kg且小于等于70.0kg，母羔体重大于等于50.0kg且小于等于55.0kg。

三级：生产性能低于二级指标要求的羊。

3. 2 岁羊

2 岁羊鉴定为终生鉴定。

特等：体重、剪毛量超过一级羊品种规定最低指标10%以上的羊，为特等。

一级：见表2-19。

二级：公羊体重大于等于80.0kg且小于等于85.0kg，母羔体重大于60.0kg且小于等于65.0kg。

三级：生产性能低于二级指标要求的羊。

三、研究进展

阿勒泰羊俗称大尾羊，以体格大、肉脂生产性能高而著称，是古老的哈萨克绵羊品种中的一个分支品系，早在公元前后为哈萨克的祖先（乌孙人）所饲养。羔羊具有突出的早熟特征，适于羊肉生产，属肉脂兼用品种。其尾脂自古就被视为珍物。据《新唐书》记载，"当时唐朝管辖的隶居出大尾羊，尾上磅重重十斤"，另有史料"在北宋祥符天喜年间，龟兹可汗谴使几次向宋朝进贡香药、花蕊、布匹、名马、独峰驼、大尾羊"的记载。大尾羊1958年以来经过多次命名，在1976年被自治区正式定名为"阿勒泰大尾羊"，最终于1990年被自治区命名为"阿勒泰羊"。

目前，针对阿勒泰羊在分子水平、个体水平上均有所研究。

李锐等（2010）为进一步探究新疆阿勒泰羊的遗传分化状况，根据普通绵羊的 MSTN 基因设计引物，用 PCR 的方法扩增并对新疆阿勒泰羊 MSTN 基因编码区进行测序，并与绵羊以及 Gen Bank 上 5 个物种相应基因编码区核苷酸序列进行比对分析。结果表明，在阿勒泰羊群体内部亲缘性较高，同时测得阿勒泰羊 MSTN 基因和绵羊、山羊、普通牛、猪、家鼠、鸡的同源性大小分别是99.9%、99.5%、96.4%、94.6%、89.5%、82.3%。依据序列构建的分子进化树显示，MSTN 基因具有很高的保守性，适合研究物种的进化分析。为新疆阿勒泰羊的遗传资源保护，开发与利用提供分子遗传学方面的基础。

阿勒泰羊体型大、抓膘育肥快，同时5月龄羔羊屠宰率达到51%。针对这些优良的生产性能，陶卫东等（2007）认为阿勒泰羊非常适合肥羔生产，并且阐述了阿勒泰肥羔生产产业化所需要采取的技术措施，对其市场前景进行了分析和预测。吴荷群等（2013）研究发现，引进目前世界上最大型的专用肉羊品种萨福克羊与新疆阿勒泰羊杂交，其 F_1 代日增重显著提高，生长速度和产肉性能明显提高，具有较高的经济价值。

冯克明等（2006）选取陶塞特、萨福克羊与阿勒泰羊杂交一二代的5月龄公羔与同龄阿勒泰羊，对公羔肉品质进行分析，结果表明5月龄杂交羔羊肉品质得到明显改善，特别是蛋白质、脂肪和氨基酸含量变化明显。杨会国等（2007）为进一步探讨陶赛特羊、萨福克羊与阿勒泰羊杂交羔羊的产肉性能，对2.5月龄断奶公羔经60d舍饲强度育肥后，选择体重接近组内平均值的 DAF_1、SAF_1、DAF_2、SAF_2 与同龄 ALT 各 4 只进行屠宰试验，测定其产肉性能。结果表明，DAF_1、SAF_1、DAF_2、SAF_2 杂交公羔宰前活重、宰后 1h 胴体重、一级肉率和去尾脂屠宰率、净肉率等指标均高于 ALT 羊，尾脂率由原来的 15.75％下降到 1.06％～2.79％，杂交羔羊胴体外观评级达到一级标准。说明用陶赛特羊、萨福克羊对阿勒泰羊改良后，其胴体品质得到明显改善，更加符合现代人们追求"高蛋白、低脂肪"的消费需求。

李金宝等（2008）研究发现，阿勒泰羊在枯草、严寒、暑热的环境中很少生病，抗病力较其他品种极强。阿勒泰羊中心产区冬季严寒而漫长，枯草季节长达 7 个半月，并且生产母羊全是怀胎过冬，羊群常处在半饥饿状态，但只要没有特大暴风雪灾害，都可安全渡过严冬。特别是在春、秋转场时，行走在干旱缺水的戈壁牧场上，阿勒泰羊在两天饮一次水的情况下能照常转场，表现了极强的适应能力。产区冬季一般是－30℃，最冷可达－50℃，而且常有暴风雪袭击。在 20 世纪 90 年代以前在南沙窝、北塔山、沙乌尔山等冬牧场上的羊群，全是在无顶的露天羊圈内过冬。在这样枯草、寒冷的环境中，夜间露天卧圈，在没有特大自然灾害情况下，一般都能过冬。阿勒泰羊不但抗严寒，而且对炎热环境也能适应，不上山留在额尔其斯河南岸的种公羊、农区的羔羊，夏季也是膘肥体壮。当年的冬羔、早春羔 8 月份体重可达到 50～60kg。

四、产业现状

阿勒泰羊是新疆维吾尔自治区畜牧业畜种结构中的主要品种。在漫长的历史时期由于自然环境和社会原因，1949 年阿勒泰地区仅存有 20.58 万只。新中国成立后在广大牧民和技术人员的努力下，阿勒泰羊才得到迅速的发展。1977 年制定了《阿勒泰大尾羊鉴定标准试行方案》。1978 年和 1981 年先后对 19.34 万只羊进行了整群鉴定，其中一级羊 25.8％、二级羊 36.7％、三级羊 37.5％，羊群质量普遍提高。阿勒泰羊于 1989 年收录《羊品种志》，1990—1993 年实施了《肉羊增产配套技术措施》项目，羊只产肉性能和经济效益明显提高。现采用保种场保护。2006 年全区阿勒泰羊存栏 204 万只，占牲畜总数的 64.1％，年末存栏达到 346 万只，年生产优质羔羊 143.6 万只，当年羔羊平均活重 40kg 左右，出栏率 80％，年生产绵羊肉 3 618.81t，占全地区总产肉量的 35％。2008 年阿勒泰羊通过了国家有机产品认证。2009 年全区阿勒泰羊存栏达到 220 万只，其中能繁母羊 100 多万只。2011 年阿勒泰地区阿勒泰羊存栏 163 万只，其中能繁母羊 108 万只，占牲畜存栏总量的 60％以上，年产优质羊肉 2.63 万 t。我国也于 2009 年 12 月发布了 NY 1816-2009《阿勒泰羊》农业行业标准。2012 年 5 月新疆维吾尔自治区畜牧厅和阿勒泰地区联合组成的种畜鉴定专家组对阿勒泰地区的阿勒泰种公羊进行了良种鉴定，鉴定合格的阿勒泰种公羊有 10 195 只。阿勒泰羊属于大型的肉羊品种，2010 年阿勒泰地区举办的"第三届阿勒泰羊赛羊会"中最重种公羊为 157kg，最重母羊 120kg。

近年来，阿勒泰羊生产性能有所下降，出现品种退化现象。别克木哈买提（2008）认为，品种退化的主要原因分别是遗传因素和生态环境因素。阿勒泰羊的生存环境日益恶化，天气也长期干旱，草场退化严重，载畜能力下降，四季牧草供应不平衡；而养羊育种工作的滞后，技术含量不高也是品种退化的主要原因。

第十一节　广灵大尾羊

一、概况

广灵大尾羊（Guangling Large-tailed sheep）是山西优良的地方品种。原产于山西省大同市的广灵县，是草原地区的蒙古羊带入农区以后，在当地生态经济环境影响及农民群众的精心管理和选育下，长期闭锁繁育，在体型外貌和生产性能方面趋于一致，逐渐形成了具有生产发育快、脂尾大、产肉力高、皮毛较好的地方品种。于 1983 年列入《山西省家畜家禽品种志》。

广灵大尾羊中心产区在广灵县，其繁育中心以该县的壶泉镇、加斗乡、南村镇为主，毗邻的阳高县、南郊区、新荣区、浑源县、怀仁县等地也有分布。20 世纪 80～90 年代，广灵大尾羊发展迅速，养殖规模逐步扩大，90 年代末存栏数达到 12 万只。近 20 多年来，养殖数量出现逐年减少的趋势。据 2006 年年底统计，广灵大尾羊存栏总数为 9.4 万多只（国家畜禽遗传资源委员会，2011）。

广灵县地处太行山北端，恒山东麓，为山西省东北门户，地处塞外高原，属太行山系恒山山脉腹地尾部边缘区。东邻河北省蔚县，南傍本省灵邱，西与浑源相接，北靠阳高和河北原阳县。南、西、北三面环山，处于大秦和京原两条铁路之间，东距首都北京 296km，东北距张家口 200km，南距省会太原 353km。全县境内山多川少，产区海拔 1 050～1 800m 的地带，属温带大陆性季风气候。十年九旱，常年多风，年平均风速 2.8m/s。春、秋两季尤甚，风向季节多为西风或西北风，夏季则以西南为主。全年最高气温可达 38℃，最低气温为－34℃，年平均气温 7℃。相对湿度是 54%。初霜在 4 月下旬，终霜 9 月底，无霜期 160d，绝对无霜期 130d 左右。年降水量 200～600mm，平均降水量 410mm。县域三面环山，坡宽水好，四块盆地土质较好，产区土壤多为沙壤土，农作物品种主要有玉米、谷子、黍子、马铃薯、向日葵、莜麦、胡麻、黄花菜、豆类等。农作物种植种类多，农产品丰富，不缺少豆类饲料、稻草，饲料供应充足，补饲的条件好。壹流河两岸沙草和芦苇生长茂盛，羊群可以常年放牧（张明伟等，2011）。

广灵大尾羊体格中等，体高肢壮，适合放牧饲养。成年公羊平均体重 52kg 左右，母羊 43kg 左右。产毛量成年公羊年平均 1.39kg 左右，母羊 0.83kg 左右，净毛率达 68.6%。被毛品质较好，不易擀毡，毛皮适于制作防寒裘皮衣料，羊毛可作地毯原料。大尾羊脂肪多积蓄在尾部，肉色泽呈玫瑰色，膻味小。由于成熟早，产肉率高，绝大部分当年羯羊屠宰，屠宰率为 52.3%，净肉率 35.4%。尾脂重 2.8kg，占胴体重的 11.7%。经过育肥，补饲 120d。周岁时体重可达 62kg。屠宰率可达 57.2%，净肉率达 38.5%。脂尾重达 5.7kg，可占胴体重的 17% 左右。

二、特征与性能

（一）体型外貌特征

1. 外貌特征　广灵大尾羊主要特点是尾大和产肉性能好。毛色纯白，被毛着生良好，呈明显毛股结构，头中等，耳略下垂。公羊有螺旋状角，母羊无角。体躯呈长方形，脂尾呈方圆形（图 15 和图 16）。成年公羊平均尾长 21.84cm，尾宽 22.44cm，尾厚 7.93cm；成年母羊平均尾长 18.7cm，尾宽 19.45cm，尾厚 4.5cm，宽度略大于长度，多数有脂尾尖向上翘起。

2. 体重和体尺　广灵大尾羊成年体重和体尺见表 2-20。

表 2-20　成年广灵大尾羊体重和体尺

年龄	性别	只数	体重（kg）	体高（cm）	体长（cm）	胸围（cm）
初生	公	36	3.70±0.29	—	—	—
	母	32	3.68±0.23	—	—	—
周岁	公	27	54.5±4.42	67.8±2.03	70.1±4.52	87.57±5.28
	母	146	48.5±3.26	61.6±2.25	58.8±4.51	76.3±8.60
成年	公	13	85.6±31.9	76.2±7.6	83.2±11.2	96.8±12.2
	母	58	56.9±10.0	69.3±4.2	78.3±5.0	94.6±9.0

（二）生产性能

1. 产肉性能　广灵大尾羊屠宰性能见表 2-21。

表 2-21　广灵大尾羊周岁羊屠宰性能

性别	宰前活重（kg）	胴体重（kg）	屠宰率（%）	净肉重（kg）	净肉率（%）	脂尾重（kg）	肉骨比
公	51.3±1.62	26.0±1.50	50.9±0.1	20.8±0.3	40.5	4.50	4
母	44.3±1.62	22±1.50	49.7±1.1	17.1±0.2	38.6±1.4	2.80	3.5

注：公、母羊测定头数共 35 只。

资料来源：中国畜禽遗传资源委员会，2011。

2. 繁殖性能 广灵大尾羊公、母羊初配年龄均为 1.5～2 岁。一般利用年限公羊 8～9 年，母羊 6～7 年。母羊春、夏、秋三季均可发情配种，一年两产或两年三产，以产冬羔为主。母羊发情周期 16～18d，平均 17d。妊娠期 150d；一般每胎产一羔，在良好的饲养管理下条件下，可一年两产或两年三产，年平均产羔率 102%。羔羊初生重公羔 3.7kg，断奶重公羔 27.6kg、母羔 27.7kg。

三、研究进展

林婧婧等（2012）研究了 PPARα 和 PPARγ 基因在不同脂尾型绵羊脂肪组织中的发育性表达规律，以探讨这两个基因与绵羊脂肪代谢的关系。其以两个具有显著尾型差异的绵羊品种（广灵大尾羊和小尾寒羊）为研究对象，用实时荧光定量方法研究 PPARα 和 PPARγ 基因在 2、4、6、8、10 和 12 月龄个体的 7 种脂肪组织（大网膜、小网膜、尾部脂肪、皮下脂肪、肠系膜、肾周脂肪、腹膜后脂肪）中的 mRNA 的表达。结果表明，PPARα 和 PPARγ 在各脂肪组织中都有表达。总体而言，浅层脂肪组织中的表达量低于深层脂肪组织。作为主效应，品种和月龄基本不影响这两个基因 mRNA 的表达。尽管性别对 PPARα 的表达无显著影响，但在广灵大尾羊母羊中 PPARγ 的低表达导致性别本身及其与品种的互作达显著水平。鉴于组织间和年龄间的表达差异，这两个基因的表达具有明显的空间性，但时间性不明显。尽管二者在调节脂肪代谢方面的功能相反，但是存在协同作用。刘宝凤等（2013）利用 real-time PCR 技术研究广灵大尾羊和小尾寒羊 Lep 和 LEPR 这两个基因在不同脂肪组织中的发育性表达规律，以探讨这两个基因与绵羊脂肪代谢的关系。试验对象、月龄和采取组织与林婧婧等（2012）的研究相似。该试验对两个品种共计 96 只绵羊个体（每品种公、母各半）的脂肪组织进行 mRNA 的表达研究。结果表明，Lep 和 LEPR 在广灵大尾羊和小尾寒羊脂肪组织中的表达存在时空差异性。作为主效应，品种和性别基本不影响 Lep 和 LEPR mRNA 的表达，但品种与月龄间的互作对这两个基因的表达均有所影响。尽管这两个基因协同调节脂肪沉积和能量代谢，但是存在反向调节。有关结果为深入研究绵羊脂肪代谢的遗传机制提供了重要的科学依据。

罗慧娣等（2013）分析地方绵羊品种和无角陶赛特羊的遗传多样性及亲缘关系，以期为种质资源合理利用和保护提供理论依据。利用微卫星标记分析绵羊品种的遗传结构变异，根据等位基因组成及频率进行了群体遗传统计分析。结果表明，广灵大尾羊与无角陶赛特羊的标准遗传距离（DS）最大（0.6631）。据 DS 推测，广灵大尾羊与无角陶赛特羊杂交可望获得较大的杂种优势。

毛杨毅等（2010）利用 5 个微卫星标记在山西省主要 8 个绵羊品种中的多态性研究，预测进口肉用绵羊品种与地方绵羊品种的杂种优势，为山西省肉用绵羊生产提供理论依据。根据标准遗传距离和 Nei 氏遗传距离，若用广灵大尾羊做母本，父本选择顺序依次为特克赛尔羊、杜泊羊、萨福克羊、陶赛特羊。进口肉用绵羊品种与地方绵羊品种最理想杂交组合为：特克赛尔羊与本地绵羊、广灵大尾羊、小尾寒羊。

四、产业现状

广灵大尾羊在 1980—1990 年发展较快，养殖规模逐步扩大，90 年代末期存栏量达到了 12 万只。

2009 年 5 月 21 日，山西省农业厅确定了广灵大尾羊入选省级畜禽遗传资源保护品种名录。同年 6 月 1 日，在山西省实施全面封山禁牧以后，广灵大尾羊存栏量逐年下降，养殖方式正在从高耗、低效的粗放散养方式逐步向集约化、规模化、标准化，高产、优质、高效的生产方式转变。广灵大尾羊的数量目前呈萎缩状态。2009 年存栏达到 94 799 只，下降了 10%，浑源、应县是广灵大尾羊的核心产区。李顺吉等（2008）经多年观察发现，特级广灵大尾羊的体型不次于进口肉羊，公羊最大者体重达 100kg，母羊体重达 70kg。近年来，不少农户通过养殖山羊而代替养殖绵羊，广灵大尾羊数量呈下降趋势。

广灵大尾羊在舍饲条件下育肥，日增重最高可达 250g，且耐粗饲、母性好、肉质细嫩、皮张抢手。目前部分养殖小区、养羊大户在选育高繁母羊、饲料加工调制、羔羊高效育肥等方面积极应用新技术，广灵大尾羊的生产水平显著提高，羔羊育肥日增重普遍达 150g 以上。部分农户采用营养平衡饲料，羔羊和架子羊强化育肥日增重达 300～400 g。但是，农户小规模养殖仍占主体，生产粗放、技术薄弱、社会服务体系不完善、生产水平普遍偏低的情况仍然存在。

据张明伟等（2011）报道，多年来，广灵大尾羊没有专门的保种场，选育工作完全是依靠群众、依靠市场自发地进行。为保存和发展这一地方优良品种，广灵县畜禽育种场从 2002 年开始采取本品种选育进行广灵大尾羊保种工作。主要采用活体保种为主，建立育种核心群，提高大尾羊饲养管理水平和种羊质量，通过选种选配和现代生物技术逐步扩大大尾羊的数量和群体规模，使大尾羊保种走向良性循环，形成优势群体并成为农民生活致富之源。选择优秀种羊建立育种核心群，进行选种选配，完善技术资料，建档立卡，逐步扩大群体数量，提高群体质量。从选育情况看，与 20 世纪 80 年代相比，广灵大尾羊的体尺、体重发生了很大变化，体高、体重增加尤为突出。例如，成年公羊体高由 65.2 cm 提高到了 76.15 cm，增加了 10.95 cm，提高了 16.8％；体重由 51.95 kg 提高到了 85.61 kg，增加了 33.66 kg，提高了 64.8％；成年母羊体高由 62.4 cm 提高到了 65.25 cm，增加了 2.85 cm，提高了 4.6％；体重由 43.35 kg 提高到了 56.9 kg，增加了 13.55 kg 提高了 31.26％；周岁公羊体高由 58.7 cm 提高到了 67.85 cm，增加了 9.15 cm，提高了 15.6％；体重由 33.4 kg 提高到了 54.57 kg，增加了 21.17 kg，提高了 63.4％；以上数据说明，养羊业不再是家庭副业，而是作为主要的经济支柱，大尾羊的生产性能从而得到了提高（张明伟等，2011）。

五、其他

张明伟等（2011）提出对广灵大尾羊的保护措施如下：

1. 种质资源上，广灵大尾羊主要采取保种场和保护区相结合进行活体保种，并积极开展基因保种研究，最终达到保留大尾羊独特的肉脂风味、抗病力强、耐寒耐粗饲、适应性强等优良性状的目的。

2. 建立高产核心群，在育种核心群内进行选育提高，同时注重不同系间选择优秀的个体进行系间选配。将广灵县畜禽育种场的核心群，从现有的 300 只扩大到 1 000 只，并开展优良性状基因分析和杂交优势利用研究，逐步向大同地区辐射推广，即将羊场种羊核心群中选育的种羊向周边养殖场户供应。

3. 保种的技术路线，采取本品种纯繁，保持 5 个血统，组成几个保种选育群，实行禁止全同胞、半同胞交配的制度，尽量降低群体近交系数增量，达到长期有效保护种质资源的目的。

4. 建立健全广灵大尾羊品种资源技术档案，以场户为单位，搞好选种选配，核心羊群打耳标，建立规范详细的系谱档案，进行档案登记管理。

5. 确立保护区，在大尾羊中心产区划定保种区域，严禁在保护区内引入其他品种。

6. 开发加工名优特产品，除继续开发冻、鲜、熟三大产品外，还要集中力量开发一些方便产品、旅游产品、功能产品、药用产品、健康产品等。既满足了各类人群的需要，又可使资源优势真正转化为产品优势、经济优势，促进品种的保护。在大尾羊中心产区划定保种区域，严禁在保护区内引入其他品种。

第十二节　晋中绵羊

一、概况

晋中绵羊（Jinzhong sheep）属短脂尾羊，是蒙古羊的一个地方类型。山西省与内蒙古自治区毗邻，历史上经济贸易相互来往十分密切，人们逐渐将生长在草原地区，终年以放牧为主的粗毛蒙古羊引入了晋中。由于山西气候温和，雨量适中，农副产品丰富，且晋中盆地耕地多、牧地少，因此群众习惯于山川结合养羊。长期以来，在产区优越的自然生态条件下和当地广大农民群众的精心饲养选育下，形成了优良的地方品种。于 1983 年列入《山西省家畜家禽品种志》。

晋中绵羊主产于晋中盆地的 15 个市（区、县），中心产区位于山西省中部的榆次、平遥、太谷、祁县 4 个县。晋中绵羊产区位于山西省的中部，北纬 36°38′～38°32′、东经 110°24′～114°09′。东依太行山，西临汾河，北与省会太原市毗邻，南与长治市、临汾市相交。产地处于黄土高原地带，地势从东北向西南逐渐降低。海拔700～2 567m。属温带大陆性气候，总体特征为春季干燥多风，夏季炎热多雨，秋季天高气爽，冬季寒冷少雪。全年平均日照时数2 530.8h，榆次最多，灵石最少。辐射总量为545～581kJ/cm²。由于受境内复杂的地形影响，气候带的垂直分布和东西差异比较明显。总体表现为热量从东向西递增，降水则自东向西递减，即气温西部平川高于东部山区，年较差为28.2～30.4℃，降水东部山区多于西部平川，一年最多相差160mm。全年平均气温9.2℃，无霜期169d；年降水量405～573mm，相对湿度40%，雨季多集中在6～10月份；平均风速2.1m/s；产区土壤肥沃，潇河、汾河及其支流贯穿于其中，水源丰富，农业兴盛。农作物以小麦、玉米、豆类、谷子等为主。有丰富的农副产品和周围丘陵山地连片成的大面积牧坡，牧草种类多，资源丰富，为养羊业的发展奠定良好的物质基础。

晋中绵羊性情温顺，食性广，不择食，好饲养，适应当地粗放的饲养管理条件。晋中绵羊周岁内生长发育快，易育肥，肉质鲜嫩，膻味小，羊毛纯白而富有光泽，深受消费者和羊毛加工企业的喜爱。

二、特征与性能

（一）体型外貌特征

1. 外貌特征　晋中绵羊头部狭长，鼻梁隆起。公羊有螺旋状角，母羊一般无角。耳大下垂，鬐甲较窄。体躯狭长，并略呈前低后高。四肢结实，蹄质坚固。颈长短适中，胸较宽，肋骨开张，背腰平直。属短脂尾，尾大近似圆形，有尾尖。全身被毛为白色，头部及四肢毛短而粗。晋中绵羊的被毛有两个类型：一为毛辫型，毛长而细，略有弯曲；另一类称之为沙毛型，毛短而粗，并混有干死毛。

2. 体重和体尺　晋中绵羊成年羊体重和体尺见表2-22。

表2-22　晋中绵羊成年羊体重和体尺

性别	只数	体重（kg）	体高（cm）	体长（cm）	胸围（cm）	胸宽（cm）	胸深（cm）	尾宽（cm）	尾长（cm）
公	10	72.7±13.8	81.60±9.8	97.9±37.7	100.1±11.1	26.5±3.4	38.9±1.2	19.9±4.8	19.0±4.71
母	40	43.8±5.9	66.1±7.6	87.8±26.3	88.3±7.2	23.6±2.8	31.8±2.1	14.94±0.9	14.8±1.7

注：2007年10月在平遥县和祁县测定。

资料来源：国家畜禽遗传资源委员会，2011。

（二）生产性能

1. 产肉性能　2007年10月晋中市畜禽繁育工作站，对主产区平遥县和祁县10只1周岁公羊和40只1周岁母羊进行了测定，结果为：1周岁公羊平均宰前体重48.4kg，胴体重27.7kg，屠宰率57.2%；1周岁母羊平均宰前体重42.3kg，胴体重21.6kg，屠宰率51.1%（国家畜禽资源委员会，2011）。

2. 繁殖性能　晋中绵羊7月龄左右性成熟，初配年龄为1.5～2.0周岁。母羊多集中在秋季发情，发情周期15～18d，妊娠期149d；年平均产羔率102.5%。羔羊初生重公羔2.89kg，母羔2.88kg；羔羊断奶成活率91.7%（国家畜禽资源委员会，2011）。

三、研究进展

刘田勇等（2009）将试验组F₁代（无角陶赛特×晋中绵羊）、F₁代（萨福克×晋中绵羊）和对照组晋中绵羊育肥后进行相关指标的测定。其中晋中绵羊分两组饲养，饲养方式以放牧与舍饲相结合；即每年5月初至9月底放牧饲养，10月初至12月中旬半舍饲（白天放牧、夜晚补饲），12月下旬至翌年2月底全舍饲，3月初至4月底半舍饲。饲草种类有青草料、青贮玉米、饲用高粱、紫花苜蓿、无芒雀麦、田间杂草等，干草有小麦、大豆秸秆和苜蓿草粉。精饲料配合比例为：玉米65%，豆饼15%，棉籽饼4%，麦麸10%，磷酸氢钙3%，食盐1%，矿物质添加剂1%，多种维生素1%。经过对比分析，具体试验结果如下：从体重指标来看，初生体重F₁代比晋中绵羊增加51.9%，断奶体重提高62.2%，周岁体重提高 54.1%，3 月龄平均日增重提高 64.1%，F₁ 代生长速度显著提高，杂交效果十分明显。10 月龄杂交羊净肉重达到周岁晋中绵羊的指标，缩短了饲养周期。从屠宰指标来看，屠宰 F₁ 代比晋中绵羊净肉重提高 65.97%，眼肌面积提高 73.19%，F₁ 代的产肉性能及肉品质都有显著提高。从体增重收益来看，F₁ 代育肥销售额比晋中绵羊育肥销售额平均每只高 245 元，F₁ 代育肥成本比晋中绵羊育肥成本平均每只高 135 元，两者相比较，平均每饲养一只 F₁ 代羊比饲养一只晋中绵羊要增加净收益 119 元，经济效益明显提高。从 F₁ 代的优势来看，F₁ 代体格健壮，前胸开阔，后躯呈倒 U 字形，背腰平直，采食速度快，食性广，耐粗饲，性情温顺，全年发病率低，但 F₁ 代羊对寄生虫比较敏感，发病率比晋中绵羊高 2%。因此，在春、秋两季及全舍饲前应对育肥羊进行有效驱虫除螨。结论为：采用优秀肉羊杂交改良晋中绵羊可实现当年羔羊当年育肥出栏，不仅能提高养羊户的经济收入，而且减轻冬、春季饲草压力，降低饲养成本，改善了生态环境，并为养羊业的可持续发展创造了良好条件。

李振等（2012）以晋中绵羊耳缘组织为材料，采用组织块贴壁培养法，通过原代培养和传代培养对细胞进行了细胞形态学观察、细胞计数和生长曲线的绘制，探讨了细胞体外培养模式。该结果为：细胞生长总体趋势呈 S 形，建立了晋中绵羊耳成纤维细胞系。该细胞系的建立，使晋中绵羊的重要种质资源在细胞水平上保存下来。

杨文平等（2000）通过研究添加精饲料对饲喂盐化玉米秸秆的晋中绵羊生产性能、日粮消化的影响，发现处理组绵羊的日增重、采食量和饲料转化率较对照组明显提高（$P<0.05$）。随着精饲料水平的提高，日粮粗纤维表观消化率下降（$P<0.05$），干物质、有机质和粗蛋白表观消化率提高（$P<0.05$）；肝脏中有关矿物质元素含量、血中酶活性在一定精饲料范围内提高（$P<0.05$）。此研究中每只晋中绵羊日需精饲料添加量为 325g 时，饲喂效果最好。董玉珍等（2001）首先研究玉米秸秆中的矿物质对舍饲育肥晋中绵羊的营养影响，在此基础上筛选出最佳的精饲料补饲水平。结果显示，万亩草场生长的玉米秸秆中，钴、磷、碘等矿物质营养含量较低，单一饲喂玉米秸秆会使绵羊表现出亚临床缺乏症状。另外 50 只用来进行精饲料补饲水平的研究，在玉米秸秆矿物质营养检测的基础上，制订出精饲料补料配方，通过对试验羊生产性能、日粮消化和体内代谢等有关项目的测定，研究不同补饲水平的效果。结果表明，补饲精饲料可明显提高绵羊的日增重、采食量和饲料转化率（$P<0.01$）。

杨文平等（2000）研究了添加不同水平锌、铁和钴对晋中绵羊增重和体内代谢的影响。研究表明，试验组比对照组明显提高了绵羊的增重、肝脏和血浆中锌、铁和钴的含量（$P<0.01$）。随着日粮中锌、铁和钴水平的增加，晋中绵羊日增重和肝脏、血浆中锌、铁和钴含量增加。此研究范围内每只绵羊所需的日粮中添加锌 54mg、铁 67.5mg 和钴 0.675mg 时，饲喂效果好。随后，杨文平等（2006）将 26 只晋中绵羊随机分为试验组（添加蛋氨酸铜）和对照组（添加硫酸铜），供试日粮及营养水平完全相同，试验时间 60d。结果表明，试验组比对照组绵羊平均日增重提高 34.22%（$P<0.05$），平均日粮干物质采食量、肝脏铜和血浆铜含量明显提高（$P<0.05$）。

毛晓霞等（2009）在夏季晋中绵羊乏情季节，通过对比 FSH、LH 和雌激素（E₂）不同浓度对绵羊卵母细胞体外成熟的影响，期望优化出适合晋中绵羊夏季乏情季节体外成熟培养所需的生殖激素的添加方案，完善乏情季节晋中绵羊卵母细胞体外成熟的体系。试验对比了在成熟液中添加不同浓度的 FSH 和 LH 后对绵羊卵母细胞体外成熟的影响。结果显示，在不同的 FSH、LH 浓度搭配试验组中，绵羊卵母细胞体外成熟后第一极体排出率差异不同，排出率最高的试验组（FSH 为 12μg/mL、LH 为 10μg/mL）与排出率最低的试验组（FSH 为 8μg/mL、LH 为 5μg/mL）相比，差异极显著（$P<0.01$）；在同一 FSH 浓度水平上，各试验组第一极体排出率差异也都显著，随着 LH 浓度的增高，其成熟率显著提高；但在同一 LH 浓度水平上，不同浓度 FSH 试验组第一极体排出率却没有明显差异。结果表明，在夏季乏情季节，晋中绵羊卵母细胞体外成熟培养时，培养液中 FSH、LH 和 E₂ 的浓度分别为 12μg/mL、10μg/mL、1μg/mL 对卵母细胞的体外成熟更为有利。

四、产业现状

1978 年数量已达到 52.5 万。山西省政府出台全省封山禁牧的政策对养羊生产带来了巨大的冲击，产业基础严重削弱，农民返贫现象严重。晋中绵羊一度受"重改良，轻培育"的影响，在引入国外优良肉羊品种对晋中绵羊进行改良时，存在一定的盲目性，未进行专门的配合力测定；加之对选育的轻视，优良基因不断丧失，群体遗传水平逐年下降，杂交后代生产性能呈下降趋势。到 2006 年年底，存栏量约 19 万只。尽管 2009 年山西省农业厅确定了晋中绵羊入选省级畜禽遗传资源保护品种名录，但是晋中绵羊尚未建立保护区和保种场，仍处于农户自繁自养状态（程莉芬等，2007）。

尽管近年在重点产区推广了肉羊饲养技术和舍饲养殖技术，但传统的生产方式还占据主导地位，养羊生产尚未从饲养管理粗放、繁殖率低、生长速度慢、出栏率低、经济效益差中解脱出来。还处于小规模的散养阶段，肉羊育肥工作也刚刚起步，产品质量和经济效益都有待提高。其中部分产区生态脆弱，更是盲目引进，盲目发展，造成超载、过牧严重，制约了产业的进一步发展，并对生态环境造成严重的破坏。

五、其他

晋中绵羊应进一步提高质量，以适应国民经济日益发展的需要，并应本着肉、皮、毛兼用的方向，采用生长快、成熟早的肉用品种进行杂交改良，一方面提高产肉性能，另一方面提高并改善产毛量与品质。同时推行羔羊育肥工作，以加快羊群周转，提高出栏率，降低养羊成本，增加晋中绵羊养殖的经济收益。

第十三节　柯尔克孜羊

一、概况

柯尔克孜羊（Kirghiz sheep），又名苏巴什羊，是通过长期自然选择和人工选择而形成的肉脂兼用的粗毛型绵羊品种，是一个宝贵的地方优良品种资源。

柯尔克孜羊中心产区在新疆的乌恰县牧区。主要分布于乌恰县、阿克陶县、阿合奇县、阿图什市及其周边地区。乌恰县地处帕米尔高原，是我国最西端的县城。境内多是海拔 1 760～6 140m 的大山，地势以山地为主，气候属高原寒带气候，位于天山南麓与昆仑山的结合部，在新疆维吾尔自治区最西部。境内的斯姆哈纳（国家二级口岸）是我国日落最晚的地方。东与阿图市、喀什疏附县毗邻，南于克州阿克陶县接壤，西北与吉尔吉斯斯坦交界（边境线长 410km）。地势东南低，西北、西南高，群山环绕，平面呈马蹄形。地理坐标为北纬 39°24′00″～40°17′33″、东经 73°43′20″～75°45′20″。总面积 1.79 万 km²，现有各类草场面积 108.5 万 km²，可利用草场面积 94 万 km²，大部分属高寒草甸草原。该县为柯尔克孜族的主要聚居地，同时是新疆南疆通往中亚的交通要道，是古丝绸之路必经之地。该县以畜牧业为主，牲畜有羊、马、骆驼、牛、牦牛、山羊、驴等。冬季严寒而漫长，四季积雪，夏季温凉而短促，年平均气温 6.5℃，最高温度 34.7℃，最低温度 -29.9℃。年平均日照时数 2 797.2h，无霜期 138d。年平均降水量 163mm，年平均蒸发量 2 564.9mm。具有山地气候特征，但光能资源丰富，全年太阳辐射总量 560kJ/cm²。天然降水量不多，但有雪水补给，对发展农牧生产有利（买买提明等，2011）。由于热量资源较缺，因此不能生长喜温作物，只能生长耐高寒作物。天然草场为草甸、沼泽、荒漠 3 种类型。天然草地面积 333.97 万 hm²，生长的牧草有苔草、芨芨草、银穗草、狐茅草、针茅草、草木犀、大黄、合头草、琵琶柴等。

柯尔克孜羊具有抗病，抗逆性强，适远牧，耐粗饲，放牧抓膘能力好，在体型发育上匀称、紧凑、四肢高的特点，该羊对天山南坡坡度较大的放牧地段有着很强的适应性和放牧能力，有该品种绵羊特有的典型生态环境，深受当地牧民的青睐。

二、特征与性能

（一）体型外貌特征

1. 外貌特征　柯尔克孜羊外貌近似哈萨克羊，但体型小于哈萨克羊。毛色以棕红色为主，棕红色占75%，黑色占20%，杂色占5%。公羊有角或无角，角形开张向后或两侧弯曲（图17）；母羊无角或有小角。头大小适中，鼻梁稍隆起，耳直下垂。颈长度适中，胸深而宽，肋骨开张良好，后躯发育好，尻长平而宽。腰部平直，体躯呈长方形。体质结实，结构紧凑，体型发育匀称，肉用体型明显。四肢细长，骨骼粗壮，蹄质结实。尾型呈 U 形、W 形，不下垂或略微下垂，属脂臀尾（赵有璋，2013）。

2. 体重和体尺 柯尔克孜羊成年体重和体尺见表2-23。

表 2-23 柯尔克孜羊体重和体尺

性别	只数	体重（kg）	体高（cm）	体长（cm）	胸围（cm）	胸深（cm）	尾长（cm）	尾宽（cm）
公	100	55.0±8.9	74.6±5.4	74.3±6.1	85.0±6.2	31.9±2.3	15.1±1.6	19.2±2.3
母	400	38.1±4.1	68.9±3.6	68.7±4.1	78.6±5.8	28.5±2.5	11.7±1.7	13.9±2.5

注：2007年在乌怡县托云乡测定。

资料来源：国家畜禽遗传资源委员会，2011。

（二）生产性能

1. 产肉性能 柯尔克孜羊屠宰性能见表2-24。

表 2-24 柯尔克孜羊屠宰性能

性别	月龄	只数	宰前活重（kg）	胴体重（kg）	屠宰率（%）	净肉率（kg）	肉骨比
公	14	15	27.4	12.4	45.3	33.7	2.9
母	14	15	26.7	12.1	45.3	33.4	2.8

资料来源：国家畜禽遗传资源委员会，2011。

柯尔克孜羊肉质好。据测定，肌肉中含粗蛋白18.1%、脂肪7.0%；必需氨基酸含量占氨基酸含量的44.6%，氨基酸中谷氨酸含量占16.8%；脂肪酸中油酸占21.4%、亚油酸占1.0%（国家畜禽遗传资源委员会，2011）。

2. 繁殖性能 柯尔克孜羊母羊7～9月龄性成熟，初配年龄为18月龄；发情周期17d，发情持续期12～24h，妊娠期149d左右。初生重公羔3.9kg，母羔3.4kg；断奶重公羔20.0kg，母羔16.8kg。繁殖率86.9%左右（国家畜禽遗传资源委员会，2011）。

三、研究进展

肖非等（2009）对新疆8个地方品种绵羊柯尔克孜羊、策勒黑羊、多浪羊、塔什库尔干羊、和田羊、哈萨克羊、阿勒泰羊、巴什拜羊进行了资源调查，采集了各品种羊的耳组织和血液样本，提取其血液 DNA，构建了新疆地方品种绵羊基因库或资源库。采用萨姆布鲁克等方法，制备了各品种绵羊基因组 DNA，其 DNA 片段平均大小在 50kb 以上。建成了国内较完整的地方绵羊品种资源库，包括新疆8个地方绵羊品种的基因库（收集 DNA 样本 30～100 份）、离体材料库（收集耳组织样本 30～100 份）和绵羊生殖细胞库（收集冻精颗粒）。

闫景娟（2004）利用微卫星标记对中国新疆8个绵羊群体（柯尔克孜羊、巴什拜羊、策勒黑羊、多浪羊、和田羊、卡拉库尔羊、塔什库尔干羊、叶城羊）、共计 352 个个体的遗传多样性进行了分析和研究，为绵羊遗传资源的合理利用及保护提供了科学依据。

热孜瓦古丽·米吉提等（2012）采用 GB/T5009.124—2003 食品中氨基酸的测定方法对柯尔克孜羊肉氨基酸种类及含量进行统计学比较分析。结果发现，柯尔克孜羊肉的 17 种氨基酸种类齐全、含量丰富，必需氨基酸含量占总氨基酸含量的比例为43.28%。因此，羊肉中富含人体所需要8种必需氨基酸，尤其是蛋氨酸、赖氨酸含量分别达到 0.67%/100g 和 1.60%/100g，可作为人类主要的氨基酸来源。李述刚等在 2004 年对柯尔克孜自治州柯尔克孜羊肉的营养成分进行了全面的分析，测定结果表明该地柯尔克孜羊肉的蛋白质、不饱和脂肪酸、油酸、亚油酸、矿物质（钙、铁、磷等）含量均高于相关的资料数据。2008 年，李述刚等又运用灼烧重量法和原子吸收分光光度法分别对柯尔克孜羊肉中总灰分和钙、磷、铁、铜、锰、锌等矿物质含量进行全面测定分析，并与相关参考标准进行比较研究。结果发现，柯尔克孜羊肉具有总灰分含量较高，钙含量较低，磷、铁、铜、锰、锌等含量较高的特点。

四、产业现状

柯尔克孜羊目前采用保种场保护。20 世纪 70 年代，柯尔克孜羊就已处于濒危状态。1974 年重新恢复了自治州种羊场。90 年代以后以乌恰县为重点开展等级鉴定、品种登记、选种选配和建立档案等工作，种群数量和生产性能有所提高。现以活体进行保种。

柯尔克孜羊种群数量和品质均呈现递增趋势，2006 年中心产区存栏 77.7 万只，比 1995 年增长了 4.78 倍，2007 年存栏达 122.88 万只。成年羊的主要体尺指标均有所改进，羔羊初生重有所提高。

五、其他

为了进一步开发该品种资源，应从从柯尔克孜羊的形态学、行为学和特定的地域资源特点考虑，尽快申请列入《国家级畜禽遗传资源保护名录》，保护并利用好柯尔克孜羊种质资源。加强柯尔克孜羊良种繁育体系建设，加大选育力度，提高羊群品质和提高供种能力，加速该品种推广利用的步伐。实施柯尔克孜肉羊快速育肥规模化生产，利用柯尔克孜羊生长速度快、肉质好、脂肪含量低、风味独特等优点，建立规模化养殖生产基地，提高肉产量和肉品质。既要满足市场的需求，又要满足消费者对羊肉产品由过去的温饱型向美味、营养和保健型转变的要求。同时，规模化养殖生产基地的建立，能减轻草场压力，有利于保护当地脆弱的生态系统，提高农牧民的经济收入，促进养羊业优质高效发展（陶卫东等，2012）。

第十四节　鲁中山地绵羊

一、概况

鲁中山地绵羊（Luzhong Mountain sheep）俗称为山匹子，是蒙古羊输入鲁西地区后，在当地优良的放牧条件下，经过长期的风土驯化和人工选育而形成的一个肉裘兼用型的地方品种。2010 年鲁中山地绵羊被列入全国地方畜禽品种志。

鲁中山地绵羊产于山东省中南部的泰山、沂山、蒙山等山区丘陵地带，中心产区为济南市的平阳县、长清县和泰安市的东平县等。中心产区地处泰山山脉以西与鲁西平原的过渡地带，地势南高北低、中部隆起，属低山丘陵区。海拔 100～900m，形成了以丘陵台地为主，兼具平原、洼地等地形地貌特征。产区属暖温带大陆性半湿润气候，年平均气温 14.4℃，1 月份最低平均气温−0.7℃，7 月份最热平均气温 27.5℃。产区 4 月份气温回升最快，11 月气温下降最快。极端最高气温 41.9℃，极端最低气温−20.3℃。年平均空气相对湿度 64%，无霜期 169.3d，最长 202d，最短 142d。年平均降水量 606.4mm，年际变化较大，最多年为 1 120.7mm（2003 年），最少年为 282.4mm（1989 年）。四季降水分布情况为：春季平均为 104.1mm，约占全年降水量的 17%；夏季平均为 377.8mm，约占全年降水量的 62%；秋季平均为 101.5mm，约占全年降水量的 17%；冬季平均为 23.0mm，约占全年降水量的 4%。其中夏季降水最多，冬季降水最少，四季降水分布差别明显。产区主导风向为东南风，占全年的 18%，平均风速为 2.2m/s。产区土壤可分为潮土、砂浆黑土和褐土。农作物主要有玉米、小麦、高粱、大豆、花生、棉花、甘薯、芝麻等。丰富的农副产品为鲁中山地绵羊提供了充足的饲草资源。

鲁中山地绵羊具有耐粗饲、性情温顺、抗病力强、登山能力强、适于山区放牧等特点。其肉质鲜嫩、膻味小、蛋白质含量高、胆固醇含量低，深受消费者喜爱。鲁中山地绵羊一般一年剪两次毛，成年公羊年剪毛量 2.39kg，成年母羊年剪毛量 2.12kg。羔羊在出生后 1 个月内可进行舍内饲养，其他时间可与成年羊合群放牧饲养。

鲁中山地绵羊进行全年放牧饲养，只有在冬季大雪封山的时候才在舍内补饲。补饲草料主要有秸秆、干草、树叶等，在产羔期时需要补饲，其余时间一般不需要补充精饲料。

二、特征与性能

（一）体型外貌特征

1. 外貌特征　鲁中山地绵羊被毛以白色者居多，亦有杂黑褐色者，羊毛长度 8～11cm，皮肤颜色多为粉红色。体格较小，骨骼粗壮结实，肌肉发育适中，体躯略呈长方形，后躯稍高。头大小适中，窄长，额较平，鼻梁隆起。公羊多为小型盘角或螺旋状角（图 18），母羊多数无角或有小姜角，耳形分中小两种，耳直立。颈部细长，无褶皱，无耳垂。胸部较窄，肋开张，背腰平直，尻部斜，四肢粗短，蹄质坚硬。短脂尾，尾形不一，尾根多圆肥，尾部上卷，尾尖多呈弯曲状，直尾者不多，尾长 20～23cm（国家畜禽遗传资源委员会，2011）。

2. 体重和体尺　鲁中山地绵羊体重和体尺见表 2-25、羔羊初生重见表 2-26、羔羊断奶重见表 2-27。

表 2-25　鲁中山地绵羊成年羊体重和体尺

性别	只数	体重（kg）	体高（cm）	体长（cm）	胸围（cm）
公	43	39.9±5.9	61.5±4.5	65.4±3.9	79.4±5.9
母	100	35.5±5.9	58.4±3.0	61.2±3.4	73.9±4.3

注：2007 年由山东省济南市平阴县畜牧局测定。

资料来源：国家畜禽遗传资源委员会，2011。

表 2-26　鲁中山地绵羊羔羊初生重

性别	单羔（kg）	双羔（kg）	三羔（kg）
公	2.46	2.20	1.93
母	2.23	2.04	1.63

表 2-27　鲁中山地绵羊羔羊断奶重

性别	2 月龄（kg）	3 月龄（kg）	4 月龄（kg）	5 月龄（kg）	6 月龄（kg）
公	12.28	14.24	19.2	24.00	24.67
母	11.51	13.51	17.00	18.25	20.33

（二）生产性能

1. 产肉性能　鲁中山地绵羊屠宰性能见表 2-28。

表 2-28　鲁中山地绵羊屠宰性能

性别	宰前活重（kg）	胴体重（kg）	屠宰率（%）	净肉率（%）	肉骨比
公	44.0±5.2	23.4±2.8	53.18±2.3	39.6±2.6	3.3±0.5
母	35.0±4.18	17.2±2.2	49.14±2.6	40.4±2.5	4.2±0.5

注：2007 年由山东省济南市平阴县畜牧局测定，公、母羊各 8 只。

资料来源：国家畜禽遗传资源委员会，2011。

2. 繁殖性能　鲁中山地绵羊母羊一般 6～7 月龄开始发情，初配年龄公羊 11～12 月龄，母羊 8～9月龄。母羊发情周期 18d，妊娠期 152d；年平均产羔率 115%，羔羊断奶成活率 94%。初生重公羔1.93～2.46kg，母羔 1.63～2.23kg；90 日龄断奶时体重公羔 14.24kg，母羔 13.51kg；公羔日增重131g，母羔日增重 125g（国家畜禽遗传资源委员会，2011）。

三、研究进展

据《济南日报》报道，2013 年农业部畜牧专家到平阴进行鲁中山地绵羊保种情况调查及血样采集工作，此次血样共采集鲁中山地绵羊血样 80 只（份），其中种公羊、种母羊血样各 40 只（份），全部保存于国家家畜基因库中。

王桂芝等（2000）采用电泳技术和聚类分析方法研究了鲁中山地绵羊、洼地绵羊、小尾寒羊和大尾寒羊 4 个地方品种的起源和群体间的相似性，为确定山东绵羊品种资源的基因储备，实施山东地方绵羊品种资源的保护、利用、检测与评价提供了科学依据。同时，王桂芝采用垂直板聚丙烯酰胺凝胶电泳技术对山东省 4 个地方绵羊品种的血红蛋白（Hb）及血清转铁蛋白（Tf）座位多态性进行了分析。结果表明，山东 4 个地方绵羊品种 Hb 座位均含有两种基因 HbA 和 HbB，HbB 为优势基因，组成 3 种表现型 HbAA、HbBB 和 HbAB；Tf 座位共含有 5 种等位基因，TfB、Tfc 为共有的优势基因，小尾寒羊 TfD 为最优势基因，山地绵羊和大尾寒羊的 TfA 亦具有较高的基因频率，共组成 14 种 Tf 表现型。

苑存忠等（2006）利用 24 个微卫星标记，分析了山东省内原有地方绵羊品种的遗传多样性。聚类分析表明，山东地方绵羊品种遗传进化关系明确，可划分为鲁西地区的小尾寒羊和大尾寒羊、鲁东地区的山地绵羊和洼地绵羊两大类群，其遗传距离与地理分布距离相一致。

四、产业现状

近 10 年来数量由于封山育林、引入其他品种杂交以及外界环境等因素的影响，鲁中山地绵羊存栏数量逐渐减少。2006 年存栏数量约 6 万只，较 80 年代减少了 50% 左右。平阴县存栏数量最多，约为 2.6 万。1986 年平阴县引进中国美利奴细毛羊，21 世纪初大量引入并饲养小尾寒羊。因此山地绵羊群体中不同程度地渗透进了中国美利奴羊、小尾寒羊的遗传基因。在生产性能上，羊毛比原来更细，体高增大，体重增加。

平阴县对鲁中山地绵羊的主要保种形式划分了两域，即东阿镇、洪范池镇、孝直镇、孔村镇为一个区域，榆山办事处、安城镇为一个保种区域。在区域内以养殖户为主。

2012 年年底，平阴县鲁中山地绵羊的存栏量不足 13 000 只。因此加强这一优良地方畜禽品种的保护，并做好品种开发利用工作的形势十分迫切。鲁中山地绵羊原种场的建立，为该品种的保种、育种工作提供了可靠的基础。通过育种场这个平台，可以对鲁中山地绵羊进行依法保种、育种工作，并做好后续经济和技术开发的服务。2013 年 11 月 10 日，山东省畜牧兽医局组织专家组到平阴县对鲁中山地绵羊原种场进行了现场验收。按照《畜牧法》《山东省种畜禽生产经营管理条例》，验收组通过听取汇报、查阅资料、现场查看等形式对该种羊场进行了全面的验收。验收组认为该场选址布局合理，育种设施设备齐全，档案资料健全，技术力量达到要求，达到了种畜禽生产经营条件，同意核发《种畜禽生产经营许可证》。另外，验收组还对该场在鲁中山地绵羊育种、保种方面所做的工作给予了高度评价。

五、其他

在该品种的开发利用上，鲁中山地绵羊适应当地山多坡多的环境条件，爬山能力强，早期生长发育快，抗病力强，耐粗饲，抓膘快。但其体型较小，成年体重小，母羊产单羔的较多，双羔率和多羔率较少。下一步应在提纯复壮的基础上，注重提高产羔率和生产性能（张秀海等，2013）。另外，应加强对饲养管理的研究开发，积极探索鲁中山地绵羊舍饲或与放牧相结合饲养方式下的饲养管理，同时开展导入育种、杂交开发利用等。

第十五节　巴尔楚克羊

一、概况

巴尔楚克羊（Baerchuke sheep）是农牧民经过长期自繁自育，及风土驯化而形成的一个古老的肉毛兼用粗毛型地方绵羊品种。该品种适宜一年四季放牧饲养，养殖成本低，肉质鲜嫩。1990 年开始有计划地进行选种选配，提纯复壮，并确定为巴尔楚克羊品种（米尔卡米力·麦麦提等，2012）。2010年通过国家畜禽遗传资源委员会鉴定。

巴尔楚克羊主要分布在新疆维吾尔自治区天山南麓西南部，塔里木盆地和塔克拉玛干沙漠西北缘，巴楚县境内15个乡镇农、林、牧、场。中心产区为新疆喀什地区巴楚县，位于北纬38°47′30″～40°17′30″、东经77°22′30″～79°56′15″（米尔卡米力·麦麦提等，2012）。地势从西南向东北倾斜，由沙漠、山地、洪积平原和冲积平原四大类组成。土质是草甸盐土（盐碱）。主要河流为叶尔羌河。产区属温带大陆性干燥气候，年平均气温11.9℃，四季分明，夏长冬短，干旱少雨，风沙天较多。海拔1 100～1 200m。平均无霜期为213d。年降水量为53.6mm，平均年蒸发量2 175.8mm。巴楚资源富饶，物产丰富。林木分布面积31万hm²，其中独具特色的原始胡杨林16万hm²，百药之王的甘草7.87万hm²，野生纤维之王的罗布麻5.8万hm²。农业以棉花、粮食、林果业、畜禽养殖为主。棉花年产8万t，粮食年产17万t，以红枣、核桃、杏子为主的林果业计划发展到6.67万hm²，有较为丰富的秸秆资源。牲畜存栏将达到83万头（只），其中畜禽肉类的绿色品牌"巴尔楚克"羊目前已达到20万只的养殖规模，驰名疆内外，中亚市场需求潜力较大。

巴尔楚克羊体质结实，对炎热干旱的荒漠、半荒漠生态环境有较好的适应性，放牧性能好，抗逆性强，遗传性稳定，肉质良好。今后应加强选育，不断提纯复壮，进一步提高产肉性能和繁殖率。

二、特征与性能

（一）体型外貌特征

1. 外貌特征　巴尔楚克羊毛色全白或体躯为白色，头（不超过耳根）、肢（不超过腕关节和飞节）为杂色，被毛富有光泽，呈明显的毛辫结构。头、四肢为短刺毛，腹毛较差。头清秀，呈三角形，额微凸，黑色眼圈、黑色嘴轮，耳小有黑斑，颈部细长、鼻梁隆起、耳小半下垂。公羊多数无角，母羊无角。体质结实，胸较窄，四肢细长，端正，蹄质结实。后躯肌肉丰满呈圆筒状。短脂尾，尾短下垂，其尾型有三角尾、萝卜尾和S形尾。乳头正常，粉红色。

2. 体重和体尺　巴尔楚克羊体重和体尺见表2-29、统计数据见表2-30。

表2-29　巴尔楚克成年羊体重和体尺

性别	只数	体重（kg）	体高（cm）	体长（cm）	胸围（cm）	胸宽（cm）	胸深（cm）
公	20	72.2±9.6	79.1±5.6	86.0±11.0	112.3±9.0	22.6±0.7	56.0±4.6
母	80	47.7±5.7	67.6±3.1	67.6±6.8	92.5±6.6	19.0±2.3	46.0±3.3

资料来源：中国畜禽遗传资源委员会，2011。

表2-30　巴尔楚克羊体重和体尺统计数据

项目	4～6月龄母羊	周岁公羊	周岁母羊
数量（只）	34	11	34
体重（kg）	35.0±0.38	52.73±4.90	47.21±4.90
体高（cm）	62.07±3.29	71.04±2.35	66.58±3.20
体长（cm）	71.08±4.24	85.05±2.53	77.89±3.8
胸围（cm）	76.1±5.26	84.94±3.75	83.35±4.18
胸深（cm）	24.91±2.34	29.32±1.64	28.3±1.37
胸宽（cm）	16.32±2.14	18.29±1.41	18.49±2.46
管围（cm）	6.97±0.42	8.0±0.28	7.51±0.36

资料来源：高志英等，2010。

（二）生产性能

1. 产肉性能　巴尔楚克羊屠宰性能见表2-31、公羔产肉性能见表2-32。

表 2-31　巴尔楚克周岁羊屠宰性能

性别	只数	宰前活重（kg）	胴体重（kg）	屠宰率（%）	净肉重（kg）	肉骨比
公	15	32.6±5.3	15.1±2.2	46.3	36.9	3.9
母	15	30.7±4.1	14.4±2.0	46.9	33.9	2.6

资料来源：中国畜禽遗传资源委员会，2011。

表 2-32　巴尔楚克羊公羔产肉性能

类型	只数	宰前活重（kg）	胴体重（kg）	骨重（kg）	净肉重（kg）	骨肉比	屠宰率（%）	净肉率（%）
8月龄未去势羔羊	14	39.7	18.6	3.4	12.6	1：4.5	46.85	31.74
8月龄去势羔羊	16	31.4	14.8	2.6	9.9	1：4.6	47.13	31.53

资料来源：高志英等，2010。

2. 繁殖性能　巴尔楚克羊性成熟年龄公羊 6～7 月龄，母羊 5～6 月龄；初配年龄公、母羊均为 12～14 月龄。一般利用年限 6～8 年，母羊发情周期 17d，发情持续时间 34h，妊娠期 150d。平均产羔率 105.7%，双羔率 8%～10%。羔羊初生重公羔 3.8kg，母羔 3.7kg；断奶日龄平均为 90d，断奶重公羔 25.6kg，母羔 22.0kg。

三、研究进展

牛志涛等（2011）为研究巴尔楚克羊生长发育和产肉性能，对喀什地区饲养的巴尔楚克羊 1～2 周岁母羊进行体重、体尺测定，另对巴尔楚克羊 1～2 周岁公羊进行屠宰测定并进行数据分析。结果表明，1～2 周岁母羊平均体重、体高、体长、胸围分别为 50.35kg、68.65cm、83.00cm、92.68cm，屠宰率、净肉率、眼肌面积分别为 51.61%、42.9%、14.34cm²。将测定结果与新疆地区的优良地方品种多浪羊进行比较，结果显示，两个品种的体尺与屠宰测定数据差异不显著（$P>0.05$）。在饲养管理条件相同条件下，巴尔楚克羊 1～2 周岁母羊生长发育和育肥性能基本相同。因此，若加强对巴尔楚克羊的科学饲喂和管理，适当提高营养水平，其体重和体尺和产肉性能应具有较大的提高空间。加强巴尔楚克羊饲养管理和不同阶段的培育，巩固其核心群及提高核心群生产性能是新疆地区羊品种改良的工作重点。巴尔楚克羊产肉性能良好，肉质独特，且脂臀比多浪羊小，符合目前肉羊低脂发展需求。在农区肉羊生产中，选择其为杂交父本，多浪羊为母本进行杂交培育，既可提高体重，又可减少脂肪，具有一定的生产实践意义。

四、产业现状

20 世纪 70 年代巴尔楚克羊群体数量已达 25 万只，随后因受引进品种羊杂交改良的影响，饲养量有所下降。2008 年存栏数为 19.33 万只。2011 年年底巴楚县绵羊存栏总数达 58.77 万只，巴尔楚克羊存栏达到 23.6 万只，占全县绵羊总数的 40.2%（米尔卡米力·麦麦提等，2012）。近年来随着畜群结构的调整，肉羊出栏率、产肉量有所提高。

目前，巴尔楚克羊采用保护区保护。巴尔楚克羊长期自繁自育，选育程度低，群体整齐度较差。1990 年开始有计划地进行选种选配、提纯复壮，并定名为巴尔楚克羊。2006 年制定了巴尔楚克羊选育标准及鉴定、整群、建档、淘汰制度，对中心产区的 32 个羊群10 743只羊进行了随机抽样调查，摸清了巴尔楚克羊的数量、分布、特性和利用情况，并将巴楚县下游 5 个乡镇和 4 个牧场作为保护区，加大了保护力度。

五、其他

巴尔楚克羊是由巴尔楚克城的名称命名而来。巴尔楚克城即是现在的新疆喀什地区巴楚县。据《新疆简史》第二册记述："玛喇尔巴什直隶厅 1902 年升州，迁巴尔楚克，称巴楚州"。该品种是经过了长期的自然选择与进化才形成了现在的外貌体型特征明显、遗传性能稳定的新疆地方绵羊种群，有着非常耐粗饲、抗病力强、一年四季放牧、耐盐碱、耐热、耐干旱、肉质好、风味独特等特点。此品种已经有 200 多年的养殖历史。2007 年 8 月 8 日，巴楚县首届"巴尔楚克羊"赛羊会在巴楚县多来提巴格乡举办。来自巴楚县阿克萨克玛热勒乡、夏马勒乡、阿纳库勒乡、多来提巴格乡、恰尔巴格乡的养羊大户，近 200 头巴尔楚克羊参加了比赛。

秦刚等（2012）对巴尔楚克羊的退化作出了分析：一是缺乏系统的选育。由于当地农牧民对巴尔楚克羊的认识一直停留在原始低级的感性阶段，未将巴尔楚克羊的繁育提高到科学手段，缺乏通过运用技术手段改良巴尔楚克羊的认识，因而导致巴尔楚克羊种羊品质参差不齐，直接影响了后裔品质的提高。二是外来品种的影响。由于巴尔楚克羊中心产区的部分农牧民引进多浪羊等其他品种的羊，并与巴尔楚克羊混群，导致部分巴尔楚克羊的后代血统不纯，传统的优良性状不明显，直接影响了这一品种的生产性能。三是产区草场环境的改变。巴尔楚克羊主产区草场退化严重，载畜能力下降，草畜关系不平衡，再加上农牧民对巴尔楚克羊过度宰杀，因此影响了巴尔楚克羊的饲养管理水平，降低了品质。

针对以上原因，秦刚等（2012）制订了选育提高措施：一是确定选育目标和方向。新疆巴尔楚克羊的选育方向是肉毛兼用；选育目标是易管理、耐粗饲、适应性强、遗传稳定性，最终使其成为体质粗壮结实、生长发育快、瘦肉率高、肉质鲜美的肉毛兼用型品种；二是确定选育方法。自 2006 年对巴尔楚克羊开展遗传资源调查以来，我们主要参照《巴尔楚克羊选育标准》，结合各乡镇（场）对巴尔楚克羊饲养方面的不同点。通过对巴尔楚克羊采用种羊品种选育提纯复壮技术，有计划、分阶段地组织选种和育种工作，不断培育优秀种羊，选优去劣，提高理想型的比重。

秦刚等（2012）确定的具体选育措施有：一是加大宣传力度。采取各种形式，大力宣传巴尔楚克羊资源保护与合理利用的意义，提高全社会的认识，争取社会各界的支持，尤其是农牧民的支持，将巴尔楚克羊资源管理与保护纳入社会发展计划；二是加强组织领导。2006 年巴楚县成立了以县委书记为组长、有关部门参加的巴尔楚克羊遗传资源调查领导小组。为选育提高巴尔楚克羊的品质，协调相关事宜，落实各项优惠政策，促进巴尔楚克羊选育工作系统、科学的全面开展奠定了基础；三是确定选育方向。巴尔楚克羊的选育工作得到了新疆维吾尔自治区、喀什地区、巴楚县有关部门的高度重视和支持，在多次调查和系统、科学选育工作的基础上，根据《巴尔楚克羊选育标准》，选留黑色嘴轮、黑眼圈、白色躯干，并把体大、生长发育快、瘦肉率高、适应性好等性状作为选育方向。为防止品种退化和混杂，建立巴尔楚克羊核心群，禁止使用其他品种的公羊交配。四是建立鉴定、整群、建档、淘汰制度。为了使巴尔楚克羊的选育工作有据可依，2006 年年底，巴楚县畜牧兽医局聘请技术顾问制定了《巴尔楚克羊选育标准》，该规定了巴尔楚克羊的品种特征、特性、体尺体重、生产性能和分级标准等。按照《巴尔楚克羊选育标准》，制定鉴定、整群、建档、淘汰制度，逐步淘汰不良个体，不断提高群体质量。后备公羊的选留严格按照选育标准的要求，每年秋季对母羔羊和选留下的公羔羊进行鉴定、建档。加强后备羊的饲养管理，培育合格的后备种羊。五是保护和完善巴尔楚克羊核心群繁育基地。秦刚等（2012）采用纯种繁育等技术措施扩大了巴尔楚克羊的种群数量，同时在保护区内严禁引入其他品种的羊，禁止盲目的经济杂交，以自然封育和人工封育相结合，随机组群、繁育，保持传统饲养方式，扩大了养殖规模，搞好本品种提纯复壮与选育成果的提高，确定了家系血统。

第十六节　和田羊

一、概况

和田羊（Hetian sheep）属毛肉兼用性品种，是在特定的生态条件下，经过长期选育而培育成的一个地方优良品种。以能适应荒漠生态环境、肉质鲜美、生产优质地毯毛而著称，是新疆的优良地方品种，具有耐干旱炎热、耐粗饲等优点。和田羊是在和田地区特定的自然条件下，经过当地人民长期辛勤培育而成的。2006年，和田羊被列入国家级地方优良品种保护名录。2008年，列入自治区级、国家级种质资源保护名录。

和田羊分农区型和山区型两种，产于新疆南疆地区。产区南依昆仑山，北接塔里木盆地，地势南高北低，由东向西倾斜。由南部山区至北部沙漠，沿河流形成若干条带状绿洲，大河下游为成片相连的扇状灰胡杨林带。产区有各类草场4 635万亩[*]，牧草生长稀疏。气候干旱炎热，多风，雨量少，蒸发量大，无霜期200～220d。和田地区的主要养羊区域在南部高山区、南部中低山草原区及中部平原耕作区。南部高山区的海拔在3 000m以上，属高寒干旱大陆性气候。南部中低山草原区为昆仑山地北侧的东西狭长地带，海拔为2 000～3 500m。本区气候较凉爽，年平均气温为4～11℃，夏季最热月（8月）平均气温为16～24℃，冬季最冷月（1月）平均气温为－11～－5℃。年降水量为150mm，积雪较少。3 000m以上高山谷地沟底生长的主要牧草有蒿草、苔草、岌岌、赖草等，草密质量好，为夏季牧场（於建国等，2011）。分布最广的是1 440～3 500m的中低山荒漠草原。这些草场干旱缺水，牧草产量和质量低，为冬、春牧场。中部平原耕作区为东西向狭长的断续绿洲带，海拔1 300m左右，是传统的农业区。年平均气温为11℃左右，年降水量为30～50mm。植被类型以分布在大河三角洲、河间、河旁阶地的盐化草甸草场为主。

和田羊的生态环境，普遍带有降水稀少、蒸发强烈、干旱、温差较大、日照辐射强度大、持续时间长的气候特点和植被稀疏、种类单一的荒漠化、半荒漠化草原特点，反应在和田羊的适应性上，表现有独特的耐干旱、耐炎热和耐低营养水平的品种特点。

二、特征与性能

（一）体型外貌特征

1. 外貌特征　和田羊全身被毛为白色，个别羊头为黑色或有黑斑。被毛富有光泽，弯曲明显，呈毛辫状，上下披叠，层次分明，呈裙状垂于体侧达腹线以下。头、四肢为短刺毛，腹毛较差。体质结实，结构匀称，体格较小。头较清秀，耳大下垂。公羊鼻梁隆起较明显，母羊鼻梁微隆。公羊多数有螺旋形角，母羊多数无角或有小角（图19）。体躯较窄，胸深不足，背腰平直。四肢较高，蹄质坚实（国家畜禽遗传资源委员会，2011）。短脂尾，其尾形有"砍土曼"尾、"三角"尾、"萝卜"尾和S形尾等几种类型。

2. 体重和体尺　和田羊成年羊体重和体尺见表2-33。

表2-33　和田羊成年羊体重和体尺

性别	只数	体重（kg）	体高（cm）	体长（cm）	胸围（cm）
公	308	55.8±9.4	63.4±4.7	66.5±6.3	79.3±11.2
母	61	35.8±4.3	60.5±3.8	64.8±5.9	75.9±8.9

资料来源：国家畜禽遗传资源委员会，2011。

（二）生产性能

1. 产肉性能　和田羊屠宰性能见表2-34。

表2-34　和田羊周岁羊屠宰性能

性别	宰前活重（kg）	胴体重（kg）	屠宰率（%）	净肉率（%）
公	33.4±1.5	16.3±0.8	48.8	40.3
母	29.7±0.6	14.6±0.5	49.2	40.8

资料来源：国家畜禽遗传资源委员会，2011。

---

[*] 亩：非法定计量单位，1亩≈66.7公顷。

和田羊肉质较好。据测定，每100g羊肉中含粗蛋白19.23%、粗脂肪6.77%、粗灰分1.35%。必需氨基酸含量占氨基酸总量的56.67%，氨基酸中谷氨酸含量为16.21%（国家畜禽遗传资源委员会，2011）。

2. 繁殖性能　和田羊初配年龄为1.5～2.0岁。母羊发情多集中在4～5月和11月，舍饲母羊可常年发情，发情周期17d，妊娠期145～150d，产羔率98.0%～103.0%。初生重公羔2.4kg，母羔2.4kg；断奶重公羔20.7kg，母羔18.3kg；哺乳期平均日增重公羔152.0g，母羔132.0g；羔羊断奶成活率97.0%～99.0%。配种期以春、秋两季为多，个别地区和舍饲母羊根据发情状况可全年配种（国家畜禽遗传资源委员会，2011）。

三、研究进展

和田羊是我国不可多得的优良品种，畜牧工作者对其进行了大量研究。

祁成年等（2007）采用垂直板高pH不连续SDS-聚丙烯酰胺凝胶电泳，研究了和田羊、策勒黑羊、卡拉库尔羊的血清转铁蛋白（Tf）、前白蛋白（Pr）、血清白蛋白（Alb）3个基因座的遗传多态性。研究表明，策勒黑羊与和田羊、卡拉库尔羊的血清转铁蛋白（Tf）、血清白蛋白（Alb）位点基因型有差别，前白蛋白（Pr）位点基因型相同。另外，还计算了三种绵羊的基因型频率、基因频率，策勒黑羊与和田羊、卡拉库尔羊之间的遗传距离，结果表明和田羊与策勒黑羊遗传距离最近。

李萍等（2011）在2011年3月，选取240只健康的和田羊，利用CIDR＋PG（氯前列烯醇）和CIDR＋PMSG（孕马血清促性激素）对其进行同期发情处理效果的试验。结果显示：实施CIDR＋PG和CIDR＋PMSG同期化处理，同期发情率分别为96.7%和99.2%，发情期受胎率分别为85.3%和84.9%，两者之间差异不显著（$P>0.05$）。

於建国等（2013）为研究和田羊的遗传多样性，应用PCR扩增和测序技术，对民丰、于田、策勒、洛浦4个县和田羊群体的mtDNA D-loop序列进行了研究，并用DNAMAN软件对4个县和田羊进行了聚类分析。结果表明，民丰、于田两县和田羊mtDNA D-loop序列长度为1 184bp，策勒、洛浦两县和田羊mtDNA D-loop序列长度为1 190 bp，4个县和田羊mtDNA D-loop均存在4个75bp的重复序列；民丰县、于田县和田羊遗传距离较近，洛浦县、策勒县和田羊遗传距离较近，初步认为和田地区4个县和田羊可分为两类群体。

杨会国等（2013）采用测序法获得和田羊线粒体DNA D-loop区核苷酸序列，比对分析和田羊与GenBank中收录的藏绵羊、蒙古羊、哈萨克羊、巴什拜羊的绵羊线粒体DNA D-loop区序列。研究发现，和田羊mtDNA D-loop区序列为1 184bp，均含有4个75bp重复序列，A＋T含量62.50%，G＋C含量37.50%。和田羊与藏绵羊遗传距离最近为0.001，与哈萨克羊遗传距离最远为0.004，同源性分析结果与遗传距离分析结果相同。结果表明，和田羊与藏绵羊遗传距离近、同源性高的结果与这两个品种在地理分布上可能存在一定关系。

古兰白尔·木合塔尔等（2013）在和田羊精液冷冻稀释液中添加不同浓度的维生素E，比较了其对和田羊冷冻精液品质的影响。结果表明，维生素E添加量为1.2mg/mL时精子解冻后活率（43.56%）显著高于对照组（34.14%）和其他各添加组（$P<0.05$）；顶体完整率（51.39%）极显著高于对照组（40.12%）和其他各添加组（$P<0.01$）。说明在冷冻精液稀释液中添加适当浓度维生素E可以减缓冷冻对精子的伤害，有效提高和田羊冷冻-解冻后精子活率，改善冷冻精液的品质。

刘博丹等（2014）从血液生理生化方面研究了和田羊品种的特性，探讨了和田羊血液生理生化指标与体重体尺性状的关系。其通过测定7月龄、10月龄和田羊体重体尺及血液生理生化指标，并对其相关性进行分析。研究表明，和田羊7月龄与10月龄时，体高与体重，体高与胸围呈显著正相关（$P<0.05$）。性别、年龄对某些血液生理生化指标的影响显著，7月龄、10月龄公羊的红细胞压积（HCT）均显著高于母羊（$P<0.05$），7月龄与10月龄公羊的碱性磷酸酶（ALP）均高于母羊，但差异不显著（$P>0.05$）；10月龄时，体重与总胆固醇（TC）、体高与谷草转氨酶（AST）、总胆红素（TC）呈显著正相关（$P<0.05$），管围与甘油三酯（TG）、碱性磷酸酶（ALP）呈显著负相关（$P<0.05$）。结果表明，和田羊的体重、体尺及血液生理生化指标之间有一定的相关性，可为和田羊饲养管理及早期选种提供参考。

四、产业现状

目前，和田羊采用保护区和保种场保护。20世纪80年代已开展本品种选育，将洛浦县杭桂乡列为和田羊品种资源保护繁育区，并在于田县组建了国营种羊场，建立了基础母羊核心群，实施全封闭选育，羊群品质有所提高。2004年在策勒县提出和田羊（山区型）标准化保种区建设方案，并建立品种登记制度。2008年策勒县恰恰乡、于田县奥依托格拉克乡和洛浦县杭桂乡，被列为国家级畜禽遗传资源保护区（国家畜禽遗传资源委员会，2011）。

经过多年的科技培训与技术支持，和田羊群体质量和数量有了一定提高。2002年成年及周岁公羊的体重比1982年分别提高6.97％和23.18％，母羊相应提高13.32％和37.32％。2007年存栏240.68万只，为1980年2.4倍（国家畜禽遗传资源委员会，2011）。2009年末和田羊存栏约266.79万只，其中和田羊适龄母羊161.5万只，占和田羊存栏数的60.53％。2010年末，和田地区绵羊存栏375.99万只，其中和田羊存栏266.78万只，占绵羊存栏的70.95％（李萍，2011）。但其分布区域因受引进羊杂交改良的影响而缩小。今后应以本品种选育为主，调整羊群结构，完善繁育体系，重点增大其体格，改进被毛整齐度，提高其繁殖力和产肉性能。

第十七节　大尾寒羊

一、概况

大尾寒羊（Large-Tailed Han sheep）是古老的优良地方绵羊品种，属肉脂兼用型绵羊品种。原产于河北东南部、山东聊城市及河南新密市一带。受中原地区优越自然条件的长期影响，以及人们有意识的选择，逐渐形成了拥有适应性强、性成熟早、常年发情、多胎多产、产肉性能好、裘皮品质好等优良性状的地方绵羊品种，并以脂尾重而著称于世。

大尾寒羊最早主产区为华北平原的腹地，属典型的温带大陆性季风气候，冬季寒冷干燥，夏季炎热多雨，是我国北方小麦、杂粮和经济作物的主要产区之一。大尾寒羊现主要分布于河南省平顶山市的郏县和宝丰县，河北省的威县、馆陶、邱县、大名，山东省聊城市的临清、冠县、高唐、茌平和德州市的夏津等地。产区地势平坦，海拔大部分在50m以下，四季变化明显。产区年平均气温8～15℃，最高气温42℃，最低气温-22.7℃。无霜期180～240d。年降水量600～800mm，多集中于7～9月份。年日照时数2 300～2 800h。土壤以红壤土为主，土层深厚，土质肥沃。农作物一年两熟或两年三熟，可为大尾寒羊提供较丰富的农副产品。野生牧草生长期长，绵羊可终年放牧。

一般成年公羊脂尾重15～20kg，母羊为4～6kg。大尾寒羊体躯较短，背腰较宽，四肢肉较厚，臀部发达且丰满，脂肪主要集中在尾部，其尾脂一般占胴体重的10％～20％。大尾寒羊屠宰率51％～56％，净肉率40％～55％。6～9月龄的肥羔羊胴体重25～35kg，屠宰率54％～62％，净肉率46％～57％。其肉质细腻，味美可口。大尾寒羊全年以放牧为主，多数农家以放牧和舍饲结合饲养。尾型较大的羊只多舍饲，羊只抗炎热及腐蹄病的能力强。

二、特征与性能

（一）体型外貌特征

1. 外貌特征　大尾寒羊头略显长，额部略宽，两耳较大且略垂，鼻梁隆起。公羊多有螺旋状大角，80％左右的母羊有角，角形如姜，粗细如指，长度多在4cm以下（图20和图21）。颈中等长，颈肩部结合良好，胸骨向前突出，肋骨较开张，背腰平直，尻部宽而倾斜，前后躯发育匀称。四肢粗壮且较高，四蹄圆大呈蜡黄色。脂尾大而肥厚，下垂至飞节以下，长者可接近或拖及地面，尾尖向上翻卷，形成明显尾沟。头及四肢下部无绒毛，腹毛稀短，毛色全白者约占90％，10％左右的羊只头及四肢下部有棕色纤维或略带斑点。

2. 体重和体尺　大尾寒羊成年体重和体尺见表2-35。

表 2-35　大尾寒羊体重和体尺

类群	性别	只数	体重（kg）	体高（cm）	体长（cm）	胸围（cm）	尾长（cm）	尾宽（cm）
河北	公	12	70.38±19.6	74.2±6.2	76.2±6.0	90.6±14.1	62.3±3.8	32.2±9.1
	母	33	60.24±9.2	67.7±3.1	69.3±5.0	91.0±7.8	55.5±2.6	30.0±9.3
河南	公	31	74.0±14.1	85.0±11.5	83.0±8.6	91.9±13.2	35.7±5.4	32.3±4.9
	母	150	58.0±6.9	71.0±6.1	75.0±8.3	88.0±9.4	32.0±5.9	29.6±5.3

注：2006年12月在河北馆陶、邱县及河南郏县等县（市）测定。
资料来源：国家畜禽遗传资源委员会，2011。

（二）生产性能

1. 产肉性能　河北大尾寒羊产肉性能较高，6～8月龄公羔宰前活重为39.5kg，屠宰率52.2％，脂尾重6.4kg。山东大尾寒羊屠宰测定的各项指标略低于河南大尾寒羊。大尾寒羊屠宰性能见表2-36。

表 2-36　大尾寒羊屠宰性能

性别	只数	宰前活重（kg）	胴体重（kg）	屠宰率（％）	净肉率（％）
公	8	56.3±3.9	29.7±4.6	52.8	46.0
母	12	55.4±9.3	28.9±7.1	52.2	42.8

注：由河南省畜牧兽医局提供。
资料来源：国家畜禽遗传资源委员会，2011。

2. 繁殖性能　大尾寒羊公羊6～8月龄、母羊5～7月龄性成熟；初配年龄公羊18～24月龄、母羊10～12月龄。母羊常年发情，发情周期18～21d，妊娠期145～150d。一年产两胎或两年产三胎者居多，平均胎产羔率为158％。以河南大尾寒羊产羔率和羔羊成活率最高，分别为205％和99％（国家畜禽遗传资源委员会，2011）。

三、研究进展

大尾寒羊具有抗寒性强、肉质细嫩、繁殖率高、适应性强、耐粗饲、善游牧等特点，同时被毛同质性好、纺织性能高；二毛裘皮和羔皮质量致密、花纹美观、易定型。1周岁以内的羊皮质量最好，俗称"油板"，颇受消费者的喜欢。大尾寒羊是我国不可多得的优良品种，畜牧工作者对其各个层面进行了大量研究。

2008年赵淑娟等从生化遗传多态性方面探索绵羊多羔性与血红蛋白、铁转蛋白的遗传相关，分析河南大尾寒羊的基因频率、基因型频率，探讨血红蛋白（Hb）、转铁蛋白（Tf）与河南大尾寒羊多羔性的关系，以期为选育河南大尾寒羊多羔家系、基因库的建立与保护提供科学依据。该研究采用PAGE对河南大尾寒羊的血红蛋白（Hb）、转铁蛋白（Tf）进行多态性检测，同时以美利奴羊作为对照。结果表明：河南大尾寒羊 Hb 位点的 Hb^B 基因和 HbBB 基因型频率分别为 0.6945 和 0.5000，且两品种差异显著，两群体中 Hb^B 基因均占优势。但大尾寒羊的 Hb^B 基因频率比美利奴羊群体高 26.27％，HbBB 基因型频率高 66.7％，可能与其多羔性存在相关性。在 36 份河南大尾寒羊 Tf 血样中共检出 5 种基因（Tf^A、Tf^B、Tf^C、Tf^D、Tf^E）、10 种表现型（TfAB、TfAC、TfAD、TfBB、TfBC、TfBD、TfCC、TfCD、TfCE、TfDD），TfCD 型的平均每胎产羔数最高为 3 个，TfCE 型的平均每胎产羔数量最低为 2 个，不同表现型母羊的产羔数存在一定的差异。从试验结果可以初步认为，大尾寒羊的高繁殖性能与 Hb 的表现性相关，其优势基因型为 HbBB，其次为 HbAB。选择 HbBB 表现型的公、母羊配种，有望提高后代的产羔率。可把血红蛋白分型作为选育河南大尾寒羊多羔品系的生化遗传标记，降低群体中 Hb^A 的基因频率，提高 HbBB 的基因型频率，逐步建立以特定基因为基础的多羔品系，提高优良基因的频率。

张静芳等（2010）对 30 只河南大尾寒羊进行超数排卵处理，研究不同激素、不同季节、不同输精方式以及重复超数排卵对其超数排卵效果的影响。结果表明，采用加拿大生产的 FSH 处理后，河南大尾寒羊的只均黄体数（15.76）和只均获胚数（12.76）显著高于采用新西兰生产的 FSH 组（11.78、8.78）；冬季处理的河南大尾寒羊的只均黄体数（18.11）、只均获胚数（14.84）和只均可用胚数（5.21）显著高于春季（13.44、9.44、3.78）和秋季处理组（11.61、9.56、2.72）；每只采用 350 mg 剂量 FSH 处理，河南大尾寒羊只均黄体数（18.27）和只均胚胎数（14.53）显著高于 300 mg 剂量组（12.23、10.23），且优于 400mg 剂量组；腹腔内子宫角输精，河南大尾寒羊只均可用胚数（4.68）显著高于阴道输精处理（1.89）；重复超数排卵各次之间的只均黄体数、只均胚胎数和只均可用胚数差异不显著。对河南大尾寒羊超数排卵影响的分析，为有待保种的优良地方品种建立合理、有效的超数排卵方案提供了依据。

田亚磊等（2010）为了探讨河南大尾寒羊的屠宰性能和肉质特性，更好地服务于河南大尾寒羊的选种、选育和羊肉生产工作，对 10 只周岁的河南大尾寒羊进行了屠宰测定、肉质常规指标测定和肌肉氨基酸含量测定。结果表明，河南大尾寒羊周岁时的屠宰率为 46.25%，净肉率为 39.74%；肉质中水分含量为 71.78%，脂肪含量为 8.85%，蛋白质含量为 22.49%，灰分含量为 0.91%；肌肉干物质中的必需氨基酸含量为 237.56mg/g，非必需氨基酸含量为 323.6mg/g，总氨基酸含量为 561.16mg/g。本试验测得的河南大尾寒羊的屠宰率比青海藏羊、欧拉羊、蒙古羊都高，并且其肌肉氨基酸含量比较平衡，说明河南大尾寒羊有着优秀的产肉性能和优级羊肉生产能力。

杨在宾等在 1999 年对 3～6 月龄大尾寒羊进行了能量需要量和代谢规律研究，旨在弄清大尾寒羊生长期对能量的需要量及能量在体内的利用规律，为大尾寒羊科学化饲养提供可靠依据。杨在宾等（1999）选择 3 月龄大尾寒羊 8 只，采用饲养试验、消化代谢试验、气体能量代谢试验和比较屠宰试验等，研究生长期能量需要量及代谢规律，试验分前期（90～135 日龄）和后期（136～180 日龄）两个阶段进行。研究结果表明，干物质、有机物质和总能表观消化率后期显著高于前期（$P<0.05$），而能量代谢率前后期间无差异（$P>0.05$）。气体能量代谢试验结果表明，CO_2 排出量、O_2 消耗量、畜体产热量和呼吸熵前后间无差异（$P>0.05$）；大尾寒羊生长期维持代谢能需要量为 $447LW^{0.75}$ kJ/d，每增重 1kg 需要 17 725kJ 代谢能，维持效率为 0.792，增重效率为 0.375。2004 年杨在宾等又系统研究了大尾寒羊不同生理阶段的蛋白质、能量代谢规律及需要量，在分别研究蛋白质、能量维持和生产需要量的基础上，采用析因法获得大尾寒羊不同生理状态下的能量需要量析因模型 14 个，蛋白质需要量析因模型 13 个，制定出了不同生产水平条件下的能量和蛋白质需要量标准。

邓雯等（2006）对河南大尾寒羊体重生长特性进行了研究，结果发现河南大尾寒羊哺乳阶段体重生长迅速，断奶对羔羊体重有显著影响，且粗放饲养模式下断奶对体重生长极为不利。邓雯等用 Von Bertalanffy、Gompertz、logistic、幂函数非线性生长模型对河南大尾寒羊的生长进行了拟合。结果表明，将 Gompertz 和 logistic 模型结合描述河南大尾寒羊的生长特性效果更好，并且发现体重性状与饲养条件密切相关。

白俊艳等（2011）利用动物模型 BLUP 法对大尾寒羊体尺性状进行了遗传力估计。结果表明，体重、体高、体长和胸围的遗传力分别为 0.14、0.11、0.11 和 0.15，属于中等遗传力（$0.1<h^2<0.3$）；尾长和尾宽的遗传力为 0.09 和 0.08，属于低遗传力（$h^2<0.1$）。白俊艳等建议在大尾寒羊选种选配中，利用 BLUP 法和标记辅助选择（MAS）对大尾寒羊种羊进行选择，更能提高选种的准确性。

白俊艳等（2007）对有关育种资料进行系统整理，分析了公羊和胎次对大尾寒羊产羔数的影响，结果表明公羊和胎次对胎产羔数有极显著影响。胎产羔数随着胎次的增加呈现缓慢增加趋势，到第 5 胎次时胎产羔数达到最大值。

邓雯等（2007）对河南大尾寒羊繁殖性能影响因素进行了分析，结果显示适宜的繁殖年龄要根据母羊发育状况而定。在饲养管理条件较好、生长发育和健康状况不错的情况下，配种时的母羊体重达到该品种成年母羊体重的70%以上时配种效果比较理想；大尾寒羊1～6胎随胎次增加，产双羔母羊的比率逐渐减少，产四羔母羊的比率逐渐增加；在7～8胎中产双羔母羊比率呈增加趋势，三羔、四羔母羊的比率呈减少趋势；第6胎是本品种产羔的高峰，6胎后产羔数呈减少趋势；胎产羔数主要受产双羔、三羔母羊的比率影响；河南大尾寒羊胎产羔数对初生重、断奶重有显著（$P<0.05$）或极显著（$P<0.01$）的影响，产羔率随着母羊体重上升有提高趋势，膘情差的母羊群应在配种前加强饲养管理。饲养管理对羔羊成活率影响较大，在配种前提高营养水平可改善体况，提高母羊排卵率。白俊艳等（2011）利用SPSS软件分析了大尾寒羊产羔数对胎次的回归，回归方程拟合曲线均表现为产羔数随着胎次的递增，先是有递增趋势，而到了第5胎次均达到最大值，而后又呈现下降趋势。

四、产业现状

20世纪60年代以前，河南大尾羊广泛分布于河南省郑州、开封、许昌、洛阳等地。60年代开展绵羊杂交以来，先后引进了新疆细毛羊和小尾寒羊与大尾寒羊进行杂交改良。河南大尾寒羊分布区域迅速缩小，数量锐减。1980年河南省进行品种资源调查时，该品种仅存在于郏县、宝丰等地，数量仅有8 000只。在1989年召开的"动物遗传资源全球持续发展计划"专家评议会上已被宣布为濒危家畜品种。为加强对该优良地方品种的保种选育和开发利用，畜牧主管部门和有关大专院校多次对该品种进行品种资源调查和大量的种质特性研究。20世纪80～90年代，山东、河南两省积极推进了大尾寒羊的保种工作，制订了《大尾寒羊保种选育及开发利用实施方案》，建立了"良种登记制度"等多项保障措施，现采用保种场保护。近年来，河南省先后完成了河南大尾寒羊肉用性能测定、繁殖性能调查、种质特性测定以及生长发育规律研究等，建立了产肉性能配套技术体系，使得群体整齐度及生产性能有所提高（赵淑娟等，2001）。并于2002年颁布实行了《河南大尾寒羊地方标准》；通过举办赛羊会重奖优秀种公羊和种母羊畜主等方式发展大尾寒羊，近十年来该品种逐步得到恢复和发展。

在1949—1979年，大尾寒羊是临清市及周边市县的主要绵羊饲养品种，仅临清市存栏量就达到5.7万只。随着人们生活水平的提高和绵羊品种改良工作的开展，1980年先后引进了新疆细毛羊和小尾寒羊与大尾寒羊进行杂交改良，加之大尾寒羊硕大尾脂的食用价值降低，纯种大尾寒羊存栏量逐年下降，1990年为2.3万只，2000年为1.2万只，2006年仅为841只。大尾寒羊于1989年收录《中国羊品种志》，2002、2006、2009年被分别列入《山东省地方保护品种目录》《国家级畜禽遗传资源保护名录》《山东省畜禽遗传资源保护名录》，这为实施大尾寒羊保护工作奠定了基础（王俊梅等，2010）。

第十八节　多　浪　羊

一、概况

多浪羊（Duolang sheep）是新疆维吾尔自治区的一个优良肉脂兼用型地方绵羊品种，是用阿富汗的瓦尔吉尔肥尾羊与当地土种羊杂交，经过70多年选育而成的。因其中心产区在麦盖提县，也称麦盖提大尾羊。

多浪羊中心产区位于新疆维吾尔族自治区喀什地区的麦盖提县，主要分布在塔克拉玛干大沙漠的西南边缘，叶尔羌河流域的麦盖提、巴楚、岳普湖、莎车等县。麦盖提县位于北纬38°25′～39°22′、东经77°28′～79°05′，地处塔里木盆地西部。叶尔羌河下游和提孜甫河下游的叶尔羌河冲积平原，海拔1 155～1 195m。全县地势由西南向东北缓缓倾斜，叶尔羌河两岸为平原区，下游一带为原始胡杨林区，东部为沙漠区。有叶尔羌河、提孜那甫河两大水系，属温带大陆性干燥气候，热量丰富，日照充足，昼夜温差大。冬季寒冷，夏季炎热，春季多风，秋季秋高气爽。年平均日照2 806h以上，年平均气温22.4℃，最高气温40.8℃；无霜期达214d（国家畜禽遗传资源委员会，2011）。地势平坦，土壤以沙土居多，盐碱大，草场属荒漠、半荒漠草场。植被主要有芦苇、甘草、花花柴，伴生骆驼刺、赖草、野麻、怪柳等。

多浪羊具有体格大、早熟、一年两胎、初生重大、早期生长发育快、后期生长发育潜力大、饲料报酬高、肉用体型明显、产肉率高、肉质细嫩、肌肉丰满而鲜嫩等特征，并对荒漠化、半荒漠化恶劣生态环境有较高的适应性。

二、特征与性能

新疆维吾尔自治区畜牧厅 2007 年发布了 DB 65/T 2710-2007《多浪羊》地方标准。具体规定了多浪羊的品种标准和分级标准。该标准适用于多浪羊的品种鉴定和种羊等级评定。

（一）体型外貌特征

1. 外貌特征　身高体大、肉用性能明显，即身躯长而深、肋骨拱圆，胸深而宽、体质结实、头中等大小；鼻梁隆起，呈弯曲形，鼻孔大而开张；脸颊丰满，两颌开张适宜；嘴大，口裂深；两眼清澈、大而有神；耳大下垂，长而宽，厚度适宜；颈长，鬐甲宽而紧凑，与中躯结合良好；背膘平直且长；后躯肌肉发达，脂臀大小中等，平直呈方圆形，下缘中央有浅纵沟；尾形呈 W 状，不下垂；公、母羊均无角（多浪羊公羊外貌见图22）；被毛为白色或灰白色，头和四肢为褐色或黑褐色。

2. 体重和体尺　农区舍饲为主的养殖条件下，多浪羊一级羊体尺标准见表2-37。

表 2-37　一级羊体尺最低标准

类型	体重（kg）	胸围（cm）	体高（cm）	体长（cm）
成年公羊	100	114.8	98.9	93.8
成年母羊	74	89.9	79.7	76.5
周岁公羊	77	103.4	74.2	74.6
周岁母羊	57	91.6	74.9	74.2

资料来源：DB 65/T 2710-2007。

（二）生产性能

性成熟早，羔羊 5～6 月龄就具有性行为，6～7 月龄性成熟，9～10 月龄开始配种；母羊 6 月龄开始发情，这时平均体重 45.2kg 以上，占周岁母羊体重的 79.06%，一般 9～10 月龄开始配种，14～15 月龄产羔。

母羊常年发情，一般饲养管理条件下，一年两胎，母羊发情周期为 15～18d，发情持续时间平均为 24～48h，妊娠期 150d 左右。双羔率高，可达 60%，繁殖成活率在 150% 左右。

（三）多浪羊分级标准

多浪羊公羊分三级进行鉴定分级，母羊分四级进行鉴定分级（表2-38）。

表 2-38　多浪羊的体重鉴定分级标准

类型	公羊			母羊			
	特级	一级	二级	特级	一级	二级	三级
初生重（kg）	≥6.1	5.3～6.1	4.5～5.3	≥5.9	5.1～5.9	4.3～5.1	3.8
4 月龄（kg）	≥46.0	41.4～46.0	37.3～41.4	≥37.4	34～37.4	32.4～36.0	32.4
周岁羊（kg）	≥83.6	76.0～83.6	68.4～76.0	≥59.4	54.0～59.4	48.6～54.0	44.0～48.6
成年羊（kg）	≥110.0	100.0～110.0	90.0～100.0	≥86.0	78.0～86.0	70.0～78.0	63～70.0

资料来源：DB 65/T 2710-2007。

1. 成年公、母羊和周岁公、母羊分级标准

特级：体型外貌和被毛品质完全符合品种标准，体重符合表 2-38 相应指标的个体列为特级。

一级：体型外貌和被毛品质符合品种标准，生产性能符合表 2-37 中各项要求且体重符合表 2-38 相应标准的个体列入一级。

二级：体型外貌和被毛品质完全符合品种标准，体重符合表 2-38 相应标准，同时臀脂过大且下垂，体型外貌特征或被毛品质个别缺陷的个体列入二级。

三级：凡达不到二级要求下限的成年、周岁公羊个体均列入三级。成年和周岁母羊的体重符合表 2-38 相应标准的个体列入为三级。

2. 出生羔羊和 4 月龄羔羊分级标准 在体型外貌和被毛品质完全符合品种标准的前提下，出生羔羊和 4 月龄羔羊分级标准以表 2-38 相应要求为标准。

一般情况下，2 岁公、母羊时的分级标准定为终生标准。

本身为双羔或双羔的母羊在符合体型外貌和被毛品质品种标准前提下提升一级来鉴定。

三、研究进展

目前，国内学者针对多浪羊在分子水平以及个体水平上的研究都有涉及。

在分子水平研究方面，2006 年史洪才等以骨形态发生蛋白受体 IB（bone morphogenetic protein receptor IB，BMPR-IB）为候选基因对多浪羊等 5 种绵羊品种的多胎性作了研究。结果发现，BMPR-IB 基因在多浪羊上存在 B＋型（突变杂合子），但没有检测到 BB 型（突变纯合子）；多浪羊主要以＋＋型（正常个体）为主，B＋型频率为 0.35，＋＋型频率为 0.65。柳广斌（2008）为研究 BMPR-IB、BMP15、GDF9 这 3 个候选基因对多浪羊繁殖力的效应，并探索它们与多浪羊高繁殖力的关系，以 227 只高繁殖力多浪羊母羊为研究素材，采用 PCR-RFLP 技术检测了 BMPR-IB、BMP15、GDF9 这 3 种基因在高繁殖力多浪羊中的单核苷酸多态性。结果表明，BMPR-IB 基因位点是影响多浪羊多胎性的一个主效基因，BMP15 及 GDF9 基因位点与多浪羊多胎性无关。王旭（2010）以 374 只多胎多浪羊为研究对象，选用 BMPR-IB 基因、骨形态发生蛋白 15（BMP15）（$FecX^1$ 位点）、视黄醇结合蛋白 4（RBP4）、制素 α 亚基（INHA）基因和视黄酸受体 γ（RARG）作为高繁殖力候选基因，采用 PCR-SSCP 和 PCR-RFLP 技术检测这些基因在多胎多浪羊中的单核苷酸多态性，也检测出了 BMPR-IB 基因在多肽多浪羊中具有多态性，研究证明 BMPR-IB 基因是影响多胎多浪羊多胎性的一个主效基因；并能稳定遗传给多浪羊 F_1 代，且符合孟德尔遗传规律；$FecX^1$ 基因、RBP4 基因、INHA 基因和 RARG 基因中未检测到与多浪羊多胎相关的多态性，可对这些基因的其他部位作进一步的研究。

李海等（2001）对多浪羊生理生化指标的研究发现，血沉、红细胞容积在绵羊常规指标范围；血红蛋白、血清蛋白、血清 K^+、Na^+ 和 Ca^{2+} 含量的差异较大，在年龄、性别之间也有一定差异，且平均值较一般绵羊的均值高，说明中心产区的生态条件有利于发挥该品种肉脂的遗传潜力；血液中较高的蛋白和 K^+、Na^+ 和 Ca^{2+} 含量对多浪羊的早期生长发育和较强的抗旱、抗寒等抗逆性状，都具有极重要的意义。李述刚等（2005）对南疆、喀什、麦盖提地区多浪羊肉的营养成分进行了全面的分析，结果表明该地多浪羊肉的蛋白质、不饱和脂肪酸、油酸、亚油酸、矿物质（钙、铁、磷等）含量均高于相关的资料数据。王旭（2010）研究发现，多浪羊羊肉中 8 种必需氨基酸含量丰富，占氨基酸总量的 42.67％，非必需氨基酸的比重为 41.66％；谷氨酸所占比重最高为 16.15％（谷氨酸可增加羊肉的鲜味和香味，使多浪羊羊肉肉鲜味美，适口性好）、胆固醇为 60.8 mg/100g。

阿布力孜・吾斯曼等（2012）对多浪羊一年两产的繁育技术进行了初步的研究，采用孕酮阴道栓和孕马血清促性腺激素相结合的方法，对秋季空怀和春季早期断奶的多浪羊母羊进行同期发情处理。结果表明，对多浪羊母羊实施频密繁育的技术处理，可以实现一年两次产羔，提高母羊的生产性能。

多浪羊是一个优良的地方品种，但作为肉羊的发展要求，还存在一些难以克服的品种缺陷，如肋骨开张不理想、四肢过长、前胸及后腿不丰满、颈细长；尤其是尾脂占屠宰胴体的比重过大，约占 12.5％，影响了胴体品质，同时也造成了资源的浪费。针对多浪羊固有的品种缺陷，陈瑛等（2004）通过引进外来著名肉羊品种无角陶赛特公羊为父本，以多浪羊为母本进行杂交改良，希望克服多浪羊尾脂过多、四肢过长、肋骨开张不理想等缺陷，为进一步提高多浪羊的产肉率作了研究。试验数据显示，陶 F_1 胸围较多浪羊提高 9％～10％，胸围指数提高 12％以上，日增重较多浪羊提高 24％～33％；尤其是多浪羊硕大的尾脂显著减少，仅为本品种尾脂的 60％，杂交效果显著。麦合莫提江・阿不力米提等

（2012）对多浪羊、塔什库尔干羊、萨福克羊三元杂交后代羔羊的生长发育和产肉性能等进行了研究分析。结果表明，多×塔×萨三元杂交羔羊在当地的舍饲适应性、生长发育速度、强度和产肉性能等方面表现出一定的杂种优势，6月龄F_1羔羊平均体重达到42.30kg，比同龄土种羔羊高6.30kg，差异极显著（$P<0.01$），而且其瘦肉率高，胴体品质好；经过短期育肥的6月龄杂种羔羊胴体重、净肉率、屠宰率分别比土种羔羊提高了6.15kg、3.14％和7.5％，差异极显著（$P<0.01$）；后腿净肉增加1.695kg，提高了32.13％，差异极显著（$P<0.01$）。

买买提伊明·巴拉提（2001）对多浪羊羔羊的断奶体尺指数、体重和体尺指标的参数进行了研究，并分别对多浪羊断奶公羊、母羊体重与体高、体长、胸围、胸宽、胸深、管围、耳长、尾长、尾宽和尾厚等指标的相关性进行了分析，认为多浪羊断奶公羔、母羔体重与胸围、尾长、体长、尾厚、管围有正相关关系，而且差异极显著。通过试验还发现，多浪羊周岁内的生长发育主要集中在哺乳期，断奶羔羊的体高、体长、胸深、管围等指标占周岁的比重均在70％以上，有的高达100％；它们与体重的相关系数大小顺序是：胸围→体高→胸宽→体长→管围。由于该品种是早期生长发育快、早熟、饲料利用率和转化率高的羔羊肉型品种，因此多浪羊羔羊是生产优质高档羔羊肉的最佳选择，但多浪羊所具有的许多优良产肉基因还有待开发。

四、产业现状

在已建成的以麦盖提县为中心的多浪羊繁育基地的基础上，一方面通过采用活畜原地保存和冷冻精液保存相结合的方法开展保种工作，另一方面通过制订育种计划、制定发展规划和地方品种标准等措施加强该品种的选育工作。

多浪羊1988年被列入《新疆家畜家禽品种志》，新疆维吾尔自治区从1998年开展项目"多浪羊选育与提高"。项目组对地方多浪羊进行了提纯复壮，其成果也通过了专家的鉴定。2004年末多浪羊存栏60多万只，2006年列入《国家畜禽遗传资源保护名录》。并且在2007年发布DB65/T2710-2007《多浪羊》地方标准。同时麦盖提县建立了多浪羊繁育中心，并在2008年被列为国家级畜禽遗传资源保种场，进行保种场活体保种。多浪羊2010年存栏总数达到200万只左右。

五、其他

买买提伊明·巴拉提等（2008）研究发现，多浪羊羊奶所含营养物质丰富，常乳中蛋白质、脂肪、铁、锌、钙和磷的含量均比山羊奶、牛奶和人奶中的含量高，特别是锌和铁含量较高。锌分别是山羊奶、牛奶和人奶的22.3倍、17.6倍和39.4倍；铁的含量分别是山羊奶、牛奶和人奶的7.2倍、7.2倍和12倍；乳糖含量比牛奶和人奶的低，比山羊奶的略高；维生素B_1的含量与牛奶相仿，维生素B_2的含量均比山羊奶、牛奶和人奶的含量高（买买提伊明·巴拉提等，2009）。这也说明了多浪羊羊奶的营养成分含量大多都比与山羊奶，牛奶以及人奶的高，其营养更为全面，符合现代人们对奶制品健康饮食的需求，长期饮用有利于人体的健康。

第十九节 湖 羊

一、概况

湖羊（Hu sheep）是我国特有的、世界著名的多羔及白色羔皮用绵羊地方品种。

从外观来看，湖羊与当今蒙古羊外貌相似；而湖羊原名"胡羊"，"胡"字是北方少数游牧民族的称呼，他们来自北方蒙古草原地带，数次入主中原的同时带来了当地的羊品种，这从侧面说明湖羊来源于蒙古羊。我国学术界对湖羊的起源作了大量研究，认为湖羊应该来源于蒙古羊。从现有的资料来看，湖羊的育成史可追溯至12世纪初。当时南宋迁都临安，将饲养在北方的蒙古羊带至浙江的长兴和安吉，再逐渐扩展到江浙两省交界处的太湖流域，在江南太湖地区的自然条件下，经过长期圈养和选育而形成了湖羊这个独特的稀有品种。随着分子生物学技术的不断发展，国内对湖羊群体也开展了遗传学的研究，从不同的层次上探讨了湖羊的起源，并证明了湖羊与蒙古羊亲缘关系较近。

湖羊原产于我国太湖流域，中心产区在东部沿海亚热带和中亚热带的过渡区，浙江省的湖州市、桐乡市、嘉兴市、长兴县、德清县、海宁市和杭州市郊，江苏的苏州市等，以及上海的部分郊区（县）。这些地区四季分明，雨水丰沛，热量充裕。冬季受大陆冷气团侵袭，盛行偏北风，气候寒冷干燥；夏季受海洋气团的控制，盛行东南风，气候炎热湿润。太湖流域多年平均气温 15～17℃，气温分布特点为南高北低，极端最高气温为 41.2℃，极端最低气温为 -17.0℃。1 月平均气温最低，为 1.7～3.9℃，沿海地区 1 月平均气温比周围地区高 0.2～0.4℃。7 月平均气温最高，为 27.4～28.6℃。多年平均降水量为 1 181mm，其中 60% 的降水集中在 5～9 月。降雨年内年际变化较大，受季风强弱变化影响。最大与最小年降水量的比值为 2.4 倍；而年径流量年际变化更大，最大与最小年径流量的比值为 15.7 倍。

湖羊具有适应性强、生长快、成熟早、繁殖率高、耐湿热、耐粗饲、宜舍饲等特点，以泌乳力高、乳汁浓稠、屠宰率高、肉质鲜嫩、肉用性能好、羔皮花纹美观著称。

二、特征与性能

我国 2006 年 9 月发布了 GB 4631-2006《湖羊》国家标准。具体规定了湖羊的品种特性和等级评定。该标准适用于湖羊的品种鉴定和等级评定。

（一）体型外貌特征

1. 外貌特征 湖羊属短脂尾绵羊，为白色羔皮羊品种。体格中等，被毛白色，公、母羊均无角，头狭长，鼻梁稍隆起，多数耳大下垂，颈细长，体躯偏狭长，背腰平直，腹微下垂，尾扁圆，尾尖上翘，四肢偏细而高。公羊体型大，前躯发达，胸宽深，胸毛粗长。湖羊公、母羊外貌分别见图 23 和图 24。

2. 体重和体尺 湖羊早期生长发育较快。初生重 2.0kg 以上，45 日龄断奶重 10kg 以上。一级羊各生长阶段体重和体尺平均值见表 2-39。

表 2-39 体重和体尺指标

性别	年龄	体重（kg）	体高（kg）	体斜长（cm）	胸宽（kg）
公	3 月龄	25	—	—	—
	6 月龄	38	64	73	19
	周岁	50	72	80	25
	成年（1.5 周岁以上）	65	77	85	28
母	3 月龄	22	—	—	—
	6 月龄	32	60	70	17
	周岁	40	—	—	20
	成年（1.5 周岁以上）	43	65	75	20

资料来源：GB 4631-2006。

（二）生产性能

1. 产肉性能 适宜屠宰日龄为 8 月龄。在舍饲条件下，8 月龄屠宰率：公羊 49%，母羊 46%，净肉率 38%。在舍饲条件下，成年羊屠宰率：公羊 55%，母羊 52%；成年羊净肉率：公羊 46%，母羊 44%。

2. 繁殖性能 湖羊性成熟早，四季发情、排卵，终年可配种产羔，泌乳性能强，可年产两胎或两年三胎。产羔率：初产母羊 180% 以上，经产母羊 250% 以上。

三、研究进展

湖羊的多胎性能引起了许多育种学家的关注。张德福（1993）通过摘除绵羊卵巢、注射外源 GnRH 进行湖羊内分泌研究，发现湖羊在储存和分泌 LH 方面的能力都大于单胎绵羊，并推测这可能是促进卵泡发育的机制之一。石国庆（2006）通过湖羊和单胎中国美利奴羊杂交育成了中国美利奴多胎品系，该品系具有湖羊多胎性能的优点，说明湖羊高产的特性具有可以遗传的特点，也从另外一个方面说明湖羊存在控制其多胎主基因的可能。储明星等（2001）研究发现，与湖羊 FecB 基因紧密连锁的两个微卫星标记 OarAE101 和 BM1329 是多胎标记及多胎效应主要基因，这些研究从分子生物学上解释了湖羊高产羔数的机理。时乾（2007）针对湖羊的产羔数与胎次的关系也作了相关的研究，并得到了产活羔数与胎次的回归关系，湖羊在集约化养殖条件下的平均产羔数在 1～6 胎次，且随胎次增加而增加。具有高繁殖性状的湖羊母羊最高窝产羔数为 5～6 羔，群体平均产羔数为 2.16；但其繁殖高产性状具有年龄依赖性，窝产羔数增加在第 3～5 胎次，其后产羔数开始降低。时乾还对湖羊羔羊在一年不同季节中形状发育速度及其发育强度的特点进行了试验，发现在季节因素中，气温不仅影响羔羊在胎儿时期的发育，对出生后羔羊的生长发育也产生较为显著的影响，且湖羊在胎儿期受环境高温应激的影响存在着性别上的差异。郭晶等（2013）获取湖羊 TGF-β1 基因序列，了解 TGF-β1 序列特征和组织表达特征，分析卵巢组织中 TGF-β1 基因表达水平与排卵数之间的关系。研究发现，多羔组湖羊卵巢组织 TGF-β1 基因表达水平显著高于单羔组，且与排卵数间呈极显著正相关，推测 TGF-β1 基因在湖羊卵泡发育、成熟或排卵过程中发挥重要作用，是影响湖羊高繁殖力的候选基因。

随着湖羊规模化的发展，国内畜牧工作者对湖羊群体的遗传资源学研究也做了很多的工作。耿荣庆等（2002）应用中心产区典型群简单随机抽样法，检测控制血液酶和其他蛋白质变异的 14 个结构基因座上 31 个等位基因的频率，并引用国内外 22 个绵羊群体 11 个座位的研究资料，以探讨湖羊的起源及系统地位。结果表明，湖羊与蒙古羊绵羊群体亲缘关系相对较近，两者可能在更早的世代具有共同的起源。鲁生霞等（2004）通过对部分绵羊品种进行血液蛋白酶遗传检测，并综合遗传距离和聚类图，也同样证明湖羊是由蒙古羊演变而来的。耿荣庆等（2002）以中心产区典型群简单随机抽样方法，在浙江省湖州市湖羊主要分布区抽取 63 只具有独立血统的个体，观测 9 项相对形态学特征标记的表型频率，并测量体尺，分析总体频率样本估计值的可靠性与精确度。结果显示，结构基因与形态学表型频率以及体尺 3 个方面的遗传标记揭示了湖羊基因库的内容，基本上反映了该品种的遗传结构和特性。

湖羊的优良性状既适合于我国南方圈舍饲养，又可在北方地区圈养，同时也是进行绵羊肉用杂交的优良母本，其杂交利用效果良好。王元兴等（2003）将萨福克等肉用品种作为父本与湖羊杂交，其产羔率仍然达到 231.68%。由此可见，产羔率主要取决于母羊的排卵数，而种公羊的性行为、性欲及精液性状对产羔率影响不大。但是杂交一代母羊的产羔率为 181.82%，虽比外种羊纯繁的产羔率 158.33% 有所提高，但与湖羊的产羔率比有明显的下降。梁志峰等（2007）用杜泊羊与湖羊杂交，日增长效果显著，湖羊周岁公羊平均日增重为 76g，而 F_1 周岁公羊平均日增重 230g，较湖羊提高 202.6%，杜湖 F_1 公羔屠宰率可达 51%，但杂交后的杜湖 F_1 母羊繁殖率较湖羊低。肖玉琪等（2003）利用特克塞尔、夏洛莱、陶赛特、萨福克、德国肉用美利奴共 5 个国外肉用绵羊品种作父本，湖羊为母本，多次开展了二元杂交组合试验，观察各组合杂交一代羔羊 7 月龄的产肉性能和 8 月龄的生长发育，发现其杂交后代生长速度快、产肉性能高、体型丰满。结果表明，利用优秀外种肉用绵羊与湖羊杂交能较大幅度地提高湖羊的产肉性能，最终确定了以湖羊为母本，陶赛特、特克塞尔为父本的湖羊肉用配套系。

在越来越关注肉质的今天，改善肉质成为现代育种的主要任务之一，在不影响肉质鲜嫩度和人类健康的前提下，育种工作者对湖羊肉质也作了大量研究。郝称莉等（2008）利用荧光实时定量 PCR 技术，检测湖羊不同部位肌肉 H-FABP 和 PPARγ 基因表达的发育性变化，结合屠宰试验分析 H-FABP 和 PPARγ 基因表达水平对 IMF 含量的影响，旨在寻找绵羊肉质性状相关候选基因更丰富的遗传信息，为湖羊优质肥羔的早期选育和品系的培育提供参考。研究发现，湖羊不同部位肌肉肌内脂肪沉积的发育变化基本相同，在生长发育期都是随着月龄的增加，IMF 的含量上升；不同部位肌肉 H-FABP 和 PPARγ 基因表达模式不同，H-FABP 基因在湖羊生长早期对肌内脂肪的沉积可能有正调控作用，而 PPARγ 基因可能对肌内脂肪的沉积产生一定的影响。孙伟等（2012）利用荧光定量 RT-PCR 分析 GHR 和 IGF-Ⅰ基因在湖羊早期生长背最长肌肉组织中 mRNA 的发育性变化。结果显示，性别和年龄对于 GHR 和

IGF-Ⅰ基因在湖羊不同生长阶段的肌肉中的表达具有重要影响；出生后，各基因表达水平并非随之上升或者下降，各基因表达水平出现拐点的时间并不相同；GHR 和 IGF-Ⅰ基因在湖羊早期肌肉性状的表达为显著正相关，可以作为湖羊早期肉质性状的候选基因。

四、产业现状

湖羊已有 800 多年的饲养历史，是国家保护的绵羊品种之一。20 世纪 80 年代以前，我国养殖湖羊主要以羔皮生产为主，湖羊饲养数量也是逐年上升。后来由于湖羊产品的销售市场发生了变化，羔皮价格在国际市场上出现大幅度下跌，出口急剧减少，湖羊养殖数量持续下滑，湖羊的生产类型也由"皮主肉从"向"肉主皮从"转变。调整了湖羊的生产方向后，注重利用当地品种和饲料资源出发，大力恢复湖羊生产，经过几年努力，湖羊生产稳中有增，有效供给明显增加，取得了良好的社会效益和经济效益。

为了保护我国湖羊品种资源，1983 年在江苏省苏州市吴中区东山镇建立了江苏省湖羊资源保护区，自此湖羊保种方式确定为群众活体保种。1998 年根据江苏省种畜禽繁育体系规划，又先后建立了苏州市种羊场、吴中区西山国家现代农业示范园区湖羊繁殖场和吴江市平望、七都、庙港，相城区东桥，常熟市董浜、梅李，张家港市锦丰等湖羊扩繁场，形成了以苏州市种羊场和吴中区东山镇湖羊保护区为核心，湖羊扩繁场为骨干和养羊专业户为基础的三级制种、四级生产的湖羊良种繁育体系。同时在保护区范围内确定白沙、金湾、西泾等四个村为中心保护区，选定保种核心群并登记入册。大量的保护选育措施在核心群中予以实施，并由国家有关部门每年都给予一定的经济补贴。

湖羊在 1989 年收录《中国羊品种志》，2000 年列入《国家畜禽品种保护名录》。到了 2001 年，湖羊存栏数已达30 000头，增长了 6.32 倍。我国 2006 年发布了修订的《湖羊》国家标准，当年也被列入《国家畜禽遗传资源保护名录》。由于"退耕还草"工程的需要，湖羊也开始大批量地引入到外省。到 2007 年，湖羊已推广至新疆、西藏、内蒙古、宁夏、甘肃、江西、福建、湖南等地，当年全国现存湖羊约 200 万只。吴中区东山镇湖羊资源保护区自建立以来，保护区内没有外来绵羊品种的渗入，保持了原有湖羊品种的纯度；对湖羊核心群采用随机轮流交配制度，严格防止近交，湖羊经 60 个世代后，近交系数上升 0.1，湖羊的肉用性能、产羔性能和羔皮品质也得到了很大的提高。2008 年建立国家级湖羊保种场，现以活体形式保种。

第二十节　兰州大尾羊

一、概况

兰州大尾羊（Lanzhou Large-Tailed sheep）属肉脂兼用粗毛型绵羊地方品种，因其产于兰州市区且尾大而得名，是我国 16 个著名地方绵羊品种之一。兰州大尾羊原产于兰州市，经过风土驯化和长期人工选育，逐渐形成了体格大、体质强壮、抓膘快、易育肥、肉质细嫩、耐寒、抗旱能力强的地方优良品种。

兰州大尾羊主产于兰州市城郊，以七里河区和西固区为最多，安宁区、城关区、红古区和榆中县也有少量分布。目前，永登县、榆中县和平镇、兰州市城关区伏龙坪街道、七里河区彭家坪镇、西固区陈坪街道、安宁区六家堡街道等地区有少量存栏。兰州大尾羊中心产区位于北纬 $35°54'\sim36°6'$、东经$103°50'\sim103°54'$，海拔1 500～3 000m。地处黄河上游黄土高原，其大部分属于陇西黄土高原的丘陵沟壑区；西北部是祁连山余脉，东接定西地区，南靠临夏回族自治州，西连青海省，北与武威市和白银市相毗邻，属甘肃省的中部腹地。

兰州市属于典型的大陆性干旱气候，水热同期，冷暖分明，雨量少而集中，蒸发量大，气候干燥，昼夜温差大。年平均降水量仅 324.85mm，而年平均蒸发量在2 000mm 以上，干旱现象突出。年平均气温 10.1℃，年平均日照2 446.4h，无霜期 180d。常年多偏东风，风速小，一年中静风天数达 50% 以上。

黄河由西向东贯穿其间，但近郊地区多用地下水，远郊地区多用井水、泉水。其土壤主要为湿陷性黄土，水分和肥力涵养性差。土地资源可分为中低山林牧区、河谷川台蔬菜瓜果区以及低山丘陵粮油区3个类型。复杂多样的土地类型，适宜发展农、林、牧、副、渔产业，且开发潜力较大。玉米和马铃薯是兰州市旱作区的传统大宗主导产品。典型干旱的气候和黄土高原特有的土壤条件导致兰州市的自然植被极为缺乏，天然林区主要分布在东南部和西北部温湿的阴坡和石质山地。主要牧草有白藜、赖草、白草、刺蓬、芨芨草、无芒雀麦、紫花苜蓿等。

作为一个地方绵羊品种，兰州大尾羊具有自己遗传的独特性，生长发育快、肉脂丰满、合群性强、适应性强、耐粗饲，虽然产羔少，但体质强壮、抗病力强、肉质好，深受当地群众喜爱。该品种主要为家庭副业式的生产，是规模小且比较分散的舍饲、放养和粗放式管理。兰州大尾羊对饲草料的要求不高，饲草主要是人们在农活间隙刈割的杂草或作物秸秆、蔬菜叶、树枝叶等，或在山区、河滩放牧。

二、特征与性能

（一）体型外貌特征

1. 外貌特征　兰州大尾羊被毛纯白，体质结实，结构匀称。头大小中等，额宽，公羊和母羊均无角，耳大略下垂，眼大有神，眼圈淡红色，鼻梁隆起。颈较长而粗，胸深而宽，胸深接近体高的1/2，肋骨开张良好。四肢相对较长，体质坚实，体躯呈长方形。背腰平直，十字部微高于鬐甲部，臀部微倾斜。脂尾肥大，方圆平展，自然下垂飞节上下，尾有中沟将尾部分为左右对称的两瓣，尾尖外翻，并紧贴中沟，尾面着生被毛，内面光滑无毛，呈淡红色。与母羊相比，公羊不仅体型较大，而且骨骼发育比较快。周岁公、母羊体高能分别达到成年羊的98.04%和99.07%，体长分别达到96.48%和99.24%（张成虎，2010）。

2. 体重和体尺　兰州大尾羊早期生长发育快，断奶重公羔29.6kg、母羔25.2kg，分别为成年羊体重的51.2%和56.3%。兰州大尾羊成年羊体重和体尺见表2-40。

表2-40　兰州大尾羊体重和体尺

性别	体重（kg）	体高（cm）	体长（cm）	胸围（cm）	尾长（cm）	尾宽（cm）
公	57.9±0.4	76.3±3.3	72.5±4.7	91.8±5.3	34.9±5.6	25.5±7.0
母	44.4±0.5	63.6±3.4	67.4±3.3	84.6±5.6	25.5±4.8	18.1±3.4

注：对60只兰州大尾羊成年公、母羊的测定。
资料来源：国家畜禽遗传资源委员会，2011。

（二）生产性能

1. 产肉性能　兰州大尾羊体格较大，肉用性能良好。10月龄羯羔胴体重21.34kg，净肉重15.04kg，脂尾重2.46kg，屠宰率58.57%，净肉率42.67%，脂尾重占用体重的11.46%；成年羯羊上述指标相应为30.52kg、22.37kg、4.29kg、62.66%、83.72%和13.23%（张成虎，2010）。

2. 繁殖性能　兰州大尾羊公羊9～10月龄可以交配，母羊7～8月龄性成熟，初配年龄为1～1.5岁，繁殖终止期为8岁。母羊发情周期17d，发情持续期1～2d。饲养条件好的母羊一年四季均可发情，8月上旬至10月中旬是发情旺盛期。母羊妊娠期150d左右，适龄母羊一年产羔一次，饲养管理好的母羊可两年产三胎。据统计，平均产羔率为117.0%，产单羔的母羊占83.0%，产双羔者17.0%。初生重公羔4.1kg，母羔3.7kg；断奶重公羔29.6kg，母羔25.2 kg（国家畜禽遗传资源委员会，2011）。

三、研究进展

兰州大尾羊是经过上百年的风土驯化和人工选育而成的肉脂兼用优良品种。它不仅是我国也是世界动物基因库中的宝贵资源，应受到高度的重视和保护。有关兰州大尾羊的研究资料相对较少，20世纪末主要在其形态学和生产性能方面进行过研究，概述了其生态环境条件、饲养管理模式、生物学特征、繁殖性能以及种群特征等，并根据其遗传资源状况，提出了利用和保种的相应方案。近年来，随着对兰州大尾羊遗传资源保护认识的不断加强，我国研究者加强了对兰州大尾羊遗传方面的研究。

为了保种需要及时对兰州大尾羊的种质特性和遗传特性等方面的进一步了解，刘霞等（1999）对其铁转蛋白的多态性进行了研究。结果显示，兰州大尾羊转铁蛋白位点上有 Tf^A、Tf^G、Tf^B、Tf^L、Tf^C、Tf^D 和 Tf^M 7 个等显性等位基因，共构成 14 种基因型；兰州大尾羊 Tf 位点上 Tf^G 和 TfBC 频率最高，Tf^L 和 TfAG、TfCM 频率最低；Tf 基因的分布是不平衡的，未处于 Hardy-Weinberg 平衡状态；该座位上基因杂合度 H 为 0.6338，基因纯合指数 HI 为 0.2077。马海明等（2002）采用聚丙烯酰胺凝胶水平板电泳检测了 131 只兰州大尾羊的血红蛋白（Hb）。结果表明，Hb 位点存在 Hb^A 和 Hb^B 两个等位基因，Hb^A 为优势基因，存在 HbAA、HbAB 和 HbBB 3 种基因型，HbBB 为优势基因型；对 66 只兰州大尾羊血红蛋白基因型与红细胞压积（PCV）的相关分析表明，HbAB 型的 PCV 大于 HbBB 型，但差异不显著（$P > 0.05$）。2004 年马海明等又检测了 131 只兰州大尾羊血红蛋白、白蛋白、后白蛋白、转铁蛋白、慢-α_2-球蛋白、血清淀粉酶、酯酶、苹果酸脱氢酶的多态性。结果发现，除白蛋白和慢-α_2-球蛋白未表现出多态外，其他各蛋白质和酶均不同程度地呈现出多态性，其中血红蛋白、后白蛋白、血清淀粉酶、酯酶、苹果酸脱氢酶各有 2 个等位基因，共 3 种基因型；兰州大尾羊的平均基因杂合度为 0.4802，等位基因有效数为 1.924，多态座位百分比为 0.75。对 Nei 氏标准遗传距离进行聚类，发现兰州大尾羊与滩羊最近，其次为大尾寒羊和小尾寒羊。青海细毛羊、滩羊、兰州大尾羊、青海藏羊、考湖羊、河北杂交细毛羊、新疆细毛羊、罗姆尼半细毛羊、大尾寒羊、小尾寒羊、兰州大尾羊 11 个绵羊品种的基因分化系数为 0.07936。表明中国的绵羊品种的遗传变异性的 92.064% 是由遗传多态现象引起的，而 7.936% 来自品种间差异，即中国绵羊在血液蛋白质水平上的遗传分化程度不高。臧荣鑫等（2010）以 126 只兰州大尾羊为试验对象，采用不连续聚丙烯酰胺凝胶电泳（PAGE）对血清酯酶（Es）、淀粉酶（Amy）、乳酸脱氢酶（LDH）、血红蛋白（Hb）、白蛋白（Alb）、后白蛋白（Po）和转铁蛋白（Tf）7 个蛋白位点进行了多态性检测和遗传多态性分析。结果表明，在所检测的 7 个蛋白位点中，Es、Hb、Po 和 Tf 4 个蛋白位点表现多态性，而 Alb、Amy 和 LDH 3 种蛋白（酶）未检测到多态性。其中，Es 基因座上共检测到 3 种基因型，即 Es++、Es+-、Es-；Po 基因座上表现出 2 种基因型，即 AA、AB；Tf 蛋白位点上表现出 5 种基因型，分别为 AC、BB、CC、BC、CD；Hb 蛋白位点上表现出 3 种基因型，分别是 AA、AB、BB。群体遗传分析表明，Es、Hb、Po、Tf 的杂合度分别为 0.4987、0.4574、0.3346、0.5547。Es、Hb、Po、Tf 蛋白位点有效等位基因数分别为 1.9948、1.8430、1.5029、2.2457。卡方检验表明，在 Es、Po、Tf、Hb 多态性位点均处于 Hardy-Weinberg 平衡状态。兰州大尾羊种内平均有效等位基因数、平均杂合度、平均多态信息含量分别为 1.8966、0.4614、0.3802，平均杂合度和有效等位基因数呈明显下降趋势。

徐红伟等（2010）通过对兰州大尾羊尾部、大网膜、肝脏、肾周脂肪组织中的总 RNA 提取，反转录获得总 cDNA 样品，结合 PCR 技术，建立了 SYBR 荧光定量 PCR 法检测兰州大尾羊心脏型脂肪酸结合蛋白（H-FABP）基因 mRNA 在不同组织中的相对表达量，并进行批内、批间重复性检验。结果表明，批内、批间重复性测定的变异系数分别为小于 1.8% 和 10%。说明该方法灵敏度高、特异性强、准确可靠、重复性好，是实时荧光定量 PCR 检测兰州大尾羊心脏型脂肪酸结合蛋白基因 mRNA 表达量的有效方法。2013 年徐红伟等又作了兰州大尾羊 H-FABP 基因克隆及其同源性比较，研究表明兰州大尾羊 H-FABP 基因 ORF 长 402bp，编码 133 个氨基酸。核苷酸序列分析显示，兰州大尾羊 H-FABP 基因序列与大多数哺乳动物相似，但其第 66 位发生的碱基转换（T ←→ G）引起所编码的第 22 位天门冬氨酸（N）不同于其他所有物种的赖氨酸（K）。构建的基因进化树分析结果显示，兰州大尾羊与山羊亲缘关系最近。预测兰州大尾羊 H-FABP 蛋白质的空间结构与山羊和牛 H-FABP 类似，由 2 个 α 螺旋和 10 个反向平行的 β 折叠片围成一个桶状结构，疏水性残基位于桶内，用于结合脂肪酸。

为分析兰州大尾羊的微卫星 DNA 多态性，以期了解该品种的遗传多样性，为该品种保种选育和品质的进一步提高提供资料。郎侠等（2011）选择 15 对微卫星引物，通过计算基因频率、多态性信息含量、有效等位基因数和杂合度，评估其品种内的遗传变异。结果表明，在 15 个座位中共检测到 153 个等位基因，每个座位平均为 10.2 个等位基因；座位平均杂合度为 0.8149；平均有效等位基因数为 6.0891；平均多态性信息含量为 0.7762。说明兰州大尾羊群体存在丰富的遗传多样性，所选微卫星标记可用于绵羊遗传多样性评估。李栋元等（2011）利用 mtDNA 序列分析技术对 20 只兰州大尾羊遗传多态性进行分析，发现兰州大尾羊 mtDNA D-loop 区序列长度为 1 210bp；碱基组成分析发现，A、T、G、C 碱基含量分别为 29.0%、32.3%、23.5%、15.2%，其中 G＋C 含量明显低于 A＋T。通过对兰州大尾羊线粒体 mtDNA D-loop 区的碱基突变和同源性比较分析得出，兰州大尾羊 D-loop 区核苷酸多样性（nucleotide diversity）Pi 为 0.03785，7 只兰州大尾羊来自 3 个不同母本。兰州大尾羊 mtDNA Cyth 区序列长度为 1 580bp，G＋C 含量明显低于 A＋T。应用计算机软件 DNAsp4.10 进行单倍型分析，17 个兰州大尾羊个体 mtDNA Cyth 区序列共发现了 12 个单倍型（haplotype），其中第 1 号和第 10 号、第 2 号和第 5 号共用一种单倍型，单倍型比例在兰州大尾羊群体中较高，遗传多态性较低。

刘根娣（2010）就兰州大尾羊生长发育规律与屠宰性能及肉质作了分析研究，表明兰州大尾羊的公羊和母羊在 3 月龄之前的生长速度较快，3~10 月龄的生长速度较缓；1~10 月龄兰州大尾羊公羊的生长速度快于母羊的生长速度；屠宰率居前三位的分别为 1.5 岁、2 岁、11 月龄兰州大尾羊；尾脂占胭体比例较高的前三位分别为 1.5 岁、11 月龄、5 月龄兰州大尾羊；兰州大尾羊肉的平均水分含量为 67.12%，不同部位灰分和粗脂肪含量存在极显著差异（$P<0.01$），不同部位粗蛋白含量存在显著差异（$P<0.05$）。李贞子等（2011）测定了不同月龄兰州大尾羊背最长肌的水分、灰分、蛋白质、粗脂肪、氨基酸及肉样铁、锰、锌、铜、镁和钙元素的含量。结果表明，兰州大尾羊肉中水分含量随着月龄的增加而降低，脂肪含量随着月龄的增加先升高后降低，其中 1 月龄兰州大尾羊肉的水分和灰分含量最丰富，7 月龄脂肪含量最高；兰州大尾羊肉中氨基酸含量丰富且种类齐全，11 月龄时所含的成人必需氨基酸和婴儿必需氨基酸含量最丰富，9 月龄时氨基酸总量最高；1 月龄和 3 月龄兰州大尾羊肉中的矿物质含量最丰富。

四、产业现状

兰州大尾羊属于中国绵羊四大品种中的长脂尾型，是清朝同治年间（1862—1875 年）由陕西大荔一带引进的同羊与兰州当地蒙古羊杂交选育而成，适应于兰州地区黄土丘陵沟壑地形。近年来，由于人们对保种工作认识不足，政府重视不足加之引进品种的冲击等多方面原因，导致兰州大尾羊的品种特征、特性混杂和退化，存栏数急剧减少，保种工作刻不容缓。兰州大尾羊在 1980 年品种鉴定命名时有 1.0 万余只，兰州市 1981 年存栏 1.2 万只，1986 年发展到 10 万只。近十多年来由于受引进羊杂交改良的影响，兰州大尾羊数量急剧下降。1999 年仅 0.1 万只左右，被国家列为濒临灭绝的资源。到 2007 年存栏不足 200 只，已濒临灭绝。研究结果表明，兰州大尾羊灭绝频率为 0.77，为北方 11 个绵羊品种之首；品种贡献率为 10.52%，居于第三；保护潜力为 0.1419，居第一位。因此，保护兰州大尾羊这一珍贵的地方绵羊品种迫在眉睫（徐红伟等，2009）。

兰州大尾羊 1980 年被确定为优良地方品种，1989 年收录于《中国羊品种志》。2005 年以来，随着国家对畜禽种质资源保护的重视，兰州大尾羊的保护工作也逐步开始。现已采用保种场保护。2005 年甘肃省在兰州永登县建立了大尾羊保种场，现存栏 30 多只。2006 年 6 月，农业部确定兰州大尾羊等 138 个畜禽品种为国家级畜禽遗传资源保护品种。为实现兰州大尾羊生物技术的保种，2007 年建立了永登县明鑫良种肉羊繁育场，进行了基础设施建设，引进 20 只种羊（2 只公羊、18 只母羊）进行活体保种（国家畜禽遗传资源委员会，2011）。同年西北民族大学与甘肃农业大学联合在临洮县建立了大尾羊繁育场，利用高校科研优势，在建立兰州大尾羊纯种保护群的基础上，开展了兰州大尾羊肝脏、皮肤、睾丸、脂肪、肌肉 5 种组织 cDNA 文库的建立工作。2010 年，全国畜牧总站畜禽种质资源中心与西北民族大学、兰州市畜牧兽医研究所意向性地进行合作计划开展细胞保存（冷冻精液、冷冻胚胎、组织细胞）技术研究，以实施兰州大尾羊的保种工作。

五、其他

兰州大尾羊饲养方式过去以小群放牧为主，黄河滩地是主要的放牧场，羊群规模小，经营分散，管理较粗放。随着农、果、菜业生产的发展，放牧地面积的缩小，饲养方式逐渐转入舍饲和半舍饲。主要饲草饲料有作物秸秆、混合干草、紫花苜蓿、蔬菜叶等（国家畜禽遗传资源委员会，2011）。

第二十一节　欧拉羊

一、概况

欧拉羊（Euler sheep）属藏系粗毛羊，是青藏高原最优秀的一个特色肉羊品种。具有生长快、繁殖性能好、耐粗放、对高原高寒气候具有较强的适应性等特点。

欧拉羊中心产区为玛曲县欧拉乡及欧拉秀玛乡。主要分布于甘肃省甘南藏族自治州、青海省果洛藏族自治州和黄南藏族自治州、四川省阿坝藏族羌族自治州等地。欧拉羊中心产区全境由阿尼玛卿山和西倾山两大山系的主脉构成。产区内主要为高山草甸草场、亚高山灌丛草甸草场和高山草甸草场。青海省河南蒙古族自治县也是欧拉羊的中心产区，河南蒙古族自治县地处青藏高原三江源地区的高寒牧区，被联合国教科文组织称为"世界四大无公害超净区"之一。该地区高寒阴湿，属高原冷温湿润气候，四季不分明，冬、春长而寒冷，夏、秋短而凉爽，昼夜温差大。海拔3 800～4 500m，年平均气温1.6～13℃，最高气温24.6℃，最低气温－30.2℃。年日照时数2 551.3～2 577.2h，日照率58.0%。降水量597.1～615.5mm，雨季集中在5～9月。相对湿度40%～80%，无绝对无霜期。产区以高山草甸草场（65.0%～73.5%）和亚高山灌丛草甸草场（19.0%～27.0%）为主，沼泽地也有一定比例（7.0%）。牧草每年于4月下旬萌发，5月下旬返青，生长期5个月（余忠祥，2009）。

二、特征与性能

甘肃省2002年12月发布了DB62/T 490-2002《欧拉羊》地方标准，具体规定了欧拉羊的品种特性和等级评定。该标准适用于欧拉羊的品种鉴定和等级评定。

（一）体型外貌特征

1. 外貌特征　体格大而壮实，被毛稀，头、颈、腹部及四肢多着生杂色短刺毛，多数具有肉髯。公羊前胸多着生粗硬的黄褐色胸毛。公、母羊都有角，向左右平伸或呈螺旋状向外上方斜伸。四肢长而端正，背平直，胸、臀部发育良好，十字部稍高，蹄质较致密，尾小呈扁锥形（图25和图26）。

2. 体重和体尺　理想型欧拉羊体重和体尺见表2-41。

表2-41　理想型欧拉羊体重、体尺

项目	类别							
	初生		0.5岁		1.5岁		成年	
	公	母	公	母	公	母	公	母
体重（kg）	4.6	4.4	35	35	53	48	79	65
体高（cm）	41	40	66	65	74	73	81	77
体长（cm）	33	33	65	65	75	74	87	82
胸围（cm）	40	39	81	80	98	95	109	103

资料来源：DB62/T 490-2002。

（二）生产性能

1. 产肉性能　欧拉羊放牧抓膘性能良好，肌肉丰满，成年羯羊胴体重36.3kg，屠宰率50.35%；成年母羊胴体重28.1kg，屠宰率46.92%。

2. 繁殖性能　成年欧拉母羊繁殖率97.5%，羔羊繁殖成活率68%。

3. 剪毛量　理想型欧拉羊剪毛量见表2-42。

表 2-42　剪 毛 量

性别	成年（kg）	1.5 岁（kg）	0.5 岁（kg）
公	1.1	0.9	0.4
母	0.9	0.9	0.4

资料来源：DB62/T 490-2002。

（三）等级规定

欧拉羊的等级，依据剪毛后体重和剪毛量两项指标可划分为四级。

1. 一级　具有欧拉羊的典型特征，体躯被毛基本为白色，各项生产性能达到欧拉羊理想型指标（表 2-41、表 2-42），可评定为一级羊。两项指标均超过一级羊标准 10% 或一项指标超过一级羊标准 15% 以上者，可列为特级羊。

2. 二级　符合欧拉羊的基本特征，体躯主要部位基本为白色，头、颈、四肢允许有杂色毛，体格较大或中等。二级羊生产性能指标应符合表 2-43 要求。

表 2-43　二级羊生产性能指标

性别	剪毛后体重（kg）		剪毛量（kg）	
	1.5 岁	成年	1.5 岁	成年
公	48	72	1.0	0.8
母	44	59	0.8	0.8

资料来源：DB62/T 490-2002。

3. 三级　基本符合欧拉羊的特征，体格中等，头、颈、四肢为杂色，肩部或体侧有杂色斑块。三级羊生产性能应符合表 2-44 要求。

表 2-44　三级羊生产性能指标

性别	剪毛后体重（kg）		剪毛量（kg）	
	1.5 岁	成年	1.5 岁	成年
公	43	66	0.9	0.7
母	40	53	0.7	0.6

资料来源：DB62/T 490-2002。

4. 四级　凡不符合以上三级标准，或体躯主要部位有明显缺点，以及全身为杂色毛的个体，均列为四级。

三、研究进展

欧拉羊是藏系绵羊中非常宝贵的品种资源，国内畜牧工作者针对欧拉羊作了很多研究。

毛学荣等（2005）认为，欧拉羊对缺氧的严酷环境具有很好的适应能力。通过试验他们发现，1.5 岁欧拉羊心脏、肺脏分别为 0.29kg 和 0.69kg，明显大于同龄藏羊（0.2kg、0.49kg），且发育好，这反映了高寒缺氧环境中畜种的优良特征。信金伟等（2007）采用聚丙烯酰胺凝胶电泳对河南蒙古族自治县 77 只欧拉型藏绵羊的血红蛋白多态性进行了研究。结果发现，藏绵羊的血红蛋白位点上有 HBA 和 HBB 两个等位基因控制的 HBAA、HBAB 和 HBBB 共 3 种基因型。周虞灿等（1985）对藏绵羊 HB 的氧解离曲线研究后发现，藏绵羊的 HBA 曲线比 HBB 的向左偏离。表明 HBA 的氧亲和力比 HBB 的强，其中 HBAA 和 HBA 分别为优势基因型和优势等位基因，这与在高原地区 HBA 基因有选择优越性的观点相符。欧拉型藏绵羊 HBA 基因为优势基因，是对高原缺氧环境的适应。

乔自林等（2012）分离培养了欧拉羊胚肾细胞，使这一重要种质资源在细胞水平上得以保存，为该品种基因组文库构建和遗传多样性研究提供了生物学材料。魏锁成等（2008）为探讨欧拉羊血清 FSH 和 LH 的变化规律及其与年龄和妊娠状态的关系，对 55 只（妊娠组 29 只、非妊娠组 26 只）2 岁以上的欧拉母羊，按不同年龄阶段和妊娠状态分为 6 组，应用酶联免疫法（ELISA）测定血清 FSH 和 LH

的含量。结果表明，不同年龄和不同妊娠状态下血清 FSH 和 LH 含量有明显差异，妊娠状态是影响欧拉羊垂体 FSH 和 LH 合成与分泌的关键因素。这些试验不仅补充了欧拉羊的血液生化遗传基因库，而且为欧拉羊的品种鉴定、保护和利用以及繁殖育种等方面的研究提供了基础试验资料。

祁玉香等（2007）通过试验测得欧拉羊 10 月龄羔羊、1.5 岁羯羊和成年羯羊的胴体，发现一等部位肉分别为 74.92%、74.69% 和 76.21%；10 月龄羔羊和 1.5 岁羯羊 GR 值分别为 10.67mm 和 14.33mm，在新西兰羊肉分级标准中，脂肪含量属中等。说明欧拉羊脂肪含量适中，一等部位产肉率高。另外，毛学荣（2005）还对欧拉羊肉品质进行了分析，结果表明欧拉型藏羊蛋白质含量达到 21%，脂肪含量 3.15%，胆固醇含量 0.365mg/g，挥发性盐基氮 0.1126mg/g，矿物质总量 6.785mg/kg，氨基酸总量 224.835mg/g。说明该品种羊肉具有高能量、高蛋白质，矿物质丰富，低脂肪、低胆固醇的特点，且氨基酸含量更为丰富。

毛学荣（2005）对欧拉型藏羊从初生到不同月龄体重、体尺的测定和分析表明，欧拉型藏羊在自然放牧、无补饲条件下，早期生长发育快，肉用体型较明显，10 月龄体重接近 40kg；6 月龄后日增重随着月龄的增长呈递减趋势，10 月龄以前生长发育性别间无显著差异；10 月龄以后进入枯草季节，其生长发育基本处于停滞状态；18 月龄时，公羊体重明显大于母羊，这与公羊在冬、春季有少量补饲有直接关系。根据以上分析结果，欧拉型藏羊早期生长发育快，应大力推广羔羊育肥出栏技术，在留足后备生产羊的前提下，对当年羔羊在秋季进行放牧加补饲育肥，加快出栏，提高养羊业生产效率，增加收入。同时，加快出栏，减少越冬羊群数量，减轻冬、春草场压力，缓解草畜矛盾，对草地生态保护和合理利用及畜牧业的可持续发展具有重要意义。韩学平（2009）对青海省河南蒙古族自治县 40 只欧拉羊成年公羊和 104 只成年母羊的体重和 8 个主要体尺指标进行回归分析，建立了欧拉羊体重与体尺指标的最优多元线性回归模型，为以后的选育工作提供了参考。

毛学荣（2005）在高寒牧区放牧条件下用陶赛特羊与欧拉羊进行杂交试验，陶欧 F_1 代在青藏高原严酷的生态环境条件下，生长发育快于相同条件下的欧拉羊，10 月龄体长、胸宽、胸深、管围均极显著大于欧拉羊，具有父本体长、背宽的肉用性能特点，同时又保持了母本欧拉羊对严酷环境的适应性，获得了显著的杂种优势。扎西等（2008）选择 150 只优良小尾寒羊母羊，每 20 只左右的母羊群中投放 1 只欧拉型藏系种公羊，进行自然交配，对杂交 F_1 代羔羊进行体尺、繁殖性能效果试验分析。结果表明，欧小杂交一代 1 月龄、2 月龄、6 月龄、12 月龄羔羊体高均比同月龄的小尾寒羊稍高，差异不显著（$P>0.05$）。但比同月龄的欧拉型公、母藏羊高，差异极显著（$P<0.01$）。郭淑珍等（2010）用欧拉羊杂交改良乔科羊，生产的欧乔杂交 F_1 代羔羊，18 月龄时公、母羊体重分别增加 9.06kg 和 3.77kg，比对照组分别提高了 20.92% 和 9.08%，差异极显著。石红梅等（2011）通过进行贾洛羊与欧拉羊杂交试验，结果表明受胎率、羔羊死亡率分别比欧拉羊纯繁低 0.73%、5.42%，繁殖成活率高 4.13%。说明用贾洛羊杂交改良欧拉羊，繁殖成活率高，杂交后代羔羊初生、3 月龄、6 月龄、10 月龄、18 月龄体重分别比欧拉羊同月龄羔羊增加 0.88kg、2.90kg、3.08kg、4.58kg、3.01kg，提高了 26.83%、21.86%、10.94%、9.73%、5.78%，杂交效果明显。这些试验都为今后欧拉羊选育工作提供了参考。

四、产业现状

欧拉羊属于藏系绵羊的一个类型。"欧拉"起源于山名（在青海省河南蒙古族自治县与甘肃省玛曲县接壤一带有座山名叫欧拉山）。据传说欧拉羊是元朝时期野生盘羊（大头弯羊）与本地藏羊在欧拉山地区交配的后代，后人以"欧拉山"命名为欧拉羊（祁玉香等，2006）。欧拉羊现在存栏量 120 万只。

2001—2004 年青海省畜牧兽医科学院通过"青海欧拉型藏羊肉用性能选育及高效生产技术研究"项目，在河南蒙古族自治县柯生乡组建了核心母羊群。通过母羊的选育、种公羊的培育和使用，后代的生产性能有了一定的提高。2002 年 7 月整群时，根据羊群的整齐程度和牧民的积极性选择尖克村的 12 户和下日达哇村的 3 户为项目户，在此基础上组建欧拉羊选育核心群。核心群母羊经过 3 年选育，共选育等级母羊 3 091 只，其中特一级母羊 1 028 只，占 33.26%，从 32.98% 提高到 33.26%；二级母羊 1 251

只，占 40.47%，从 36.97% 提高到 40.47%；三级母羊 812 只，占 26.27%，从 30.05% 降低到 26.27%。2004 年经对 264 只母羊测定，成年母羊平均体重 59.24kg，2.5 岁母羊体重 53.82kg，1.5 岁母羊体重 42.95kg，6 月龄母羔体重 31.2kg。与 2002 年相比，成年母羊和 2.5 岁母羊体重分别提高了 4.24kg、3.27kg（阎明毅，2006）。

2009 年建立了青海省河南蒙古族自治县阿托苏呼欧拉羊繁育场，现有可利用草场 206.67hm²，繁育母羊 1 800 余只，种公羊 721 只，精选种公羊存栏 106 只，其中特级种公羊 25 只。目前繁育场通过选育协作机制联合牧户 28 户，整合草场 1.67 万 hm²，组建欧拉羊选育核心群 28 个，适龄繁育母羊 6 036 只。2011 年该项目获得"青海省科技进步"二等奖，通过项目实施，截至 2011 年，在河南蒙古族自治县组建了 34 个核心繁育群和 1 个具有种畜经营许可证的种羊繁育场，累计选育种公羊 8 537 只。其中，7 624 只种公羊被推广到泽库、同德、贵南县以及甘肃和四川的部分地区；改良藏羊 110 万余只，改良 1.5 岁平均体重比当地藏羊提高了 6.21kg，改良效果显著。

五、其他

欧拉羊皮质地致密，面积大，柔韧性好，是制革和缝制牧民皮袄的上好原料。10 月份宰割鲜皮重 3.5～6.3kg、面积 0.4～1.2m²。欧拉羊皮皮板厚而结实，隔风御寒性能极佳。

第二十二节　苏尼特羊

一、概况

苏尼特羊（Sunite sheep）又称戈壁羊，是肉脂兼用粗毛型绵羊地方品种，具有耐寒、抗旱、生长发育较快、适应性强、产肉多、肉鲜嫩多汁、无膻味、胴体丰满，肉层厚实紧凑、高蛋白、低脂肪、瘦肉率高、板皮厚实等特点。

苏尼特羊因蒙古苏尼特氏族部落在此定居而得名。自 13 世纪以来，苏尼特部落一直游牧生活在戈壁，经过漫长的自然选择和人工选育，最终形成了适合戈壁自然条件的优良绵羊品种。苏尼特羊的主产区在内蒙古苏尼特左、右旗境内，乌兰察布市的四子王旗、巴彦淖尔市的乌拉特中旗和包头市的达茂联合旗等地也有分布。中心产区位于北纬 42°58′～45°06′、东经 111°12′～115°12′。地处锡林郭勒盟西北部，地形北部偏高，海拔 1 000～1 300m。属中温带半干旱大陆性气候，冬季寒冷，夏季炎热，春季多风。年平均气温 3.3℃，最高气温 39.3℃，最低气温 −36℃；无霜期 148d。年降水量 197mm，年平均日照时数 3 177h。春季多沙尘暴，年平均风沙日 110d，平均风力 4 级左右。地下水资源总量约 338 亿 m³。产区土质为暗棕色钙土和淡棕色土。中心产区以荒漠草原和半荒漠草原为主，植被稀疏、面积大，天然牧草有蒿、碱葱、沙葱、冰草等（国家畜禽遗传资源委员会，2011）。

苏尼特羊性情温驯、易管理、耐粗饲，适应终年放牧，在牧草稀疏低矮、气候干燥寒冷的半荒漠草原上，抗灾抗病力强，能够远走游牧，冬季刨雪采食，充分利用青草季节迅速抓膘复壮，贮积大量脂肪。除配种季节外，通常混群放牧饲养，仅在冬、春季节遇到风雪灾害天气时适当补饲青干草。

二、特征与性能

（一）体型外貌特征

1. 外貌特征　产区从东到西苏尼特羊体格由大变小，这是由于草场类型不同造成。头大小适中，个别母羊有角基，部分公羊有角且粗壮。鼻梁隆起，眼大明亮，颈部粗短，种公羊颈部发达，毛长达 15～30cm。体质结实，结构匀称，骨骼粗壮，背腰平直，体躯宽长，呈长方形，尻高稍高于鬐甲，后躯发达，大腿肌肉丰满，四肢强壮有力。脂尾小，呈纵椭圆形，中部无纵沟，尾端细而尖且向一侧弯曲。被毛为异质毛，毛色洁白，头颈部、腕关节和飞节以下、脐带周围长有色毛，以黑、黄色为主（图 27 和图 28）（桑布，1998）。

2. 体重和体尺 苏尼特羊成年平均体重公羊 78.83kg，母羊 58.92kg；平均体重育成公羊 59.13kg，育成母羊 49.48kg（赵有璋，2013）。苏尼特左旗绵羊产肉性能及体重和体尺见表 2-45。

表 2-45 苏尼特左旗绵羊体重和体尺

类型	体重（kg）	体高（cm）	体长（cm）	胸围（cm）
成年公羊	78.83	69.89	77.16	98.58
成年母羊	58.92	64.87	69.78	94.24
公羔	41.47	59.33	64.47	80.16
母羔	36.34	58.00	63.10	78.34

（二）生产性能

1. 产肉性能 成年羯羊、18 月龄羯羊和 8 月龄羔羊的胴体重分别为 36.08kg、27.72kg 和 20.14kg；屠宰率分别为 55.1%、50.09% 和 48.2%（赵有璋，2013）。苏尼特左旗绵羊产肉性能见表 2-46。

表 2-46 苏尼特左旗绵羊产肉性能

类型	宰前活重（kg）	胴体重（kg）	骨重（kg）	净肉重（kg）	屠宰率（%）	净肉率（%）	瘦肉率（%）
成年公羊	72.70	38.32	5.78	32.57	53.37	44.66	73.31
成年母羊	63.61	30.20	5.00	25.20	47.48	39.62	72.53
2 岁羯羊	54.25	26.12	4.28	21.77	48.05	40.14	68.64
羯羊	40.75	19.90	3.51	15.95	48.79	39.20	75.300

2. 繁殖性能 苏尼特羊公、母羊 5～7 月龄性成熟，1.5 周岁达到初配年龄。属季节性发情，多集中在 9～11 月份。母羊发情周期 15～19d，妊娠期 144～158d；年平均产羔率 113%，羔羊成活率 99%。初生重公羔 4.4kg，母羔 3.9kg；断奶重公羔 36.2kg，母羔 34.1kg（国家畜禽遗传资源委员会，2011）。

三、研究进展

有关苏尼特羊的研究报道不多，且主要集中在遗传育种和肉品质特性的方面。吉尔嘎拉等（2005）报道，内蒙古农业大学 1996—2002 年对苏尼特羊肉进行了多次测试分析。结果表明，粗蛋白质含量平均为 19.15%，高于一般杂种羊（细毛杂种一代羊 17.39%），显著高于小尾寒羊的粗蛋白含量（17.06%）和乌珠穆沁羊的粗蛋白含量（18.06%）；粗脂肪含量低，平均 3.14%；脂肪碘价含量低，平均 27.96%。说明苏尼特羊肉是属于高蛋白、低脂肪的肉类。该课题组针对苏尼特羊羊肉也作了肉品质和营养的研究，结果表明：①苏尼特羊肉氨基酸含量丰富，种类齐全，人体所需要的主要几种氨基酸含量均高于其他品种羊肉，经检测分析证明，与猪肉、牛肉相比，其组间差异不显著（$P > 0.05$），系人体所需的完全蛋白来源之一；②苏尼特羊羊肉中含有多种矿物质和维生素，尤其是器官组织中的矿物质和维生素含量较高；③苏尼特羊羊肉有油酸的味道随年龄的增加而变浓郁，而有高度不饱和脂肪酸的味道随年龄的增长而不变，比较稳定。沙丽娜（2009）对自然放牧的苏尼特羊羊肉常规食用品质进行了比较全面、系统的分析测定，探讨了苏尼特羊羊肉的营养特性。研究发现，自然放牧时苏尼特羊中肌肉蛋白含量高、熟肉率高、失水率低、水分含量低、营养价值高，在 6 月龄时肌肉平均蛋白含量已达到 19.76%、肌间脂肪含量为 7.25%、失水率为 4.16%，肌纤维直径粗、增长快；胆固醇含量为 27.97mg/100g，随着月龄的增加胆固醇降低；自然放牧条件下苏尼特羊的肌肉嫩度随月龄的增加而降低；苏尼特羊 6 月龄羊肉各项食用品质指标较高，有很好的食用价值。

吴庶青等（2003）认为，苏尼特羊对低能量具有很强的适应性。在妊娠期90d 将45只平均体重为41.45kg、体况中等、胎次为1～2的苏尼特经产妊娠母羊随机分为4个营养水平组（0.20MJ ME/kg·$W^{0.75}$/d、0.33MJ ME/kg·$W^{0.75}$/d、0.44MJ ME/kg·$W^{0.75}$/d、0.86MJ ME/kg·$W^{0.75}$/d），研究在妊娠后期

（90～150d）不同限制程度饲养能量水平对羔羊初生重的影响。结果表明，母羊失重占其试验开始时平均母体净重的 17.9％时，仍没有降低其羔羊初生重。可见苏尼特羊妊娠后期动员体贮的能力较强，对低营养有较强的适应性。

陶德布仁（2005）为研究通过引种杂交的羔羊能否育肥提高产肉率，将苏尼特羊与生长速度快、产肉性能好等优势的萨福克羊进行经济杂交。结果证明，杂种羔羊舍饲育肥和放牧育肥平均日增重分别比苏尼特羔羊提高 0.061kg 和 0.03kg，平均屠宰率分别提高 4％和 2％。可见，苏尼特羊通过经济杂交的杂种羔羊育肥既是商品肉羊生产的有效途径，也是苏尼特肉羊业加快实现优质、高产、高效生产的有效措施之一。为合理利用荒漠草原区饲草资源，邱晓等（2012）对关于荒漠草原区不同饲草组合对苏尼特羔羊的饲喂效果进行了研究。结果表明，饲喂 100％苜蓿处理组的羔羊增重、屠宰率、净肉率都明显高于其他饲草处理组，其饲喂效果最好。50％华北驼绒藜＋50％谷草的饲喂效果略低于 100％苜蓿，但优于其他饲草组合，达到可替代苜蓿的效果，可以在荒漠草原区推广 50％华北驼绒藜＋50％谷草饲喂肉羊。

四、产业现状

1997 年自治区人民政府验收命名为"苏尼特羊"新品种，数量达 191.4 万只。2007 年，苏尼特羊羊肉被列为国家地理标志保护产品。苏尼特羊对恶劣环境有较强的适应性，加之其产肉性能好，肉质优良，近年来生产性能及存栏数均有较大幅度提高，至 2008 年年底存栏量达 220.6 万只，较 1996 年增长约 3 倍。现采用保种场保护，并在锡林郭勒盟苏尼特左旗建立了苏尼特羊保种场。至 2010 年有苏尼特种公羊 800 只、种母羊 1 350 只，年生产种羊 3 000 只。经多年推广、扩繁，群体数量不断增加。

2011 年，自治区西苏旗投入 200 多万元加大苏尼特种公羊基地建设。以旗苏尼特种羊畜场为龙头，辐射周围 8 个嘎查，建立苏尼特羊种畜繁育供种基地，在进一步巩固提高 51 个种公羊集中管理点的情况下，不断深入推进"合作社所有、专业户饲养、牧户有偿使用、独立核算"的管理模式。

五、其他

苏尼特羊闻名国内外，是苏尼特右旗的主要畜种，畜牧业年可提供羊毛 1 100t、羊绒 120t、肉 11 000t、皮张 60 万张、乳制品 300t。色鲜、味美、营养丰富堪称京华一绝的"东来顺涮羊肉"饭馆，其创牌的原料肉就是选自内蒙古出产的苏尼特羊精肉（王泽文，1999）。

苏尼特羊是在当地生态环境条件下，经过长期的自然选择和畜牧科学工作者科学选育而成的地方优良品种，以其羊肉的独特风味而著称。羊肉比其他地区羊肉水分少、干物质多、质地脆嫩、味道鲜美，受到了广大消费者的欢迎，适宜烧烤，更适于制作涮羊肉。可见，苏尼特羊是一个有广阔发展前景的优良品种。近年来，随着畜牧业的快速发展，应进一步改善羊的饲养管理条件，加强饲草料基地建设，在设施设备上增加投入，改变落后的饲养方式，加强棚圈舍建设，提高繁殖力，使其生产性能得到进一步的提高。

第二十三节　塔什库尔干羊

一、概况

塔什库尔干羊（Tashkurgan sheep），又名当巴什羊，属肉脂兼用粗毛型绵羊地方品种。该品种羊的形成与帕米尔高原的生态条件密切相关，同时长期的民间往来和畜群间的交流也是该羊品种形成的重要因素。早在 1820 年，当地就引入了塔吉克斯坦和阿富汗的绵羊品种，然后与当地羊进行杂交改良，其后代经过农牧民长期封闭选育，形成了终年放牧，适应帕米尔高原高海拔、高严寒生态环境，遗传性能稳定的塔什库尔干羊，是帕米尔高原上不可多得的羊品种。塔什库尔干羊是区别于其他脂臀羊的高山放牧品种，它对帕米尔高原的高海拔自然条件有良好的适应能力，具有早熟、增重快、体格大、抗病力强、耐粗饲等优良特性。

塔什库尔干羊中心产区在新疆维吾尔自治区塔什库尔干县，主要分布于帕米尔高原东部山区和塔什库尔干县的达布达尔乡、麻扎种羊场、牧林场、塔什库尔干乡、提孜那甫乡、塔合曼乡、瓦恰乡、马尔洋乡，克孜勒苏柯尔克孜自治州阿克陶县的布伦口乡、木积乡等地也有分布。塔什库尔干县地处帕米尔高原东坡、昆仑山与喀喇昆仑山之间，平均海拔 4 000m 以上。地貌主要为山地和盆地，地势西南高、东北低。帕米尔高原是中国的南疆极地，属严寒的强烈大陆性高山气候，只有冷、暖两季，且冷季漫长（10 月至翌年 4 月），暖季短。6 月、7 月、8 月气候变化剧烈，阴晴无常，雨雪交加，常有冰雹出现。产区年平均气温 3.4℃，极端最低气温−42.0℃。无霜期 75d。年降水量 69mm，年蒸发量2 307mm。风力多在 7 级以上。年平均冻土 256d，冻土最大深度 250mm。地处海拔3 000～4 500m 的谷沟底部有大量的优良草场，是牧民定居和主要牧放地。水源来自河水与降水。土壤多为高山沼泽土。天然草场多为高寒荒漠草场，面积大、产量低、载畜量小，主要植物有紫草、青兰、雪莲等，草短而密、营养丰富。主要农作物有青稞、小麦、玉米、豌豆等（国家畜禽遗传资源委员会，2011）。

二、特征与性能

（一）体型外貌特征

1. 外貌特征 塔什库尔干羊体质结实，体格较大。四肢高长且结实，后肢强健向左右开张，蹄质坚实。头大小适中，鼻梁隆起，耳大下垂，小耳羊也占有一定比例，部分羊耳上有一小瘤。公羊多数无角（图 29），母羊无角，少数母羊有退化的小角（不同地区品种类型及特性上有差异，当巴什地区的羊很少有角，阿克陶县苏巴什地区的羊大都有角）。颈长适中，胸宽深，肋骨拱圆，背腰平直，后躯发育良好，十字部略高于鬐甲。尾大，尾端着生刺毛，内侧无毛。脂臀呈圆形，大而不下垂，部分尾纵沟上有一小肉瘤，脂臀呈内凹形。被毛多为褐色，黑色、白色、杂色较少，其中褐色 51.4%、黑色 20.7%、杂色 19.8%、白色 8.1%。被毛异质，干、死毛较多。

2. 体重和体尺 塔什库尔干羊成年羊体重和体尺见表 2-47。

表 2-47 塔什库尔干羊成年羊体重和体尺

性别	只数	体重（kg）	体高（cm）	体长（cm）	胸围（cm）	胸深（cm）	尾长（cm）	尾宽（cm）
公	20	67.4±6.8	75.8±3.9	83.5±5.0	93.5±3.2	34.5±1.4	20.7	26.0
母	80	49.1±5.3	72.7±2.8	80.5±4.5	85.3±5.0	32.7±1.5	16.3	20.7

资料来源：国家畜禽遗传资源委员会，2011。

（二）生产性能

1. 产肉性能 产肉性能良好，成年母羊胴体重 25.6kg，屠宰率 49.4%；8 月龄公羔胴体重 15.0kg，屠宰率 46.6%。尾脂重占胴体重的 12%～15%（赵有璋，2013）。塔什库尔干羊周岁羊屠宰性能见表 2-48。

表 2-48 塔什库尔干羊周岁羊屠宰性能

性别	只数	宰前活重（kg）	胴体重（kg）	屠宰率（%）	净肉率（%）	肉骨比
公	14	52.2	26.4	50.6	37.9	3.0
母	12	49.8	26.1	52.4	39.6	3.1

资料来源：国家畜禽遗传资源委员会，2011。

2. 繁殖性能 塔什库尔干羊 6～9 月龄性成熟，初配年龄公羊 20 月龄、母羊 18 月龄。母羊多秋季发情，发情周期 17d，妊娠期 150d，年平均产羔率 105%，双羔率为 7%～10%。初生重公羔 4.5kg，母羔 4.0kg；平均断奶重公羔 23.1kg，母羔 21.3kg。羔羊断奶成活率 98%（国家畜禽遗传资源委员会，2011）。

三、研究进展

阿斯娅·买买提等（2012）对塔什库尔干羊种公羊的体重与体尺指标进行了统计分析，结果表明塔什库尔干羊体重与体高、体长、胸围及管围呈正相关关系，差异极显著（$P<0.01$）；体高与体长之间的正相关关系最大（$r=0.661$），存在极显著差异（$P<0.01$）。其中胸围与体重在任何阶段都保持了稳定而较高的相关性，始终重视胸围这个指标的选育很有必要。通过决策系数分析结果可知，体长是体重的主要决策变量，其次是胸围。因此，在今后的选种工作中，应以体重为主，兼顾体长和胸围，以期取得更好的育种效果。

新疆生产建设兵团农三师曾以塔什库尔干羊为父本、本地绵羊为母本进行杂交试验。试验结果显示，其 F_1 代羔羊出生、4月龄、8月龄平均体重分别高于本地绵羊28%～33%、17%～30%和29%～33%，差异极显著（$P<0.01$）；8月龄公羊、母羊宰前活重、胴体重分别高于本地绵羊29%～33%和53%～60%；屠宰率、净肉率分别高于本地羊7%～8%和57%～64%，杂交改良羊的产肉性能明显（赵有璋，2013）。司衣提·克热木（2012）以地方优良肉羊品种多浪羊为父本，塔什库尔干羊为母本进行杂交试验。结果表明，半舍饲的粗放饲养管理条件下，杂交一代羊早期生长发育、产肉性能均高于塔什库尔干羊，在当地的放牧适应性、耐粗饲、抗病力优于多浪羊。热孜瓦古丽·米吉提（2012）对多浪羊、塔什库尔干羊、萨福克羊三元杂交后代产肉性能及肉品质进行了研究。试验结果显示，杂种公羔3～4月龄表现性行为，7月龄母羔可配种，公羊不到10月龄可配种，4月龄前日增重可达400g左右。6月龄体重可达到44.50kg以上，试验组 F_1 胴体重比对照组增加了6.15kg，提高了21.15%，差异显著（$P<0.05$）；屠宰率高达55.8%，净肉率高达66.26%左右。常规成分测定结果证明，杂种羔羊的肉色为3～4分，属正常颜色；肉样pH为5.84，符合鲜肉标准；多萨塔羔羊肉样熟肉率、水分含量均较高。研究证明多塔萨杂种一代本身体现了三个品种的优良特性，这对于发展喀什地区的养羊业、充分利用当地品种以及提高经济效益等工作具有重要作用。同年，热孜瓦古丽·米吉提等（2012）对塔什库尔干羊、多浪羊与萨福克羊三元杂交羔羊肉的氨基酸成分进行了系统分析，并与其他几个品种进行了比较。结果显示，塔多萨杂种羔羊、多浪羊、托克逊黑羊、柯尔克孜羊、藏羊、小尾寒羊羊肉的17种氨基酸种类齐全、含量丰富，必需氨基酸含量高低依次为：多萨塔羊＞藏羊＞小尾寒羊＞多浪羊＞托克逊羊＞柯尔克孜羊。

四、产业现状

塔什库尔干县是喀什地区唯一一个全境位于高原的典型畜牧业县，畜牧业是该县的支柱产业，其收入占总收入的75%以上。近年来，塔什库尔干县畜牧业虽然得到了较快发展，但在一定程度上还存在着许多不足。以塔什库尔干羊举例，该品种是经过几代人艰辛培育出来的地方优良肉脂兼用羊品种，却一直没有得到很好地开发，这一资源优势没有转变为经济优势，养殖没有形成规模（加尼玛·扎依克等，2012）。

塔什库尔干羊中心产区1989年存栏羊仅6 800只，2006年增加到4.44万只。近年来，采取种羊场保护、建立种羊场、发展基地乡镇和培养养羊大户等措施，加大了选育力度，羊群品质有提高。现实行活体保种。塔什库尔干羊2007年存栏128.7万只，中心产区群体数量与1989年相比，增长了6.4倍。由于长期自繁自养、放松选育工作，羊只品质提高较慢（国家畜禽遗传资源委员会，2011）。

五、其他

塔什库尔干羊终年放牧，很少补饲。每年4月份从温暖避风的冬季牧场转入附近的春季坡地草场，6月初开始转往夏季草场，9月下旬羊群进入秋季草场配种，10月底或11月份又开始转入冬季草场。冬季对瘦弱羊和妊娠羊予以补饲，主要饲草有青干草、麦草等。对缺奶羔羊，将豌豆粉、面粉、酥油、奶粉人工调制成糊状食料予以补饲。

第二十四节 哈萨克羊

一、概况

哈萨克羊（Kazakh sheep）是我国三大粗毛绵羊品种之一，是新疆古老的肉脂兼用粗毛型绵羊地方品种，远在秦汉时期就在史册中被提及。哈萨克羊原产于新疆维吾尔自治区天山北麓和阿尔泰山南麓，主要分布于新疆天山北麓、阿尔泰山南麓和塔城等地，新疆、甘肃、青海三个省（自治区）交界处也有少量分布。哈萨克羊长期生存繁衍在严酷的生态环境下，经过自然选择及农牧民的选育，逐渐形成了集适应性强、善于爬山游牧、体质结实、四肢高、抓膘性能好等特点的优良地方品种。哈萨克羊于1989年被收录《中国羊品种志》。

哈萨克羊产区地貌多样、地形复杂，四季气候变化剧烈，夏热冬寒，春温多变，秋季气温下降迅速。1月份气温为$-15\sim-10$℃，7月份气温为$22\sim26$℃，平均日温差11℃左右。各地气温因海拔高低和季节而不同。在暖季，气温随高度增加而递减，山区比盆地凉爽；在寒季，气温随海拔高度而递增，高山地区因有逆温现象，气温反比盆地暖和。盆地草场积雪较薄，为羊群冬季牧场。年降水量为$200\sim600$mm。各地降水量差别很大，阿尔泰山及天山地区为600mm，塔城盆地伊犁河谷为250mm，准噶尔盆地不足200mm。年蒸发量$1\,500\sim3\,000$mm，在阿尔泰山和天山山区冬季积雪约占年降水量的35%。不少地区的积雪是羊群冬季饮水的主要来源，有些冬季牧场只有在积雪后才能被羊群利用。积雪期长达5个月左右，积雪深度为$20\sim30$cm，年蒸发量为$1\,500\sim2\,300$mm，无霜期$102\sim185$d。产区各地的土壤与植被随草原类型而异，土壤主要有山地潮土、灌耕土、栗钙土、草甸土、灌木林土、风沙土等。荒漠、半荒漠草原的土壤为灰棕色荒漠土与荒漠灰钙土，植被有冷蒿、木地肤、芨芨草、针茅等；干旱山地草原为山地黑土和栗钙土，植被有针茅、狐茅、蒿属等；高山、亚高山草甸草原及森林草甸草原的土壤为高山和亚高山草甸土及黑褐色山地森林土，植被以禾本科、莎草科为主，伴生有早熟禾、糙苏、牦牛儿苗、羽衣草、苔草、狐茅等。该地区还有小麦、水稻、玉米、花芸豆、甜菜、瓜果、棉花、油料等。

二、特征与性能

（一）体型外貌特征

1. 外貌特征 哈萨克羊头中等大，耳大下垂。公羊大多具有粗大的螺旋形角，鼻梁隆起；母羊有小角或无角，鼻梁稍隆起。体质结实，结构匀称，背平宽，躯干较深，后躯较前躯高。四肢较高而结实，骨骼粗壮，肌肉发育良好。尾宽大，脂肪沉积于尾根周围而形成枕状的脂臀，表面覆盖有短而密的毛，下缘正中有一浅沟，将其分成对称的两半。毛被属异质毛，干死毛含量多，毛色大多为棕红色，有部分头及四肢为黄色者。纯黑或纯白的个体极少（阿德力等，2009）。

2. 体重和体尺 阿德力等（2009）在2007年对塔城地区部分重点羊群进行了体重、体尺的抽测，结果见表2-49。

表2-49 塔城地区哈萨克羊体重及体尺测定结果

类别	体高（cm）	体长（cm）	胸围（cm）	胸深（cm）	胸宽（cm）	管围（cm）	体重（kg）
成年公羊	77.55±3.218	75.1±3.957	101.7±4.156	35±1.178	24.35±1.871	9.15±0.529	84.48±9.500
成年母羊	65.3±2.486	68.4±2.823	88.17±5.559	31.58±1.352	22.15±1.697	7.75±0.315	53.04±6.463
周岁公羊	68.12±1.416	71±4.690	90±5.228	31.75±2.217	21.62±2.529	8.5±0.707	61.25±10.43
周岁母羊	64.66±2.539	66.63±3.122	84.08±3.629	29.37±1.257	20.81±1.308	7.63±0.284	46.45±4.785
4～4.5岁公羊	59.03±3.294	59.81±3.756	75.56±4.142	26.65±1.181	18.28±1.331	7.265±0.508	35.13±5.712
4～4.5岁母羊	56±3.932	57.15±3.538	71.53±5.275	25.23±1.484	18±1.613	6.9±0.381	31.05±5.197

资料来源：阿德力等，2009。

（二）生产性能

1. 产肉性能 哈萨克羊肉质好。据测定，每100g瘦肉含蛋白质18.92g、粗脂肪6.35g、钙

19.25mg、磷 391.46mg、镁 3.23mg、铁 18.48mg。氨基酸中谷氨酸为 15.98%，脂肪酸中不饱和脂肪酸占 68.21%（国家畜禽遗传资源委员会，2011）。

阿德力等（2009）在 2007 年对塔城地区 4～4.5 月龄的 30 只公、母羔羊进行了屠宰试验，结果见表 2-50。

表 2-50 塔城地区哈萨克羊 4～4.5 月龄断奶羔羊屠宰情况

项目	公羔	母羔
胴体重（kg）	15.87±3.389	14.68±4.463
屠宰率（%）	54.29	54.1
净肉率（%）	40.76	41.78

资料来源：阿德力等，2009。

2. 繁殖性能 性成熟一般在 6～8 月龄，初配年龄 1.5 岁左右。母羊秋季发情，发情周期 16d，配种大多在 11 月上旬开始，4～5 月产羔，妊娠期 150d 左右。初产母羊（3 785 只）平均产羔率 101.57%，经产母羊（5 960 只）平均产羔率 104.34%，双羔率很低。初生重公羔 4.3kg，母羔 3.5kg；断奶重公羔 35.8kg，母羔 28.5kg。羔羊 140 日龄左右断奶，哺乳期平均日增重公羔 225g，母羔 178g，羔羊断奶成活率 98.0%（阿德力等，2009）。

三、研究进展

哈萨克羊为新疆古老的地方绵羊品种，畜牧工作者针对该品种进行了很多试验和研究。

雷雪芹等（2003）对蒙古羊、兰州大尾羊和哈萨克羊随机扩增多态 DNA 分析，结果表明兰州大尾羊与哈萨克羊的遗传距离较大，说明两个品种的亲缘关系较远。付永等（2009）对哈萨克羊、阿勒泰羊、巴什拜羊进行了遗传多样性的 AFLP 分析，计算了 3 个品种的遗传相似系数，分析了他们的遗传关系。结果表明，哈萨克羊与阿勒泰羊的遗传相似系数最大，与贾斌等（2003）通过微卫星分析新疆地方品种遗传多样性的结果一致，该结果与品种的地理分布和育成历史基本一致。温青娜（2010）对哈萨克羊 MHC-DRB1 第 2 外显子的多态性进行了 PCR-SSCP 多态性分析，检测出了基因片段具有丰富的多态性；并且初步分析认为，哈萨克羊 MHC-DRB1 基因第 2 外显子的遗传多态性与绵羊包虫病的易感性或抗病性具有遗传相关性。这些研究对哈萨克羊遗传资源的保护有非常重要的意义，对该品种的开发及利用奠定了分子遗传学方面的基础。

冯卫民等（2005）引进优质萨福克羊和小尾寒羊以改良塔城地区的哈萨克羊，结果显示杂交后代具有显著的杂种优势。顾玉兰等（2006）通过 PMSG 诱导新疆军垦细毛羊、哈萨克羊、湖羊同期发情，发现地理环境和气候条件对不同品种母羊发情的影响较大，但对排卵率的影响不明显；同时试验结果也表明，哈萨克羊同期发情率（90.62%）显著高于新疆军垦细毛羊和湖羊，说明哈萨克羊极其适应当地的气候环境。刘武军等（2009）通过对两组分别为 40 日龄和 60 日龄断奶的哈萨克羔羊进行高、中、低 3 种不同粗蛋白水平代乳料的饲喂，研究不同粗蛋白水平日粮对羔羊生长发育的影响。结果分析表明，粗蛋白水平为 20% 的代乳料能够满足羔羊生长发育的需要，经过综合评定哈萨克羔羊 40 日龄早期断奶效果较好。

于跃武等（2005）选择 3～4 岁体重相近的适龄哈萨克羊母羊 90 只作母本，成年萨福克公羊、小尾寒羊公羊和哈萨克公羊各 2 只作父本，以哈萨克羊纯繁为对照组，分别得到杂交一代育成羊 8 月龄时进行屠宰试验和产肉性能分析。结果显示，萨♂×哈♀的后代胴体重、净肉重分别比哈萨克羊高出 5.72kg、4.81kg，差异显著（$P<0.05$）。因此，适当引进一些萨福克种羊对提高羊肉量有一定的益处。叶尔肯等（2008）为研究相同饲养条件下，去势对哈萨克羊羔羊早期增重效果的影响，将 70 只 15 日龄哈萨克公羔羊随机分为 2 组，每组 35 只。试验组羊去势，对照组羊不去势。经过 120d 的饲养观察，发现羔羊的早期去势降低了饲料的利用率，且不利于其增重，未去势的羔羊较去势的羔羊增重显著（$P<0.05$）。因此哈萨克羔羊早期育肥没必要去势。赵国华等（2009）将 90 只不同年龄、性别的哈萨克羊，

按性别、年龄组成试验组和对照组，进行不同草地上短期放牧育肥试验。结果显示，60d 放牧育肥后，在围栏草场上放牧育肥的试验组中 1.5 岁羯羊、成年羯羊和成年母羊每只增重比对照组分别提高了 3.4kg、3.8kg 和 3.5kg（$P<0.01$），平均日增重 85g、95g 和 85g（$P<0.01$），分别提高 212.5%、200% 和 188%；而非围栏草地对照组哈萨克羊增重最高仅为 1.90kg。这些结果表明，围栏草场放牧育肥哈萨克羊增重明显。

井明艳等（2004）的研究表明，在绵羊日粮中添加大蒜素可提高绵羊饲料转化率和日增重。刘敏等（2011）在 2010 年 10 月至 2011 年 1 月在新疆农业大学羊场，选取 4 只年龄和体重相近的健康哈萨克羊，前后自身对照，试验期每天在每只羊的精饲料中添加 25% 的大蒜素干粉 1.8g，旨在研究大蒜素干粉对哈萨克羊血液生化指标的影响以及对瘤胃代谢的影响。结果显示，添加大蒜素干粉可使羊血清中球蛋白显著升高 35%，白蛋白和总蛋白无显著差异；使谷草转氨酶和谷丙转氨酶的总体平均值显著提高 74% 和 59%，对尿素氮影响不显著；大蒜素可使血清中丙二醛平均值显著降低 26%，使总抗氧化能力显著升高 12%，对超氧化物歧化酶影响不显著；大蒜素对血糖、游离脂肪酸、三酰甘油和碱性磷酸酶均无显著影响；试验期瘤胃液 pH 显著升高（$P<0.05$），两期的氨态氮、微生物蛋白、甲烷、VFA、瘤胃体积、瘤胃周转率、相对稀释率均无显著差异（$P>0.05$）。研究大蒜素可通过显著升高血清中谷草转氨酶和谷丙转氨酶的水平来提高绵羊机体蛋白的代谢效率；可通过显著提高血清中球蛋白的水平来增强机体的免疫能力，在显著升高总抗氧化能力的同时还显著降低丙二醛的水平，从而提高机体的抗氧化能力；对机体的能量代谢无显著影响。

四、产业现状

近年来，哈萨克羊盲目杂交现象比较严重，导致哈萨克纯种羊数量逐年减少。19 世纪 80 年代随着伊犁哈萨克自治州直细毛羊改良工作的全面展开，绝大多数哈萨克羊被改良成为细毛羊。当时哈萨克羊约有 30 万只，占绵羊总数的 10%。但是随着细毛羊"倒改"风潮的兴起，截至 2007 年年底哈萨克羊及其杂种羊达到 409.12 万只，细毛羊为 56.64 万只，细毛羊占绵羊总数的 13.8%，大量细毛羊后代又变成了哈萨克羊杂种。同时，近几年来，引进的绵羊品种多、杂，各县（市）先后引入阿勒泰羊、巴什拜羊、麦盖提羊、陶赛特、萨福克羊进行杂交，没有统一的区域划分，从而加剧了哈萨克羊混杂的情况，使得哈萨克羊品种资源得不到提纯复壮（乃比江等，2008）。2004 年开始，伊犁哈萨克自治州畜禽改良站通过鉴定整群、运用人工授精、科学饲养管理等技术，改善了哈萨克羊的畜群结构和畜群品质。在此基础上，特克斯县加大了政策扶持和资金投入的力度，大力引导和鼓励农牧民参与哈萨克羊品种改良工作。2006 年，特克斯县哈萨克羊种公羊在"中国伊犁首届特色农副产品展销洽谈会"上获得一等奖。2007 年建立了哈萨克羊繁育基地。2008 年 4 月，在"哈萨克羊提纯复壮工作座谈会"上制定了哈萨克羊育种方案。2009 年，特克斯县被新疆无公害畜产品安全委员会确认为无公害肉羊产地，并予以授牌。2010 年 7 月，在特克斯县召开了绵羊改良工作现场会；同年 8 月哈萨克羊繁育基地通过了自治州级《种畜禽生产经营许可证》验收，标志着特克斯县拥有了自治州级哈萨克羊种畜场；10 月县辖喀拉达拉乡和喀拉托海乡被新疆生产建设兵团环境保护科学研究所有机产品认证中心认证为有机羊养殖基地。特克斯县地产哈萨克羊作为改良的新类型，已经被列入新疆维吾尔自治区畜禽育种计划（2011—2020 年）之中（贾琦珍等，2012）。

哈萨克羊现采用保种场保护。近年来，采取的建立种羊场、培育养羊大户、建立品种登记制度、活体保种等措施，加速了保种工作的进展。20 世纪 50 年代产区以饲养哈萨克羊为主，后随着细毛羊杂交改良的开展，哈萨克羊数量不断减少；进入 90 年代后，由于市场对羊肉需求量剧增，群体数量迅速增长，为 80 年代的 3.3 倍（国家畜禽遗传资源委员会，2011）。

五、其他

哈萨克羊的历史源远流长，在秦汉时期就开始留迹于汉文史册之中，《史记·大宛列传》《汉书·张骞李广利传》《资治通鉴》等史书均有相关记载。说明哈萨克羊的先祖在伊犁的出现远在哈萨克族名形成之前，而且在哈萨克羊的远祖中可能还间杂有来自秦汉大地羊只的血统。可以说，现代哈萨克羊品种是适应当地的生产方式及生态环境条件下选育而成的。作为母系品种，哈萨克羊参与了新疆细毛羊、军垦细毛羊和中国卡拉库尔羊等品种的培育（贾琦珍等，2012）。

该羊根据养羊学"绵羊品种的动物学分类"属于脂臀羊类型，据"绵羊品种生产性能分类"属于粗毛羊类型，按照家畜育种学"绵羊五大类型羊毛的品种分类图"属于地毯毛型品种类型，按"品种培育程度分类"属于原始品种。

第二十五节　呼伦贝尔羊

一、概况

呼伦贝尔羊（Hulun Buir sheep）是肉脂兼用型绵羊地方品种，具有体大、抗逆性强、耐寒易牧、早熟、繁殖率高和遗传性能稳定、产肉性能好等优点。

呼伦贝尔羊是在大兴安岭以西呼伦贝尔草原上，无霜期短、枯草期长、严寒气候、冬季漫长的生态环境中，经终年放牧选育而成。呼伦贝尔羊的育成分两个阶段：第一阶段（1945—1980 年）是从古老品种向培育品种过渡的自然选择阶段；第二阶段（1981—2002 年）为新品种培育的人工选育阶段（赵有璋，2013）。呼伦贝尔羊主要分布于内蒙古自治区呼伦贝尔市新巴尔虎左旗、新巴尔虎右旗、陈巴尔虎旗和鄂温克族自治旗。产区呼伦贝尔市位于北纬 47°05′～53°20′、东经 115°31′～126°04′，为高原型地貌。呼伦贝尔市昼夜温差大，有效积温利用率高；无霜期 81～150d。年降水量 200～300mm。年日照时数 2 500～3 100h（国家畜禽遗传资源委员会，2011）。

呼伦贝尔市天然草场主要有六大类，即山地草甸、山地草甸草原、丘陵草甸草原、平原丘陵干草原、沙地植被草地、低地草甸草场。天然草场总面积 8.393 万 km²，占土地总面积的 33%。牧草种类有1 000余种，为呼伦贝尔羊提供了丰富的饲草饲料（国家畜禽遗传资源委员会，2011）。主要植物有大针茅、克氏针茅、羊草、线叶菊、黄柳、差巴嘎蒿、冷蒿、伏地肤及湿生植物芦苇等，此外海拉尔西山及红花尔基一带也是樟子松的原产地。主要的土壤类型有栗钙土、黑钙土、风沙土、草甸土、盐土、潜育土等（封建民等，2004）。

二、特征与性能

我国 2011 年 6 月发布 GB/T 26613-2011《呼伦贝尔羊》国家标准，具体规定了呼伦贝尔羊的品种特性和等级评定。该标准适用于呼伦贝尔羊的品种鉴定和等级评定。

（一）体型外貌特征

1. 外貌特征　呼伦贝尔羊体格强壮，结构匀称，头大小适中，鼻梁微隆，耳大下垂，颈粗短。四肢结实，大腿肌肉丰满，后躯发达。背腰平直，体躯宽深，略呈长方形。被毛白色，为异质毛，头部、耳后、腕关节及飞节以下允许有色毛。公羊部分有角，母羊无角。尾巴呈半椭圆状或小桃状（图 30 和图 31）（董淑霞等，2010）。

2. 体重和体尺　在自然放牧条件下一级羊体重和体尺最低指标见表 2-51。

表 2-51　一级羊体重和体尺最低指标

类型	体高（cm）	体长（cm）	胸围（cm）	体重（kg）
成年公羊	72	75	100	82
成年母羊	67	72	92	62
育成公羊（18 月龄）	68	72	90	62
育成母羊（18 月龄）	65	70	88	52

资料来源：GB/T 26613-2011。

（二）生产性能

1. 产肉性能　呼伦贝尔羊羯羊产肉性能见表 2-52。

表 2-52　呼伦贝尔羊羯羊产肉性能最低指标

类型	胴体重（kg）	屠宰率（%）	净肉率（%）
18 月龄羯羊	27	50	45
6 月龄羯羊	16	47	38

资料来源：GB/T 26613—2011。

2. 繁殖性能　公羊 8 月龄，母羊 7 月龄达到性成熟；适配年龄公、母羊均为 18 月龄。季节性发情，母羊发情周期平均 17d，发情持续期 24～48h，妊娠期平均 150d，经产母羊产羔率平均 110%。羔羊成活率 99%，初生重公羔 4.5kg，母羔 3.7kg；断奶重公羔 37.0kg，母羔 33.9kg（国家畜禽遗传资源委员会，2011）。

三、研究进展

呼伦贝尔羊是在内蒙古自治区呼伦贝尔草原生态环境里，经过长期的自然选择和人工选育而培育成功的地方优良新品种。该品种羊适应性和抗逆性极强，以全年放牧为主，仅冬季大雪和接羔时适当补饲，公羊、母羊、羔羊混群放牧。任鑫亮等（2012）报道，在 1984 年和 1988 年，呼伦贝尔草原发生了特大雪灾，在这两次雪灾中，局部地区的改良羊和细毛羊的死亡率达到了 50%～60%，而呼伦贝尔羊在雪层厚度 20cm 以上的雪地里能长时间刨雪吃草以维持生命，死亡率低于 15%。

吕绪清（2007）在天然草原放牧饲养管理条件下，用引进的小尾寒羊与本地呼伦贝尔羊进行杂交。试验表明，小尾寒羊与呼伦贝尔羊有良好的杂交优势，正反交杂交一代都具有良好的多羔性能，同时还具有呼伦贝尔羊抓膘快、能大群放牧饲养、耐寒耐粗饲的优点。但在高寒地区，小尾寒羊繁殖不适合采用两年三产的生产体系，要尽量避免在 1～2 月份生产，且要淘汰群体中胎产三羔以上的个体。

呼伦贝尔母羊通常一年一产，夏、秋季发情配种，翌年接冬羔或春羔。为充分发挥母羊生产性能，提高羔羊的出栏率，栗东卿等（2003）在呼伦贝尔母羊产后很长的乏情期，应用诱导发情技术使母羊发情并配种，达到两年三产。研究表明，羔羊生产率比常规季节性发情配种产羔率可增加 50%，极大地提高了羔羊出栏率。如果诱导发情怀孕失败，可在 2 个月后继续投药处理，同时并不影响母羊自然发情季节的配种。根据不同的羊群条件，还可安排三年四产或三年五产的配种产羔计划。该研究在有人工授精条件的大型羊场或工厂化养羊基地进行推广，更能高效率地发挥母羊的生产性能。

秦秀娟等（2003）为研究杜泊肉用绵羊与呼伦贝尔羊杂交后代在内蒙古放牧的生产条件下，其适应性和肉用生产性能是否有所提高，利用杜泊种公羊鲜精，采用绵羊人工授精技术与呼伦贝尔母羊进行杂交。研究表明，杜泊羊与呼伦贝尔羊进行杂交生产的杜泊杂交一代商品羔的初生重、断奶重、5 月龄体重及日增重具有显著的杂交增重优势。赵艳芳等（2012）在《探索提高呼伦贝尔短尾羊产肉性能的适宜途径》中也证实，引进杜泊羊进行杂交改良以来，从对后代生产性能的观察表明，其较多方面符合当地生产环境，具有适应性强、增重速度快、产肉性能高、胴体品质好、板皮质量好、对饲草无选择性等特点。其成活率、生产能力均高于其他毛肉兼用型绵羊品种的杂交羊，改良效果和经济效益明显。

呼伦贝尔羊肉质鲜美、无膻味、营养丰富、瘦肉率高、含蛋白多，其羊肉中的脂肪酸主要由豆蔻酸、软脂酸、硬脂酸、油酸和亚麻酸组成，占 91.5%。据内蒙古农牧业渔业生物实验研究中心检验，由于肉中所含脂肪酸的不饱和程度较低，因此呼伦贝尔羊肉的脂肪品质很好。各种氨基酸含量较高，特别是谷氨酸和天门冬氨酸的相对含量也较高，因此呼伦贝尔羊羊肉鲜美可口。

四、产业现状

呼伦贝尔羊由巴尔虎品系（半椭圆状尾）和短尾品系（小桃状尾）两种品系组成。呼伦贝尔羊在 2002 年 9 月通过内蒙古自治区品种审定委员会的现场审定和验收，由自治区人民政府正式命名为"呼伦贝尔羊"。呼伦贝尔羊的育成主要经历了自然和人工的选育阶段。

1945—1980年，牧民在发展绵羊养殖数量的同时，按传统的养羊经验，选优汰劣。在游牧过程中，相互交换种公羊和基础母羊，使绵羊的品质和生产性能得到了相应提高。在呼伦贝尔草原牧区组建选育群，建立种公羊站，组织核心群，进行户与户之间的联合选育，开展对呼伦贝尔羊的鉴定工作。由于长期的自然选择，特别是种公羊的集中饲养和分散应用，使呼伦贝尔羊在体型、外貌、生长发育、肉用性能和繁殖率等方面有了显著提高。1981—2002年，逐步走向有目的、有计划的科学选育阶段。成立了育种委员会，制定统一的育种规划和实施方案，坚持"本品种选育"的培育原则和肉用型的培育目标，进一步优化核心群和育种群，有组织、有计划地开展呼伦贝尔羊育种工作。1998年，在自治区呼伦贝尔市新巴尔虎右旗呼伦镇建立了呼伦贝尔羊种羊场，该场是呼伦贝尔羊良种繁育推广体系的核心。而后相继在陈巴尔虎旗、鄂温克族自治旗、新巴尔虎左旗、新巴尔虎右旗建立了扩繁场，形成了以种羊场为核心、扩繁场为骨干、养殖户为基础的三位一体的良种繁育体系。2012年种羊场存栏基础母羊2 200只，平均每年推广特级、一级种公羊800只左右。有放牧场和打草场共4 667hm²，属温性干草原类，植被以针茅为主要优势种，草场产干草量平均为3.2kg/hm²（董淑霞等，2010）。

2001年开始至今，呼伦贝尔羊的养殖步入规模化、集约化阶段，2001年牧业年度统计显示，育种区绵羊总数达295万只，经初步测算符合品种标准的呼伦贝尔羊达到120.4万只。其中基础母羊67.3万只，其半椭圆状尾类型（巴尔虎类型）主要分布于新巴尔虎左旗、新巴尔虎右旗和陈巴尔虎旗，小桃状尾类型（短尾类型）主要分布在鄂温克旗。呼伦贝尔肉羊体型外貌整齐度核心群达96%以上，自然群达60%以上（王玉等，2002）。在2004年，呼伦贝尔肉用羊存栏数已达424.8万只，其中达到呼伦贝尔羊标准的肉羊有261.3万只，达标羊中基础母羊有151.6万只。呼伦贝尔羊的主要经济技术指标达到国内同类绵羊品种的领先水平，2006年12月该品种培育项目获得"内蒙古自治区科学技术进步"一等奖。在2011年6月发布了GB/T 26613-2011《呼伦贝尔羊》国家标准。

五、其他

呼伦贝尔羊是宜于放牧的家畜，其所需的绝大部分营养主要来源于放牧过程中采食的牧草。哺乳期羔羊以母乳为主要营养来源，母乳中所含的营养成分比较全面，因此只要注意给哺乳期羔羊补充某些易缺乏的微量元素和维生素便可满足生长发育的需要；对带羔母羊要加强放牧管理，多补充牧草饲料以保证哺乳期母羊奶水充足；此外羊群（包括羔羊）应放牧抓膘，饱食营养丰富的青草，以恢复体力。在冬季枯草期来临时，牧草的营养价值降低，或遇到大风雪等不利于放牧的天气时，则应补充饲料供给以满足羊体的营养需要。在长期放牧过程中，呼伦贝尔羊不仅可以获得充分的运动，提高抗病力，还有利于身体各部位和器官的均衡发育。若长期进行舍饲圈养，不仅消化和利用饲草的能力降低，且食欲减退，容易患病。因此，在一年四季除出现大风雪等恶劣天气气候以外，均要对呼伦贝尔羊进行常年放牧，以便抓膘保膘。

呼伦贝尔羊新品种的选育成功，是呼伦贝尔市由传统畜牧业向现代化畜牧业迈进的一个重要标志，对提高绵羊品种质量、加快肉羊产业化发展、保护和建设呼伦贝尔草原生态环境发挥了重要的作用。呼伦贝尔羊拉动了草原肉羊业的发展，使培育科技成果尽快转化为生产力，提高了经济效益（董淑霞等，2010）。但育种工作者并未因此而结束，而是进入了新的更高的阶段。与国外先进水平相比，呼伦贝尔羊生产性能尚有很大的提升空间。优秀种公羊数量不足，且利用率不高；科技创新水平低，科技成果转化为生产力还不够迅速，养羊的设备还需要改善等，这些问题都有待于在今后的工作中认真研究，迅速解决。

第二十六节　吐鲁番黑羊

一、概况

吐鲁番黑羊（Turpan Black sheep）俗称托克逊黑羊，属肉用型粗毛地方绵羊品种，主产于吐鲁番地区托克逊县。吐鲁番黑羊来源无明确文字记载，经走访了解，托克逊山区牧场自古就是新疆天山南北家畜转场、贩运的必经之地。约在 19 世纪，可能因贩运、转场等原因由本地黑色羊及其他黑色羔皮羊与当地母羊杂交而来。但是吐鲁番黑羊的形成主要由当地群众信仰民族生活习惯、特殊的地理环境等决定，是该地经验丰富的农牧民在畜牧业生产实践中，经过长期自然选择而成的独特优良品种。吐鲁番黑羊适应夏季酷热、冬季严寒、多风沙的吐鲁番盆地气候，能耐受木质化强、多刺、粗纤维多的耐盐碱抗旱的牧草植物，遗传特征基本稳定。在严酷的自然气候条件和粗放的喂养或放牧条件下，均能表现出生产迅速、四肢粗壮、早熟、肉味鲜美等特点，深受当地群众喜爱（王兆平等，2008）。

吐鲁番黑羊中心产区位于吐鲁番地区托克逊县的伊拉湖乡、博斯坦乡、克尔碱镇，主要分布于托克逊县、鄯善县、吐鲁番市、乌鲁木齐市及其周围地区。吐鲁番盆地位于天山东段的博格达山与库鲁克山之间，最低处海拔 −154m，属封闭性山间盆地，气候十分干旱、炎热。年平均降水量 3.9～25.5mm，而蒸发量高达 2 879.3～3 821.5mm。年平均气温 11～14℃，绝对最高气温 47.6℃，夏季气温之高在同纬度地区是少见的。≥10℃年积温 4 500～5 400℃，无霜期 250～300d。当地风大，3～5 月和 8～9 月常出现暴风（大风天数为 20～70d），是吐鲁番地区主要自然灾害之一。晴天多，云量少，日照时间充足，历年平均日照总时数为 3 056.4h，作物生长期为 7～9 个月（王兆平等，2010）。托克逊县位于北纬 41°21′～43°18′，东经 87°14′～89°14′，地处吐鲁番盆地西部，喀拉乌成山和库鲁克塔格山之间。地势西、北、南部高，向东倾斜为托克逊平原，海拔 1 600～4 338m。属大陆性极端干旱荒漠气候，高温、干燥、多风是其特点（国家畜禽遗传资源委员会，2011）。降水量虽少，但有高山冰雪融水，地下水丰富，山地水源为泉溪、降水、冰雪融水，绿洲水源有阿拉沟、鱼儿沟等 6 条河流及"坎儿井"。土壤主要为砾石石膏棕色荒漠土和盐化草甸土。产区属荒漠草原，植被稀疏，植被为亚洲中部砾石戈壁的灌木与半灌木。农作物主要有小麦、棉花。

二、特征与性能

（一）体型外貌特征

1. 外貌特征　吐鲁番黑羊体格中等，结构匀称，体质结实。头中等大，较窄长，额有额毛，耳大下垂。公羊大都有螺旋形大角，向后向外伸出，个别公羊无角，鼻梁隆起；母羊多数无角，鼻梁稍隆起。颈中等长，胸深宽，背腰平直较短而深，肋骨较拱圆，十字部稍高于鬐甲部，后躯发育良好。四肢端正，蹄质坚实。属短脂尾，尾呈 W 形，下缘中部有一浅纵沟，将尾分为两半。吐鲁番黑羊被毛为纯黑，个别羊体躯为黑棕色，头部白色者极少。羔羊毛色纯黑，呈螺旋形花卷，随着年龄增长毛色逐渐变浅，除头和四肢外的花卷随年龄的增长逐渐消失，整个体躯覆盖着毛辫状长毛。被毛异质，粗毛占的比例较大，干、死毛较多。

2. 体重和体尺　吐鲁番黑羊成年羊体重和体尺见表 2-53。

表 2-53　吐鲁番黑羊成年羊体重和体尺

性别	只数	体重（kg）	体高（cm）	体长（cm）	胸围（cm）	胸深（cm）
公	71	61.7±10.5	74.1±3.6	60.3±8.4	91.6±6.0	34.3±2.4
母	39	39.9±2.7	65.9±3.6	57.6±8.0	80.7±4.0	28.7±2.9

资料来源：国家畜禽遗传资源委员会，2011。

（二）生产性能

1. 产肉性能　吐鲁番黑羊产肉性能高。据对 30 只 12 月龄公羊屠宰性能的测定，宰前活重 31.7kg，胴体重 13.3kg，屠宰率 42.0%，净肉率 32.0%，肉骨比 3.2（国家畜禽遗传资源委员会，2011）。资料显示，4 月龄羔羊屠宰率相对较高，为 45%～50%；5 月龄羔羊活体重达 43kg，胴体重 22kg，屠宰率 51%，尾脂重 4.12kg。成年活体重公羊 55～57kg，母羊 45～55kg，屠宰率 45%～50%（王兆平，2010）。

2. 繁殖性能 吐鲁番黑羊早熟，4～6月龄性成熟。母羊初配年龄17～18月龄。母羊发情季节在9～11月份，发情周期17d，妊娠期约150d，多羔性较差，平均产羔率100.6%。初生重公羔4.4kg，母羔4.1kg；断奶重公羔33.5kg，母羔30.6kg；120日龄断奶，哺乳期平均日增重公羊279.2g，母羊255.0g。羔羊断奶成活率98%（国家畜禽遗传资源委员会，2011）。

三、研究进展

吐鲁番黑羊是一个生产优良羔羊肉的地方绵羊品种，羊肉品质好，以羔羊肉生产为主，去皮后胴体白皙、肉嫩味香，加工后色泽鲜亮、味美可口，尤其是制成烤全羊后味道更香。

据测定100g肉中含蛋白质18.6%、脂肪6.5%、胆固醇54.4mg、挥发性盐基氮6.0mg、钙5.0mg、铜0.08mg、维生素C6.6mg、维生素A 0.13mg、维生素E7.4mg，谷氨酸含量占氨基酸总量的16.0%（国家畜禽遗传资源委员会，2011）。买买提伊明·巴拉提等（2009）对吐鲁番黑羊羊肉品质进行了分析。结果显示，吐鲁番黑羊羊肉所含营养物质丰富，其中灰分、脂肪指标均高于滩羊和小尾寒羊，蛋白质含量较两者略低，不同部位肉样成分并无明显差异；吐鲁番黑羊羊肉所含氨基酸种类丰富，富含人体所必需的8种必需氨基酸，特别是谷氨酸含量较高，增加了羊肉的风味，适口性好，营养价值高；而且该羊肉多汁，无膻味，胆固醇含量较低，符合现代人们对肉食产品健康饮食的需求。

阿斯娅·买买提等（2013）对吐鲁番黑羊体重、体高、体长、胸围、管围等指标的平均数、标准差、变异系数以及体重与体尺指标相关性进行了初步分析。结果表明，吐鲁番1岁黑羊体重为44.06kg（n=685），吐鲁番成年黑羊体重为46.38kg（n=263）；对吐鲁番黑羊体重与体高、体长、胸围和管围的相关系数进行了统计，吐鲁番肉用黑羊周岁种公羊的体重与体高、体长、胸围、管围的相关系数分别为0.579、0.617、0.586、0.135；成年吐鲁番肉用黑羊种公羊的质量与体高、体长、胸围、管围的相关系数分别为0.224、0.416、0.159、0.050。研究发现，吐鲁番黑羊1岁公羊体重与体高、体长、胸围之间呈正相关，体高与胸围之间正相关关系最大，而体高与体重之间的正相关关系最小，管围与其他指标呈显著地负相关。研究结果为种公羊的早期选种提供了依据。

若山古丽·肉孜（2013）对吐鲁番黑羊外貌特性、体质外形指标、生长发育规律、繁殖性能、产肉性能、羊肉营养成分等种质特性进行测定并统计分析。结果表明，吐鲁番黑羊公羊平均初生重、1月龄日增重、7月龄断奶重、周岁体重、成年体重分别为4.35kg、326g、41.33kg、43.42kg、60.36kg；吐鲁番黑羊母羊平均初生重、1月龄日增重、7月龄断奶重、周岁体重、成年体重分别为4.05kg、293g、39.26kg、40.63kg、52.71kg；成年公羊平均屠宰率为49.93%，成年母羊平均屠宰率为46.81%；公、母羔均6～8月龄性成熟；羊肉蛋白含量高、脂肪与胆固醇低。总之，吐鲁番黑羊7月龄之前的生长发育迅速，是属于生长早熟型品种。吐鲁番黑羊适合舍饲和放牧，耐热耐寒，耐干旱，产肉量高，肉品质好，利用价值明显。在今后养殖生产过程中，利用吐鲁番黑羊的生长早熟这一特点，能够获得较高的经济效益。

王琼（2013）以策勒黑羊、吐鲁番黑羊和中国美利奴羊（新疆型）3个新疆地方绵羊品种为主要研究对象，利用限制性片段长度多态性（RFLP）单链构象多态性（SSCP）和DNA测序技术，在DNA水平上对8个绵羊高繁殖力性状主要候选基因BMP4、BMP6、BMP15、BMPR-IA、BMPR-IB、Gn-RHR、MTNRIA和PTGS2进行遗传多态性检测，并利用生物信息学分析软件对多态基因基因型与绵羊产羔数进行关联分析，筛选与绵羊高繁殖力性状相关的分子标记。试验结果表明，BMPR-IB基因只在策勒黑羊中存在多态性，且该基因是影响策勒黑羊繁殖性状的主效基因，可能不是影响吐鲁番黑羊、中国美利奴羊繁殖性状的主效基因；首次对BMP15基因在3个绵羊品种中的多态性检测，发现该基因在策勒黑羊、吐鲁番黑羊和中国美利奴羊中均具有多态性，但其是否为影响绵羊繁殖性能的主效基因有待深入研究；另外还首次发现BMP4、BMP6、BMPR-IA、GnRHR、MTNRIA和PTGS2基因在策勒黑羊、吐鲁番黑羊和中国美利奴羊中均不具有多态性，初步判断不是影响这3个绵羊品种高繁殖力的主效基因。

四、产业现状

1949 年托克逊县全县存栏黑羊总数为 6.4 万。1958 年起托克逊县建立大量新疆细毛羊与吐鲁番黑羊人工授精站，将吐鲁番黑羊与新疆细毛羊杂交。由于受引进羊杂交改良的影响，到 1982 年数量降至 3.96 万只。1985 年根据市场需求、托克逊县的实际情况和吐鲁番黑羊的优良特性，全县重新开始大力发展吐鲁番黑羊，该品种羊数量大幅增长。夏乡、郭勒布依乡、依拉湖乡和布斯坦乡为该品种的重点区域，县种羊场为保护场。上述保护乡场严禁无计划地引进外来品种盲目杂交。2003 年建立了品种登记制度，数量日益增加，品质也不断提高。截至 2008 年年末，吐鲁番黑羊总数已达 10 余万只。目前实行活体保种。

作为吐鲁番地区宝贵的黑色绵羊品种资源，吐鲁番黑羊存在分布范围较窄、数量不多的问题。今后应加强品种资源保种工作，实行本种选育，巩固和提高产肉性能，以生产纯黑色被毛的羊为选育目标，同时建立多羔繁育群，努力选育提高个体生产水平。

五、其他

吐鲁番黑羊形成历史悠久。1988 年托克逊县克尔碱镇唐代古墓群、托克逊英亚伊拉克古墓群、鄯善县苏巴什墓群一号和三号墓地、鄯善县苏巴什古墓中，发现有用黑羊毛织的毛线和做的帽子、头巾、毡垫等，用黑羊皮做的帽子、皮革等珍贵文物，距今已有1 000多年的历史。当地农牧民喜欢用黑羊毛制作的毛毡铺炕（床）、戴黑羊皮帽子，且有用黑羊肉款待客人的民俗，在民间流传着许多有保健功能的羊肉食补偏方，这些都说明当地很早就饲养黑羊。

吐鲁番黑羊的饲养管理粗放，终年放牧，很少补饲，一般没有羊舍。因而形成了吐鲁番黑羊结实的体格，善于行走爬山，长途跋涉，在夏、秋季节具有迅速积聚脂肪的能力。当地农牧民采用在牧区放牧农区育肥的方式利用该品种。吐鲁番黑羊野性不强，比较温驯，较容易管理。

第二十七节　洼地绵羊

一、概况

洼地绵羊（Wadi sheep）又称方尾羊，因其分布于鲁北地区也称鲁北绵羊，属肉毛兼用型绵羊地方品种。洼地绵羊生长在鲁北平原黄河三角洲地域，属蒙古羊系统。据记载，公元 1308—1311 年，元朝统治者曾在滨州一带"兴牧场、废农田"，建立屯田制，由此引来了大批蒙古羊。元灭明兴后，鼓励垦荒奖励农桑，随着黄河下游滨海平原逐渐被开垦，河北省枣强县、陕西省洪洞县向滨州大量移民，把来自中亚地区的脂尾羊带入当地，与元朝留下的蒙古羊杂交。经过当地群众 400 多年的精心选育和自然选择，逐步形成了长期适应在低湿地带放牧、肉用性能好、耐粗饲、抗病的肉毛兼用的独特地方优良品种（赵有璋，2013）。洼地绵羊发情没有明显季节性，一年四季均可发情。和其他品种相比，这是一个比较大的优点，并有相当数量母羊乳房为四乳头，因此洼地绵羊是一个比较特殊的品种。

洼地绵羊中心产区为山东省滨州地区，黄河以北的滨州、惠民、沾化、无棣、信阳五市（县），黄河以南的博兴、邹平以及与滨州接壤的德州、济南、淄博等地市部分区（县）也有少量分布，属于温带大陆性季风半湿润气候。产区地处山东省北部，黄河尾闾，渤海之滨，年平均气温 12.1～13.1℃，无霜期 185～194d，年日照时数2 609.4～2 761.1h。年降水量 550～650mm，降水集中于夏季。风向冬季以偏北风为主，夏季以偏南风为主，年平均风速 2.7m/s；年平均地面温度 14.7℃，最大冻土深度一般 50cm 左右，无棣县 1984 年曾达 209cm；年平均相对湿度 66%，8 月最大为 81%；年蒸发量1 805.8mm。黄河贯穿东西，淡水资源充足。土地大部分属黄河冲积平原，且在海拔 20m 以下，土壤以壤土、黏土和砂土为主，盐渍化程度较为严重，主要农作物为小麦、玉米、大豆和棉花等。

二、特征与性能

（一）体型外貌特征

1. 外貌特征 洼地绵羊被毛多为白色，少数个体头部有黑褐色斑点。体躯呈长方形，体质结实，结构匀称，肌肉发育适中。头大小适中，公、母羊均无角，个别羊只有栗状角痕，鼻梁微隆起，耳大稍下垂。公羊颈粗壮，母羊颈细长。四肢较短，蹄质坚硬。背腰平直，发育良好，前胸较窄，后躯发达。脂尾短，脂尾肥厚呈方圆形，都有尾沟和尾尖，且尾沟明显，尾尖上翻，紧贴在尾沟中，尾长不过飞节，尾宽大于尾长，尾稍向内上方卷曲（国家畜禽遗传资源委员会，2011；图32和图33）。

2. 体重和体尺 洼地绵羊成年体重和体尺见表2-54。

表2-54　洼地绵羊体重和体尺

性别	体重（kg）	体高（cm）	体长（cm）	胸围（cm）	尾长（cm）	尾宽（cm）
公	63.9	70.4	75.0	92.7	22.0	17.7
母	42.1	63.0	67.2	83.0	18.8	15.5

资料来源：国家畜禽遗传资源委员会，2011。

（二）生产性能

1. 产肉性能 在常年以放牧为主的饲养条件下，洼地绵羊周岁公羊平均宰前体重42.8kg，胴体重20.6kg，净肉重17.0kg，骨骼重3.6kg，屠宰率48.1%，净肉率39.7%，肉骨比4.7（国家畜禽遗传资源委员会，2011）。

2. 繁殖性能 洼地绵羊一般3.5～4月龄性成熟，初配年龄公羊8～10月龄，母羊3.5～4月龄。母羊常年发情，发情周期14～23d，妊娠期138～161d；产羔率初产母羊194.7%，经产母羊243.8%。初生重公羔3.2kg，母羔为2.8kg；断奶重公羔19.98kg，母羔18.50kg；哺乳期平均日增重210g，羔羊断奶成活率95%（国家畜禽遗传资源委员会，2011）。

三、研究进展

洼地绵羊品质优良，是畜牧专家眼中难得的"法宝"，畜牧工作者对其作了各个层次的大量研究。

很多资料显示，洼地绵羊来源于蒙古羊。为了对其进行系统定位，追溯其血统起源，冉汝俊等（2003）采用RAPD技术，利用混合基因池（DNA pool）法，对洼地绵羊、小尾寒羊、大尾寒羊、滩羊和鲁北白山羊进行了遗传相关分析。分析结果表明，洼地绵羊与小尾寒羊、大尾寒羊和滩羊间的遗传距离较小，它们可能起源于共同的原始祖先。廖信军等（2006）采集了67只洼地绵羊新鲜血样，并根据已报道的绵羊常染色体上DNA序列选择了7对微卫星DNA引物，应用PCRPAGE电泳技术检测洼地绵羊个体的基因型。同时引用了国内学者有关小尾寒羊、滩羊、湖羊、同羊及长江三角洲白山羊（参照群体）共计377个个体的相同资料进行了群体遗传分析。结果显示，洼地绵羊与其他4个地方绵羊品种中的任一品种间的遗传距离均小于它们中任何两个品种间的遗传距离。这可以说明洼地绵羊分化时间比较短，形成独立品种时间较短。此研究还认为，就血统而言，洼地绵羊属于"蒙古羊"集团，这基本符合品种的育成过程。

山东省东营市洼地绵羊和小尾寒羊的数量较多，为了深入探讨这两种肉羊的育肥增重效果，取得准确、可靠的理论数据，从而有选择性地开展工作，以达到加快东营市肉羊生产发展的速度、提高饲养经济效益的目的，东营市畜牧局和凯银集团清真肉业公司在该公司饲养场对洼地绵羊和小尾寒羊两个品种进行了育肥试验。结果表明：①从增重情况看，洼地绵羊平均每只比小尾寒羊多增重0.96kg；每千克增重比小尾寒羊节省混合精饲料1.78kg；②从胴体、屠宰率和净肉率来看，洼地绵羊比小尾寒羊每只分别高0.76kg、0.38%和4.73%，差异非常明显。洼地绵羊饲养方式主要为放牧，一般仅在产羔后3～5d内给母羊补饲豆粕、麦麸等少量精饲料。与生长在水草丰美地区的夏洛莱羊和经常补饲的小尾寒羊相比，洼地绵羊具有更高的经济效益。在全放牧条件下，6月龄、10月龄、12月龄末去势公羔，屠宰率分别为43.15%、44.14%、47.16%。如果在屠宰前40d放牧加补饲，每天补500g混合精饲料，则6月龄、10月龄、12月龄胴体重，分别比全放牧条件下提高21.35%、26.48%、18.05%。

王辉暖等（2002）采用垂直板聚丙烯酰胺凝胶电泳技术对洼地绵羊的血红蛋白（Hb）及血清转铁蛋白（Tf）位点多胎性进行了分析，结果表明：①洼地绵羊Hb位点含有3种表现型，即HbAA、Hb-AB、HbBB，受2个共显性等位基因（Hb^A、Hb^B）控制，其中Hb^{B}为优势基因。②Tf位点检出5种等位基因Tf^A、Tf^B、Tf^C、Tf^D、Tf^E，组成9种表现型TFAA、TFAB、TfAC、TfBB、TfBC、TfBD、TfBE、TfCD、TfCE，其中Tf^{C}位优势基因。③血液蛋白质位点的不同表现型之间，母羊产羔数有一定的差异。根据Hb位点，洼地绵羊早期应选择HbAB型母羊，而HbAA型母羊较差；根据Tf位点，含有Tf^{E}基因的洼地绵羊母羊产仔数较低。该试验为选择产仔数多遗传性性状的洼地绵羊优秀个体提供了有效数据，不仅可以缩短选育时间而且可以提高选育的准确性。FecB是19世纪80年代在布鲁拉美利奴绵羊中发现的能增加排卵数和产羔数的一个常染色体突变基因，是在绵羊中识别出的第一个高繁殖力主效基因。任艳玲等（2011）研究采用PCR-RFLP方法分析洼地绵羊中FecB基因多态性及其与产羔数的关系。结果显示，FecB基因可能是洼地绵羊多羔性能主效基因之一，但洼地绵羊可能还存在其他影响多羔性能的基因。李达等（2012）研究利用PCR-SSCP以及PCR-RFLP方法对湖羊、小尾寒羊、阿勒泰羊、洼地绵羊共470只的FecB基因进行单核苷酸多态性分析，验证FecB基因是绵羊高繁殖力的主效基因，并以洼地绵羊为研究对象，检验FecB基因是否为洼地绵羊提高繁殖力的主效基因。试验结果表明，上述两种方法均能准确判断基因型，稳定可靠性良好，并且判断的结果一致。此研究结果证明了FecB基因是洼地绵羊高繁殖力的主效基因。

雌激素受体是一种配体激活转录因子家族中的核酸受体，对动物的繁殖性能具有重要作用，但是雌激素广泛的生理作用必须通过雌激素受体介导才能发挥。研究ESR基因功能区的突变对哺乳动物繁殖性能的影响，具有重要的理论意义和实践意义。因此，在生产中探讨ESR基因多态性与生产性能的关系，从而达到提高动物的生产水平，成为人们越来越关注的问题。董文艳等（2011）以雄激素受体基因ESR为候选基因，采用PCR-SSCP技术检测ESR基因第一外显子高繁殖力地方绵羊品种洼地绵羊中的核苷酸多态性，同时研究该基因与洼地绵羊高产羔数的相关性。研究表明，ESR基因的B等位基因与洼地绵羊产羔数呈正相关关系。ESR基因可能是控制洼地绵羊多羔性能的一个主效基因，或是与之存在紧密遗传连锁的一个分子标记。

洼地绵羊的突出特点是肉质好、抗逆性强、繁殖率高、耐粗饲、肉毛兼用，但产肉性能差。为提高洼地绵羊的产肉性能，冉汝俊等（1998）利用杂交优势，从内蒙古引进成年夏洛来、无角多塞特公羊与洼地绵羊母羊杂交。结果表明，在相同饲养条件下，杂交一代羊初生重及各月龄体重均显著高于同龄佳地绵羊。4月龄断奶羊经122d放牧收补饲育肥，杂交一代羊日增重比同龄洼地绵羊分别增加49.17g和28.27g，屠宰率分别提高8.62%和6.61%，净肉率分别提高8.97%和6.55%。王福香等（2013）于2009年开始在沾化县用生长发育较快、产肉性能高的巴美肉羊与洼地绵羊进行杂交试验，对其生长发育及羔羊育肥效果、屠宰指标进行了观测。结果表明，洼美F₁平均繁殖率比巴美肉羊提高了29.32%。在相同饲养条件下，4月龄断奶羊经122d放牧补饲育肥，洼美杂交一代羊初生重及各月龄体重、各月龄增重均极显著高于同龄洼地绵羊（$P<0.01$）。洼美杂交一代羊日增重比同龄洼地绵羊增加51.01g，屠宰率提高4.93%，差异极显著（$P<0.01$）。

四、产业现状

2010年洼地绵羊被列入《山东省畜禽遗传资源保护名录》，2011年列入中国农产品地理标志保护品种。

近 15 年来洼地绵羊存栏量一直稳定在 40 余万只，2006 年末存栏 41.96 万只。现采用保种场保护。自 20 世纪 90 年代以来，山东省相继开展了有关洼地绵羊品种特征、品种保护及选育提高等方面的研究。2002 年滨州市畜牧科技开发中心组建了洼地绵羊保种核心群。2004 年成立了山东省洼地绵羊良种中心。2006 年在农业部的支持下，实施了洼地绵羊资源保护项目（国家畜禽遗传资源委员会，2011）。

从保护种质资源的角度出发，沾化县畜牧局 2008 年起加大了发展洼地绵羊的保护力度，确定在利国乡等 5 个重点乡镇，建立养羊小区和繁育基地，推行标准化生产。同时在群众中培育养羊大户，以大户的示范带动作用，推动养羊一村一品建设。2008 年在利国乡建成占地面积超过 7hm² 的标准化养殖小区，鼓励群众走进小区养羊，一期入区 48 户，每户乡政府扶持 2 000 元，县畜牧局则负责通路、通水、通电。

在养殖小区建设的同时，还成立了利农牧业有限公司，并且下设两个养羊合作社。公司统一引种、统一提供饲料和兽药、统一防疫、统一销售。标准化养殖既解决了羊的污染和疾病问题，又容易形成规模，使养殖户抱成团，这样面对市场就有了话语权。至此出栏的羊供不应求，大部分发往新疆、河北等地。截至 2011 年，沾化洼地绵羊规模化养殖场（区）已达 200 多个。

为了发挥洼地绵羊的优势，加快这一良种的多样化发展，沾化县畜牧局 2009 年从新疆引进了近 20 只巴美肉羊进行杂交改良。2010 年 12 月份，沾化洼地绵羊通过了农业部的认定，被确定为地理标志保护品种，且还在国家工商总局注册了商标。利农牧业有限公司通过了山东省无公害畜产品产地认定。

2013 年年初，利农牧业洼地绵羊良种繁育场建成投产，不但从源头上对洼地绵羊进行品种保护，还能改善羊的品种，提高肉羊品质。利国乡不断推进利国羊肉的产业化发展，采用农企对接模式，依托洼地绵羊繁育示范园和合作社，与沾化华安食品有限公司、沾化新合作超市等企业建立了合作关系，签订营销合同，共同开发新产品。目前，示范园肉羊通过农企对接，已开发新产品十余类，产品远销北京、东营等城市。

从繁育到养殖，从养殖到屠宰，不断壮大的利国羊肉还将引进深加工企业。投资 1 000 万元、年屠宰加工 60 万只的利农牧业公司肉羊屠宰厂已于 2012 年建成投产。两个项目建成投产后，将彻底打破沾化肉羊产业没有深加工企业的瓶颈，填补全市乃至鲁北地区肉羊宰杀加工生产线的空白。

五、其他

洼地绵羊全身都是"宝"。羊毛是毛纺工业的重要原料，可织成各种毛织品、绒线、工业用品等。羊肉、羊乳是营养丰富的食品，羊肉不肥腻，不粗糙，易消化，为当今世界供不应求的滋补肉食。羔羊肉更是细嫩味美。羊皮保温力强，是冬季优良的防寒衣着原料。而羊粪则是上等的速效肥料。

第二十八节　乌珠穆沁羊

一、概况

乌珠穆沁羊（Ujimqin sheep）是肉脂兼用、短脂尾、粗毛型绵羊地方品种。该品种羊是在内蒙古自治区锡林郭勒盟东北部水草丰满的乌珠穆沁草原上，经过长期的选育逐渐形成的、蒙古羊系统中的一个优良类型。以生产优质羔羊肉而著称，具有体重、尾大、肉多、生长快、肉质好等优良特性。

乌珠穆沁羊原产于乌珠穆沁草原，主要分布于东乌珠穆沁旗、西乌珠穆沁旗以及毗邻的阿巴哈纳尔旗、阿巴嘎旗部分地区。乌珠穆沁草原东临兴安盟及哲里木盟、南靠昭乌达盟、西接阿巴哈纳尔和阿巴嘎两旗、北以蒙古人民共和国为界，东西长 33km 左右、南北宽 300km，总面积达 8 万 km² 以上。乌珠穆沁草原处于蒙古高原大兴安岭西麓，海拔 800～1 500m，南部多低山丘陵，北部多广阔平原盆地。属中温带干旱、半干旱大陆性气候具有严寒、少雨、风大等气候特点。无霜期 92～133d（5 月中旬至 9 月上旬）。全年降水 300mm 左右，多集中于 7 月和 8 月。冬季积雪厚度平均约 40cm，积雪期一般为 120～

150d。该区域内水草比较充足，共有大小河流 30 多条，水泉 100 余眼，湖泊约 200 个。河流、水泉和湖泊水量充足、水质良好，可供饮用。主要河流，如乌拉盖河、高力罕河、廷吉嘎河等以及主要淖尔，如苏林淖尔等。产区草原类型有草甸草原、干旱草原、荒漠草原，还有草甸、沼泽等类型，土壤大部分为黑土和栗钙土。由于水热及土壤等条件，主要植被为多年生草本植物，牧草生长繁茂，草场牧草以禾本科为主，此外尚有豆科、菊科等。常见且较多的有羊草、针茅、早熟禾、线叶菊以及冷蒿和直立黄芪等，有些草场上还有较多的野葱、野韭和瓦松等。草含水较多，且产草量较高，一般而论每公顷可产鲜草 1 500～4 000kg。

乌珠穆沁羊现主要分布于东乌珠穆沁旗、西乌珠穆沁旗、锡林浩特市、乌拉盖农牧场管理局等地。锡林郭勒盟有着比较丰富的家畜品种资源，乌珠穆沁羊品种的形成是锡林郭勒盟蒙古族牧民千百年来历代相传、辛勤劳动的结果。乌珠穆沁羊既能在世界独一无二的草原特殊环境中保持良好的生产力和繁殖力，又有人类所需的多种经济性状。针对乌珠穆沁羊的发展，一方面对这些宝贵的遗传资源进行保护，另一方面经过选育提高乌珠穆沁羊肉的质量。

二、特征与性能

我国 2008 年 4 月发布了 GB/T 3822-2008《乌珠穆沁羊》国家标准，具体规定了乌珠穆沁羊的品种特性和等级评定。该标准适用于乌珠穆沁羊的品种鉴定和等级评定。

（一）体型外貌特征

1. 外貌特征　乌珠穆沁羊为脂尾肉用粗毛羊品种。分体躯宽长的矮腿型和体高身长的高腿型。体质结实，体躯深长，肌肉丰满。公羊少数有螺旋形角，母羊无角。耳宽长，鼻梁微拱。胸宽而深，肋骨拱圆。背腰宽平，后躯丰满。尾大而厚，尾宽过两腿，尾尖不过飞节。四肢端正，蹄质坚实。体躯被毛为纯白色，头部毛以白色、黑褐色为主。腕关节、飞节以下允许有杂色毛（图 34 和图 35）。

2. 体重和体尺　一级成年羊主要体重和体尺见表 2-55。

表 2-55　一级成年羊体重和体尺

类型	体高（cm）	体长（cm）	胸围（cm）	十字部宽（cm）	体重（kg）
成年公羊	≥72	≥80	≥103	≥25	≥83
成年母羊	≥65	≥75	≥90	≥22	≥60

资料来源：GB/T 3822-2008。

（二）生产性能

6 月龄羔羊屠宰率≥50％，净肉率≥39％。成年羯羊屠宰率≥53％，净肉率≥45％。初生体重公羔≥4.3kg，母羔≥4.0kg。6 月龄体重公羔≥38kg，母羔≥36kg。平均胴体重 16.5kg，公羊≥17.2kg，母羊≥15.8kg。经产母羊产羔率≥115％。

2006 年 10 月对东乌珠穆沁旗的 10 只成年羯羊和 6 月龄羯羊进行了屠宰性能测定。结果显示，乌珠穆沁成年羯羊宰前活重、胴体重、屠宰率、净肉重、净肉率分别为 72.4kg、37.7kg、52.1kg、33.3kg、46％；6 月龄羯羊以上指标分别为 35.7kg、17.9kg、50.14kg、11.8kg、33.05％。乌珠穆沁羊公、母羊 5～7 月龄性成熟，初配年龄为 18 月龄。母羊多集中在 9～11 月份发情，发情周期 15～19d，发期持续期 24～72h，妊娠期 149d；年平均产羔率 113％，羔羊成活率 99％。初生重公羔 4.4kg，母羔 3.9kg；100 日龄断奶重公羔 36.3kg，母羔 34.1kg；哺乳期日增重公羔 320g，母羔 300g。

（三）等级评定标准

1. 体型外貌评分　评分方法见表 2-56。

表 2-56　体型外貌评分方法

项目		评分要求	满分	
			公	母
外貌	头部色泽	头部毛以黑、褐色为主，也有白色	6	5
	被毛	被毛为纯白色	10	8
	头形	头大小适中，鼻梁微拱，耳大明亮，公羊有角或无角，母羊无角	6	5
	外形	体格大，体质结实，体躯深长，肌肉丰满	6	6
	小计		28	24
体躯	颈部	颈部粗短，种公羊颈部不允许有杂毛	10	10
	前躯	胸宽而深	8	8
	中躯	肋骨拱圆，背腰宽平	6	6
	后躯	后躯丰满	6	8
	四肢	四肢端正，点头蹄质结实，腕关节和飞节以下不允许有杂毛	10	12
	尾形	尾大而厚，尾宽过两腿	8	8
	小计		42	52
发育	外生殖器	发育良好，公羊睾丸对称，母羊外阴正常	10	10
	整体结构	体质结实，各部结构匀称、紧凑	14	14
	小计		24	24
总计			100	100

资料来源：GB/T 3822-2008。

2. 外貌等级划分　外貌等级评定根据评分方法评定出总分，按表 2-57 进行等级评定。

表 2-57　外貌等级划分

等级	公羊	母羊
特	≥95	≥95
一	85～94	85～94
二	80～84	80～84

资料来源：GB/T 3822-2008。

3. 体重和体尺划分

表 2-58　体重和体尺划分

类型	等级	公羊				母羊			
		体高（cm）	体长（cm）	胸围（cm）	体重（kg）	体高（cm）	体长（cm）	胸围（cm）	体重（kg）
周岁	特	65	75	90	65	60	70	85	60
	一	60	70	85	60	55	65	80	55
	二					50	60	75	50
成年	特	75	85	105	90	70	75	95	68
	一	72	80	103	83	65	70	90	60
	二					60	65	85	55

资料来源：GB/T 3822-2008。

三、研究进展

乌珠穆沁羊的系统选育工作开始于 1958 年。当年细毛羊引入该地，杂交工作逐步展开。1978 年，乌珠穆沁羊选育被列为内蒙古自治区重点科研攻关项目。当年乌拉盖地区育种核心群 302 只，经过多年选育工作，在 1987 年公、母羊总数达到 7 862 只，占乌珠穆沁羊总数的 8.11％。待改群母羊已经发展到 29 976 只，占乌珠穆沁羊总头数的 30.93％。可以说，乌珠穆沁羊的选育取得了显著的成效。

郭小雅（2006）对乌珠穆沁羊的遗传分化与系统地位作了研究，结果发现乌珠穆沁羊 12 个微卫星位点，共检测到 289 个等位基因，说明乌珠穆沁羊具有丰富的遗传多样性。根据标准遗传距离和 DNA

遗传距离以及模糊相容关系矩阵进行聚类分析，得到了相同结果，即乌珠穆沁羊和小尾寒羊亲缘关系较近。综合国内外学者的研究结果后发现，就血统而言，乌珠穆沁羊属于"蒙古羊"集团，这基本符合品种的育成过程。乌珠穆沁羊和小尾寒羊、滩羊、湖羊、同羊共同归属于"蒙古羊"系统，但它在许多方面不同于蒙古羊，如具有生长发育快、适应性强、肉质细嫩、鲜美可口、无污染等显著特点。

经测定乌珠穆沁羊肉中的化学成分含量：成年羊水分含量 43.3%，干物质含量 56.1%，蛋白质含量 13.4%，脂肪含量 41.44%，钙含量 2.59%，磷含量 4.35%，另外各类氨基酸含量和种类也很丰富。这些说明乌珠穆沁羊肉肌原纤维和脂纤维间脂肪沉积充分，这是其肉质肥美的原因；同时，其营养价值也比较理想。

乌珠穆沁羊肉用性能优越，但繁殖性能相对较低。为提高乌珠穆沁羊综合肉用生产性能，很多学者提出开发利用乌珠穆沁羊双羔率遗传性能的研究课题。目的是进一步提高繁殖力，将其培育成为一个具有综合肉用性能的著名肉用羊品种。李桂英等（2008）就如何开发利用乌珠穆沁羊产双羔遗传性能，以提高繁殖率进行了介绍。大量的研究结果表明，乌珠穆沁羊的繁殖力是具有遗传性能的，一般母羊在第一胎产双羔，以后的胎次产双羔的重复率较高，选择双羔率高的母羊后裔作为公羊配种双羔率高的母羊，产双羔遗传性能更为突出。因此，选择具有产双羔遗传性能母羊的同时，选择具有产双羔遗传潜力的种公羊采取人工授精措施，开展选种选配工作，并严格按照育种要求进行选育。通过选育提高，生产具有双羔率高遗传性能强的优质种公羊，同时建立双羔率高乌珠穆沁羊育种核心群。利用选育中心生产的具备产双羔遗传性能强的优质种公羊，对乌珠穆沁羊产区大面积开展人工授精，发挥产双羔优良遗传性能，提高乌珠穆沁羊繁殖成活率，加大肥羔生产，加快畜群周转，减轻冬春草场压力，提高牧民收入，促进地方经济的发展。

包毅等（2001）利用国外优良肉用品种道赛特羊和萨福克羊与我国优良地方品种乌珠穆沁羊进行经济杂交测试。放牧条件下观察杂交后代羔羊在初生、断奶、6～8 月龄不同阶段生长发育情况，证明杂交后代羔羊具有明显的适应性，并存在着迅速生长发育的潜在优势，如采取适当的补饲措施，就可获得优良的杂交个体。杂交琴巴特尔斯等（2013）为探讨乌珠穆沁羊选育群与未选育群的产肉性能和经济效益，对 6 月龄乌珠穆沁羊选育群与未选育群公羔进行了屠宰对比试验。结果表明，乌珠穆沁羊选育群公羔平均活重、胴体重、净肉重较同月龄未选育群公羔分别增加了 5.52、3.49 和 2.86kg，分别提高了 16.67%、21.95% 和 23.10%；选育群公羔屠宰率和净肉率分别为 50.13% 和 39.37%，较未选育群公羔高出了 2.37 个百分点和 2.25 个百分点，提高了 4.96% 和 6.06%，差异均极显著（$P<0.01$）。说明乌珠穆沁羊选育群产肉性能高于未选育群，选育工作带来的经济效益较为显著。

内蒙古自治区东乌旗通过制定了《乌珠穆沁羊两年产三胎实验方案》试验，目的在于缩短乌珠穆沁羊生产周期，加快出栏，在不增加母羊数量的前提下开发一胎多羔生产技术。这对缓解草场压力，保障牧民增收具有非常重要的意义。在原种场母羊群中挑选 30 对母羊分为试验组和对照组，选择优质种公羊进行本交配种。母羊妊娠 5 个月后产羔，哺乳期为 2 个月，断奶一个月母羊恢复膘情后可再进行下一轮次的配种。

四、产业现状

在 1986 年被内蒙古自治区人民政府正式验收命名为国家级标准的"乌珠穆沁羊"地方优良品种，1989 年收录于《中国羊品种志》，在 2000 年被农业部确定为国家级畜禽资源保护品种，2008 年 6 月发布了《乌珠穆沁羊》国家标准。2003 年乌珠穆沁羊的总数达到 530 万余只，其中达到品种标准的乌珠穆沁羊为 360 万余只。基础母畜头数为 375 万只，用于配种的成年公羊为 7.85 万只（佟玉林，2005）。

乌珠穆沁羊肉质鲜嫩，鲜美可口，在 2004 年乌珠穆沁羊被国家体育总局认定为该局运动员专用羊肉系列产品；2008 年，乌珠穆沁羊肉成为北京奥运会专供产品；2010 年，又成为上海世博会专供产品。

位于查干库勒乡的乌珠穆沁羊繁育基地于 2005 年开始实施，共引进乌珠穆沁羊 570 只，其中种公羊 20 只，生产母羊 400 只，当年羔羊 150 只。2007 年生产乌珠穆沁羔羊 405 只，2008 年共 167 只乌珠穆沁种公羊，同时各乡也推广了 122 只乌珠穆沁种公羊。截至 2009 年，已发展到总计 1 054 只，其中生产母羊 530 只，当年羔羊 405 只，1 岁羔羊 93 只，种公羊 16 只，同时建立了健全的建档工作。

内蒙古自治区东乌旗从 2005 年开始加强乌珠穆沁羊选育提高工作，并取得了一定成效。据 2009 年牧业年度统计，全旗鉴定合格的乌珠穆沁羊存栏达到 212.2 万只，全旗 2010 年有标准化畜群 2 800 个，基础母羊 117.6 万只；种公羊生产专业户 320 个，基础母羊 11.2 万只，年生产种用后备公羔 2.5 万只；种公羊集中管理群 44 个，共集中种公羊 1.53 万只。乌珠穆沁羊良种比重从 2006 年的 95.24％提高到了 2009 年 97.82％。抓紧选育工作的同时，东乌旗每年组织专业技术人员对种公羊进行鉴定和淘汰更新。为加强乌珠穆沁羊选育，进一步规范种公羊集中管理工作，东乌旗研究制定了种公羊管理办法。同时确定新建标准化畜群，完善原有标准化畜群，建立健全标准化畜牧养殖户档案。全旗 2010 年有标准化畜群 2 800 群，基础母羊 117.6 万只，其中二级以上基础母羊占 86％（梁富武，2010）。

第二十九节　小尾寒羊

一、概况

小尾寒羊（Small-Tail Han sheep）是我国著名的肉裘兼用型地方绵羊品种，因其产羔多，又俗称"多胎羊"。

据考证，小尾寒羊起源于宋朝中期。随北方少数民族的迁徙和贸易往来，生长在北方草原地区的蒙古羊被带到了黄河流域。由于气候环境的改变以及饲草和饲养方式的改变，蒙古羊也逐渐发生改变。在优越的自然条件和饲养者的精心选育下形成了具有早熟、多胎、多羔、生长快、体格大、产肉多、裘皮好、遗传性稳定和适应性强等优点的绵羊品种。

小尾寒羊原产于鲁、豫、苏、皖四省交界的黄河冲积平原，中心产区位于山东西南部，主要分布在菏泽市的郓城、鄄城、巨野，济宁的梁山、嘉祥、汶上，泰安市的东平，聊城市的阳谷县、东阿县及毗邻县区，产区海拔在 50m 左右。主产区地理位置在北纬 35°～36°、东经 115°～117°。小尾寒羊产区年降水量 500～900mm，夏季较为集中，占全年降水量的 60％～65％，春季占 14％～16％，秋季占 20％，冬季仅占 3％～5％；春、秋、冬三个季节较干旱，6～8 月降水量多而集中，有春旱夏涝的自然现象；属暖温带季风大陆性气候，夏季炎热，冬季寒冷，四季分明。年平均气温 13℃，最高气温 40.8℃，最低气温 −19.2℃，最高气温出现在 7～8 月，平均气温 25～27℃；最低气温出现在 1～2 月，平均气温 −1～−2℃；平均相对湿度 65％～70％，7～8 月为 80％～85％，1～2 月为 55％～65％；全年平均风速 3～4m/s；无霜期 206～216d，初霜期在 10 月上旬，终霜期在 4 月中旬；年日照时间平均为 2 581.6 h；产区土壤以黄河冲积土为主，层次分明，土层较厚，土质肥沃。重点产区菏泽是全国著名的平原绿化先进地区，实现了粮、林、牧生产的良性循环，林木主要有榆、柳、杨、槐、桐等，在零星的闲地、河滩、湖边生长各种野草，主要有拉秧草、节节草、星星草、芦草、茅草、猫尾草等，人工种植牧草有豆科牧草紫花苜蓿、沙打旺以及禾本科牧草黑麦草等。

二、特征与性能

我国 2008 年 12 月发布了 GB/T 22909-2008《小尾寒羊》国家标准，具体规定了小尾寒羊的品种特性和等级评定。该标准适用于小尾寒羊的品种鉴定和种羊等级评定。

（一）体型外貌特征

1. 外貌特征　体格高大，体躯匀称，呈圆筒状，骨骼结实，肌肉发达。眼大有神，嘴头齐，鼻大且鼻梁隆起，耳中等大小、下垂。公羊雄壮，有发达的螺旋形大角，角质硬粗，角形端正；母羊头小颈长，无角或有小角。四肢高，健壮端正，尾脂呈圆扇形，尾尖上翻内扣，尾长不超过飞节。公羊睾丸大小适中，发育良好，附睾明显。母羊乳房发育良好，皮薄毛稀，弹性良好，乳头分布均匀、大小适中，泌乳力好。被毛白色，毛股清晰，花穗明显。具体分为裘皮型、细毛型、粗毛型，裘皮型毛股清晰、弯曲明显；细毛型毛细密，弯曲小，粗毛型毛粗，弯曲大（图 36 和图 37）。

2. 体重和体尺　见表 2-59。

表 2-59　小尾寒羊体重和体尺

性别	年龄	体重（kg）	体高（cm）	体长（cm）	胸围（cm）
公	6 月龄	60	80	82	95
	周岁	104	91	92	106
	2 岁	115	95	96	118
母	6 月龄	32	71	72	85
	周岁	50	75	78	90
	2 岁	58	82	84	98

资料来源：GB/T 22909-2008。

（二）生产性能

1. 产肉性能　6 月龄公羊屠宰率在 47% 以上，净肉率在 37% 以上。

表 2-60　小尾寒羊屠宰性能

性别	宰前活重（kg）	胴体重（kg）	屠宰率（%）	净肉率（%）	骨肉比
公	67.2±6.6	35.8±4.5	53.3±1.9	43.6±2.2	4.5±0.2
母	54.2±6.2	28.0±3.1	51.7±2.1	42.1±1.7	4.4±0.3

资料来源：国家畜禽遗传资源委员会，2011。

公、母羊初情期 5～6 月龄。初次配种时间公羊 7.5～8 月龄，母羊 6～7 月龄。公羊平均每次射精量 1.5mL 以上，精子密度每毫升约 $2.5×10^9$ 个，精子活力 0.7 以上。母羊发情周期 17～18d，妊娠期 148d。母羊常年发情，春季较为集中。初产母羊产羔率 200% 以上，经产母羊 250% 以上。

三、研究进展

60 年代以来，通过科技人员和广大群众的不断选育，小尾寒羊在不断发展，质量和水平也获得了显著的提高，针对小尾寒羊的研究也越来越深入。

小尾寒羊肉质品质较好，具有很高的营养价值，是人们理想的肉食品。王金文等（2007）对 5～6 月龄的 4 只小尾寒羊进行育肥，屠宰后取背最长肌和股二头肌，对羔羊肉中的蛋白质、氨基酸、矿物质、微量元素、胆固醇和有毒有害元素含量进行测定。结果表明，小尾寒羊肥羔肉中的干物质含量为 23.17%，粗蛋白质含量为 19.6%，粗脂肪含量为 2.24%，灰分含量为 1.85%，磷含量为 0.21%，钙含量为 0.038%。常新耀等（2008）分别以 12 月龄和 18 月龄的小尾寒羊为对象进行营养成分的分析，主要取腰部的背最长肌和后腿的股二头肌。结果显示，小尾寒羊羊肉中的氨基酸含量高，蛋白质丰富，脂肪含量适中，同时含有人体需要的多种矿物质元素。余忠祥等（2008）通过特克塞尔和陶赛特公羊与小尾寒羊母羊杂交，产羔率分别达到 213.04% 和 210.90%，与对照组小尾寒羊的产羔率 231.42% 相比差异不显著；在哺乳期内，特寒 F_1 和陶寒 F_1 羔羊的生长发育比小尾寒羊明显，胸宽、胸深和尻宽分别比小尾寒羊高 19.95%、11.54%、19.29% 和 11.73%、10.96% 和 13.2%；4～6 月龄育肥期内，特寒 F_1 和陶寒 F_1 的净增重分别为 11.77kg 和 11.71kg，分别比小尾寒羊的 8.51kg 提高了 38.3% 和 37.6%，杂交优势明显；特寒 F_1 和陶寒 F_1 的胴体重为 21.65kg 和 20.93kg，屠宰率达到为 51.08% 和 50.81%，分别比小尾寒羊提高了 5.57 和 5.3 个百分点，产肉性能明显优于小尾寒羊。

为充分利用小尾寒羊优秀的种质特性发展肉羊生产，许多畜牧工作者以小尾寒羊为母本开展了杂交工作。王德芹等（2005）利用肉用型品种杜泊公羊和特克塞尔羊分别与小尾寒羊进行杂交，获取杂种优势。结果表明，杜泊羊、小尾寒羊、杜寒 F_1 初产母羊的产羔率分别为 136%、207%、185%，杜寒 F_1 母羊产羔率比杜泊羊提高了 49 个百分点，杂交一代兼有父、母本品种的特征和特性，同时表明繁殖性能优于父本；杜寒 F_1 的屠宰率和净肉率分别比小尾寒羊提高了 3.2 个百分点和 4.2 个百分点，眼肌面积（16.24cm^2）比小尾寒羊大 2.13cm^2，说明杜寒 F_1 的产肉性能明显优于小尾寒羊；GR 值（2.25cm）比小尾寒羊低 0.41cm，说明杜寒 F_1 的胴体脂肪含量比小尾寒羊的胴体脂肪含量低。王金文等（2005）进行了杜泊绵羊与小尾寒羊杂交一代育肥试验，分别选杜寒（杜泊羊×小尾寒羊）F_1 与特寒（特克塞尔羊×小尾寒羊）F_1 代以及小尾寒羊羔羊各 8 只共 24 只，按公、母各半及对等的原则分成 3 组，研究同一营养水平条件下，全颗粒饲喂对不同杂交育肥羔羊产肉力及肉品质的影响。结果表明，杜寒杂交组合的平均日增重 306g，饲料报酬 4.25：1，分别比小尾寒羊提高 20％和 21.17％；特寒杂交组合增重和饲料报酬比小尾寒羊提高 8.63％和 5.97％；杜寒和特寒杂交效果接近，屠宰率和净肉率两项指标，杜寒分别比小尾寒羊高 3.2 和 2 个百分点。眼肌面积以特寒效果最好，其他指标 3 个组间近似。

小尾寒羊是世界著名的多胎绵羊之一，畜牧工作者针对小尾寒羊多胎基因进行了很多研究和应用。柳淑芳等（2003）以 BMPR-IB 和 BMP15 作为小尾寒羊多胎性能的候选基因，从分子水平对小尾寒羊的多胎机制进行了研究。试验结果表明，BMPR-IB 基因 BB 基因型在多胎品种小尾寒羊群体内为优势基因型，且小尾寒羊初产和经产母羊的 BB 基因型比＋＋基因型分别多产 0.97 羔和 1.5 羔，推测 BMPR-IB 基因与控制小尾寒羊多胎性能的主效基因存在紧密的遗传连锁，但是该基因是否就是控制小尾寒羊高繁特性的主效基因还有待进一步研究。张英杰等（2001）对 5 只小尾寒羊成年母羊以及相同条件下的 5 只细毛羊成年母羊用导管法采血，用放射免疫分析法测定血浆中 FSH 和 LH 浓度。试情公羊爬跨法鉴定结果表明，小尾寒羊具有显著的非季节性发情特性。小尾寒羊各月份、四个季节和全年的血浆 FSH 和 LH 浓度均极显著高于低繁殖力和季节性发情的细毛羊。小尾寒羊发情期血浆 FSH 和 LH 的基础浓度、峰值、谷值、排卵前峰值均显著高于细毛羊。发情期间小尾寒羊和细毛羊 FSH 分泌呈现两个明显的峰：第一个峰与排卵前 LH 峰并存，第二个 FSH 峰出现在发情后 1 d。小尾寒羊 FSH 二次峰均值极显著高于细毛羊。该研究结果提示，FSH 和 LH 基因可作为小尾寒羊高繁殖力的候选基因加以研究。储明星等（2005）采用 PCR-RFLP 技术监测 BMP15 基因在小尾寒羊中的单核苷酸多态性，同时研究了 BMP15 基因对小尾寒羊高繁殖力的影响。结果表明，高繁殖力的小尾寒羊在 BMP15 基因编码序列第 718 位碱基处发生了与 Belclare 绵羊和 Cambridge 绵羊相同的 B2 突变（C→T），在小尾寒羊中检测到 AA/AB 两种基因型，突变杂合基因型（AB）小尾寒羊平均产羔数比野生纯合基因型（AA）多 0.62 只。研究结果表明，BMP15 B2 突变小尾寒羊高繁殖力影响作用十分明显，同时排除了 GDF9 G8 突变和 BMP15 B4 突变影响小尾寒羊高繁殖力的可能性。毕晓丹等（2005）利用 PCR-SSCP 技术对小尾寒羊的雌激素受体（ESR）基因第一外显子部分序列进行单核苷酸多态性研究。结果表明，小尾寒羊中存在 3 种基因型，即 AA 型、BB 型、AB 型，BB 型和 AA 型相比在外显子 1 和第 163 位发生一处碱基突变（C→G）；AA 基因型和 BB 基因型小尾寒羊产羔数比 AA 基因型分别多 0.51 只和 0.7 只。研究结果表明，ESR 基因可能是控制小尾寒羊多胎性能的一个主效基因或与之存在紧密的遗传连锁。王欣荣等（2005）采用聚丙烯酰胺凝胶电泳技术，对小尾寒羊的 4 个血液蛋白（酶）位点（Hb、Tf、Es 和 LDH）进行多态性及其与母羊产羔数的相关性分析表明，兼有 HbBB、TfCD、Es-基因型的个体母羊第 2 胎的产羔数显著高于其他基因型的个体，且它们的平均产羔数也最高。

通过控制小尾寒羊的生理机能，合理使用繁殖技术进行调控，对提高小尾寒羊产羔率、产羔数等都有显著帮助。田树军等（2007）以小尾寒羊作为供体，对不同年龄羔羊（6～8 周龄和 12～14 周龄）超数排卵效果以及卵母细胞冷冻保存对体外受精、体外胚胎发育、胚胎移植产羔的影响进行了研究。结果表明，6～8 周龄组羔羊只均超排处理获卵数和可用卵数（60.8 枚和 58.2 枚）显著高于 12～14 周龄组（27.3 枚和 26.0 枚）；经玻璃化冷冻解冻后的卵母细胞体外受精，冷冻组的卵裂率和桑葚胚发育率（67.8％和 35.6％）均显著降低于对照组（79.2％和 53.8％）；用体外生产的 52 枚体外胚胎进行移植，成功产下 4 只健康活羔羊，首次证明了经玻璃化冷冻保存的超排卵母细胞可以成功产下后代。李秋艳等（2001）对小尾寒羊同期发情和排卵数的因素进行了研究，结果显示 65kg 以上和 65kg 以下体重的母羊分别以 350 单位和 300 单位 PMSG 处理，平均排卵数分别为 3.2 和 2.7；以 350 单位和 300 单位 PMSG 处理，其发情率分别为 97.1％和 96.8％，两者之间差异不显著，说明小尾寒羊同期发情处理的适宜剂量为 300～350 单位；11 月份的同期发情率为 96％，4 月份同期发情率为 81.4％，两个结果有极显著的差异；膘情良好的羊同期发情率为 96％，膘情差的羊同期发情率为 77.8％，两者比较具有极显著差异。吴向丰等（2006）对小尾寒羊超排个体血浆中卵泡刺激素（FSH）、促黄体生成激素（LH）、雌二醇（E2）的变化规律进行了研究。胡建宏等（2002）在超低温温度计的监控下，用氟板法进行了小尾寒羊冻精颗粒的制作。结果表明，小尾寒羊精液冷冻的关键因素是冷冻温度和降温速度，其冷冻温度曲线的始冻温度为 $-124 \sim -108℃$，热平衡温度和入氮温度为 $-133℃$，熏蒸温度为 $-133 \sim -108℃$；其降温温区分别为滴冻时间 45 s，熏蒸和热平衡共 5min，其中熏蒸时间 256s，热平衡时间 44s，从而构成了小尾寒羊完整的精液冷冻温度曲线。

四、产业现状

小尾寒羊的选育经历了漫长的过程，国家在 20 世纪 50 年代开始重视小尾寒羊该品种的保种和利用，先后对其进行了多次调查。1956 年，山东农学院方国玺教授到小尾寒羊主产区调查。当年小尾寒羊存栏量达到 33 万只，比 1949 年的 9 万余只增长了 3.67 倍。1963 年，经山东省农业厅批准成立了菏泽地区寒羊育种辅导站，把全区 10 个县划分为保种区和改良区。1964 年对全区小尾寒羊进行了第一次的调查，当年存栏量达到 27.4 万只，占全区羊总存栏数的 34.9％。20 世纪 60 年代中期开始，改良区曾引进德国美利奴细毛羊、考利代半细毛羊与小尾寒羊杂交。1981 年中国羊品种志编写组组长涂友仁等组织国内有关专家对主产区菏泽地区梁山县的小尾寒羊进行了深入细致的调查，并将该品种编入《中国羊品种志》。80 年代，国家和省市有关部门加强了对小尾寒羊的选育工作，将郓城、梁山划为小尾寒羊保种区，这大大提高了品种发展和质量。1986 年，全区建成小尾寒羊保种群 77 个，存栏基础母羊 1 463 只，种公羊 109 只。同年，由济宁市农业科学研究所承担的"小尾寒羊保纯繁育"获"山东省科技进步"三等奖。1988 年产区内的数量发展到 30 万只，推广达到 13 万只。同年 12 月，山东省菏泽地区"小尾寒羊选育和提高"项目通过专家鉴定，我国著名养羊专家赵有璋教授对小尾寒羊的评价是"中国的国宝"，是"世界超级绵羊品种"。

20 世纪 90 年代以来，各有关省市科研和畜牧主管部门，相继开展了小尾寒羊羔羊早期断奶、同期发情、人工授精、育肥方式以及羔皮品质研究等一系列的研究工作并取得了很多成果，为小尾寒羊在全国范围内的推广和利用，提供了强有力的技术支持。进入 21 世纪，针对小尾寒羊多胎主效基因的研究也相继开展。随着研究的深入，小尾寒羊高繁品系育种工作不断取得进展。2000 年小尾寒羊列入《国家级畜禽品种保护名录》，2006 年列入《国家畜禽遗传资源保护名录》，2008 年 12 月发布了 GB/T 22909-2008《小尾寒羊》国家标准。

2005 年，菏泽市小尾寒羊存栏量达到 261.94 万只，其中可繁殖母羊 123.23 万只，占存栏总量的 47.05％。全市出栏小尾寒羊 271.80 万只，出栏率达到 103.76％。据王金文（2010）报道，小尾寒羊当年全国存栏量达 500 万～800 万只。

五、其他

很多学者的研究证实，小尾寒羊属于蒙古羊的派生种。牛华锋（2008）认为，小尾寒羊、滩羊都起源于蒙古羊，都属于短脂尾型系，它们是在不同的生态环境中，由于不同的选育方向与方法而形成的在体型外貌、生产性能和产品方向有明显差异的品种。鲁生霞等（2005）采用中心产区典型群随机抽样方法和多种电泳技术检测 60 只小尾寒羊、73 只滩羊编码血液蛋白 17 个结构基因座上的变异，引用国内外 14 个绵羊群体相同资料进行比较分析，探讨其遗传分化水平。该研究说明了湖羊、同羊、小尾寒羊和滩羊 4 个绵羊群体结构基因座的基因分化程度低；这 4 品种绵羊与蒙古国绵羊的基因分化程度次之，这些结果都与已知品种的形成历史相同。前人关于小尾寒羊、滩羊由蒙古羊分化而来的考证得到遗传学试验的进一步证明。

2005 年到 2009 年，山东省科技厅和山东省财政厅联合下达了"地方优质肉羊新品种（系）培育"课题，而"小尾寒羊高繁新品系选育"是其中的一个子课题。课题实施期间，繁育新品系母羊 3.9 万只，选留种羊 5 850 只，向社会推广良种羊 7 800 只，示范改良小尾寒羊 10 万余只，出栏育肥肉羊 15 万只，社会效益显著。2009 年，该课题通过了山东省科技厅组织的专家鉴定。

第三章

引入肉用型绵羊

第一节 德国肉用美利奴羊

一、概况

德国肉用美利奴羊（German Mutton Merino）属于肉毛兼用细毛羊引入品种。原产于德国的萨克森州，是用泊列考斯羊和英国莱斯特羊公羊与德国原产地的美利奴羊杂交培育，于 1950—1959 年育成的。我国在 50 年代末和 60 年代初从德意志民主共和国引入了千余只，主要分布于辽宁、河北、河南、陕西、青海、江苏、安徽、甘肃、新疆、内蒙古、黑龙江、吉林、山东、山西等省、自治区。20 世纪 90 年代，内蒙古再次引入，饲养在内蒙古畜牧科学院。

该品种具有早熟，羔羊生长发育快，产肉力高，被毛品质好等特性，对干燥气候、降水量少的地区有良好的适应能力，并且食性广、耐粗饲，不易患病。此品种除用于纯种繁殖外，还用于和蒙古羊、西藏羊、小尾寒羊和同羊进行杂交。后代被毛品质明显改善，生长发育快，产肉性能良好。同时，该品种也是育成内蒙古细毛羊的父系品种之一。

德国肉用美利奴是世界优秀肉羊品种中，除具有肉羊的优点外，还具有产毛量高、毛质好的特性，是肉毛兼用最优秀的父本。成年公羊体重可达 100～140kg，母羊 70～80kg。羔羊生长发育快，日增重 300～350g，130d 可屠宰，活重可达 38～45kg，胴体重 8～22kg，屠宰率 47％～49％。繁殖力高，性成熟早，12 月龄前就可第一次配种，产羔率为 135％～150％。母羊母性强，泌乳性能好，羔羊死亡率低。

德国肉用美利奴羔羊肉质细嫩，肉脂相间，味道鲜美。该品种羊羊毛细、产量高，同细毛羊杂交可在保证细毛羊毛质的同时，增加产肉量；同小尾寒羊杂交，可在保证不改变小尾寒羊长年发情特性的同时，提高小尾寒羊的产肉量和产毛量。

二、特征与性能

（一）体型外貌特征

德国肉用美利奴羊被毛为白色，密而长，弯曲明显。公羊很少有角，母羊无角。体质结实，结构匀称。头重，鼻梁隆起，耳大，颈宽厚，鬐甲宽平，胸宽深，背腰平直。肌肉丰满，后躯发育良好，头、颈、肩结合紧凑。腹大而圆实，肋骨开张良好，四肢健壮，蹄质结实，体躯肌肉丰满呈长筒状，前、后躯发达，后躯呈倒 U 形。

（二）生产性能

1. 产肉性能 该品种羔羊期生长发育快，10～30 日龄日增重为 225.5g；30 日龄至断奶日增重 255.4g；3～4 月龄活重 38～45kg；周岁体重公羊 82.13kg，母羊 62kg；2 周岁体重公羊 125.7kg，母羊 88kg。剪毛量成年公羊 10～11kg，成年母羊 4.5～5.0kg。净毛率 45％～52％。羊毛长度 7.5～9.0cm。细度公羊 60～64 支，母羊 64 支。生长发育快、早熟、产肉性能好，6 月龄羔羊体重达 40～45kg，胴体重 19～23kg，屠宰率 47.5％～51.1％（国家畜禽遗传资源委员会，2011）。

2. 繁殖性能 德国肉用美利奴公、母羊 4～5 月龄即有性行为，7 月龄性成熟，10 月龄即可配种。母羊非季节性发情，可常年配种、产羔。不进行哺乳的母羊，可在产后 36～46d 发情。多数母羊平均

60d 断奶，断乳后 7～26d 即可发情。母羊妊娠期为 142～151d，平均为 145.93d。两年产三胎，产羔率可达 150%～250%（李再明，2005）。

三、研究进展

钱宏光等（2000）测定了以德国肉用美利奴羊为父系、内蒙古毛肉兼用细毛羊为母系的杂交一代生产性能。结果表明，杂交一代羔羊平均出生重 4.07kg，与内蒙古毛肉兼用细毛羊羔羊 4.03kg 相比，差异不显著；母羔断奶重 22.99kg，与当地母羔 20.51kg 相比，差异显著（$P<0.05$）；杂交一代育成公、母羊剪毛后体重分别为 48.95kg、41.02kg，与当地育成公、母羊相比，差异十分显著（$P<0.01$），在毛长、剪毛量等性状方面差异不显著。

在利用德国肉用美利奴羊为父本，改良兴安细毛羊的产肉性能方面上，通过德兴 F_1 杂交后代产肉性能的测定，发现增重效果极显著。德兴 F_1 杂交后代肉质鲜嫩，上膘快，在自然放牧条件下，6 月龄平均日增重达 225g，达到德国肉用美利奴品种标准；6 月龄公羔较兴安细毛羊公羔体重高 5.7kg，提高了 14.18%；18 月龄体重高 4.4kg，提高 7.93%（$P<0.01$）；胴体重较兴安细毛羊 6 月龄和 18 月龄分别高 4.1kg 和 4.09kg，分别提高 25.03% 和 16.21%（$P<0.01$）；净肉重较兴安细毛羊 6 月龄和 18 月龄分别高 4.13kg 和 3.74kg，分别提高 33.71% 和 17.98%（$P<0.01$）。

引进适应高寒牧区肃南县饲养环境的德国肉用美利奴羊与当地甘肃高山细毛羊进行杂交改良，杂交一代表现出了明显的杂种优势和肉用特征。在相同的饲养环境条件下，与甘肃高山细毛羊相比，美甘 F_1 羔羊平均初生重比当地甘肃高山细毛羊提高 28.2%，1 月龄、3 月龄、6 月龄和 8 月龄体重分别提高 31.6%、34.1%、24.2% 和 31.5%，初生至 8 月龄的平均日增重提高 33.2%；6 月龄平均体高增加 13.7%，体长增加 14.6%，胸围增加 27.6%，管围增加 13.2%；8 月龄胴体重提高 44.4%，净肉重提高 53.4%。

应用系统分组法，对从德国引进的德国肉用美利奴羊的体型测定值的遗传力进行估计，并对 2002 年和 2003 年德国肉用美利奴羊的繁殖规律进行研究。结果表明，德国肉用美利奴羊初生重的遗传力为 0.270，属于中等水平遗传力，应用个体表型值选择可以取得较好的选择效果；德国肉用美利奴羊的产羔率和双羔率明显高于蒙古羊，2003 年产羔率和双羔率分别达到 142% 和 59.6%；受体蒙古羊产下的羔羊初生重高于德国肉用美利奴羊产下羔羊的初生重，但差异不显著；产羔母羊的体质与羔羊的初生重有很大的关系，应加强怀孕母羊的饲养管理，提高妊娠期间的营养水平。

为充分利用不同年龄段良种德国肉用美利奴羊，左北瑶等（2011）选用青年（18 月龄，配种未受胎）、老龄（60～72 月龄，经产）以及幼龄母羊（7 月龄，性成熟前）做供体，用改进的程序进行超数排卵，研究供体年龄与超数排卵和胚胎移植效果的关系。结果表明：①青年组、老龄组母羊超排后只均可用胚数分别为 10.9 枚、10.3 枚，显著高于幼龄母羊的 6.0 枚。青年组、老龄组母羊的胚胎经移植后受胎率分别为 71.6%、58.3%，显著高于幼龄组的 41.7%。②幼龄组、青年组回收的胚胎中囊胚所占比例显著高于老龄组，说明幼龄组、青年组供体的胚胎发育速度显著快于老龄供体。③青年组、老龄组母羊超排前预注射小剂量 FSH，卵巢黄体数目明显增多，说明能提高超排效果。该试验优化了德国美利奴羊的超排程序，证明年龄显著影响德国美利奴羊的超排效果及胚胎质量，为进一步提高绵羊胚胎移植效率提供了参考。

赵霞等（2001）对 28 只纯种德国肉用美利奴供体羊进行超排处理，供体羊共计排卵 453 枚，平均每只羊 16.18 枚，共回收可用胚胎 385 枚，平均每只羊 13.75 枚。将 385 枚胚胎移植给 326 只受体羊，产羔率达到 77.61%。结果表明：①供体羊的年龄对超数排卵效果没有明显的影响；对性成熟不久的供体羊，初次诱发排卵时适当降低 FSH 剂量可获得与成年经产母羊一样的超排效果。排卵点分别为 16.86 枚（育成羊）、15.60 枚（成年羊），可用胚分别为 14.15 枚（育成羊）、13.40 枚（成年羊）。②合理的饲养管理是受体羊胚胎移植后受胎率的关键，补饲条件下受体羊产羔率（81%）显著高于典型草原放牧型受体羊的产羔率（76.1%）。③供体羊、受体羊的发情同步差对受体羊的产羔率有重要的影响，同步差 0h、±12h 的受体羊产羔率（76.54%）显著高于同步差 ±24h 的产羔率（52.54%）。

产乳性能好的阿华西脂尾母羊通过体内水和摄入水之间的相互转换来适应干旱的自然环境，德国肉用美利奴羊是在温带气候条件下培育而成。Degen（1977）选用阿华西脂尾母羊和德国肉用美利奴母羊在妊娠后第3、4、5个月和哺乳期第1个月进行试验。试验条件是在半干旱牧区放牧，自由饮水。试验结果是两组试验羊的体重都下降了，而体内总水的比重提高了，尤其是在妊娠的第5月，德国肉用美利奴母羊体内总水的比重提高了5.2%，阿华西脂尾母羊体内总水的比重提高了1.0%。结论表明，母羊营养物质摄入不能满足机体的需求时，就会动用自身的营养物质，从而使得体重下降，这在德国肉用美利奴羊更为明显。参与试验的两个羊品种当中，任何一个品种的妊娠母羊和对照组羊在水的转化上都有不同之处。在哺乳期间，试验组阿华西脂尾母羊通过水的转换可增加29%的水，而对照组阿华西脂尾羊在水的转换要比试验组少；同样，试验组德国肉用美利奴羊通过水的转换可增加26%的水，而对照组德国肉用美利奴羊在水的转换要也比试验组少。这两个品种的羊在哺乳期间，水的转换量都比生长在半干旱地区的羊少；同样，在妊娠期和哺乳期间，这两个品种的羊在水的转换量上比农业研究委员会推荐的品种也要少。

关于绵羊的季节性研究，目前尚未考虑到试情公羊本身可诱导母羊发情以及激发卵巢功能的因素。在Kaulfuss（2006）的研究中，尽可能地排除了公羊在测定卵巢期间对母羊的影响。该试验以10只德国肉用黑头母羊（GBM）和10只德国肉用美利奴母羊（GMM）作为研究对象，时间持续14个月。在试验期间，保证母羊都不接触任何公羊，并每周一次对母羊通过直肠超音波技术测定卵巢机能（黄体、卵泡），同时将血液样本进行孕酮（P4）浓度分析。在这两个品种中，排卵期的母羊数、排卵率（OR）、黄体的大小（CL）和孕酮的浓度都具有显著的季节性波动。在主要繁殖期外的4~8月，大约只有40%德国肉用黑头母羊和大约15%的德国肉用美利奴母羊有黄体产生。孕酮浓度的周期性变化与季节性变化有关，这与超声波诊断黄体的周期性变化是相符合的。经检测分析，成熟的黄体与孕酮浓度之间存在相关性，德国肉用美利奴母羊的相关性为0.57，德国肉用黑头母羊的相关性为0.45。通常在9月到翌年2月，德国肉用美利奴母羊孕酮浓度为1.60~1.66nmol/L，德国肉用黑头母羊孕酮浓度为1.80~1.86nmol/L，这比春季到夏季的时候要高。考虑到排卵率和孕酮值与黄体量相一致，也就是说黄体值在8月到翌年2月要比4~8月更大，因此在无公羊的季节性繁殖羊群中，超声波卵巢诊断技术是一个有用的方法。

四、产业现状

我国从1958年起曾多次引入德国肉用美利奴羊，大部分省、市引入该品种作为改良本地土种羊的终端父本。德国肉用美利奴羊曾参与了内蒙古细毛羊、巴美肉羊等新品种的育成。同时，德国美利奴羊与国内绵羊品种杂交一代的生长发育及产肉性能改良效果明显。但是，德国美利奴纯繁后代中公羊隐睾率较高，该品种的早熟性比萨福克等肉羊差，加之毛细，对环境条件和饲养管理的要求比肉用羊高，因此在肉用生产中应慎重使用（国家畜禽遗传资源委员会，2011）。

五、其他

近年来，由于羊毛价格有所回升，羊肉价格稳中有升，这就使今后的绵羊饲养在提高肉质、增加产肉量的同时，要保证羊毛的产量，即以"保毛增肉"为主线，发展肉毛兼用型品种。在所有肉羊品种中，德国肉用美利奴羊能把产肉和生产细毛性能完美地结合在一起，是发展肉毛兼用型养羊模式的首选品种。

第二节　杜泊羊

一、概况

杜泊羊（Dorper）属肉用羊引入品种。原产于南非共和国，是用从英国引入的有角陶赛特品种公羊与当地的波斯黑头品种母羊杂交，经选择和培育育成的肉用绵羊品种（赵有璋，2013）。

南非自 1950 年成立了杜泊肉用绵羊品种协会以来，该品种得到了迅速发展，成为南非羊品种的第二大品种。该品种具有易管理、利润高、繁殖性能强等突出的优点，广受世界各地农牧民的喜爱。从 20 世纪 90 年代起，世界上主要羊肉生产国均纷纷引入，现主要分布的国家和地区有澳大利亚、新西兰、英国、中东、中国、加拿大、德国、瑞士、巴西、阿根廷、南美洲、墨西哥、美国、以色列和非洲各国等。我国 2001 年开始引入，目前主要分布在北京、天津、辽宁、山东、山西、河南、陕西等地。

杜泊羊食草性广，不择食，耐粗饲，抗病力较强，性情温顺，合群性强，易管理，易产羔，早期发育快。据国外报道，3 月龄羔羊体重可达到 40kg，屠宰率在 50% 以上。羔羊胴体瘦肉率高，肉质细嫩多汁，膻味轻，口感好，特别适于肥羔生产，被国际誉为"钻石级"绵羊肉，具有很高的经济价值。同时，该品种羊板皮厚，板皮质量好，皮张柔软，伸张性好，皱褶少且不易老化，面积大，皮板致密并富弹性，是制高档皮衣、家具和轿车内装饰等的上等皮革原料（赵有璋，2013）。成年杜泊公羊性欲强、繁殖能力高，成年母羊泌乳多、母性强，并能广泛适应多种气候条件和生态环境，能随气候变化自动脱毛。但怕潮湿，不耐湿热，在潮湿条件下，易感染肝片吸虫病，羔羊易感球虫。

二、特征与性能

（一）体型外貌特征

杜泊羊分黑头和白头两种类型：一种为头颈黑色，体躯和四肢为白色；另一种全身均为白色，但有的羊腿部也出现色斑。杜泊羊一般无角，头顶平直，公羊头稍宽，鼻梁微隆；母羊较清秀，鼻梁多平直。耳大稍垂，颈粗短，肩宽厚，前胸丰满，背平直，肋骨拱圆，臀部方圆，腰部宽而丰满，后躯肌肉发达。四肢较短而强健，骨骼较细，肌肉外突，体躯呈圆桶状。蹄质坚实。尾巴长而瘦（图 38 和图 39）（赵有璋，2013）。

（二）生产性能

1. 产肉性能　杜泊羊各月龄体重见表 3-1。

表 3-1　杜泊羊各月龄体重

性别	初生重（kg）	3 月龄（kg）	6 月龄（kg）	12 月龄（kg）	24 月龄（kg）
公	5.20±1.00	33.40±9.70	59.40±10.60	82.10±11.30	120.00±10.30
母	4.40±0.90	29.0±5.00	51.40±5.00	71.30±7.30	85.00±10.20

杜泊羊生长发育快，日增重从初生到 1 月龄公羔 350g、母羔 330g；1～3 月龄公羔 300g、母羔 250g；3～6 月龄公羔 290g、母羔 250g。杜泊羊产肉性能好，平均体重成年公羊 90～105kg，成年母羊 70～95kg。肥羔屠宰率 55%，净肉率 46%（赵有璋，2013）。

2. 繁殖性能　杜泊绵羊公羊性成熟一般在 5～6 月龄，母羊初情期在 5 月龄。公羊 10～12 月龄、母羊 8～10 月龄初配，母羊发情期多集中在 8 月至翌年 4 月，发情周期为 14～19d，平均为 17d，发情持续期为 29～32h；母羊妊娠期为 145～152d，平均为 148.6d；母羊的繁殖表现主要取决于营养和管理水平，因此在年度间、种群间和地区之间差异较大。正常情况下，初产母羊产羔率 132%，第二胎 167%，第三胎 220%。但在良好的饲养管理条件下，可进行两年产三胎。产羔率 180% 以上（赵有璋，2013）。

三、研究进展

对内蒙古包头市从澳大利亚引进的 50 只杜泊羊胚胎后代进行环境适应性观察，并对其生长发育状况进行测试。结果表明，杜泊羔羊、青年羊和成年羊的肛温、心跳、呼吸、脱毛和采食等指标与在原产地时无明显差异；体重、体高、体长和胸宽等指标也达到杜泊羊的品种特性要求。说明杜泊羊在内蒙古包头地区具有较好的适应性，这就对引进杜泊羊品种的可行性提供了相关的理论依据，并对指导肉用羊杂交改良具有现实意义（乌兰其其格等，2011）。

季节性掉膘是热带气候下限制反刍家畜发展的最重要因素，可以采取补饲的方式进行弥补。但这一措施会加大饲养成本，不能大范围推广，因此只有选择一些适应热带气候的品种才能解决此问题。比如，杜泊羊就具有很强的适应性，能够在热带炎热气候下很好的生长。虽然杜泊羊在澳大利亚的饲养已有 15 年，但很少人知道杜泊羊与澳洲美利奴羊的区别。Almeida 等（2013）对杜泊羊和美利奴羊在营养应激方面进行了比较。分别选取了 24 只杜泊羊和美利奴羊公羔作为实验动物，分别设置增重组（每天增重 100g）和限制饲喂组（每天掉膘 100g，85％用于维持需要）。对实验动物进行称重、屠宰和肉质分析，结果表明美利奴羊和杜泊羊品种间差异很大。此外，美利奴羊比杜泊羊更容易受到季节性掉膘的影响。

Yeaman 等（2013）利用 79 只杜泊羊和兰布莱绵羊的公羔，研究羔羊在育肥阶段时，集中饲养对羔羊断奶后增长速度、采食量、饲料转化率（增加的体重/消耗的饲料量）等的影响。饲养试验开始前，羔羊的平均体重为 31.4kg，平均日龄 92.7d。电子供料器可记录每只羊的采食量。对断奶后的羔羊连续 77d 进行增重和采食量的测定。结果表明杜泊羔羊平均日增重 340g，兰布莱羔羊平均日增重 346g。平均日龄在 170d 时，羔羊平均体重可达 58.1kg。杜泊羔羊平均日采食量为 2 223g，兰布莱羔羊平均日采食量为 2 215g。杜泊羔羊的饲料转化率为 0.153，兰布莱羔羊的饲料转化率为 0.158。因此，杜泊羔羊和兰布莱羔羊在断奶重、断奶后增重、育肥终期体重、采食量和饲料转化率上无显著性差异。

李焕玲等（2006）对杜泊羊、小尾寒羊及其杂交一代羔羊的生产性能进行了测定。结果显示，杜泊羊和小尾寒羊杂交一代（以下简称杜寒杂交一代）的初生重较纯种杜泊羊和小尾寒羊分别提高了 22.27％、34.03％（$P<0.01$）。其 60 日龄平均日增重小尾寒羊增加 117g（$P<0.01$）。从出生到周岁的体尺测定结果表明，杜寒杂交一代的胸围比纯种杜泊羔羊、小尾寒羊羔羊分别提高了 0.13cm、2.57cm，差异显著（$P<0.05$）。杜寒杂交一代初产母羊的产羔率比纯种杜泊羊初产母羊的产羔率提高了 36.32％。5 月龄杜寒杂交一代比同龄小尾寒羊的屠宰率高 2.6％，净肉率提高 10.93％。

郭孝等（2009）通过在杜泊羊的日粮中添加 5％～15％的高硒、高硒钴、高硒钴锌以及高硒钴锌铁 4 种苜蓿青干草，研究其对杜泊羊的采食性能、日增重和饲料转化等方面的影响。结果表明，同添加普通苜蓿青干草相比，4 种苜蓿青干草的添加量为 5％～10％时，均能在不同程度上提高羊日增重，有利于饲料的转化与利用，并且饲喂安全，无副作用。其中添加 15％高硒钴锌苜蓿青干草效果最好，日增质量比对照组提高了 59.4％，饲料转化率（30.72％）比对照组提高了 59.8％；在日粮中添加 10％的高硒钴锌铁苜蓿青干草，效果接近前者，日增质量比对照组提高了 58.0％，饲料转化率（27.88％）比对照组提高了 44.7％。

王建刚等（2006）采用垂直板高 pH 不连续聚丙烯酰胺凝胶电泳对 21 只杜泊羊的血红蛋白（Hb）、转铁蛋白（Tf）、白蛋白（Alb）、前白蛋白（Pa）和慢 α_2 球蛋白（Sα_2）5 个基因座的多态性进行了分析。结果表明，杜泊羊的 Hb、Tf 位点存在多态性，Hb 位点共检测到 Hb^A 和 Hb^B 两个等位基因，构成 HbAA、HbBB、HbAB 3 种基因型，其中 HbBB 和 Hb^B 为优势基因型和优势基因；Tf 位点共检测到 TfDD、TfCC、TfBD、TfCD 4 种基因型，受 Tf^B、Tf^C、Tf^D 3 个复等位基因控制，其中 TfCC、TfDD 基因型和 Tf^C、Tf^D 基因为优势基因型和优势基因。试验未在 Alb、Pa 和 Sα_2 位点检测出多态性，它们均呈现单态。

胚胎移植可以提高家畜良种扩大的速度，但移植成功率会受到很多因素的影响。吴晓东等（2005）用 6.5～7.5 日龄杜泊羊冷冻胚胎作为移植胚胎，研究了季节和受体状况对杜泊羊胚胎移植妊娠率以及出生羔羊生长发育的影响。在比较春、秋两季 236 枚冷冻胚胎的移植效果发现，秋季移植的妊娠率（68.6％）显著高于春季（58.5％）；春季和秋季移植后出生羔羊的体重，初生时无显著差异；但在 30 日龄和 60 日龄（断奶）时，春季移植的羔羊显著高于秋季。比较不同品种的受体发现，昭通绵羊受体的胚胎移植妊娠率最高，湖羊次之，小尾寒羊最低，但受体羊 3 种品种间无显著差异；较大受体羊（≥40kg）生产的羔羊出生和 30d 的体重显著高于较小受体（<40kg）；但 60d 羔羊体重差异不显著。说明受体体重会影响羔羊的出生体重，但是对哺乳期的生长发育影响不大。春季移植出生的羔羊，其早

期生长发育情况明显优于秋季。

在生产条件下，张果平等（2010）探讨了胚胎回收部位、移植胚胎数量、胚胎发育阶段和季节等因素对杜泊羊超数排卵和胚胎移植效果的影响。其超数排卵处理了 39 只供体和移植了 179 只受体，结果表明从输卵管平均回收胚胎数显著多于从子宫角平均回收胚胎数（10.57、8.41）（$P<0.05$）。移植 2 枚（63.89%）或 3 枚（66.67%）胚胎的妊娠率明显高于移植 1 枚（52.63%）胚胎的妊娠率（$P<0.05$）。秋季、冬季和春季超排处理平均回收胚胎数（8.83、9.50、6.83）、平均可用胚胎数（7.92、8.28、5.17）和可用胚胎所占比例（88.68%、87.13%、75.61%）均显著高于春季（$P<0.05$）。在秋季和冬季进行胚胎移植，妊娠率分别为 57.89% 和 59.43%，高于春季移植的妊娠率（53.33%），但差异不显著（$P>0.05$）。2～8 细胞胚胎的移植妊娠率与桑葚胚/囊胚移植妊娠率差异不显著（60.05%、57.47%）（$P>0.05$）。

四、产业现状

目前，杜泊羊已成为南非的第二大肉羊品种，存栏量达到了 1 000 万，超过了南非绵羊总数的 1/3。最近几年被世界各地的羊肉生产国引进，我国在 2001 年首次从澳大利亚引进杜泊羊，并通过纯种繁殖和胚胎移植等方法进行扩繁。目前，引种和扩繁数目较多的省份有河北、河南、山西和陕西，新疆、安徽、内蒙古宁夏等有少量引进。

王金文等从 2005 年开始，用杜泊羊品种公羊与小尾寒羊杂交，选择杜×寒 F_2、F_3 优秀种公羊与杜×寒 F_1、F_2 母羊横交，培育出了鲁西黑头肉羊（赵有璋，2013）。对杜泊羊的适应性研究、推广利用、杂交改良、胚胎移植、新品种培育、饲养管理、繁育体系建设等方面，我国已经从北到南、从西到东全面展开，并取得令人鼓舞的成果。杜泊羊的引进，对于我国肉羊产业的发展起到了巨大的推动作用。

五、其他

杜泊羊的育成有其必然性。早在 1930 年，南非的农民就将羊肉和羔羊出口到伦敦著名的史密斯菲尔德市场，因欧洲消费者习惯食用新西兰高档的坎特伯雷羊肉，导致南非脂尾型地方绵羊品种没有得到消费者的追捧，出口的绵羊肉被退出了市场。

在这种背景下，南非政府想培育出高品质、适应性强的绵羊品种，以适应市场的需求。育种计划在 1946 年完成，杜泊羊也成了南非农业历史上具有突出优良性状的培育品种。

第三节　萨福克羊

一、概况

萨福克羊（Suffolk）属于肉用羊引入品种，又称诺福克无角短毛羊，俗称黑头羊。原产于英国英格兰东南部的萨福克、诺福克、剑桥和艾塞克斯等地。分布于美国、加拿大和澳大利亚等羊肉生产国。该品种羊是以南丘羊为父本，以当地体型较大、瘦肉率高的旧型黑头有角诺福克羊为母本进行杂交培育的，于 1859 年育成。

萨福克羊是目前世界上体格、体重最大的肉用品种。该品种以早熟、生长发育快、肌肉丰满、后躯发育良好、繁殖性能好、产肉多和适应性强等特点而著称于世，是世界上优良的肉用绵羊品种之一。成年体重公羊 113～159kg，母羊 81～113kg。剪毛量成年公羊 5～6kg，成年母羊 2.3～3.6kg。毛长 7～8cm，细度 50～58 支，净毛率 50%～62%。产羔率 141.7%～157.7%。产肉性能好，经育肥的 4 月龄公羔胴体重 24.2kg，4 月龄母羔胴体重为 19.7kg，并且瘦肉率高，是生产大胴体和优质羔羊肉的理想品种。美国、英国、澳大利亚等国都将该品种作为生产肉羔的终端父本品种。

我国从 20 世纪 70 年代起先后从澳大利亚、新西兰等国引进该品种，目前主要分布在新疆、内蒙古、北京、宁夏、吉林、河北、山东和甘肃等省（市、区），适应性和杂交改良地方绵羊效果显著。

二、特征与性能

（一）体型外貌特征

1. 外貌特征　萨福克羊体躯主要部位被毛为白色，偶尔可发现有少量的有色纤维，头和四肢为黑色。体格大，头短而宽，鼻梁隆起，耳大，公、母羊均无角。颈长深而宽厚，胸宽，背、腰、臀部宽长而平，腹大紧凑。头、颈、肩结合紧凑，肋骨开张良好，体躯呈圆桶状，四肢较短，蹄质结实，肌肉丰满，后躯发育良好（图 40 和图 41）。

2. 体重和体尺　根据李颖康等（2003）的资料，引入宁夏畜牧研究所的萨福克羊，周岁体重公羊 114.2kg、母羊 74.8kg，2 岁体重公羊 129.2kg、母羊 91.2kg、3 岁体重公羊 138.5kg、母羊 95.8kg。

（二）生产性能

1. 产肉性能　7 月龄羔羊平均体重 70.4kg，胴体重 38.7kg，屠宰率 55%。出栏羔羊肉肉质细嫩，肉脂相间，味道鲜美（李颖康，2013）。

2. 繁殖性能　在良好的饲养管理条件下，该品种具有非季节性发情的特点。公、母羊周岁初配，1.5～2 岁公羊平均采精量 0.9～1.5 mL，精子密度每毫升 15～24 亿，活力 0.75。第一情期妊娠率 91.6%，第二情期妊娠率 100%，总妊娠率 100%。33 只母羊第一胎妊娠期 144.2d，范围为 142～149d。第一胎产羔率 173.0%，第二胎产羔率 204.8%（达文政等，2003）。

萨福克母羊第二胎所产羔羊数和体重见表 3-2。

表 3-2　萨福克母羊第二胎所产羔羊数和体重

每胎产羔数	性别	初生重（kg）	月龄重（kg）	3 月龄重（kg）
单羔	公	5.7	19.8	47.5
	母	5.4	20.6	43.2
双羔	公	5.3	17.5	41.4
	母	4.9	15.2	38.1
三羔	公	5.3	18.9	47.5
	母	3.7	11.0	30.3
四羔	公	4.0	15.7	44.7
	母	3.5	8.9	29.0
平均	公	4.0	15.7	44.7
	母	3.5	8.9	29.0

资料来源：李颖康等，2003。

三、研究进展

余忠祥等（2003）在海北高寒地区放牧条件下进行了萨福克羊与藏羊的杂交试验。结果表明，萨藏 F_1 的断奶体重高于藏羊（$P<0.05$），8 月龄体重显著高于藏羊（$P<0.01$）；体高、体长、胸围、胸宽、胸深、尻宽和管围显著高于藏羊（$P<0.01$）。8 月龄屠宰测定表明，萨杂 F_1 的宰前活重、胴体重和净肉重分别为 27.55kg、12.13kg 和 9.47kg，均显著高于藏羊（$P<0.01$），屠宰率为 44.03%，胴体净肉率为 78.07%，眼肌面积为 10.75 cm^2，GR 值为 13.33 mm，骨肉比为 1.0：3.55，均优于藏羊。杂种羊产肉性能和肉用品质显著提高，杂种优势明显。

王平等（2008）用萨福克羊与化隆县的当地羊杂交，观察改良后的效果。结果表明，F_1 羔羊出生重、3 月龄体重和 6 月龄体重分别为 4.27kg、13.22kg 和 26.01kg，较当地羊提高了 0.93kg、3.10kg 和 7.09kg（$P<0.01$），其生长发育快于当地羊。同期体高、体斜长、胸围均高于当地同龄羊（$P<0.05$）。因此，用萨福克羊为父本广泛开展经济杂交发展肉羊产业是切实可行的。

为了验证生长在热带的公羊比生长在温带的公羊更能有效地诱导休情期母羊发情，Clemente 等

（2012）将 30 只休情期萨福克母羊分为 3 组：对照组 9 只，并与公羊分圈饲养；试验组 9 只，先与萨福克公羊连续不断地混群饲养 13d，再进行 14～30d 的饲养，萨福克母羊与公羊每天混群两次；另一试验组 12 只，用同样的方法对萨福克母羊进行处理，不同的是圣克罗伊羊作为公羊。在公、母羊混群后，连续 30d 对交配的羊进行记录，有关试验组数据记录到秋季。此外，血清中的孕酮含量可用于追踪试验组中绵羊的卵巢活动。在萨福克公羊组中，有 6 只母羊排卵，但没有发情症状；在圣克罗伊公羊组中，所有的母羊都有发情症状，排卵，并且接受交配。另外，在萨福克公羊组中，只有 1 只母羊产羔。结果表明，圣克罗伊公羊比萨福克公羊更能有效地诱导休情期萨福克母羊发情和怀孕。

影响萨福克羊超排效果的因素较多，主要包括供体、激素及其他一些影响供体生理状态的因素。祖尔东·热合曼等（2011）以萨福克羊为研究对象，研究超排方法的选择、卵巢处于不同生理状态时期的超排、促排激素、超排季节、供体年龄、重复超排、饲养管理等因素对供体超排效果的影响。结果表明，通过同一季节利用不同方案对萨福克羊的超数排卵处理发现，以国产 FSH 6～7mg 和加拿大 FSH 250mg 进行 4d 递减处理的排卵数和可用胚率最高，是超数排卵处理的最佳方案。由于进口激素价格高，故推荐使用国产 FSH 6～7mg 进行 4d 递减处理方案进行萨福克羊超数排卵。在供体发情周期第 10～14 天中的任何一天开始超排都能取得较好的超排效果，可用胚胎平均数为 7.1（6.1～8.2）。供体发情配种时用 LH/HCG 促排激素比 LHRH-A3 更能使更多的卵泡排卵，但未受精的数量也相应增加。综合考虑，萨福克羊发情配种时用 LHRH-A3 促排激素的效果最佳。超排季节对供体超排效果没有显著影响（$P>0.05$）。供体羊的年龄对超数排卵的效果没有显著影响，对性成熟不久的供体羊初次诱导排卵时适当降低 FSH 剂量，可取得与成年经产母羊一样较好的超排效果。供体羊重复超排处理时，平均排卵率无显著差异（$P>0.05$），但采集可用胚胎数量有显著差异（$P<0.01$）。补饲条件下的绵羊供体羊平均采集可用胚胎数量显著高于不补饲供体羊可用胚胎数量（$P<0.01$）。

李俊杰等（2004）对 54 只（次）萨福克羊采用 CIDR＋FSH＋PG 法进行超数排卵（以下简称超排），发情配种后第 6 天从子宫角采胚，只均获胚数和只均获可用胚数分别为 6.89 枚（372/54）和 6.07 枚（328/54）。并对不同国家产 FSH，注射 LRH-A$_3$＋P$_4$，重复超排，左、右侧卵巢等影响萨福克羊超排效果的因素进行研究。结果表明，以加拿大和日本 FSH 超排效果最好，只均获可用胚分别为 9.20 枚（$n=10$）和 7.75 枚（$n=16$）；注射 LRH-A$_3$＋P$_4$ 组只均获可用胚 7.25 枚（$n=16$），极显著高于对照组 4.11 枚（$n=9$）；重复超排（间隔 12 月）第二次超排只均获可用胚 9.19 枚（$n=16$），明显高于第一次只均获可用胚 6.00 枚（$n=16$）；左、右侧卵巢对萨福克羊超排效果无显著差异。

任坤刚等（2008）利用微卫星 DNA 在萨福克羊群体中的多态性预测绵羊群体的肉用性能。选用 4 个微卫星座位对萨福克羊群体的等位基因频率、多态信息含量、有效等位基因数、群体杂合度进行了遗传检测，并在分子水平上测定了 4 个微卫星座位与 12 个体尺性状的关系。4 个微卫星座位在萨福克羊群体中存在遗传多态性，可用于绵羊遗传多样性的评估。在基因座 BM1824 中，基因型 DI 对萨福克羊的肉用性能有显著正效应（$P<0.05$），而基因型 HH 有显著负效应（$P<0.05$）；在基因座 ETH225 中，基因型 CG、EH 和 EI 对萨福克羊肉用性能有显著正效应（$P<0.05$）；在基因座 ETH152 中，基因型 AF、BH 和 CG 对萨福克羊的产肉性能有显著正效应（$P<0.05$）；在基因座 IDVGA46 中，基因型 AH 对萨福克羊肉用性能有显著负效应（$P<0.05$），基因型 CI 对肉用性能有显著正效应（$P<0.05$）。因此，利用微卫星 DNA 多态性预测绵羊的肉用性能是可行的，可用于指导绵羊育种的实践。

2000 年 1 月山西省从澳大利亚引进了 36 只萨福克种羊。2001 年 1 月至 2002 年 8 月对引进的萨福克肉羊的适应性、生长发育、繁殖性能、改良效果进行了观察。结果发现，萨福克羊在山西省有着较强的适应性，各项生产性能指标达到了品种要求，适合在该省推广应用。用萨福克羊与山西省本地绵羊、小尾寒羊杂交的后代体重大，生长速度快，产肉性能好，是生产优质肥羔肉的理想品种。新疆农垦科学院 2002 年从澳大利亚引入高性能萨福克肉羊品种，旨在通过对其培育和性能的提高，为新疆养羊生产提供新的优良品种，以满足当前市场的需求。新疆农垦科学院除进行纯种繁育外，还将高性能萨福克羊同当地粗毛羊及细毛杂种羊进行杂交，生产肉用羔羊。其中，利用其生长发育优势和湖羊的多胎性进行杂交和早期断奶（2月龄）育肥效果试验显示，杂交羔羊不同生长阶段情况的增重均较湖羊有明显提高，表现出良好的杂交效果。

四、产业现状

70年代我国新疆和内蒙古先后从澳大利亚引进萨福克肉用种羊，20世纪90年代中国农科院畜牧兽医研究所执行"948"项目，从澳大利亚引进萨福克种羊；2000年宁夏畜牧所执行"948"项目，从新西兰引进6只公羊、3只母羊，均饲养在宁夏肉用种羊场。

五、其他

我国已多次引入萨福克羊，在后期应健全种羊繁育体系，为其提供促使遗传潜力充分发挥的物质条件，发挥其在我国肉羊生产体系中的突出作用。由于该品种羊的头和四肢均为黑色，被毛中有黑色纤维，杂交后代多为杂色被毛，故在细毛羊产区要慎重使用。

第四节 特克赛尔羊

一、概况

特克赛尔羊（Texel）属于肉用羊引入品种，因原产于荷兰特克塞尔岛而得名。在19世纪中叶，用林肯羊、长毛型莱斯特羊与当地老特克赛尔羊杂交，经过长期的选择和培育而成。该品种已广泛分布在比利时、卢森堡、丹麦、德国、法国、英国、美国和新西兰等国。自1995年以来，我国黑龙江、宁夏、北京、河北和甘肃等地先后引进了该品种。

该品种对寒冷气候有良好的适应性，对热应激反应较强，气温30℃以上需要采取必要的防暑措施，避免高温造成损失。特克赛尔羊性成熟早；生长发育快；肉骨比、肉脂比和屠宰率高；肌肉生长速度快；眼肌面积较其他肉羊品种大7%以上；肉呈大理石状，肉质细嫩，无膻味，可产优质羊毛；耐粗饲；适应性强。是国外肉脂绵羊明种中的一员，在国外主要作为肉羊育种和经济杂交的父本。

二、特征与性能

（一）体型外貌特征

特克赛尔羊全身毛白色，头大小适中、清秀，耳中等大小，无长毛。公、母羊均无角。鼻端、眼圈为黑色。颈中等长，头、颈、肩结合良好，公羊颈部肌肉发达，鬐甲宽平，胸宽，背腰平直而宽，肋骨开张良好，肌肉丰满，腹大而紧凑，臀宽深，后躯发育良好。腿长适中，腿部无绒毛，四肢结实，蹄质坚硬，呈褐色。

（二）生产性能

特克赛尔羊成年体重公羊110~130kg，母羊70~90kg。剪毛量5~6kg，净毛率60%，毛长10~15cm，毛细度50~60支。羔羊肌肉发达，肉品质好，瘦肉率和胴体分割率高。生长发育快、早熟，羔羊70日龄前平均日增重300g。在适宜的草场条件下，120日龄体重达40kg，6~7月龄体重达50~60kg。繁殖性能好，母羊7~8月龄便可配种繁殖，产羔率150%~160%，高的达200%（国家畜禽遗传资源委员会，2011）。特克赛尔羔羊及成年羊相关指标分别见表3-3、表3-4和表3-5。

表3-3 特克赛尔羔羊体重增长情况

项目	月龄							
	初生	1	2	3	4	5	6	7
公羊体重（kg）	5	15	26	37	45	52	59	63

（续）

项目	月龄							
	初生	1	2	3	4	5	6	7
母羊体重（kg）	4	14	22	31	38	44	48	52
公羊日增重（g）	0	333	367	367	267	233	233	133
母羊日增重（g）	0	284	300	293	200	133	133	133

资料来源：王惠生等，2002。

表 3-4 特克赛尔羊生长发育体重指标

性别	初生（kg）	1月龄（kg）	3月龄（kg）	6月龄（kg）	周岁（kg）	成年（kg）
公	4.9±1.1	11.4±3.8	35.4±2.6	54.4±3.9	78.6±3.1	118±5.3
母	4.6±1.2	11.4±3.6	36.2±4.1	51.2±4.1	66.0±4.0	78.6±4.7

资料来源：王金文，2008。

表 3-5 特克赛尔羊体尺、体重各项指标的测定结果

测定时间	品种	年龄（周岁）	只数	胸围（cm）	体高（cm）	体重（kg）
4 月	特克赛尔羊	1	16	91.81±6.72	67.84±4.38	49.16±6.27
		2	9	94.0±4.21	66.54±5.24	54.72±10.61
		2.5	4	95.5±4.65	68.75±4.72	52.63±12.98
		4	6	91.5±4.13	69.93±3.04	58.17±7.76
10 月	特克赛尔羊	1.5	15	87.33±5.47	66.13±2.98	47.27±6.95
		2.5	8	89.38±6.80	65.25±2.19	51.00±9.91
		3.0	4	88.25±6.24	67.25±1.71	50.00±8.95
		4.5	5	89.80±3.56	70.50±1.58	51.50±9.29

资料来源：童子保等，2006。

三、研究进展

用特克赛尔公羊改良蒙哈混血羊，杂种羊与本地羊在同样饲养管理条件下，特×蒙哈杂交一代 6 月龄羔羊的宰前活重较同龄蒙哈混血羊高 12.24kg，胴体重高 6.66kg，净肉重高 5.87kg，差异均极显著（$P<0.01$）。后腿肉重增加 1.67kg，眼肌面积增加 8.13cm²，为蒙哈混血羊的 1.80 倍，差异显著（$P<0.05$）。特×蒙哈杂交一代胴体重达到国外上等羔羊肉胴体重标准，优质肉率、骨肉比均高于蒙哈混血羊，肉质较细嫩，羊肉品质得到改善。每只杂种羊仅产肉一项就比本地羊多收入 168.60 元，经济效益明显。说明利用特克赛尔羊改良蒙哈混血羊，对提高产肉性能、改善羊肉品质和增加养羊经济效益均具有明显的效果。

王大广等（2007）在 2003—2005 年，同期发情处理特克赛尔供体母羊 60 只，发情 58 只，同期发情率达 96.67％；同期发情处理受体母羊 337 只，发情 325 只，同期发情率达 96.44％。2003 年超排处理特克赛尔供体母羊 14 只，查黄体 142 个，采用输卵管冲胚技术回收卵 137 枚，回收率 96.48％，可用胚 126 枚，移植鲜胚 126 枚，移植受体羊 97 只，群体受胎率 56.7％。2004—2005 年超排处理特克赛尔供体母羊 46 只，查黄体 485 个，采用子宫冲胚技术回收卵 403 枚，回收率 83.09％，有效胚 327 枚，移植鲜胚 217 枚，鲜胚移植受体羊 186 只，群体受胎率 54.92％；制作冻胚 110 枚，移植冻胚 104 枚，冻胚移植受体羊 80 只，未返情受体羊数 41 只，受胎率 51.25％。

青海省湟中县畜牧局引进特克赛尔种公羊与引进小尾寒羊母羊、当地藏母羊进行经济杂交取得了良好的经济效益和社会效益。对特寒一代、特藏一代的生产性能进行测定，并与当地藏羊的生产性能进行了比较。结果如下：特克赛尔羊作为经济杂交的父本，与小尾寒羊、当地藏羊杂交，在饲养管理水平一致的条件下，都表现出明显的杂交优势，各项生产指标均明显高于当地藏羊；特寒一代、特藏一代既有

父本明显的肉用性能特征，又保持了母本对高寒环境良好的适应性，杂交一代的抗病能力都较强，反应灵敏，采食速度快，能适应当地气候。

陈静等（2010）以特克塞尔、无角陶赛特、白萨福克肉羊为试验对象，对其肌肉中的 pH、肌糖原（Gly）、游离脂肪酸（FFAs）、肌酸激酶（CK）等几个指标进行测定。试验结果表明，3 个品种羊肌肉中 pH 差异不显著（$P>0.05$）。特克塞尔和无角陶赛特 Gly 含量较高（$P<0.05$）。特克塞尔羊的 FFAs 含量最低（$P<0.05$），特克塞尔和白萨福克羊肌肉中 CK 较无角陶赛特高（$P<0.05$）。综合以上肌肉指标发现，特克塞尔羊的肌肉品质较好。

唐雪峰等（2013）为了比较特克塞尔羊与小尾寒羊杂交一代羔羊的育肥性能，采用特克塞尔羊为父本、以小尾寒羊为母本进行杂交试验，对照组为小尾寒羊本交羔羊，试验组为特克塞尔公羊与小尾寒羊母羊杂交一代（特寒 F_1）羔羊，在全舍饲饲养条件下测定各组羔羊的体重变化、育肥性能和经济效益。结果表明，与小尾寒羊本交羔羊相比，特寒 F_1 羔羊平均日增重极显著提高（$P<0.01$）；特寒 F_1 羔羊每只均利润提高了 127.68 元；特寒 F_1 羔羊宰前活重极显著提高（$P<0.01$），特寒 F_1 羔羊屠宰率极显著提高（$P<0.01$）。说明特克塞尔羊作为经济杂交父本，与小尾寒羊进行杂交，其杂交一代羔羊的屠宰性能明显高于小尾寒羊本交羔羊，具有明显的杂交优势。

Noelle E. Cockett 等（2005）认为，在绵羊的繁殖性状上，可通过遗传学的手段来提高养羊业的效益。然而，自然突变存在于绵羊当中，而这些突变会影响肌肉的生长发育，在育种中开发这些突变可以大大提高羔羊肉的品质。双肌臀基因（CLPG）是绵羊肌肉发育突变中最好的证明，这种基因会造成羔羊出生后下肢和腰部部分肌肉肥大，而双肌性这种表现型可以在特克塞尔羊中找到。不管怎样，肌肉肥大这种突变性状，已近在绵羊中被得到了认同，想要进一步了解这些表型的遗传基础，就要对肌肉生长和身体构成的生物控制进行深入的研究。

四、产业现状

目前特克塞尔羊在养羊业发达国家已经成为生产肥羔的首选终端父本。20 世纪 60 年代我国曾从法国引进过此羊，饲养在中国农业科学院畜牧兽医研究所。自 1995 年以来，我国辽宁、山东、北京、河北和陕西等省（市、自治区）先后引进了该品种，杂交改良效果较好。江苏省用特克塞尔羊与湖羊杂交，7 月龄羔羊宰前活重 38.51kg，胴体重 19.06kg，屠宰率 49.49%，胴体净肉率 40.89%，骨肉比为 4.75。各项指标均显著优于湖羊，其中宰前活重、胴体重比湖羊分别提高 37.98% 和 48.46%（国家畜禽遗传资源委员会，2011）。

该羊曾被引种到法国、德国、比利时、捷克、英国、美国、印度尼西亚、秘鲁和非洲一些国家。特别是在引到美国后，目前在美国所有良种肉羊品种中，该品种羊数量最多，达 200 多万只。20 世纪 60 年代初，法国曾赠送我国政府 1 对特克塞尔羊，当时饲养在中国农业科学院畜牧兽医研究所，1996 年该所又引进少量特克塞尔羊。1995 年，黑龙江省大山种羊场引进 10 只公羊、50 只母羊。1999 年，宁夏农业科学院畜牧兽医研究所从新西兰引进 5 只公羊，47 只母羊，均饲养在宁夏肉用种羊场。2000 年，陕西省杨凌农业高新技术产业示范区全国养羊供需中心又引进 20 只公羊和 80 只母羊，北京市和河北省引进 40 只公羊和 60 只母羊。实践证明，该品种羊是肉羊育种和经济杂交非常优良的父本品种。

第五节　无角陶赛特羊

一、概况

无角陶赛特羊（Poll Dorset）属肉用型绵羊引入品种，原产于澳大利亚和新西兰。现主要分布于澳大利亚、新西兰以及欧洲、北美洲、亚洲的许多国家。该品种是以雷兰羊和有角陶赛特羊为母本、考力代羊为父本进行杂交，杂种羊再与有角陶赛特公羊回交，然后选择所有的无角后代培育而成的。1954 年澳大利亚成立品种协会。我国在 80 年代末、90 年代初从澳大利亚和新西兰引入该品种，现主要分布于内蒙古、新疆、北京、河南、河北、辽宁、山东、黑龙江等地。

无角陶赛特羊生长发育快，早熟，饲料报酬高，全年发情配种产羔，耐热性及适应干燥气候性能好，遗传力强，是一个生产优质肥羔的品种，在国外多作为经济杂交的终端父本。该品种成年体重公羊90～100kg，母羊55～65kg。剪毛量2.5～3.5kg，净毛率60%左右，毛长7.5～10cm，羊毛细度48～58支。经过育肥的4月龄羔羊的胴体重公羔22kg，母羔19.7kg。在新西兰，该品种羊被用作生产反季节羊肉的专门化品种。

自20世纪80年代引入该品种以来，我国许多省（市、区）用该品种公羊与地方绵羊杂交，效果良好，并能很好地适应我国北方农区和半农半牧区饲养。

二、特征与性能

我国2004年8月发布了NY/T 811-2004《无角陶赛特种羊》农业行业标准。主要标准如下：

（一）体型外貌特征

1. 外貌特征　无角陶赛特种羊体型大、匀称，肉用体型明显；头小额宽，鼻端为粉红色，耳小，面部清秀，无杂毛色；颈部短粗，与胸部、肩部结合良好；体躯宽，呈圆桶形，结构紧凑；胸部宽深，背腰平直宽大，体躯丰满；四肢短粗健壮，腿间距宽，蹄质坚实，蹄壁白色；被毛为半细毛，白色，皮肤为粉红色。

2. 体重和体尺　种羊体重和体尺基本指标见表3-6。

表3-6　种羊体重和体尺基本指标

性别	年龄	体高（cm）	体长（cm）	胸围（cm）	胸宽（cm）	体重（kg）
公	6月龄	57	69	83	24	38
	周岁	65	74	95	26	70
	成年	67	85	100	29	100
母	6月龄	56	65	80	23	36
	周岁	63	70	92	26	60
	成年	65	75	97	27	70

注：成年指24月龄以上，体重是指在禁水2h、禁食12h时的重量。

资料来源：NY 810-2004。

（二）生产性能

1. 产肉性能　6月龄羔羊屠宰率为52%，净肉率45.7%。

2. 繁殖性能　公羊初情期6～8月龄，初次配种适宜时间为14月龄。公羊性欲旺盛，身体健壮，可常年配种。母羊初情期6～8月龄，性成熟8～10月龄，初次配种适宜时间为12月龄。发情周期平均为16d，妊娠期为145～153d。母羊可以常年发情，但以春、秋两季尤为明显，保姆性强。经产母羊产羔率140%～160%。

（三）等级评定

等级评定在6月龄、1周岁和成年（2周岁以上）进行，分别见表3-7、表3-8和表3-9。

表3-7　特级种羊体重和体尺

性别	年龄	体高（cm）	体长（cm）	胸围（cm）	胸宽（cm）	体重（kg）
公	6月龄	64	78	90	29	47
	周岁	69	82	102	31	82
	成年	71	94	116	35	120
母	6月龄	63	74	88	28	45
	周岁	67	80	98	30	68
	成年	69	87	106	33	85

注：成年指24月龄以上，体重是指在禁水2h、禁食12h时的重量。

资料来源：NY 810-2004。

表 3-8　一级种羊体重和体尺

性别	年龄	体高（cm）	体长（cm）	胸围（cm）	胸宽（cm）	体重（kg）
公	6 月龄	62	75	87	28	44
	周岁	67	79	99	29	78
	成年	69	90	110	33	115
母	6 月龄	61	71	85	26	42
	周岁	66	77	96	28	66
	成年	68	84	103	31	80

注：成年指 24 月龄以上，体重是指在禁水 2h、禁食 12h 时的重量。
资料来源：NY 811-2004。

表 3-9　二级种羊体重和体尺

性别	年龄	体高（cm）	体长（cm）	胸围（cm）	胸宽（cm）	体重（kg）
公	6 月龄	60	72	85	26	41
	周岁	66	77	97	27	74
	成年	68	87	105	31	108
母	6 月龄	59	68	83	25	39
	周岁	65	74	94	27	63
	成年	67	80	100	29	75

注：成年指 24 月龄以上，体重是指在禁水 2h、禁食 12h 时的重量。
资料来源：NY 811-2004。

基本合格羊：符合种羊品种特征，体重和体尺符合种羊体重和体尺基本指标而又达不到二级种羊标准的羊只，定为基本合格羊。不符合种羊品种特征或体重和体尺达不到种羊体重和体尺基本指标的羊只，不能作为种羊利用。

三、研究进展

根据陈维德等（1995）研究的资料，在新疆维吾尔自治区用无角陶赛特公羊与伊犁、阿勒泰等 8 个地州的低代细毛杂种羊、哈萨克羊、阿勒泰羊、蒙古羊、卡拉库尔羊和当地土种粗毛羊杂交，一代杂种羊具有明显的父本特征。肉用体型明显，前胸凸出，胸深且宽，肋骨开张，背宽，后躯丰满，从后面看，后躯呈倒 U 字形。在巴州种畜场，杂交一代羊 5 月龄宰前活重 34.07kg，胴体重 16.67kg，净肉重 12.77kg，屠宰率为 48.93%，胴体净肉率 76.6%；在阿勒泰地区，陶阿杂种一代羊 7 月龄宰前活重 38.1kg，胴体重 17.47kg，净肉重 14.11kg，屠宰率 45.85%，胴体净肉率 80%；与同龄的阿勒泰羔羊相比，胴体重低 0.99kg，但净肉重却高 1.91kg。

李俊年等（2001）在新疆维吾尔自治区昌吉州下巴湖农场，用无角陶赛特羊与当地哈萨克羊的杂交后代进行育肥试验，育肥羊的日粮组成为：碎玉米 86%，豆饼 12%，石粉 1%，生长素 0.5%，食盐 0.5%。在育肥期间，日增重杂种羊为 352g，哈萨克羊为 292g。5 月龄屠宰时杂种羊胴体重 20.03kg，屠宰率 51.96%，净肉重 16.23kg；哈萨克羊的上述屠宰指标分别为 18.16kg、49.02%、13.68kg。

姚树清等（1995）用无角陶赛特品种公羊与小尾寒羊杂交，目的是在中原农区舍饲条件下，筛选出生长发育快、早熟、体大、产肉性能和繁殖性能高的杂交组合，同时探索培育我国多胎高产肉羊品种及舍饲集约化饲养途径。试验羊群全年舍饲，精饲料由玉米、麸皮、豆粕组成，比例分别为 50%、30% 和 20%，日喂量 0.5～0.7kg；粗饲料有草粉、花生秧、青贮玉米等，随母羊自由采食。试验结果指出，陶×寒一代杂种羊体重，公羊 6 月龄为 40.44kg，周岁体重为 96.7kg，2 岁体重为 148kg；母羊上述各龄体重指标相应为 35.22kg、47.82kg 和 70.17kg。6 月龄公羔宰前活重 44.41kg，胴体重 24.2kg，屠宰率 54.49%，胴体净肉率 79.11%，肉骨比为 1：10.4，眼肌面积为 17.33cm^2。羔羊胴体分割净肉结果是，后腿肉占 31.13%，腰肉占 17.81%，肋肉占 13.26%，肩胛肉占 30.66%，胸下肉占 7.14%，其中后腰肉和腰肉比小尾寒羊的高出 2.82%。剪毛量：陶×寒一代周岁母羊为 2.02kg，2 岁母羊为

4.83kg，分别比同龄的小尾寒羊母羊高 104.04% 和 83.65%。产羔率：陶×寒一代母羊为 223.8%，二代母羊为 200%，接近母本，显著高于父本。试验结果为中原农区舍饲集约化饲养肉羊提供了经验，为培育我国多胎高产肉羊新品种奠定了基础。

在甘肃河西走廊农区，蔡原（2002）用无角陶赛特公羊与当地蒙古羊杂交，一代杂种 6 月龄体重公羊为 38.89kg、母羊为 36.55kg，8 月龄体重相应为 42.50kg 和 40.40kg，周岁相应为 46.92kg 和 43.45kg；与当地同龄土种羊相比，分别提高 54.69%、80.32%、53.76%、75.65% 和 53.84%、65.08%。根据孙志明（2002）的资料，无角陶赛特公羊与当地土种母羊杂交一代 4 月龄羔羊，宰前活重 31.39kg，胴体重为 16.19kg，净肉重为 13.24kg，屠宰率为 51.6%，净肉率为 81.78%，每只杂种羊比当地同龄土种羊多增收 90.22 元。赵有璋等 2000 年初将引入新西兰无角陶赛特绵羊 41 只投放在河西走廊的甘肃永昌肉用种羊场，采用舍饲为主、放牧为辅的饲养管理条件，通过对引入羊只的行为表现、生理生化指标、生长发育、繁殖性能、血液蛋白多态位点基因频率及基因型频率、抗病性等进行系统观测，发现引入的无角陶赛特绵羊适应性好，并具有良好的种质特性。至 2008 年，在永昌县用无角陶赛特绵羊杂交改良获得的 1～3 代杂种羊超过 20 万只，在甘肃、宁夏、青海、河南等推广区，杂交改良当地羊获得各代杂种羊 130 余万只，其成为目前正在培育的甘肃现代肉羊新品种的主要父系之一，取得了显著的经济效益。袁得光（2003）用无角陶赛特羊与引入河西走廊的小尾寒羊杂交，一代杂种 4 月龄羔羊的宰前活重 37.44kg、胴体重 19.50kg、净肉重 16.28kg、屠宰率 52.08%、净肉率为 83.49%。与在相同饲养管理条件下，与育肥的同龄小尾寒羊相比，杂交一代活重、胴体重和净肉重分别提高 12.94%、13.64% 和 15.79%。

无角陶赛特肉羊在原产地澳大利亚和新西兰，可四季发情均衡产羔，引入我国后因日照和气候条件的变化其繁殖特性也发生了变化。任智慧（2005）对西北农林科技大学种羊场 5 年的生产记录资料进行分析研究后发现，无角陶赛特肉羊引入我国后受日照和气温的双重影响，繁殖趋于一定的季节性；发情主要集中于夏至到立冬之间；适宜的温度对发情有一定的促进作用，低温季节使发情受到抑制，高温季节对发情影响不明显；妊娠期 143.3d，头胎产羔 1.28 只，经产羊胎产 1.51 只；公、母羔比例 100∶108。

李瑜鑫等（2006）用肉用品种无角陶赛特羊为父本、西藏绵羊为母本，进行两品种的杂交试验。结果表明，杂交受胎率为 75%，产羔 475 只，羔羊繁殖成活率 80%；F_1 的出生重、断奶重和 6 月龄重比同龄藏系羔羊分别提高 8.16%、4.77%、24.70%，差异显著（$P<0.05$）；陶×藏 F_1 的宰前活重和胴体重比同龄藏系羔羊分别提高 3.69kg 和 2.26kg，差异显著（$P<0.05$）；屠宰率提高了 4.1 个百分点。杂种一代羔羊早期的生长发育、产肉性能、肉质均优于西藏绵羊羔羊，且对藏东南的气候条件、饲草饲料、管理方式有较强的适应能力。初步认为，无角陶赛特羊是西藏东南地区开展肉羊杂交生产较为理想的父本品种。

曹析等（2006）采用 Mitschetrlich 模型、Gompertz 模型、Logistic 模型拟合了无角陶赛特羔羊和波德代羔羊的早期生长发育过程。结果表明，3 种模型的拟合度均在 0.98 以上，拟合效果好，其中 Gompertz 模型在拟合度和预测体重效果方面最好。因此，采用 Gompertz 模型进一步估算了两品种公、母羔的拐点体重、拐点日龄、瞬时相对生长率（K）、相对生长率（RGR）、瞬时生长率（GR）。结果表明，无角陶赛特羔羊早期生长发育强于波德代羔羊，且两品种公羔生长发育较母羔快。

罗惠娣等（2013）分析无角陶赛特羊和地方绵羊品种的遗传多样性及亲缘关系，以期为种质资源合理利用和保护提供理论依据。利用 5 个微卫星标记分析 5 个绵羊品种的遗传结构变异，根据等位基因组成及频率进行了群体遗传统计分析。结果表明，5 个微卫星座位在 5 个绵羊品种中共检测到 77.0 个等位基因，各位点的等位基因数（Na）10.0～20.0 个；5 个绵羊品种平均多态信息含量（PIC）为 0.6152～0.7373，平均基因杂合度（He）为 0.6711～0.7820。无角陶赛特羊与广灵大尾羊的标准遗传距离（DS）最大（0.6631），其余依次为晋中绵羊（0.6400）、乌珠穆沁羊（0.3712）、小尾寒羊（0.3352）。说明 5 个微卫星座位均为高度多态位点，可作为有效遗传标记用于绵羊品种的遗传多样性及品种间遗传关系分析，且 5 个绵羊品种在 5 个微卫星位点遗传变异大、多态性丰富。据 DS 推测，无角陶赛特羊与广灵大尾羊杂交可望获得较大的杂种优势，与晋中绵羊的杂种优势次之，与乌珠穆沁羊的杂种优势较小，与小尾寒羊的杂种优势最小。

Quan 等（2011）为了扩大无角陶赛特羊在中国的饲养量，其在繁殖中运用超数排卵和胚胎移植技术来克服进口无角陶赛特在数量上的限制。该试验以 3 个不同制造商生产的促卵泡素（FSH）对胎次（初产和经产）、重复超排、诱导发情、黄体退化和延迟发情在无角陶赛特超数排卵中的效果进行研究。结果显示，加拿大生产的 FSH（folltropin-V）在超数排卵中使用效果显著，每只使用剂量 160～200mg，可获取 12.91 枚胚胎。经产母羊在超数排卵中比初产母羊效果更为显著（$P<0.05$）。自然发情的母羊可以产生更多的胚胎（13.83 枚），并且可移植的胚胎数（12.00 枚）比诱导发情母羊的冲胚数（7.00 枚和 4.22 枚）和发情周期未知母羊的冲胚数（5.94 枚和 3.19 枚）要多，差异显著（$P<0.05$）。延迟发情的母羊在超数排卵 24h 后，冲胚数极少，初产母羊和经产母羊可用于移植的胚胎数分别为 0.92 枚、0.42 枚，与正常发情的母羊相比差异极显著（$P<0.01$）。此外，黄体正常的母羊要比黄体退化的母羊获取的胚胎多，黄体正常的初产母羊和经产母羊冲胚数分别是 5.88 枚、3.59 枚；黄体退化的初产母羊和经产母羊冲胚数分别是 8.83 枚、6.66 枚，两者差异极其显著（$P<0.01$）。以上结果表明，在农场实际生产中，要综合使用加拿大生产的 Folltropin-V，并在此基础上，选择经产、正常发情、黄体正常的母羊，才可能获得一个最佳胚胎收集和胚胎移植的羊只。

四、产业现状

20 世纪 80 年代以来，新疆、内蒙古、甘肃、北京、河北等省、市、自治区和中国农业科学院畜牧研究所等单位，先后从澳大利亚和新西兰引入无角陶赛特羊。1989 年，新疆维吾尔自治区从澳大利亚引进纯种公羊 4 只，母羊 136 只，在玛纳斯南山牧场的生态经济条件下，采取了春、夏、秋季全放牧，冬季 5 个月全舍饲的饲养管理方式，收到了良好的效果。该品种羊被引进后基本上能较好地适应当地的草场条件，不挑食，采食量大，上膘快。但由于肉用体型好，腿较短，不宜放牧在坡度较大、牧草较稀的草场，转场时亦不可驱赶太快，每天不宜走较长距离。饲养在新疆的无角陶赛特羊，对某些疾病的抵抗力较差，尤其是羔羊，当患有羔羊脓疱性口膜炎、羔羊痢疾、网尾线虫病、营养代谢病等，发病率和死亡率都较高。因此，在管理和防疫上应予以加强。地处甘肃省河西走廊荒漠绿洲的甘肃省永昌肉用种羊场，2000 年初从新西兰引入无角陶赛特品种 1 岁公羊 7 只，母羊 38 只，该品种对以舍饲为主的饲养管理的适应性良好。3.5 岁体重公羊 125.6kg，母羊 82.46kg，产羔率 157.14%，繁殖成活率 121.2%。若与澳大利亚的无角陶赛特羊相比，新西兰的无角陶赛特羊腿略长，放牧游走性能较好。

第六节　夏洛莱羊

一、概况

夏洛莱羊（Charolais）属于肉用型绵羊引入品种，原产于法国中部的夏洛莱丘陵和谷地。夏洛莱地区过去饲养本地羊，主要作为肉羊供应首都巴黎。后因羊毛工业兴起，曾引进美利奴羊进行杂交。1820 年以后，法国羊毛工业不振，农户转向生产肉羊。于是，1980 年法国引入莱斯特羊与当地兰德瑞斯绵羊杂交，形成了一个比较一致的品种类型。1963 年命名为"夏洛莱肉羊"，1974 年法国农业部正式承认其为品种。目前，在法国约有纯种羊 40 万只。我国在 1988 年开始引进，现主要分布于辽宁、内蒙古、新疆、宁夏、河北、河南、山东、山西等地。

夏洛莱羊具有早熟、生长发育快、母性和泌乳性能好、体重大、胴体瘦肉率高、育肥性能好等特点，是用于经济杂交生产肥羔较理想的父本（国家畜禽遗传资源委员会，2011）。夏洛莱羊可采取全放牧、半舍饲和全舍饲进行饲养，在良好的饲养环境下，能表现出较好的适应性。该羊活泼好动，对外界反应灵敏，外界稍有动静，就竖耳静立不动，胆小谨慎，人不易接近，很难捕捉。但夏洛莱羊合群性强，不易与其他羊混群。在刚引进时，其对寒冷气候有一定的应激反应，羊出现感冒症状，如打寒颤、流鼻涕，常在羊舍内集堆。对此现象，饲养者应采取让羊在舍外强迫运动和放牧，增加运动量，并及时补饲。经过一段时间的适应性饲养后，夏洛莱羊可逐步适应寒冷的气候，怕冷症状基本消失，能安全越冬。在夏季，该羊对高热不敏感，但遇特热天气时，有些羊会出现气喘现象，在放牧时喜欢在遮阴处集堆，不愿采食。放牧时擅自游走采食，对牧草质量要求不高，各种牧草、树叶、块根、根茎等都能大量采食，在补饲后，可拣食其他羊吃剩下的草料，因此夏洛莱羊的膘情四季都很好。

二、特征与性能

（一）体型外貌特征

夏洛莱公、母羊均无角，耳修长，向斜前方直立。额宽，头和面部无覆盖毛，皮肤略带粉红色或灰色，个别羊唇端或耳缘有黑色斑点。肉用体型良好，颈短粗，肩宽平，体躯长而圆，胸宽而深，背腰平直，全身肌肉丰满，后躯发育良好，呈圆桶状。后肢间距宽，呈倒挂 U 形。四肢健壮。全身被毛为白色，被毛同质（图 42 和图 43）。

（二）生产性能

夏洛莱羊生长速度快，4 月龄育肥羔羊体重 35～45kg，6 月龄体重公羔 48～53kg、母羔 38～43kg，周岁体重公羊 70～90kg，母羊 80～100kg。产肉性能好，4～6 月龄羔羊胴体重 20～23kg，屠宰率 50％。成年剪毛量公羊 3～4kg、母羊 2.0～2.5kg，毛长度 4～7cm，毛细度 56～58 支。母羊季节性发情，发情时间集中在 9～10 月，妊娠期 144～148d，平均受胎率 95％。初产母羊产羔率 135％，经产母羊产羔率达 190％（国家畜禽遗传资源委员会，2011）。羔羊各日龄体重如表 3-10。

表 3-10　羔羊各日龄体重

日龄	公羔（kg）	母羔（kg）
初生	4.96±0.82	3.96±0.78
30	14.76±1.41	12.22±1.69
60	24.98±2.92	19.74±1.34
90	31.20±3.83	25.82±1.90
120	38.65±3.61	30.30±2.86
150	45.00±3.92	35.05±2.10

夏洛莱肥羔羊胴体较重，骨细小，脂肪少，后腿浑圆，肌肉丰满。肉色鲜、味美、肉嫩，精肉多，肥瘦相间，肉呈大理石花纹，膻味轻，易消化，属于国际一级肉。4～6 月龄肥羔羊优质肉 55％以上（后腿肉 27.08％，脊肉 8.41％，肩肉 20.55％，其余颈肉 6.52％，胸肉 11.12％）。

三、研究进展

近年来，夏洛莱羊在引入到我国后，除进行自群纯繁外，主要用于经济杂交改良。从各地的报道来看，杂交效果显著。在杂交选择上进行了多项的品种试验研究。为了更加适应本地优良品种的发展，卢景郁等（2008）利用引进的世界上优良的肉用型夏洛莱种羊，与当地繁殖性能及适应性强的小尾寒羊良种进行杂交性能试验，取得了良好的效果。试验研究表明，夏洛莱羊与小尾寒羊杂交后代与其他杂交羊相比有显著的差异性，可提高繁殖性能 27％左右，而且出生的羔羊体重大，生长发育快，耐粗饲，抗病、抗寒能力强。优良的杂交组合提高了综合繁殖性能，有利于促进养羊业的发展。母志海等（2008）采用夏洛莱公羊与小尾寒羊母羊杂交一代羔羊与小尾寒羊纯繁羔羊进行比较，在相同饲养管理条件下，夏寒杂种一代羔羊 3 月龄断奶重和 6 月龄体重分别为 24.83kg 和 42.21kg，比同龄小尾寒羊羔羊分别增加 5.11kg 和 8.83kg，提高 25.91％和 26.45％；3 月龄和 6 月龄胴体重分别为 14.24kg 和 23.35kg，比同龄小尾寒羊羔羊分别增加了 3.86kg 和 5.68kg，提高 37.19％和 32.14％。用夏洛莱羊作杂交父本生产肉羊效果好，可广泛用于经济杂交生产优质羔羊肉。冯宇哲等（2011）在青海省用夏洛莱羊作为父本，与当地土种羊进行杂交。结果显示，杂交一代羔羊的初生重与 4 月龄重比同龄土种羊分别提高了 69.23％和 59.85％。张延华等（1995）采用夏洛莱羊与藏母羊杂交一次，结果表明在相同的饲养管理间条件下，夏洛莱羊的杂种后代初生重、断奶重、7月龄重和日增重分别比同龄藏羊羔高20.51%、25%、46.23%和50.12%；宰前重和胴体重比同龄藏羊羔分别高56.11%和48%；周岁母羊剪毛量比同龄藏母羊高1.22kg。孙光东等（2001）为了探讨夏洛莱肉羊与当地细毛羊杂交后代当年羔羊的产肉性能，于2001年在绥化市海伦种畜场对夏洛莱羊与当地细毛羊杂交一代及当地细毛羊的当年羔羊进行了短期育肥屠宰试验。结果表明，育肥期间，在同群的放牧补饲条件下，夏细杂羊由38.81kg增至45.88kg，日增重达128.57g；当地细毛羊由28.20kg增至34.70kg，日增重仅116.07g。说明从出生到屠宰的整个饲养期间，夏细杂种羊的生长发育都极显著高于当地细毛羊。在实际屠宰测定结果中可以看到，夏细杂羊的各项评定指标极显著地高于当地细毛羊。

1989年用夏洛莱公羊在内蒙古锡林郭勒盟西苏旗与本地母羊杂交试验，结果发现胴体重等指标都明显高于本地羊。每千克胴体若按5元的收益计算，杂交一代羔羊每只可提高18.55元的经济效益。孙光东等在2001年对夏洛莱羊与当地细毛羊杂交进行了经济效益分析，在不考虑肉的品种，按同等价格以每千克羊肉15.00元计算，夏细杂种羊净肉产量平均每只羊高4.27kg，单肉一项就比当地细毛羔羊多获64.05元。同时，因夏细杂种羊的生长速度快，体重和各项体尺指标均高，皮张长，毛皮收入也相对较高。但毛长仅0.5~0.7cm，相对的净毛率也高20%左右。由此可见，在同等的饲养条件下，夏细杂种羊的经济效益好于一般细毛羊。天果良等（2010）用夏洛莱羊在内蒙古的繁育结果表明，母羊繁殖率、羔羊增重、产肉性能等主要指标都达到和超过原产地品种标准。在牧区放牧条件下，夏洛莱羊与蒙古羊的一代杂种羔羊6月龄胴体重为19.5kg，比蒙古羊羔羊增加3.71kg。用夏洛莱作杂交父本生产肉羔羊效果好，可广泛用于经济杂交优质羔羊肉。

李延春等（2001）通过夏洛莱羊的胚胎移植试验，结果证明以东北细毛羊母羊作为受体羊，以夏洛莱纯种母羊作为供体羊，实行胚胎移植是切实可行的。胚胎移植技术应用于肉羊生产可以尽快扩大种源，并可以获得良好的技术效果和经济效益，是推动肉羊产业化最有效的技术手段。

以120IU、144IU、168IU共3种剂量的FSH（促卵泡素），在供体夏洛莱羊发情的第12天开始超排，126只供体的超排结果如下：共回收卵1 112枚，平均8.83枚，其中可用胚胎986枚，平均7.83枚。剂量144IU组和168IU组的超排效果都很好，但与120IU组比无显著差异（$P>0.05$）。供体羊的年龄对超排效果影响较大，2~5岁经产羊的超排效果显著高于育成羊和老龄羊（$P<0.01$）。将986枚胚胎移植给972只受体，有682只妊娠，妊娠率为70.16%。共产羔羊661只，产羔率为68%。受体羊与供体羊同期化程度、胚龄等因素对妊娠率有一定影响，但无显著差距（$P>0.05$）。用CIDR（阴道孕酮释放装置）诱导供体母羊同期发情，与自然发情比较，不影响供体超排效果。用PG（氯前列烯醇）诱导受体母羊发情，与自然发情比较，不影响受体羊的妊娠率。供体羊在繁殖季节可以重复超排利用（王芝红等，2006）。

四、产业现状

20世纪80年代末、90年代初，内蒙古畜牧科学院最早引入夏洛莱公羔4只、母羔10只，在1988年秋季配种。现已繁育母羊21只，繁育的公羔已被推广到内蒙古各肉羊开发区，同时也被推广到山西、山东和新疆等地。

河北省为了发展养羊业，改良本地绵羊，提高生长速度和产肉性能，早在1987年就从法国直接引进了200只夏洛莱肉羊（其中母羊192只、公羊8只），分别饲养在沧县和定兴县两地。经过两年多的观察，该品种对河北省的生态条件具有很好的适应能力，其后代10~30日龄和30~70日龄的日增重等各项指标均高于原产地的水平。现已调往内蒙古的2个地区和河北省的7个地市，作为杂交改良的父本，该羊在各地均反映出良好的性状。辽宁省在1992年投资引进夏洛莱纯种肉羊68只，其中种公羊9只，在小东种畜场饲养。经过10年的饲养观察，夏洛莱羊基本适应了辽宁的气候条件，表现出较好的肉用性能和显著的杂交效果（刘树常等，1991）。

根据赵有璋等（2002）的实地考察，在辽宁省朝阳地区，夏洛莱羊分布广，数量大，生长发育快，体格大，肉用体型好。同时，杂种羊数量多，杂交效果显著，经济效益明显，受到当地基层干部和广大农户的欢迎。

五、其他

夏洛莱胆小易惊，合群性差。在放牧时，每天游走距离为 5～7km，运动 6～8h。日落前和日落后是采食高峰期，早晨采食时比晚上略多些。羔羊出生后 4～7d 就有仿效采食的行为，14～18 日龄就开始采食一些叶片，如苹果树叶、柳树叶等。夏洛莱羊采食能力极强，采食范围广泛，采食速度快，耐粗饲。一般的禾本科和豆科植物都能食饱，连当地羊都不爱采食的小麦秸、谷秸等，夏洛莱羊也能采食。舍饲时，每次 15～20min 就能食饱，最喜食盐分较高的、略带咸味和苦味的植物。气温 34℃ 和 -32℃ 时仍能采食。当温度过低的时候，夏洛莱羊偏食含糖量较高的食物。正常情况下，成年夏洛莱羊每天饮水 5～7L，双羔泌乳期的母羊每天可饮水 15L。夏洛莱羊排粪、排尿多在趴卧反刍后站起时，清晨观察羊只，将羊哄起时排粪尿较整齐，成年羊每年的排粪量约为 650kg。

夏洛莱羊适宜在干燥、凉爽的环境中生存。长期生活在低洼、潮湿的场所，易使羊只感染疾病，生产性能下降。夏洛莱羊在较好的营养环境下抵抗力较强，很少生病，只要做好定期的驱虫和防疫，给足草料和饮水，满足其生长和生产的需要就可以了。但在恶劣的环境和较差的营养条件下，夏洛莱羊的抗病能力大大减弱，生病后治疗效果不佳。夏洛莱母羊的母性较强，但初产羊的母性差，特别是初产难产的母羊，有的还对羔羊有攻击行为，在管理上要格外注意。另外，由于夏洛莱羊采食速度非常快，严禁饲喂雨淋或带露水的牧草。每天添加的精饲料量超过 0.75kg 时，要分为 2～3 顿饲喂，防止发生急性瘤胃臌胀和前胃弛缓等病。

第四章
新培育肉用型绵羊

第一节　巴美肉羊

一、概况

巴美肉羊（Bamei Mutton sheep）属于肉毛兼用型品种，是根据巴彦淖尔市自然条件、社会经济基础和市场发展需求，由内蒙古巴彦淖尔市家畜改良工作站等单位的广大畜牧科技人员和农牧民，经过40多年的不懈努力和精心培育而成的体型外貌一致、遗传性能稳定的肉羊新品种。巴美的含义，巴就是代表巴彦淖尔，美就是它的五官美、肉美、体型美，另外还有毛美。巴美肉羊具有较强的抗逆性和适应性，耐粗饲，采食能力强、范围广，羔羊育肥增重快，性成熟早等特点，适合农牧区舍饲半舍饲饲养。当地农民给巴美肉羊的优势总结了二十八字口诀："头大、脖粗、屁股圆，体高、毛细、身子长，耐粗、抗病、生长快，商高、精养、效益高"。该品种于2007年5月15日通过国家畜禽资源委员会审定验收并正式命名，是国内第一个肉羊杂交育成品种。

巴美肉羊是经过长期培育而形成的，主要分为三个阶段：

第一阶段（1960—1991年）：蒙古羊的杂交改良阶段。从1960年开始先后引进林肯羊、边区莱斯特羊、罗姆尼羊、强毛型澳洲美利奴羊等半细毛羊、细毛羊品种杂交改良当地蒙古羊。并利用人工授精技术，开展大面积杂交改良，逐步形成了体格大、体质结实、被毛同质的毛肉兼用型群体。至1991年，基本符合毛肉兼用型品种要求的羊达到124 600只。

第二阶段（1992—1997年）：引进德国肉用美利奴羊级进杂交阶段。为适应市场发展趋势，提高群体的产肉性能，保持原有的产毛性状，1991年成立巴彦淖尔肉羊育种委员会。1992年引进德国美利奴种公羊300只，在育种区推广人工授精技术，进行大面积级进杂交。1996年又引进德国肉羊美利奴种公羊42只，以补充特优公羊的不足，在核心群进行配种。在级进杂交到三代时，达到理想型指标的个体数量已满足横交固定的数量要求，1998年停止级进杂交。

第三阶段（1998—2006年）：横交固定与选育提高阶段。1998年开始优良性状的固定，通过体型外貌鉴定和生产性能测定，选择特、一级公、母羊组成核心群4个，选择一、二级母羊与特、一级公羊组成繁育群140个，开展同质选配。三级母羊与一级公羊组成生产群460个。在此阶段采取边固定、边选育、边利用的方法，稳定优良性状，培育优质种羊，加快选育提高速度。经过9年的横交固定与选育提高，2006年年底各类符合巴彦淖尔肉羊鉴定标准达到33 768只。其中，基础母羊数量为18 623只，育成母羊数量5 972只，成年公羊502只，育成公羊576只，羔羊8 095只。

经过40多年的系统选育，在巴美肉羊的遗传结构中，含有蒙古羊血6.25%，细毛羊、半细毛羊血18.75%，德国美利奴羊血75%。

巴美肉羊的中心产区位于巴彦淖尔市的乌拉特前旗、乌拉特中旗、五原县和临河区等地区，气候属典型的温带大陆性季风气候。巴彦淖尔市位于中国北疆，内蒙古自治区西部，地理位置为北纬40°13′~42°28′、东经105°12′~109°53′。巴彦淖尔属中温带大陆性季风气候，年平均气温3.7~7.6℃，年平均日照时数为3 110~3 300h，是中国光能资源最丰富的地区之一。无霜期短，平均无霜期为126d。降水量稀少，年平均降水量188mm，雨量多集中于夏季的7月和8月，约占全年降水量的60%。地处西风带，风速较大，风期较长，年平均风速 2.5～3.4m/s，年最大风速 18～40m/s。受气候与地形条件的影响，巴彦淖尔市植被类型复杂。一般可分为山地植被、荒漠植被、沙地植被、农作物等。草原植被有干草原、荒漠化草原。荒漠植被有草原化荒漠和石质戈壁荒漠。其分布规律从东到西为草原-干草原-荒漠化草原-草原化荒漠-荒漠，从南到北是草甸植被-山地植被-高原干草原-荒漠。

巴彦淖尔地区有丰富的饲草料资源，年产农作物副产品及秸秆 40 亿 kg，粮食 16 亿 kg。同时随着西部大开发恢复生态工程的实施，牧草种植面积不断扩大。2002 年紫花苜蓿等优质牧草的种植面积达 6.7 万 hm²，年产饲草 15 亿 kg。现有富川、科河等大中型饲料加工企业共 15 家，年加工能力 15 亿 kg，秸秆粉碎加工厂（点）500 余家。饲草料加工机具 1 万余台（套）。年加工能力在 350 亿 kg 以上，饲料资源及其加工能力完全可以保障养羊业的需求。此外，现有小肥羊、得利斯、草原兴发、索伦等龙头肉类加工企业 28 家，全市羊肉加工能力每年达 18 万 t，按每只羊出肉 18kg 计算，年可加工 1 000 万只。羊肉加工销售具有相当的保障能力（王海平，2010）。

二、特征与性能

（一）体型外貌特征

1. 外貌特征 巴美肉羊体格较大，体质结实，结构匀称。头呈三角形，公、母羊均无角，颈短宽。胸部宽而深，背部平直，臀部宽广，四肢结实且相对较长，肌肉丰满，肉用体型明显，呈圆桶形。被毛同质白色，闭合良好，密度适中，细度均匀。头部毛覆盖至两眼连线、前肢至腕关节、后肢至飞关节（图 44 和图 45）。

2. 体重和体尺 巴美肉羊成年羊体重和体尺见表 4-1。

表 4-1 巴美肉羊成年羊体重和体尺

性别	只数	体重（kg）	体高（cm）	体长（cm）	胸围（cm）	管围（cm）
公	30	109.9±3.8	80.1±1.7	83.1±2.1	116.4±1.4	15.9±1.5
母	82	63.3±2.3	72.1±1.6	73.4±1.3	100.3±3.5	13.1±1.3

注：2006 年 10 月内蒙古自治区家畜改良工作站、巴彦淖尔市家畜改良工作站在乌拉特前旗种羊场测定。

资料来源：国家畜禽遗传资源委员会，2011。

（二）生产性能

1. 产肉性能 该羊生长发育速度较快，产肉性能高。成年平均体重公羊 101.2kg，成年母羊 60.5kg；育成公羊 71.2kg，育成母羊 50.8kg。6 月龄羔羊平均日增重 230g 以上。胴体重 24.95kg，屠宰率 51.13%。羔羊育肥快，是生产高档羊肉产品的优质羔羊。

2. 繁殖性能 巴美肉羊公羊 8～10 月龄、母羊 5～6 月龄性成熟，初配年龄公羊为 10～12 月龄、母羊为 7～10 月龄。母羊季节性发情，一般集中在 8～11 月份发情，发情周期为 14～18d，妊娠期 146～156d，产羔率 126%，羔羊断奶成活率 98.1%。初生重公羔 4.7kg、母羔 4.6kg，断奶重公羔 25.8kg、母羔 25.0kg（国家畜禽遗传资源委员会，2011）。经产母羊可两年三胎，平均产羔率 151.7%。

三、研究进展

巴美肉羊是采用复杂育成方法培育出的我国第一个具有完全自主知识产权的肉羊新品种，是我国肉羊新品种培育的一项重大创新。巴美肉羊适应性强、遗传性稳定、肉用特征明显、生长发育快、饲料报酬高、繁殖率高、抗病力强，各项经济技术指标处于国内领先。在育种实践中推行了"群选群育-集中连片-区域推进"的育种模式，创新了"整体推进，边杂交、边选育、边生产、边推广"的方法；在育种过程中采取了建立巴美肉羊三级良种繁育体系、MOET 核心群快速繁育技术、BLUP 选种技术、分子遗传特性评估等主要高新关键技术。

目前，研究人员对巴美肉羊在分子水平上、细胞水平上、个体水平上及产业效益方面等均有所研究。索峰等（2012）对巴美肉羊的抑制素 α 亚基（α-inhibin，INHA）和 β_A 亚基（β_A-inhibin，INHBA）基因的多态性与产羔数进行了分析。试验结果表明，INHA 和 INHBA 基因是影响巴美肉羊产羔数的重要基因（索峰等，2012）。祁云霞等（2012）对巴美肉羊发情期外周雌二醇和孕酮浓度的变化规律与排卵数的关系展开了研究。结果表明，两种激素在排单卵组和排双卵组绵羊间变化规律不同，E_2（雌二醇）在排单卵组表现为先下降后升高的变化趋势，在排双卵组表现为持续下降趋势；P_4（孕酮）在排单卵组表现为持续上升的趋势，在排双卵组表现为先上升后下降的变化趋势。排单卵和排双卵组绵羊在各时间点的 E_2 和 P_4 激素浓度差异均不显著（$P>0.05$）。

田建等（2011）在巴彦淖尔市五原县民丰养羊场，选择 40 只具备高繁殖率性状的多胎巴美肉羊种母羊为供体，以小尾寒羊为受体，对绵羊胚胎移植过程中的发情鉴定技术、供体和受体发情同期化调控技术、供体羊配种方法、超数排卵技术、输卵管胚胎移植技术等关键技术进行了推广验证。试验显示，青年母羊只均获胚数、只均获可用胚数均较经产母羊低；但因参试供体羊数量较少，标准差较大，因而青年母羊与经产母羊只均获胚数和可用胚数均差异不显著（$P<0.05$）。李美霞等（2011）在巴彦淖尔市临河区兴德成农民专业合作社选择 120 只适龄经产巴美肉羊种母羊、2 只巴美肉羊特级种公羊对绵羊的发情鉴定技术、发情同期化调控技术、人工授精等技术进行了推广验证，试验数据表明巴美肉羊的营养状况水平对药物同期发情处理有较大影响。

荣威恒等（2010）对巴美肉羊在舍饲条件下的生长发育规律进行了探讨研究。王文义等（2008）分析了巴美肉羊羔羊补饲配合饲料育肥的试验效果，发现使用配合料可有效缩短羔羊饲养时间，羔羊达到相同胴体重时，育肥周期可由原来的 7 个多月缩短为 3 个月，进而提前断奶，增加母羊的胎次，可实现两年三胎或一年两胎，提高母羊生产效益。李虎山（2011）对 2005 年和 2010 年分别引入巴彦淖尔市的南非美利奴羊的适应性及其在巴美肉羊的杂交改良效果进行了较全面的探讨和分析，得出采取综合配套措施，利用同期发情、人工授精、胚胎移植技术，加大南非肉用美利奴羊利用率、迅速扩大种源，可大幅度提高肉羊的繁殖力，实现一年两胎（或两年三胎），能不断提高养羊的经济效益。

高爱琴等（2010）研究了性别与年龄对巴美肉羊肉品质产生的影响。结果显示，性别对羔羊的肉品质影响不显著，育成羊和 7 月龄羊在肉品质方面明显优于成年羊，实际生产中可根据市场对羊肉品质的需求情况实施屠宰。张宏博等（2012）对 30 头 4～8 月龄巴美肉羊进行屠宰、冷却、分割，并分别测定宰前羊体活质量（X_1）、热胴体重（X_2）、眼肌面积（X_3）、背肉厚度（X_4）等指标；并最终得出两个线性方程预测净肉质量（$Y_1=-1.113+1.088X_2-0.141X_1-0.004X_3$，$R^2=0.996$）和预测净肉率（$Y_2=31.187+2.362X_2-1.090X_1+0.068X_3$，$R^2=0.920$），这两个方程均可应用于实际生产。张宏博等（2013）经过对巴美肉羊屠宰性能与胴体重的研究与分析，初步确定巴美肉羊的最佳屠宰月龄为 6～8 月龄这一阶段。李虎山等（2010）将巴美肉羊与小尾寒羊在养殖效益上进行了对比分析，结果得出巴美肉羊无论是按照种羊出售还是按照育肥羊出售均比小尾寒羊收入高。

四、产业现状

过去我国肉羊品种大多都是国外引进的，巴美肉羊培养成功加快了巴彦淖尔畜牧业生产由数量增长型向质量效益型的转变，特别是创立了肉羊品牌，对于促进肉羊规模化、标准化生产，提升整个产区的肉羊品质和市场竞争力将产生重要的影响。2008 年，巴彦淖尔市肉羊饲养总数达到 1 274 万只，仅肉羊一项，养殖户户均增收 500 多元。2009 年巴彦淖尔市建成肉羊加工企业 20 多家，年加工肉羊达到 500 多万只。2009 年，巴彦淖尔市启动了千万只优质肉羊生产基地建设工程，着力打造千万只肉羊生产基地。近年来以其肉质鲜嫩、无膻味、口感好而深受加工企业和消费者的青睐，仅 2010 年 1～9 月份供上海世博会羊肉产品就超过 1 640t。

截至 2011 年年底，巴彦淖尔市纯种巴美肉羊群体数量已达到 60 000 余只，并在中旗、五原、前旗、临河的 8 个镇建成巴美种羊育种园区 2 个，规模化核心场 8 个，繁育群 96 处，生产群 153 处，育种户数量达到 257 处。同时建成标准化肉羊杂交繁育场 6 个，肉羊杂交繁育户 300 个，高标准肉羊育肥园区 6 个。巴美肉羊已在全市推广开来。

2007—2011 年，巴美肉羊已经推广到辽宁、山东、宁夏、新疆等 8 个省、市、自治区。累计推广种公羊 5 860 只，授配母羊 193.37 万只，生产优质杂交肉羔 223.43 万只，新增利润 114 719.58 万元，新增产值 219 109.8 万元，投入产出比为 1∶1.38，经济效益显著。通过巴美肉羊繁育和杂交生产优质肉羊带动了饲草料行业和肉羊屠宰加工业的发展，拉动了优质牧草的种植和加工转化。

五、其他

"巴美肉羊新品种培育" 2008 年获 "巴彦淖尔市科技进步" 一等奖，同年获 "内蒙古自治区丰收" 一等奖，2009 年获 "内蒙古自治区科技进步" 一等奖。

2014 年 1 月，以内蒙古自治区农牧业科学院、巴彦淖尔市家畜改良工作站、内蒙古农业大学、内蒙古自治区家畜改良工作站共同主持参与的 "巴美肉羊新品种培育及关键技术与示范" 项目荣获 "2013 年度国家科技进步" 二等奖。该项目主要内容如下：

一是开展了常规育种与现代育种相结合的育种技术体系；

二是集成了繁殖调控技术模式，实现了两年三产，带羔母羊配种的技术体系；

三是建立了核心群扩繁技术体系，研究分子标记在 "巴美肉羊" 选育中的应用；

四是开展了 "巴美肉羊" 肉品质分析及杂交效果的筛选研究。

该项目的实施和应用不仅充分发挥和整合了各参与单位的资源、平台优势和技术优势，开发了以 1 项标准、1 项规程、3 项创新模式为基础的专用肉羊新品种，而且巴美肉羊和关键技术在肉羊新品种培育模式和技术方面进行了创新，实现了国内肉羊新品种培育和产业化推广应用。

第二节　昭乌达肉羊

一、概况

昭乌达肉羊（Zhaowuda Mutton sheep）是农业部在 2012 年 2 月才正式通过审定的一个新品种，于 2012 年 3 月 2 日，由农业部正式命名。昭乌达肉羊是内蒙古自治区培育的第 2 个专用肉羊新品种，也是首个草原型肉羊新品种。昭乌达肉羊主要分布于内蒙古自治区赤峰市克什克腾旗、阿鲁科尔沁旗、巴林右旗、翁牛特旗等草原牧区，因产于内蒙古赤峰市（原昭乌达盟）而得名。昭乌达肉羊为肉毛兼用品种，以产肉为主，体格较大，生长速度快，适应性强，胴体净肉率高，肉质鲜美，具有 "鲜而不腻、嫩而不膻、肥美多汁、爽滑绵软" 的特点，保留了天然纯正的草原风味，是低脂肪、高蛋白健康食品。昭乌达肉羊性情温驯，不啃食灌木、草根和树皮，对生态环境的压力明显低于其他品种羊，有利于草原植被的恢复和草畜平衡。

昭乌达肉羊中心产区位于内蒙古赤峰市。赤峰市位于内蒙古自治区东南部，属于辽宁省、吉林省、黑龙江省、内蒙古自治区的西部，地处大兴安岭南段和燕山北麓山地，分布在西拉木伦河南北与老哈河流域广大地区，呈三面环山，西高东低，多山多丘陵的地貌特征。山地约占赤峰市总面积的 42%，丘陵约占 24%，高平原约占 9%，平原约占 25%。赤峰属中温带半干旱大陆性季风气候区。冬季漫长而寒冷，春季干旱多大风，夏季短促炎热、雨水集中，秋季短促、气温下降快、霜冻降临早。大部地区年平均气温为 0～7℃，最冷月（1 月）平均气温为 −10℃左右，极端最低气温 −27℃；最热月（7 月）平均气温为 20～24℃。年降水量的地理分布受地形影响十分明显，不同地区差别很大，为 300～500mm。大部地区年日照时数为 2 700～3 100h。每当 5～9 月天空无云时，日照时数可长达 12～14h，日照百分率多数地区为 65%～70%。赤峰市总面积为 9 万 km²，其中草地面积 573 万 hm²，耕地面积 150 万 hm²，林地面积 187 万 hm²。年粮食总产量 40 亿 kg，有 20 亿 kg 秸秆和 20 亿 kg 粮食需要通过畜牧业转化利用。并且随着全市草食家畜数量的增加，全市的人工种草面积、青贮饲料地种植面积在稳步扩大，饲草料转化加工利用的技术水平也在不断提高。

　　昭乌达肉羊是应用杂交育种方法培育的肉毛兼用品种。20 世纪 50 年代，赤峰市在进行蒙古羊细毛羊杂交改良化的过程中，以当地蒙古羊同苏联美利奴羊、萨里斯克羊、东德美利奴羊进行杂交选育形成的偏肉用杂交改良细毛羊，在育种区内形成了 200 多万只具有一定遗传稳定性的偏肉用型蒙古细杂羊改良类群。1981 年赤峰市家畜改良工作站下发了《应用德美肉羊改良低产细毛羊培育肉羊新品种实施意见》，在克旗、阿旗、右旗、翁牛特旗等地区开始组织群众引进德国美利奴肉羊进行级进杂交。以德国美利奴肉羊为父本，开展德国美利奴肉羊与当地改良细毛羊的杂交改良工作，共生产杂交改良后代 50 多万只。杂交后代适应性强，迅速克服了原有群体的不足，改进了肉用和繁殖性能，主要提高了产肉性能。1998 年开始在杂交二代基础上，选择理想型个体组成昭乌达肉羊育种群，进行横交固定，到 2010 年理想型羊群体规模迅速扩大。

二、特征与性能

（一）体型外貌特征

1. 外貌特征　昭乌达肉羊体格较大，体质结实，结构匀称。胸部宽而深，背部平直，臀部宽广。肌肉丰满，肉用体型明显。公、母羊均无角（图 46 和图 47），颈部无皱褶或有 1～2 个不明显的皱褶，头部至两眼，前肢至腕关节和后肢至飞节均覆盖有细毛。被毛白色，闭合良好，密度适中，细度均匀，以 22μm 为主，有明显的正常弯曲，油汗呈白色或乳白色，腹毛着生呈毛丛结构。羊毛平均自然长度公羊 8.0cm，母羊 7.5cm。

2. 体重和体尺　昭乌达肉羊成年羊体重和体尺见表 4-2。

表 4-2　昭乌达肉羊成年羊体重和体尺

性别	体重（kg）	体高（cm）	体长（cm）	胸围（cm）
公	95.7	83.8	93.1	121.2
母	55.7	67.7	73.5	96.8

（二）生产性能

1. 生长发育性能　生长发育速度较快，昭乌达肉羊不同生长发育时期的体重统计见表 4-3。

表 4-3　昭乌达肉羊不同生长发育时期的体重

性别	只数	初生重（kg）	3.5 月龄重（kg）	6 月龄重（kg）	9 月龄重（kg）	12 月龄重（kg）	18 月龄重（kg）
公	307	4.5±0.3	25.2±1.3	40.7±3.2	55.6±4.1	63.1±4.3	72.1±5.2
	平均日增重（g）	—	197.1±22.3	207.0±29.0	165±21.7	83.3±11.9	33.3±5.4
母	261	4.2±0.3	23.0±0.9	33.5±2.6	40.1±3.2	44.6±4.1	47.6±4.1
	平均日增重（g）	—	179.1±28.1	140.3±19.7	73.3±18.7	50.0±10.2	11.1±2.6

　　2. 产肉性能　6 月龄公羔屠宰后平均胴体重 18.9kg，屠宰率 46.4%，净肉率 76.3%，分别比母本改良型细毛羊 6 月龄公羔增加和提高了 4.5kg、4.1 个百分点和 1.5 个百分点。12 月羯羊屠宰后平均胴体重 35.6kg，屠宰率 49.8%，净肉率 76.9%，分别比母本改良型细毛羊 12 月龄羯羊增加和提高了 11.1kg、9.0 个百分点和 1.5 个百分点。

　　3. 繁殖性能　平均发情周期为 16～18d；发情持续期，初产母羊为 5～40h，平均持续期为 36.7h；经产母羊为 11～55h，平均持续期为 48.6h；母羊在 3 个情期内，初产母羊受胎率为 92.7%，经产母羊受胎率为 98%；不同胎次年龄母羊的繁殖率差异较大，其中初产羊繁殖率为 126.4%，2～3 周岁母羊平均繁殖率为 137.6%，经产母羊有 17.5% 可达到两年三胎。昭乌达肉羊性成熟早，在加强补饲情况下，母羊可以实现两年三胎。

三、研究进展

鉴于昭乌达肉羊作为一个肉羊新品种刚被确立不久，故其研究进展还处于起步阶段，因此关于该品种羊的科学试验报道比较少。在分子研究水平上，陶晓臣等（2012）用荧光实时定量 PCR 法分别检测了肌肉 PRKAG3 和 LPL 基因在昭乌达肉羊和鄂尔多斯细毛羊背最长肌上的 mRNA 表达水平，并比较分析了两个肉羊品种肌内脂肪含量与两个基因之间的关系。发现昭乌达肉羊 LPL 基因 mRNA 的表达量显著低于鄂尔多斯细毛羊（$P<0.01$）。昭乌达肉羊在繁殖方面的研究，目前只有胡大君等（2012）和梁术奎（2012）以试验报告形式，分别陈述了昭乌达肉羊冷冻精液的推广应用效果和胚胎移植技术在昭乌达肉羊育种中的应用。

胡大君等（2012）对昭乌达肉羊在放牧加补饲条件下的早期生长发育规律进行了分析。结果表明，昭乌达肉羊从出生到断奶前日增重呈上升趋势，公羔羊 3～6 月龄达到增重高峰，母羔羊 3.5 月龄达到增重高峰；6～9 月龄是生长发育较快的时期。由此可得出结论：昭乌达肉羊早期生长发育快，如果加强饲养管理，羔羊可以当年出栏，获得较高的经济效益。陶晓臣等（2011）对昭乌达肉羊羯羊、蒙古羯羊进行了产肉性能和肉品质特性比较试验，发现昭乌达羯羊的屠宰率和胴体产肉率等各项指标均极显著高于蒙古羯羊（$P<0.01$）。肉品质测定结果，昭乌达肉羊与蒙古羯羊剪切力值差异不显著。昭乌达肉羊的肌肉中，鲜味氨基酸的含量均显著高于蒙古羯羊（$P<0.05$）。两个品种羊的脂肪酸组成基本一致，都是以油酸、硬脂酸、棕榈酸为主，在两个肉羊品种的亚油酸及亚麻酸含量中，昭乌达肉羊显著高于蒙古羯羊（$P<0.05$）。结果显示，昭乌达肉羊不仅口感良好，而且具有较高的营养价值。

四、产业现状

2010 年国家公布昭乌达肉羊地方标准，国家质量监督检验检疫总局批准昭乌达肉羊地方标准（见中华人民共和国地方标准备案公告 2010 年第 11 号）。该品种于 2011 年 9 月经过初审验收，于 2012 年经国家畜禽遗传资源委员会审定并通过鉴定，获得畜禽新品种配套系证书。2012 年 3 月 2 日，中华人民共和国农业部公告第 1731 号正式颁布。

2011 年昭乌达肉羊育种区共有育种核心群 37 个，核心群母羊 13 002 只，其中克什克腾旗 6 700 只，阿鲁科尔沁旗 2 250 只，巴林右旗 2 540 只，翁牛特旗 1 512 只。2011 年育种繁殖母羊群共存栏母羊 100 249 只，其中克什克腾旗 54 155 只，阿鲁科尔沁旗 16 830 只，巴林右旗 15 605 只，翁牛特旗 13 659 只（胡大君等，2013）。2012 年 6 月末，在昭乌达肉羊核心育种区共存栏昭乌达肉羊 50 万只，昭乌达肉羊存栏总数达到 80 万只以上（魏景钰等，2013）。

昭乌达肉羊是草原型肉羊新品种，适应牧区、半农半牧区自然生态条件，以采食优质天然牧草为主，肉质鲜美，保留了天然纯正的草原风味。羊肉营养价值丰富，既是低脂肪高蛋白健康食品，也是秋冬御寒和进补的佳品。产品已通过昭乌达肉羊有机认证，符合生产高档羊肉产品质量要求。目前赤峰市已打造出蒙都有机羊、昭乌达有机羊、金格尔三个优质有机羊肉产品品牌，产品在市场上供不应求，深受内蒙古东部地区人们的喜爱（胡大君等，2013）。

五、其他

昭乌达肉羊育种繁育体系由育种原种场、育种合作社、育种羊饲养户组成。育种群由育种核心群、繁育群、生产群构成。育种核心群的组建以育种区 3 个育种原种场、育种合作社为基础，对育种核心群羊逐只进行育种登记，建立完整的育种档案。

在昭乌达肉羊育种工作中，内蒙古自治区农牧业科学院和赤峰市家畜改良站，对主产区在放牧加补饲条件下的昭乌达肉羊的饲养情况、生长发育情况进行了深入试验研究，为合理地利用育种区草牧场资源、充分发挥昭乌达肉羊优良生产性能提供了科学的饲养方法和规程。

国家畜禽遗传资源委员会羊专业委员会主任委员、中国农业科学院畜牧所杜立新研究员在昭乌达肉羊新品种审定会上说:"昭乌达肉羊作为我国培育出来的第一个草原型肉羊新品种,特点突出,将会对我国肉羊产业的发展起到重大的推动作用。"

在育种工作中昭乌达肉羊冷冻精液的制作与应用技术研究项目获得"2008年度赤峰市科技进步"三等奖,获得2008年度内蒙古自治区农牧业"丰收奖"二等奖(胡大君等,2013)。

第三节　鲁西黑头羊

一、概况

鲁西黑头羊(Luxi Black Head sheep)是以南非黑头杜泊绵羊作父本、小尾寒羊作母本,经杂交改良、横向固定、继代选育与扩繁,培育出的适合生产优质高档羊肉的多胎品系,并于2010年通过专家鉴定,具有耐粗饲、抗病、适合农区舍饲圈养等特点。

鲁西黑头羊主产区在山东省聊城市,主要分布在东昌府区、茌平县和冠县等地。聊城市是鲁西黑头羊的选育区,位于黄河冲积平原,地势西南高、东北低。地处温带季风气候区域,具有显著的季节变化和季风气候特征,属半干旱大陆性气候。该市年平均气温13.1℃,1月最冷,平均气温−2.5℃;7月最热,平均气温26.7℃。全年≥0℃积温4 884～5 001℃,全年≥10℃积温4 404～4 524℃;无霜期平均为193～201d。年平均降水量578.4mm,全年降水多集中于农作物生长期内,对农作物生长十分有利。

鲁西黑头肉羊除具有生长发育快、肉用性能好、繁殖率高、耐粗饲、抗病、适合舍饲圈养外,还具有胴体净肉率高、肉质品质好、板皮质量优等特点,是生产优质皮革原料的理想群体;其肌肉组织结构、剪切力值等肉质品质均优于小尾寒羊肉,属于我国少有的高档肉羊品种。

二、特征与性能

(一)体型外貌特征

1. 外貌特征　培育的鲁西黑头肉羊多胎品系羊,体型外貌基本一致。头颈部被毛黑色,体躯被毛白色。体型高大,结构匀称,背腰平直,后躯丰满,四肢较高且粗壮结实,全身成桶状结构,肉用体型明显。

2. 体重和体尺　鲁西黑头羊多胎品系各生长发育阶段体重、体尺见表4-4。

表4-4　鲁西黑头羊多胎品系各生长发育阶段体重、体尺

月龄	性别	只数	体重(kg)	体高(cm)	体长(cm)	胸围(cm)	管围(cm)
初生	公	159	3.77±1.15	34.10±3.62	29.12±3.36	35.16±3.82	6.50±0.69
	母	127	3.39±0.96	33.04±3.18	28.23±3.28	34.25±3.50	6.33±0.62
3月龄	公	88	31.10±5.28	56.55±3.45	64.61±4.96	75.66±5.21	9.38±0.71
	母	83	28.03±5.26	54.21±3.38	61.59±4.76	74.51±5.80	8.85±0.64
6月龄	公	23	50.77±8.60	63.70±3.70	77.17±7.91	85.87±7.60	10.59±0.69
	母	30	43.26±7.23	60.77±2.99	71.64±5.19	85.82±5.72	9.50±0.51
12月龄	公	10	79.30±2.61	69.50±3.64	90.38±4.77	106.80±4.16	11.30±0.67
	母	15	59.62±7.33	66.40±2.95	80.40±3.60	91.90±7.91	9.92±0.38
18月龄	公	8	107.33±5.43	75.50±3.87	90.93±1.02	108.73±3.25	12.50±1.14
	母	10	60.10±4.52	66.90±2.52	80.80±3.56	93.10±3.61	10.00±0.71

资料来源:王金文等,2011。

(二)生产性能

1. 产肉性能　鲁西黑头肉羊生长发育快,屠宰率高,肉质品质好。鲁西黑头羊公、母羊3月龄、6

月龄及周岁体重、体高、体长等指标都高于杜泊羊。6 月龄体重公羔 50.77kg，母羔 43.26kg。培育的成年羊平均体重：种公羊 107.33kg，最大个体重 132.5kg；种母羊 60.10kg，最大个体重 100.5kg。公羔 3～5 月龄育肥期日增重 307g，屠宰率 55.09％。鲁西黑头肉羊屠宰测定结果见表 4-5。

表 4-5　鲁西黑头肉羊屠宰测定结果

品种	只数	宰前活重（kg）	胴体重（kg）	骨重（kg）	净肉重（kg）	眼肌面积（cm²）	屠宰率（%）	胴体净肉率（%）
鲁西黑头羊	4	42.13±1.31	23.21^A±1.28	3.90±0.16	17.62^A±1.10	19.07^A±0.58	55.09^A±2.04	75.87±0.59
小尾寒羊	4	42.00±3.63	19.48^B±1.04	4.70±0.37	13.30^B±1.62	14.99^B±4.62	46.26^B±6.65	68.08±4.58

注：同列不同大写字母表示差异极显著（$P<0.01$）。
资料来源：王金文等，2011。

2. 繁殖性能　繁殖母羊可常年发情配种，繁殖性能好。鲁西黑头肉羊存在三种 FecB 基因型，即 BB 基因型、B＋基因型和＋＋基因型，并以 B＋基因型为主。B＋基因型母羊比＋＋基因型母羊多产羔 0.62～0.87 只。经测定，104 只经产母羊 2～5 胎次平均产羔率 203％，其中 60 只携带 B＋基因型经产母羊达到 208.3％。鲁西黑头羊平均产羔率 203％（王德芹等，2012）。

三、研究进展

鲁西黑头羊将引进品种与地方品种的多胎性能有机组合起来，采用常规育种技术和 FecB 分子遗传标记辅助选择，通过选种选配、横交固定和扩繁推广，培育出适宜于我国农区生产优质高档肥羔肉的鲁西黑头肉羊多胎品系。前后培育时间总共只有十年，近五年来的培育速度及深入研究方面才刚刚起步。据课题主持人、山东省农业科学院畜牧专家王金文介绍，2002 年该所开始以引进的黑头杜泊绵羊为父本，与当地小尾寒羊为母本进行杂交试验。2006 年以来，课题组通过杂交选育和扩繁，实施分子遗传标记选择，育成了鲁西黑头羊。经测定，母羊平均产羔率为 203％。据了解，原产于南非被国际誉为"钻石级绵羊肉"的杜泊羊，产羔率也仅为 150％，而且初产母羊一般产单羔。同样饲养条件下，这两种羊的产羔数量相差 1/4。

王金文、崔绪奎等（2011）通过对 276 只鲁西黑头肉羊进行多胎基因检测发现，FecB 基因型在鲁西黑头肉羊中的分布 BB 基因型频率为 0.065，B＋基因频率为 0.402，＋＋基因频率为 0.533。对携带 B＋型基因的 60 只母羊和携带＋＋型基因的 70 只母羊的产羔率进行统计分析发现，携带 B＋型基因母羊产羔率达到 208.3％，较＋＋型提高 86.88 个百分单位，差异极显著（$P<0.01$）。王金文等（2011）比较了鲁西黑头羊和小尾寒羊背最长肌和股二头肌中脂肪酸的含量，得出两种羊的短链脂肪酸含量相似的结论，但鲁西黑头羊参与膻味形成的硬脂肪酸含量显著小于小尾寒羊，表明鲁西黑头羊的膻味较轻。

王金文等（2011）对鲁西黑头羊肉品质进行了探究，发现羊肉中 $\omega-6$ 与 $\omega-3$ 脂肪酸的比例为 4.54：1～5.17：1，肌肉中 S：M：P 接近 1：1：1，达到了世界卫生组织和联合国粮农组织推荐标准；硬脂酸含量低，膻味轻；氨基酸和脂肪酸含量丰富，Ca、P 含量高，胆固醇含量低。

四、产业现状

在山东省聊城地区示范基地培育出了鲁西黑头肉羊种公羊 95 只，繁殖母羊 2 530 只。项目实施期间，向社会推广鲁西黑头良种羊 5 364 只，生产优质肉羊 92.5 万只，每只育肥羔羊比小尾寒羊多收入 100 元以上，带动了鲁西地区肉羊生产的发展，经济效益和社会效益十分显著。

2013 年，聊城市《东昌府区畜牧局认真做好畜牧生产重点工作》中指出，要做大做强鲁西黑头肉羊产业。以山东省农业科学院畜牧兽医研究所鲁西黑头肉羊核心试验场为依托，聊城市昊凯畜禽养殖有限公司鲁西黑头肉羊繁育场为中心；建立以沙镇、堂邑、郑家为中心的优质肉羊产区，大面积开展杂交改良和良种扩繁，广泛开展群选群育。

五、其他

2011 年 10 月，山东省农业科学院畜牧兽医研究所和聊城市东昌府区畜牧局联合主办的"鲁西黑头肉羊选育及产业化开发研讨会"在山东省聊城市召开，另外参会人员还出席了聊城市东昌府区在沙镇举办的"鲁西黑头肉羊赛羊会"。与会专家对 2011—2015 年鲁西黑头肉羊选育方案和聊城市东昌府区鲁西黑头肉羊产业发展规划进行了研讨论证，并提出了宝贵意见。我国著名养羊专家赵有璋教授指出，该品系具有生长发育快、肉用性能好、繁殖率高、耐粗饲、抗病、适合舍饲圈养的特点，另外还具有胴体净肉率高、肉质品质好、板皮质量优等特点，是生产高档羊肉和优质皮革原料的理想群体。

第四节　察哈尔羊

一、概况

察哈尔羊是在内蒙古自治区锡林郭勒盟南部细毛羊养殖区，以内蒙古细毛羊为母本，德国肉用美利奴羊为父本进行杂交育种，培育而成的一个抗逆性强、肉用性能良好、繁殖率高、遗传性能稳定的优质肉毛兼用羊新品种。因育种区镶黄旗、正镶白旗、正蓝旗是蒙古族察哈尔部落的主要居住区域，故培育的羊品种称为"察哈尔羊"。2014 年通过国家畜禽遗传资源委员会鉴定，被农业部正式命名为"察哈尔羊"。

察哈尔羊育种区域为锡林郭勒盟南部地区的三个牧业旗，即镶黄旗、正镶白旗和正蓝旗。锡林郭勒盟位于中国的正北方，内蒙古自治区的中部，是国家重要的畜产品基地。该地区畜牧业发展历史悠久，牧民传统放牧经验丰富，地方良种牲畜多。主要气候特点是风大、干旱、寒冷。年平均气温 0～3℃，结冰期长达 5 个月，寒冷期长达 7 个月；1 月气温最低，平均−20℃；7 月气温最高，平均 21℃。平均降水量 295mm，由东南向西北递减。锡林郭勒盟是一个以高平原为主体，兼有多种地貌的地区，地势南高北低，东、南部多低山丘陵，盆地错落其间。广袤的草地资源和丰富的畜产品为畜牧业、畜产品加工业提供了良好的资源条件。

察哈尔羊为肉毛兼用品种，具有生长发育快、繁殖率高、耐粗饲、适应性强、遗传性能稳定、产肉性能高、肉质好的特点，适合干旱半干旱草原放牧加补饲饲养，养殖效益高。

二、特征与性能

（一）体型外貌特征

1. 外貌特征　察哈尔羊头清秀，鼻直，脸部修长；体格较大，四肢结实、发达，结构匀称，胸宽深，背长平，后躯宽广，肌肉丰满，肉用体型明显；公、母羊均无角，颈部无皱褶或有 1～2 个不明显的皱褶；头部细毛着生至两眼连线，额部有冠状毛丛，被毛着生前肢至腕关节，后肢至飞节。

被毛为白色，毛丛结构闭合性良好，密度适中，细度均匀。弯曲明显，呈大弯或中弯；油汗白色或乳白色，含量适中；腹毛着生良好，呈毛丛结构，无环状弯曲。

2. 体重和体尺　察哈尔羊体型较大，肉用羊体型特征明显。成年种公羊平均体重 91.87kg、体高 80.86cm、体长 85.87cm、胸围 115.54cm、胸深 34.43cm、胸宽 29.03cm。成年母羊平均体重 65.26kg、体高 69.89cm、体长 74.46cm、胸围 111.77cm、胸深 32.74cm、胸宽 25.47cm，其中体重、体高、体长和胸围分别比母本内蒙古细毛羊提高了 18.86kg、2.42cm、4.15cm 和 12.49cm。

（二）生产性能

1. 产肉性能　察哈尔羊平均宰前活重、胴体重和净肉重 30 月龄母羊分别达到 66.67kg、33.32kg 和 25.49kg；18 月龄母羊分别达到 56.31kg、26.60kg 和 20.34kg；6 月龄公羔分别达到 44.68kg、21.17kg 和 15.70kg；6 月龄母羔分别达到 38.35kg、18.11kg 和 13.45kg。

平均屠宰率和净肉率 30 月龄母羊分别达到 49.98% 和 38.23%；18 月龄母羊分别达到 47.24% 和

36.12％；6 月龄公羔分别达到 47.38％和 35.14％；6 月龄母羔分别达到 47.77％和 35.15％。

2. 繁殖性能 察哈尔羊性成熟较早，公羊 9 月龄，母羊 8 月龄；初产母羊繁殖率为 126.4％，经产母羊繁殖率为 147.2％。分别比母本内蒙古细毛羊提高了 16.4 和 27.2 个百分点，经产母羊繁殖率达到了父本德美羊的水平。

三、研究进展

毕力格巴特尔等（2014）和苏德斯琴等（2014）为察哈尔羊的科学选种及利用提供了科学依据，对察哈尔羊在放牧加补饲条件下生长发育规律的研究表明，出生到 4 月龄（断奶）是察哈尔羊生长发育的高峰期，公羔平均日增重 203.58g，母羔平均日增重 191.42g；4～6 月龄是察哈尔羊生长发育速度较快时期，公、母羔平均日增重分别为 166.17g 和 140.67g；6～18 月龄平均日增重呈下降趋势，但公羊在 12 月龄前平均日增重仍保持在 100g 以上，体重增加仍较快。说明察哈尔羊具有体成熟早、早期生长发育快的特点。

苏德斯琴等（2014）分析了察哈尔羊肉用性能和品质特性，结果表明察哈尔羊肉粗蛋白含量为 18.5％～21.9％，脂肪含量适中，均值为 3.23％～6.51％，不饱和脂肪酸含量较高，脂肪酸组成表现出较好的脂肪酸适宜比例，必需脂肪酸代表亚油酸含量较高，n6：n3 的值为 1.59～3.5。

四、产业现状

2012 年繁育出遗传性能基本稳定的察哈尔羊 677 449 只，其中种公羊 3 452 只、育成公羊 1 154 只、成年母羊 258 447 只、育成母羊 37 767 只、羔羊 376 629 只。2013 年育种区察哈尔羊存栏基础母羊达到 25.9 万只，其中镶黄旗 13.1 万只、正镶白旗 7.9 万只、正蓝旗 4.9 万只。

五、其他

察哈尔羊是在育种过程中，以内蒙古细毛羊为母本，以德国美利奴肉羊为父本，进行杂交育种，提高肉用性能和繁殖性能；并在杂交二代基础上，选择理想型个体进行四代横交固定、选育提高和扩群繁育，最终培育出的一个遗传性能稳定的优质肉毛兼用羊新品种。

目前，察哈尔羊的数量虽然达到了品种验收的要求，但还远远不能满足内蒙古整个地区肉羊业发展的需要，必须进一步扩大群体数量，以满足市场需求。而且需要进一步加强选育，提高生产性能，加强饲养管理，充分挖掘察哈尔羊的良好生产性能潜力，创造更好的经济效益。

第五章

地方肉用型山羊

第一节 白玉黑山羊

一、概况

白玉黑山羊（Baiyu Black goat）属于以产肉为主的地方品种。原产于四川省白玉县的河坡、热加、章都、麻绒、沙马等乡，分布于德格、巴塘等县的干燥河谷地区。产区饲养黑山羊的历史悠久。早在公元前4世纪，以放牧著称的古羌人就定居于今天的甘孜藏族自治州金山、大渡河流域。黑山羊是由野山羊驯化后而形成的种群，其在该区经过长期的闭锁繁育，加上无数代的自然选择和人工选择，逐渐适应于当地气候和环境条件，形成的适应性强、产肉性能较好的优良品种。

产区位于北纬30°22′33″～31°40′15″、东经98°36′0″～99°56′6″，青藏高原东部、沙鲁里山西侧、金沙江上游东岸、横断山脉北段。地形地貌类型复杂，海拔悬殊较大，土壤、植被、气候等具有显著的垂直地带性变化，而且呈现出一定的纬度性变化。白玉黑山羊中心产区为半干旱气候区，年降水量500～610mm，年平均气温6～10℃，年平均日照时数2 100h左右，无霜期110～140d。草场类型有高山草甸草地及林间草地，牧草以禾本科草为主。农耕地主要为山地棕壤土质，农作物主要有青稞、马铃薯等（国家畜禽遗传资源委员会，2011）。

白玉黑山羊是四川省甘孜藏族自治州的古老品种，在高海拔和严酷自然环境条件下能保持较好的生产力，适应性强，但地区间和个体间生产性能差异较大。今后应加强本品种选育，提高其产肉性能，不断改进群体整齐度（国家畜禽遗传资源委员会，2011）。

二、特征与性能

（一）体型外貌特征

1. 外貌特征 白玉黑山羊体格小，骨骼较细。头较小、略显狭长，面部清秀，鼻梁平直，耳大小适中，为竖耳。颈较细短。胸较深，背腰平直。四肢长短适中、较粗壮，蹄质坚实。被毛多为黑色，少数个体头黑、体花（国家畜禽遗传资源委员会，2011）。

2. 体重和体尺 白玉黑山羊体重和体尺见表5-1。

表5-1 白玉黑山羊体重和体尺

性别	只数	体重（kg）	体高（cm）	体长（cm）	胸围（cm）
公	10	28.2±4.2	58.6±3.9	61.1±4.2	77.2±5.7
母	12	22.4±4.4	54.4±3.5	55.0±4.8	69.2±4.2

注：2006年由白玉县畜牧局测定。

资料来源：国家畜禽遗传资源委员会，2011。

（二）生产性能

1. 产肉性能 白玉黑山羊屠宰性能见表5-2。

表 5-2 白玉黑山羊屠宰性能

年龄	性别	只数	宰前活重（kg）	胴体重（kg）	屠宰率（%）	净肉重（kg）	净肉率（%）
周岁	公	5	17.4	8.5	48.9	6.5	37.4
	母	5	13.4	5.5	41.0	3.9	29.2
成年	公	5	34.3	16.6	48.4	12.6	36.7
	母	5	26.8	11.6	43.3	9.5	35.4

资料来源：国家畜禽遗传资源委员会，2011。

2. 繁殖性能 白玉黑山羊公羊 10～12 月龄性成熟，母羊 8～10 月龄性成熟。公羊初配年龄 10 月龄，母羊初配年龄 8 月龄。母羊发情季节为 5 月份，发情周期 18～21d，怀孕期 150d 左右，产羔率 100.9%。羔羊成活率 80%（国家畜禽遗传资源委员会，2011）。

三、研究进展

王杰等（2005）采用 DNA 指纹技术对四川 9 个黑山羊品种（群体）进行遗传分析研究，以期从分子水平为这 9 个黑山羊品种（群体）的鉴定提供一定的科学依据。试验以寡核苷酸探针（CA/GATA/TCC）₅/Hinf I 酶切，研究四川 9 个黑山羊品种（群体）的 DNA 指纹图谱。结果表明，在供试黑山羊中，个体平均可检测出 18.4 条谱带，未发现有共同的谱带，亦未检出性别特异谱带。9.0kb、6.2kb 和 5.5kb 为白玉黑山羊共有谱带，其余各黑山羊品种（群体）内无共有谱带。9 个黑山羊品种（群体）内相似系数为 0.420～0.560；遗传距离为 0.380～0.560，其中白玉黑山羊与其他 8 个黑山羊品种（群体）间的遗传距离（0.450～0.560）较大。

四川省大多是山地，适宜发展山羊养殖，不同生态区形成了不同的肉用山羊品种（群体）。国内外学者对乳用山羊乳研究较多，而对肉用山羊乳的研究较少。乳是初生羔羊唯一的营养来源，为了提高羔羊的成活率和哺乳期的生长发育速度，王杰等（2006）采用常规方法测定白玉黑山羊和四川 9 个山羊品种（群体）乳常规营养成分含量；以垂直板电泳经考马斯亮蓝染色分析乳蛋白组成；用碱性尿素电泳法分析酪蛋白多态性。结果表明，白玉黑山羊和四川 9 个山羊品种（群体）乳蛋白含量范围为 41.36～46.37g/L；乳糖含量范围为 44.00～47.30g/L；乳脂含量范围为 55.45～60.52g/L。其中，白玉黑山羊的乳脂含量最低（55.45g/L）。

王杰等（2008）采用 AFLP 标记，研究白玉黑山羊与金堂黑山羊、乐至黑山羊、合江黑山羊、江安黑山羊、营山黑山羊、嘉陵黑山羊和成都麻羊 8 个山羊品种（群体），共 261 只个体的遗传多样性。结果表明，选用 8 对引物组合共获得 174 个标记，其中 80 个为多态性标记，标记多态频率为 16.53%～38.62%，平均每对引物获得 21.75 条带。根据 AFLP 分析结果，用 Shannon 多样性指数公式计算的结果是，供试 8 个山羊品种（群体）的遗传多样性指数为 0.0888～0.2289。其中，白玉黑山羊最小（0.0888），营山黑山羊的遗传多样性指数最大（0.2289），嘉陵黑山羊次之（0.2119），其余山羊品种（群体）介于其间。

四、产业现状

白玉黑山羊的群体数量近几年呈下降趋势。1990 年年底存栏 5.29 万只，2005 年年底存栏 5.80 万只，2008 年年底存栏 4.57 万只（国家畜禽遗传资源委员会，2011）。

五、其他

白玉黑山羊主要是全年放牧饲养，一般不补饲，仅在冬、春季节给怀孕母羊补饲少量青稞和青干草（国家畜禽遗传资源委员会，2011）。

第二节　川中黑山羊

一、概况

川中黑山羊（Chuanzhong Black goat）可分为乐至型和金堂型，具有个体大、生长快、肉质鲜美、繁殖率高、适应性强、耐粗饲等优点，属以产肉为主的大型山羊地方遗传资源。川中黑山羊于 2010 年列入《中国国家畜禽遗传资源目录》。据《成都市志》和《金堂县志》记载，在 20 世纪 30 年代初，金堂县就饲养相当数量的黑山羊。据 1954 年金堂县委对全县的养羊情况进行的调查显示，该县黑山羊约占羊只总数的 60%。早在清朝道光年间《乐至县志》就有"唯黑山羊纯黑味美，不膻"的记载，证明很早以前当地就已饲养山羊。1996 年以来开始进行系统选育研究，在当地生态环境条件下，经群众长期精心选育，形成了适应性强、产肉性好的优良山羊资源。

川中黑山羊原产自四川省金堂、乐至县一带，分布于安岳、雁江、中江、青白江、安居、大英等地。产区位于北纬 $30°02'\sim30°50'$，东经 $104°40'\sim105°17'$。年降水量 $844\sim920$mm，相对湿度 80%。年平均气温、最高气温、最低气温分别为 $16.7\sim17.3℃$、$40.6℃$、$-2.3℃$；无霜期 $284\sim294$d。属于亚热带季风性气候，气温温和、四季分明、雨量充沛、湿度大、云雾多。草场类型众多，有丘陵草丛、疏林草丛、林间草丛、农隙草丛。种植的牧草有黑麦草、墨西哥玉米、紫花苜蓿、篁竹草等，种类繁多、生长茂盛。农作物以水稻、玉米、小麦、甘薯等为主，秸秆和农副产品资源丰富。

川中黑山羊繁殖性能突出，产肉性能优良，适应范围广泛，用以改良其他山羊的效果显著，是我国产肉性能和繁殖性能最好的山羊品种之一。为了进一步提高川中黑山羊的产肉性能和繁殖性能，应重点开展高繁和快长两个品系的选育工作，提高泌乳力和后躯肌肉比重，充分利用前期生长快的优势，扩大优良种群的数量。

二、特征与性能

（一）体型外貌特征

1. 外貌特征　川中黑山羊全身被毛为黑色，有光泽，冬季内层着生短而细密的绒毛。体质结实，体型高大。头中等大，有角或无角。公羊角粗大，向后弯曲并向两侧扭转；母羊角较小，呈镰刀状。耳中等偏大，有垂耳、半垂耳、立耳几种。公羊鼻梁微拱，母羊鼻梁平直。成年公羊颌下有毛须，成年母羊部分颌下有毛须。颈长短适中，背腰宽平。四肢粗壮，蹄质坚实。公羊体态雄壮，前躯发达，睾丸发育良好；母羊后躯发达，乳房较大，呈球形或梨形。乐至型中部分羊头部有栀子花状白毛。乐至型公羊体型比金堂型略大，金堂型母羊体型略大于乐至型（图 50 和图 51）（国家畜禽遗传资源委员会，2011）。

2. 体重和体尺　川中黑山羊体重和体尺见表 5-3。

表 5-3　川中黑山羊体重和体尺

类型	年龄	性别	只数	体重（kg）	体高（cm）	体长（cm）	胸围（cm）
金堂型	周岁	公	73	44.31±3.11	65.70±2.07	72.91±2.05	80.60±3.94
		母	87	35.69±2.77	62.19±2.58	66.66±2.61	74.14±3.03
	成年	公	63	66.26±3.50	76.35±2.44	87.57±2.56	98.52±4.34
		母	71	49.51±2.89	67.84±2.69	76.31±3.35	84.61±4.02
乐至型	周岁	公	78	42.48±4.32	65.22±3.83	72.13±3.19	67.46±3.67
		母	147	35.61±3.84	59.30±3.98	64.31±3.55	71.27±3.81
	成年	公	32	71.24±4.75	78.65±4.70	85.25±4.57	96.12±3.5
		母	80	48.41±2.71	68.37±3.27	73.52±3.41	85.63±2.75

注：2005 年 9 月由金堂县畜牧畜牧局和乐至县畜牧局测定。

资料来源：国家畜禽遗传资源委员会，2011。

（二）生产性能

1. 产肉性能 川中黑山羊屠宰性能见表5-4。

表5-4 川中黑山羊屠宰性能

类型	年龄	性别	只数	宰前活重(kg)	胴体重（kg）	屠宰率（%）	净肉重（kg）	净肉率（%）
金堂型	周岁	公	5	41.54	20.37	49.04	14.97	36.04
		母	5	37.70	18.02	47.80	13.53	35.89
	成年	公	5	72.48	38.24	52.76	28.97	39.97
		母	5	49.80	24.49	49.18	18.55	37.25
乐至型	周岁	公	5	43.04	21.88	50.84	16.77	38.96
		母	5	37.29	17.66	47.36	13.20	35.40
	成年	公	3	68.62	33.13	48.28	25.59	37.29
		母	5	57.63	26.48	45.95	20.89	36.25

注：2005年9月由金堂县畜牧局和乐至县畜牧局测定。

资料来源：国家畜禽遗传资源委员会，2011。

2. 繁殖性能 川中黑山羊性成熟早，母羊3月龄性成熟。初配年龄母羊5~6月龄，公羊8~10月龄。母羊发情周期18~22d，发情持续期24~72h，常年发情，妊娠期146~153d，年产1.7胎，多胎。母羊平均产羔率236.78%，初产母羊产羔率197.15%，经产母羊产羔率248.71%。羔羊成活率91%。金堂型母羊产羔率初产母羊189.30%，经产母羊245.40%；乐至型母羊产羔率初产母羊206.00%，经产母羊252.00%（国家畜禽遗传资源委员会，2011）。

三、研究进展

四川黑山羊分布广，2005年总数接近400万只，在不同生态地区，形成了金堂黑山羊（JT）、乐至黑山羊（LZ）、建昌黑山羊（JC）3个地方山羊品种。近年来又发现了不同称谓的黑山羊。王杰等（2006）应用微卫星DNA对四川9个黑山羊品种（群体）进行遗传多态性研究分析，以期从分子水平为界定黑山羊品种提供依据。结果表明，10个微卫星座位在9个黑山羊品种中均为高度多态座位，金堂与乐至黑山羊在D=0.437处聚为一类，现被统称为川中黑山羊。武志娟等（2013）利用14个微卫星标记分析了乐至黑山羊、金堂黑山羊、攀枝花地方黑山羊、建昌黑山羊、云岭黑山羊5个品种（群体）的遗传多样性及亲缘关系。结果显示，5个黑山羊品种（群体）的平均多态信息含量（PIC）为0.640 5~0.685 6，平均杂合度（H）为0.698 5~0.7371，说明遗传多样性丰富；群体间平均遗传分化系数（Fst）为0.029 6，说明群体间的变异仅为2.96%，群体间存在基因交流；金堂黑山羊和乐至黑山羊之间的遗传距离最小（D=0.036 5）；NJ聚类图中，金堂黑山羊和乐至黑山羊聚为一类，攀枝花黑山羊、建昌黑山羊和云岭黑山羊聚为一类，聚类结果与群体的地理分布较为一致。

根据乐至黑山羊本身的高繁殖率、高产肉性能的特点，汤科等（2009）利用分子标记基因技术，通过现代分子生物与传统育种方法相结合，采用比较基因组学方法，研究乐至黑山羊的高繁性能，初步探讨了3个与绵羊、山羊产羔率紧密相关的微卫星标记OarHH35、OarHH55和BM1329在4代85只乐至黑山羊中与其产羔数的相关性。结果显示，微卫星标记BM1329在乐至黑山羊中可检测到的等位基因数为3，其片段大小分别为125bp、147bp和300bp标记；标记OarHH55可检测到的等位基因数为2，片段大小分别为106bp和181bp；标记OarHH35可检测到的等位基因数为3，片段大小分别为88bp、112bp和175bp。统计分析表明，BM1329的300bp等位基因和OarHH35的112bp等位基因对乐至黑山羊产羔数呈正效应，而BM1329的147bp等位基因和OarHH35的175bp等位基因对产羔数呈负效应。因此，微卫星标记OarHH35和BM1329可作为乐至黑山羊高繁殖性能候选标记进行深入研究。李力（2006）以10个微卫星标记，对四川乐至黑山羊、金堂黑山羊、富顺黑山羊、白玉黑山羊、会理黑山羊、嘉陵黑山羊、营山黑山羊、合江黑山羊、江安黑山羊进行了遗传多态性研究。结果表明，10 个微卫星座位在 9 个黑山羊种群中为高度多态座位；基于 Nei 氏标准遗传距离 Da，采用 UPGMA 方法构建了系统发生树，9 个黑山羊种群遗传距离为 0.386～0.769，聚为四类，其中金堂黑山羊与乐至黑山羊在 D=0.437 处聚为一类。结果同时显示，9 个黑山羊种群的分子系统发生关系与生态地理分布一致。该研究的 10 个微卫星测定 9 个黑山羊种群平均 PIC 和平均杂合度均大于 0.5，说明 9 个黑山羊种群内遗传多样性均较高。此结果同 RAPD 分析和 mtDNA 测序分析的结果一致。

为了探索川中黑山羊（乐至型）的繁殖性能，文永照（2012）对川中黑山羊进行了初产日龄等繁殖性能指标的研究测定。据试验结果研究分析可得，川中黑山羊性成熟早。川中黑山羊（乐至型）母羊在常规放牧条件下，繁殖不受季节限制。且全年平均可产羔，产羔以 4 月、10 月最多，各占 11.14%，而以 7 月份最低。川中黑山羊具有一胎多羔的特点。川中黑山羊（乐至型）的产羔率初产母羊 205.95%，经产母羊为 252%，产羔率随胎次的增加而上升，第 2～4 胎分别为 238.13%、251.90%、272.48%。不同胎次的产羔百分率由高至低第一胎依次是双羔、单羔、三羔、四羔、五羔；第二、三胎均为双羔、三羔、单羔、四羔、五羔；第四胎是双羔、三羔、四羔、单羔、五羔、六羔。各胎平均产羔率是单羔占16.42%、双羔 45.63%、三羔占 25.82%、四羔占 10.58%、五羔占 1.37%、六羔点 0.18%，其中 2～6 羔的占 83.58%。说明川中黑山羊（乐至型）具有很高的繁殖力。

四、产业现状

随着经济和社会的发展，生活水平的提高，人们对黑山羊的需求不断增加，川中黑山羊群体数量发展较快。2001 年存栏 75.18 万只，2008 年存栏达 122.53 万只，生产方向由皮肉兼用逐步向肉用方向发展（国家畜禽遗传资源委员会，2011）。目前，该品种羊只总数为 122.53 万。

川中黑山羊采用保种场保护。2000 年后金堂县和乐至县分别建立了川中黑山羊保种选育场（国家畜禽遗传资源委员会，2011），2003 年 12 月通过四川省畜禽品种审定委员会审定命名为四川省地方山羊新品种"乐至黑山羊"。2009 年通过国家畜禽遗传资源委员会鉴定，2010 年 1 月 15 日农业部公告第 1 325号将川中黑山羊（乐至类群）纳入畜禽遗传资源目录（付锡三等，2011）。

乐至县天龙农牧科技有限公司是川中黑山羊（乐至型）原种场，国家和省级科技支撑科技项目承担单位。近年来，企业以科技项目为载体、以大专院校和科研单位为技术依托、以解决制约山羊养殖瓶颈为突破口，开展了系列研究工作，在实践中较好地探索了乐至黑山羊的养殖方法，促进了乐至黑山羊产业的发展。为推广健康养殖黑山羊的技术，乐至县天龙农牧科技有限公司建有四川省科技厅授牌的乐至黑山羊星火专家大院，西南民族大学和四川省畜科院科研教学基地，在 3 个乡镇 4 个村建有示范基地。带动企业所在地红光村直接养羊 60 户，每户饲养种羊 3～5 只，2010 年养羊收入平均9 000余元。传诵"家养十只种羊，三年盖座新楼房"，农民养羊积极性空前高涨（付锡三等，2011）。

五、其他

川中黑山羊夏季以舍饲和放牧结合为主，冬季进行舍饲。羔羊 2～3 月龄后，母羊和羔羊分开饲养并进行断奶，断奶后根据情况进行合理分群、分圈饲养。饲料以种植牧草、杂草和农作物秸秆等为主，根据羊只情况进行适当补饲（国家畜禽遗传资源委员会，2011）。

第三节　都安山羊

一、概况

都安山羊（Du'an goat）又名马山黑山羊，是广西地方优良山羊品种之一，属肉用型山羊地方品种，以肉质细嫩、味道鲜美、营养丰富、膻味少而闻名（赵有璋，2013）。都安山羊产于广西都安瑶族自治县，分布于该县周边的马山、大化、巴马、东兰、平果、忻城等县。都安山羊品种于 1983 年被列入

《广西畜禽品种表》。

都安山羊饲养历史悠久，据《都安县志》记载："本县家畜，大的如牛、马、猪、羊；小的如鸡……唯山地则兼养羊……"；"清以前，赋税制度系特殊……赋则征收士奉，并供树麻……竹木料，打山羊等。"都安县北部的瑶族同胞聚集地为三只羊乡，历来盛产山羊，以山羊作为赋税上缴，民间素有以羊做聘礼、杀羊做供品、烹制羊肉招待贵宾的风俗习惯。《隆山杂志》记述："婚时，男家备鹅羊及酒茶、盐糖为礼物……"可见，当地的民族文化促进了都安山羊的形成（国家畜禽遗传资源委员会，2011）。都安县位于广西中部偏西，地处云贵高原向广西盆地过渡的斜坡地带和都阳山脉东段。位于北纬 23°47′41″～24°35′00″、东经 105°51′08″～108°30′30″。东面与忻城县接壤，东北面是宜州市，东南面是马山县，西南是大化县，北面与河池市交界。都安县辖 19 个乡镇，248 个行政村，7 309 个村民小组，人口 63.88 万人，耕地面积 3.09 万 hm²，人均耕地面积 486.67m²。境内石山面积 5 452.44 km²，占全县总面积的 84.29%，素有"石山王国"和"千山万弄"之称。都安县属于亚热带季风气候，光线充足，热量丰富，夏长冬短，四季分明。温暖的气候和干旱的岩溶地貌，形成了以石山高中禾草和灌丛草场为主的草场植被。据草场资源调查统计，都安县有效草场面积 13.73 万 hm²，草山植物种类繁多（张若宁，2009）。

产区位于石山叠嶂的广西壮族自治区中西部的都阳山脉段，属南亚热湿润型季风性气候。境内是典型的喀斯特地貌，地势西北高、东南低，海拔 170～1 000m。夏季多雨易涝，秋、冬干燥凉爽。年平均气温 18.2～21.7℃，最高气温 39.3℃，最低气温 −1.2℃；无霜期 347d。年降水量1 738mm，降水多集中于夏季，相对湿度 74%。年平均日照时数 1 297h。有红水河、刁江、澄江、拉仁河、板岭河、地苏河、同更河等河流。土壤主要为棕色石灰土、红壤和冲积土。草场主要有高中禾草草丛和灌丛草丛，植物种类繁多。牧草有五节芒、石珍茅、野古草、云香竹、羊耳菊等。农作物主要有玉米、水稻、甘薯、豆类和荞麦等（国家畜禽遗传资源委员会，2011）。都安山羊的饲养多采用一家一户小群终年放牧的方式，放牧人习惯在放牧时割草并带回，扎成小把吊在栏内，让羊自由采食。

二、特征与性能

（一）体型外貌特征

1. 外貌特征　体质结实，体格较小。躯干近似长方形，胸宽深，肋开张良好，背腰平直，十字部略高于鬐甲部。头稍重，公、母羊均有须、有角，角向后上方弯曲，呈倒八字形，为暗黑色。额宽平，耳小、竖立、向前倾，鼻梁平直。四肢端正，蹄质坚硬。尾短而上翘。都安山羊被毛以纯白色为主，其次是麻色、黑色、杂色。被毛短，种公羊的前胸、沿背线及四肢上部均有长毛。皮肤呈白色（国家畜禽遗传资源委员会，2011）。

2. 体重和体尺　都安山羊成年羊体重和体尺见表 5-5。

表 5-5　都安山羊成年羊体重和体尺

性别	只数	体重（kg）	体高（cm）	体长（cm）	胸围（cm）	胸宽（cm）	胸深（cm）
公	30	41.9±4.4	61.3±4.1	73.9±3.8	81.7±5.2	19.7±1.8	30.6±2.3
母	99	40.6±6.6	58.4±3.9	73.2±5.1	81.3±6.0	19.7±2.5	29.4±2.8

注：2006 年 11 月在都安县和马山县测定。

资料来源：国家畜禽遗传资源委员会，2011。

（二）生产性能

1. 产肉性能　经检测，都安山羊背最长肌主要化学成分为水分 74.46%、干物质 25.54%、粗蛋白19.38%、粗脂肪 5.05%、粗灰分 1.11%。都安山羊屠宰性能见表 5-6。

表 5-6　都安山羊屠宰性能

性别	只数	宰前活重（kg）	胴体重（kg）	屠宰率（%）	净肉重（kg）	净肉率（%）	肉骨比
公	4	27.6±4.0	13.7±2.9	49.6±5.9	10.4±2.2	37.5±5.4	3.1
母	10	25.6±3.6	11.6±1.8	45.3±3.5	8.5±1.9	33.1±2.4	2.7
羯羊	6	30.3±7.1	15.7±4.5	51.8±3.3	12.0±2.9	39.5±2.0	3.2

注：2006 年 11 月在都安县和马山县测定。

资料来源：国家畜禽遗传资源委员会，2011。

2. 繁殖性能　都安山羊性成熟年龄公羊 6～7 月龄、母羊 5～6 月龄，初配年龄公羊 8～10 月龄、母羊 7～8 月龄。母羊四季发情，以 2～5 月份和 8～10 月份发情居多。发情周期 19～22d，发情持续期 24～48h，妊娠期 150～153d。一年产一胎或两年产三胎，产羔率 115%。初生重公羔 1.93kg，母羔 1.87kg。羔羊断奶成活率 94.27%（国家畜禽遗传资源委员会，2011）。

三、研究进展

都安山羊是我国南方喀斯特山区的一个肉用山羊品种，因为它具有抗病力强，耐粗饲，行动敏捷，善于爬高山、攀悬崖的特点，因此适合南方高温多雨气候条件饲养。其肉质嫩滑爽口，肉汤清甜，营养丰富，很受人们喜爱。随着生活水平的不断提高，人们对肉食动物的健康日趋重视。健康动物包含的内容很多，而肝功能指标是最基本的检查内容之一。为了了解广西都安山羊的健康状况，随机抽取 26 只本地山羊，对其肝功能指标血浆脂肪（Lip）、总蛋白（TP）、白蛋白（Alb）、球蛋白（Glo）、谷草转氨酶（AST）、Y 谷氨酰转肽酶（GGT）、鸟氨酸氨基甲酰转移酶（OCT）、碱性磷酸酶（ALF）、总胆红素（TBil）、直接胆红素（DBil）、间接胆红素（IBil）进行了测定。结果发现，7.7% 的被检山羊肝功能受损相当严重，50% 的被检山羊肝功能异常。通过试验测得山羊血脂含量在正常范围内，且与 AST 呈现显著负相关关系。说明被检山羊的血脂与肝功能的损伤有一定的关系。OCT 及 AST 是反映肝细胞受损害最敏感的指标，该检测中有 50%（13/26）的被检山羊 GGT 活性升高；11.5%（3/26）的被检山羊 OCT 活性异常升高，而其他被检山羊的 OCT 活性均低于 30U/L，其中有两只山羊的 GGT 及 OCT 活性同时升高。GGT、OCT 活性的升高提示山羊肝脏异常受损。该试验测得的 A/G 比值为 0.28～1.13，有 46.2%（12/26）的被检山羊的 A/G 的比值小于 0.6，可提示这些山羊的肝脏存在不同程度的损伤（易顺华等，2008）。

四、产业现状

都安县山羊主要分布在高岭、澄江、板岭、百旺、东庙、加贵、大兴、保安、三只羊、龙湾、菁盛、拉烈、九渡、下坳、隆福 15 个乡镇。据统计，2004—2008 年都安县山羊饲养总量为 168.79 万只，出栏 81.69 万只。其中，2008 年山羊饲养量为 43.20 万只，年末存栏 24.30 万只，出栏 18.90 万只，出栏率为 77.78%。2003 年被中国品牌宣传保护活动组委会认定为"中国都安山羊之乡"。在 2005—2007 年还实施了"都安县山羊生产标准化示范项目"。该项目的实施，成功制定了《都安山羊标识、运输标准》《都安山羊繁育技术规程》《都安山羊疾病防治技术规程》《都安山羊饲养管理技术规程》《都安山羊种羊评定标准》5 个县级地方标准。该项目的实施，覆盖了全县 10 个乡镇 3 000 个示范户，年出栏无公害肉羊 7 万只，产值 1 750 万元，示范户户均养羊收入 1 094 元。2007 年 10 月该项目通过了广西壮族自治区质量技术监督局考核验收。

2007 年以来羊肉价格持续上扬，都安山羊鲜活价格每千克已达 20～22 元，羊肉价格为每千克 46～50 元，效益较好。在西部大开发的项目中，都安县争取到了广西壮族自治区政府及有关部门的支持。2007 年获得山羊圈养示范项目经费 80 万元，建立了山羊圈养示范基地。2008 年又获得国家农业部支持的项目 150 万元，扩建了都安县山羊保种基地。尽管都安山羊商品羊销售广西、广东、海南等地，但都安山羊的发展仍受到诸多因素的影响。由于长期不进行选育，致使品种退化，山羊生产性能和经济效益都降低。以自然放牧为主的都安山羊，大多自由交配，影响羊群质量。同时有些草山因过度放牧，植被遭到破坏，沙漠化严重。另外都安山羊规模化养殖效益低，难以形成规模商品，经济效益不理想，在疫病预防和传播环节的控制上比较薄弱（张若宁，2009）。

五、其他

由农业部颁发的《都安山羊农产品地理标志登记证书》，标志着都安在开展新一轮扶贫攻坚战打造的"千山万弄百万羊生态养殖工程"特色品牌结出了硕果。为把山羊养殖业作为可持续发展项目，都安县全力主攻来自区、市科技项目中关于"山羊标准化养殖示范"课题等，先后引进四川黄羊、波尔山羊等良种羊与本地山羊进行杂交，改善了本地山羊体型矮小的状况。为改变过去山羊放养破坏生态的问题，该县扶贫、科技、畜牧兽医部门指导山羊养殖户改建羊舍，给羊消毒和打预防针，确保羊群健康成长。同时，与推广种草养羊同步发展。几年来，全县累计种植牧草 320 多万 hm²，其中示范乡镇种植牧草 250 多万 hm²。这不仅能让山羊过好冬，而且有效地保护了生态环境。广西都安瑶族自治县通过加大技术指导和加快品种改良，山羊养殖业得到了很大发展。2013 年一季度，该县山羊饲养量达 35.31 万只，出栏 6.28 万只，分别比同期增长 11.3％和 0.96％，产量约占广西山羊总量的 1/10。同时商品羊销往区内多个城市以及广东、海南等市场。

第四节　古蔺马羊

一、概况

古蔺马羊（Gulin Horse goat）俗称马羊，属于肉皮兼用型地方山羊品种。该品种羊产区地处川南边缘山区，是各族人民聚居的地方。尤其在苗族较集中的山区，长久以来群众喜欢养羊，而且民间喜欢将去势羊育肥、有吃烫皮羊肉的习惯。每当逢年过节或红白喜事的时候，人们常宰杀肥大阉羊办酒席。因此在选种上喜欢选择体格高大、体躯宽深的羊。种羊要求"单脊胛扁，胸肋骨深，长摆高稍"。同时，经各族同胞的精心选育，逐步形成了产肉性能优良的地方品种（国家畜禽遗传资源委员会，2011）。古蔺马羊是列入《四川畜禽品种志》的优良地方品种，具有性成熟早，繁殖力高，板皮面积大，品质好，增长快，产肉多，膻味轻等特点。

古蔺马羊原产于四川省古蔺县，分布于四川的叙永、纳溪、泸县等地，贵州的习水、仁怀、金沙等地也有分布。主产区在四川南部边缘与云贵高原的接壤处，位于北纬 27°40′～28°20′、东经 105°36′～106°35′，海拔 300～1 843m。境内山峦起伏，河谷交错，兼有中山、低山、丘陵等各种地貌，气候垂直变化明显。年降水量 1 100mm，相对湿度 83％。年平均气温 13.5℃，最高气温 38℃，最低气温−5℃；无霜期 232d；年平均日照时数 1 100h。土壤以紫红色和黄壤土为主，土地贫瘠（国家畜禽遗传资源委员会，2011）。水溪密布，水资源丰富。宜牧荒山草坡和灌木丛占总面积的 1/3 左右。主要植被有马桑、白茅等，主要农作物有水稻、玉米、小麦、大豆等。

二、特征与性能

（一）体型外貌特征

1. 外貌特征　古蔺马羊体格较大，体质结实，体躯近似砖块形。被毛主要有两种颜色，一种是麻灰色，即每根毛纤维上段为黑色，下段为灰色，形成灰底显黑麻；另一种为褐黄色，即每根毛纤维上段为黑色，下段为褐色，群众称为茶褐羊。一般腹部毛色较体躯毛色浅，母羊被毛较短，公羊被毛较长，在颈部、肩部、腹侧和四肢下端多为黑灰色的长毛。头中等大小，形似马头。公、母羊大多数无角，均有胡须。公羊外貌雄壮，体态矫健；母羊外形清秀，性情温驯。头部中等大，额微突，鼻梁平直，两耳向侧前方伸直，面部两侧各有一条白色毛带，俗称狸面。颈下有肉铃。胸部深宽，前胸发育良好，背部平直，腹大而不下垂，尻部略斜，四肢较高，骨骼粗壮（图 52 和图 53）。

2. 体重和体尺　古蔺马羊体重和体尺见表 5-7。

表 5-7　古蔺马羊体重和体尺

年龄	性别	只数	体重（kg）	体高（cm）	体长（cm）	胸围（cm）
周岁	公	20	32.53±2.05	53.20±0.45	54.31±0.65	66.20±0.58
	母	80	28.27±1.85	52.21±2.10	51.12±1.90	59.80±2.21
成年	公	20	46.50±2.38	72.00±0.95	72.50±2.05	82.00±1.25
	母	80	38.20±1.48	63.00±0.51	64.00±0.45	76.00±0.51

注：2005 年 9 月由古蔺县畜牧局测定。

资料来源：国家畜禽遗传资源委员会，2011。

（二）生产性能

1. 产肉性能　古蔺马羊屠宰性能见表 5-8。

表 5-8　古蔺马羊屠宰性能

年龄	性别	只数	宰前活重（kg）	胴体重（kg）	屠宰率（%）	净肉重（kg）	净肉率（%）
周岁	公	15	32.51	14.26	43.86	9.96	30.64
	母	15	28.45	11.38	40.00	7.95	27.94
成年	公	15	39.44	19.49	49.42	16.08	40.77
	母	15	30.03	14.42	48.02	11.26	37.50

注：2005 年 9 月由古蔺县畜牧局测定。

资料来源：国家畜禽遗传资源委员会，2011。

2. 繁殖性能　古蔺马羊性成熟年龄公羊为 5 月龄、母羊 4 月龄，初配年龄公羊 7 月龄、母羊 6 月龄。母羊常年发情，发情周期 17～21d，妊娠期 141～151d。年产两胎，平均产羔率 175%，初产母羊产羔率 150%，经产母羊产羔率 200%。羔羊成活率 97%（国家畜禽遗传资源委员会，2011）。

三、研究进展

为了阐明西南地区具有代表性的山羊品种脂联素（adiponectin）基因的多态性及其与繁殖性能之间的关系，为山羊高繁殖力的标记辅助选择提供科学依据。刘重旭等（2011）根据牛的 ADIPOQ 序列设计 4 对引物，采用 PCR-SSCP 技术检测 ADIPOQ 在古蔺马羊、川东白山羊、大足黑山羊、贵州白山羊、金堂黑山羊、板角山羊、成都麻羊、南江黄羊和马头山羊 9 个山羊品种中的单核苷酸多态性，同时在贵州白山羊和古蔺马羊两个群体中研究脂联素基因多态性与山羊繁殖力之间的关系。结果 4 对引物中只有引物 P_4 存在多态性。对于 P_4 的扩增片段，在不同的山羊品种中检测到 AA、AG 和 GG 3 种基因型，测序分析表明与 AA 型相比，GG 型有一处单碱基突变，GG 型和 AG 型的古蔺马羊产羔数最小二乘均值分别比 AA 型的多 0.16 只和 0.15 只。另外，贵州白山羊和古蔺马羊的不同基因型之间初生重的最小二乘均值均没有显著差异。试验结果表明，ADIPOQ 可能是影响贵州白山羊和古蔺马羊多胎性能的一个主效基因或是与之存在紧密连锁的遗传标记。

四、产业现状

四川省古蔺县畜牧局组建了品种资源调查领导组，编制了《古蔺县畜禽品种资源调查实施方案》。调查显示，古蔺县 2005 年底全县马羊群势为 5 596 只，约占全县山羊总数 17%。马羊品种中母羊 3 777 只，占总数的 67.5%；其中能繁母羊 2 035 只，占母羊总数的 53.87%；马羊公羊总数 107 只（其中成年公羊 45 只），占总群体的 2%，占母羊总数的 2.8%。对于古蔺马羊的消长趋势，通过调查可知古蔺马羊存栏量从 1985—1995 年的 10 年时间，发展呈上升趋势，1995—2005 年的 10 年时间呈下降趋势，而古蔺马羊在古蔺县山羊存栏中的比例20年间都呈下滑趋势。分析原因主要是：前10年由于草山草坡资源丰富，发展养羊有充足的物质基础，而整个畜牧业发展相对落后，肉类供应总量不足，肉价比较稳定，农户发展养羊既有市场又可增加收入，且发展养羊投资少，见效快，节约粮食，农户养羊的积极性得到了充分调动，因而古蔺马羊随着全县山羊总量的增加而增加。后10年下降的主要原因：一是受政策因素的影响，古蔺县是列入长江上游水土保护的重点区域，随着西部大开发大面积地实施造林工程（全县这段时间造林超过1.33万hm²），利于放牧的草地逐年减少，加之造林后实行禁牧，农户养羊受到牧草资源和林管制度的双重制约；二是受到劳动力的影响，古蔺县是贫困县，为了增收，外出务工人数逐年增加，边远山区农村剩下的多数是老幼病残人口；三是受市场因素的影响。由于这三个原因，山羊总量从1995年的75 432只减少到2005年的32 918只，古蔺马羊群势也随着山羊总量的减少从18 179只减少到5 596只（罗延军，2010）。

古蔺马羊种群数量由1985年的2 525只发展到1995年的18 179只。之后由于引进羊杂交改良的影响，纯种羊的数量减少。2008年存栏仅7 520只，其中能繁母羊3 850只。古蔺马羊采用原种场保护。古蔺县护家牧场为古蔺马羊原种繁殖场，20世纪80～90年代曾向周边地区及四川盆周山区推广种羊，且在各地表现良好（国家畜禽遗传资源委员会，2011）。2008年，古蔺马羊列入《四川省省级品种保护目录》，成为四川省五大山羊品种之一，是泸州市唯一入选的品种目录。

五、其他

2009年，古蔺县畜牧养殖协会申请的"蔺州马羊"商标正式获得了国家工商行政管理总局批准，这标志着古蔺县马羊正式获得生产专用权。

第五节　贵州白山羊

一、概况

贵州白山羊（Guizhou White goat）是一个古老的山羊品种，是贵州省优良的地方肉用山羊品种，距今已有2 000多年的历史。据明嘉靖年间编撰的《思南府志》记载："羊，皆山羊，罕绵羊。"又有《史记》《后汉书》等史籍记述，汉代之前，养畜业在今天的沿河、思南、印江一带就已经形成规模，黄牛、山羊已是当地的主要畜种。在产区内，活羊的销售路广，群众比较喜欢食羊肉，因此羊肉摊馆历来兴盛。民间的一些习俗和文化，如遵义的"羊肉粉"久负盛况，且在当地婚丧、嫁娶、立方等大多喜宰羊待客，这些都对贵州白山羊的形成和发展有着积极的促进作用（国家畜禽遗传资源委员会，2011）。贵州白山羊以体型大、繁殖力高、肉质好、膻味轻、板皮质好而著称，被列为《中国家畜家禽品种志》，并被列入《贵州省畜牧品种志》。

贵州白山羊原产于黔东北乌江中下游的沿河、思南、务川、桐梓等县，在铜仁地区、遵义市及黔东南、黔南两自治州的40多个县均有分布。中心产区属典型的喀斯特山地、丘陵，年平均海拔789m，最低海拔230.9m，最高海拔1 462m（国家畜禽遗传资源委员会，2011）。属亚热带季风气候，年降水量1 056～1 247mm；无霜期254～279d，相对湿度79%，年平均气温13.7～17.4℃，年日照时间919～1 121h，气候温暖湿润。白山羊分布地区坡度大，山体连绵，河谷幽深；或者山地连片，河流相见起伏。草场有灌丛草地和疏林草地两种类型，山上常覆盖藤刺灌丛和棕类灌丛，对于山羊放牧利用的饲草资源丰富。农作物一年二熟或三熟，主要有水稻、玉米、甘薯、小麦、油菜等。农业副产品丰富，为山羊的发展提供了良好的饲料条件（赵有璋，2013）。

二、特征与特性

（一）体型外貌特征

1. 外貌特征　贵州白山羊体型中等，背宽平，体躯较长，呈圆桶状，后躯发育良好，尻斜。腿较短，蹄质坚实，蹄色蜡黄。头呈倒三角形且大小适中。大部分有角，公羊角粗壮，母羊角纤细，角向同侧后上外扭曲生长。有须，头宽额平，公羊额上有卷毛，鼻梁平直，耳大小适中、平伸，颌下有须。颈部较圆，公羊颈短粗，母羊颈细长，部分母羊颈下有一对肉垂，胸深。毛被以白色为主，其次为麻、黑、花色，毛被较短。少数羊鼻、脸、耳部皮肤上有灰褐色斑点。体质结实，体格中等，结构匀称。少数母羊有副乳头（图 54 和图 55）。

2. 体重和体尺　贵州白山羊平均初生重公羔 1.7kg，母羔 1.6kg；3 月龄平均体重公羔 8.1kg，母羔 7.5kg；周岁公羊平均为 19.6kg，相当于成年公羊的 60.22%；周岁母羊平均为 18.3kg，相当于成年母羊的 56.18%。成年体重平均公羊 32.8kg，母羊 30.8kg。

贵州白山羊成年羊体重、体尺结果见表 5-9。

表 5-9　成年羊体重、体尺

性别	只数	体高（cm）	体长（cm）	胸围（cm）	胸宽（cm）	胸深（cm）	体重（kg）
公	82	57.15±3.07	66.41±3.23	75.5±2.64	18.41±1.31	27.45±1.28	34.15±2.22
母	78	55.40±3.58	66.42±2.96	73.64±2.60	17.19±1.52	26.5±1.60	31.90±2.37

注：2007 年 11 月 20 日由贵州省畜禽改良站在沿河土家族自治县新景乡保种选育场等地测定。

资料来源：国家畜禽遗传资源委员会，2011。

（二）生产性能

1. 产肉性能　贵州白山羊肉质细嫩、美味可口，肌肉中含蛋白质高达 20.7%，脂肪为 2.16%，灰分为 0.98%。贵州白山羊公羊屠宰性能见表 5-10。

表 5-10　贵州白山羊屠宰性能

年龄	宰前活重（kg）	胴体重（kg）	屠宰率（%）	净肉重（kg）	净肉率（%）
周岁	21.11±3.15	10.78±1.96	51.07±3.35	7.83±1.51	37.09±2.67
成年	33.36±6.68	16.74±3.65	50.18±3.67	12.89±3.11	38.64±3.52

注：2007 年 11 月 20 日由贵州省畜禽改良站测定。

资料来源：国家畜禽遗传资源委员会，2011。

2. 繁殖性能　根据《中国养羊学》记载，母羊性成熟年龄、初配年龄分别是 4 月龄、6 月龄，贵州白山羊母羊属于全年发情，发情周期为 19～20d，妊娠期为 149～152d；初产母羊产羔率为 124.27%，经产母羊产羔率为 186.62%。公羊利用年限 5～6 年，性成熟年龄、初配年龄分别是 5 月龄、8 月龄（赵有璋，2013）。

三、研究进展

贵州白山羊是贵州省优良的地方品种，国内畜牧工作者针对该品种作了很多研究。

郭洪杞等（2006）通过选取南江黄羊作为父本、贵州白山羊为母本进行杂交改良试验。结果表明，试验组黄本杂羊 F_1 代体型趋向父本，表现出良好的杂交优势和适应性，具有生长快、产肉性能好、耐粗放牧、合群易管理等特点。徐建忠等（2002）通过引进波尔山羊冻精开展了波尔山羊与贵州白山羊的杂交改良试验，发现波尔山羊改良本地羊具有较高的杂交优势。郭洪杞等（2011）研究了不同水平中草药对贵州白山羊饲养效果的影响。

活化素受体样激酶（ALK6）是转移生长因子 β 超家族成员的受体，具有介导细胞发育和分化等重要功能。覃成等（2008）对贵州白山羊 ALK6 基因 6 个外显子进行了多态性分析，结果说明在绵羊、人等 ALK6 基因中发现的碱基突变在贵州白山羊中的自然发生率极低，该基因在贵州白山羊群体中很保守，其保守性对山羊的发育调控有重要的意义。毛凤显等（2006）研究了贵州白山羊、贵州黑山羊、黔北麻羊、榕江小香羊 4 个贵州地方品种的遗传背景。结果表明，贵州地方山羊品种比波尔山羊具有较高的遗传多样性，高低顺序是贵州白山羊＞贵州黑山羊＞黔北麻羊＞榕江小香羊＞波尔山羊；贵州白山羊与贵州黑山羊遗传距离最近，这与其地理分布与品种形成情况相符。得到同样结论的还有陈祥等在 2004 年对黔东南小香羊、贵州白山羊、贵州黑山羊和黔北麻羊 4 个贵州地方山羊品种进行的 RAPD 分析，也说明了贵州黑山羊和贵州白山羊亲缘关系最近。

骨形态发生蛋白 15（bone morphogenetic protein 15，BMP15）基因是控制 Belclare 和 Cambridge 等绵羊的高繁殖力主效基因，BMP15 蛋白中单个氨基酸的改变直接影响绵羊的产卵率和产羔数。林尖兵等（2007）采用 RFLP 和 SSCP 技术检测 BMP15 基因中绵羊高繁殖力突变类型 FecX^G 和 FecX^B 在贵州白山羊中的分布。结果表明，在贵州白山羊样品中没有检测到 BMP15 基因的 FecX^G 突变，说明该突变在贵州白山羊中的自然发生率非常低；在贵州白山羊高产母羊和公羊中检测到 BMP15 的 FecX^B 突变，以杂合的 AB 基因型存在，低产母羊中没有检测到该突变，提示 BMP15 基因的 FecX^B 突变可能是影响贵州白山羊繁殖力的因素之一。陈祥等（2004）用 27 条多态性引物对 15 份贵州白山羊个体基因进行 RAPD 分析，结果说明贵州白山羊个体间遗传变异较小，具有较高的遗传稳定性。杜智勇等（2008）通过研究对早期卵泡生长和分化起重要作用的生长分化因子 9（GDF9）基因外显子 2 的单核苷酸多态性，推测 GDF9 基因中的 G1189 突变可能与贵州白山羊的高繁殖力有关。而周泽晓（2009）的试验表明，GDF9 基因 1 007 位点的多态性与贵州白山羊产羔数之间没有直接的相关性。这些研究为贵州白山羊遗传资源的保护、开发及利用奠定了分子遗传学方面的基础。

杜智勇等（2009）以 RFLF 和 SSCP 方法检测贵州白山羊 GDF9 基因外显子 2 的单核苷酸多态性。生长分化因子 9（GDF9）是卵母细胞分泌的生长因子，对早期卵泡的生长和分化起重要的调节作用。结果表明，在高繁殖率（每胎三羔以上）母羊和公羊中检测到 8 个杂合的 AB 基因型，其中 5 个为高产的母羊，3 个为公羊。碱基序列分析证实 GDF9 基因编码区第 1 189bp 位点的碱基由 G 突变为 A，该位点位于外显子 2 中，导致活性肽第 79 位缬氨酸突变为异亮氨酸（V79I）。因此推测 GDF9 基因中的 G1189A 突变可能与贵州白山羊的高繁殖力有关。周泽晓等（2012）从贵州白山羊 GDF9 基因外显子 2 中找出 1 个、BMP15 基因外显子 2 中找到 3 个位点发生碱基替换。采用等位基因特异性 PCR 方法对贵州白山羊高产羊群和低产羊群 2 个基因的 4 个位点进行对比，以进一步研究这 4 个位点在群体中是否存在多态性。试验推测，GDF9 基因 790 位点多态性对山羊繁殖率的调节方式可能与绵羊相似，但 BMF15 基因 573 和 798 位点的突变对贵州白山羊产羔数的促进作用，可能以数量遗传效应为主。陈志等（2013）通过 PCR-RFLP 技术对贵州白山羊外显子 SNPs 位点进行检测，利用一般线形模型分析其与生长性状的关联性试验，研究贵州白山羊 GFI1B 基因第 8 外显子的多态性，及其与生长性状的相关性。结果显示，供试群体中在外显子上检测到 2 个 SNPs 位点，即第 8 外显子 263（G/T）和 340（G/A）。最小二乘法分析表明，G340A 位点，CC 型和 DD 型的体重、体长、胸深和胸宽对 CD 型达到差异极显著水平（P＜0.01）。该研究检测到的 GFI1B 基因第 8 外显子 340（G/A）多态性位点可作为贵州白山羊生长性状的候选分子标记。

黄勤华等（2009）通过对贵州白山羊与湖南马头山羊 mtDNA Cytb 基因系列比较系统进化研究，得出贵州白山羊与湖南马头山羊同起源于胃石山羊的结论。刘重旭等（2011）研究了贵州白山羊和古蔺马羊脂联素基因多态性及其与繁殖性能的关联。结果表明，ADIPOQ 可能是影响贵州白山羊和古蔺马羊多胎性能的一个主效基因，或是与之存在紧密连锁的遗传标记。谢海强等（2013）研究了贵州白山羊和黔北麻羊 TFAM 基因部分外显子的多态性，结果表明在羊 TFAM 基因中筛选到 5 个 SNPs，SNPs 位点对 TFAM 基因 RNA 二级结构和 TFAM 蛋白质结构有一定影响。

贵州白山羊生产一直是贵州沿河县经济的主要来源。然而，近几年山羊传染性胸膜炎的频繁发生，给当地养殖户造成了较大的经济损失，也给养殖业的健康发展造成了严重危害。为了提高养殖户的经济效益，摸清该病的病因、流行特点及规律就显得非常重要。杨光等（2012）对该病进行了调查，发现该病一年四季均有发生，以冬季和早春最为常见，2 岁内羊易感，发病率为 37.7%，病死率为 36.4%，新进羊群发病更为严重。

四、产业现状

贵州白山羊1981年存栏量达90万只，该品种在1989年收录于《中国羊品种志》。截至2005年年底，全省共存栏224.97万只，到2007年存栏100万余只。同年贵州白山羊的中心产区建立了一个基础母羊1 000只的贵州白山羊保种场，以群众性保种选育和核心资源保种选育相结合的形式来进行保种选育。

五、其他

发展贵州白山羊，应充分利用山区自然草地资源优势，另外，要根据贵州白山羊种质特以及山区自然生态环境和气候变化特点，适宜采取"放牧＋补饲"的生产方式，以用来发展优质、高效的肉羊产业。

第六节　建昌黑山羊

一、概况

建昌黑山羊（Jianchang Black goat）属肉皮兼用型山羊地方品种，原产于四川省凉山彝族自治州的会理、会东、德昌三县，分布于州内其他县（市）及攀枝花市的米易、盐边县（国家畜禽遗传资源委员会，2011）。该品种羊性成熟早、生长发育快、繁殖率高、遗传性能稳定。

建昌黑山羊主产区位于北纬 $23°03′\sim27°27′$、东经 $100°15′\sim103°53′$，处于云贵高原和青藏高原的横断山脉延伸地带，海拔1 000～2 500m，山峦沟壑起伏纵横，气候温和，雨量充足，垂直变化明显，故民间有"十里不同天"之说。风力 3～5 级；年平均日照时间1 800～2 200h；年平均气温10～17℃，无霜期230d左右；年降水量1 100mm，相对湿度 69％～70％。土壤以红壤土和黄壤土为主，金沙江、雅砻江、安宁河及其大小支流分布全境，邛海、泸沽湖以及水库、塘堰星罗棋布，水资源丰富。粮食作物以水稻、玉米、小麦及豆类等为主。草地面积 241.11hm²，草山面积大，植被覆盖度高，牧草种类多，生长茂盛，以禾本科牧草为主。饲料作物有光叶紫花苕、黑麦草、白三叶、苜蓿等，农副产品丰富。

建昌黑山羊是会理等地的原始品种。据清同治《会理州志·物产卷》记载，早在 100 多年前，在会理、会东、米易一带就饲养黑山羊。该品种是根据当地的自然环境条件，由群众长期的精心饲养，选育而成的品种优良、适应性强的地方品种。其肌肉纤维柔软并富有弹性，细嫩多汁，脂肪含量少且分布均匀，胆固醇含量低。谷草转氨酶、谷丙转氨酶等含量也较其他山羊品种高，故一般无山羊的膻味（毛国锦，2006）。

二、特征与性能

DB51/248-1995《建昌黑山羊》四川省地方标准由四川省质量技术监督局发布，1995 年 12 月 1 日起实施，2004 年 5 月 8 日对该标准进行了修订。本标准适用于四川省建昌黑山羊品种鉴定和种羊等级评定。

（一）体型外貌特征

1. 外貌特征　建昌黑山羊体态雄壮，母羊体态清秀。被毛纯黑，短毛居多。体格中等，体质结实。骨骼结实粗壮，肌肉发育适中。背腰平直，鬐甲部高于十字部。尾短瘦，呈锥形。头呈三角形，额宽微突，鼻梁平直，立耳。公羊角较小，母羊角粗大，微向后、向外、向上方向扭转。公、母羊下颌有胡须，少数羊颈下有肉垂。四肢粗壮，蹄质坚实呈黑色（图56 和图57）。

2. 体重和体尺　一级羊体重体高见表 5-11，体重体高等级评定见表 5-12。

表 5-11　一级羊体重体高

项目	成年公羊	周岁公羊	6月龄公羊	成年母羊	周岁母羊	6月龄母羊
体高（cm）	63.00	60.00	51.00	61.00	57.00	50.00
体重（kg）	36.00	26.00	17.00	34.00	23.00	15.00

注：1. 表内指标为下限。
　　2. 成年羊指3岁及3岁以上的羊。
资料来源：DB51/248-1995。

表 5-12　体重体高等级评定标准

等级	羊别指标	成年公羊	周岁公羊	6月龄公羊	成年母羊	周岁母羊	6月龄母羊
特	体高（cm）	66.00	63.00	55.00	64.00	60.00	53.00
	体重（kg）	40.00	30.00	19.00	38.00	26.00	17.00
一	体高（cm）	63.00	60.00	52.00	61.00	57.00	50.00
	体重（kg）	36.00	26.00	17.00	34.00	23.00	15.00
二	体高（cm）	60.00	57.00	50.00	58.00	55.00	48.00
	体重（kg）	33.00	23.00	15.00	30.00	21.00	13.00
三	体高（cm）	58.00	54.00	48.00	56.00	53.00	46.00
	体重（kg）	30.00	20.00	13.00	26.00	18.00	11.00

资料来源：DB51/248-1995。

（二）生产性能

1. 产肉性能　建昌黑山羊屠宰性能见表 5-13。

表 5-13　建昌黑山羊屠宰性能

年龄	性别	只数	宰前活重（kg）	胴体重（kg）	屠宰率（%）	净肉重（kg）	净肉率（%）
周岁	公	5	24.14	10.76	44.57	7.62	31.57
	母	5	21.60	9.70	44.91	7.07	32.73
成年	公	5	32.40	16.10	49.69	12.40	38.27
	母	5	30.20	13.96	46.23	10.40	34.44

注：2005年由会理县畜牧局测定。
资料来源：国家畜禽遗传资源委员会，2011。

2. 繁殖性能　建昌黑山羊性成熟年龄公、母羊分别为7～8月龄、4～5月龄。初配年龄公、母羊分别为12月龄、5～6月龄。母羊发情周期为20d，发情持续期为24h，妊娠期为149d。据统计，母羊平均产羔率为156.04%，初产母羊产羔率为121.43%，经产母羊为168.87%；羔羊成活率95%。

（三）等级评定

1. 种母羊繁殖性能等级评定　见表 5-14。

表 5-14　种母羊繁殖性能等级评定

等级	年产胎数	胎产羔数
特	两年三胎	≥2
	一年一胎	≥3
一	一年一胎	2
二	一年一胎	1
三	一年一胎	1（弱羔）

资料来源：DB51/248-1995。

2. 综合评定　种羊等级综合评定见表 5-15。

表 5-15　种羊等级综合评定

等级	被毛特征	体型外貌	体重体高	种母羊繁殖性能
特	全面符合	全面符合	特级	特级
一	全面符合	全面符合	一级	一级
二	全面符合	全面或一般符合	二级	二级
三	全面符合	全面或一般符合	三级	三级

资料来源：DB51/248-1995。

三、研究进展

为指导建昌黑山羊的科学饲养、品种选育等工作，对其体尺、体重间的通径分析研究很有必要。王同军（2003）对建昌黑山羊各年龄组体尺与体重进行了相关分析，并对 2 岁山羊体尺与体重的相关系数进行了剖析，且对体重效应作用大小即决定系数进行了分析。结果表明，建昌黑山羊各年龄组体尺与体重间有不同程度相关，2 岁时对体重起决定作用的体尺性状是胸围，其次为胸围与荐高的互作效应，这是选配选种的关键时期。边仕育等（2004）试验研究了建昌黑山羊本品种选育，对 828 只（羊的测定结果与《凉山州畜牧志》的测定资料进行对照分析，得出各项指标均有较大提高。建昌黑山羊经本品种选育后，成年母羊体重、体高、体长和胸围分别提高了 22.80％、9.93％、12.87％和 12.19％；成年公羊体重、体高、体长和胸围亦分别提高了 23.54％、10.92％、10.56％和 9.00％。在调查统计中看到，由于选育户加强了对双羔公、母羊的选育和饲养管理，因此羊只的体况好，产羔率高。

为了提高山羊生产经济效益的途径，发展"三高"养羊业，谭志洪等（2001）用安哥拉山羊杂交改良本地建昌黑山羊生产马海毛，杂交改良效果显著。安哥拉山羊与建昌黑山羊杂交，杂种羊的体型外貌趋向于安哥拉山羊。从杂交后代羊的体重测定结果可看出，杂交一、二、三代羊各生理阶段的体重均明显地高于本地山羊。杂种羊的繁殖力高于本地山羊，杂交一、二代羊的繁殖成活率分别比本地山羊高 12.6 和 10.6 个百分点，说明杂种羊适应当地的生态条件。为了加快遗传进展，王杰等（2001）用 DNA 指纹技术，研究了安哥拉山羊与建昌黑山羊及其杂种后代的 DNA 指纹。通过研究安哥拉山羊和建昌黑山羊及安哥拉山羊与建昌黑山羊级进杂交的 F_2、F_3 的 DNA 指纹图谱，发现与建昌黑山羊比较，2.3kb 和 8.6kb 谱带为安哥拉山羊的特异谱带。为了提高建昌黑山羊的生产性能，王杰等（2005）又应用安哥拉山羊改良建昌黑山羊生产马海毛，试验以安哥拉山羊、建昌黑山羊、一代羊、二代羊、三代羊、二代与三代同质个体横交后代为供试羊只，采用形态遗传标记、生化遗传标记和分子遗传标记确定安哥拉山羊改良建昌黑山羊生产马海毛的横交方案。研究表明，可在 F_2 和 F_3 代中选择理想同质个体进行横交。

武志娟等（2013）利用 14 个微卫星标记分析了攀枝花地方黑山羊、建昌黑山羊、云岭黑山羊、金堂黑山羊、乐至黑山羊 5 个品种的遗传多样性及亲缘关系。结果显示，5 个黑山羊品种（群体）的平均多态信息含量（PIC）为 0.645～0.685 6，平均杂合度（H）为 0.698 5～0.737 1，说明遗传多样性丰富。群体间平均遗传分化系数（Fst）0.029 6，说明群体间的变异仅为 2.96％，群体间存在基因交流。NJ 聚类图中，建昌黑山羊、攀枝花黑山羊和云岭黑山羊聚为一类，聚类结果与群体的地理分布较为一致。

建昌黑山羊存在的问题是繁殖率低，生长速度低，出栏率低，资源浪费大，养羊经济效益不高，这是凉山山羊生产中需要研究解决的重要课题。王世斌等（2005）通过引进萨能、叶根堡、金堂里山羊 3 个品种来改良建昌黑山羊。萨公×建母、叶公×建母、金公×建母产羔率分别提高 46.33％～73.96％、78.14％和 44.62％，表明提高繁殖率的配合力均较好。鉴于建昌黑山羊选择肉用发展方向和黑色品种特征，宜选择金堂黑山羊杂交改良，提高其繁殖力；并结合养、繁综合措施，在提高建昌黑山羊繁殖力的同时，提高其综合生产性能。谭丽等（2008）对建昌黑山羊繁殖性能的调查报告表明，建昌黑山羊具有性成熟早、多胎、双羔、常年可发情配种、繁殖力强等肉用山羊的特点。母羊初情期为 3 月龄左右，6～7 月龄即可配种繁殖，公羊 8～10 月龄就可参与配种。母羊产后第一次发情时间平均为 29.78d，产配间隔 71.67d，季节性繁殖较为明显，以每年 2～3 月、9～11 月产羔。李娜等（2013）通过对攀西黑山羊群体的 AFLP 遗传多样性研究，结果是：15 对引物共扩增出了 1 003 条多态条带，多态频率平均为 99.01%，5 个黑山羊群体的遗传多样性指数变异范围为 0.013 6～0.213 1，其中建昌黑山羊平均遗传多样性指数最高（0.134 6），建昌黑山羊与攀枝花黑山羊之间的遗传距离最小。为摸索提高建昌黑山羊能繁母羊秋季配种的实用方法，促进四川省会理县建昌黑山羊产业化的发展，2011 年 4 月至 2012 年 3 月，在会理县所选的 6 个养羊户中进行了相关调查，整理出了确保初配母羊相关指标达标后方能参配、抓秋膘以确保母羊正常发情排卵、定期调整母羊群结构、勤观察以争取为发情母羊适时配种、科学饲养管理以确保受孕母羊顺利生产等关键技术环节。

为寻求提高建昌黑山羊饲养管理水平的实用方法，促进四川省会理县建昌黑山羊产业化的发展，何学谦等于 2009 年 4～10 月，在会理县五星村和海溪村等 4 个试验点、8 家养羊户中随机选择了 160 头未妊娠的能繁母羊作为试验对象，其中 80 只用氯前列醇进行了同期发情处理。结果表明，处理组 72h 内同期发情率为 40.00%，高于对照组的 18.75%。

因为在传统的放养模式中，山羊生长速度慢，虽然肉质优，但对生态环境破坏较严重，且经济效益不高。若实行圈舍饲养，通过种植高产优质牧草和对农作物秸秆等的科学、合理利用，既可以提高生产效率，又可降低对生态环境的破坏，除此之外还可以使养羊户增产增收。对此，为寻求提高会理县黑山羊生产效益，促进黑山羊产业化发展，张谊等（2011）在相关工作领导小组的协调指导下，加强以发动宣传、举办培训班、树立示范户、实行奖惩激励等方法落实圈养黑山羊技术推广。

四、产业现状

建昌黑山羊羔羊以自然哺乳和自然断奶为主。成年羊饲养以放牧为主，部分饲养是半舍饲和舍饲，圈养时多以精饲料加秸秆为主。对于本品种要加强选育力度，重点是提高繁殖率和产肉性能。建昌黑山羊品种保护采用核心群保护。建昌黑山羊 1989 年收录于《中国羊品种志》。20 世纪 90 年代中期开始建昌黑山羊的提纯复壮，1995 年 9 月由州畜牧局、州畜科所及州技术监督局联合制成 DB51/248—1995《建昌黑山羊》四川省地方标准，由四川省技术监督局发布。1999 年建立了选育核心群，建昌黑山羊逐步步入标准化发展时期（王同军等，2000）。

新中国成立以来，建昌黑山羊总体稳步发展。据统计，1950 年凉山彝族自治州山羊存栏 36.9 万只，1979 年存栏 149.8 万只，增长 305.96%。1988 年全州山羊存栏 205.5 万只，全黑个体 152 万只，约占 74%；1998 年全州山羊存栏 205.5 万只，比 1979 年增长 53.53%，其中全黑山羊 180 万只，约占 80%，年出栏达 30 余万只，产值过亿元，成为当地牧民经济的主要来源。但是，目前由于盲目引进国内外山羊品种进行杂交以获取眼前利益，仅追求数量的增加，却忽视了质量的提高。建昌黑山羊目前仍以粗放的饲养方式为主，因此羊只随天然牧草的季节性变化出现"夏壮、秋肥、冬瘦"的情况而长期放牧又使天然草地严重退化，草畜矛盾突出。建昌黑山羊饲养管理水平较差，科技含量低，羊只生长速度慢、出栏率低等，致使经济效益不高。加上近亲繁殖严重，饲养管理不严格，该品种群体品质出现了严重的退化现象，生产性能和经济价值均降低，导致建昌黑山羊的发展受到限制。90 年代后开始加强了本品种选育，目前建昌黑山羊质量有所提高，同时数量也相应增加。2008 年存栏 231.57 万只，比 1995 年的 152.14 万只提高了 52.21%（王同军等，2000）。

五、其他

建昌黑山羊的中心产区会理县，史称"会理州"，据清朝同治九年的《会理州志》记载，对于建昌黑山羊，当地居民喜欢其毛皮的黑色光亮，手感柔软，用以制成褂子。因此选留黑色个体留种，逐渐形成了黑山羊。这些关于建昌黑山羊的早期记载文字，充分说明 100 多年前的会理黑山羊饲养业已很发达，并以黑山羊著称而载入史册。

第七节 尧山白山羊

一、概况

尧山白山羊（Yaoshan White goat）又称鲁山牛腿山羊，属肉皮兼用型山羊地方遗传资源。该品种羊具有四肢粗壮，生长发育快，抗病力强，屠宰率高，肉质好，肉用特征明显等特点。2009 年 5 月，国家畜禽资源鉴定委员会通过对鲁山境内该羊品种的实地考察，将该羊种正式定名为"尧山白山羊"，并确认为国家级地方优良畜种（马桂变等，2010）。

尧山白山羊原产于河南省鲁山县的四棵树乡，分布于鲁山县的赵村、背孜、下汤、尧山、瓦屋、仓头、团城等乡镇。产区鲁山县地处伏牛山东麓，地势西高东低，西部最高海拔 2 153m，东部平原最低海拔 92m。属北亚热带向暖温带过渡地区，四季分明。西部山区年平均气温 11℃ 左右，无霜期 214d 左右；年降水量 900～1 300mm，6～9 月份为雨季，相对湿度 60%；年平均日照时数 2 069h。境内属淮河流域颍河水系。土壤有紫色土、石质土、粗骨土等类型。中心产区属高寒山区，山势陡峭，道路崎岖，植物种类繁多，灌木丛生，饲草资源丰富，荆条、栎叶等为山羊的主要饲料。主要农作物有小麦、玉米、水稻、花生、薯类、豆类等（国家畜禽遗传资源委员会，2011）。

尧山白山羊（鲁山牛腿山羊）含有以皮著称的槐山羊基因，因而保持了较好的板皮性能，由于体格大，相应地皮张面积也增加。而且尧山白山羊也含有萨能羊等奶山羊品种的基因，故泌乳力强，而且乳品质好，无膻味，干物质和含脂量较高。尧山白山羊体质健壮，采食力强，每天可完成 5～7 个采食轮回。因该羊在海拔 1 200～1 800m 的山区育成，因此形成了善登山坡、喜食高草、采食力强和耐寒耐粗放饲养的生物学特性，适应范围较广。在越冬乏草期死亡率不高，成年羊仅 1.95%，哺乳羔羊为 10.25%（马桂变等，2010）。

二、特征与性能

（一）体型外貌特征

1. 外貌特征 尧山白山羊体格较大，体质结实，骨骼粗壮，体躯呈长方形。被毛为纯白色，毛长一般在 10cm 以上，皮肤为白色。多数有角，以倒八字形角为主。头短，额宽，鼻梁隆起，耳小、直立。颈短而粗，颈肩结合良好，腹部紧凑。胸宽深，肋骨开张良好，背腰宽平。全身肌肉丰满，尤其臀部和后腿肌肉发达。四肢粗壮，蹄质结实、为琥珀色或蜡黄色。尾短小。

2. 体重和体尺 尧山白山羊体重和体尺见表 5-16。

表 5-16　尧山白山羊羊体重和体尺

性别	年龄	只数	体重（kg）	体高（cm）	体长（cm）	胸围（cm）	胸深（cm）
公	1 岁	15	30.8±3.1	64.5±2.5	71.8±3.4	75.9±3.9	37.0±1.5
	2 岁	12	45.8±4.5	74.2±6.5	79.8±5.8	88.8±4.8	39.2±1.7
	3 岁	9	55.2±5.4	74.9±10.4	82.5±6.2	92.7±5.2	41.0±2.2
母	1 岁	25	27.6±2.7	62.7±4.5	67.8±5.7	73.3±4.0	32.7±1.5
	2 岁	32	35.2±6.1	67.5±3.6	73.9±4.8	79.2±4.7	35.5±2.2
	3 岁	37	40.1±3.6	68.1±4.2	71.8±3.4	83.3±3.7	37.1±2.5

注：2009 年 2 月在鲁山县四棵树乡测定。

资料来源：国家畜禽遗传资源委员会，2011。

（二）生产性能

1. 产肉性能 据 2009 年 2 月测定，9 只周岁尧山白山羊羯羊平均宰前体重 30.7kg，胴体重 16.8kg，屠宰率 54.7%，净肉率 43.1%；肌肉主要化学成分为水分 76.5%、干物质 23.5%、粗蛋白

19.1%、粗脂肪 3.4%、粗灰分 0.96%（国家畜禽遗传资源委员会，2011）。

2. 繁殖性能 尧山白山羊母羊 3～4 月龄、公羊 4～5 月龄性成熟；初配年龄母羊 1 岁左右，公羊 1.5 岁左右。母羊常年发情，以春、秋两季发情较多，发情周期 18d 左右，发情持续 24～48h；妊娠期 145～155d，产后 20～40d 发情；一年产两胎或两年产三胎，平均产羔率 126%。初生重公、母羔羊平均为 2.2kg，60 日龄断奶重公羔 9.8kg、母羔 8.2kg。羔羊断奶成活率 95%（国家畜禽遗传资源委员会，2011）。

三、研究进展

近几年，有不少学者对尧山白山羊进行了研究。

刘德稳等（2011）作了尧山白山羊体尺性状与微卫星标记的相关分析。其根据比较基因组学和相关文献资料，选择与山羊和牛生长性状相关的 6 个微卫星基因座（BMP6444、MAF70、BM315、BMS1678、BM1818 和 BMC1206）作为分子标记，研究了尧山白山羊的群体遗传变异，并分析了体尺性状与 6 个微卫星标记之间的关系。6 个微卫星标记与体尺性状的最小二乘分析结果表明，BMP6444 基因座 165bp 和 145bp 等位基因对体重、体高、体长、胸围和胸深有正效应，而 154bp 和 137bp 等位基因对体高、胸围和胸深性状有负效应；MAF70 基因座 180bp 和 159bp 等位基因对体重性状有正效应，159bp 和 144bp 等位基因对体高、胸围和胸深有负效应；BM315 基因座 140bp 等位基因对体高有正效应，而 136bp 等位基因对胸深有负效应；BM1818 基因座 298bp 和 270bp 等位基因对胸深有正效应；BMC1206 基因座 136bp 和 122bp 等位基因对体重和胸围有极强的正效应，而 140bp 和 124bp 等位基因对体高有负效应。

陈冰等（2010）运用微卫星标记，从 DNA 分子水平研究河南省 5 个地方山羊品种的异同，揭示其遗传多样性的现状，以探索这些品种的遗传结构及相互关系。他们采用 18 个微卫星位点对河南省 5 个地方山羊品种（尧山白山羊、槐山羊、河南奶山羊、太行黑山羊和伏牛白山羊）的遗传多样性进行了评价。结果表明，18 个微卫星位点在 5 个山羊品种均为高度多态；5 个山羊品种的多态信息含量、群体杂合度、有效等位基因数值较高，说明其遗传多样性和各品种内的遗传变异比较丰富；聚类分析显示，尧山白山羊与太行黑山羊的关系较近，与河南奶山羊的关系较远。群体遗传分化系数和群体遗传距离表明，河南省地方山羊的变异主要存在于品种内，品种间的变异相对较小。结合 5 个山羊品种的实际生态地理分布，提出了避免近交，并有选择地进行品种间杂交的保种模式。

田亚磊等（2009）运用 SPSS 软件对 214 只尧山白山羊体尺、体重的测定结果进行相关分析和通径分析，并建立最优回归方程。结果表明，尧山白山羊的体重（Y）与体高（X_1）、体长（X_2）、胸围（X_3）、胸深（X_4）呈极显著正相关（$P<0.01$）；体高、体长、胸围对体重性状的直接和间接作用都极大。最优回归方程为 $Y=0.180X_1+0.279X_2+0.434X_3$。

高腾飞等（2003）研究尧山白山羊与槐山羊的经济杂交效果，对牛腿山羊与尧山白山羊杂交一代的屠宰性能进行了测定。在屠宰前 2 个月，对杂种一代和槐山羊羯羊进行补饲。屠宰测定试验表明，杂种一代羊的屠宰率、净肉率和肉骨比方面优于槐山羊；同时杂种一代羊在改进羊肉的质量和提高蛋白质含量方面，也显示了积极作用。

毛朝阳（2009）对尧山白山羊饲喂大豆糖蜜粕进行了试验研究。其选用 5～6 月龄尧山白山羊 18 头，随机分成对照组和 5 个试验组。在基础日粮和饲养方式完全相同的情况下，试验组日粮分别添加 2%、4%、6%、8% 和 10% 的大豆糖蜜粕。试验期 45d，测定日增重和饲料转化率。结果表明，试验组日增重均高于对照组，其中含 6% 大豆糖蜜粕组的尧山白山羊日增重和饲料转化率比对照组分别提高了 7.72% 和 6.13%，且差异显著（$P<0.05$）。其他 4 个试验组的日增重和饲料转化率也高于对照组，但是差异不显著（$P>0.05$）。

李梦婕等（2012）为了解河南省尧山白山羊肠道寄生虫感染情况，在 2011 年 3 月于河南省鲁山县某羊场经直肠采集 63 份尧山白山羊新鲜粪便样品。采用离心沉淀法、卢戈氏碘液染色法、饱和蔗糖溶液漂浮法对采集的 63 份新鲜粪便样品进行检查。共查出 17 种肠道寄生虫，总感染率为 98.4%，分别为艾美耳球虫（9 种）、隐孢子虫、贾第虫、阿米巴原虫、圆线虫、细颈线虫、鞭虫、莫尼茨绦虫和吸虫，其中以球虫感染率最高，为 95.2%。对检出的球虫进行种类鉴定，发现 9 种艾美耳属球虫多呈混合感染，最多可达 5 种。结果表明，该品种羊肠道寄生虫较为普遍，且存在人兽共患寄生虫因此加强综合防控措施。

四、产业现状

尧山白山羊 1982 年存栏量仅 5 800 只，1990 年存栏量 3.19 万只，2008 年存栏量达到 3.70 万只，群体数量稳步上升。与 1987 年比较，尧山白山羊成年羊的体高、体长、胸围、体重等指标均有不同程度的提高。2010 年，据鲁山县畜牧局局长介绍，至 2010 年该县已建标准化羊养殖场 52 个，百只以上羊群达 486 个，规模养羊的比重超过 90%，在全县山羊养殖量 20 万只中，尧山白山羊达 15 万只。1990—2009 年尧山白山羊的存栏数量变化见表 5-17。

表 5-17　1990—2009 年尧山白山羊的存栏数量变化

年份	1990	1991	1992	1993	1994	1995	1996	1997	1998	1999
存栏量（只）	31 960	32 500	31 090	29 000	28 700	30 100	31 500	32 000	33 600	31 030
年份	2000	2001	2002	2003	2004	2005	2006	2007	2008	2009
存栏量（只）	29 080	31 080	32 600	34 500	33 000	35 000	35 800	36 000	36 500	36 800

资料来源：马桂变等，2010。

为调动广大山区农户的积极性，2009 年 6 月鲁山县政府出台了《鲁山县畜牧业发展考评及奖励办法》，对地方良种尧山白山羊的饲养场进行扶持。每新建一栋存栏 100 只以上的标准化尧山白山羊饲养舍，奖励业主 5 000 元。2012 年，建成了尧山白山羊保种场。

五、其他

尧山白山羊是 1982 年农业区划畜禽资源普查中在鲁山县西部山区发现的一个山羊种群。当时全县有尧山白山羊 5 800 只，其起源没有确切的史料考证，但其发源地四棵树乡有一座 600 多年历史的古刹——文殊寺，其最早的石碑"大清嘉庆五年（1800 年）碑"的碑文中这样记载："本庵去县正西七十里，有庵名曰文殊，在卧羊之岭，高山之巅。"说明当地山羊存在历史悠久。1845 年禅师寂典"欲改故鼎新以瓦易茅"时，因交通闭塞、山势陡峭，所用建材主要由当地山羊驮运上山，说明当时所养山羊的登山能力较强。加之山羊是发源地境内优势家畜，是在长期的自然经济及农业生产条件作用下，经 30 多年选育而形成的适于河南省山区丘陵放牧饲养的肉用型山羊新品种。与其他山羊品种相比，该品种具有个体大、四肢粗壮的特点，当地群众俗称"鲁山牛腿山羊"。2009 年 5 月，国家畜禽资源鉴定委员会通过对鲁山境内该羊品种的实地考察，将该羊种正式定名为"尧山白山羊"，并确认为国家级地方优良畜种（马桂变，2010）。

尧山白山羊全年以放牧为主，很少补饲，仅在冬季大雪封山时饲喂青干草和麻栎树叶，精饲料用量很少（国家畜禽遗传资源委员会，2011）。

第八节　沂蒙黑山羊

一、概况

沂蒙黑山羊（Yimeng Black goat）又名黑山羊、大黑山羊，属肉用型山羊地方品种（国家畜禽遗传资源委员会，2011）。沂蒙黑山羊具有体格大、耐粗饲、适应性强、生产性能高、体貌统一、遗传性能稳定、肉绒兼用等特点，适宜山区放牧。

沂蒙黑山羊形成历史悠久。据费县玉皇顶庙碑文记载："清道光年间重建玉皇庙，曾用黑山羊驮砖瓦上山。"可见，黑山羊品种的形成至少有几百年的历史。另外，当地农民擅长用黑山羊皮鞣制披篷，冬天以裘御寒，雨天反穿犹如蓑衣。用黑山羊烹制的"伏山羊"，是当地群众喜爱的传统风味肉食品，可滋补健身。沂蒙黑山羊是在群山峻岭的生态环境下，经过当地劳动人民长期选育形成的能适应山区放牧的地方良种（国家畜禽遗传资源委员会，2011）。

沂蒙黑山羊原产于山东省中南部的泰山、沂山及蒙山山区，主要分布于泰安市东部、莱芜市、淄博市南部、临沂地区北部、潍坊市的西南部一带，以临朐、沂源、新泰、莱芜、泰安郊区、蒙阴、费县等县（市）数量较多。产区地形复杂，地貌类型多样，山地、丘陵、平原、洼地、湖泊兼而有之，属暖温带大陆性季风气候，气候适宜，四季分明。年平均气温 11～14℃，无霜期 191d；年降水量 678～803mm，夏季多雨，冬、春季雨雪稀少；年平均日照时数 2 589h。山地和丘陵区植被覆盖良好，多为温带落叶阔叶林；平原区地势平坦，土层深厚，土壤肥沃。水资源充足，农作物主要有小麦、玉米、甘薯、花生、豆类等。荒山荒地和疏林草地面积较大，植物种类繁多，牧草资源丰富（国家畜禽遗传资源委员会，2011）。

沂蒙黑山羊耐粗饲，抗病力强，合群性强，灵敏活泼，喜高燥，爱洁净，爱吃吊草，攀爬能力强，素有"山羊猴子"之称。善于爬山，能在高山悬崖陡壁上放牧采食；喜干燥，爱干净，不吃污染饲草。

沂蒙黑山羊肉质色泽鲜红，细嫩，味道鲜美，膻味小，香而不腻，是理想的高蛋白、低脂肪、富含多种氨基酸的营养保健食品。含蛋白质 13.3%，脂肪 4.6%。羊肉质柔软易于消化，一般健康人可消化羊肉中 90% 以上的粗蛋白，98% 以上的脂肪。脂肪比牛肉多 2 倍，热量是牛肉的 1 倍多；含钙量比牛肉多 50%，和猪肉差不多；含铁质是牛肉的 1 倍多，比猪肉多 4 倍；胆固醇含量低。富含多种微量元素，是肉食中的佳品（袁力等，2013）。

二、特征与性能

（一）体型外貌特征

1. 外貌特征 沂蒙山羊体格大小适中，体躯结构匀称。毛色以黑色为主，青灰色、棕红色次之，少部分为"二花脸"，即全身被毛黑色，但面部鼻梁两侧有白毛或红毛，腹下至四肢末端为白色或棕红色。头稍短，额宽，眼大，颌下有须。公、母羊大都有角，公羊角粗长，向后上方扭曲伸展，母羊角短小。沂蒙黑山羊颈肩结合良好，颈长短适中，背腰平直，胸深肋圆。四肢健壮有力，蹄质坚实。尾短而上翘（图 58、图 59、图 60 和图 61）（国家畜禽遗传资源委员会，2011）。

2. 体重和体尺 沂蒙黑山羊体重和体尺见表 5-18。

表 5-18　沂蒙黑山羊体重和体尺

性别	年龄	只数	体重（kg）	体高（cm）	体长（cm）	胸围（cm）
公	周岁	30	26.4±5.8	46.7±5.7	51.3±5.8	59.5±6.5
	成岁	25	32.4±6.5	57.8±4.9	63.8±5.5	72.2±7.3
母	周岁	66	18.7±3.4	47.3±3.7	51.0±5.6	58.5±5.8
	成岁	140	25.9±3.7	52.7±5.5	59.2±7.6	67.9±4.4

注：2007 年在费县测定。

资料来源：国家畜禽遗传资源委员会，2011。

（二）生产性能

1. 产肉性能 沂蒙黑山羊屠宰性能见表 5-19。

表 5-19　沂蒙黑山羊屠宰性能

性别	年龄	只数	宰前活重（kg）	胴体重（kg）	屠宰率（%）	净肉重（kg）	净肉率（%）	肉骨比
公	周岁	10	22.5±4.4	9.8±2.0	43.6±1.5	7.8±1.5	34.5±1.5	3.8
母	成年	5	35.6±1.5	16.5±0.6	46.3±0.6	13.1±0.7	36.9±0.9	3.9

资料来源：国家畜禽遗传资源委员会，2011。

2. 繁殖性能　沂蒙黑山羊公羊 6～7 月龄、母羊 4～5 月龄性成熟，初配年龄公羊为 12 月龄、母羊为 8～10 月龄。多数羊为季节性发情，母羊妊娠期 150d，年平均产羔率 140%，羔羊成活率 90%。公、母羔羊平均初生重 1.8kg，90 日龄断奶重 10.1kg（国家畜禽遗传资源委员会，2011）。

三、研究进展

目前，国内对沂蒙黑山羊的研究多在繁殖性能方面。李泰云等（2011）对沂蒙黑山羊发情周期不同阶段卵巢中 FSHR 和 LHR 基因表达规律进行了研究。其取健康未孕的成年沂蒙黑山羊，按发情周期（间情期、发情前期、发情期、发情后期）宰杀取卵巢，采用实时荧光定量差异显示 PCR 技术，以 GAPDH 为持家基因，对处于发情周期不同阶段的沂蒙黑山羊卵巢组织内的卵泡刺激素受体（FSHR）、黄体生成素受体（LHR）基因进行了 mRNA 水平上的相对定量分析，发现 FSH mRNA、LHR mRNA 在黑山羊发情周期的卵巢中都有表达。FSHR mRNA 的相对表达量依次为 0.618 7、1.290 2、2.575 9、0.790 8，其中发情期最高，间情期最低，两者差异极显著（$P < 0.01$）。LHR mRNA 的相对表达量依次为 2.284 0、0.508 9、0.340 3、2.859 2，其中发情后期相对表达量最高，发情期最低，两者差异极显著（$P < 0.01$）。结果表明，FSH、LH 基因在黑山羊的整个发情周期中是相互作用、相互影响的。

石中强等（2012）对沂蒙黑山羊子宫中 FSHR 和 LHR 基因在发情周期内的表达规律进行了研究。他们从沂蒙黑山羊子宫中提取总 RNA，使用相同的 RT-QPCR 方法，分别对处于发情周期不同阶段沂蒙黑山羊子宫各段中 FSHR 基因和 LHR 基因在 mRNA 水平上进行定量分析。结果显示，FSHRmR-NA 和 LHRmRNA 在整个发情周期的子宫各段中都有表达。FSHR mRNA 的整体表达量水平均高于 LHR mRNA 的表达量；FSHR mRNA 在子宫角发情后期表达量最高，渐低至发情前期最低；子宫肉阜在间情期表达量最高，至发情前期最低，发情周期之间差异不显著（$P > 0.05$）；子宫颈在发情期表达量最高，间情期表达量最低，与其他时期差异显著（$P > 0.05$）。LHR mRNA 在子宫角、子宫肉阜、子宫颈均在间情期表达量最高，且与其他 3 个时期差异显著（$P > 0.05$）。两基因在子宫体的表达量较低且规律不明显。

为探明褪黑素受体 1A（MTR1A）对山羊产羔数等繁殖性状的调控作用，并比较多胎高产的济宁青山羊与单胎的沂蒙黑山羊发情期卵巢组织中 MTR1A 的差异表达量。汪运舟等（2011）采用荧光定量差异显示 PCR 技术，以持家基因 GAPDH 为分子内标，对比研究了褪黑素受体 1A（MTR1A）基因在多胎济宁青山羊和单胎沂蒙黑山羊发情期卵巢组织中的差异表达量。研究发现，MTR1A 在两种山羊发情期的卵巢组织中均有表达，但是在青山羊发情期卵巢组织中的表达量显著低于在沂蒙黑山羊卵巢组织中的表达量（$P < 0.05$）。说明发情期褪黑素受体基因在卵巢组织中的高表达，是限制山羊卵巢排卵和产羔数的重要因素之一。研究结果提示，卵巢组织是褪黑素作用的重要靶器官，褪黑素对于山羊卵巢组织的发育、成熟和排卵具有重要影响。研究结果对于阐明褪黑素受体调控山羊生殖机能的作用机理提供了基础研究数据。

在饲养管理、疾病防控方面也有学者作了研究。赵恒亮（2013）进行了中草药添加剂对育肥羊增重效果的试验。其自拟由麦饭石、花椒籽、绞股蓝、山楂、神曲等组成的中草药组方进行了试验。结果表明，添加中草药试验组日增重均比对照组高 39.9%，差异极显著（$P < 0.01$）。试验组平均每只羊比对照组提高 2.87kg，平均日增重提高 71.75g，提高 39.9%。按当时市场价格每千克 36 元计算，可获利 103.3 元；试验期 40d 的添加剂用量为 1kg，扣除费用 8.5 元（每千克按 8.5 元计算），则净增 94.8 元。郑建琳等（2003）作了沂蒙黑山羊焦虫病的诊断与防治的研究，对焦虫病的诊断方法进行了详细介绍，并提出了防治措施。

四、产业现状

沂蒙黑山羊选育程度低、个体差异大，近年来数量大幅度减少，从 20 世纪 80 年的 300 万只，减少到 2006 年的约 35 万只（国家畜禽遗传资源委员会，2011）。

五、其他

1984 年，沂蒙黑山羊选育已列入了山东省科委科研项目计划。1990 年，"沂蒙黑山羊选育利用的研究"项目获"山东省科技成果"三等奖。2011 年，沂蒙黑山羊被列入山东省首批十大重点保护地方畜禽品种。2012 年 12 月 13 日，临沂市召开"沂蒙黑山羊规模化养殖观摩交流会"。

沂蒙大锅全羊，又叫沂蒙全羊汤，属于鲁中沂蒙山区的一道名吃。鲜香肉嫩、香味独特，回味悠长，在国内外市场上有较高的声誉。当地流传这样一句话："没吃过全羊，就没到过沂蒙山。"

因为活动量大，黑山羊肌肉发育特别充分；多食鲜草，其肉质细嫩不腻而又营养均衡，当地人称其肉为"百草丹"，谓有中药调理之效。现在，大锅全羊已走出大山，在济南、青岛等许多大城市设有全羊馆。

第九节　宜昌白山羊

一、概况

宜昌白山羊（Yichang White goat）俗名长阳粉角羊、铁角羊，属皮肉兼用型山羊地方品种。宜昌白山羊以皮板品质好而著称，具有性成熟早、繁殖率高、适应性强、对饲草饲料利用率高等优点（国家畜禽遗传资源委员会，2011）。宜昌白山羊于 1981 年正式命名，并被列入《湖北省家畜家禽品种志》，1989 年收录于《中国羊品种志》。

宜昌白山羊饲养历史悠久，是在山区坡度起伏大、灌丛岩石多的复杂地形地貌和特定生态条件下，经当地群众长期精心培育形成的品种。1949 年以前白山羊所产板皮，主要经宜昌口岸行销国内外，以"宜昌路板皮"而驰名中外，故命名为"宜昌白山羊"（国家畜禽遗传资源委员会，2011）。

宜昌白山羊中心产区位于湖北省西南部山区，主要分布于长阳、五峰、秭归、宜都、兴山、宜昌、巴东、建始、恩施、利川及周边县（市）。宜昌白山羊主产区位于湖北西南山区，境内山峦起伏，河溪纵横，地形地貌复杂，海拔 800m 以上的高山区约占总面积的 70%。既属亚热带大陆性季风气候，又兼有暖温带、冷温带气候。垂直差异大，年平均气温 13～16℃，最高气温为 43.1℃，最低气温为 -19℃；无霜期 230～250d；年降水量 960～1 740mm，相对湿度 70%～80%。年日照时数 1 352～1 904h。以东南风为多。土壤以黄土、扁沙土、白善土为主。域内水流有长江、清江及其他溪河 150 多条。产区草地辽阔，有草丛类、灌丛类和疏林类草场。植被覆盖率 70% 左右，主要牧草有早熟禾、苍草、胡枝子等共 396 种。农作物以玉米、薯类、豆类为主，其次为麦类和水稻（国家畜禽遗传资源委员会，2011）。

宜昌白山羊属于行动敏捷、善于攀登、易上秋膘、蓄脂能力强、板皮质量好、遗传性稳定的皮肉兼用型山羊品种。嘴尖、唇薄、齿利，运动灵活，有着很强的采食能力。合群性强，嗅觉灵敏。具有较强放牧习性，可采食小树和灌木，采食范围可高至 140cm 的树枝和树皮，低至 10cm 的牧草。耐渴以及抗病力强。

二、特征与性能

1991 年 5 月，湖北省标准局发布了 DB42/023-91《宜昌白山羊》湖北省标准，该标准适用于宜昌白山羊品种鉴定和等级评定。

（一）品种特性

宜昌白山羊是我国地方特有的山羊良种，主产于湖北省西南山地，以宜昌、恩施地区的白山羊质量最优，具有肉质细嫩味鲜、繁殖力高、适应性强、遗传性能稳定等特点。

（二）外貌特征

宜昌白山羊体质紧凑，结构匀称，被毛全白有光泽，头大小适中，耳背平直，公、母羊都有角。角色粉红者称粉角，青灰色者称铁角；角粗壮，呈对称排列。母羊颈较细长清秀，公羊颈较短粗雄壮，背腰平直，腹部紧凑，四肢刚健有力，蹄壳坚实。母羊有效奶头有两个，乳房良好。公羊睾丸大小匀称。

（三）生产性能

宜昌白山羊屠宰率高，周岁羊屠宰前体重平均为 23.90kg，胴体重平均为 9.95kg，内脏脂肪重平均为 1.38kg，屠宰率 41.63％。2～3 岁羊宰前体重平均 47.98kg，胴体重平均为 17.72kg，内脏脂肪重平均为 3.97kg，屠宰率平均 58.73％。羯羊在放牧加补饲条件下，周岁体重可达 31.4kg，屠宰率 49.7％。成年公羊体重 42kg 以上，成年母羊 36kg 以上，成年羯羊 44kg 以上，当年春羔饲养 8～12 个月体重可达到 23kg，屠宰率 41％，胴体净肉率 78％，肉质细嫩味鲜，肌间脂肪分布均匀。

宜昌白山羊性成熟较早，4～5 月龄性成熟，适配期 10～12 月龄。发情持续期 1.5～3d，发情周期 16～20d，持续期 48～72h，怀孕期为 147～153d。母羊一年能产两胎，产羔率 350％以上。第一胎多产单羔，以后多产双羔、三羔，母羊一一般在 3～5 胎内产羔率较高。据 2001 年统计，初生羔羊 125 只群体中，一胎单羔 33 只，占 26.4％；一胎双羔 70 只，占 56％；一胎三羔 22 只，占 17.6％；平均产羔率为 191.2％。2006 年共统计了 96 只能繁母羊的产羔情况，其中一胎单羔 29 只，占 30.2％；一胎双羔 53 只，占 55.2％；一胎三羔 14 只，占 14.6％，平均产羔率为 183.3％。初生公羔为 2.0kg，母羔 1.9kg。种羊利用年限 4～5 年。

（四）分级标准

种羊分级采用 3 月龄、6 月龄、12 月龄、18 月龄四个阶段综合评分法评定，用百分制计分，按得分总和确定等级。

三、研究进展

近几年，国内学者对宜昌白山羊进行了不少研究，也取得了不少成果。

李助南等（2009）在宜都市王家畈乡羊场，对选育后的宜昌白山羊主要生产性能进行了观察与测定，探究了选育措施对宜昌白山羊品种生产性能的影响。结果表明，选育后的宜昌白山羊，初生、6 月龄、12 月龄、成年羊平均体重分别为 1.72kg、11.75kg、19.51kg 和 41.84kg，比选育前分别提高了 7.84％、14.97％、20.36％和 24.67％；6 月龄、12 月龄、成年羊体尺指标均有提高；母羊年产羔率为 172.70％，母羊一般在 3～5 胎内产羔率较高；周岁羊屠宰率为 51.02％，净肉率为 38.99％；成年羊屠宰率为 54.30％，净肉率为 39.99％。

余万平等（2005）对宜昌白山羊寄生虫病防治进行了研究。其在 2003 年 11 月对长阳县境内不同海拔地区不同年龄、不同性别随机抽检了 180 只山羊的新鲜粪便进行寄生虫实验室诊断。结果共查出寄生虫虫卵 15 种，其中吸虫类 5 种、线虫类 9 种、球虫类 1 种。180 只山羊有 178 只被检出有寄生虫虫卵感染，检出率为 98.9％。按吸虫、线虫、球虫分类计算，同时感染两类寄生虫虫卵的有 64 只羊，占总数的 35.5％；同时感染 3 类寄生虫虫卵的 81 只羊，占总数的 45％。对此，余万平等提出建议：加大山羊体内寄生虫的防治力度；业务部门有必要开展不同药物试验，探出适合当地驱杀山羊球虫的药物，促进山羊生产健康发展；将过去长期坚持的四季驱虫更改为双月驱虫；加大科学养羊知识的普及力度，大力推广吊楼养羊等。

张年等（2009）对宜昌白山羊种质特性及其利用进行了研究、分析了宜昌白山羊选育历史、体型外貌、生产性能、适应性、杂交利用等种质特性，同时对宜昌白山羊种质资源保种和利用提出了建议。

四、产业现状

宜昌白山羊 1981 年存栏量为 130 万只，中心产区 85 万只。近 15 年来，纯种宜昌白山羊数量越来越少，2006 年存栏数 16.2 万只。以长阳县为例，2006 年全县纯种宜昌白山羊饲养量 2.4 万只，仅占山羊总饲养量的 14.8％（国家畜禽遗传资源委员会，2011）。

五、其他

宜昌白山羊于 1981 年正式命名，并被列入《湖北省家畜家禽品种志》。1989 年，宜昌白山羊收录于《中国羊品种志》。2012年，成功注册"宜昌路板皮"为国家地理标志商标。

2012年，夷陵区宜昌白山羊原种场建设项目总投资440万元，其中中央财政投入180万元。项目建成后，该原种场可为周边地区年提供优质种羊1 000只以上，年出售商品肉羊3 000只。2011年宜昌市出栏山羊136万只，人均出栏量居全省第一，2012年出栏将超过140万只。

目前，以经营宜昌白山羊为主的合作社和公司有宜昌成祥养羊专业合作社和宜昌老高荒生态农业有限公司。合作社注册资金500万元，公司注册资金300万元。至2013年，合作社社员已经达到628户，带动1 800多农户参与山羊养殖，养殖规模已突破5万只，出栏肉羊达3.5万只，被评为"湖北省20强畜牧专业合作社"、湖北省农民专业合作社"示范社"。2012年，成祥合作社对宜昌白山羊品种实施了"国家农产品地理标志"登记保护，2013年宜昌老高荒白山羊养殖基地实施了国家"绿色食品"产地认证，"老高荒"商标被评为宜昌市知名商标。

第十节　渝东黑山羊

一、概况

渝东黑山羊（Yudong Black goat）原名涪陵黑山羊，属肉皮兼用型地方优良山羊品种。1994年由原四川省涪陵地区提出命名为"涪陵黑山羊"；1997年改为"重庆黑山羊"；2006年6月通过重庆市畜禽品种审定委员会审定；于2001年被收录入《全国畜禽品种引种指南》，2009年5月通过全国畜禽遗传资源管理委员会羊业专委会现场鉴定、审定更名为"渝东黑山羊"（李勇，2013）。

渝东黑山羊原产于重庆市的涪陵区、武隆县和丰都县，在黔江区、彭水县、酉阳县和贵州省少数区县亦有分布。产区地处四川盆地和盆地山地过渡地带、重庆市的腹心地带和三峡库区，位于北纬29°21′～30°16′、东经106°56′～108°12′。地貌呈条岭状，属典型的低山、丘陵地区，长江横跨南北，乌江纵贯东西。地势东南高、西北低，断面呈向中部长江河谷倾斜的对称马鞍状。产区境内热量充足，光照时间长，年平均日照时数1 248h。海拔最高2 000m，最低118.5m。属亚热带湿润季风气候区，四季分明，热量充足。降水丰沛，季风影响突出。年平均气温17.6～18.8℃，最高气温42.2℃，最低气温－2.2℃；无霜期317d。年降水量1 072～1 182mm，以夏、秋两季最多；相对湿度79%。土壤有水稻土、黄壤土、潮土、紫色土、石灰岩土等类型。有水域面积较大的河流包括乌江、黎香江、小溪河、渠溪河等12条，水资源丰富。草地分布相对集中，草地平均利用率35%左右。据1998年普查资料，草地分布相对集中，成片草地较多，约70%分布在海拔800m以上的后山乡镇。全区草山草坡面积达127万亩，其中可利用林间草地25万亩、草丛草地22万亩、灌丛草地26万亩、隙闲草地40万亩，可利用草地总面积113万亩。同时随着国家天然林保护、退耕还林、长江两岸森林工程等重点项目的建设实施，区内现有森林面积达170余万亩，除去不能放牧的新建林地和自然保护区外，可利用的各类林地在120万亩以上；加上草地面积和近些年农村劳动力外出务工形成的大量撂荒地等，实际可利用的林草地面积在200万亩以上。主要农作物有水稻、玉米、小麦、甘薯、马铃薯和豆类。饲料作物主要有甘薯藤、玉米及其他作物秸秆、黑麦草、三叶草等（国家畜禽遗传资源委员会，2011）。

渝东黑山羊具有适应性好、抗病力强、耐粗饲和肉质好、被毛黑色、具备攀登山坡能力强等特点，特别适于山区放牧饲养；同时具有肉质鲜嫩、蛋白质含量高、脂肪含量低、胆固醇含量低的特性，肉质较其他地方品种上乘。目前，渝东黑山羊种羊、商品肉羊销路畅通，市场需求旺盛。渝东黑山羊的社会价值和经济价值很高。

二、特征与性能

（一）体型外貌特征

1. 外貌特征　渝东黑山羊全身被毛为黑色，富于光泽，体质结实，体型中等、匀称、结构紧凑，俗称"铁石山羊"。成年公羊被毛较粗长，母羊被毛较短；头呈三角形，中等大小；前额、鼻梁稍突，两耳对称、向外伸展；多数公、母羊有角和胡须，角多为刀状角和对旋角；头颈躯干结合紧凑，后躯略高于前躯，腰背平直，胸较宽深，肋骨开张，臀部稍有倾斜；后肢结实，蹄质坚实，尾短直立。少数羊尾尖有白毛（图 62 和图 63）。

2. 体重和体尺　渝东黑山羊成年体重和体尺见表 5-20。

表 5-20　渝东黑山羊成年体重和体尺

性别	只数	体重（kg）	体高（cm）	体长（cm）	胸围（cm）	胸宽（cm）	胸深（cm）
公	21	39.51 ± 8.31	61.10 ± 5.29	68.14 ± 5.86	77.86 ± 6.31	16.76 ± 2.61	27.57 ± 3.20
母	89	34.31 ± 6.41	57.53 ± 2.66	63.12 ± 6.11	72.50 ± 4.13	16.05 ± 5.48	24.47 ± 2.12

注：2006 年重庆市潵麦区畜牧食品局测定。
资料来源：国家畜禽遗传资源委员会，2011。

（二）生产性能

1. 产肉性能　渝东黑山羊屠宰性能见表 5-21。

表 5-21　渝东黑山羊屠宰性能

性别	只数	宰前活重（kg）	屠宰率（%）	净肉率（%）	肉骨比
公	15	35.71 ± 10.23	45.51 ± 6.67	38.80 ± 1.42	5.3
母	15	28.37 ± 6.95	45.39 ± 5.93	34.93 ± 5.00	3.45

注：2006 年由重庆市畜牧技术推广总站在涪陵区测定。
资料来源：国家畜禽遗传资源委员会，2011。

2. 繁殖性能　渝东黑山羊公羊 5～7 月龄、母羊 4～6 月龄性成熟，多数母羊在 6 月龄左右即配种受孕。母羊一年四季均可发情，但多集中在春、秋两季。发情周期 18～21d，发情持续期 43～72h，妊娠期 148～152d。平均产羔率 155.2%。初生重公羔 1.62kg，母羔 1.48kg。羔羊断奶成活率 97.27%（国家畜禽遗传资源委员会，2011）。

三、研究进展

赵中权等（2011）对 13 个山羊品种或遗传资源（包括新批准的 5 个山羊遗传资源）的 mtDNA D-loop 进行遗传多样性与系统进化研究，旨在弄清这 5 个新的遗传资源的遗传多样性程度及其与其他山羊品种的亲缘关系，希望为这 5 个山羊遗传资源的保护、品种的培育及合理利用提供理论基础和技术支持。试验利用设计的引物对山羊的 mtDNA D-loop 序列进行了 PCR 扩增和测序，对序列数据进行了核苷酸多样性、单倍型和亲缘关系分析。结果表明，在西南地区新批准的 5 个山羊遗传资源中，大足黑山羊、黔北麻羊和西州乌羊平均多态位点数比较接近，均高于渝东黑山羊和贵州黑山羊；大足黑山羊、黔北麻羊和西州乌羊遗传多样性高于贵州黑山羊和渝东黑山羊；从亲缘关系来看，渝东黑山羊与板角山羊和南江黄羊亲缘关系较近。说明渝东黑山羊遗传多样性较低，需要加强遗传资源的保护和提纯。

张旭刚等（2012）在研究大足黑山羊与川、渝、滇三地的其他 4 个黑山羊品种（群体）遗传多样性及聚类关系的试验中，采用直接测序法分析了这些山羊品种（群体）的 mtDNA D-loop 序列多态性。结果表明，5 个黑山羊群体的碱基组成没有明显差别；5 个黑山羊品种 mtDNA D-loop 序列多态性较丰富；聚类分析显示，渝东黑山羊与大足黑山羊的遗传距离最近。

四、产业现状

2009 年 10 月 15 日农业部第 1278 号公告，将渝东黑山羊正式列为国家级畜禽遗传资源。这是涪陵区继"涪陵水牛"之后的第二个国家级畜禽遗传资源，也是涪陵区的又一张国家级畜牧业"名片"。重庆市质量技术监督局 2010 年通过了《渝东黑山羊》（DB 50/T352-2010）地方标准。

渝东黑山羊 2000 年存栏约 15 万只；2006 年存栏 10.70 万只；2008 年存栏 13.40 万只，其中基础种羊 6.02 万只，在保种场及保护区保种户核心群规模 8 600 只。据 2008 年调查，分布区渝东黑山羊总存栏量达 13.40 万只，能繁母羊 3.89 万只，成年公羊 0.31 万只；在保种场及保种区保种户核心群规模达 0.86 万只，其中成年种公羊为 270 只。渝东黑山羊存栏仅占重庆市山羊存栏的 9.6%（张璐璐等，2010）。

目前采用原种场保护。2001 年建立了重庆黑山羊原种场，并开展选育工作。长期以来，涪陵市、区畜牧局部门对渝东黑山羊的保护和开发做了重要的工作。2002 年，成立了全市唯一的黑山羊原种场，并建成焦石镇鹿池和白涛街道谷花两个黑山羊养殖小区。2005 年，在原种场的基础上，经过改造扩建建成了市级渝东黑山羊保种场，核心群种羊存栏达到 300 余只。2006 年开展了渝东黑山羊资源普查。2009 年通过国家畜禽遗传资源委员会鉴定。通过对渝东黑山羊种群的进一步扩大，全区目前渝东黑山羊存栏 6 000 余只，年产黑山羊 13 000 余只，大概占全区山羊存栏的一半。随着城乡居民消费水平的提高和生活质量的改善，渝东黑山羊高蛋白含量、脂肪少、胆固醇低的品质越来越受到人们的喜爱。特别是该品种在绿色无污染的野外放牧饲养，符合人们对安全、生态绿色食品的追求。

五、其他

涪陵渝东黑山羊的发展具有独特的优势。首先，低养殖成本经济效益好，适宜野外放牧饲养的渝东黑山羊具有极强的攀爬和采食能力，可以利用荒山荒坡和林地资源，因此养殖成本比其他品种很低。其次，林草地面积较大，对污粪的消化能力强，不会造成污染，生态效益好。山羊是节粮型畜牧业，社会效益明显。据报道，涪陵区渝东黑山羊养殖协会申请的有机黑山羊肉有机产品，经认证复审，已荣获有机产品认证证书。

渝东黑山羊的圈养时，可以合理利用农作物秸秆资源。并且羊只生长发育快，饲养周期可以缩短，周转快，养殖效益高。利于存积农家肥，改良土壤，提高单产和降低费用，同时充分利用闲散劳动力资源。圈养有利于对羊群实行科学管理，减少羊群患病概率，能提高羔羊存活率。对于渝东黑山羊的圈养，要采用以下几种技术：首先，对于羊舍的修建要标准化，利于羊群安居，利于防病、积肥，羊舍的地势要便于排水、避风。其次，对于不宜留种的公羊要及时去势。要备足饲料，保证四季供给充足。对于圈养的黑山羊要选择品种质量好、体强力壮、四肢高大、骨架好的羊留作种用。对于圈养羊只要供足饮水，且冬季应供饮温水。对于羊只要精心管理，对羊舍环境要及时清理、消毒等，羊群要进行定期健康检查。

第十一节　太行山羊

一、概况

太行山羊（Taihang goat）包括黎城大青羊、武安山羊和太行黑山羊，原产于太行山东西两侧的河北、山西、河南等省的有关市、县。具有体质健壮、放牧适应性强等特点（赵有璋，2011），属以产肉、绒为主的地方山羊品种。

太行山羊在山西省境内分布于晋东南、晋中两地区东部太行山区各县；河北省境内分布于保定、石家庄、邢台、邯郸地区京广线两侧各县，在当地又被称为武安山羊；河南省境内分布于安阳、新乡地区的林县、淇县、汲县、博爱、沁阳及修武等县的山区。

产区位于黄土高原的东缘太行山区，该区不仅山高，地势高，地形复杂，且有许多陡峭的山坡。地势从南向北逐渐升高，中段、北段一般在 1 000m 左右，山峰海拔高度在 2 000m 左右。南段为低山和丘陵，一般海拔 500m 以上。坡度比较平缓。产区属暖温带大陆性气候，年平均气温为 9.92℃，年平均降水量 610.15mm，年平均相对湿度 63.33%，无霜期 190～230d。山地为棕色土壤。丘陵及盆地为褐色土壤。木本植物有桦树、槲树和栎树等针、阔叶林的相间分布。草本植物有黄背草、白羊草和大火草等组成的草丛和灌木林丘陵。农作物有小麦、玉米、谷子、高粱、薯类及豆类、棉花。作物秸秆、树叶以及广阔的草山草坡，为发展山羊提供了丰富的饲草来源；加上群众的精心饲养和长期的选育，因此形成了在体型外貌、体质类型一致的山羊品种。

二、特征与性能

（一）体型外貌特征

1. 外貌特征　太行山羊体质结实，体格中等。头中等大小，额面平直，耳小前伸，公、母羊均有髯。绝大部分有角，少数无角或有角基。角型主要有两种：一种角直立扭转向上，少数在上1/3处交叉；另一种角向后向两侧分开，呈倒八字形。公羊角较长呈拧扭状，公、母羊角都为扁状。颈短粗。胸深而宽，背腰平直，后躯比前躯高。四肢强健，蹄质坚实，呈黑色或黄色。尾短小而上翘，紧贴于尻端。被毛长而光亮，毛色主要为黑色，少数为褐、青、灰、白色。还有一种"画眉脸"羊，颈、下腹、股部为白色。毛被由长粗毛和绒毛组成。

2. 体尺和体重　太行山羊成年羊的体尺、体重测定结果如表5-22。

表5-22　太行山羊成年羊体尺、体重

性别	只数	体重（kg）	体高（cm）	体长（cm）	胸围（cm）	胸宽（cm）	胸深（cm）
公	25	41.16	61.25	70.64	82.28	17.92	28.26
母	118	34.36	58.67	67.35	76.83	16.41	26.86

资料来源：赵芳，2012。

（二）生产性能

太行山羊公、母羊一般在6～7月龄性成熟，1.5岁配种。公羊利用年限为4～6年，母羊利用年限为6～8年。母羊发情周期为17～19d，发情持续期为2d左右，怀孕期多为150d。一年一产，产羔率为130%～143%。初生重公羔1.715kg，母羔1.716kg。断奶重公羔14.23kg，母羔12.40kg，断奶羔羊成活率98.7%（赵芳，2012）。2.5岁羯羊宰前活重39.9kg，屠宰率52.8%。肉质细嫩，脂肪分布均匀。

太行山羊肉色紫红，组织致密，鲜嫩可口，膻味小，肉质细嫩，脂肪分布均匀。据测定，肉中含蛋白质20.9%、粗脂肪5.41%，每100克肌肉中含钙152.76mg、磷50.89mg、锌92.17mg、铁26.17mg、硒5.16mg、维生素A0.83mg、维生素E0.88mg、胆固醇59.46mg（国家畜禽遗传资源委员会，2011）。

三、研究进展

目前对太行山羊在个体水平、细胞水平、激素水平和分子水平上均有研究。田亚磊等（2009）对455只太行山羊体尺、体重的测定结果进行了相关分析和通径分析，并建立了最优回归方程。结果表明，太行山羊的体重（Y）与体高（X_1）、体长（X_2）、胸围（X_3）、胸宽（X_4）、胸深（X_5）呈极显著正相关（$P<0.01$）。胸围、胸宽的直接作用和间接作用对体重的影响都极大。分析得到的最优回归方程为$Y=0.069X_2+0.684X_3+0.156X_4+0.078X_5$。关伟军等（2005）以太行山羊耳缘组织为材料，采用组织块直接培养法和细胞冷冻技术构建了成纤维细胞系，并进行了细胞活力测定生长动力学观察、微生物污染间检测、染色体标本制备、同功酶分析及生物学研究。此项研究不仅在细胞水平上保存了这一重要山羊品种的种质资源，而且亦为其基因组、后基因组及体细胞克隆等研究提供了宝贵的试验材料。

范桂霞等（2007）选取体重23～28kg的54只太行山羊为实验动物，研究外源激素控制对非繁殖季节太行山羊诱导发情排卵数量的影响。结果表明，单一激素PG、PMSG、FSH和三者混合后处理效果较差，发情率分别为31%、45%、50%和70%，发情羊排卵率分别为63%、100%、100%和57%。而CIDR+FSH和CIDR+PMSG处理效果较好，发情率为100%，排卵率分别为83%和100%，极显著提高了排卵数量。刘建斌等（2006）对48只太行山羊（供体羊）、40只太行山羊和120只奶山羊（受体羊）进行了同期发情和超数排卵胚胎移植试验，其结果为：①CIDR+PMSG对太行山羊同期发情，有效发情率为75%；CIDR+FSH对奶山羊同期发情，有效发情率为73%。②CIDR+FSH+LH组平均可用胚胎数分别与 CIDR+PMSG 组和 CIDR+PMSG+LH 组之间的差异达到极显著水平（$P<0.01$），而与 CIDR+FSH 组之间的差异显著（$P<0.05$）。③CIDR+FSH+LH 超排时，用 CIDR+FSH 对奶山羊进行同期发情，受体妊娠率为 56%；CIDR+PMSG 对太行山羊同期发情，受体妊娠率为 60% 水平。证明在非繁殖季节对太行山羊采用 CIDR+FSH+LH 超数排卵和以太行山羊及奶山羊为受体，分别用 CIDR+PMSG 和 CIDR+FSH 同期发情来进行胚胎移植的技术方案是可行的。

十多年前，张英杰等（2003）利用 OarFCB11、OarAE101、Mcm218 和 MCM38 共 4 个微卫星标记，对波尔山羊、太行山羊和河北奶山羊的等位基因频率、群体多态信息含量、有效等位基因数和杂合度进行了遗传检测；结果从不同品种来看，太行山羊的遗传变异程度最大。王玉琴等（2011）对微卫星基因座 BMS1248 和 MAF70 在太行山羊中的遗传多样及其与生长性能的相关性进行研究。结果表明，微卫星基因座 BMS1248 在太行山羊中基因型 123bp/123bp 可能与体重、体高、体长、胸围呈正相关。微卫星基因座 MAF70 在太行山羊中基因型 155bp/155bp 可能与体重、基因型 165bp/192bp 与体高呈正相关。研究推测在两个基因座上存在对相关生长性状具有正效应或负效应的等位基因。崔凯等（2011）以太行山羊为研究对象，探索精子作为外源基因载体建立转 FecB 目的基因山羊的可行性，以及脂质体对转染效率的影响。结果表明，太行山羊的精子具有主动捕获外源基因的能力，共培养法精子阳性率为 18.3%，脂质体介导精子阳性率为 38.7%，脂质体的存在显著提高了精子的转染效率。

四、产业现状

太行山羊起源于蒙古山羊，早在 20 世纪 30 年代太行山区当地农民就大量饲养，以后受战争的影响饲养量减少了很多，新中国成立后又逐渐恢复发展（赵芳，2012）。70 年代末、80 年代初太行山羊发展达到顶峰，1981 年存栏 22.7 万只，80 年代太行山羊存栏数达 100 多万只。近年来，由于封山禁牧，太行山羊数量锐减，存栏量逐年下降。据 2006 年资源调查，太行山羊在焦作及新乡、安阳中心主产区存栏 14 240 只。其中，公羊 4 469 只，用于配种的成年公羊 296 只；母羊 9 771 只，其中能繁母羊 5 500 只；育成羊公羊 1 352 只，母羊 1 495 只；哺乳羔羊中公羔 1 502 只，母羔 1 930 只。太行山羊近亲繁殖严重，体格变小，生产性能下降，养殖效益降低。

太行山羊于 1989 年收录于《中国羊品种志》。现采用保种场保种实行活体保种。在山西省黎城县和河北省武安市建立了太行山羊保种场，并实施品种登记制度和本品种选育。

我国以太行山区为代表的北方易旱山地，畜牧业生产所需的饲料主要以秸秆和农副产品为主，受到环境恶化的影响，天然草场遭到严重破坏，生产力较低。另外，在治理与恢复过程中，退耕还林、封山育林等政策的实施，使得许多地方山羊无草场可放牧，遭到成群贩卖和宰杀。随着养殖模式由自由放牧转成舍饲，太行山羊的肉质也受到了影响。

近几年，随着农业产业结构调整，羊肉、羊绒价格的上涨，太行山羊存栏量略有增长。作为山西陵川县地方保护品种，在市县级政府的大力支持下，太行山羊饲养数量增长迅速。另外，太行山羊具有屠宰率高、肉品质好、纯绿色等特点，因此广受福建、广东等地客商青睐。

五、其他

我国的饮食文化讲究风味多样，四季有别，并且注重美感、情趣与食医结合等。在这种饮食文化背景下，具有诸多饮食功效和食用方法的羊肉开始受到人们的青睐。而在诸多的羊肉品种中，太行山羊中的黑羊更是受到消费者的欢迎。在豫北特别是新乡一带群众逢年过节买肉是"非黑不买"，请客送礼是"非黑不送"。吃"黑"不吃"白"早已成习俗，缘由就是消费者认为太行山羊黑羊味道香、口感好（余小领等，2011）。太行山羊以其独特的口感成为羊肉中的上品。太行山羊基本上是传统的自由放养，每天羊群奔跑在群山野岭之中。太行山羊肌肉脂肪分布均匀，肉质细嫩，味道鲜美，膻味较小，营养价值高。肉质蛋白质含量高达 20%，脂肪低于 3%，胆固醇含量仅为 60mg/kg，15 种氨基酸含量齐全，特别是人体必需氨基酸尤为丰富（郑爱武，2008）。随着人们生活水平的提高，对羊产品的需求更是与日俱增，因此太行山羊具有广阔的市场前景。

第十二节　云岭山羊

一、概况

云岭山羊（Yunling goat），曾用名云岭黑山羊，属肉皮兼用型山羊，为云南省山羊中数量最多、分布最广的地方良种山羊，是在当地自然条件下形成的一个适应性强的地方品种。云岭山羊原产于云南省楚雄彝族自治州的大姚、永仁、双柏、楚雄4个县（市），分布于禄丰、屋顶、元谋、南华、姚安、牟定等县（市、区）（国家畜禽遗传资源委员会，2011）。主产于云南境内云岭山系及其余脉的哀牢山、无量山和乌蒙山延伸地区，故通称为云岭山羊（赵有璋，2013）。在长期的山羊饲养过程中，经过不断地自然淘汰和人工选育，逐步形成了云岭山羊耐粗饲、适应范围广、繁殖力强、适应性和抗病力强、善于攀高采食等特性。

产区位于北纬24°13′～26°30′、东经100°43′～102°30′，地处云南中部，属横断山脉和云贵高原的过渡带。最高海拔3 657m，最低海拔556m。主要山系有横断山余脉哀牢山、川西大雪山余脉白草岭及乌蒙山余脉。主要河流为金沙江和红河两大水系。属半干旱大陆性气候区，气温日较差大，立体气候明显。年平均气温16.3℃，最高气温42℃，最低气温−8.4℃；无霜期244d。年降水量850mm，5～10月份降水量集中，相对湿度69%，年平均日照时数2 379h。土壤以紫色土为主，间有红壤、山地黄棕壤等。主要农作物有水稻、玉米、小麦、豆类、油菜、薯类、蔬菜等。草地草场可分为河谷灌草丛类、山地灌草丛类、山地稀树灌草丛类、山地草甸类、农隙地草丛五大类。牧草种类多，资源丰富。饲料作物主要有黑麦草、黄花苜蓿等（国家畜禽遗传资源委员会，2011）。云岭山羊主产区多高山峡谷，有大面积的草场和灌木林地，山羊可攀登到悬崖陡坡上采食。

二、特征与性能

（一）体型外貌特征

1. 外貌特征　云岭山羊的体躯近似长方形，结构匀称，体格大小适中，被毛粗而有光泽，无或有少量绒毛，毛色以黑色为主。据调查，被毛全黑的山羊占81.6%，故又称"黑山羊"；部分山羊在黑色被毛的基础上，在脸部眼下、下腹部及四肢内侧有呈对称黄色、淡黄色被毛；少部分为黑黄花、黄白花、杂花等，但体躯不论哪种花色，尾毛均为黑色，皮肤白色。种公羊纤毛较长，如蓑衣状，绒毛较多；阉羊和母羊纤毛短而绒毛较多。头大小适中，呈契形，眼睛中等，额稍凸，鼻梁平直，鼻孔大；两耳大小适中、直立、反应灵活；部分羊有须；普遍有角，呈倒八字形，稍有弯曲，向后再向外伸展。公羊角粗大，母羊角稍细。头颈结合良好，有或无肉垂，公羊颈部粗短，母羊稍长略显窄。鬐甲高低适中，背腰平直结合良好，胸宽深适中，肋微拱，腹大。腰尻结合良好，尻部稍斜而尖。尾粗短上举，尾背有毛，稠密而黑，尾腹无毛。四肢粗短结实，关节发育良好，蹄质结实，黑色。母羊乳房发育中等，多呈梨形，公羊睾丸发育良好。肌肉发育欠丰满，骨骼粗细适中（图64和图65）（杨培昌等，2008）。

2. 体重和体尺　云岭山羊体重和体尺见表5-23。

表5-23　云岭山羊体重和体尺

年龄	性别	只数	体重（kg）	体高（cm）	体长（cm）	胸围（cm）
周岁	公	14	31.4±4.2	56.4±5.5	60.5±4.5	80.5±4.6
	母	4	24.4±5.3	51.8±4.5	58.8±3.9	73.8±3.3
成年	公	21	34.7±6.2	61.1±3.5	64.6±3.8	81.3±5.4
	母	98	31.6±4.6	56.1±3.6	60.1±4.0	75.9±5.8

注：2006—2006年选择大姚县三台、元旦、金碧、龙街四个乡镇进行调查，在正常饲养、自然放牧条件下测定。

资料来源：国家畜禽遗传资源委员会，2011。

（二）生产性能

1. 产肉性能 云岭山羊周岁公羊胴体重 14.35kg、净肉重 10.23kg、屠宰率为 45.70％、净肉率 32.58％；周岁母羊上述指标相应为 10.55kg、7.25kg、41.54％和 28.54％；成年公羊相应为 13.78kg、10kg、39.71％和 28.82％；成年母羊相应为 11.81kg、8.15kg、37.37％和 25.79％（赵有璋，2013）。

云岭山羊屠宰性能见表 5-24。

表 5-24　云岭山羊周岁羊屠宰性能

性别	只数	宰前活重（kg）	胴体重（kg）	屠宰率（％）	净肉重（kg）	净肉率（％）
公	8	30.5	14.2	46.56	10.2	33.44
母	4	24.4	10.6	43.44	7.3	29.92

注：2006 年 11 月在大姚县测定。

资料来源：国家畜禽遗传资源委员会，2011。

云岭山羊肉品质好，据测定肌肉中含水分 71.57％、干物质 28.43％、粗蛋白 23.92％、粗脂肪 3.25％、粗灰分 1.26％（国家畜禽遗传资源委员会，2011）。

2. 繁殖性能 云岭山羊一般公羊 6～7 月龄、母羊 7～8 月龄性成熟，公、母羊均 10～12 月龄开始初配。高海拔地区羊性成熟稍晚，平坝、低河谷地区羊性成熟相对较早。母羊多为春、秋季发情，发情周期 20d，发情持续期 24～48h，妊娠期 145～155d，产羔率 115％。一般一年产一胎或两年产三胎（国家畜禽遗传资源委员会，2011）。

三、研究进展

为了有效地改善云岭山羊的现状，云南省种羊场于 1999 年用波尔山羊与云岭黑山羊进行了杂交试验。波云杂交一代 F_1 体尺增加，体格增大，适应能力强，生长发育快。波云 F_1 与云岭黑山羊比较结果为，平均初生重 2.91kg，提高 36.62％；82 日龄断奶重 17.00kg，提高 37.76％；成活率 97.06％，提高 13.73 个百分点（姚新荣等，2001）。

程志斌等（2008）对云南云岭黑山羊羔羊肉和龙陵黄山羊羔羊肉的理化特性和风味品评进行了研究。其选取新出生的云岭黑山羊和龙陵黄山羊各 16 头，采用白天放牧、晚上补饲的半放牧饲养方式，补充饲料粗蛋白 18.5％、代谢能 12.5MJ/kg。饲养 150d 后屠宰云岭黑山羊羔羊和龙陵黄山羊羔羊各 8 头，取背最长肌分析肉品质。结果表明，云岭黑山羊背最长肌的剪切力显著低于龙陵黄山羊（$P<0.05$）。云岭黑山羊背最长肌粗脂肪含量、多汁性评分和总体口感评分显著大于龙陵黄山羊（$P<0.05$）。该试验说明，与龙陵黄山羊羔羊肉相比，云岭黑山羊羔羊肉具有较高粗脂肪含量和较优的风味口感。

为探索提高云岭山羊繁殖力的营养措施及为制定饲养标准提供基础数据，叶瑞卿等（2008）在云南省马鸣种山羊场选用 450 只繁殖母羊，开展了繁殖母羊配种准备期、妊娠期、哺乳期时等能量 5 水平梯度蛋白和等蛋白 5 水平梯度能量对山羊繁殖力影响的试验研究。结果表明，对云岭山羊繁殖母羊在空怀和妊娠前期、妊娠后期、哺乳期按每天每千克体重分别供给 DCP 2.72g、2.86g、3.66g；DE 0.37MJ、0.41MJ、0.48MJ 的日粮。

安清聪等（2008）将 100 只云岭黑山羊泌乳母羊，随机分为 5 组，每组 20 只，采用单因子设计，以 NRC 山羊泌乳期蛋白质需要量为参照，分为Ⅰ、Ⅱ、Ⅲ、Ⅳ、Ⅴ共 5 个梯度，研究补饲不同蛋白质水平日粮对云岭黑山羊母羊泌乳期生产性能的影响。试验结果表明，在试验期内，母羊平均日减重为 36g、35g、34g、25g、29g，以第Ⅳ组减重最少；从组间的泌乳量来看，第Ⅴ组的泌乳量在整个泌乳期均明显高于其他各组，第Ⅳ组比第Ⅴ组的产奶量略低，但也高于Ⅰ、Ⅱ、Ⅲ组；羔羊增重与母羊泌乳量呈正相关。

李鑫玲等（2008）对白天放牧、晚上补饲的 24 月龄成年云岭黑山羊的屠宰性能及肉质理化特性进行了研究。8头云岭黑山羊用于试验，所有试验山羊14日龄去势，90日龄断奶。断奶后采用白天放牧、晚上补饲的半放牧饲养方式，补充饲料粗蛋白18.5%，代谢能12.5MJ/kg。饲养至24月龄屠宰，测定屠宰性能和背最长肌理化特性。屠宰性能结果显示，宰前活重、胴体重、净肉重、屠宰率和净肉率分别为37.6kg、20.8kg、15.8kg、55.3%和42.0%。背最长肌的理化特性结果显示，粗水分、粗蛋白、粗脂肪、粗灰分的含量分别为75.53%、19.98%、3.24%、0.99%。宰后45min pH为6.13，4℃条件下贮存24h后的pH为5.55。结果显示，成年云岭黑山羊在较大月龄（24月龄）有较高的产肉量，肉质的各项理化指标均在正常范围内。

程美玲等（2010）对云岭黑山羊产羔性状的分子基础进行了研究，分析了云岭黑山羊FSH基因表达量与其产羔数性状的相关性。采用绝对荧光定量PCR方法检测了两个品种山羊卵巢组织中FSH基因的表达量，用放射免疫技术对血液中FSH的水平进行了测定。结果表明，云岭黑山羊FSH表达水平显著低于波尔山羊（$P<0.05$），云岭黑山羊血清FSH浓度显著低于波尔山羊（$P<0.05$），且云岭黑山羊FSH表达水平与产羔数之间的相关系数为0.9540，存在显著正相关（$P<0.05$）。由此可见，与波尔山羊相比，云岭黑山羊FSH基因低表达量、血浆中FSH低浓度是导致低产羔数的一个可能原因。蒋琨等（2006）对云岭黑山羊主要繁殖性能变化规律进行了研究，说明云岭黑山羊繁殖力的差异主要是由营养和地域类群差异造成的，遗传潜力较大，坚持进行本品种"开放式核心群体继代选育"和品系繁育或是同品种远源交配，可充分发挥其遗传潜力，云岭黑山羊的产羔率和繁殖力可以得到提高。

刘志英等（2012）研究了在日粮中添加不同中草药复方制剂对云岭黑山羊生产性能及免疫功能的影响。该试验选用健康无病、出生日期和体重相近的云岭黑山羊成年母羊120只，随机分为4组，每组30只，其中1个对照组只饲喂基础日粮；3个试验组分别按精饲料的1.2%添加自制复方紫锥菊提取物、四君子散和强壮散。预试期7d，正试期为60d，分别于正试期第0、30、60天清晨对所有试验羊进行空腹称重并准确记录，同时测定其总增重和平均日增重，计算料重比，进而分析其经济效益；于试验结束当天从每组中分别随机选择10只羊进行空腹颈静脉采血，进行血液生理生化指标的测定。综合研究表明，复方紫锥菊提取物对云岭黑山羊的生长有一定促进作用，并可增强其免疫功能，提高养羊的经济效益。

兰志刚等（2012）以屠宰场云岭黑山羊卵巢卵母细胞为材料，研究其玻璃化冷冻的效果。试验中以20% EG+20% DMSO为冷冻液、冷冻环为载体，以20s、40s玻璃化时间冷冻GV和MⅡ期的卵母细胞。结果表明，GV期卵母细胞的形态正常率、成熟率和卵裂率都很低，且解冻成熟培养后冷冻组的成熟率和卵裂率极显著低于对照组（$P<0.01$）。而MⅡ期卵母细胞冷冻效果较好，毒性试验组和冷冻组形态正常率分别为91.1%和83.3%，明显高于GV期；孤雌激活后毒性组卵裂率与对照组无显著性差异（$P>0.05$），冷冻组的卵裂率显著低于对照组（$P<0.05$）。用20s、40s玻璃化时间冷冻的卵母细胞解冻后GV和MⅡ期各组均无显著差异。根据试验结果得出，在冷冻保存中最好冷冻MⅡ期的卵母细胞，以便提高后期的卵裂率和囊胚率；卵母细胞玻璃化时间在40s内均不影响卵母细胞的活力和发育潜力。

四、产业现状

近10年来，云岭山羊数量一直在100万～125万只范围内波动。但由于不注重选种选配，一度近亲繁殖较为严重。1995年以后建立了核心群，开展本品种选育，实施种公羊交换，推广种草养羊等技术，云岭山羊的生产性能逐步得到恢复（国家畜禽遗传资源委员会，2011）。2005年云岭山羊存栏达121.8万只，其中能繁殖母羊61.7万只，占存栏羊的50.7%；成年公羊4万只左右，年出栏肉羊74.02万只，出栏率达60.12%（杨培荣等，2008）。2008年存栏达124.1万只。

为适应广州、海南等沿海城市对黑色山羊的需求，提高山羊的生产性能，从1994年开始的"云南肉山羊品种选育"连续两个五年计划被列入云南省重点科技攻关计划，并开展了品种选育及配套技术的研究与示范。所选育的云岭黑山羊基础母羊群周岁和成年体重分别达29.27kg、39.33kg，公羊周岁和成年体重分别达 31.20kg、49.93kg，产羔率达 151.5%；12 月龄屠宰率达 44.68%（洪琼花等，2008）。

目前采用保种场对云岭山羊进行品种保护。1987 年列入了《云南省家畜家禽品种志》，1995 年在楚雄市建立了云岭黑山羊种羊场，确定了保种计划，对半山区、山区、边远区有计划地开展本品种保种工作（国家畜禽遗传资源委员会，2011）。

五、其他

云岭山羊饲养管理仍沿袭当地传统方法，以放牧饲养为主，仅在早晚补给少量玉米、大豆等精饲料。羔羊 1 月龄后随母羊放牧。近年来大力推广种公羊交换、公母羊分群饲养、楼式羊圈的建设和改造、种草和青贮饲料养羊、补饲、驱虫等技术，饲养管理水平有明显提高。云岭山羊（2008）应突出肉用方向，提高产肉性能和繁殖性能，选育从提高个体体型、前期生长速度以及母羊的产羔率和泌乳性能等方面着手，充分发挥早期易育肥的特点，改变农村养"大羯羊"的习惯，缩短生产周期，提高经济效益；毛色应根据当地群众的习俗和市场需求，突出黑色（杨培昌，2008）。

云南省肉羊在无污染的环境中主要使用饲草饲养，符合人们的健康消费时尚，因此国内和东南亚市场对羊肉的需求逐年增加，尤其是泰国对云南肉羊的需求量较大。而在云南省畜牧业产品中肉羊有较大的竞争优势，发展云岭山羊是云南省发展外向型畜牧业的优势项目之一。

第十三节　板角山羊

一、概况

板角山羊（Banjiao goat）是经过长期选育而成的皮肉兼用型地方山羊品种。因群众有对白色、体大的羊进行饲养繁育的习惯，并从体型矮小、适应性强的当地"火药包"土种羊中选优去劣，因此通过自然选择和人工培育，形成了个体大、肉肥嫩且板皮面积大、质地致密、弹性好、毛色白、角扁而弯曲的山羊品种（国家畜禽遗传资源委员会，2011）。板角山羊具有一对长而扁平的角，故取名板角山羊。

板角山羊主产区为重庆市城口县、巫溪县、武隆县和四川省万源市等地。任河、前河、大宁河以及乌江流经产区境内，水源充足。产区为大巴山南麓和大娄山北麓，地形复杂，群山矗立，沟窄谷深。高山多属于石灰岩层结构，一般坡度在 50°左右。海拔为 500～3 000m。年平均气温 13.8℃，最高气温、最低气温分别为 38.8℃、－4℃；无霜期 196～254d。年降水量 894～1 693mm，相对湿度 64.5%～73%。春季年降水量占 31.8%，秋季占 21.8%，冬季占 3.2%。风力一般 5～7 级。土壤瘠薄，以黄壤黏土为主。农作物有玉米、马铃薯、水稻、小麦、甘薯、豆类和芥子等。植被以灌木丛草地为主，野生植物主要有马桑、黄荆、蔷薇、救军粮、茶树、粉葛、地瓜藤、白茅、野古草等。

板角山羊于 1963 年经中国科学院西南农业综合考察队发现并给予了充分肯定；1981 年 9 月已通过四川省山羊品种考察组考察论证；1982 年被审定为四川省地方优良品种，列入《四川省家畜家禽品种志》；1997 年 4 月被中国科学院载入《农业文库》；并得到了我国著名养羊专家刘相模的高度评价："板角山羊具有极为宝贵的基因库，是我国优良的山羊品种资源"（张运伟，2012）。

二、特征与性能

（一）体型外貌特征

1. 外貌特征　体型中等，骨骼粗壮、结实。头中等大，额凸，鼻梁平直，耳大、直立。板角山羊被毛以白色为主，黑色、杂色个体很少。成年公羊被毛粗长，成年母羊被毛较短。公、母羊均有角，角宽而略扁，向后弯曲扭转。颈长短适中。体躯呈椭圆桶形，背腰较平直，尻略斜。公羊前躯发达，母羊后躯发达。四肢健壮，蹄质坚实，呈淡黄白色或褐色。公、母羊均有胡须。尾呈锥形。

2. 体重和体尺　板角山羊的体格大小因产地不同而不同，万源、城口和武隆所产体格较大，而巫山县所产体格较小。其成年羊体重和体尺测定结果见表 5-25。

表 5-25　板角山羊成年羊体重和体尺

地区	年龄	性别	只数	体重（kg）	体高（cm）	体长（cm）	胸围（cm）
万源	周岁	公	20	39.30±2.10	58.00±3.08	69.25±2.59	75.7±52.46
		母	80	25.56±5.50	52.50±5.00	61.38±7.16	63.26±7.31
	成年	公	20	47.30±6.95	63.20±2.93	71.80±5.15	83.20±3.65
		母	80	36.65±8.40	54.19±3.68	67.16±6.05	74.90±6.52
巫山	成年	公	39	44.77±7.30	63.99±4.25	69.54±4.95	82.63±4.50
		母	100	34.39±4.59	57.24±5.34	63.00±5.93	74.59±7.38

注：2005—2006 年由万源市及巫溪县畜牧局测定。

资料来源：国家畜禽遗传资源委员会，2011。

（二）生产性能

1. 产肉性能　板角山羊屠宰性能见表 5-26。

表 5-26　板角山羊屠宰性能

地区	年龄	性别	只数	宰前活重（kg）	胴体重（kg）	屠宰率（%）	净肉重（kg）	净肉率（%）
万源	12 月龄	公	15	39.50	19.90	50.38	15.85	40.13
		母	15	24.80	11.95	48.19	7.95	32.06
	成年	公	15	48.30	25.30	52.38	19.19	39.73
		母	15	30.60	14.23	46.50	10.20	33.33
重庆	成年	公	15	35.92	—	52.63	—	37.46
		母	15	30.05	—	44.68	—	31.48

注：2005 年由万源市畜牧局进行的屠宰测定，2006 年由巫溪县畜牧部门进行的屠宰测定。

资料来源：国家畜禽遗传资源委员会，2011。

2. 繁殖性能　板角山羊性成熟年龄公羊 5～6 月龄，母羊 4～5 月龄。初配年龄公羊 12 月龄，母羊 10 月龄。母羊发情周期 21d，发情持续期 36～72h，妊娠期 152.5d；一般两年产三胎，寒冷地区一年产一胎。产羔率初产母羊 107.50%，经产母羊 196.25%。初生重公羔 2～3kg，母羔 2～2.5kg。断奶重公羔 7.5～10kg，母羔 7.5～9.5kg。羔羊成活率 87.90%（国家畜禽遗传资源委员会，2011）。

（三）等级标准

根据育种目标，确定选择标准。板角山羊鉴定选种标准见表 5-27，板角山羊的等级根据鉴定得分见表 5-28。

表 5-27　板角山羊鉴定选种标准

项目	外貌特征及生长发育标准	评分
角型	一对宽而扁薄的大角，角间距小，角尖向外两侧外展或向后弯曲或向上直立，母羊角比公羊角稍小	30
毛色	白色或黑色	10
体躯	体质结实，肌肉丰满，呈圆桶形	25
初生重	公羔 2.5～3.5kg；母羔 2～3kg	15
2 月龄重	公羔 3～12kg；母羔 6～10kg	10
4 月龄重	公羔 12～18kg；母羔 10～16kg	10
总计		100

表 5-28　板角山羊等级评定

类别	特级	一级	二级	三级
种公羊	90	80	70	60
种母羊	80	70	60	50

资料来源：钟银祥等，2003。

三、研究进展

为探讨各群体间的亲缘关系，给重庆市优良地方山羊品种的保种和选育提供依据。左幅元等（2005）采用 RAPD 技术分析了重庆本地的板角山羊、川东白山羊和重庆黑山羊基因组池 DNA 的多态性及其亲缘关系。通过 100 种随机引物扩增筛选，12 种多态引物共获得了 16 个多态标记。各群体间的遗传距离指数和 SPSS 分层聚类树形图表明，板角山羊与川东白山羊之间的遗传距离较远，重庆黑山羊和板角山羊的遗传距离较近，二者有着密切的亲缘关系。结果还发现，板角山羊、川东白山羊和重庆黑山羊群体都具有一定的遗传稳定性。邓书湛等（2009）测定了板角山羊品种 13 个个体的细胞色素 b 基因全序列，比较分析了群体中细胞色素 b 基因的碱基组成和序列间碱基的变异情况。结果显示，在该品种中细胞色素 b 基因序列中 6 个变异位点上观察到 11 次 T→C 间和 2 次 A→G 间的碱基转换，除了有 2 次 T→C 间碱基转换发生在密码子第 2 位点为非同义突变以外，其余的 11 次碱基转换发生在密码子第 3 位点，均为同义突变；有 1 次 T→G 间碱基颠换发生在密码子第 2 位点，为非同义突变。另外，以绵羊为外群，与山羊属其他种的同源区序列构建系统发生树。结果显示，在系统地位上板角山羊与胃石山羊有较近的亲缘关系。

王阳铭等（2000）研究选用板角山羊双月龄的断奶羔羊，比较全期补饲、后期补饲和全放牧 3 种育肥方式的育肥效果。结果表明，试验 1 组（全期补饲）、试验 2 组（后期补饲）平均增重明显高于对照组（全放牧）（$P<0.01$），日增重分别比对照组高 44.16g、26.67g，分别增加纯收入 15.5 元和 17.6元。对 3 种育肥方式的分析表明，不论全期或后期补饲，均是羔羊育肥的一种理想方式。

为了提高板角山羊的生产性能，特引进良种南江黄羊进行杂交。据王阳铭等（2000）试验研究，其杂交一代具有双亲相似的外貌特征，抗病力和适应性增强，体重明显高于板角山羊，其生长速度提高60%以上；杂交羊 6 月龄、周岁等各阶段的体高、胸围等体尺均明显高于板角山羊。

为了建立重庆板角山羊精液的细管冷冻保存方法，潘红梅等（2009）进行了不同冷冻稀释液（配方Ⅰ、Ⅱ、Ⅲ）、不同冷冻保存剂（甘油、EG）及不同离心速度对重庆板角山羊细管精液冷冻保存效果的研究。结果表明，配方Ⅱ（基础液由 Tris 0.02g、柠檬酸钠 1.5g、乳糖 5.5g、葡萄糖 3.0g、EDTA 0.02g、蒸馏水 100 mL、青霉素 10 万 IU、链霉素 10 万 IU 组成。稀释液Ⅰ液由 80%基础液+20%卵黄组成；Ⅱ液为稀释液Ⅰ液+5%抗冻剂）对重庆板角山羊精液冷冻后的活率显著优于配方Ⅰ和Ⅲ。在配方Ⅱ中添加相同剂量的 EG 和甘油，精液冻后活率差异不显著。以 1 200r/min 的速度对山羊鲜精作离心处理后，冻后活率相对于对照组有所提高，但差异不显著。为了解决重庆板角山羊数量急剧下降问题，潘红梅等（2012）用加拿大和宁波生产的垂体促卵泡素（FSH）对重庆板角山羊进行超数排卵效果研究。加拿大、宁波生产的 FSH 超数排卵结果表明，两组羊的平均黄体数、可用胚胎数差异不显著。而不同 FSH 剂量对板角山羊超排效果的影响是，外源 FSH 可促进卵巢中卵泡的发育、成熟，但到一定剂量后，超排效果并不随 FSH 剂量的增加而增加。如果 FSH 使用剂量过大，卵巢中发育的卵泡和排卵数量过多，会导致卵巢体积异常增大和卵子接受障碍，经输卵管伞接受到的卵子数量却很有限。同时，多数黄体分泌的孕酮量增大，可能使运行到输卵管的精子和卵子发生变性，导致回收的胚胎退化或未受精卵的比例增高。

四、产业现状

在 1999 年 4 月开始开展的重庆城口板角山羊的调查工作中，以随机抽样的方法，总共调查了 10个乡镇、20 个村，调查山羊 4 527 只，其中板角山羊 4 315 只，占调查总数的 95.32%。另外，有初生至周岁板角山羊 1 937 只，成年羊 2 378 只。同时进行了屠宰、体尺、体重测定，对板角山羊的生产性能、生长发育、适应性能、体型及外貌特征等有了了解，并建立了板角山羊纯繁场和纯繁户（钟银祥，2005）。据对重庆市地方山羊种质资源调查，板角山羊现存栏 35 万余只，其中能繁母羊22.96 万只，成年公羊 2.25 万只。数量为 80 年代的 2 倍多。2000 年 1～7 月，四川万源市山羊饲养量为 14.1 万只，比 1999 同期增长 9.4%；能繁母羊 7.8 万只，增长 68%，种公羊 1 900 只。全市确定 12 个板角山羊基地，饲养量为 4.2 万只，占山羊总数的 32%，比 1999 年同期增长 6.5%，养羊规模在 30 只以上的农户 229 户，50 只以上的 37 户，100 只以上的 18 户，新修圈舍 278 间，种植优良牧草 31.5hm²，同比增长 310%。根据 2007 畜禽品种资源调查结果，周岁板角山羊体重比 1982 年下降 4.62%，成年体重下降 6.15%，周岁板角山羊屠宰率下降 2%，净肉率下降 0.25%。板角山羊生产性能明显下降，品种退化。

调查统计，2011 年年末万源市建有 6 个板角山羊养殖小区，参与农户 140 户，出栏板角山羊 4 638 只。年末存栏板角山羊 16.57 万只，较 1982 年增加 9.77 万只，其中大竹、紫溪、庙子、钟亭、白果、庙坡 6 个乡镇年存栏 8 万只，占全市存栏总量的 48.3%，既是万源市栏板角山羊的主产区，也是实施品种资源保护的重点区域（张运伟，2012）。

板角山羊 2000 年存栏约 50.5 万只，2008 年存栏 45.23 万只。其中，能繁母羊为 24.86 万只，成年公羊为 2.75 万只。

五、其他

为了使板角山羊健康生长，以创造最大的经济效益，对于板角山羊的饲养要注意以下方面：一要饲喂种类多的青草、青干草，且饲草要新鲜质好；二要喂氨化、微贮秸秆，这样可以提高秸秆营养价值和消化率，提高适口性；三要喂清洁饮水，以促进消化减少疾病的发生；四要保持饲草的清洁；五要定时定量；六要有楼床式羊圈以利于生长发育；七要保持圈舍干燥、清洁卫生；八要在放牧时压住头羊；九要根据羊只的状况，适当补充精饲料；十要异地选公就地选母，一般就地选择体大健壮的母羊作种母羊，异地选择体大健壮、生长发育良好的公羊作种公羊；十一要在羔羊出生时做好相应工作；十二要饲喂好哺乳母羊，以保证充足地供乳；十三要做到定期驱虫；十四要加强疫病防治（吴名安等，2000）。

第十四节　北川白山羊

一、概况

北川白山羊（Beichuan White goat）属于肉用山羊地方遗传资源。北川古为羌族人聚居之地，史书记载："羌从羊、喜牧羊"，养羊业是羌族人民的主要经济来源。羊只多放牧于高山灌丛中，白色山羊醒目、易管理；又因为羌族人民在祭祀和过年时要宰杀大肥骟羊，因而在选择种羊时，都以生长快、个体大、白色的羊只留作种用，因此是经过长期的人工选择形成的优良地方山羊品种（国家畜禽遗传资源委员会，2011）。

北川白山羊原产于四川省北川县，中心产区在该县的擂鼓、曲山、陈家坝、漩坪、白坭、禹里、坝底等乡镇，相邻的平武、江油、安县、茂汶、松潘等地也有分布。主产区位于北纬 31°29′～32°15′、东经 103°16′～104°38′。地势西北高、东南低，处于四川西北部盆周山区。海拔最高峰 4 769m，最低 540m，为四川盆地向藏东高原过渡的高山深谷地带。山地占土地总面积的 98.8%。属亚热带湿润季风气候区的西部边缘与高原干热河谷气候交汇地带。年平均气温 15.6℃，最高、最低气温分别为 37.2℃、-4.5℃，年降水量 1 288mm。牧草资源主要为林下杂草和藤蔓等，栽培的有黑麦草、苜蓿、白三叶、天星苋萝卜等。农作物主要有玉米、马铃薯、小麦、花生等（国家畜禽遗传资源委员会，2011）。

北川白山羊具有遗传性能稳定、适合山区放牧、适应性强和舍饲饲养等特点，具有典型的肉用山羊体型，肉质细嫩，营养丰富，膻味小。今后应加强本品种选育，改善饲养管理条件，不断提高生产水平，着重提高其产肉性能（国家畜禽遗传资源委员会，2011）。

二、特征与性能

（一）体型外貌特征

1. 外貌特征　北川白山羊大多数被毛呈白色，黑杂色较少。体躯近似长方形，结构紧凑，头小方正，额微突，鼻梁平直，耳中等大小、直立。毛短粗，成年公羊头、颈、胸部及四肢外侧被毛较长。多数羊有角，公羊角大，宽而略扁；母羊角略细小，都向后呈倒八字形弯曲。四肢较短，粗壮结实，蹄质坚实。颈略长、粗壮，少数颈下左右有一对肉垂。躯干呈圆桶形，背腰平直，尻略斜，前胸宽深，肋骨开张较好，腹大而不下垂。

2. 体重和体尺　北川白山羊体重和体尺见表5-29。

表5-29　北川白山羊体重和体尺

年龄	性别	只数	体重（kg）	体高（cm）	体长（cm）	胸围（cm）
周岁	公	40	32.65±4.82	60.20±3.66	63.50±3.85	78.60±4.52
	母	60	24.20±3.40	50.40±3.60	57.18±3.80	70.88±3.80
成年	公	160	52.20±8.60	65.00±4.60	74.50±4.20	89.61±4.32
	母	400	40.10±6.76	61.50±3.70	70.40±2.72	80.30±2.98

注：2006年由北川县畜牧局测定。
资料来源：国家畜禽遗传资源委员会，2011。

（二）生产性能

1. 产肉性能　北川白山羊屠宰性能见表5-30。

表5-30　北川白山羊屠宰性能

年龄	性别	只数	宰前活重（kg）	胴体重（kg）	屠宰率（%）	净肉重（kg）	净肉率（%）
周岁	公	20	32.60	15.20	46.63	13.20	40.50
	母	10	26.00	11.80	45.38	10.29	39.58
成年	公	40	47.00	25.10	53.40	19.50	41.49
	母	15	39.30	19.38	49.31	13.26	33.74

注：2006年由北川县畜牧局测定。
资料来源：国家畜禽遗传资源委员会，2011。

2. 繁殖性能　北川白山羊性成熟早，在放牧条件下常年发情。北川白山羊公羊初情期、初配年龄分别为5月龄、10月龄，母羊初情期、初配年龄分别为4月龄、6月龄。母羊发情周期为21d，发情持续期48h，妊娠期为146d，年产1.78胎。初产母羊和经产母羊产羔率分别为140%、210%。羔羊成活率90%（国家畜禽遗传资源委员会，2011）。

三、研究进展

北川县畜牧局（1995）对白山羊提纯进行了研究，基本摸清了北川白山羊的基本特性及种源分布，建立了种羊繁殖基地；改进了饲养、繁殖技术；采用留优汰劣的选种选配方法，改良基本羊群。

为了进一步探索北川白山羊的形成机理及生理特点，李凤等（1999）对北川白山羊血清血脂含量进行了测定分析。测定结果表明，周岁公羊的血清血脂含量比周岁母羊高，成年母羊的血清血脂含量比成年公羊高，这符合动物血清血脂含量的一般特性。吴照民等（1999）对北川白山羊母羊繁殖特性进行了研究，表明北川白山羊在年产胎数和多胞胎两方面与成都麻羊存在极为显著的差异。在繁殖特性的其他方面，与成都麻羊和建昌黑山羊也存在较大差异。从母羊的繁殖特性看，北川白山羊是一个新的地方山羊品种。1998年开始严成（2000）进行了种质特性和羊肉品质的研究，通过对北川白山羊中心产区自然生态条件、体型外貌、种质特性的调查和与饲养在北川县的南江黄羊在生产性能、肉品质方面的对比研究结果表明，北川白山羊的 2 月龄、4 月龄、6 月龄、8 月龄的体尺均超过南江黄羊，表现为体躯容积的宽度、深度的性状差异显著。其初生重以及各月龄体重、1 月龄、4 月龄、6 月龄、8 月龄的日增重均显著或极显著地高于同龄的南江黄羊。可见北川白山羊周岁体尺、体重，尤其是胸围发育良好。肉用品种最重要的指标是早期生长发育速度快，饲养期短。因此，北川白山羊具有优良的产肉性能，应加大选育、研究和开发力度。屠宰试验表明，北川白山羊不仅胴体重显著高于南江黄羊，更为重要的是北川白山羊的骨肉比、胴体产肉率显著高于南江黄羊，北川白山羊的产肉潜力更大。综上所述，北川白山羊不仅生长发育速度快、生产性能高、产肉能力强而且肌肉品质也好。因此，北川白山羊已具备成为一个地方肉用品种的基本条件，应进步加大选育力度，力争尽早将其培育成一个优良肉用山羊品种。

为了分清四川省不同生态地区形成的不同山羊品种或类群，便于山羊的优良品种培育，朱金秋等（2005）通过随机扩增多态性 DNA 对四川 5 个山（绵）羊品种进行了分析。通过随机扩增多态 DNA 指纹分析（RAPD），探讨四川省内主要山羊品种间的亲缘关系，为遗传分化和系统分类研究以及品种的保存利用和优良品种选育提供了科学依据。试验结果表明，除藏绵羊外，各山羊群体间的遗传相似系数为 0.865 2～0.937 9，彼此间遗传距离接近。其中北川白山羊与黑山羊、南江黄羊、成都麻羊的遗传距离为 0.073 5～0.090 9。从毛色和外部形态上看，南江黄羊和成都麻羊有许多相似之处。但试验数据显示，外表与两者差异更大的北川白山羊却分别与南江黄羊和成都麻羊的遗传距离更为接近；在地理上，北川地处南江和成都双流（麻羊产地）之间，可能在两种山羊品种间的基因交流中起到桥梁作用。由此推测，物种间亲缘关系的远近常常与地理分布有关。

蔡欣等（2011）在研究北川白山羊基因组与表型性状相关的多态性 RAPD 标记时，对 122 只北川白山羊个体基因组进行了扩增，结果从 80 条 RAPD 引物中选出了 12 条多态引物，北川白山羊平均遗传相似率和遗传多样性指数分别为 0.859 8±0.077 6 和 0.919 8，表明北川白山羊品种具有一定的遗传分化和较丰富的遗传多样性。在 12 条多态性引物中，SBS06 同时对体重（$P=0.028$）、体高（$P=0.017$）和体长（$P=0.037$）具有显著影响，SBS02 对体重（$P=0.033$）和体高（$P=0.034$）具有显著效应。因此，推断影响体重和体高性状的 QTL 基因座可能与 RAPD 标记 SBS06 和 SBS02 相连锁，可以应用于北川白山羊体重和体高性状的标记辅助选择以及相应主效基因的进一步研究。

四、产业现状

北川白山羊 2005 年存栏 14.4 万只，2007 年存栏 14.95 万只。后又因为自然灾害的影响，群体数量减少，2008 年存栏 9.31 万只。北川白山羊采用以放牧为主、补饲为辅的饲养方式。补饲对象主要是产羔母羊、羔羊、配种公羊和育肥羊，精饲料的补充料以玉米为主（国家畜禽遗传资源委员会，2011）。舍饲圈养农户数随种草养羊和肉羊集中育肥技术的推广逐步增加。舍饲饲草以种植的牧草、农副秸秆和野生牧草为主，并补饲精饲料。北川白山羊采用种羊场保护。1997 年开始，在漩坪乡的南华和曲山镇的邓家建立了北川白山羊种羊场，开展本品种选育工作。

北川白山羊良好的生产性能，引起了畜牧部门的重视。经省畜禽品种资源调查，1988 年开始进行农户选育。1991 年绵阳市科委及有关部门立项，开展《北川白山羊品种提纯研究》。1995 年 10 月，农业部中国农业科学院专家张翼汉、冯维祺等来现场考察测定，认为"北川白山羊的周岁体重，体尺尤其是胸围发育好，在目前我国白山羊中较为突出，如加强选育提高，可达国内白山羊的领先水平。为我国肉用山羊较为理想的杂交亲本"（黄正泽等，1997）。1996 年，北川白山羊被绵阳市人民政府列为重点扶持发展项目。把发展北川白山羊列入振兴绵阳经济的"万只良种山羊工程"。2000 年 12 月，由四川省畜禽品种委员会组织专家审定验收，正式命名为"北川白山羊"（黄正泽，2003）。2005 年，北川白山羊列入《四川省畜禽品种保护名录》。2009 年 2 月，农业部下达了北川白山羊的保种项目。现在这一项目正在实施，已建立了保种场和保护区。2010 年通过国家畜禽资源委员会鉴定。

五、其他

北川县为推进产业联营，打造特色新农村模板。在农村产业联营的基础上，加大了农产品品牌化培育力度，推广"北川白山羊"等一大批国家地理标志品牌。北川是全国唯一的羌族自治县，是羌族的主要聚居地之一。"羌"，在《说文解字》中解释为"西戎牧羊人"。在史前，羌族先民们便开始驯化和饲养羊，用羊皮制衣，羊肉裹腹。羌民认为羊的灵魂能保护自己部族的成员，因此他们把羊置于特殊的位置。而今，羊祭山、祭神等古羌文明已积淀演绎成一种独具特色的文化。

第十五节　成都麻羊

一、概况

成都麻羊（Chengdu Brown goat）也称四川铜羊，属于肉皮兼用型山羊地方品种。该品种形成历史可上溯到 19 世纪，其具有肉质细嫩、膻味较轻、产奶量高、板质优良、乳脂率高、抗病力和适应性强、遗传性能稳定等特点。1987 年、1988 年先后被收编入《四川省家畜家禽志》和《中国羊品种志》。1988年被农业部列入"全国畜禽良种基因资料库"，定为"国家三级保护品种"之一，是我国仅有的被世界粮农组织 FAO 收入名录的国内两个山羊品种之一（雷芬等，2006）。

成都麻羊产肉性能好，繁殖率高，板皮品质优良，是国内外著名的优良地方品种。成都麻羊曾出口越南，国内各省（区）也多有引进，改良当地山羊效果好。在南江县以成都麻羊为父本，培育成了我国第一个产肉性能好的南江黄羊新品种；在金堂县利用成都麻羊分离出来的黑色个体，选育成了金堂黑山羊肉用地方山羊品种（王杰，2007）。

成都麻羊原产于四川省的大邑县和双流县，分布于成都市的邛崃市、崇州市、新津县、龙泉驿区、青白江区、都江堰市、彭州市及阿坝州的汶川县（国家畜禽遗传资源委员会，2011）。根据成都羊主产区的生态条件、形态遗传和生产性能，将成都麻羊划分为丘陵型和山地型。丘陵型体格较大，山地型体格较小。丘陵型成都麻羊主要分布在成都市郊的丘陵地区；山地型成都麻羊主要分布在汶川县的映秀镇。两地的自然生态条件有较大差异（王杰，2007）。

丘陵地区为成都平原的边缘丘陵地带，海拔高度在 1 000m 以下，气候属于亚热带季风气候。年平均气温为 16.5℃，年极端最高气温 37.1℃，年极端最低气温－5.0℃。年平均降水量 952.5mm，年相对湿度平均 83％。年平均日照 1 253.3h。无霜期 283d。台地和浅丘地多黄泥和姜石黄土，呈微酸性。丘陵地多为紫色土、石骨土或砂性土，呈酸性。主要农作物有水稻、小麦、油菜、大麦、胡豆、豌豆、黄豆等，尚有多种蔬菜，农副产品丰富。野生牧草种类繁多，四季常青，禾本科牧草主要有白茅、针茅、牛筋草；豆科主要有猪屎豆、马鞍羊蹄甲、截叶铁扫帚；杂类草主要有冬葵、地榆、齐头蒿；常见灌木有旬子木等（王杰，2007）。早在三四十年代，萨能羊、吐根堡羊、纽宾羊曾先后引入该区，并曾与当地麻羊进行过杂交。农民注重选留体大肥壮的种羊，对外貌的选择要求不严，比较重视羊的饲养，除放牧外，常以青绿饲料和农副产品补饲。

山地主要以汶川县为主。汶川县是成都平原与青藏高原东麓的川西北高原过渡地带，海拔 900～1 500m，相对落差大，坡陡峭。属中等湿润和半湿润气候。年平均气温为 10.9～14.1℃，最热月 7 月平均气温 23.4℃，最冷月 1 月平均气温 3.6℃。年降水量 850～1 309mm，年相对湿度 83％左右，年日照小于 1 000h，无霜期 236d。土壤为黄棕壤，呈酸性。草地类型为山地灌丛杂类草草地。牧草种类繁多，其优势植物有多花胡枝子、牛尾蒿、三叶鬼针草等。牧草生长茂盛，2～9 月为青草期，10 月至翌年 1 月为枯黄期。在枯黄期中，仅一年生牧草枯黄，多年生牧草和灌木、半灌木仍生长旺盛（王杰等，2007）。

二、特征与性能

我国 2007 年 3 月发布了 DB 51/T 654-2007《成都麻羊》地方标准。具体规定了成都麻羊的品种特性和等级评定。该标准适用于成都麻羊的品种鉴定和种羊等级评定。

（一）体型外貌特征

1. 被毛　全身被毛短，有光泽，冬季内层着生短而细密绒毛。因体躯被毛单根纤维分段颜色及比例的不同，体躯被毛颜色呈赤铜色、麻褐色、黑红色，并具有"十字架"和"画眉眼"特征。腹部被毛颜色较浅，呈浅褐色或淡黄色。

2. 体型外貌　体质结实，体型较大，全身各部结合良好。头大小适中，耳为竖耳，额宽微突，鼻梁平直。公、母羊多有角，呈镰刀状。公羊及多数母羊下颌有毛髯，部分羊颈下有肉髯。颈长短适中，背腰宽平，尻部略斜。四肢粗壮，蹄质坚实。公羊前躯发达，体躯呈长方形，体态雄壮，睾丸发育良好。母羊后躯深广，体型较清秀。略呈楔形，乳房发育良好，呈球形或梨形（图 66）。

3. 体重和体尺　周岁公、母羊平均体重分别为 28kg、22kg，体高分别为 58cm、54cm，体长分别为 62cm、58cm，胸围分别为 69cm、62cm。成年公、母羊平均体重分别为 42kg、35kg，体高分别为 66cm、61cm，体长分别为 70cm、65cm，胸围分别为 77cm、69cm。

（二）生产性能

1. 产肉性能　12 月龄阉羊胴体重在 12kg 以上，屠宰率 48%，净肉率 35%。

2. 繁殖性能　母羊的初情期为 4～5 月龄，公羊性成熟期为 5～6 月龄。初配年龄公羊 8～10 月龄，母羊 6～8 月龄。母羊常年发情，发情周期（20.0±2.0）d，发情持续期 36～64h，妊娠期（148.0±5.0）d。母羊平均年产 1.7 胎，产羔率初产母羊 160%，经产母羊 210%。初生体重公羊 2.0kg，母羊 1.9kg。2 月龄体重公羊 9.0kg，母羊 8.7kg。

（三）等级划分

1. 外貌评分　先按外貌评分标准评出总分（表 5-31），再评定等级（表 5-32）。

表 5-31　外貌评分标准

项目	评分标准	评分 公羊	评分 母羊
被毛	全身被毛赤铜色或麻褐色或黑红色，并具有"十字架"和"画眉眼"特征	20	20
整体结构	体质结实，体型较大，全身各部结合良好。头大小适中，耳为竖耳，额宽微突，鼻梁平直。公、母羊多有角，呈镰刀状。公羊及多数母羊有毛髯，部分羊有肉垂	30	30
体躯	背腰平直，肌肉发育丰满。母羊后躯深广，体型清秀，略呈楔形	30	30
睾丸或乳房发育	公羊雄性特征明显，睾丸大小适中。母羊乳房发育良好，呈球形或梨形，乳头大小均匀	10	10
四肢及蹄	四肢粗壮，蹄质坚实	10	10
合计		100	100

资料来源：DB 51/T 654-2007。

表 5-32　等级分数线

等级	公羊	母羊
特	≥95	≥95
一	≥85	≥85
二	≥80	≥75
三	≥75	≥65

资料来源：DB 51/T 654-2007。

2. 体重和体尺　按表 5-33 规定评定体重、体尺等级。

表 5-33 体重、体尺等级划分表

年龄	等级	公羊				母羊			
		体重（kg）	体高（cm）	体长（cm）	胸围（cm）	体重（kg）	体高（cm）	体长（cm）	胸围（cm）
6月龄	特	23	56	59	65	20	54	56	59
	一	21	54	57	63	18	52	54	57
	二	19	52	55	61	16	49	52	55
	三	16	50	53	59	14	46	49	52
周岁	特	33	62	66	74	28	58	64	68
	一	31	60	64	72	25	56	62	65
	二	28	58	62	69	22	54	58	62
	三	25	55	59	66	19	51	55	59
成年	特	52	74	80	87	41	68	73	79
	一	47	70	75	82	38	64	69	74
	二	42	66	70	77	35	61	65	69
	三	38	62	65	72	31	57	61	65

注：成年指 3 岁及 3 岁以上。

资料来源：DB 51/T 654-2007。

3. 繁殖性能

（1）种母羊繁殖性能　按表 5-34 规定评定繁殖性能等级。

表 5-34 繁殖性能等级划分

等级	特	一	二	三
年产窝数	≥2.0	≥1.8	≥1.7	≥1.5
窝产羔数	≥2.5	≥2.2	≥2.0	≥1.8

资料来源：DB 51/T 654-2007。

（2）精液品质　成都麻羊种公羊射精量 1.0mL 以上，精子密度每毫升达 20 亿以上，鲜精活力 0.7 以上。

4. 个体品质等级评定　个体品质根据体重和体尺、繁殖性能、体型外貌三项指标进行综合评定等级见表 5-35。

表 5-35 个体品质等级评定

体型外貌 \ 体重和体尺	繁殖	特				一				二				三			
		特	一	二	三	特	一	二	三	特	一	二	三	特	一	二	三
特		特	特	特	一	一	一	一	二	一	二	二	二	二	二	三	三
一		特	特	一	二	一	一	二	二	二	二	二	三	二	三	三	三
二		特	一	二	二	一	二	二	二	二	二	三	三	三	三	三	三
三		一	一	二	三	二	二	二	三	二	三	三	三	三	三	三	三

资料来源：DB 51/T 654-2007。

5. 综合评定　种羊等级综合评定见表 5-36。

表 5-36 种羊等级综合评定

系谱 \ 个体品质	特				一				二				三			
	特	一	二	三	特	一	二	三	特	一	二	三	特	一	二	三
特	特	特	特	特	一	一	一	二	二	二	二	三	二	二	三	三
一	特	特	特	一	一	一	二	二	二	二	三	三	三	三	三	三
二	特	一	一	二	一	二	二	二	二	三	三	三	三	三	三	三
三	一	一	二	二	二	二	二	三	三	三	三	三	三	三	三	三

资料来源：DB 51/T 654-2007。

三、研究进展

为了利用成都麻羊 MSTN 基因的负向调控机制来提高产肉力，王杰等（2007）对成都麻羊 NSTN 基因进行了克隆测序。根据得克萨斯山羊 MSTN 基因序列设计引物，进行 PCR 扩增，克隆成都麻羊肌肉生成抑制素（MSTN）基因 exon1、部分 intron1、exon2、部分 intron2、exon3 及部分 intron3，通过 DNAman 生物软件分析获得 MSTN 完全编码序列。研究结果表明，成都麻羊 MSTN 基因 exon1 变异程度最大，exon2 次之、exon3 变异程度最小。

白文林等（2005）在成都麻羊和波尔山羊生长激素基因 HaeⅢ多态性的比较研究中，利用 PCR-RFLP 技术检测了成都麻羊和波尔山羊生长激素（growth hormone，GH）基因的 HaeⅢ酶切多态性。结果表明，成都麻羊和波尔山羊两个山羊群体中均存在 GH 基因 HaeⅢ酶切位点的多态性，且均有 A、B 两个等位基因。成都麻羊群体等位基因 A 和 B 的基因频率分别为 0.621 6 和 0.378 4；波尔山羊群体中等位基因 A 和 B 的基因频率分别为 0.534 5 和 0.465 5。GH 基因 HaeⅢ酶切位点的基因型分布在两个山羊群体中均极显著偏离 Hardy-Weinberg 平衡定理（$P<0.01$），但两个群体间不存在显著差异（$P>0.05$）。

王永等（1998）于 1998 年 4 月在邛崃县的火井、水口两镇 15 户农户饲养的成都麻羊中随机选择健康无病的成年母羊 75 只。采用 PAGE 电泳法对成都麻羊的 Hb、Alb、Tf、Po、Am、Akp 和 Es 共 7 个基因座的等位基因及 LDH 的谱带与活力进行了检测。结果表明，成都麻羊的 Alb、Tf、Po、Am 和 Es 5 个基因座上的基因型频率分布符合 Hardy-Weinberg 定律，基因型在试验群体中的分布达到了遗传平衡；成都麻羊群体内个体间遗传变异较小，相似性大，品种较纯；成都麻羊与西藏山羊（两个类型）、马头山羊、辽宁绒山羊及内蒙古绒山羊（两个品系）的血缘关系较近，属于可能有共同遗传起源的同一大类；湘东黑山羊、武雪山羊、南召山羊及"牛腿"山羊与成都麻羊血缘关系较远，而属于可能有共同遗传起源的另一大类。

马正花等（2007）对成都麻羊生长速度的研究发现，成都麻羊公羊和母羊从初生到 8 月龄生长发育较快，产肉性能较好，当年羔羊即可育肥上市。邱翔等（2008）对肌肉理化性状分析揭示，成都麻羊肉色好，肉质细嫩，蛋白质含量丰富，肌内脂肪含量适中且分布均匀，肉质优良。成都麻羊肉色成年羊较周岁羊、羯羊较母羊、腰大肌较背最长肌和股二头肌、背最长肌较股二头肌加深；肉嫩度周岁羊肉较成年羊肉、母羊肉较羯羊肉、腰大肌较背最长肌和股二头肌、背最长肌较股二头肌肉质细嫩；肌内粗蛋白含量成年羊肉较周岁肉、背最长肌和股二头肌较腰大肌含量高，而羯羊与母羊间、背最长肌和股二头肌间则差异不显著；肌肉粗脂肪含量成年羊肉较周岁肉、羯羊较母羊、背最长肌和腰大肌较股二头肌含量高。

王杰等（2007）对成都麻羊及四川 9 个黑山羊品种乳的生化组成及酪蛋白多态性进行了研究，表明成都麻羊和四川各地黑山羊品种乳中的常规营养成分含量较高，有利于羔羊的哺乳期生长发育。

为了提高成都麻羊商品羊的生产水平和养殖效益，技术人员从 1997 年 9 月至 1999 年 10 月在大邑县悦来镇的太平村进行波尔山羊与成都麻羊的杂交试验。结果表明，杂交羊初生重提高显著，达 45% 以上。对 8 月龄和 18 月龄杂交一代羊与成都麻羊进行屠宰比较。宰前活重 8 月龄 F_1 羊 25.25kg，比成都麻羊提高 44.79%；18 月龄 F_1 羊 50kg，比成都麻羊提高 85.19%；8 月龄 F_1 羊屠宰率为 49.7%，比成都麻羊提高 3.87 个百分点；18 月龄 F_1 羊屠宰率为 53.8%，比成都麻羊提高 5.39 个百分点。该试验对成都麻羊商品羊的生产提供了科学依据。

四、产业现状

据 1920 年的《温江县志》记载："铜羊，角短，毛浅，色黑红，人家间畜之。"说明 20 世纪初，成都麻羊已成为成都地区农家饲养的家畜（王杰等，2007）。随着成都平原农业生产的发展，人口密度不断增加，平原腹心地带的山羊分布不断向浅丘和山地转移，原来养有成都麻羊的温江县已没有成都麻羊了。20 世纪 70 年代以来，成都麻羊已先后推广到新疆、广东、河北、云南、山东、北京等地，还曾出口越南，均表现出良好的适应性。成都麻羊 2008 年存栏 35.07 万只，主产区为成都的大邑县、双流县、邛崃市、崇州市、龙泉区、青白江区和汶川县映秀镇等地。大邑县是成都麻羊的中心产区，集中分布于该县的丹凤、金星、悦来、鹤鸣、雾山、斜源、天宫庙、西岭、新场、晋源、青霞等乡镇。2005 年全县麻羊存栏 12.08 万只，出栏 17.14 万只，出栏率达 142%。

"闻到麻羊香，神仙也断肠"是流传于成都地区的一句话。近年来，有着"千年麻羊乡、现代工业城"美称的黄甲街道大力发展麻羊产业，强化品牌意识，打造出了在成都乃至全国有名的麻羊品牌。黄甲镇地处牧马山北面，距成都市区 15km，距双流县城 7km，距双流国际机场 10km，是成都麻羊基地，素有"麻羊之乡"的美誉，成都麻羊获得国家农业部"无公害农产品"和"无公害农产品生产基地"认证。自 1999 年以来，已成功举办十五届麻羊节，麻羊节成了双流办节时间最早、届数最多、影响最大、效果最好的节会。黄甲麻羊多次受到了中央、省、市、县媒体和台湾东森电视台的采访报道。2008 年成都麻羊存栏量为 1995 年存栏数的 3 倍多，饲养成都麻羊已是当地农民主要的经济来源之一。2007 年 12 月 28 日，双流县黄甲麻羊协会注册的"黄甲麻羊"商标被国家工商总局商标局第 4313983 号公告使用。2008 年 11 月，黄甲镇的 67hm² 养殖区域和 2.2 万头的养殖规模获得有机转换产品认证，这也是双流县第一个获得的肉食品有机转换的认证。

五、其他

张显成、徐成钦曾探寻成都麻羊的历史。其经过查阅有关羊的史料，认真研究古蜀国蚕丛王历史、四川古蜀国的养羊历史，颇有收获。认为双流的麻羊历史至少应当推衍到古蜀国蚕丛王时代的 4 000 年以前。该书中写道："四川的养羊业起源于黄帝。高阳为帝时，封支庶于蜀。历夏、商、周。其地域宽阔。高阳的后代叫蚕丛。蚕丛不用做太子，来到岷山叠溪，把野蚕变成家蚕，同时把黄帝养羊、养牦牛技术带进了岷山。为了进一步发展，后来蚕丛部落从叠溪迁徙成都平原，最后定居双流牧马山，在九倒拐瞿上城建立蜀国并称王（开明王）。蚕丛这时又把养蚕、养羊业从叠溪带到了牧马山。据广汉三星堆对古蜀文化的地下发掘表明，蚕丛时代大约在 4 000 年，由此可以断定牧马山的养羊历史当在 4 000 千年前。因为当时羊的品种很多，大自然优胜劣汰。麻羊这个品种就在双流生存了下来（张显成等，2005）。

麻羊被毛有赤铜色和麻褐色两种，呈赤铜色的羊数量较少，呈麻褐色的羊数量较多。麻羊就是因其被毛颜色（当地人习惯把麻麻色的羊叫"麻羊"）而得名。为何又叫成都麻羊呢？据野史考载，开明王当时的都城在广都（广都即今的双流县城东升镇），偶然一夜"自梦廓移"，此后"乃徙成都"。由此，牧马山麻羊也改称为"成都麻羊"了。

第十六节　川东白山羊

一、概况

川东白山羊（Chuandong White goat）是肉皮兼用型山羊地方品种。该品种羊具有耐寒热、适应性广、抗病力强等特点，但其繁殖力低、生长相对慢、产肉力低。在距今约 6 000 年以前的巫山大溪乡新石器时代遗址中发掘出猪、牛、羊等家畜骨骼，可证实产区养羊历史悠久。产区大多高山，草原开阔，牧草繁盛，是山羊繁衍的最佳场所。群众大多喜欢饲养山羊，另外道路崎岖、交通不便，给山羊闭锁繁育创造了条件。经过群众长期精心选育，逐渐形成了优良的地方山羊品种。

川东白山羊原产于重庆的万州区、涪陵区和四川省的达州市，中心产区为云阳县、开县、合川市、万源市，分布于重庆市的巫山、奉节、彭水、巫溪等区（县）和四川省的宣汉县和开江县。产区地理位置处于北纬 28°56′～32°15′、东经 105°56′～110°12′。东部群山耸立，山高谷深；西部丘陵连绵，地势较为开阔。海拔最低处仅 100m，最高可达 3 000m 以上，白山羊主要分布在 500～1 500m 的低山和丘陵地带。产区除农耕地外，还有面积广大的草山草坡、灌木林地和零星草地，牧草主要有狗尾草、狼尾草、白茅等，可以充分利用放养山羊。产区属于亚热带气候，冬季干旱寒冷，夏季炎热，秋季多雨、潮湿，冬季多雾。年平均气温 17.6～18.2℃，无霜期 300d。相对湿度 67%～81%，年降水量 1 100mm。年平均日照时间为 1 524h，日照率 35%。主产农作物有水稻、玉米、甘薯、高粱、大麦、小麦、马铃薯、豆类、棉花、油菜等。农作物一般一年两熟或三熟，高山一年一熟(国家畜禽遗传资源委员会，2011)。

川东白山羊具有抗病力强、适应性强等特点。饲养方式有放牧、拴养、和半舍饲半放牧 3 种。放牧方式以全年放牧为主，在缺草季节部分以圈养为主，并且适当添加精饲料、多汁饲料以及干草。补饲的种类常根据农区生产的粮食作物和农副产品而定（赵有璋，2013）。

二、特征与性能

（一）体型外貌特征

1. 外貌特征 川东白山羊体型较小，体格健壮，体质良好，结构匀称。体躯呈长方形，颈细长，少数有肉垂，胸深宽，肋开张，背腰平直。头大小适中，额宽平。耳直立。公、母羊绝大多数有角和胡须，角细，呈倒八字形。四肢粗壮、结实。其被毛以白色为主，部分黑色，大部分个体被毛内层长有细短、白色的绒毛。公羊被毛粗长，母羊被毛较短。

2. 体重和体尺 川东白山羊体重和体尺见表 5-37。

表 5-37 川东白山羊成年体重和体尺

性别	只数	体重（kg）	体高（cm）	体斜长（cm）	胸围（cm）
公	20	41.26±6.04	51.37±2.67	60.78±2.64	66.74±3.07
母	90	40.64±3.54	49.17±2.65	53.97±4.12	64.82±4.65

注：2006 年由重庆市云阳县畜牧局测定。
资料来源：国家畜禽遗传资源委员会，2011。

（二）生产性能

1. 产肉性能 川东白山羊周岁羊屠宰性能见表 5-38，肌肉主要化学成分见表 5-39。

表 5-38 川东白山羊周岁羊屠宰性能

性别	只数	宰前活重（kg）	屠宰率（%）	净肉率（%）	肉骨比
公	15	23.35±1.97	49.42±2.39	37.03±2.05	3.24
母	15	22.57±1.93	49.52±3.02	27.07±2.20	3.15

注：2006 年由重庆市畜牧技术推广总站测定。
资料来源：国家畜禽遗传资源委员会，2011。

表 5-39 川东白山羊肌肉主要化学成分

性别	只数	水分（%）	干物质（%）	粗蛋白（%）	粗脂肪（%）	粗灰分（%）
公	6	75.86±0.84	24.14±0.83	19.35±0.94	3.67±0.16	1.12±0.10
母	6	74.77±1.58	25.13±1.60	20.50±1.41	3.56±0.07	1.07±0.02

资料来源：国家畜禽遗传资源委员会，2011。

2. 繁殖性能 川东白山羊一般 5～6 月龄性成熟，多数母羊 8 月龄即可怀孕。母羊常年发情，发情周期为 18～22d，怀孕期为 140～150d。产羔率初产母羊 120%，经产母羊 180%。初生重公羔 1.6kg，母羔 1.5kg。羔羊断奶成活率 98.11%（国家畜禽遗传资源委员会，2011）。

三、研究进展

国内关于川东白山羊的研究不多，关于川东白山羊所发表的论文也比较少见。

杨家大等（2002）用扩增猪基因组筛选得到的 40 条多态引物对川东白山羊、南江黄羊等 4 个品种进行 RAPD 技术分析，扩增产物用 1.5%琼脂糖凝胶电泳分离，结果有 28 条引物扩增出多态性谱带。利用 Nei 氏公式计算品种间的遗传距离指数，NJ 法构建系统聚类图。结果表明，川东白山羊和南江黄羊之间的遗传距离指数较小，亲缘关系较近。

向德超（1985）选取四川合川县农户饲养的川东白山羊，采用山羊骨髓细胞短期培养和外周血微量全血培养的方法得到了较好的染色体制片。试验观察了 8 只（3 公、5 母）川东白山羊的染色体共计数 236 个中期分裂相细胞，结果说明川东白山羊正常二倍体细胞染色体数以 $2n＝60$ 为主，其中常染色体 29 对，性染色体 1 对，雄性为 XY，雌性为 XX。

川东白山羊小型个体主要分布在四川巫山、奉节、云阳、万县等地山区地段，数量较多，占整个川东白山羊的 60%。它能适应山区粗放的饲养管理条件，每年为国家提供大量的优质皮张和鲜美的肉产品，是农业部、商业部确定的板皮品种之一。多年来，由于该区农民有"重猪、稳牛、轻山羊"的观念，在饲养过程中仅注重其利用，而不进行培育和施以科学的饲养管理，一定程度上导致了该品种的退化。为了川东白山羊的发展和利用，宋代军等（1998）对川东白山羊小型个体的繁殖性能作了较详细研究。表明母羊一般在丘陵和平坝地带 2~3 月龄便可达到初情期，山区地方母羊初情期的出现稍稍延后。气候因子（光照）是影响发情的主要因素。遇霉雨季节，羊只发情很少。如果突然转晴，就会有大批羊只发情。川东白山羊小型个体难产和流产的可能性极小。川东白山羊小型个体的妊娠期为 147.5d，其次数分布接近正态分布。不同胎次和年份妊娠期差别不显著。但是，受地理环境的影响较大，有随海拔高度增加而增长的趋势。

张兴波等（2009）将波尔山羊与本地川东白山羊开展杂交试验，结果表明 9 月龄杂种公羊体尺显著高于本地羊，杂交组 F_1 代公羔初生重比本地羊提高 47.06%；母羔比本地羊提高 31.93%；杂交组 F_1 代公、母羊 2 月龄、9 月龄体重比本地羊分别提高 28.73%和 29.56%。宋代军等（2002）认为，波尔山羊改良川东白山羊小型个体对其生产性能的提高有显著效果。他们通过波尔山羊和南江黄羊改良川东白山羊小型个体，结果表明南江黄羊和波尔山羊与本地山羊杂交均能提高本地川东白山羊的增重性能；相比之下，波尔山羊与本地山羊杂交改良的速度更为明显，其杂交后代初生重、2 月龄、6 月龄和 10 月龄分别比南江黄羊的杂交后代提高了 9.00%、26.68%、58.45%和 42.58%，其屠宰率和净肉率分别高出 3.75%和 5.15%。冉启云（2012）通过选择本地川东白山羊母羊与简州大耳羊公羊进行杂交试验，观察测定杂交 F_1 代的主要生产性能。具有与父本相似的外貌特征杂交组母羊年产羔率为 155.26%，其中年产两胎或双羔以上的母羊占总母羊数的 36.84%。杂交组 F_1 代公羔初生重比本地羊提高 47.06%，母羔比本地羊提高 31.93%。杂交组 F_1 代公、母羊 2 月龄体重比本地组提高 28.73%，9 月龄体重比本地组提高 29.56%。由体尺检测结果分析可知，杂种公羊 9 月龄体尺显著高于本地羊（$P<0.01$），而母羊则差异不显著（$P>0.05$）。重庆市开县为了增大本地白山羊体型，提高生产性能，达到增加效益的目的，于 2010 年从四川省种畜场引进南江黄羊 100 只，安排在县内 10 个乡镇与本地白山羊开展经济杂交。据谭英江等（2013）研究报道，F_1 代羊在海拔 600~1 000m 的自然生态环境和粗放的饲养管理条件下，行动灵活，采食能力强，未见疫病发生，且具有与父本相似的外貌特征。

四、产业现状

据调查，川东白山羊 2000 年存栏约 20 万只。2008 年存栏 22.12 万只，其中能繁母羊 10.2 万只，用于配种的成年公羊 7 500 余只。

目前，川东白山羊采用保护区和保种场保护。云阳县已建立了川东白山羊保护区和保种场，在保护区内开展本品种选育，提纯复壮。

五、其他

2013 年据重庆市畜牧科学院测算，牛、羊肉价格的长期大幅上涨，使牛、羊养殖效益远远高于猪，其中包括川东白山羊。以上一年投资 100 万元养牛与养猪作比较：投资 100 万元养牛，可出栏 78 头牛，盈利 17 万元；而投资 100 万元养猪，可出栏 662 头猪，只能盈利 9 万元。但令人不解的是，尽管如此牛、羊养殖规模还是远远小于猪的养殖规模。据统计，重庆市 2012 年的肉类总产量为 201.2 万 t，其中猪肉产量 150.7 万 t，禽肉产量 34.8 万 t，牛、羊、兔肉总产量 15.2 万 t，分别占肉类总产量的 74.9%、17.3%、7.6%。对于这种情况，主要原因在于市场缺口太大。在过去的十多年里，随着我国居民收入水平的持续提高和城镇化的快速发展，人们的饮食消费结构较之前发生了很大变化，对牛、羊等草食性肉类产品的消费不断增加，但我国羊肉产量的增长速度却远远没有跟上。2012 年，我国牛、羊肉消费量达 1 280 万余 t，但产量却只有 1 060 万 t，缺口达 220 万 t。

第十七节 昭通山羊

一、概况

昭通山羊（Zhaotong goat）属肉皮兼用型山羊地方品种。原产于云南省昭通市，分布于其所辖的永善、巧家、彝良、昭阳、大关、镇雄、鲁甸、绥江和盐津等县。昭通山羊是本地原有品种，在当地独特的生态环境条件和各族人民长期精心培育下，形成的肉皮兼用型地方山羊品种。1980 年畜禽品种资源调查时定名为昭通山羊。

昭通市位于云南省东北部，地处云、贵、川三省结合部，金沙江下游沿岸，坐落在四川盆地向云贵高原抬升的过渡地带。主产区位于北纬 26°34′～28°40′，东经 102°52′～105°19′。地势西南高，向北倾斜，东北低。最高海拔 4 040m，最低海拔 267m，绝大部分地区海拔 1 000～3 000m。境内山脉由乌蒙山脉和五莲峰山脉两大山系构成，形成境内中部的一道屏障，把产区分为南干北湿、南高北低两个区域。气候差异极为明显，属南、北亚热带和南温带气候类型。气温南部高、东北低，年平均气温 6.2～21℃，最高气温 42.7℃，最低气温－16.8℃，无霜期 123～344d。年降水量 1 100mm。土壤主要为黄壤和黄棕壤。主要农作物有玉米、稻谷、豆类（大豆、蚕豆及其他杂豆）、薯类、花生、油菜等。天然牧草种类繁多，主要牧草有禾本科的马唐、蚊子脚、鸡脚草、淡竹叶、野燕麦、狐茅草和豆科的野苜蓿、百脉根、三叶草、马豌豆、牧地香豌豆等（国家畜禽遗传资源委员会，2011）。

昭通山羊产羔率及屠宰率高，抗病力强，耐粗饲，肉质好，可适应高寒山区、二半山区、江边河谷等多种气候类型。昭通山羊不仅是昭通市养羊业主要畜种之一，而且是云南省的重要山羊遗传资源之一。

二、特征与性能

（一）体型外貌特征

1. 外貌特征 昭通山羊被毛颜色主要有黑色、褐色（黄褐色）、黑白花色，各占 25% 左右；其他为黄白花、草灰色及一些杂花色，偶有少数青毛。褐色和黄色山羊多数自枕部至尾根沿脊柱有深色背线，部分黑色山羊额头至鼻梁有浅色条带。被毛有长毛和短毛，长毛中又有全身长毛与体躯长毛之分。体型中等，结构匀称，外形清秀。头中等大，鼻梁平直，耳小直立；大部分羊有角，角细而长，呈倒八字形或螺旋形；公羊有须；颈长适中，多数颈下有两个对称肉垂；鬐甲稍高，肋骨微拱，背腰平直，尻稍斜；四肢端正，腿高结实。蹄质坚硬、结实，多为黑黄两色（国家畜禽遗传资源委员会，2011）。

2. 体重和体尺 昭通山羊成年羊体重和体尺见表 5-40。

表 5-40 昭通山羊成年羊体重和体尺

性别	只数	体重（kg）	体高（cm）	体斜长（cm）	胸围（cm）
公	34	40.1±5.9	61.9±3.6	68.1±3.6	81.5±4.0
母	134	40.1±5.1	59.9±3.6	67.4±3.4	80.0±4.2

注：在云南省昭通市昭阳区苏甲乡、巧家县大赛乡、大关县木杆和上高桥乡以及镇雄县花山乡五个点测定。

资料来源：国家畜禽遗传资源委员会，2011。

（二）生产性能

1. 产肉性能　昭通山羊屠宰性能见表 5-41。

表 5-41　昭通山羊屠宰性能

性别	只数	宰前活重（kg）	胴体重（kg）	屠宰率（%）	净肉重（kg）	净肉率（%）	肉骨比
公	15	28.3±13.0	14.7±3.48	51.9±5.2	11.9±7.3	42.0±5.5	4.2
母	15	25.8±7.9	12.1±1.6	46.9±4.8	9.6±2.9	37.1±5.4	3.8

注：对 1 岁以上的公、母羊各 15 只的测定。
资料来源：国家畜禽遗传资源委员会，2011。

2. 繁殖性能　昭通山羊一般 5～6 月龄成熟，7～10 月龄初配，母羊发情周期 17～20d，发情持续期 24～48h，产后 3 个月发情；妊娠期 145～155d，多为秋配春产，多数年产一胎，双羔较多，产羔率 170% 以上。羔羊成活率 95%（国家畜禽遗传资源委员会，2011）。

三、研究进展

陈韬等（1999）对选择健康、营养中等、18 月龄的 6 个云南地方山羊品种（昭通山羊、云岭山羊、龙陵黄山羊、圭山山羊、马关无角山羊和凌沧长毛山羊，均为羯羊）进行研究。分别测定了常规营养成分、肉质、肌纤维。结果表明，肉质特性在品种之间存在一定的差异，主要是由于云南 6 个山羊品种各自分布在生态环境和民族习惯不同的地区，这种差异性为云南山羊的选育提高和开展杂交利用提供了丰富的资源。其中，昭通山羊羊肉中粗灰分含量高于龙陵黄山羊和临沧长毛山羊；昭通山羊熟肉率是 6 个品种中最低的；昭通山羊与马关无角山羊背最长肌和股二头肌的肌纤维直径最大。此次的比较研究，给云南山羊选育和羊肉产品的加工提供了有价值的信息。

在对云南山羊屠宰性能进行测定时发现，昭通山羊的大肠长度与体长之比（9.24∶1）低于云岭山羊和临仓长毛山羊，与其他品种差异不显著（$P > 0.05$），小肠长度与体长之比（26.96∶1）低于云岭山羊和临仓长毛山羊，高于马关无角山羊和龙陵黄山羊，而与圭山山羊差异不显著（$P > 0.05$）。分析可见，消化器官的大小与生态环境有明显的关系，即生长在生态环境较好、饲料丰富地区的山羊其消化器官较小。肉骨比昭通山羊最低，可知昭通山羊产肉性能较差，除了遗传因素外，昭通山羊所处的生态环境较差也是造成产肉性能较差的原因。

陈韬等（1998）测定了昭通山羊的产肉性能及肉质并与云岭山羊进行了比较。结果显示，昭通山羊的屠宰率、净肉率、肉中蛋白质含量、氨基酸含量与云岭山羊相比差异不显著（$P > 0.05$）。蛋白质中的赖氨酸高于理想蛋白质中的含量。肉的嫩度、熟肉率、肌纤维直径（背最长肌和股二头肌）两个品种之间差异显著（$P < 0.05$）。昭通山羊和云岭山羊肉的 pH 较高分别为 5.95 和 6.02。

毛凤显（2004）对贵州省地方山羊品种（类群）及毗邻地区品种（类群）遗传多样性进行了研究，发现云南昭通山羊和黔北麻羊的遗传距离最近。在贵州 4 个地方山羊品种与马头山羊、昭通山羊的系统进化中，黔北麻羊和昭通山羊组成一支。

四、产业现状

昭通山羊 1980 年存栏量为 35.3 万多只，1986 年存栏 18.32 万只，1989 年存栏 24.49 万只。随后，受封山育林禁牧的影响，几经消长，2005 年存栏 36.17 万只，出栏率逐渐提高，且体格有所增大。

目前，尚未建立昭通山羊保护区和保种场，未进行系统选育，处于农户自繁自养状态。昭通山羊繁殖率较高，耐粗饲，能适应高寒地区的自然环境。今后应加强本品种选育，在保持优良性状的前提下，不断提高其产肉性能（国家畜禽遗传资源委员会，2011）。

五、其他

昭通山羊多以常年放牧饲养为主，仅在大雪封山或冰冻的短期内圈养，补喂秸秆和少量精饲料。一般羊群规模较小，混群饲养。近几年发展楼式羊圈，饲养条件得到改善。目前养殖业已成为全市农业中的第二大产业，占农业总产值的比重达 40.6%。"十一五"以来，昭通市畜牧业基于资源优势，以结构调整为主线、科技进步为动力、动物防疫为保障，按照"总量增加，质量提高，突出特色，择优发展"的原则，大力推进畜牧业"专业化、规模化、标准化"建设，有力地促进了畜牧业增效、农民增收、农村富裕。昭通市丰富的畜禽遗传资源，为当地畜牧业发展奠定了良好的基础。由畜禽遗传资源调查，昭通市分布有昭通山羊等 10 个优良畜禽遗传资源。但是当前昭通市畜牧业包括昭通山羊养殖发展中还存在一些不能忽略的问题。第一，产业结构调整缓慢，专业化、规模化、标准化养殖比重小，小生产与大市场的矛盾仍然突出；第二，科技推广体系不健全，基础薄弱，科学技术转化为生产力的速度慢，科技贡献率不高；第三，龙头企业少、规模小、带动力不强，对产业的推动力不足；第四，畜牧业的体制、机制不适应又好又快的畜牧业发展的要求。这些都是昭通山羊等发展过程中不容忽视的问题（容斌，2013）。

第十八节　川南黑山羊

一、概况

川南黑山羊（Chuannan Black goat）是经长期自然选择形成的肉皮兼用型地方山羊品种，可分为自贡型和江安型。自贡市养羊历史悠久，据《四川经济文化博览·自贡卷》记载，早在宋朝富顺县赵化镇就养殖有自贡黑山羊，《盐都佳肴趣话》中记载荣县长山桥张八羊杂汤有 100 多年历史。据《四川各县牲畜统计》记载，民国三十年（1941）富顺养羊 14 万只。据新中国成立前的史料记载，1931—1940 年间四川每年产山羊皮 1 364.1t，以川南富顺、泸县、隆昌等县为多，富顺年产 25t。江安县养羊历史悠久，据史料记载，唐宋以前，江安为夷僚杂居之地，夷人以牧为主。《汉书西南夷列传》记载："缘清井溪转斗凡十一阵破之获其牛羊……甚众，夷人相率来附……"另据清朝嘉庆年间《江安县志》记载："禽兽类：牛（有水黄二种）、马、骡、猪、羊……""畜类：凡民间畜牧……劝农课桑外宜肩及之……"。江安的黑山羊于 1980 年收录于《宜宾地区畜禽品种志》。上述史料证明，产区很早以前就已养羊，且贸易发达，畜牧兴旺。经过长期的自然选择和人工选育，逐步形成了优良地方山羊遗传资源（国家畜禽遗传资源委员会，2011）。

川南黑山羊原产地为四川省自贡市的富顺县、荣县和宜宾市的江安县。分布于自贡市的沿滩区、贡井区、大安区、自流井区，宜宾市的长宁县、屏山县、南溪县和泸州市的江阳区、纳溪区、合江县等。产区位于四川南部盆地向山地过渡地带，海拔 236.9~1 000.2m。境内水资源丰富。年平均日照时数 1 199h，日照率 27%。年平均气温 18.1℃，最高气温 40.6℃，最低气温—1.5℃；无霜期 320~350d。相对湿度 78%~83%。气候温和，雨量充沛，属中亚热带季风气候区。土壤呈中性或偏酸性。草场类型表现多样性，大致分为丘陵草丛、疏林草丛、灌木草丛、林间草丛、农隙地草丛、人工牧草六大类（国家畜禽遗传资源委员会，2011）。主要农作物有水稻、小麦、玉米、甘薯、高粱、油菜、豆类等。

川南黑山羊具有性成熟早，早期生长快，肉质鲜美，膻味轻，板皮品质优良，耐粗饲，遗传性能稳定等优点，但其体型偏小。今后应进一步加大体型培育，提高群体整齐度。应在保持肉质鲜美的基础上，不断提高其产肉性能。

二、特征与性能

（一）体型外貌特征

1. 体型外貌　川南黑山羊全身被毛呈黑色，富有光泽。成年羊换毛季节有少量毛纤维末梢呈棕色。成年公羊有毛髯，颈、肩、股部着生蓑衣状长毛，沿背脊有粗黑长毛。公羊多有胡须，母羊少有胡须。体质结实，体型中等，结构匀称。多数有角，公羊角粗大，向后下弯曲，呈镰刀形；母羊角较小，呈倒八字形。头大小适中，额宽，面平，鼻梁微隆，竖耳。颈长短适中，背腰平直，胸深广，肋骨开张，荐部较宽，尻部较丰满。公羊睾丸对称、大小适中，发育良好；母羊乳房丰满、呈球形（国家畜禽遗传资源委员会，2011）。

2. 体重和体尺 川南黑山羊体重和体尺见表 5-42。

表 5-42 川南黑山羊体重和体尺

类型	年龄	性别	只数	体重（kg）	体高（cm）	体长（cm）	胸围（cm）
自贡型	周岁	公	63	35.53±2.58	61.25±3.02	69.21±2.97	69.90±2.34
		母	63	31.32±3.45	56.43±2.61	58.83±3.12	63.35±2.44
	成年	公	60	47.41±2.63	65.03±3.13	72.09±3.30	79.35±2.92
		母	63	44.41±6.18	60.36±2.96	67.22±3.49	79.03±4.83
江安型	周岁	公	43	30.31±3.56	56.83±3.24	57.05±3.24	72.39±2.50
		母	82	23.03±2.73	54.66±2.95	57.22±2.65	62.32±2.72
	成年	公	20	41.39±3.41	66.39±3.84	67.87±2.95	81.27±3.43
		母	90	32.02±3.28	58.30±3.26	61.10±2.84	68.95±3.47

注：2005 年 10 月在富顺县和江安县测定。

资料来源：国家畜禽遗传资源委员会，2011。

（二）生产性能

1. 产肉性能 川南黑山羊屠宰性能见表 5-43。

表 5-43 川南黑山羊屠宰性能

类型	年龄	性别	只数	宰前活重（kg）	胴体重（kg）	屠宰率（%）	净肉重（kg）	净肉率（%）
自贡型	周岁	公	5	31.20	15.01	48.11	11.71	37.53
		母	5	30.50	14.53	47.64	11.28	36.98
	成年	公	5	47.00	23.33	49.64	17.90	38.09
		母	5	39.58	19.14	48.36	14.55	36.76
江安型	周岁	公	4	32.35	14.23	43.99	10.17	31.44
		母	5	25.14	10.86	43.20	7.71	30.67
	成年	公	3	37.52	15.01	40.01	10.28	27.40
		母	5	32.15	12.54	39.00	8.70	27.06

注：2005 年 10 月在富顺县和江安县测定。

资料来源：国家畜禽遗传资源委员会，2011。

2. 繁殖性能 川南黑山羊母羊 3 月龄性成熟，初配年龄母羊 5~6 月龄、公羊 6~7 月龄。母羊发情周期 20.6d，发情持续期 46h，妊娠期 148d，年产 1.7 胎。母羊平均产羔率 205.24%，初产母羊产羔率 161.77%，经产母羊产羔率 219.55%。羔羊成活率 90%。自贡型母羊产羔率初产母羊为 185.00%，经产母羊为 213.39%；江安型母羊产羔率初产母羊为 138.54%，经产母羊为 225.70%（国家畜禽遗传资源委员会，2011）。

三、研究进展

目前该品种暂未发现有关育种、繁殖、饲养等方面的研究进展。

四、产业现状

川南黑山羊 2008 年存栏 103.15 万只，其中自贡市存栏 78.72 万只，能繁母羊 43.30 万只、公羊 25 500 余只；江安县存栏 12.05 万只，其中能繁母羊 6.21 万只、成年公羊 3 600 只。现用原种场保护。2000 年自贡市江安县提出本品种选育计划，在中心分布区实行保种选育，建立了自贡黑山羊原种场，开展黑山羊肥羔新品系的选育和性能测定工作。川南黑山羊 2005 年 9 月通过四川省畜禽品种审定委员会鉴定，命名为《自贡黑山羊》；2009 年通过国家畜禽遗传资源委员会鉴定（国家畜禽遗传资源委员会，2011）。

2005年，川南黑山羊被四川省品种审定委员会肯定，被命名为"自贡黑山羊"；2010年，又被国家农业部统一审定命名为"川南黑山羊"，明确了原自贡黑山羊是全省最适应肥羔生产的中小型黑山羊地方品种，这表明了此品种极具保护和市场开发前景。于是，该县实施规模化养殖，现已建成存栏种羊600只以上的原种场1个、扩繁场5个，年外销种羊达5万只以上。该县现已发展成为川南黑山羊饲养量达100万只以上的主产区。目前，该县正进一步加大对川南黑山羊的品种保护力度，加强群选群育，扩大基础群规模和提高基础群的生产水平，组建稳定的核心群，完善档案管理，建设国家级资源保护场，争取到2015年年产品牌肥羔50万只，进入国家畜禽品种资源保护目录，打造地方特色品种基地。据了解，2～3月龄的羔羊在自然放牧情况下才开始吃草，完全是在吃母乳的情况下长大，接近了有机食品的品质；加之人们长期的自然选择和独特的饮食文化，3月龄左右的羔羊就有了独特的羔羊肉质。肉质细嫩多汁，无膻味，形成了乳味清香、鲜嫩、纯正的口感和风味。富顺县川南黑山羊年出栏70万只，90%以上销售的是羔羊。

五、其他

川南黑山羊营养价值见表5-44。

表5-44　川南黑山羊营养价值

项目	羔羊肉	成年羊肉
水分含量	60%～64%	50%～54%
蛋白质含量	8%～12%	≤8%
胆固醇含量	百分之十几至29%	29%～50%
肉质	肉质细嫩（滑），口感非常好	肉质较粗，羊肉纤维粗糙

川南黑山羊性情温驯、易管理，草山草坡多的低山区以常年放牧为主，放牧饲养的羊在冬、春枯草季节或母羊产羔时适当补饲精饲料。广大农区规模养羊场（大户）以高床圈养为主，饲料有栽培的牧草、青贮饲料等，饲养量小的农户以拴牧为主。农区主要采取舍饲，每天除饲喂青饲料、粗饲料外，每只羊每天补饲精饲料100～150g。

据《四川农村日报》报道，畜牧业是江安县"果、畜、竹"三大农业特色支柱产业之一，该县重点培育"生猪、川南黑山羊"两大主导产业。据介绍，2013年，江安县新建了39个年出栏100只以上黑山羊标准化示范场，形成了以生猪为主导产业，以"三江獭兔""劲松蛋鸡""江安黑山羊"为特色的畜牧产业结构。

第十九节　湘东黑山羊

一、概况

湘东黑山羊（Xiangdong Black goat）俗名浏阳黑山羊，属皮肉兼用型山羊地方品种。该品种山羊具有适应性强、繁殖力高、产肉性能好、板皮质量优、适宜放牧等特性。

早在清同治年间，湘东黑山羊的生产和贸易就已相当发达。据《浏阳县志》记载："先农之神（或以春致祭）陈帛一羊一豕一铏一簠二笾四豆四尊一爵三其仪节悉兴。"当地群众历来有用"三仙"（即黑公羊、黑公猪和黑公鸡）开祭的习惯，说明湘东黑山羊的形成与当地群众的风俗习惯有关。是在当地自然生态环境条件下，经过人们长期精心选育，逐步形成的适应性强、皮肉性能优良的地方山羊品种（国家畜禽遗传资源委员会，2011）。

湘东黑山羊原产于湖南省浏阳市，分布于湖南省的长沙、株洲、醴陵、平江及江西省的铜鼓等地，以浏阳县羊只最好。产区位于湖南省东部的罗霄山脉北段，境内高山林立，山峦起伏，幕阜山脉贯穿境内，最高海拔1 608m。属亚热带季风湿润气候，四季分明。春、夏潮湿多雨，秋、冬寒冷干爽。年平均气温 16.7～18.2℃，无霜期 253～293d；年降水量 1 457～2 247mm；年日照时数 1 490～1 850h。境内有浏阳、捞刀、南川三条主要河流。土质以红壤为主，黄壤次之，土层深层，质地较黏。产区以种植水稻为主，兼种其他农作物，如小麦、甘薯、黄豆等，饲料作物有苏丹草、黑麦草、白三叶草等。牧草主要有狗牙根、鸡眼草、雀稗、牛筋草等（国家畜禽遗传资源委员会，2011）。山林覆盖面积较多，水草资源丰富，牧草种类繁多，适宜于反刍动物放牧觅食。

湖南省皮革研究所研究表明，湘东黑山羊羊皮张副大，革身厚实，厚薄均匀，皮张粒面细致，成革手感丰满、柔软。经特殊处理，革的泡沫感较好，手感接近绵羊皮的风格，而牢度明显优于绵羊皮，适宜于制作高档山羊服装革（赵有璋，2013）。

二、特征与性能

2004 年 8 月农业部发布了 NY 810-2004《湘东黑山羊》农业行业标准。标准规定了湘东黑山羊的品种特性和等级评定。该标准适用于湘东黑山羊的品种鉴定和等级评定。

（一）体型外貌特征

1. 外貌特征 头小而清秀，眼大有神，有角，角呈扁三角锥形。耳竖立，额面微突起，鼻梁稍隆，颈较细长。胸部较窄，后躯较前躯发达。四肢端正，体质坚实。被毛全黑并有光泽，皮肤呈青缎色。公羊角向后两侧伸展，呈镰刀状，鬐甲稍高于十字部，背腰平直，雄性特征明显。母羊角短小，向上、向外斜伸，呈倒八字形，鬐甲略低于十字部，腰部稍凹陷，乳房发育较好。

2. 体重和体尺 一级羊的体重和体尺指标见表 5-45。

表 5-45 一级羊的体重和体尺指标

年龄	性别	体高（cm）	体长（cm）	胸围（cm）	体重（kg）
6 月龄	公	45.0	50.8	54.3	16
	母	43.3	48.2	52.7	15
	羯	44.4	49.7	53.2	15
周岁	公	51.9	55.3	60.2	20
	母	50.2	53.1	58.5	19
	羯	50.7	53.6	58.5	21
成年	公	62.3	67.8	73.3	31
	母	58.1	64.3	68.4	27

资料来源：NY 810-2004。

（二）生产性能

1. 产肉性能 一级羊的产肉性能见表 5-46。

表 5-46 一级羊的产肉性能

年龄	性别	屠宰率（%）	净肉率（%）
6 月龄	公	41	34
	母	40	34
	羯羊	42	35
周岁	公	43	37
	母	41	36
	羯羊	44	38
成年	公	44	39
	母	42	37

资料来源：NY 810-2004。

2. 繁殖性能 公羊 4～5 月龄性成熟，母羊的初情期为 3～4 月龄。公羊初配年龄 8～10 月龄，母羊初配年龄 6～8 月龄，24 月龄体成熟。母羊常年发情，发情周期平均为 20d，发情持续期平均 32h，妊娠期平均 150d。初产母羊产羔率 147%，经产母羊产羔率 217%。

（三）等级评定

1. 评定时间　在 6 月龄、周岁、成年三个阶段进行。

2. 评定内容　包含体重和体尺（体高、体长、胸围）。

3. 评定方法　按表 5-47 规定的方法进行。

表 5-47　体重和体尺等级评定

年龄	等级	体重（kg）		体高（cm）		体长（cm）		胸围（cm）	
		公	母	公	母	公	母	公	母
6 月龄	特	19	18	52.3	49.8	54.7	51.9	60.0	57.0
	一	16	15	45.1	43.3	50.8	48.2	54.3	52.7
	二	12	12	41.5	40.0	47.0	44.5	51.0	49.0
	三	9	9	38.0	37.0	44.0	41.0	47.0	45.0
周岁	特	24	22	55.6	53.9	59.4	56.7	66.0	63.0
	一	20	19	51.9	50.2	55.3	53.1	60.2	58.2
	二	17	15	48.2	46.7	51.2	49.5	56.2	53.8
	三	13	12	44.5	43.2	47.1	46.0	52.2	50.0
成年	特	37	32	67.0	62.4	72.7	68.5	80.0	74.0
	一	31	27	62.3	58.1	67.8	64.3	73.3	68.4
	二	24	21	57.6	53.8	62.9	60.1	67.0	63.0
	三	20	17	53.0	50.0	59.0	56.0	62.0	58.0

资料来源：NY 810-2004。

三、研究进展

目前，国内对湘东黑山羊的研究在分子、细胞、个体和群体水平上均有涉及。

黄生强等（2007）利用经筛选的绵羊微卫星引物 BM1329，采用聚丙烯酰胺凝胶垂直板电泳，对湘东黑山羊的 BM1329 微卫星基因座进行了多态性检测。结果表明，该基因座有 8 个等位基因，其片段大小为 175～215bp，并计算了该基因座各等位基因频率及其平均基因杂合度（0.830 5）、多态信息含量（0.809 0）和有效等位基因数（5.900 1）。说明在湘东黑山羊中微卫星标记 BM1329 基因座具有丰富的遗传多态性。

欧晋平等（2009）对湘东黑山羊 GDF9B 基因进行了克隆与测序分析。试验提取湘东黑山羊基因组 DNA，根据绵羊基因组序列设计 4 对引物扩增湘东黑山羊 GDF9B 基因，并进行克隆测序分析。结果表明，克隆的山羊 GDF9B 基因包含外显子 1～2 序列和部分内含子，GenBank 序列登录号分别为 AY968810、AY947812。湘东黑山羊 GDF9B 基因外显子 1 的序列与绵羊同区域同源性为 99.1%，外显子 2 的序列与绵羊同区域同源性为 98.2%。

邓灶福等（2007）通过对湘东黑山羊放牧行为观察发现，全天放牧时间 420min，其中游走 81min，占 19.29%；采食 262min，占 62.38%；休息 77min，占 18.33%。对湘东黑山羊舍饲行为观察结果表明，昼夜 24h 中，采食 353.8min，占 24.57%；反刍 236.7min，占 16.44%；站立 369.3min，占 25.65%；卧息 480.2min，占 33.35%。在放牧条件下，用计数法估测得山羊的采食量为 2.01kg；在舍饲条件下，日采食量为 3.85kg，折算成风干物质分别为 0.36kg 和 0.69kg，风干物质采食量放牧与舍饲分别占活重的 1.92% 和 3.70%。

朱吉等（2006）研究了不同补饲水平对湘东黑山羊肥羔屠宰性能及肉质的影响。其选用 1.5～2.0 月龄的湘东黑山羊 24 只，随机分成 3 组，进行 2 个月的试验，试验Ⅰ、Ⅱ、Ⅲ组每只每天分别补饲精饲料 100g、200g、300g。结果表明，Ⅰ组羔羊平均日增重、胴体重分别比Ⅱ和Ⅲ组提高 8.57%、14.28% 和 5.64%、7.79%（$P<0.05$），屠宰率、眼肌面积也显著高于其他两组（$P<0.05$）；Ⅰ组羔羊羊肉失水率和贮存损失分别低于Ⅱ组 20.4%、26.4% 和Ⅲ组 23.15%、27.50%（$P<0.05$）。且随着补饲水平的提高，羊肉色泽加深，肌间脂肪沉积加速，熟肉率下降。多项指标综合表明，补饲水平Ⅰ最适湘东黑山羊的饲喂，Ⅰ组羔羊除生长速率快、肉质好外，还表现出了瘦肉率、熟肉率高等特点。

谢拥军等（2009）选择 40 头体重相近、健康状况良好的雄性湘东黑山羊，随机分为两组进行试验，以研究复合酶制剂对湘东黑山羊羔羊生产性能的影响。结果表明，饲粮中添加复合酶制剂能极显著提高湘东黑山羊羔羊的生产性能（$P<0.01$），提高了经济效益。

李淑红等（2003）研究了稀土添加剂对湘东黑山羊育肥性能的影响。试验 1、2 组湘东黑山羊每千克体重分别用添加 15mg、10mg 的稀土日粮，试验 3 组为对照组（不添加稀土）进行育肥试验。对试验 1、2 组的日增重、料重比与试验 3 组进行 F 检验，组间差异极显著（$P<0.01$）。试验 1、2 组的经济效益分别比对照 3 组提高 12.93% 和 8.14%，且试验 1 组高于 2 组 4.79。结果表明，日粮中以每千克体重添加 15mg 的稀土对湘东黑山羊育肥效果为佳。

邓缘等（2008）通过对湘东黑山羊同期发情技术的研究，应用 PG＋PMSG 处理 54 只湘东黑山羊，使其在 2～5d 内集中发情并配种，结果表明在处理后的 2～3d，有 49 头发情（其中同期自然发情 2 头），同期处理的发情率 87.0%（47/54），同期发情率 87.6%（49/56）；发情母羊的初配率为 83.9%（47/56），待第一个情期（21d）后采用发情鉴定法进行初步妊娠诊断，有返情表现的羊只为 7 只，发情配种成功率 85.1%（40/47），初步确定初配受胎率为 71.4%（40/56）。

龚海峰等（2013）对湘东黑山羊常见疾病的防治作了研究，就黑山羊 11 种常见疾病的防治作了介绍，以期为临床有效进行预防和治疗提供参考。丁许交等（2011）对湘东黑山羊口疮病的防治提出了宝贵意见。邓灶福等（2007）对湘东黑山羊球虫病、传染性胸膜肺炎的诊断与防治作了分析。

四、产业现状

1996 年 12 月，醴陵黑山羊经湖南省畜禽品种审定委员会审定，报经农业部批准命名为湖南省地方良种山羊品种——湘东黑山羊。

近年来湘东黑山羊的群体数量不断增长。2002 年存栏量 38.6 万只，比 1986 年增加了 3.1 倍，且其体重、体高、体长和胸围等指标均有不同程度的提高。随着市场需求的变化，生产方向从皮肉兼用向肉皮兼用或肉用方向发展（国家畜禽遗传资源委员会，2011）。

2001 年，湖北省畜牧水产局批准建立了湘东黑山羊原种场，场内常年存栏基础母羊 1 000 只，种公羊 200 只。每年向社会提供种母羊 500 只，种公羊 100 只，年出栏商品羊 1 000 只。人工种植牧草 27hm^2。2002 年，湖北省质量技术监督局发布湖北省地方品种标准。2004 年，中华人民共和国农业部发布农业行业标准。2005 年，长沙市畜牧水产局和浏阳市畜牧水产局共同研究制定了湘东黑山羊保种方案，确定了 8 个保种基地乡镇，30 个保种基地村，400 户保种户，一级保种羊 15 000 只。2005 年，浏阳市畜牧工作站对保种羊进行了鉴定挂牌和档案管理，并与保种户签订了保种合同。同时，按照湖南省畜牧水产局制定的奖励标准，从保种经费中给予保种户每只保种羊 20 元的奖励（赵有璋，2013）。

截至 2012 年年底，浏阳市湘东黑山羊存栏 48.96 万只，出栏 71.52 万只。2013 年，浏阳市征选了一批 2013 年湘东黑山羊产业发展建设项目，并由湖北省省财政厅拨款 90 万元重点扶持建设其中的三大项目，即 40 万元用于湘东黑山羊标准化养殖示范场建设，24 万元用于湘东黑山羊地方品种保护，26 万元用于种公羊补贴。

2006 年，醴陵市争取到农业部《湘东黑山羊种羊场改扩建项目》资金 150 万元。2008 年，醴陵市被湖南省列为湘东黑山保种保护区。2012 年醴陵市黑山羊养羊户达 4 179 户，共存栏 27.95 万头，出栏 34.77 万头。

第二十节　承德无角山羊

一、概况

承德无角山羊（Chengde Polled goat）又称燕山无角山羊，俗称"秃羊"，属以产肉为主的山羊地方品种，是河北省承德市特有的肉皮绒兼用型山羊品种（刘中等，1985）。承德无角山羊是当地人们在长期饲养过程中有意识地选择培育而成的具有体大健壮、肉用性能好、合群性强、易于管理、性格温顺和损害树木较少等特点的优良地方品种。

承德无角山羊主要分布于平泉、宽城等县及其毗邻地区。产区地处燕山山脉的冀北山区，位于北纬 $41°12'\sim42°45'$、东经 $115°43'\sim119°36'$。境内山脉连绵，西北部高，东南部低，地貌较复杂。海拔 $350\sim2\,050$m，属温带大陆性季风气候，受西伯利亚冷气团及副热带太平洋气团的影响较重，上半年多南风，比较湿润；下半年多西北风，比较干燥。年平均气温 7.60℃，最高为 $30\sim42$℃，最低为 $-45\sim-20$℃。无霜期 149d；年降水量 552.6mm，降水多集中在 $6\sim8$ 月份；年平均日照时数 2816h。水资源较丰富，滦河、蚂蚁吐河、牤牛河等流经产区。土壤主要为草甸土、褐土和黑土。农作物以玉米、水稻、大豆、小麦为主，经济作物有花生、芝麻和胡麻等。自然灾害多，耕地面积少，宜放牧地区占全区总面积的 34%，多分布在半山区和山区，其间生长着许多灌木和野草，可食牧草在 100 种以上。

二、特征与性能

（一）体型外貌特征

1. 外貌特征 承德无角山羊体格较大，体质结实，结构匀称，肌肉丰满。体躯呈长方形，头中等大小，头顶平宽，眼大珠黄略外突，额头上有旋毛，颌下有髯。耳平，略向前上伸。公、母羊均无角，部分羊仅有角基。公羊颈粗而较短，母羊颈扁而长。颈、肩、胸结合良好，胸宽深，背腰平直，四肢强健，体质坚实。体躯较宽深，尻较宽显倾斜，尾短且上翘。被毛以黑色为主，白色次之，少部分为灰色、杂色。

2. 体重和体尺 承德无角山羊成年羊体重和体尺见表 5-48。

表 5-48 承德无角山羊成年羊体重和体尺

性别	只数	体重（kg）	体高（cm）	体长（cm）	胸围（cm）	胸宽（cm）	胸深（cm）
公	13	41.7±4.3	60.4±3.3	69.8±4.0	79.8±4.9	21.4±1.3	30.9±1.5
母	37	43.1±4.3	61.5±3.1	70.6±4.0	81.6±4.9	21.6±2.2	32.9±1.0

注：2006 年 10 月在滦平县测定。

资料来源：国家畜禽遗传资源委员会，2011。

（二）生产性能

1. 产肉性能 承德无角山羊个体大，产肉性能较为突出。成年羊平均屠宰率可达 37%～42%，成年羯羊育肥后屠宰率为 48%～53%。成年羊平均净肉率 30%～33%，8～9 月龄羔羊育肥后平均屠宰率 40%～44%，平均净肉率 27%～30%（吴宝玉等，2006）。

2. 繁殖性能 承德无角山羊的性成熟比较早，公羊 6 月龄、母羊 5 月龄性成熟，公羊 16 月龄、母羊 9 月龄达到初配年龄。母羊季节性发情，主要集中于 5 月份和 9 月份，以秋季配种准胎率高。发情周期 15～17d，发情持续期 24～72h，妊娠期 145d，产羔率 110%。初生重公羔 2.6kg，母羔 2.1kg；4 月龄断奶重公羔 17.7kg，母羔 15.67kg。羔羊断奶成活率 95%（国家畜禽遗传资源委员会，2011）。

三、研究进展

杨清芳（2011）利用 15 个微卫星标记，对承德无角羊、唐山奶山羊、辽宁绒山羊、南江黄羊、雷州黑山羊 5 个山羊品种共计 319 个个体的遗传多样性进行了研究，探讨了各品种内的遗传变异及群体间的遗传关系，旨在为山羊遗传资源的合理利用和科学保护提供理论依据。研究显示，经哈代—温伯格平衡检验，几乎所有的位点在 5 个山羊品种中都处于遗传不平衡状态，只有 BMS1248 位点在承德无角山羊中，BMS574 位点在辽宁绒山羊中，基本达到平衡；用的 15 个微卫星位点在 5 个山羊品种中都得到了较好的特异性扩增，多态位点丰富，杂合度高，可用于山羊遗传多样性的检测与分析；唐山奶山羊、承德无角山羊和辽宁绒山羊遗传关系较近，同样南江黄羊和雷州黑山羊具有较近的遗传关系。

徐景新（1988）对承德无角山羊角的遗传规律进行了研究，用测交方法选择纯合子公羊，同时也进行了角基的测定工作。研究发现，承德无角山羊角基的形状不受年龄和性别的影响；纯合子公羊的角基小于杂合子公羊，其形状与杂合子公羊有明显区别，因此根据角基的表现型就可推定基因型；间性羊，表现无角的母羊中，也存在杂合子与纯合子两种基因型，母羊纯合子表现为间性。有生殖能力的无角母羊均为杂合子。因此，间性羊的角基呈圆形，与纯合子公羊相同。是否存在可育的纯合子无角母羊，有待进一步研究。

四、产业现状

承德无角山羊的最初起源已无据可考，历史上无角山羊混杂在有角山羊群中。有角山羊因有角，在争斗中占优势，因而无角山羊配种机会少，限制了发展。但由于其个体大，性情温顺，头上无角，对树木破坏较小，故牧民喜饲养，因此无角山羊也得以保留繁衍。20世纪50年代后期，滦平县畜牧技术人员发现无角山羊的优点，利用仅有的64只羊进行繁殖，扩大无角山羊规模，逐年淘汰有角母羊，至60年代饲养规模不断扩大。承德地区各级政府也重视无角山羊的发展，在全区选育推广无角山羊，最终形成肉、皮、绒兼用型的山羊品种。20世纪80年代，承德无角山羊存栏约6.4万只。后来由于治理风沙源、实行封山禁牧，群体数量锐减，2002年存栏羊尚有1万余只。承德无角山羊以其特有的品种特性受到国内养殖者的好评，发展前景广阔。2004年中国畜禽品种审定委员会认定其为国内山羊品种的优良基因，编入《中国种畜禽育种成果大全》（刘桂琼等，2010）。据报道，到2006年承德市的承德无角山羊饲养量近2万只。近年来，已向河南、广西、四川、湖北、北京、江苏、山西、吉林、辽宁等外省市提供优质种羊5万余只（吴宝玉等，2006）。

现尚未建立承德无角山羊保护区和保种场，处于农户自繁自养状态。由于育成地区的自然条件和粗放的饲养管理，其生长发育和生产性能没能得到充分发挥，其后躯发育略显不足。加强选育和改善饲养管理条件，是今后提高该品种肉用性能和经济效益的主要措施（赵有璋，2013）。

五、其他

承德无角山羊常年放牧饲养，善于采食青草、枯草、灌木枝叶等，能从雪中寻食，攀登能力强。一般不补饲，仅在不能出牧时补饲一些秸秆及灌木枝条，酌情给产羔母羊补喂精饲料、杂草等（国家畜禽遗传资源委员会，2011）。

第二十一节　吕梁黑山羊

一、概况

吕梁黑山羊（Lvliang Black goat）属以产肉、绒为主的地方山羊优良品种，主产于山西省吕梁市，是在当地气候干燥、植被稀疏、灌木丛生的生态环境下，经过长期的自然选择和当地群众精心选育而成的，具有适应性强、生产性能好的特点。

吕梁黑山羊主要分布于山西省晋西黄土高原的吕梁山区一带，主产区为吕梁市以及忻州市的岢岚、静乐、神池、五寨、宁武5个县和临汾市的永和、汾西、蒲县、石楼、乡宁、大宁、吉县7个县（赵有璋，2013）。中心产区地处山西省中部西侧，吕梁山脉由北向南纵贯全区，位于北纬36°43′~38°43′、东经110°22′~112°19′。地势中部高、两端渐低，主峰关帝山位于高原中部，海拔2 831m，周围山岭海拔2 000m以上，汾河和黄河沿岸海拔700~900m。产区山多、川少，梁峁林立，沟壑纵横，沟深坡陡，川、沟多为东西走向。属大陆性气候，春季干旱少雨，夏季不热，秋季凉爽，冬季严寒，春、秋、冬季多风。年平均气温8.9℃，最高为32.5℃，最低为−20℃。无霜期地区间差异较大，为80~170d。十年九旱，年降水量500mm左右，降水多集中于8~9月份。产区土壤瘠薄，水土流失严重，干旱少雨，植被稀疏，且以灌木为主，主要农作物有玉米、谷子、高粱、小麦、马铃薯、豆类及油料作物等，粮食产量较低（国家畜禽遗传资源委员会，2011）。

二、特征与性能

（一）体型外貌特征

1. 外貌特征　吕梁黑山羊体型中等，体质结实，结构匀称；头部清秀、额稍宽，眼大而突出，耳薄灵活；公、母羊皆有角，公羊角较发达，以撇角最多，其次是倒八字形角和包角（弯角）；后躯高于前躯，体长高于体高，体躯呈长方形；四肢端正，强健有力。被毛主要以黑色为主，青色次之，部分为棕色、白色和画眉色等（赵有璋，2013）。岢岚西部和吕梁市的黑山羊，头、四肢、尾为黑毛，鼻端、耳根部间有少量粗而短的白毛，背毛呈灰色，颈部和体侧为青色，头顶毛呈卷曲状，覆盖额部（图67和图68）（国家畜禽遗传资源委员会，2011）。

2. 体重和体尺　吕梁黑山羊体重和体尺见表5-49。

表 5-49　吕梁黑山羊体重和体尺

年龄	性别	只数	体重（kg）	体高（cm）	体长（cm）	胸围（cm）	胸宽（cm）	胸深（cm）
8月龄	公	4	29.1±1.7	61.3±0.5	66.0±1.8	81.0±2.0	24.5±1.0	24.0±2.0
8月龄	母	9	28.0±1.6	58.8±3.6	62.6±5.0	77.2±5.0	22.5±2.7	22.2±2.0

注：2006年由吕梁市畜禽繁育工作站及交口、石楼、柳林等县畜牧局测定。
资料来源：国家畜禽遗传资源委员会，2011。

（二）生产性能

1. 产肉性能　吕梁黑山羊在放牧条件下的屠宰率成年羯羊52.6%，当年羯羊45.8%；净肉率成年羯羊36.3%，当年羯羊31.1%（国家畜禽遗传资源委员会，2011）。

2. 繁殖性能　吕梁黑山羊一般5～6月龄性成熟，初配年龄为1.5岁以后；繁殖季节性较明显，配种多集中在秋末和冬初；母羊发情周期18d，妊娠期149d，产羔期在翌年4～5月份；产羔率105%左右，羔羊断奶成活率85%左右（国家畜禽遗传资源委员会，2011）。

三、研究进展

赵玉琴等（1996）应用系统随机整群抽样法对吕梁黑山羊2个系统4个群体（共82只）的5个血液蛋白位点进行了检测，结果表明其中4个位点具有多态性；所有基因频率估计值的误差都在7%以下；除Hb^B基因外，其余基因估计值的可靠性都在98%；总群体的遗传变异约为92%，是由系统内的遗传分析多态现象造成的，而系统间差异造成的遗传变异仅在8%以下；聚类分析表明，吕梁黑山羊属长江以北的类群。杨致芬等（2008）以山西吕梁黑山羊为研究对象，用比色法分别测定血液GOT、GPT、Amy、CK、LDH酶活性和CP含量，用SAS软件分析其与6个体型性状指标的相关性，以期寻找一个有效的遗传标记用于间接选择，为山西吕梁黑山羊育种研究提供新的理论基础。结果表明，吕梁黑山羊乳酸脱氢酶（LDH）活力与管围呈显著正相关；血清铜蓝蛋白（CP）含量与体高和背高呈极显著负相关，与管围呈显著负相关。改变他们的活力，可以改变生长性状。因此LDH和CP可作为早期辅助选种指标。

杜美红等（2005）为了解山西省地方山羊品种的群体遗传多样性和亲缘关系，对山西境内2个主要地方山羊品种（阳城白山羊、黎城大青羊和吕梁黑山羊）的遗传多态性进行了RAPD分析。研究发现，地方山羊品种具有丰富的多态性，吕梁黑山羊的多态频率低于其他两种山羊；吕梁黑山羊遗传变异程度很小，基本上处于原始品种状态，但是在长期自然生态环境条件作用下，吕梁黑山羊对吕梁山区贫瘠恶劣的自然环境具有特殊的适应能力，形成了自己独特的遗传资源；黎城大青羊与阳城白山羊先聚成一类群，亲缘关系接近；而后吕梁黑山羊与之又聚为一类，亲缘关系较远。毛杨毅等（2010）利用5个微卫星标记对山西省5个山羊品种遗传多态性进行分析，以预测波尔山羊与地方山羊品种的杂种优势。据品种间遗传距离推测，波尔山羊与吕梁黑山羊的杂种优势最大。

四、产业现状

吕梁黑山羊是吕梁市独特的畜禽遗传资源，1983 年被列入《山西省家畜家禽品种志》。由于缺乏系统选育，吕梁黑山羊体格渐趋变小，肉用性能和产绒性能下降。封山禁牧后群体数量急剧下降，由 20 年前的 20 多万只下降到 2006 年产区仅存栏约 4 700 只。吕梁黑山羊已处于濒危状态。

2009 年 5 月山西省农业厅确定吕梁黑山羊入选省级畜禽遗传资源保护品种名录，8 月吕梁市畜牧兽医局畜牧科组织技术人员先后对黑山羊集中分布区的柳林县、临县、交口县等县进行了追踪调查和拍摄。柳林县庄上镇梨树洼村有 1 户黑山羊 28 只，柳林镇应头峁村有 2 户养黑山羊 99 只，石山上村有 2 户养黑山羊 91 只，地里凹村有 1 户养黑山羊 32 只，富则垣村有 3 户养黑山羊 115 只。在临县白文镇曜头村有 1 户养黑山羊 17 只。交口县双池镇神岭牧业合作社养黑山羊 57 只。（于海平等，2010）

目前尚未建立吕梁黑山羊保护区和保种场，未进行系统选育，处于农户自繁自养状态（国家畜禽遗传资源委员会，2011）。

五、其他

吕梁黑山羊肉是一种经济价值较高的肉食品，风味独特。自古以来，当地农民喜食羊肉，以滋补身体，并且用羊肉馈赠亲友，该品种山羊肉被誉为优质保健肉和美容肉（于海平等，2010）。

吕梁黑山羊具有耐粗饲、抗逆性和适应性强等特点，饲养方式以放牧为主，冬季归牧后补喂秸秆等粗饲料，对部分体弱羊、怀孕羊补喂玉米、豆饼等精饲料。因缺乏系统选育，生产性能较低。

第二十二节　鲁北白山羊

一、概况

鲁北白山羊（Lubei White goat）属肉皮兼用型山羊地方品种。鲁北白山羊饲养历史悠久，历史上主要供应北京、天津、沈阳等大城市所需的羊肉和山羊板皮，因此群众历来重视羊肉生产所必需的多胎高繁殖特征。60 年代初陆续有计划地引入崂山奶山羊等奶用品种，进行广泛地杂交，后又经群众坚持肉皮兼用方向的选育，逐步形成了鲁北白山羊品种类群（赵有璋，2013）。

鲁北白山羊对当地的自然条件非常适应，耐热耐寒，抗病能力强，严冬季节只需简单的棚舍遮挡风霜即可。适应粗放的饲养管理，具有适应性强、耐粗饲、繁殖性较高、肉质及板皮质量好、遗传性能稳定等优点。

鲁北白山羊主产于山东省的滨州、德州、聊城及毗邻的东营、济南等地区，主要分布于滨城区及无棣、沾化、阳信、利津、垦利、平原、荏平、冠县、高唐等县。鲁北白山羊产区位于北纬 34°26′～38°16′、东经 115°52′～119°10′。地处黄河下游，渤海南岸的华北黄泛冲积平原，地势宽广平缓，海拔 36～60m。属北温带半干旱季风气候区，四季分明，雨量适中。年平均气温 12.1～13.1℃，无霜期 193～197d。年降水量 579～633mm，降水量年际间变化大，季节分配不均衡，旱涝灾害交替出现。产区属暖温带落叶阔叶林区域，土壤表层质地以壤质为主，有机质较贫乏。农作物一年两熟，主要农作物有小麦、玉米、大豆和棉花，牧草主要有芦苇、马绊、马唐、狗尾草、野苜蓿、野大豆、黄须菜等（国家畜禽遗传资源委员会，2011），还有大量的树叶和滩涂草场及林间草场，这为鲁北白山羊的发展提供了丰富的饲草饲料资源。

二、特征与性能

（一）体型外貌特征

1. 外貌特征　鲁北白山羊体质结实，结构匀称。全身被毛白色，毛短而稀，皮薄而有弹性，绒毛甚少。头大小适中，上宽下窄。公、母羊多数（60％以上）有角、须和肉垂（占 80％）。公羊颈较粗短，母羊颈较细长，头颈结合良好（赵有璋，2013）。胸、背、腰发育和结合良好。公羊前躯发达，背平直，胸前腹下及四肢有长毛，侧视呈长方形。母羊前躯较窄，后躯发育好，四肢细致干燥，被毛较公羊短，侧视呈楔形，前躯发达，背腰平直，四肢较细。公、母羊蹄质均结实，尾小。母羊乳房发育良好，乳头大小适中。公羊睾丸对称，发育良好（图69和图70）。

2. 体重和体尺 鲁北白山羊体重和体尺见表5-50。

表 5-50 鲁北白山羊体重和体尺

性别	只数	体重（kg）	体高（cm）	体长（cm）	胸围（cm）
公	20	41.07±3.79	68.64±1.1	70.99±2.1	80.28±2.4
母	60	30.68±5.02	61.07±2.4	64.82±2.4	73.79±6.8

注：2006年12月在商河县白桥乡测定。

资料来源：国家畜禽遗传资源委员会，2011。

（二）生产性能

1. 产肉性能 鲁北白山羊产肉性能较好，羊肉膻味轻，细嫩多汁。未经育肥的3月龄、6月龄、12月龄公羊和母羊的屠宰试验测定结果为：3月龄公、母羔屠宰率分别为46.84%和40.72%；6月龄公、母羊胴体重分别为6.52kg和5.96kg；12月龄公、母羊胴体重分别为9.50kg和8.52kg，屠宰率分别为40.13%和37.30%。屠宰率以3月龄最高，12月龄次之，6月龄最低（赵有璋，2013）。

2. 繁殖性能 鲁北白山羊3～5月龄性成熟，种公羊每次射精量1.0mL，精子活力0.7，使用期5～7年。初配年龄公羊6～7月龄，母羊5～6月龄。母羊常年发情，但以春、秋季发情较为集中，发情周期为17d，妊娠期150d。初产母羊产羔率208%，经产母羊产羔率260%，平均产羔率230%，羔羊成活率93%。产后第一次发情50d，公、母羔平均初生重1.8kg，90日龄断奶重10.9kg。

三、研究进展

鲁北白山羊肉质鲜、嫩、膻味小，蛋白质含量高，胆固醇含量低。对公、母各6份的鲁北白山羊肌肉样，进行常规成分（包括热能、肌纤维）测定，水分含量为71.23%，干物质含量为28.78%，粗蛋白含量为20.18%，粗脂肪含量为4.54%，粗灰分含量为1.04%。

董传河等（2010）对山东地方山羊BMP15基因多态性与产羔数性状进行了关联分析。他们利用PCR、克隆测序、序列拼接获得山羊（capra hircus）BMP15基因全长。利用F-CSGE技术分析两个外显子，发现山羊BMP15编码序列的第901处发生了AyG单碱基突变，该突变使得第301位氨基酸（成熟蛋白质第32位氨基酸）由丝氨酸变为甘氨酸。利用LDR技术对济宁青山羊、鲁北白山羊和沂蒙黑山羊进行突变检测，并进行其与产羔数的关联分析。结果表明，该突变对济宁青山羊产羔数没有显著影响，但对鲁北白山羊及沂蒙黑山羊产羔数均有显著影响（$P<0.05$）。GG型和AG型的鲁北白山羊产羔数分别比AA型多0.34只（$P<0.01$）和0.31只（$P<0.01$）。AG型沂蒙黑山羊的产羔数比AA型多0.13只（$P<0.01$）。初步表明，BMP15是控制鲁北白山羊和沂蒙黑山羊多胎性状的一个主效基因或是与之存在紧密遗传连锁的分子标记。

王建民等（1999）为了研究鲁北白山羊繁殖效率及影响因素，对44只鲁北白山羊纯种母羊的繁殖效率指标进行了连续跟踪测定。结果表明，鲁北白山羊全年发情，但以秋、冬季节较为集中；阴门肿胀可作为判断发情的主要依据；初始发情时间有65.13%的个体出现在上午；平均发情周期为22.21d，发情持续期39.95h。采用发情后24h和36h配种两次的复配方式，可提高受胎率；在有条件的地方，可在配种季节开始实施同期发情配种。母羊平均妊娠期为144.98 d，胎产羔数为1.79只，双羔及三羔率为66.18%；影响羔羊成活率的主要因素有母羊营养不良、气候突变无常、饲养密度过大、羔羊疾病及出生类型等。

宋桂敏等（2001）统计分析了天津瑞金种羊场113只波鲁F_1代羔羊的体重和体尺资料，并与鲁北白山羊纯繁群比较。结果表明，初生羔羊体高、胸围和体长分别提高 39.7％、40.3％和 38.0％；9 月龄羔羊分别提高 19.5％、21.3％和 21.7％。体重和日增重改良效果更明显，3～9 月龄羔羊的体重和日增重的改良度，除 9 月龄母羔为 74.5％外，其余均超过 100％；以 6 月龄公羔的改良度最大，体重达 148.2％，日增重达 199.8％。统计分析 8 只 F₁ 代初产母羊的繁殖性能，F₂ 代和 F₁ 代羔羊比较，初生重和断奶重分别提高 65％和 21.3％；产仔数和断奶数分别比鲁北白山羊降低 7.4％和 20％。

王者勇等（2002）应用氯前列烯醇对鲁北白山羊进行同期发情处理，结果表明采取氯前列烯醇处理空怀母羊 588 只，发情 371 只，同期发情率达 63.10％，说明用氯前列烯醇对鲁北白山羊进行同期发情处理是成功的。曲丽香（2003）用鲁北白山羊和波杂交一代羔羊进行了育肥试验，结果表明在舍饲中等营养水平下，波杂羔羊生长速度快、饲料报酬高、产肉多、肉质好；与鲁北白山羊相比，波杂羔羊育肥经济效益明显。秦孜娟等（2001）对鲁北白山羊不同育肥模式进行了分析，结果表明鲁北白山羊是国内较为适于育肥的肉皮兼用品种；成年母羊育肥期间的个体差异较大，目标育成率低；肥育期内日增重的变化，公羔是两头高中间低，呈递减趋势；成年母羊则呈递增趋势。

四、产业现状

鲁北白山羊 1998 年存栏量为 200 万只。由于受引进羊杂交改良的影响，数量曾一度减少，加之缺乏有计划的选种选配，近亲繁殖现象严重，群体生产性能降低（国家畜禽遗传资源委员会，2011）。2004 年山东省制定了 DB37/T 513-2004《鲁北白山羊》地方标准。2010 年，该品种被列入《山东省畜禽遗传资源保护名录》。

近年来，随着市场对羊肉需求的增长，该群体数量又有上升趋势，到 2006 年年底存栏约 300 万只（国家畜禽遗传资源委员会，2011）。据 2007 年调查，济南市鲁北白山羊 5.4 万只，其中母羊 24 120 只，其中能繁母羊 17 880 只；公羊 2 610 只，其中用于配种的成年公羊 1 530 只。

2011 年，《山东省畜牧业发展规划纲要（2011—2015）》中确定重点支持鲁北白山羊等畜禽品种资源的利用保护与开发。

第二十三节　麻城黑山羊

一、概况

麻城黑山羊（Macheng Black goat）原称青羊、青灰羊、麻羊和土灰羊，曾用名福田河黑山羊，属于肉皮兼用型山羊地方品种（赵有璋，2013）。麻城黑山羊是经过当地群众几百年的去杂选黑、定向选育、小规模饲养繁殖形成的具有性成熟早、繁殖率高、抗逆性强、易放牧、生长快、遗传性能稳定等特点的地方优良品种。2009 年，麻城黑山羊通过国家畜禽遗传资源委员会鉴定。

麻城黑山羊主要是通过自繁自养、群选群育、长期定向选育发展形成的。1982—1985 年，湖北农学院刘长森教授、李助南教授一行在福田河、木子店、龟山等乡镇开展品种改良工作时，作了深入调查，将其改称为"福田河黑山羊"。1995 年以来，农业部畜牧兽医局、全国畜牧兽医总站、湖北省畜牧局继续支持黑山羊的提纯及扩繁工作，并改称为"麻城黑山羊"。该品种 2002 年经湖北省畜禽品种审定委员会审核确定正式命名为"麻城黑山羊"（朱乃军，2012）。

麻城黑山羊中心产区位于湖北省东北部的麻城市，分布于大别山南麓周边地区的红安、新洲、罗田、团风、金寨、新县、光山等地。产区位于大别山中南麓。地形地貌多样，平原、丘陵和山区分别占 50％、30％和 20％。地势东北高、西南低，形如马蹄状。属亚热带大陆性季风气候，四季分明，年平均气温 16℃，无霜期 238d；年降水量 1 100～1 688mm，年日照时数 1 600～2 513h。植被种类丰富，天然牧草和灌木主要有杜鹃、胡枝子、白茅、黄背草、狗牙根、马唐等，人工栽培牧草有篁竹草、串叶松香草、白三叶等。农作物主要有水稻、麦类、棉花、油菜、花生、大豆、甘薯、玉米等。产区丰富的牧草和农作物秸秆资源，为山羊养殖提供了可靠的饲料保证（赵有璋，2013）。

二、特征与性能

（一）体型外貌特征

1. 外貌特征　麻城黑山羊全身毛色为纯黑色，被毛粗硬，有少量绒毛。体格中等，体质结实，体躯丰满，结构匀称。面长，额宽，耳大，鼻直，嘴齐，眼大突出有神。公羊6月龄左右开始长髯，有的公羊髯一直连至胸前，母羊一般周岁左右长髯。羊分有角和无角两类，公、母羊绝大多数有角、有须。无角羊头略长，近似马头；有角羊角粗壮，公羊角更粗，呈镰刀状，略向后外侧扭转；母羊角较小，多呈倒八字形，向后上方弯曲。角色为青灰色，无角者少。四肢端正，蹄质坚实。尾短、瘦小。公羊腹部紧凑，母羊腹大而不下垂。母羊乳房发达，有效乳头2个，有些羊还有2个副乳头（图71）。

2. 体重和体尺　麻城黑山羊体重和体尺见表5-51。

表 5-51　麻城黑山羊体重和体尺

年龄	性别	体重（kg）	体高（cm）	体长（cm）	胸围（cm）
周岁	公	23.3±5.0	61.2±6.0	58.4±7.0	75.0±5.5
	母	20.0±5.0	58.6±4.0	56.0±6.0	68.0±6.0
成年	公	40.0±4.0	71.0±7.0	72.0±6.7	88.0±5.0
	母	34.0±4.0	68.0±6.5	69.0±8.0	82.0±5.5

注：2006年12月16～28日由麻城市畜牧局测定，公、母羊各300只。
资料来源：国家畜禽遗传资源委员会，2011。

（二）生产性能

1. 产肉性能　麻城黑山羊生长发育快、育肥性能好、屠宰率和净肉率高、肉质好、膻味轻。初生重公羊1.93kg，母羊1.73kg，哺乳期公、母羔平均日增重分别为95.22g和89.67g，断奶至6月龄公、母羔平均日增重分别为86.67g和70.0g（陶佳喜，2003）。在自然饲养条件下，麻城黑山羊屠宰性能见表5-52。

表 5-52　麻城黑山羊周岁羊屠宰性能

性别	宰前活重（kg）	屠宰率（%）	净肉率（%）	肉骨比
公	38.6±5.5	51.5±1.7	38.4±4.8	4.3
母	30.8±4.5	48.5±2.27	36.5±3.58	3.2

注：2006年12月16～28日由麻城市畜牧局测定。
资料来源：国家畜禽遗传资源委员会，2011。

2. 繁殖性能　麻城黑山羊公、母羊均为4～5月龄性成熟，初配年龄公、母羊均为8～10月龄。母羊常年发情，但以春、秋两季发情较多，发情周期20.5d左右，发情持续期1.5～3d，妊娠期149～151d。平均产羔率205%，最高一胎可产羔5只，两年产三胎母羊占群体的80%。初生重公羔1.9kg、母羔1.7kg，断奶重公羔10.0kg、母羔9.0kg。羔羊断奶成活率88%（国家畜禽遗传资源委员会，2011）。

对湖北农业科学院畜牧兽医研究所种羊场46只能繁麻城黑山羊母羊的统计显示，产单羔的占15.22%（7/46），双羔占60.87%（28/46），三羔占17.39%（8/46），四羔占6.52%（3/46）。麻城黑山羊母性好，泌乳能力强，正常情况下两年可产三胎，部分羊可达到一年产两胎。另对34窝初产母羊和94窝经产母羊的产羔情况的统计分析，发现初产和经产母羊单胎平均产羔率分别为141.18%和219.15%。将麻城黑山羊产羔率与华中地区存栏数较多的南江黄羊和马头山羊进行比较，可知麻城黑山羊繁殖性能均高于南江黄羊和马头山羊，说明麻城黑山羊确实具有高繁殖力（索效军等，2010）。

三、研究进展

近年来，国内学者对麻城黑山羊作了不少研究。

李晓锋等（2013）对麻城黑山羊微卫星标记多态性进行了分析。为了解麻城黑山羊群体的遗传多样性，其选择了位于不同染色体上、具有较高多态性的 10 个微卫星标记，对麻城黑山羊群体进行研究。结果表明，BM1329 等 10 个微卫星标记共检测到 171 个等位基因，每个标记都检测到 9 个以上（平均为 17.1 个）的等位基因，有效等位基因数为 7.1～18.1 个，基因频率最高的是 OarAE101 标记的 100bp 片段（0.2391）；10 个微卫星标记多态信息含量（PIC）都在 0.95 以上，均为高度多态标记，遗传多样性丰富，其中 BMS1591 标记的多态信息含量（PIC）最高，为 0.9969，各标记的平均杂合度为 0.7074～0.9765，遗传杂合度为 0.8590～0.9446，平均遗传杂合度为 0.9067，属于高度杂合标记和高度杂合品种，遗传变异大。

索效军等（2011）分析了麻城黑山羊及杂交后代胴体品质与肉质特性，探讨了麻城黑山羊的改良和新品系选育。选用麻城黑山羊（Ⅰ，对照组）、波尔山羊×麻城黑山羊（Ⅱ）、麻城黑山羊×波麻 F₁（Ⅲ）、波麻×波麻 F₁（Ⅳ）和波尔山羊×波麻 F₁（Ⅴ）5 组，以放牧加补饲的方式育肥，试验期 90d，于试验始日及第 90d 称量，试验结束时于每个组选取 12 只屠宰并分析胴体品质和肉质性状。结果表明，杂交后代的育肥性能较麻城黑山羊组均有所提高，其中Ⅱ、Ⅲ、Ⅴ组的日增量极显著高于麻城黑山羊（$P<0.01$）；杂交后代的胴体性状较麻城黑山羊有较大提高，其中Ⅱ、Ⅴ组的屠宰率和净肉率分别显著、极显著高于麻城黑山羊（$P<0.05$，$P<0.01$），Ⅱ、Ⅳ组的肉骨比显著高于麻城黑山羊（$P<0.05$），Ⅱ、Ⅴ组的眼肌面积极显著高于麻城黑山羊（$P<0.01$）；各组间主要肉质性状除麻城黑山羊宰后 24h 的 pH 显著高于Ⅱ、Ⅳ组（$P<0.05$）外，其余差异均不显著（$P>0.05$）；Ⅲ组的 Fe 含量显著高于麻城黑山羊（$P<0.05$），杂交后代肌肉的氨基酸组分完全，且氨基酸总量和鲜味氨基酸含量均高于麻城黑山羊。结果显示，Ⅱ组是肉羊生产理想的杂交组合，Ⅴ组可用于进一步培育麻城黑山羊新品系的研究。

为了提高麻城黑山羊的生产性能，李助南等（2009）选用四川简阳大耳黑山羊公羊和麻城黑山羊母羊进行一次杂交，对杂交后代进行自群繁育时，建立一个育种核心场与几个育种场，形成育种繁育体系，2006 年对经选育后的麻城黑山羊的生产性能指标进行观测。结果显示，选育后的麻城黑山羊公羊初生、3 月龄、12 月龄和母羊初生、3 月龄、12 月龄各阶段的平均体重分别比选育前提高了 6.29%、7.78%、9.57% 和 5.71%、9.23%、8.97%，体尺指标也有所提高；产羔性能十分突出，产双羔以上母羊比例高达 82.30%，平均年产羔率达到 346%；经选育后的麻城黑山羊 12 月龄屠宰率 51.4%、净肉率 34.8%、肉骨比 3.88，与选育前相比，屠宰率有明显提高（$P<0.05$）；繁殖性能也得到了改善。结果表明，选育后的麻城黑山羊的各项生产性能均得到提高，选育效果明显。

索效军等（2010）对麻城黑山羊体型外貌、生长发育、繁殖性能、屠宰性能及行为特点等种质特性进行了研究，结果表明麻城黑山羊品种特征突出，毛色纯黑、繁殖力高、生长发育快、产肉性能良好且具有较强的生态适应性等。麻城黑山羊种质和适应性研究对选种和生产具有重要意义。

为探讨麻城黑山羊母羊体重与体尺性状的相互关系，索效军等（2013）利用 SPSS 软件对 43 只 18 月龄麻城黑山羊母羊的体重与体尺性状进行相关及通径分析，并以体高（X_1）、体斜长（X_2）、胸围（X_3）、管围（X_4）为自变量，体重（Y）为依变量，采用逐步回归分析方法，建立最优回归方程。结果表明，麻城黑山羊母羊体重与体尺性状间有极显著相关，胸围、体斜长及管围的直接作用和间接作用对体重的影响极大；得到的最优回归方程为：$Y=0.5120X_2+0.4947X_3+1.9679X_4-58.9607$。

在饲养管理、产业发展等方面也有不少学者作了研究。如朱乃军（2012）对麻城黑山羊饲养技术进行了研究，李助南发表了《协调产学研关系，促进产业化发展——麻城黑山羊产业化发展经验谈》。

四、产业现状

1985 年麻城黑山羊存栏量为 0.50 万只，1995 年存栏量为 0.74 万只。2004 年以来，经过选育的麻城黑山羊毛色纯黑、遗传性能稳定，主要生产性能指标均有较大提高。2005 年为 5.67 万只，到 2008 年达到 7.89 万只，呈逐年增长趋势（国家畜禽遗传资源委员会，2011）。

20 世纪 80 年代开展了麻城黑山羊资源调查，加强了选种选配。2001 年建立了麻城黑山羊种羊核心群示范场和繁殖群。目前，麻城黑山羊每年出栏 2 万只左右，其中绝大部分以活羊的形式销往广东、广西、福建、上海、武汉等地（国家畜禽遗传资源委员会，2011）。

麻城黑山羊 2004 年入选湖北省《家畜家禽品种志》。2005 年制定了麻城黑山羊品种地方标准（DB42/T 333-2005），并于 2009 年通过了国家畜禽遗传资源委员会的鉴定，入选《国家畜禽遗传资源品种目录》（农业部第 1325 号公告），成为国家级优良地方品种。2010 年 10 月 18 日国家工商行政管理局商标局在"中国商标网"上发布第 1221 期《商标公告》"麻城黑山羊"国家地理标志集体商标审定公告，"麻城黑山羊"成为黄冈市第一个农产品国家地理标志集体商标（朱乃军，2012）。

五、其他

麻城黑山羊原称"青羊"，养殖历史悠久。据明代李时珍《本草纲目》记载：羊有三四种，入药以青色羊为胜，次则乌羊。康熙十六年（1677）麻城古县志的物产篇中也记载了"青羊"的养殖历史（国家畜禽遗传资源委员会，2011）。品种形成主要有三个因素：一是产区饲草饲料资源丰富，灌木林多，荒山草坡宽广，这为培育和发展麻城黑山羊提供了良好的物质基础；二是黑山羊种羊活羊及产品比白山羊的销售价格高而且销路广，推进了麻城黑山羊的发展；三是经过当地群众长期选育，如去灰选黑、留大卖小、培育发展的结果（赵有璋，2013）。

第二十四节　马头山羊

一、概况

马头山羊（Matou goat）古称趈羊，是湖北省、湖南省肉皮兼用的地方优良肉羊品种之一，主产于湖北省十堰、恩施等地区和湖南省常德、黔阳等地区。马头山羊体型、体重、初生重等指标在国内地方品种中荣居前列，是国内山羊地方品种中生长速度较快、体型较大、肉用性能最好的品种之一（刘臣华等，2006）。

据修于明朝天顺年间（公元 1458—1466 年）的《石门县志·物产卷》载："羊祥也，故吉礼。用之牡曰羧，曰羝牝，……无角曰䍩曰韦。去势曰羯子……性恶湿喜燥。胫骨灰可磨镜，头骨可消铁……"可见马头羊有文字记载的饲养历史已有 500 多年，而马头羊实际存在远比有文字记载的时间长久得多。又据明朝万历年间（公元 1581 年）所修《慈利县志》"卷七""畜属篇"载："羊性善群，其物以瘦为病，性畏露晚出早归。"说明在 400 年前，产区人民已有一定的养羊经验。据《兴安府志》第一卷《物产食类货》（公元 1788 年）的记载推测，当时被列为物产食货之一的"山羊"，可能是汉朝时期随着大量的移民定居而带入本区的。基督教传教士从国外带入部分无角奶山羊，与当地土种羊杂交后，人为选择无角山羊，发展成为当今的马头山羊。新中国成立后，当地从饲养实践中发现，该羊具有生长快、体质健壮、性情温驯、肉味鲜美、屠宰率高的优点，从而有意识地选择马头山羊作为种羊。久而久之，就形成了肉皮兼用的马头山羊品种（赵有璋，2013）。

马头山羊产于湖南、湖北西部山区。中心产区为湖北省的郧西、房县、郧县、竹山、竹溪、巴东、建始等县以及湖南省的石门、芷江、新晃、慈利等县，陕西、四川、河南与湖北、湖南接壤地区亦有分布。马头山羊主产区地处亚热带，区内万山重叠，地势高峻复杂多样。本区的山地面积约占 80%，素称"八山半水一分田，半分道路和庄园"。区内植被覆盖率 60%～70%。年平均日照 1 352～1 972h，年平均气温 15～18℃。相对湿度 70%～80%，降水量 800～1 600mm。全年无霜期 150～230d。土壤以黄土为主，pH5～6.8，有机质含量 1.8%～3.9%，特定的土壤气候环境，适宜生长多种林木和牧草。产区山场广阔，牧草繁茂，植被中灌丛多，旱杂粮副产品丰富，很适宜生物多样性，特别是山羊的生存和发展（杨利国，2004）。牧草有青茅、白茅、野麦等。农作物一般一年两熟，主要有水稻、小麦、玉米、豆类、薯类、油菜、芝麻、花生等（国家畜禽遗传资源委员会，2011）。

二、特征与性能

我国 2008 年 12 月发布了 GB/T 22912-2008《马头山羊》国家标准，具体规定了马头山羊的品种特性和等级评定。该标准适用于马头山羊的品种鉴定和等级评定。

（一）体型外貌特征

公羊和母羊均无角，两耳平直略向下垂，被毛全白。

（二）生产性能

1. 肉用性能　公、母、羯羊肉用 6 月龄、12 月龄、18 月龄的胴体重和屠宰率见表 5-53。

表 5-53　6 月龄、12 月龄和 18 月龄羊只肉用性能

月龄	性别	宰前活重（kg）		胴体重（kg）		屠宰率（%）	
		平均数	范围	平均数	范围	平均数	范围
6	公	18.7	15.5～21.0	7.7	5.1～9.3	41.4	38～44.0
	母	17.3	14.7～19.5	6.9	5.7～7.4	39.8	37～43
	羯羊	20.5	18.4～23.9	8.7	6.4～9.6	42.6	39～47
12	公	28.5	23.5～30.0	12.6	9.8～14.5	44.1	41～47
	母	24.8	21.5～27.7	10.7	8.6～12.7	43.2	40～46
	羯羊	31.8	28.3～35.8	15.8	13.9～18.3	49.8	46～54
18	公	35.6	32.4～40.5	17.9	15～21.1	50.4	48～52
	母	32.3	29.3～36.1	15.6	13.3～20.2	48.3	46～50
	羯羊	40.2	35.8～41.5	21.2	17.5～23.2	52.8	50～56

资料来源：GB/T 22912-2008。

2. 繁殖性能　公羊和母羊全年均可繁殖。母羊初情期 3～3.5 月龄，适配年龄 6～8 月龄；初产母羊窝产羔数不低于 1.7，经产母羊窝产羔数不低于 2.2；母羊利用年限不低于 5 年，公羊初产期 3～4 月龄，适配年龄 9～10 月龄，全年均可配种；采精频率每天 1～2 次（间隔 6h）；每次射精量 1～2mL，利用年限 5～7 年。

（三）等级评定

1. 等级评定方法　以综合评分方法评定等级，分特级、一级、二级三个等级。

2. 评定依据　以体型外貌（表 5-54）、生长性状（体尺、体重）（表 5-55）、繁殖性状（表 5-56 和表 5-57）为评定依据。

表 5-54　体型外貌综合评定表

项目	体型外貌标准
整体结构	体质结实，结构匀称；公羊雄壮，母羊清秀敏捷
头、颈肩部	头部大小适中，面长额宽，眼大突出有神，嘴齐，头顶横轴凹下，密生卷曲鬃毛，鼻梁平直，耳平直略向下倾斜，部分羊颌下有两个肉垂；母羊颈部细长，公羊颈短粗壮，颈肩结合良好
前躯	发达，肌肉丰满，胸宽而深，肋骨开张良好
背、腹部	背腰平直，腹圆、大而紧凑
后躯	较前躯略宽，尻部宽，倾斜适度，臀部和腿部肌肉丰满，欬窝明显；母羊乳房基部宽广、方圆，附着紧凑，向前延伸，向后突出，质地柔软，大小适中，有效乳头两个；公羊睾丸发育良好，左右对称，附睾明显，富有弹性，适度下垂
四肢	四肢匀称，刚劲有力，系部紧凑强健，关节灵活，蹄质坚实，蹄壳呈乳白色；无内向、外向、刀状姿势
皮肤与被毛	皮肤致密富有弹性，肤色粉红；全身被毛短密贴身，毛色全白而有光泽

资料来源：GB/T 22912-2008。

表 5-55　生长性状评定标准

月龄	性别	等级	体重（kg）	胸围（cm）	体斜长（cm）
3	公	特	14	54	52
		一	11	51	49
		二	8	48	46
	母	特	14	53	51
		一	11	50	48
		二	8	47	45
6	公	特	23	64	60
		一	19	60	56
		二	15	56	52
	母	特	22	63	58
		一	18	59	54
		二	14	55	50
12	公	特	33	75	70
		一	29	71	66
		二	25	67	62
	母	特	30	73	68
		一	26	69	64
		二	22	65	60
18	公	特	42	83	77
		一	37	78	72
		二	32	73	67
	母	特	38	80	75
		一	33	75	70
		二	28	70	65

资料来源：GB/T 22912-2008。

表 5-56　公羊繁殖性能评定标准

等级	3 月龄、6 月龄同胞数（只）	性欲强弱 爬跨间隔时间（min）	12 月龄、18 月龄射精量（mL）	鲜精活率（%）
特	≥4	1	1.6～2.0	≥90
一	≥2	2	1.3～1.5	85～89
二	1	5	1.0～1.2	80～84

资料来源：GB/T 22912-2008。

表 5-57　母羊繁殖性能评定标准

等级	3 月龄、6 月龄同胞数（只）	12 月龄、18 月龄窝产活羔数（只）
特	≥4	≥3
一	≥2	2
二	1	1

资料来源：GB/T 22912-2008。

三、研究进展

邓书湛等（2009）通过对马头山羊线粒体细胞色素 b 基因遗传多样性研究，以期从分子水平上揭示马头山羊的遗传特征，为该品种的资源保护和杂交利用提供科学依据。他们测定了马头山羊品种 16 个个体的细胞色素 b 基因全序列（1 140 bp），比较分析了群体中细胞色素 b 基因的碱基组成和序列间碱基的变异情况。结果显示，在该品种（群体）中细胞色素 b 基因序列中 8 个变异位点上观察到 23 次 T-C 间碱基转换，有 11 次 T-G 间碱基颠换发生在密码子第 2 位点，为非同义突变；观察到 6 种单倍型，单倍型多样度为 0.808，核苷酸多样度为 0.002 43。以绵羊为外群构建系统发生树，结果显示马头山羊有两个母系起源，其中支系 A 占 75％（12/16），支系 B 占 25％（4/16）。

为了研究利用胚胎冷冻技术对保护马头山羊品种的可行性，以及探讨最佳的保种方案，张春艳等（2008）结合品种标准和分子标记辅助选择技术，选择 25 只有代表性的马头山羊母羊进行超数排卵、胚胎冷冻及移植研究。结果表明，INHA 基因在马头山羊有多态位点，GG 型供体母羊超排后只均获胚胎数（15.75±0.42）和只均可用胚胎数（14.90±0.38）均最高（$P>0.05$）；中等膘情、上胎产 4 羔以上的母羊超排效果最好（$P<0.05$），可用胚胎率达 94％以上；P4＋LHRH-A3 组超排后只均获胚胎 15.63 枚、只均可用胚胎 14.75 枚，显著高于对照组（CIDR＋FSH＋PG）（$P<0.05$）；公、母比例 1∶1、间隔 8h 本交或人工授精后可用胚胎率达 94％以上，能显著提高超排效果（$P<0.05$），但本交组和人工授精组之间差异不显著（$P>0.05$）；间隔 2 个月进行重复超排对超排效果无显著影响（$P>0.05$）。细管玻璃化冷冻解冻后胚胎形态正常率（84.09％）和囊胚发育率（63.51％）显著高于 OPS 冷冻法（$P<0.05$）；不同解冻方法和解冻时水浴温度对胚胎质量无显著影响（$P>0.05$）。受体羊经 CIDR 处理后同期发情率达 85.71％，高于孕酮海绵栓处理组（78.57％），经产母羊移植妊娠率（46.67％）高于育成母羊（37.50％），但均无显著性差异（$P>0.05$）。表明运用胚胎冷冻法保护马头山羊品种资源是可行的，并探讨了一套最优化的操作规程。

李天达等（2008）采用组织块贴壁培养法对马头山羊耳缘组织进行培养，成功构建了马头山羊耳缘组织成纤维细胞系，并对其形态学、生长动力学、细胞活力测定、中期染色体、微生物污染等特性进行了研究。结果表明，培养细胞形态为典型的成纤维细胞，细胞群体倍增时间（PDT）约为 36h。细胞冻存复苏后的活率为 96.7％，传代后生长状况与冻存前一致。细胞中期染色体二倍体（$2n=60$）占主体约为 96％。微生物检测细菌、真菌、病毒支原体检测结果为阴性。细胞系各项指标均达到美国典型培养中心（ATCC）的标准。此细胞库的建立在细胞水平上对马头山羊的遗传资源进行了保存，也为今后的生物学研究以及体细胞克隆保种等研究提供了理想的试验材料。

张作仁等（2006）通过对马头山羊种公羊 39 只在配种期、30 只在非配种期应用不同营养水平的日粮饲养，然后检测公羊的性欲、射精量、精子密度和精子活力等项指标，分析日粮营养水平对配种期和非配种期种公羊体重和精液品质的影响。结果表明，无论在配种期还是在非配种期，种公羊的体质和繁殖性能与营养水平呈正相关，高水平和中等水平营养日粮对其影响差异不显著。建议采用中等水平的日粮，在配种高峰期可以适当提高营养水平，添加精饲料和矿物质元素的比例，以保持其健康的体质和良好的繁殖性能。

杨利国等（2004）对湖北省 6 个市、县农户饲养的马头山羊繁殖性能调查资料进行了分析，表明马头山羊公、母羔的初情日龄分别为 140.4d 和 108.4d，母羊发情持续期为 58.6h，发情周期为 19.7d。母羊妊娠 150d，产羔数平均为 2.14 只，羔羊成活率平均为 90.8％，公羔和母羔的初生重分别为 1.61kg 和 1.59kg。妊娠期与胎次无关，但随窝产羔数的增加而延长。产羔数以头胎最低，第 4 胎时达到最高峰，然后逐渐降低。羔羊成活率在第 1~5 胎差异不明显，第 6 和 7 胎显著降低，第 8 胎以后又升高。窝产羔数为 1~4 时，羔羊成活率最高，产羔数为 5 时，成活率最低。羔羊初生重与性别有关，公羔显著大于母羔。公羔的初生重与胎次有关，但与窝产羔数相关关系不明显。头胎母羊所产公羔的初生重最低，随胎次的增加，初生重有增大的趋势，而母羔则没有这种趋势。比较发现马头山羊类似于多胎动物。

张安福（2008）利用世界著名的肉用山羊波尔山羊与中国本地马头山羊杂交，研究波马杂交一代羔羊 0~3 月龄的生长发育性能，测定初生重、各月龄体重和体尺，并与马头山羊进行比较试验。结果表明，马头山羊与波尔山羊杂交，能极显著改善其体重、体尺、日增重和育肥效果，因此马头山羊与波尔山羊具有较好的杂交优势。不同饲养条件下的育肥试验表明，马头山羊与波尔山羊杂交能极显著提高育肥效果，且以舍饲条件下的育肥效果最好，但在"放牧＋补料"的条件下饲养的经济效益确能达到最高。

四、产业现状

20 世纪 80 年代，马头山羊的发展引起了各方的重视。在政府的支持和畜牧科技工作者的努力下，开展了品种资源的普查，先后多次建立了马头山羊种羊场，进一步完善了选育方案和措施。1989 年马头山羊收录于《中国羊品种志》。1990 年经湖北省计委批准在郧西县投资 218 万元，建立马头山羊种源基地，加大了品种选育力度和种群扩繁工作，郧西县也成了马头山羊种源中心产区（熊金州等，2007）。1992 年被国际小母牛基金会推荐为亚洲首选肉用山羊品种。农业部将其作为"九五"星火开发项目并加于重点推广。1996 年湖北省质量技术监督局批准立项，由湖北省十堰市畜牧局、湖北省十堰市质量技术监督局共同承担完成的《马头山羊标准》研制项目，使种羊生产得到了进一步规范。2008 年 12 月，我国发布了 GB/T 22912-2008《马头山羊》国家标准（赵有璋，2013）。

近几十年来马头山羊的存栏量呈增长趋势。1980 年存栏量 22 万只，1995 年为 30 余万只，2006 年达到 80 万只。马头山羊采用保护区和保种场保护。20 世纪 90 年代曾在郧西、竹山、石门等县的重点乡镇建立了马头山羊保种区和种羊场，并组织种公羊异地交换。产区局部地区曾引入波尔山羊、南江黄羊等品种，在一定程度上影响了马头山羊的品种纯度（国家畜禽遗传资源委员会，2011）。

十多年来，马头山羊良种繁育基地建设加快了该品种山羊的生产发展步伐，马头山羊占羊群比例逐年提高。国家烟草局投资援建了"中国·鄂西北马头山羊原种繁育中心"，全面开展了马头山羊提纯复壮工作，科学养羊技术得到了较快普及，推动了山羊产业的快速增长。郧西县养羊也由过去的 8 万只左右增长到 30 多万只，马头山羊占羊群的比重由过去的 35％ 提高到 80％。2008 年，十堰市山羊饲养量达到 124.42 万只，其中马头山羊 81.50 万只，占山羊饲养总量的 65.50％。目前，已建立起地方优质山羊种质资源平台，为马头山羊经济杂交改良打下了良好基础（熊金洲等，2007）。

2013 年 12 月上旬，在国家质检总局组织召开的地理标志保护产品技术审查会上，郧西马头山羊肉以"肉质细嫩、膻味轻微、味道鲜美"等多项特殊品质顺利通过专家评审，成为国家地理标志保护产品。预计到 2016 年，郧西马头山羊饲养量将达到 75 万头，年可出栏 40 万头，年产值可达 5 亿元。

五、其他

马头山羊抗病力强，适应性广，合群性强，易于管理，丘陵山地、河滩湖坡、农家庭院、草地均可放牧饲养，也适于圈养，在我国南方各省都能适应。华中、西南、云贵高原等地引进该羊，表现良好，经济效益显著。

20 世纪 90 年代中期，由十堰市畜牧局、质量技术监督局共同承担，各市区县畜牧局密切配合，对全市马头山羊种质资源进行了全面调查与测定。通过开展各项科学试验示范，经计算机统计分析，取得各类调查与试验数据近 20 万个。在此基础上，先后制定出《马头山羊》和《马头山羊饲养与疫病防治技术规范》等系列地方标准。经湖北省质量技术监督局颁布实施，规范了马头山羊科学饲养技术，提高了科学养羊水平，马头山羊品质得到了大幅度提高。与 20 年前比（1985 年版《湖北省家畜家禽品种志》数据），马头山羊成年母羊体高、体长分别增长 5cm、5.8cm；年繁殖率达到 418％，增长了 28 个百分点；成年阉羊屠宰率达到 56％。过去马头山羊品种质量逐年退化的趋势得到了遏制（杨立国，2004）。

马头山羊产品系列加工也已开始起步，马头山羊优质品牌正逐步形成。近几年，郧西县天源名特畜产品开发中心潜心探索羊肉系列产品精深加工，开发了"源元"牌涮羊肉、羊珍、羊肉串、火锅羊肉等系列产品，投入市场以来深受消费者的青睐，填补了湖北省省内羊肉深加工的空白，获得了农业部"无公害畜产品"称号。2009 年 7 月，郧西"源元"牌马头羊汤制品亮相江城，热销于武汉市农博会，受到了与会商家和消费者的极大关注。2010 年 4 月，农业部颁发了"郧西马头山羊"农产品地理标志登记证书。2010 年 10 月，国家工商总局正式注册了"郧西马头山羊"地理标志集体商标。近几年，郧西县先后举办"马头山羊节"，组织参加"湖北省种羊展示会"，邀请知名专家实地考察，组织各类技术培训班、报告会，通过媒体广泛宣传，马头山羊品牌效应正逐步扩大。目前，马头山羊已辐射到全国 18 个省、市和 42 个县，为各地山羊品种改良发挥着积极的作用。

第二十五节　闽东山羊

一、概况

闽东山羊（Mindong goat）属以产肉为主的山羊地方遗传资源，能适应严酷的生态环境，在闽东地区不同海拔的高度、山区、平原、海岛都有分布，具有适应性强、耐粗放饲养、耐湿热、体格大、肉质好等特点（赵有璋，2013）。产区是畲族聚居区，素有喜食羊肉的习俗，并将多余的羊只通过"赶羊客"销往外地。这种长期"只出不进"的流通模式与地理隔离，促进了山羊品种的形成，最终发展成为独特的山羊品种（王金宝等，2011）。

2009年5月7日，国家畜禽遗传资源委员会羊专业委员会专家现场鉴定后，一致同意将闽东山羊作为新发现的资源列入《中国畜禽遗传资源志》。2009年10月15日，农业部第1278号公告，将闽东山羊确定为我国新发现的地方优良山羊品种。闽东山羊也成了福建省继福清山羊、德化戴云山羊之后经国家认定的"第三只羊"（王金宝等，2011）。

闽东山羊在闽东这片土地上繁衍的历史悠久，因地理隔离，长期不受混杂。现在，不仅在闽东边远的山区、海岛，即使是发达农区的一些乡村，依旧饲养着千百年来延续下来的闽东山羊。据1999年12月第一版《霞浦县志》记载："宋代，境内农户已饲养少量山羊。"清乾隆二十七年（1762年）分巡道朱珪修、知府李拔纂的《福宁府志》第十二卷中也有本地山羊的记载。据1998年版的《宁德地区志》记载："区内畜禽优良地方品种有福安花猪、古田平湖猪、福安水牛、闽东山羊等""闽东山羊系境内饲养较普遍的家畜之一，丘陵山地饲草丰富，适应山羊放养"（王金宝等，2011）。闽东山羊的中心产区位于福建省宁德市的福安、霞浦、周宁、福鼎、蕉城等地，与宁德市相邻的浙南及福州地区有少量分布（赵有璋，2013）。

主产区位于北纬26°28′～27°40′、东经118°32′～120°44′，地处福建省东北部，俗称闽东。地势西北部高，东南部低，中部隆起；区内山岭起伏，高低悬殊，地势陡峻，其间杂有山间盆地，沿海一带夹有滨海堆积平原（国家畜禽遗传资源委员会，2011），海岸线漫长曲折，海岛棋布。年平均气温18.8℃，山区年平均气温15.0℃；大多数市县年平均降水量在1 600mm以上。宁德市陆域总土地面积13 379km²，以山地为主。主要农作物有水稻、甘薯、小麦；主要饲料作物是甘薯、大麦、黑麦草、甘蓝等。境内淡水资源丰富，土壤属沙质土。低海拔水田种水稻一年两熟，冬季可种植大麦、黑麦草、甘蓝、紫云英、油菜等，旱地在甘薯收成后可种植其他饲料作物。农副产品及饲料作物都是闽东山羊的优质饲料（王金宝等，2011）。

二、特征与性能

（一）体型外貌特征

1. 外貌特征　闽东山羊体格较大，体质结实，体躯呈长方形。头略呈三角形、中等大小，眼大有神，耳小、侧伸，鼻梁平直，嘴齐、唇薄。公、母羊均有角，两角向后或后外侧弯曲。下颌有须，部分山羊颈下有肉垂。颈长适中，背腰宽平，尻部略斜，四肢健壮，蹄质坚实，呈黑色。尾短，上翘（国家畜禽遗传资源委员会，2011）。

闽东山羊被毛呈浅白黄色，单纤维呈不同颜色段。多数羊两角根部至嘴唇有两条完整的白色毛带，少数个体白色毛带不完整，只生长于两眼上部，俗称"白眉羊"。成年公羊和部分成年母羊前躯下部至腕关节以上及后躯下部至跗关节以上部位有长毛。公、母羊的腕、跗关节以下前侧有黑带，其余均为白色。公羊颜面鼻梁部有近似三角形的黑毛区，由头部沿背脊向后延伸至尾巴有一黑色条带，颈部、肋部、腹底为白色，肋部和腹底交界处和腿部为黑色（国家畜禽遗传资源委员会，2011）。

2. 体重和体尺　闽东山羊成年羊体重和体尺见表5-58。

表 5-58 闽东山羊成年羊体重和体尺

性别	只数	体重（kg）	体高（cm）	体长（cm）	胸围（cm）	胸宽（cm）	胸深（cm）
公	30	43.2±7.2	61.7±4.6	68.6±4.9	79.7±5.9	20.9±2.4	33.0±2.8
母	34	36±5.4	56.8±3.7	69.9±4.8	78.6±5.1	20.7±2.5	31.4±1.6

注：2007 年 8 月在福安市测定。

资料来源：国家畜禽遗传资源委员会，2011。

（二）生产性能

1. 产肉性能 闽东山羊屠宰性能见表 5-59。

表 5-59 闽东山羊周岁羊屠宰性能

性别	只数	宰前活重（kg）	胴体重（kg）	屠宰率（%）	净肉率（%）	肉骨比
公	31	22.3±6.2	10.6±3.4	47.5±4.9	38.9±3.4	4.5±0.8
母	30	19.1±3.4	7.7±1.4	40.3±5.3	31.6±3.8	3.6±0.4

注：2007 年 10 月在福安市、霞浦县、福鼎市等地测定。

资料来源：国家畜禽遗传资源委员会，2011。

2. 繁殖性能 闽东山羊公、母羊均 5 月龄性成熟，初配年龄公羊 9～12 月龄、母羊 6～8 月龄。母羊常年发情，以春、秋季发情较为集中。发情周期 20d，发情持续期 48～72h，妊娠期 149.6d；平均产羔率 193%，初产母羊多产单羔，经产母羊平均产羔率 202.6%。初生重公羔 1.9kg，母羔 1.7kg。羔羊断奶成活率 90%（国家畜禽遗传资源委员会，2011）。

三、研究进展

刘远等（2012）以控制部分绵、山羊品种高繁殖力的 BMPR-IB、BMP15 和 GDF9 基因为候选基因，采用 PCR-RFLP 方法分析闽东山羊 BMPR-IB、BMP15 和 GDF9 基因多态性与繁殖性状的关系。研究发现，多胎品种闽东山羊及南江黄羊在 BMPR-IB 基因的相应位置上并未发生与 Booroola Merino 羊相同的突变，同时也未检测到 BMP15 的 FecX^I、FecX^H、FecX^B 基因及 GDF9 的 FecG^H 基因，因此排除了这 5 个突变位点影响闽东山羊高繁殖力性状的可能性。然而，由于闽东山羊的 BMPR-IB、BMP15 和 GDF9 的全基因序列信息的缺乏，尚不能完全断定这 3 个基因对闽东山羊高繁殖力性状没有影响。

寇东琳（2013）在福建山羊卵巢 cDNA 文库构建及产羔形状相关基因多态性分析中，利用 PCR-SSCP 和 PCR-RFLP 两种分子标记方法对福建本地山羊品种（闽东山羊、戴云山羊和福清山羊）进行基因的单核苷酸多态性分析。初步估计 BMP15 基因能够作为影响福建本地山羊品种的产羔性状候选基因，LH-β 基因可作为福建山羊繁殖力候选基因进行下一步研究；GnRHR 基因可作为影响福建本地山羊品种的产羔性状的候选基因。

张晓佩等（2011）为探讨福建省内 3 个主要山羊品种以及南江黄羊间的亲缘关系，为品种间的遗传分化和系统分类及品种的保护利用提供科学依据。用 RAPD 方法对福建省的闽东山羊、福清山羊和戴云山羊以及四川省的南江黄羊进行了遗传多样性分析。结果表明，从 110 条随机引物中筛选出的 21 条，共扩增出 235 条带，其中 171 条带为多态性带，多态位点百分率为 72.8%，说明品种之间多态性比较丰富。4 个品种的欧氏遗传距离为 8.0～10.9，其中福清山羊和闽东山羊两个品种间距离最近为 8.0。

王金宝等（2009）对闽东山羊作了基础研究，对其种质特性及生产性能的进行了观测与研究。在《闽东山羊特征性及生产性能的初步观测》、《地方优良山羊品种——闽东山羊》等详细介绍了闽东山羊的体型外貌、生长性能、繁殖性能、产肉性能及其产区的生态、人文环境。为进一步研究闽东山羊作了铺垫，也为闽东山羊的科学饲养管理提供了科学依据。在《发挥自然资源优势加快山羊发展步伐——发展闽东山羊生产的几点建议》中，对闽东山羊养殖中存在的问题进行了分析，并对闽东山羊的发展提出了宝贵建议。

四、产业现状

20世纪80年代后，闽东各地引进了许多山羊品种，但在闽东的边远山区、海岛以及发达农区的一些乡村，依旧饲养着千百年延续下来的闽东山羊。然而，随着交通的改善、信息交流的增多，闽东山羊也将面临被逐年混杂而灭绝的威胁。2000年以来，学者在山羊生产和科研活动中，深入闽东各地农村，发现有些地方闽东山羊正以惊人的速度被混杂，一个群体两年时间被混杂的程度可达85%以上（王金宝等，2011）。

近年来，省、地、市有关部门十分重视闽东山羊遗传资源的选育和保护工作。2005年7月，福建省宁德市农科所设立课题开展对闽东山羊遗传资源的普查工作。2007年1月、2008年1月福建省宁德市科技局和福建省科技厅分别立题开展闽东山羊遗传资源的选育和保护工作，课题研究工作进展顺利。2008年4月，闽东山羊被福建省农业厅畜牧总站列入了2005—2007年全国性畜禽遗传资源普查中，新发现的肉用型优良地方山羊遗传资源（王金宝等，2009）。2011年，宁德市在《宁德市"十二五"现代农业发展专项规划》中计划在福鼎、霞浦、福安、蕉城、柘荣等地建立闽东山羊产业化生产基地，年出栏达8万头。2011年，福安市发布《福安市"十二五"科学技术发展专项规划（2011—2015年)》，闽东山羊产业化生产关键技术为其中之一。

1949年宁德地区闽东山羊总存栏量8.14万只，基本没有受混杂的影响；1987年宁德市山羊总存栏量12.09万只，其中闽东山羊占绝大多数；2005年宁德市山羊存栏14.11万只，约30%被混杂；2008年9月据有关部门统计，宁德市山羊存栏9.49万只，闽东山羊6.66万只，宁德市蕉城区存栏闽东本地山羊8 075头、古田县10 226头、屏南县8 192头、周宁县3 285头、福安市8 088头、寿宁县存栏3285头、柘荣县存栏7 280头、霞浦县14 758头、福鼎市5 625头，总存栏数68 814头（王金宝等，2008）。

目前，闽东山羊采用保种场保护。2005年开始组建闽东山羊核心群，开展保护及选育研究。

五、其他

1999年年底，福建省宁德市农业科学研究所首先于该所荡岐山试验场开展了闽东山羊生产和科研工作。

2010年"闽东山羊遗传资源保护及选育技术研究"项目通过评审。闽东山羊遗传资源研究工作历时6年，经历了两个阶段。第一阶段：从闽东山羊遗传资源调查到通过国家农业部对闽东山羊遗传资源的认定——深入开展调查，认真观测闽东山羊的特征特性，开展相关闽东山羊生产性能测定及等位基因测定与对比，并获得"宁德市科技进步"三等奖。第二阶段：从闽东山羊遗传资源保护与选育技术研究到通过验收与评审——通过保护、选育、推广、出效益，完成闽东山羊选育标准的制定，并取得阶段性成果。

第二十六节 西藏山羊

一、概况

西藏山羊（Tibetan goat）属高寒地区肉、绒、皮兼用型山羊地方品种。原产于青藏高原，分布于西藏自治区全境，四川省甘孜藏族自治州、阿坝藏族自治州、青海省玉树藏族自治州、果洛藏族自治州，是藏族人民长期生活在气候寒冷、温差很大的高寒地区，经长期选育形成的优良地方品种（赵有璋，2013）。西藏山羊以生产山羊绒著称，且耐粗饲，善攀登，在偏僻山区有时可作为驮畜使用（王成林，2012）。

产区位于中国西南部，海拔一般在2 100～5 100m，气候垂直变化明显，仅有寒、暖两季之别，寒季长达7个多月，暖季仅4个多月。以西藏自治区为例，年平均气温1.9～7.5℃，7月份气温22～

29℃，1月份气温—41～16℃，昼夜温差15～25℃；年降水量400mm，降水多集中于夏季，蒸发量为降水量的5～10倍。常年多风，8～9级风长达7个月，无霜期为57～133d。产区自然环境差异大，海拔较低的河谷地区是西藏主要的产粮区，气候温暖湿润，无霜期120d左右，可以种植青稞、小麦、豌豆、马铃薯、油菜等作物；由于雅鲁藏布江、怒江、澜沧江流域由于印度洋暖流沿江而上，因此降水较多，气候湿润；但因地形复杂，沿江流域山高谷深，植物垂直变化明显，是农林牧综合发展的地区；海拔4 500m以上的高原，几乎没有无霜期，土壤以山地草原土、高山草甸土和沼泽土为主，土质贫瘠。农作物不能成熟，牧草低矮，覆盖度不足50%，产草量低，主要有禾本科、莎草科及各种灌丛等，只能用于放牧牲畜。草场有高山草原、山地草原、高山草甸、山地疏林和高山荒漠等草场类型（赵有璋，2013）。

二、特征与性能

（一）体型外貌特征

1. 外貌特征 西藏山羊体格中等，体质结实，体躯呈长方形，结构匀称。头大小适中，耳长灵活，鼻梁平直，有额毛和须。公、母羊均有角，公羊角粗大，角型不一致，一种呈倒八字形，一种向后向外侧扭曲伸展；母羊角较细，角尖向后向外侧弯曲或向头顶上方直立扭曲。颈细长，前胸发达，胸部宽深，鬐甲略低，背腰平直，肋骨开张良好，腹大而不下垂，尻较斜。四肢结实，蹄质坚实。母羊乳头小，乳房不发达。被毛颜色较杂，以全黑和青色为主，头和四肢花色者次之，纯白色最少。

2. 体重和体尺 河谷农牧区的西藏山羊体格大于高原牧区的西藏山羊，成年羊体重和体尺见表5-60。

表 5-60 西藏山羊成年羊体重和体尺

测定地区	性别	只数	体重（kg）	体高（cm）	体长（cm）	胸围（cm）
西藏昌都	公	20	36.4±3.7	61.0±6.6	65.9±7.3	77.1±8.9
	母	80	24.2±3.3	53.8±3.7	60.3±4.7	68.6±5.2
西藏阿里	公	45	22.0±5.8	50.0±6.1	60.8±6.3	63.7±6.5
	母	120	20.1±5.1	47.8±5.8	55.9±5.6	60.8±6.2
四川甘孜藏族自治州	公	60	28.2±4.2	58.6±3.9	61.1±4.2	77.2±5.7
	母	60	22.4±6.8	54.4±3.5	55.0±4.8	69.2±4.2

注：2005—2006年由西藏自治区畜牧总站和四川省家畜改良站测定。
资料来源：国家畜禽遗传资源委员会，2011。

（二）生产性能

1. 产肉性能 西藏山羊屠宰性能见表5-61。

表 5-61 西藏山羊屠宰性能

性别	只数	宰前活重（kg）	胴体重（kg）	屠宰率（%）	净肉重（kg）	净肉率（%）
公	5	24.0	11.3	47.1	9.6	40.0
母	3	22.2	10.2	46.0	8.4	37.8

注：2005—2006年由西藏自治区畜牧总站和四川省家畜改良站在西藏昌都测定。
资料来源：国家畜禽遗传资源委员会，2011。

2. 繁殖性能 农区和半农半牧区的公、母羊均为4～6月龄性成熟，初配年龄为8～9月龄；牧区的羊性成熟较晚，初配年龄为12～18月龄。母羊发情多集中于9～10月份，发情周期15～23d，发情持续期48～72h，妊娠期136～157d；多数母羊一年一产，条件较好的农区可一年两产，产羔率100%～140%。羔羊断奶成活率90%以上（国家畜禽遗传资源委员会，2011）。

三、研究进展

由于西藏山羊分布地域辽阔，地形、地貌、土壤、气候、植被差异甚大，从地形、地貌上大体可分为丘状高原地区和山谷地区，故与之相适应便形成了高原型藏山羊和山谷型藏山羊。为了合理开发利用，提高藏山羊品种基因库，王杰等（1994）对高原型和山谷型藏山羊进行了体态、被皮、解剖、生理和生化的比较研究，发现高原型藏山羊体格大于山谷型藏山羊，体高和体长差异均显著；高原型藏山羊白色个体多于山谷型；高原型藏山羊为了适应高海拔缺氧的生态条件，气管、肺和心脏较山谷型藏山羊发达，绝对重和相对重量均大于山谷型藏山羊，其中气管和心脏差异极显著（$P<0.01$），肺差异不显著（$P>0.05$）；高原型藏山羊为了适应气温低、缺氧的生态条件，降低代谢水平，以减少营养物质和氧的消耗量，其体温低于山谷型藏山羊（$P>0.05$），同性比较各部位皮肤温度均显著低于山谷型藏山羊（$P<0.05$）；高原型藏山羊的红细胞（RBC）和血红蛋白（Hb）均极显著大于山谷型藏山羊（$P<0.01$），说明高原型藏山羊为适应高海拔缺氧的生态条件而增加了血液运氧的功能；分布在丘状高原地区的藏山羊和分布在山谷地区的藏山羊 Hb、Alb、LDH、AJll 均无多态性；Tf 和 AKP 呈现多态性，两地比较差异不显著（$P>0.05$），两地的藏山羊 Hb、Tf、Alb、AKP、Am 等平均基因杂合度小，这些都说明分布在青藏高原的丘状高原和山谷地区的藏山羊，同属藏山羊品种；由于自然和人工选择的结果，因此形成了高原型藏山羊和山谷型藏山羊两个生态类型。两个生态类型的藏山羊在体态、被皮、解剖、生理和生化遗传标记等均存在差异，可分别对两个不同生态类型的藏山羊进行开发。

孙竹珑（1991）对藏山羊肌肉组织学特性作了研究，结果表明藏山羊肌纤维细且密度大，肌内肌纤维比例大，在一定程度上反映了藏山羊肌肉肉质细嫩。在开发和综合利用藏山羊时，除重视其产绒性能外，同时也应重视其产肉性能。欧阳熙等（1994）采用定点实测、调查和查阅资料等方法，对西藏山羊产品资源和品质进行了较系统的研究，结果表明西藏山羊产品资源丰富，产品品质好。西藏山羊资源丰富，主要分布在那曲、阿里、日喀则和昌都地区。与其他品种山羊肉比较，藏山羊肉水分含量低、蛋白质含量高、粗脂肪和热值高，肌肉中必需氨基酸含量高。据对四川德格成年和育成羊公、母羊肉测定表明，鲜肉水分含量 69.54%～68.29%、蛋白质 19.47%～20.40%、粗脂肪 10.15%～11.88%。风干羊肉氨基酸总量为 63.82%～68.35%、必需氨基酸与非必需氨基酸的比值为：0.94～1.02，属于优质肉类，可加工成多种风味的食品。这与王杰等（1993）关于藏山羊研究的结果一致。同时王杰等（1993）研究发现西藏山羊平均初生重公羔 1.73kg，母羔 1.66kg；从出生到 2 月龄平均日增重公羔 40.13g，母羔 35.63g；平均日增重周岁到 2 岁公羊 26.17g，母羊 14.53g。说明西藏山羊周岁前生长发育较快，之后生长速度变慢。公、母羊分别从周岁到成年的屠宰率、净肉率、骨肉比差异均不显著，与其他山羊比较，主要屠宰性状与建昌黑山羊接近，虽略低于其他山羊品种，但仍具有一定的产肉性能。

祁昱（2008）对中国中西部 10 个山羊品种（陕南白山羊、陕北白绒山羊、伏牛山羊、黄淮山羊、太行山羊、关中奶山羊、西农萨能羊、中卫山羊、西藏山羊、内蒙古山羊）进行了遗传多样性检测，哈德温伯格平衡检验结果显示，西藏山羊在 BM143 和 MAF64 位点处于遗传平衡状态。研究还发现西藏山羊的遗传变异程度相对较小，根据 Nei 氏标准遗传距离（D_s）和 D_A 遗传距离进行系统发生树的 UPGMA 法聚类和 NJ 法聚类，并用 bootstrap 重抽样技术对各系统发生树的可靠性进行了检验。相对来说，聚类图（D_s，UPGMA）较为可靠。伏牛山羊和黄淮山羊首先聚为一类，然后陕北白绒山羊、陕南白山羊、太行山羊依次加入，西农萨能羊和关中奶山羊作为另一类加入，然后中卫山羊和内蒙古绒山羊作为一类加入，最后西藏山羊单独作为一类加入。

王杰等（2006）选用 10 个 SSR 标记，经 PCR 扩增、9%非变性聚丙烯酰胺电泳和银染法显色，对高原型藏山羊、山谷型藏山羊进行遗传多态性研究，并以白玉黑山羊、建昌黑山羊、美姑山羊和新疆山羊作对照。结果表明，10 个 SSR 标记在高原型藏山羊、山谷型藏山羊、白玉黑山羊、建昌黑山羊、美姑山羊和新疆山羊群体的平均 H、PIC、Ne 分别为 0.673/0.631/4.3、0.680/0.649/4.7、0.777/0.660/4.3、0.797/0.716/5.1、0.793/0.561/3.2 和 0.680/0.629/4.6。高原型藏山羊与山谷型藏山羊（D=0.063）聚为一类；建昌黑山羊和美姑山羊（D=0.026）先聚为一类后，再与白玉黑山羊聚为一类；最后两类与新疆山羊聚为一大类，与各群体的来源和生态地理分布一致。综合研究结果，高原型藏山羊和山谷型藏山羊遗传多态性丰富。说明在青藏高原，经过长期自然和人工选择适应青藏高原特定的生态条件，是我国优良的基因库。研究结果为藏山羊遗传资源保存和利用提供了科学依据。

四、产业现状

西藏山羊存栏量 1980 年为 690 万只，1983 年为 700 万只。1991 年我国有西藏山羊 867.81 万只，其中约 550 万只分布在西藏自治区，占我国藏山羊总数的 63.38%，占西藏牲畜总头数的 26.28%，仅次于绵羊，居西藏全区的第二位。藏山羊属古老品种，对生态环境适应性强，产绒、毛、皮、肉、乳，尤以绒的品质优良，是我国极其宝贵的品种基因库。但由于生态条件的差异，不同地域藏山羊的产品资源和品质存在一定的差异。

西藏山羊 2005 年存栏量为 720 万只，数量呈增长趋势，且分布区域略有变化，西藏自治区占 80%，四川省占 15%，青海省占 5%。近年来，规模化饲养水平有了较大提高。2004 年建立了西藏山羊原种场，2006 年仅芒康县存栏数就达 86.8 万只，形成了山羊产业带（国家畜禽遗传资源委员会，2011）。

目前，尚未建立西藏山羊保护区和保种场，未进行本品种选育，处于农户自繁自养状态。西藏山羊 1989 年收录于《中国羊品种志》，1999 年被列为西藏畜禽遗传资源保护品种，2000 年列入《国家畜禽品种保护名录》，2006 年列入《国家畜禽遗传资源保护名录》（国家畜禽遗传资源委员会，2011）。

五、其他

西藏山羊终年放牧饲养，放牧时间的长短随季节而变化。冬、春季 3 个多月，每天归牧后给母羊补饲青干草 0.5～1kg、精饲料 0.1～0.2kg（国家畜禽遗传资源委员会，2011）。

西藏山羊是长期生存在高海拔地区特殊环境下的古老地方品种，对高寒牧区严酷的生态条件有较强的适应能力，具有耐粗放、抗逆性强、羊绒细长柔软、肉质鲜美等特点。今后应进一步加强选种选配工作，建立良种繁育体系，提高其产肉和产绒性能（国家畜禽遗传资源委员会，2011）。

第二十七节 大足黑山羊

一、概况

大足黑山羊（Dazu Black goat），属于肉皮兼用型地方优良山羊品种，因原产于重庆市大足县而得名。大足黑山羊于 2003 年由张家骅等在大足县境内发现。对大足黑山羊类群的保护，重庆市科委、重庆市教委、重庆市农业局等职能部门都予以了大力支持。西南大学、三峡牧业集团和大足县政府联合开展了大足黑山羊的保种和选育工作（赵中权等，2008）。本品种经过几年的选育，已基本形成一个稳定的类群。2009 年 9 月，大足黑山羊通过国家畜禽遗传资源委员会羊专业委员会的现场鉴定，2009 年 10 月 15 日农业部第 1278 号公告正式将其列为国家级畜禽遗传资源。

据《大足县农牧渔业志》记载，大足黑山羊在大足县饲养已超过百年，至于何时形成该种群已无法考证（赵有璋，2013）。通过分子生物学手段，对大足黑山羊地方种群及周边山羊品种的亲缘进化关系进行了研究，结果表明大足黑山羊与周边的合川白山羊、金堂黑山羊、成都麻羊的遗传距离较远，是一个独立存在的遗传资源群体，且遗传性能稳定。该品种具有多胎性突出、抗病力强、肉质好、耐寒耐旱、抗逆性强、耐粗放饲养管理和采食能力强等特点，适宜于广大山区（牧区）放牧和农区、半农半牧区圈养（赵中权等，2008）。

大足黑山羊原产于重庆市大足县铁山、季家、珠溪等乡镇，分布于重庆市大足县及相邻的地区。大足县位于四川盆地东南地区，重庆市西部远郊，即川中丘陵与川东平行岭谷交接地带，位于北纬 29°23′～29°52′、东经 105°28′～106°02′的区域。境内东南起翘，中部低而宽缓，西北部抬高。海拔高度 267～934m，地貌划分为低山、深丘、中丘、浅丘带坝。属亚热带湿润季风气候，具有夏多伏旱、秋多绵雨、冬少霜雪、雨量充沛、雾多日照少等特点。年平均日照数 1 279h，年平均气温 17.3℃，年平均无霜期

323d，年平均降水量为1 004mm，相对湿度为78%～87%，无明显的雨季和旱季。风力在8级以下。境内有溪河293条（段），水资源丰富、水质好。土壤类型主要有黄壤、紫色土、冲积土和水稻土4种。农作物以小麦、蚕豆、水稻、甘薯和玉米等为主，大量作物秸秆、茎叶等农作物副产品为山羊提供了丰富的饲料。长期以来，尽管交通相对闭塞，但自然生态条件良好，农业耕作发达，群众自然形成了拴系放牧的习惯。而且，公、母羊分户饲养，很大程度上避免了近亲交配，强化了优良个体的选择。加之群众喜欢饲养和食用黑山羊，长久以来这种特殊的生态、社会环境和养殖方式对大足黑山羊类群的自然形成起到了重要作用，使得目前群体具有很好的遗传一致性（赵有璋，2013）。

正常饲养条件下，成年公、母羊体重分别为59.5kg和40.2kg，羔羊初生重公、母分别达2.2kg和2.1kg，2月龄断奶重公、母羔分别达10.4kg和9.6kg。成年羊屠宰率不低于43.48%，净肉率不低于31.76%；成年羯羊屠宰率不低于44.45%，净肉率不低于32.25%。大足黑山羊具有性成熟早、繁殖力高的基本特性（赵中权等，2008）。

二、特征与性能

（一）体型外貌特征

1. 外貌特征 大足黑山羊成年公、母羊体型较大，全身被毛全黑、较短，肤色灰白，体质结实，结构匀称；头型清秀，颈细长，额平、狭窄，多数有角有髯，角灰色、较细、向侧后上方伸展呈倒八字形；鼻梁平直，耳窄、长，向前外侧方伸出；乳房大、发育良好，呈梨形，乳头均匀对称，少数母羊有副乳头。成年公羊体型较大，颈长，毛长而密，颈部皮肤无皱褶，少数有肉垂。体躯呈长方形，胸宽深，肋骨开张，背腰平直，尻略斜。四肢较长，蹄质坚硬，呈黑色。尾短尖。公羊两侧睾丸发育对称，呈椭圆形（图72和图73）。

2. 体重和体尺 大足黑山羊成年羊体重和体尺见表5-62。

表5-62 大足黑山羊成年羊体重和体尺

性别	只数	体重（kg）	体高（cm）	体长（cm）	胸围（cm）
公	62	59.50±5.80	72.01±2.14	81.25±2.15	96.56±1.96
母	265	40.20±3.60	60.04±3.89	70.21±1.85	84.35±4.38

注：2006年由大足县畜牧兽医局、西南大学动物科技学院测定。

资料来源：国家畜禽遗传资源委员会，2011。

（二）生产性能

1. 产肉性能 大足黑山羊屠宰性能见表5-63。

表5-63 大足黑山羊屠宰性能

性别	只数	宰前活重（kg）	屠宰率（%）	净肉率（%）	骨肉比
公	15	35.10±2.87	44.93±2.28	34.24±1.84	3.25
母	15	24.04±2.12	44.72±1.24	33.18±1.42	3.12

注：2006年8月由重庆市畜牧技术推广总站，随机选择了农户饲养条件下的12月龄进行了测定。

资料来源：国家畜禽遗传资源委员会，2011。

在屠宰羊只中，随机选择公、母羊6只，进行肌肉主要化学成分测定，结果见表5-64。

表5-64 大足黑山羊肌肉主要化学成分

性别	只数	水分（%）	干物质（%）	粗蛋白（%）	粗脂肪（%）	粗灰分（%）
公	6	73.72±0.81	26.28±0.81	20.70±1.40	4.54±0.31	1.04±0.05
母	6	71.30±2.20	28.70±2.20	22.73±1.20	5.02±0.68	0.95±0.02

资料来源：国家畜禽遗传资源委员会，2011。

2. 繁殖性能　大足黑山羊性成熟年龄公羊 4～5 月龄、母羊 3～4 月龄。多数母羊在 6 月龄左右即配种受孕。母羊常年发情，但多数集中在秋季，以本交为主。发情周期 19d，妊娠期 147～150d。初产母羊产羔率 193%，羔羊成活率 90%；经产母羊产羔率 252%，羔羊成活率 95%（国家畜禽遗传资源委员会，2011）。

三、研究进展

罗艳梅等（2011）通过对大足黑山羊卵泡抑素 cDNA 的克隆序列分析及组织表达的研究，旨在克隆大足黑山羊卵泡抑素（follistatin）的基因序列，并研究其在不同组织中的表达差异。采用 RT-PCR 方法从大足黑山羊卵巢组织总 RNA 中克隆出 follistatin 的 cDNA 序列，用相关软件进行序列分析，并利用 real-time PCR 技术检测 follistatin 基因在不同组织中的表达。结果表明，大足黑山羊 follistatin 基因与牛 follistatin 基因核苷酸序列的相似性为 98%；follistatin 基因在肾脏中的表达量最高，在垂体中的表达量最低。

宋艳画等（2007）应用微卫星对大足黑山羊进行了亲缘关系鉴定。为了确定大足黑山羊的亲缘关系，该试验选用 24 个微卫星位点对 133 只完全没有血缘记录的大足黑山羊基因组 LDNA 进行扩增，扩增产物用聚丙烯酰胺凝胶电泳进行分离，银染显色后获得个体的基因型。用亲缘分析软件 Cervus2.0 进行个体关系分析，最终将子代个体以父权分为了 11 个群体，并对 11 只种公羊进行聚类分析，得出整个群体的亲缘关系。该试验对大足黑山羊的亲缘关系进行了初步分析，可为该群体的选育选配提供了参考。

大足黑山羊具有毛色纯黑、繁殖率高、肉质好等特性。其中，高繁殖率是大足黑山羊的主要特性，单胎产羔率位居全国山羊遗传资源前列。目前，国内针对大足黑山羊高繁殖率的研究较多。赵中权等（2012）以大足黑山羊为研究对象之一，对 INHα 亚基基因的多态性与山羊产羔数的相关性进行了研究，结果表明 INHα 外显子 1 内没有多态性位点，外显子 2 有可能作为山羊多胎性标记的候选基因片段。刘一江（2006）应用 B 超对大足黑山羊卵泡波和排卵数进行了监测和分析。

赵中权等（2011）对大足黑山羊的生理生化指标进行了测定，结果表明大足黑山羊总蛋白和肌酸激酶两项指标均高于山羊的正常值，而其余指标都在正常范围内。比较分析表明，大足黑山羊具有良好的适应性、抗逆性和较强的免疫能力，具有一定的推广应用价值。

陈永军等（2008）运用 SPSS 软件分析了 1 周岁大足黑山羊公、母羊的体尺与体重相关关系，并将其划分为直接作用和间接作用。确定各项体尺指标对体重的决定程度，并建立体尺对体重的最优回归方程。结果表明，1 周岁大足黑山羊公羊的胸围、胸宽是影响其体重的最主要因素，其体尺指标对体重的最优回归方程为 $Y=-51.683+0.867X_4+1.148X_6$；母羊尻高、胸围和腰角宽是影响其体重的最主要因素，其体尺指标对体重的最优回归方程为 $Y=-18.890+0.419X_3+0.250X_4+0.405X_8$。运用 SPSS 软件分析 6 月龄重庆市大足黑山羊公、母羊的体尺与体重相关关系。结果表明公、母羊的体尺指标均与其体重有显著的相关性（$P<0.05$），其中公羊尻高、胸深、体长以直接作用为主，其余则以间接作用为主；母羊胸围、腰角宽、体高、尻高以直接作用为主。最优回归方程公羊：$Y=-20.789+0.227X_2+0.348X_3+0.433X_5$；母羊：$Y=-14.713+0.140X_1+0.145X_3+0.321X_4-0.190X_8$。

汪水平等（2010）对 6 月龄舍饲大足黑山羊背最长肌的常规营养成分与矿物质、氨基酸、脂肪酸等含量进行了测定，同时对背最长肌的理化特性、重金属和农药残留等进行分析，结果表明大足黑山羊肉品营养丰富、肉质优良、鲜嫩多汁、风味独特、食用安全，是一种集营养与保健于一体的优质保健性食品，具有较好的开发利用价值。

四、产业现状

大足黑山羊于 2003 年被西南大学和大足县畜牧兽医局发现并实施扩群、保护和研究。2006—2008 年间建立了 2 个核心场、30 个扩繁场、261 个纯繁户，并划定了 3 个保种区。2008 年 4 月"大足黑山羊"商标获准国家商标局注册,成为当年大足县唯一、重庆市五大地理标志商标之一。同年8月,经3年实施建成了国家级"大足黑山羊标准化示范区"。2007年3月通过"重庆市无公害农产品"产地认定。2007年12月通过"国家无公害农产品"产品认证。2009年9月,大足黑山羊通过国家畜禽遗传资源委员会羊专业委员会的现场鉴定。2009年10月15日农业部第1278号公告正式成为国家级畜禽遗传资源。2010年"大足黑山羊遗传资源保护与利用"项目获"重庆市科技进步"一等奖;制定了大足黑山羊相关地方标准3个。2012年,通过实施商标发展和品牌打造战略,获准大足黑山羊29类和31类地理标志商标注册,实现了大足黑山羊及产品的商标保护全覆盖,有力地促进了大足黑山羊产业的快速发展,大足黑山羊知名度和影响力得到了不断提升。在中国农产品品牌价值评估中价值为1亿元,并建成国家级标准化示范场1个。2013年,新制定并通过专家评审的大足黑山羊系列地方标准3个。

大足黑山羊主要分布于大足县20个乡镇及相邻的安岳县和荣昌县的少量乡镇。2004年存栏6 000只左右。据2008年调查,大足黑山羊存栏24 620只,其中种用公羊686只,能繁母羊12 955只。2013年,大足区共建成大足黑山羊资源保护场1个,存栏种羊500只的原种场24个(其中一个为国家级标准化示范场),一级扩繁场(存栏种羊200只以上)49个,二级扩繁场(存栏种羊50只以上)151个,存栏种羊达到7.2万只。存栏种羊达到7.6万只,20只以上的养殖户600余户,标准化养殖企业20余家。

大足黑山羊繁殖性能高,产羔率是国内山羊品种和类群中最高的种群之一,是难得的遗传资源,其高繁殖性能具有很高的研究、开发和利用价值。目前,大足县在保护、研究大足黑山羊的同时,已建设大足黑山羊种羊生产基地,在三峡库区及黔北等地推广,对南方湿热环境具有良好的适应能力。大足黑山羊的推广和利用,将对我国南方丘陵地区肉用山羊良种繁育体系的建设和生产水平的提高产生重要作用。

鉴于黑山羊在遗传资源保存和促进山羊养殖产业发展上的重要性,西南农业大学成立了"黑山羊研究所",并拨出经费对黑山羊的状况进行了普查,同时邀请了全国养羊学会理事长赵有璋教授对黑山羊进行考察(张家骅,2006)。大足县着手制定了大足黑山羊国家级标准,新制定《大足黑山羊繁殖技术规范》等地方标准3个,发布实施《大足黑山羊》等地方标准3个,于2011年1月14日通过评审组的审查。目前大足黑山羊已成为重庆市标准最多、涵盖面最广的畜禽品种。

五、其他

2005年10月24日至25日,"重庆市草食畜牧业暨大足黑山羊研讨会"在大足县召开。

2006年,大足黑山羊进入国家畜禽保护名单。

2007年1月,大足黑山羊列入"国家级星火计划"。

2008年2月,大足黑山羊已于近日被国家农业部正式评审为"无公害农产品",并颁发《无公害农产品证书》。

2008年4月,"大足黑山羊"被国家商标局核准注册。

2008年6月,"大足黑山羊"成为地理标志商标。

2009年9月,大足黑山羊被列入《国家畜禽遗传资源名录》。

2010年10月,大足黑山羊参展国际食品安全博览会。

2011年1月,《大足黑山羊》《大足黑山羊种公羊饲养管理技术规范》《大足黑山羊疫病防制技术规范》3个标准通过重庆市地方标准评审。

2013年11月26日,大足区宏声文化广场举行了"大足黑山羊赛羊会和种羊拍卖会",18只大足黑山羊经过层层决选,从64个入围"选手"中成功晋级总决赛,羊王竞拍价2.9万元。

2014年2月,农业部发布第2061号公告,对《国家级畜禽遗传资源保护名录》(中华人民共和国农业部公告第662号)进行了修订,确定大足黑山羊等159个畜禽品种为国家级畜禽遗传资源保护品种,"大足黑山羊"被成功列入全国27个国家级羊品种之一。

2014年2月,"大足黑山羊"商标通过重庆市著名商标评审委员会评审,被续展(商标专业术语,意为延续)认定为"重庆市著名商标",有效期至2016年12月16日。

第二十八节 圭山山羊

一、概况

圭山山羊（Guishan goat）属肉乳兼用型山羊地方品种，于2006年列入《国家畜禽遗传资源保护名录》。

圭山山羊原产于云南省石林县的圭山、长湖、石林、板桥四个乡镇，主要分布于绵延100多千米的圭山山脉一带，包括彝族支系撒尼民族聚居的石林、宜良、弥勒、泸西、陆良、师宗等县区，以及昆明市的西山及呈贡等（国家畜禽遗传资源委员会，2011）。圭山山羊产区以云南省路南县为中心。路南县位于北纬24°44′、东经103°16′。海拔1 679.8m，最低1 500m，为亚热带地区。地势东北高、南部低，由东北向西南倾斜，南盘江、普拉河、巴盘江经县境内由东北流向西南，大多数地区属河谷地带。圭山山羊分布范围为海拔1 800～2 400m，这个地区东部是地面起伏和缓的圭山高原，西部是土肥水好的巴江溶蚀坝子，中部是林立岩溶山。产区兼有亚热带森林气候特点。年平均气温15.5℃，极端最高气温33℃，极端最低气温－7℃。年平均无霜期255d，年平均降水量1 000mm，最高1 332.1mm，最少665.5mm。每年5月开始进入雨季，8月雨水较多，5～10月占全年降水量的85%，形成夏、秋多雨，冬春干旱的干湿分明的气候特点。主产区土壤绝大部分为红壤。植物种类繁多，为多种亚热带植物。森林主要分布在山区，以圭山西南一带最多，大多数是云南松和华山松。路南全县林地面积37 356hm²，其中疏林面积达5 804hm²，灌木林19 434hm²；牧地面积达29 802hm²；耕地面积16 738hm²。坝区以水稻、玉米、小麦、蚕豆、烤烟为主；山区主要以玉米、马铃薯、荞子、豆类为主。

圭山山羊抗逆性强，发病少，善于攀食灌木嫩叶枝芽，耐粗饲能力强，既产乳又产肉，体质结实，行动灵活，游牧、定牧或舍饲均可，为云南省优良地方品种。

二、特征与性能

（一）体型外貌特征

1. 外貌特征 圭山山羊全身毛色多呈黑色，部分羊肩、腹呈黄棕色，或头部为褐色。被毛粗短、富有光泽。皮肤薄、呈黑色，富有弹性。体格中等，体躯丰满，近似于长方形。头小，额宽，耳小不下垂，鼻直。绝大部分羊有角，多向上、向两侧伸展。鬐甲高而稍宽，胸宽而深长，背腰平直。四肢结实，蹄坚实、呈黑色。母羊乳房圆大、紧凑，发育中等（国家畜禽遗传资源委员会，2011）。

2. 体重和体尺 圭山山羊体重和体尺见表5-65。

表5-65 圭山山羊体重和体尺

性别	体重（kg）	体高（cm）	体长（cm）	胸围（cm）
公	48.16	76.50	68.60	86.90
母	42.56	71.61	63.85	83.12

资料来源：国家畜禽遗传资源委员会，2011。

（二）生产性能

1. 产肉性能 圭山山羊屠宰性能见表5-66。

表5-66 圭山山羊屠宰性能

性别	只数	宰前活重（kg）	胴体重（kg）	屠宰率（%）	净肉重（kg）	净肉率（%）	肉骨比
母	15	38.66	16.96	43.87	13.57	35.10	4.0
羯	15	45.34	20.92	46.14	16.97	37.43	4.3

注：测定成年母羊、成年羯羊各15只。
资料来源：国家畜禽遗传资源委员会，2011。

2. 繁殖性能　圭山山羊公、母羊 4 月龄有性行为，初配年龄 1～1.5 岁。母羊发情季节在春、秋两季，发情周期 17d，怀孕期 145～152d，产羔率 160%。4 月龄断奶重公羔 12kg，母羔 13kg；双羔公羔重 10.8kg，双羔母羔重 11.5kg。羔羊成活率 98%（国家畜禽遗传资源委员会，2011）。

三、研究进展

石林圭山山羊是云南省的地方优良保种品种之一，因其具有繁殖率高、耐粗饲、适应性强、乳脂率高、肉质好、屠宰率高等优点而深受人们的青睐，市场供不应求。通过胚胎移植这一项技术，充分挖掘优秀母羊的繁殖潜力，迅速扩大优良种群，可加速良种山羊的育种进程。因此，赵智勇等（2002）通过对圭山山羊的超数排卵、同期发情、胚胎移植等技术的研究，以期制定出圭山山羊胚胎移植技术操作规程，从而加大该项技术在圭山山羊育种和扩繁中的应用。该试验分别用进口 Ovagon 和国产 FSH 对 12 只圭山山羊供体进行超数排卵处理，平均排卵数分别为 10.1 和 10.5 枚，平均回收可用胚数分别为 10.08 和 10.0 枚；经 t 检验，两者排卵数和回收可用胚数无显著差异；用 CIDR 同期发情处理 51 只圭山山羊，撤栓后 72h 发情 46 只，同期发情率为 90%；移植受体 39 只，移植 100d 后妊娠率为 66%。

邵庆勇等（2010）对不同发育阶段圭山山羊胚胎常规冷冻保存进行了研究。其采用常规冷冻法冷冻保存圭山山羊桑葚胚、囊胚、扩张囊胚期胚胎，解冻后体外发育率分别为 41.94%、67.50%、84.09%，桑葚胚与囊胚、扩张囊胚间差异显著（$P<0.05$），囊胚和扩张囊胚间虽无显著性差异（$P>0.05$），但扩张囊胚体外发育率高于囊胚。在胚胎的冷冻-解冻过程中，桑葚胚、囊胚、扩张囊胚的透明带受损伤率分别为 6.45%、20.00%、31.82%，透明带受损的桑葚胚、囊胚、扩张囊胚体外发育率分别为 0、50.00%、78.57%。初步说明发育程度越高的胚胎，在冷冻-解冻过程中其透明带越易受到损伤，但随发育程度的加深，胚胎生长发育时对透明带的依赖程度也变得越来越弱，表明圭山山羊早期扩张囊胚最适宜进行冷冻保存。

腾亚军（2012）应用 ICP-AES 法对圭山山羊组织中的矿物质含量进行测定。该法简便，具有良好的精密度和准确性，可为进一步选育及综合开发利用这一优良地方品种提供科学依据。圭山山羊肉中蛋白质含量高，其赖氨酸、组氨酸含量丰富，氨基酸含量达理想蛋白的 78.99%。据报道，山羊肉中含胆固醇 60mg/100g，比猪肉、牛肉都低，是一种理想的保健品。圭山山羊背长肌、股二头肌肌纤维直径分别 82.20μm、95.35μm，比云南的瘤牛 100.38μm、100.32μm 小，但其嫩度（剪切力）大于云南瘤牛（1.85kg）。目前研究人员对圭山山羊的肉质、乳质、遗传育种及繁殖等方面进行了大量研究。

四、产业现状

圭山山羊 2005 年存栏 3.32 万只，2008 年存栏 10.4 万只。群体数量处于增长的趋势，品质有所提高。目前尚未建立圭山山羊保护区和保种场。1986 年开展圭山山羊本品种选育工作以来，其生产性能有明显提高（国家畜禽遗传资源委员会，2011）。

石林县农牧局畜牧兽医总站在全面掌握圭山山羊生产性能、优良遗传性状等资料的基础上，开展圭山山羊农产品地理标志申报工作。2009 年 3 月，石林县圭山山羊农产品地理标志申报通过省、市农产品质量安全中心评审，6 月通过国家农业部专家组评审，8 月 5 日在中国农业信息网作为 2009 年第四批农产品地理标志登记产品进行公示。公示结束后，颁发了圭山山羊农产品地理标识证书，意味着该县圭山山羊产品已符合《农产品地理标志圭山山羊技术管理办法》的规定，经业务部门审核批准，可在圭山山羊产品或包装物上使用"圭山山羊"农产品地理标志公共标识，力推"圭山山羊"品牌形象。

五、其他

圭山山羊已经在云南省石林县圭山一带养殖了 2 800 多年，是当地彝族群众最喜爱的一个山羊品种，有许多优良特性。它肉奶皆有，体态丰满，产肉率高，屠宰率达 40%，比一般的地方品种高 4 个百分点；母羊泌乳期 5～6 个月，最长的 7 个月，一年可以产奶 100kg 以上。从奶质来看，有些从国外引进的品种乳汁率也不过 4％，但是圭山山羊却能达到 5.2％。（石林人多年来一直有吃羊肉、喝羊奶、做羊乳饼的传统。圭山山羊肉质细嫩，奶香醇厚，很受人们喜爱。）这为圭山山羊提供了广阔的消费市场。

第二十九节　龙陵黄山羊

一、概况

龙陵黄山羊（Longling Yellow goat）是在南亚热带季风湿热气候区独特的生态环境条件下，经长期自然选择和人工选择形成的地方优良品种。龙陵黄山羊体型大而紧凑，肉质细嫩，膻味小，耐粗放饲养管理，有较强的抗病能力。

龙陵黄山羊原产于云南省龙陵县，与龙陵接壤的德宏傣族景颇族自治州潞西市的部分地区及腾冲县亦有少量分布。龙陵县位于北纬 24°07′～24°50′、东经 98°52′～99°11′。平均海拔 1851m（683～3763m）。这一地段为滇西南亚热带的中山宽谷亚区地貌类型，一年中的后半年受来自赤道海洋的西南季风和来自海洋的东南季风影响，水汽来源充足。龙陵位于北高南低的西南暖湿气候迎风坡而成为云南西南部 4 个多雨区之一，年平均降水量 2 110mm。年平均日照 2 071h，年均气温 14.9℃，无霜期 237d。山区草场以山地草丛草场、混牧林草场、疏林草场等类型为主，有禾本科、豆科、沙草科、菊科、其他杂草及灌木林。丰富的草山、草坡为山羊、黄牛提供了充足的草料（亏开兴等，2007）。

二、特征与性能

（一）体型外貌特征

1. 外貌特征　龙陵黄山羊体格较大，被毛呈黄红色、黄褐色。两耳侧伸，鼻梁微凹，颈长度适中，前胸深广，肋骨开张，背腰平直；背脊线、额部、尾巴毛多数黑色；四肢粗壮，蹄质坚实、硕大。绝大多数有角，占 85％以上。种公羊表现出面部、颈下部被毛及背脊线、腹线明显的黑色缘。羔羊被毛黄褐色；母羊面目清秀，颈部肥厚（图 74 和图 75）（亏开兴等，2007）。

2. 体重和体尺　龙陵黄山羊的生长性能见表 5-67。

表 5-67　龙陵黄山羊的生长性能

类别	性别	体重（kg）	体高（cm）	体长（cm）	胸围（cm）	腹围（cm）	管围（cm）
初生	公	2.08±0.59	—	—	—	—	—
	母	2.04±0.47	—	—	—	—	—
后备羊	公	33.57±3.22	60.62±2.29	62.75±2.87	73.12±4.70	78.00±2.94	8.05±0.25
	母	28.55±1.56	57.97±4.42	61.58±6.03	70.65±3.44	81.32±4.21	7.89±0.55
成年羊	公	54.64±3.81	69.25±5.30	78.25±2.47	87.25±3.89	88.25±3.89	8.90±0.14
	母	39.29±4.86	65.57±2.57	70.94±3.99	85.03±3.74	92.95±5.80	8.08±0.40

资料来源：亏开兴等，2007。

（二）生产性能

1. 产肉性能　龙陵黄山羊屠宰性能见表 5-68。

表 5-68　龙陵黄山羊屠宰性能

年龄	宰前活重（kg）	胴体重（kg）	屠宰率（％）	净肉重（kg）	净肉率（％）
6 月龄	18.50±1.80	8.80±1.00	47.51±7.51	6.03±1.35	32.38±5.24
18 月龄	27.60±4.43	13.33±2.05	48.52±0.87	10.34±1.18	37.51±1.59
24 月龄	38.13±3.53	21.15±2.71	55.46±9.89	15.67±1.92	41.10±6.51

资料来源：陈韬等，1998。

2. 繁殖性能　龙陵黄山羊性成熟早、繁殖率高。公羔 3 月龄开始表现有性行为，母羔进入 4～5 月龄出现初情期。半岁为初配适时年龄，一般母羊在半岁后参加初配，公羊1.5岁后投入配种。妊娠期148.22d，繁殖母羊双羔率29.69%，三羔率3.12%，常年发情。产羔率为128%（亏开兴等，2007）。

三、研究进展

叶绍辉等（1996）采用外周血淋巴细胞培养及染色体分带技术，分析了龙陵黄山羊的核型、C-带和银染核仁组织区（Ag-NOR）。结果表明，龙陵黄山羊染色体数为 $2n=60$，常染色体及X染色体为端部着丝粒染色体，Y染色体最小，为中部着丝粒染色体。常染色体着丝粒区均显示C-带。性染色体未显C-带雌性银染核仁组织区（Ag-NOR）分布于第1、2、3、4、5、25号染色体，雄性分布于第1、2、25号染色体，显示了性别及分布多态性。研究还发现3种不同的联合；一是同源染色体间的联合，且总分生于染色体1上；雄性在染色体1虽也有联合，但由于两染色体形态差异较大，是否为同源染色体还有待进一步确定（该研究中按为同源染色体排核型）；二是3条染色体间联合，发生于3条大染色体或2条大染色体及1条小染色体间，未发现2条小染色体与1条大染色体间的联合；三是两条染色体单体之间的联合，大、小染色体上均有出现。黄山羊的这种染色体联合现象是否属于种属特异性还需进一步研究。

叶绍辉等（1998）采用常规水平式淀粉胶蛋白电泳技术，对38只龙陵黄山羊个体39个遗传座位的血液同功酶的多态性进行了研究。结果发现，AKP、CES-I、ESD、GOI、LAP、MDH、ME和NP8个座位具有多态性，多态座位AKPO、CES-Ⅱ、ESDA、GOIB、LAPA、MDHA、MEA和NPA的基因频率较高；多态座位百分比 $P=0.2051$，平均杂合度 $H=0.0906$。结果表明，与已检测的其他山羊比较，云南龙陵黄山羊遗传多样性水平较高。

叶绍辉等（1998）采用碱性变性法提取来自于龙陵县不同地区的18只黄山羊个体的线粒体DNA（mtDNA），并用 *Apa* I、*Ava* I、*Bam*H I、*Bcl* I、*Bgl* I、*Bgl* Ⅱ、*Cla* I、*Dra* I、*Eco*R I、*Eco*R Ⅴ、*Hae* I、*Hind*Ⅲ、*Kpn* I、*Pst*I、*Pvu* Ⅱ、*Sac* I、*Sal* I、*Sma* I、*Stu* I和 *Xho* 共20种限制性内切酶进行酶切分析。结果发现，龙陵黄山羊线粒体DNA的分子量大小约为15.8kb；不同酶的酶切位点分别为：*Dra*I有7个酶切位点，*Ava* I有6个酶切位点，*Eco*R Ⅴ和 *Stu*I共有5个酶切位点，*Apa* I和 *Hea* Ⅱ有4个酶切位点，*Bam*H I、*Bgl* Ⅱ、*Pst* I和 *Pvu* Ⅱ有3个酶切位点，*Apa*I、*Cla*I有2个酶切位点，其余有1个酶切位点。叶绍辉等（2000）采用水平式淀粉胶电泳技术，对云南龙陵黄山羊、宁蒗黑头山羊、马关无角山羊和路南圭山羊4个保种山羊的120个个体共39个基因座位的基因多态性进行了研究。结果显示，云南4个保种山羊品种在AKP、CES-1、ESD、GOI、LAP、MDH、ME和NP基因座位出现多态性。多态座位基因在不同保种山羊中分布不同。多态基因座位百分比（P）在4个保种山羊中分别为0.2051、0.1538、0.1282和0.1538。平均杂合度（H）分别为0.095、0.0614、0.0467和0.0662。用UPGMA法对由基因频率计算得到的Nei氏标准遗传距离进行聚类分析，结果表明云南保种山羊具地理分布及品种特点，龙陵黄山羊和其他3个品种的遗传距离最远。

李卫娟等（2006）从龙陵黄山羊的群体中选出20只供体和74只受体，分别用5.0mg和6.0mg国产FSH对供体羊进行超排处理。用阴道海绵栓＋PMSG对受体羊进行同期发情处理，供体羊配种后第7天回收胚胎，按形态学将胚胎分级并对黄体记数，结果表明5.0mg、6.0mg组黄体数分别为11.90枚、9.80枚，两组黄体数差异不显著；5.0mg组的只均回收胚胎数为7.40枚，6.0mg组为4.50枚，二者差异显著；把可用胚胎119枚移植给54只受体羊，移植产羔率为67%。该试验通过对龙陵黄山羊同期发情、超数排卵及胚胎移植技术的研究，制定龙陵黄山羊超数排卵和胚胎移植操作规程，从而为加大该技术在龙陵黄山羊良种繁育中的应用提供了参考。

四、产业现状

龙陵黄山羊是龙陵县畜牧业的"名片"。龙陵黄山羊自20世纪80年代初开始开展保种选育工作。1991—1993年进行龙陵黄山羊基地建设，省、市、县三级配套投入，项目总投资333万元，1994年通过省级验收。1996—1999 年进行龙陵黄山羊供种基地续建，总投资 269.18 万元，2002 年通过省级验收。2001—2002 年进行龙陵县种草养羊开发项目建设，总投资 1 050 万元，2003 年通过省级验收。期间，建成了龙陵黄山羊核心种羊场、乌木山和勐蚌黄山羊育种基地。同相关科研院所合作，开展了关于龙陵黄山羊方面的一批科研项目。2005 年全县黄山羊存栏达 5.8 万只，其中能繁母羊存栏 3 万只，种公羊 0.5 万只。通过多年的发展，2012 年年末龙陵黄山羊存栏约 7 万只，其中能繁母羊约 3 万只，出栏约 4 万只。多年累计向外供种约 0.5 万只（杨云艳等，2013）。

2013 年以来，龙陵县为加快龙陵黄山羊产业发展，龙陵县委、县政府出台了《关于加快龙陵黄山羊产业发展意见》，加大了对龙陵黄山羊产业发展扶持力度，随着县乡各级政府加大扶持龙陵黄山羊发展各项政策的实施，农村养殖龙陵黄山羊热情高涨，促进了全县黄山羊产业发展。

2013 年 6 月以来，龙陵县龙山镇畜牧兽医站把羊舍建设作为推进全镇龙陵黄山羊产业发展重要基础工作来抓。重点抓好羊舍规划，标准化羊舍设计，羊舍配套设施（药浴池、青贮池、贮粪池）等设施建设。截至 2013 年 11 月 30 日，尹兆场村、河头村、核桃坪村、麦地村、芒麦村已完成新建羊舍 60 户共 2 850m²，改造羊舍 5 户共 320m²，青贮池建设完成 890m³。

五、其他

虽经历 30 年的发展历程，但龙陵黄山羊仍然发展缓慢。除育种基地外，大部分饲养户存在饲养管理粗放，规模化、标准化养殖水平低等问题。究其原因：一是产业争地，林牧矛盾突出。植树造林、封山育林和经济林果种植大大减少了牧场面积，压缩了黄山羊发展空间。1983 年龙陵县场自然资源普查时草场总面积 13.066 万 hm²，可利用面积 8.707 万 hm²。2012 年年末，草场总面积 7.912 万 hm²，可利用面积 5.222 万 hm²，分别减少 39% 和 40%。二是自然草场退化严重。据测算，龙陵县自然草场退化面积 2.67 万 hm²，占现有草场面积的 51%；其中严重退化面积 0.906 万 hm²，占现有面积的 17%，且退化状况不断加剧。三是饲养方式落后。饲养方式总体处于靠天养羊、自然放牧的落后阶段。四是科技创新不够。舍饲半舍饲圈养条件下的草料均衡生产供应等技术不配套、不完善（杨云艳等，2013）。

第三十节　马关无角山羊

一、概况

马关无角山羊（Maguan Poll goat）是云南省优良的地方畜种，具有个体大、公、母羊均无角、有髯等特点，当地俗称"马羊"。而且具有性情温顺、采食快且比较固定、易管理、抗逆性强、繁殖率高、性成熟早、生长快、易育肥、肉质细嫩、膻味小等特点（陆灵勇，2011）。

马关无角山羊中心产区为文山壮族苗族自治州马关县。全县大栗树、南捞、古林箐、荚寒箐、木厂、蔑厂、小坝子、马白、八寨、都龙、金厂、仁和、坡脚 13 个乡镇均有分布，其中以马白、八寨、都龙、金厂、仁和、坡脚等乡镇较为集中。

马关县位于文山壮族苗族自治州南部，属滇东南岩溶地貌，河流纵横，地表破碎，山高谷深。一般海拔 300～1 700m，最高海拔 2 579.3m，最低海拔 123m。县境内地形复杂，地势的基本特点是西北高东南低，相对高度差较大，为 2 456m。垂直变化明显，具有"一山分四季，十里不同天"的立体气候特征。全县年平均气温 14.2～22℃，总积温 4 850～8 250℃，最热月 7 月平均气温 21.7～27.7℃，最冷月 1 月平均气温 8.5～15.3℃，平均温差 12℃。四季分明，但冬无严寒，夏无酷暑，历年最高气温 32.2℃，极低气温 －4℃，日温差可达 28.5℃。12 月至翌年 2 月平均气温 10.6℃，3～5 月平均气温 18.2℃，6～8 月平均气温 21.5℃，9～11 月平均气温 17℃，气温随着海拔上升而逐渐下降。空气干湿度主要取决于降水量的多少，其类型属湿润地区。全年无霜期为 334d，有利于畜禽安全过冬。全年日照时数为 1 803.52h，太阳辐射能量为 515.56kJ/cm²。辐射有效性高，有利于农作物和各种牧草生长，历年平均降水量为 1 300～1 700mm，为高雨量地区，但年际变化较大，历年平均降水天数为 186d，全县辖 13 个乡镇，124 个村民委员会（社区），1 526 个自然村。总土地面积 86 214hm²，其中全县有耕地 65 880hm²，占总土地面积的 24.64%；林地面积 86 214hm²，占总土地面积的 32.25%；草山草坡 43 507hm²，占总土地面积的 16.27%，饲草饲料资源丰富（陆灵勇，2011）。

二、特征与性能

（一）体型外貌特征

1. 外貌特征 马关无角山羊被毛多为黑色，麻黑色、黑白花色、褐色、白色个体较少。体质结实，结构匀称。公、母羊均无角，颈部有鬃。头较短、大小适中，额宽平，母羊前额有 V 形隆起。颈细长，部分羊颈下有两个肉垂。两耳向前平伸。背平直，后躯发达，臀部丰满。四肢结实，蹄呈黑色（图 76）（国家畜禽遗传资源委员会，2011）。

2. 体重和体尺 马关无角山羊体重和体尺见表 5-69。

表 5-69　马关无角山羊体重和体尺

性别	只数	体重（kg）	体高（cm）	体斜长（cm）	胸围（cm）
公	12	47.0±17.1	68.1±7.5	64.3±6.5	86.6±8.0
母	87	37.5±17.5	62.8±6.7	61.6±16.5	79.9±7.6

注：2006 年 8 月由文山壮族苗族自治州马关县畜牧局测定。

资料来源：国家畜禽遗传资源委员会，2011。

（二）生产性能

1. 产肉性能 马关无角山羊屠宰性能见表 5-70。

表 5-70　马关无角山羊屠宰性能

性别	只数	宰前活重（kg）	胴体重（kg）	屠宰率（%）	净肉重（kg）	净肉率（%）
公	6	34.78±4.8	19.6±2.4	56.4±1.9	13.4±1.8	38.5
母	24	45.34±6.0	12.8±3.7	44.8±6.2	8.8±2.4	30.8

注：2006 年 11 月由文山壮族苗族自治州马关县畜牧局测定。

资料来源：国家畜禽遗传资源委员会，2011。

2. 繁殖性能 马关无角山羊性成熟早，母羊 3～4 月龄即可发情，公羊 6 月龄性成熟。母羊春、秋两季发情较为明显，一年产两胎。胎产双羔率为 77.41%，三羔和四羔率 3.22%，单羔率 16.15%。平均每只能繁母羊年产羔 3.08 只（国家畜禽遗传资源委员会，2011）。

三、研究进展

汪霞等（1997）采用水平板淀粉胶电泳技术分析了云南马关保种无角山羊的血液蛋白多态性，对 36 个个体 45 个基因座位的分析得出，Esd、Pep-B、Lap、Akp、Ces-1、Ces-2 共 6 个座位出现多态性，且 Esd[A]、Pep-B[A]、Lap[A]、Akp[B]、Ces-1[A]、Ces-2[A] 的基因频率较高。多态座位百分率 $P=0.133$，平均杂合度 $H=0.048\,63$。该研究为该地方品种羊的保种与利用提供了基础资料。

饶家荣等（1998）应用红细胞 C3b 受体花环（C3bRR）和免疫复合物花环（ICR）试验，对马关无角山羊红细胞免疫功能作了研究。证实马关无角山羊红细胞表面存在补体 C3b 受体（C3b receptor，C3bR），表明红细胞免疫系统（red cell immune system，RCIS）的概念亦适用于这种动物。根据研究结果统计分析得知，马关无角山羊红细胞 C3bRR 率及 ICR 率分别 13.33±2.25 和 10.96±2.17，C3bRR 率和 ICR 率间差异极为显著（$P<0.01$）。

严达伟等（2003）对马关无角山羊的中心产区——马关县现存 4 个保种点、2 个示范点农户饲养的山羊随机抽取 156 只，进行体尺、生长发育及繁殖性能测定，并从中抽取 6 只进行屠宰性能测定和肉质分析。结果表明，马关无角山羊毛色主要为黑色，性成熟早，屠宰率高，肉质优良，膻味小，是云南省一宝贵的山羊珍稀品种资源。

四、产业现状

1982年全县山羊存栏4 569只，其中无角山羊2 364只，占山羊总数的51.74％。1989—1997年先后建立马关无角山羊种羊繁殖场和16个保种户，使群体数量有所增加。2000年以来，受环境及政策等因素的影响，无角山羊数量大幅减少，处于濒危状态。经几番消长，2008年无角山羊存栏量下降到744只，已处于濒危状态（国家畜禽遗传资源委员会，2011）。

五、其他

马关无角山羊的无角性状对管理有一定的价值，无角者好斗性明显减弱，性情温顺，易管理。据报道，山羊的无角性状是由一个显性常染色体基因P和p控制的，有3种基因型和2种表现型，表型无角，基因型却有纯合无角（PP）和杂合无角（Pp）之别。表型上角痕圆形者为纯合无角，椭圆形者为杂合无角，在纯合无角中会出现部分雄性不育和雌性间性现象。测定的156只山羊中，有角者9只，占5.77％，P与p的基因频率分别为0.76和0.24，PP、Pp和pp的基因型频率分别为0.577 6、0.364 8和0.057 6。

第三十一节　陕南白山羊

一、概况

陕南白山羊（Shannan White goat）又名狗头羊、马头羊，属肉皮兼用型山羊地方品种。据史书记载，陕南白山羊是从汉朝大量移民迁居带入本地而形成的陕南白山羊群体。陕南白山羊具有早熟易肥、屠宰率和净肉率高、肉质细嫩鲜美、繁殖率高、板皮品质优良和适应性强等特点。

陕南白山羊中心产区为汉江和丹江两岸的汉滨区、紫阳、旬阳、白河、平利、西乡、镇巴、洛南、山阳、商南、镇安、柞水等地，分布于陕西省南部商洛市、安康市和汉中市。主产区位于北纬31°42′～34°24′、东经105°29′～111°1′。境内群山连绵，沟壑纵横，海拔1 500～2 000m。属北亚热带湿润气候，冬无严寒，夏无酷暑。年平均气温14～15℃，无霜期205～231d；年降水量700～900mm，年日照时数1 857～1 947h。水资源丰富，主要有汉江及其支流旬河、丹江、金钱河、乾祐河等。南部汉江谷地土地肥沃，北部土质较瘠薄，草场面积大。以山地草丛类、山地灌木草丛类、山地稀树草丛类为主要类型。主要农作物有玉米、小麦、大豆、薯类、水稻和油菜等（国家畜禽遗传资源委员会，2011）。

陕南白山羊以放牧为主，适宜各类山区山地放养，喜爬坡、登高采食各种杂草、灌木或果实籽粒。一般羊群3～5只，也有数十只大群，圈舍要求通风干燥，一般白天放牧，晚上补饲。在多年的选种选育过程中，群众能做到自己选种，远距离交换使用，羯羊2岁左右阉割育肥。抓膘时群众采用下脚料用食盐炒熟喂食，城市郊区以"站"养为主，1.5岁出栏，最大体重可达100kg以上（寇玉存等，2000）。陕南白山羊性情温顺，耐热抗寒，爬坡性能好，适应性强，早熟易肥，产肉率高，肉质鲜美滑嫩，口味极好，板皮优质，多胎高产，是地方优良山羊品种。该品种是经当地技术人员的多年努力，悉心培育出的能适应山区和城镇圈养发展的优质品种（李成斗，2011）。

二、特征与性能

（一）体型外貌特征

1. 外貌特征　陕南白山羊体格大；被毛刚粗洁白，有光泽，底绒少；肤色粉红，头面清秀而宽，前额微凸，鼻梁平直。公、母羊皆有胡须，部分颌下有肉冉。颈短而宽厚，胸部发达，前胸饱满，背腰平直，肋骨弓张力好。腹圆大而紧凑，尻宽而略斜，臀部肌肉丰满。公羊雄壮刚猛，睾丸长而圆大，左右对称均匀；母羊清秀灵巧，乳房丰满、乳头整齐明显、四肢粗短、蹄质坚实，体躯呈长方形。品种可分为有角、无角、长毛、短毛 4 个类型，以无角短毛品质最优（李成斗，2011）。

2. 体重和体尺 陕南白山羊成年羊的体重和体尺见表 5-71。

表 5-71 陕南白山羊成年羊的体重和体尺

性别	角	只数	体高（cm）	体斜长（cm）	胸围（cm）	体重（kg）
公	无角	20	62.25±4.36	72.3±6.16	81.05±5.30	44.4±7.40
	有角	18	58.60±3.70	68.2±4.94	78.83±5.27	40.1±8.20
母	无角	18	59.10±4.80	69.1±8.20	79.76±6.17	41.5±9.70
	有角	31	56.74±3.20	66.0±5.90	76.26±5.69	35.7±8.20
羯羊	无角	48	60.54±4.54	67.3±4.30	77.70±5.54	38.1±7.20
	有角	40	59.25±3.37	62.6±4.67	75.80±6.10	33.8±7.40

资料来源：邓银才等，1990。

（二）生产性能

1. 产肉性能 陕南白山羊是一个耐粗饲、抗病力强、短期育肥效果显著的地方性优良品种。据对 192 只中等膘情屠宰测定，1 岁羊净肉率 41.6%，且肉质颜色鲜明，瘦肉绯红，肌纤维柔软细嫩，食之可口，味美而不腻，膻味小。24 月龄羯羊产肉性能见表 5-72。

表 5-72 24 月龄羯羊产肉性能测定

品种	宰前重（kg）	胴体重（kg）	屠宰率（%）	净肉重（kg）	净肉率（%）
羯羊	42.9±3.40	21.25±2.25	50.32±2.73	16.9±2.00	40.19±2.47

2. 繁殖性能 据测定，公羊性成熟 120d 左右，母羊 110d 左右；初次发情配种率达 57.6%，一般发情可持续 50h，怀孕期 145d 左右。据对 500 余对母羊测定，周年繁殖率 235.41%，产羔率为 259.03%，其中双羔率 55.2%，三羔率 10.1%，公、母比为 1:1.14。公羊可繁殖利用 5~7 年，母羊 4~6 年（寇玉存等，2000）。

三、研究进展

孙金梅等（1997）以系统随机整群抽样法对陕南白山羊进行了遗传资源的抽样检测。结果表明，在所检测的 31 个血液蛋白位点中只有 TF、Alp、PA-3、Es-D 位点存在多态。总群体的遗传变异中，约有 10% 是由系统间的遗传差异造成的，且其所有位点基因的分化程度都在 0.05 以下。确认陕南白山羊是一个品种特征遗传稳定且具有悠久历史的山羊品种。

刘长国等（2003）从 20 个随机引物中筛选出 4 个具有多型性片段的引物，分析了陕西省境内 5 个山羊品种（陕南白山羊、萨能奶山羊、关中奶山羊、安哥拉山羊、波尔山羊）的遗传变异及遗传关系，共产生 16 个稳定的 RAPD 标记。结果表明，陕南白山羊、关中奶山羊、波尔山羊的遗传变异较高，遗传纯度低，而萨能奶山羊与安哥拉山羊遗传纯度更高；同时也表明山羊群体的遗传变异主要分布于品种之间，品种内所占比例很少。2 种遗传距离计算法（Nei 氏遗传距离指数，"Clust"软件包）所得结果均表明，萨能羊品种较远；根据这 2 种遗传距离计算法所作的 3 种聚类图（NJ 聚类图、UPGMA 聚类图及"Clust"聚类图）均揭示了陕南白山羊、关中奶山羊、萨能奶山羊的亲缘关系更近，聚为一支，波尔山羊与安哥拉山羊聚为另一支。

张榜等（2003）利用实地观测的波尔山羊杂交一代和陕南白山羊《品种志》资料比较分析，结果表明波尔山羊与白山羊的杂交一代表现出适应性强、生长快，6 月龄和 12 月龄的体高、体长、胸围、体重均呈现显著差异和极显著差异。杂交一代的生长性能均高于陕南白山羊。董焕清等（2004）也开展了引进国外肉用山羊良种波尔山羊与陕南白山羊经济杂交试验，在同等饲养管理条件下，对波杂交一代和陕南白山羊进行体尺、体重主要指标测定，并进行对比研究。结果显示，在粗放的饲养管理条件下，波尔山羊与陕南白山羊杂交一代 12 月龄以前增重速度明显优于当地陕南白山羊，而且具有较强的适应性，可以充分利用杂交优势，发展规模化、产业化肉羊生产，推广羔羊育肥，实施当年产羔当年育肥出栏的方法，加速羊群周转，从而提高养殖户经济效益。另外，陕南白山羊泌乳量低，在泌乳期内泌乳量不能保证波杂羊生长发育需求，建议推广和应用代乳料，促进生长。

马保华等（2000）进行了实用型炔诺酮阴道栓诱导陕南白山羊同期发情方面的研究。在 5 月、8 月、10 月用含 18-甲基-炔诺酮 50mg 的实用型阴道海绵栓处理 631 只陕南白山羊进行同期发情，撤栓时注射 FSH，阴道栓处理时间分为短期处理（9d、10d、11d、12d）和长期处理（15d、16d、17d）。结果表明，短期和长期处理之间，以及不同月份之间，受试羊发情开始距撤栓的平均间隔时间和同期发情的效率差异不显著（$P>0.05$）。结论认为，用实用型炔诺酮阴道栓进行陕南白山羊同期发情处理时，可选用短期处理法；只要避开高热及严寒，其他季节均可进行同期发情处理。

罗军等（2004）利用全混合日粮（TMR）颗粒对半放牧饲养的陕南白山羊和波白（波尔山羊×陕南白山羊）F_1 羔羊进行补饲，观察生长前期山羊的增重效果，探索舍饲条件下用 TMR 饲喂肉山羊的可行性。试验选用平均年龄为 45 日龄的波白 F_1 羔羊 10 只（试验Ⅰ组），陕南白山羊 16 只（分为试验Ⅱ组，9 只；对照组，7 只），试验Ⅰ组和Ⅱ组补饲 TMR 颗粒料，对照组采用不补饲的传统方式。结果表明，补饲组山羊能正常采食 TMR 颗粒料。在相同饲养管理条件下，试验Ⅰ组、Ⅱ组和对照组的平均日增重分别为 144.9g、124.2g 和 117.5g。波白 F_1 羔羊的平均日增重高于陕南白山羊（$P<0.01$）；TMR 颗粒料补饲的陕南白山羊平均日增重略高于放牧组，但差异不显著（$P>0.05$）。试验结果发现，麦秸粉含量为 20% 的 TMR 颗粒料制作工艺可行，可作为羔羊的开食料加以推广。对生长前期陕南白山羊羔羊进行 TMR 颗粒料补饲的效果一般，略高于未补饲组。因此，在实际生产中应选择适当的时机补饲陕南白山羊。

四、产业现状

陕南白山羊 1949 年饲养量为 5.79 万只，1981 年增加到 55.46 万只，为 1949 年的 9.6 倍；1987 年发展到 64.68 万只；2006 年年底存栏数为 95.76 万只，出栏量为 54.81 万只，出栏率达 57.2%，生产性能与产品质量有所提高（国家畜禽遗传资源委员会，2011）。

陕南白山羊产于安康市 10 个区（县），但主要生产区有汉滨、旬阳、紫阳、岚皋、平利 5 个区（县）。2008 年这 5 个区（县）山羊饲养量 99.7 万只，占全市饲养量的 73.7%，比 2005 年的 89.84 万只增加了 9.86 万只，增幅为 10.8%；山羊存栏 54.57 万只，占全市存栏数的 74.6%，2005 年存栏数略有增长；出栏数 45.13 万只，占全市出栏数的 72.6%，比 2005 年的 35.83 万只增加了 9.3 万只，增幅为 26%，羊肉产量 7 573t，占全市羊肉产量的 72.6%，比 2005 年的 5 809t 增加了 1 764t，增幅为 30.4%，生产区羊肉占肉类总产量的比重由 2005 年的 5.9% 提高到 2008 年的 6.7%（李成斗，2011）。

2008 年安康市共有年出栏山羊 50 只以上的专业大户 1 190 户，出栏山羊 90 181 只，占全市出栏山羊数的 14.5%，平均每户年出栏山羊 76 只（李成斗，2011）。

五、其他

2013 年 7 月 27 日，央视七套《农广天地》栏目组，走进喜羊羊生态养殖基地，专题拍摄陕南白山羊养殖场景，向全国观众呈现岚皋县生态养羊的精彩瞬间。

目前陕南白山羊养殖存在的问题：一是林牧矛盾突出。自从 2002 年全市实施天然林保护工程以来，各县区明确出台了限制养牛养羊的政策，这成为养羊产业发展的制约因素。二是养羊业资金投入不足。自 2005 年以来，全市畜牧产业转向以养猪业为主，各级政府的资金投入都转向养猪产业，养羊产业受市场价格的驱动，保持着发展的态势。养羊产业缺少技术支撑，主要表现在：一是陕南白山羊本品种选育工作相对滞后；二是良种引进和杂交利用工作进展缓慢；三是养羊业的基础设施相对落后；四是粗饲料加工、人工种草、天然草场改良、青贮饲料、氨化饲料等工作进展迟缓，养羊业以天然草场放牧为主，技术含量不高，经济效益低下（李成斗，2011）。

第三十二节 伏牛白山羊

一、概况

伏牛白山羊（Funiu White goat）原名西峡大白山羊，属肉皮兼用型山羊地方品种。该品种山羊具有耐粗饲、繁殖力高、适应性广、喜攀登、抗病力强、适宜山区放牧等特点。该品种 1980 年被列入《河南省地方优良畜禽品种志》。2001 年 6 月 12 日，河南省质量技术监督局发布了 DB 41/265—2001《河南省地方标准——伏牛白山羊》（谭旭信等，2008）。

据《南阳畜牧志》和《卢氏县志》记载，明末李自成入豫，从西省（系指青海、甘肃省）一带引入大白山羊，在交通闭塞的豫西山区，经过风土驯化及当地群众的选育，逐渐形成了适合当地自然条件、遗传性能稳定的伏牛白山羊（国家畜禽遗传资源委员会，2011）。伏牛白山羊对当地自然条件非常适应，耐寒耐热，抗病能力强。良好的自然环境是伏牛白山羊品种形成的基础。一是丰富的饲草资源和充足的农副产品为伏牛白山羊饲养提供了良好的物质基础。二是伏牛白山羊是群众生活中主要的经济来源之一，当地群众形成了喜欢养羊的习惯。三是遗传性状相对稳定，历史上豫西山区交通闭塞，很少有外地羊进入，伏牛白山羊逐渐形成了遗传性相对稳定的群体。四是群众在养羊生产中，注重选种选育，经过长期的人工和自然选择，逐渐形成今天的伏牛白山羊地方品种（谭旭信等，2008）。

伏牛白山羊原产于河南省伏牛山南麓的内乡县，中心产区为内乡、淅川、西峡、南召、镇平等县，伏牛山北麓的部分县（市）也有分布。内乡古称菊潭，地处伏牛山南麓，地势自北向南倾斜，海拔 145～1 845m。属季风性大陆气候，气候温和，降水集中，季节变化明显。年平均气温 15.6℃，无霜期 285d；年降水量 872mm，相对湿度 76%；年平均日照时数 2 022h。水资源丰富，主要河流有湍河、默河、黄水河、刁河等。土壤以黄棕土为主，主要农作物有小麦、玉米、水稻、甘薯、油菜、花生、芝麻、棉花等，粗饲料主要有青干草、树叶、甘薯秧、花生秧等，精饲料有麸皮、玉米等。伏牛白山羊在山区以终年放牧为主，在平原地区以舍饲为主（国家畜禽遗传资源委员会，2011）。

伏牛白山羊肉、皮、绒兼用，体格中等，骨骼结实，四肢强健，结构匀称，被毛白色；适应性强，适宜放牧和舍饲；抗病力强，繁殖率较高，适龄母羊平均两年三胎；羔羊生长速度较快，周岁体重可达 40～45kg，平均屠宰率为 40%～50%，肉质优良，口味纯正；板皮质量高，羊绒质量好。

二、特征与性能

（一）体型外貌特征

1. 外貌特征 伏牛白山羊体质结实，结构匀称，体格中等，体躯较长。被毛为纯白色，有长毛和短毛两种类型。头部清秀、上宽下窄，分有角和无角两种，有角者居多。角以倒八字形为主，呈灰白色。面微凹，鼻梁稍隆，耳小直立，眼大有神。公羊颈粗壮，母羊颈略窄。胸较深，背腰平直，中躯略长，尻稍斜。四肢健壮，蹄质坚实。尾短（图 77）。

2. 体重和体尺 伏牛白山羊成年羊体重和体尺见表 5-73。

表 5-73 伏牛白山羊成年羊体重和体尺

性别	只数	体重（kg）	体高（cm）	体长（cm）	胸围（cm）	胸宽（cm）	胸深（cm）
公	20	44.8±5.8	67.3±4.7	75.0±4.2	84.3±4.8	17.5±1.9	33.6±3.1
母	80	37.3±6.2	61.9±4.3	68.8±5.4	78.2±5.5	15.7±2.0	32.0±2.5

注：2006 年在内乡县马山、乍山区等乡镇测定。

资料来源：国家畜禽遗传资源委员会，2011。

（二）生产性能

1. 产肉性能 伏牛白山羊屠宰性能见表 5-74。

表 5-74 伏牛白山羊周岁羊屠宰性能

性别	只数	宰前活重（kg）	胴体重（kg）	屠宰率（%）	净肉重（kg）	净肉率（%）
公	6	35.3±2.3	18.1±1.5	51.3	15.6±1.3	44.2
母	4	32.1±2.3	16.4±1.8	51.1	13.8±1.6	43.0

注：2007 年在内乡县测定。

资料来源：国家畜禽遗传资源委员会，2011。

宰前空腹体重公羊 35.25kg，母羊 32.13kg；胴体重公羊 16.95kg，母羊 14.25kg；净肉重公羊 14.52kg，母羊 12.03kg；内脏脂肪重公羊 1.15kg，母羊 1.13kg；骨骼重公羊 2.43kg，母羊 2.23kg；屠宰率公羊 51.27%，母羊 47.58%；净肉率公羊 41.07%，母羊 37.16%；大腿肌肉厚度公羊 3.98cm，母羊 3.76cm；腰部肌肉厚度公羊 4.25cm，母羊 3.75cm，肉骨比公羊 6.0：1，母羊 5.5：1；眼肌面积公羊 7.03cm²，母羊 6.27cm²；肌肉主要化学成分：水分 72.49%，干物质 27.51%，蛋白质 22.94%，脂肪 6.23%，灰分 0.96%（谭旭信等，2008）。

2. 繁殖性能 伏牛白山羊公、母羊一般 3～4 月龄性成熟，初配年龄为 8～10 月龄，利用年限 5～7 年。母羊四季发情，发情多集中在春、秋两季。发情周期 16～20d，发情期持续 1～2d；妊娠期 142～155d；产羔率 211.1%，其中初产母羊 163.2%、经产母羊 223.9%，最高一胎产羔数为 7 只。初生重公羔 2.7kg，母羔 2.5kg；断奶重公羔 7.6kg，母羔 7.3kg；哺乳期日增重公羔 107.4g，母羔 102.4g（谭旭信等，2008）。

三、研究进展

张娜娜等（2010）对伏牛白山羊 6 个微卫星标记的遗传多样性进行了分析。选取位于绵羊第 6 号染色体上与牛多胎基因 FecB 紧密连锁的 2 个微卫星基因座 OarAE101、BM1329，牛第 3 号染色体上的微卫星基因座 BMS1248，绵羊第 4 号染色体上的 2 个微卫星基因座 MAF70、OarHH35 及牛第 8 号染色体上的微卫星基因座 BM1227，对伏牛白山羊遗传多样性进行检测。结果表明，在伏牛白山羊中共检测到 50 个等位基因，其中平均多态信息含量（PIC）为 0.789，且每个微卫星基因座的 PIC>0.5，平均有效等位基因数（Ne）、平均杂合度（H）分别为 5.165、0.903。由此表明，6 个微卫星标记均具有高度多态性，可用于伏牛白山羊遗传多样性的分析。

李婉涛等（2007）为研究河南省伏牛白山羊的遗传多样性和系统进化，对伏牛白山羊 mtDNAD-loop 序列多态性和系统进化作了分析。其测定了该品种 8 个个体的线粒体控制区全序列。结果表明，山羊控制区线粒体控制全序列长度分别为 1 212bp 或 1 213bp，A+T 含量占 60.1%，其中 40 个核苷酸位点存在变异（约占 3.30%），核苷酸多样度为 1.562%。这些差异共定义了 7 种单倍型，单倍型多样性为 0.964，表明中国山羊品种遗传多样性丰富。根据伏牛白山羊序列和 GenBank 两条野山羊序列构建了 NJ 分子系统树，聚类分析表明伏牛白山羊和角骨羊单独聚在一起，二者亲缘关系较近，伏牛白山羊可能起源于角骨羊。

采用外周血淋巴细胞培养及常规染色体标本制作技术，分析了伏牛白山羊的染色体核型，同时通过 G-显带分析所呈现的带型对染色体进行分析配对。结果表明，伏牛白山羊染色体数目为 $2n=60$；其中有 29 对常染色体和 1 对性染色体，母羊为 60（XX），公羊为 60（XY）。所有的常染色体为端部着丝点染色体，X 染色体为第 2 对大端部着丝点染色体，Y 染色体是最小的而且是唯一的中部着丝粒染色体。数据处理后显示，公羊染色体的相对长度为 5 164～1 112，母羊的相对长度为 5 150～1 176。研究结果还显示，伏牛白山羊的染色体存在一定的畸形率，大约是 6.7%。

田亚磊等（2009）运用 SPSS 软件对 126 只伏牛白山羊体尺、体重的测定结果进行了相关分析和通径分析，并建立了最优回归方程。结果表明，伏牛白山羊的体重（Y）与体高（X_1）、体长（X_2）、胸围（X_3）、胸宽（X_4）、胸深（X_5）、尾长（X_6）、尾宽（X_7）呈极显著正相关（$P<0.01$）。体高、胸围、胸宽的直接作用和间接作用对体重的影响都极大。得到最优回归方程为：$Y=0.186X_1+0.796X_3+$

$0.134X_4$。

蔡海霞等（2003）为改变伏牛白山羊体格小、生长速度缓慢、产肉性能不佳等状况，特引进波尔山羊对其进行杂交。结果表明，杂交一代具有与父本相似的外貌特征，在山区生态环境及饲养条件下，抗病力及适应性较强。杂交一代各生长阶段体重明显高于伏牛白山羊，提高幅度在46%以上；杂交羊3月龄、6月龄等各阶段的体高、体长、胸围等均明显高于伏牛白山羊。

为探讨伏牛白山羊的屠宰性能和肉质特性，赵红军等（2010）对10只伏牛白山羊进行屠宰性能、肉质常规指标测定和肌肉氨基酸含量测定。结果表明，伏牛白山羊母羊的宰前体重、胴体重、净肉重、内脏脂肪重、胴体净肉率、肉骨比均高于公羊，差异不显著（$P>0.05$）；公羊的屠宰率、净肉率高于母羊，差异不显著（$P>0.05$）；伏牛白山羊公羊肉质中水分含量、脂肪含量、蛋白质含量、灰分含量均高于母羊，差异不显著（$P>0.05$）；伏牛白山羊公羊肌肉干物质必需氨基酸和非必需氨基酸含量均高于母羊，差异不显著（$P>0.05$）。

在饲养管理、品种保护方面，也有学者进行了研究。闫华志等（1998）、张灵先（2005）对伏牛白山羊的饲养管理作了研究，吉进卿等（2003）对伏牛白山羊品种资源保护措施提出了建议。

四、产业现状

伏牛白山羊1983年存栏量达到96万只，随后数量逐年下降。2005年末产区伏牛白山羊存栏68.9万只，其中母羊45.47万只，能繁母羊13.64万只，公羊23.42万只，用于配种成年公羊2.41万只，育成公羊4.48万只，育成母羊4.20万只，哺乳公羔1.45万只，哺乳母羔1.58万只。基础公羊占全群3.5%，基础母羊占全群60%（谭旭信等，2008）。

1996年内乡县建立了伏牛白山羊种羊场，组建核心群80只，制订了选育和保种计划（国家畜禽遗传资源委员会，2011）。

五、其他

据有关资料报道，实施了"伏牛白山羊研究所"和"伏牛白山羊杂交改良与规模化饲养"等国家级项目。另有内乡县盛群伏牛白山羊保种繁育有限公司1 000只伏牛白山羊保种项目。

第三十三节　赣西山羊

一、概况

赣西山羊（Ganxi goat）属以产肉为主的山羊地方品种，具有适应性强、善爬山、采食能力强、繁殖率高等特点。2001年，赣西山羊收录于《江西畜禽品种志》。

赣西地区群众素有养羊和崇尚黑色食品的习惯，善于从适应性、爬山能力和采食能力等方面选育山羊，经过长期的人工选择和自然选择，逐步形成了以"黑毛白肤"为主的赣西山羊。

中心产区在江西省的长平、福田、老关、桐木和万载等县、区，分布于江西省的上高、修水、宜丰、铜鼓和袁州，以及湖南省的浏阳、醴陵等县。

产区处于江西省西北部，山地、丘陵、河谷、平原错落分布，属丘陵、低山地区，海拔最高1 918.3m、最低15.4m。产区气候属亚热带季风湿润气候，气候温和，雨量充沛，日照充足。年平均气温17℃，无霜期255～260d；年降水量1 600～1 652mm；年平均日照时数1 663.5h。土质以红壤为主，呈弱酸性。产区水资源较丰富，有萍水、锦江等十多条河流。草山、草坡资源丰富，野生牧草主要为茅草、狗牙根、蜈蚣草、马鞭草、鸡眼草、胡枝子等；农作物以水稻、甘薯、大豆、花生、油菜等为主（国家畜禽遗传资源委员会，2011）。丰富的饲草资源为山羊养殖提供了有利条件。

赣西山羊成年体重公羊28.72kg，母羊27.12kg。公羊4～5月龄性成熟，一般7～8月龄初配，母羊6月龄初配。多数母羊一年两胎，每胎产两羔，多的可达3～4羔。年产羔率可达164%，成活率为

70％～76％。赣西山羊以放牧为主，10～12 月龄的屠宰率为 45％～49％。

二、特征与性能

（一）体型外貌特征

1. 外貌特征　赣西山羊被毛以黑色为主，其次为白色或麻色。被毛较短，皮肤为白色。体格较小，体质结实，结构匀称，骨骼健壮，体躯呈长方形。颈细而长。躯干较长，肋狭窄，腰背宽而平直。头大小适中，额平而宽，眼大。角向上、向外叉开，呈倒八字形，公羊角比母羊角粗长。前肢较直，后肢稍弯，蹄质坚硬，腿细矮。尾短瘦。

2. 体重和体尺　赣西山羊成年羊体重和体尺见表 5-75。

表 5-75　赣西山羊成年羊体重和体尺

性别	只数	体重（kg）	体高（cm）	体斜长（cm）	胸围（cm）
公	30	28.7±10.3	55.1±7.6	60.7±9.8	70.1±8.1
母	30	27.1±6.6	50.3±4.2	57.3±5.3	69.1±5.5

注：2007 年在万载、上栗、修水、铜鼓等县、市测定。
资料来源：国家畜禽遗传资源委员会，2011。

（二）生产性能

1. 产肉性能　据对 13 只放牧饲养的赣西山羊周岁羯羊进行的屠宰性能测定，宰前活重 16.3kg，胴体重 7.2kg，屠宰率 44.2％，净肉率 32.0％。据测定，羊肉中含水分 77.97％，粗蛋白 19.53％，粗脂肪 1.83％，粗灰分 0.97％（国家畜禽遗传资源委员会，2011）。

2. 繁殖性能　赣西山羊性成熟年龄公羊 4～5 月龄、母羊 4 月龄，初配年龄公羊 7～8 月龄、母羊 6 月龄。母羊利用年限 5～6 年。母羊发情季节主要在春、秋两季，发情周期 21d，妊娠期 140～150d，产羔率 172％～300％。羔羊初生重 1.2～1.8kg。断奶重公羔 7～8kg、母羔 6.5～7.5kg。羔羊断奶成活率 85％（国家畜禽遗传资源委员会，2011）。

三、研究进展

目前国内专门针对赣西山羊的研究相对较少。

樊睿（2009）在中国 9 个地方品种遗传多样性的微卫星分析研究中，以 9 个中国地方山羊品种和 1 个引进品种，共计 563 个个体作为研究对象，采用联合国粮农组织（FAO）和国际动物遗传学会（ISAG）联合推荐的 16 对微卫星引物，以 ABI3100-Avant 全自动基因序列分析仪为平台，结合荧光-多重 PCR 技术对 10 个山羊品种的遗传多样性进行分析研究，为我国地方山羊遗传资源的合理利用及保护提供了依据。在 DA/UPGMA 聚类图，和 Structure 软件对 10 个山羊品种分析得出的结果表明，赣西山羊、马头羊、宜昌白羊、湘东黑羊、川东白羊聚为一类。

王志刚等（2010）采用 FAO 和 ISAG 推荐的微卫星标记，结合荧光标记 PCR 技术，检测了我国 39 个地方山羊品种和 1 个引进山羊品种的遗传多样性，希望中国山羊系统分类和遗传资源保护利用提供科学依据。赣西山羊即为其中之一，结果表明赣西山羊期望杂合度（He）为 0.608 1，观察杂合度（Ho）为 0.564 5，多态信息含量（PIC）为 0.559 4，近交系数（FIS）为 0.073，位点丰富度（AR）为 4.605。

四、产业现状

赣西山羊 1979 年存栏量为 4.9 万只，2000 年发展到 30 万只，2006 年达到 50 万只。其中公羊 17 万只，母羊 33 万只，黑、白两色山羊的数量比例从原来的 1：1 变化为 7：3（国家畜禽遗传资源委员会，2011）。

2006 年，为发展草食动物养殖，上栗县被列为草原项目建设大县。至 2012 年，全县有天然草场面积 1 万 hm²、人工牧草面积超过 3hm²。近年来，秸秆氨化养羊技术的推广，激发了养羊户的积极性，该县也成功申报了农业综合开发秸秆养羊项目。据统计，2011 年上栗县出栏山羊 23.2 万头，存栏 9 万头。依托该产业组织发展了长平山羊养殖专业合作社、永红家禽家畜生产合作社、长平井栏冲黑山羊专业合作社等 15 家合作社。在现代农业示范区建设中，上栗县重点发展秸秆养羊和种草养羊，改变传统放养模式，既扩大了该产业规模，又保护了生态环境。同时，引导发展壮大山羊深加工和销售企业，形成产业链，增加附加值，提高经济效益。

第三十四节　广丰山羊

一、概况

广丰山羊（Guangfeng goat）属以产肉为主的山羊地方品种，该品种羊适应当地低山丘陵的生态环境，具有耐粗饲、采食能力强、抗病能力强、繁殖力强等特点。于 2001 年收录于《江西地方畜禽品种志》。

广丰山羊饲养历史悠久。据《广丰县志》记载，远在唐朝当地就饲养有山羊。在当地自然生态条件下，经过群众长期的精心选育形成了该地方优良品种（国家畜禽遗传资源委员会，2011）。广丰山羊体格偏小，毛白色，具有适应性好、繁殖率高、肉嫩味鲜的特点，是江西优良品种之一。

广丰山羊原产于江西省东北部的广丰县，分布于江西省的玉山、上饶及福建省的浦城等县。产区位于福建、浙江、江西三省交界处，地势从东南向西北渐次倾斜，形成半山区、半丘陵的地貌特征。海拔最高 1 534.6m、最低 72m。属亚热带季风湿润气候，年平均气温 17.9℃，无霜期 266d；年降水量 1 626.9mm，降水集中于 4～7 月；相对湿度 78%。地表和地下水资源较为丰富。土壤类型主要以水稻土、紫色土和红壤为主，适宜于牧草饲料作物生产。农作物以水稻为主，其次是大麦、小麦、油菜等，为山羊养殖提供了大量的秸秆等农副产品。湿润草地和林地资源较为丰富，主要牧草有茅草、狗牙根、蜈蚣草、马鞭草等，为山羊提供了丰富的牧草资源（国家畜禽遗传资源委员会，2011）。

广丰山羊是江西优良品种之一，体型偏小，脸长额宽，公、母羊均有角，少数无角。公、母羊的下颚前端有一撮胡须，公羊比母羊长。全身被毛白色、粗短，公羊被毛较母羊长，母羊和羯羊全身被毛细短而匀称。其肉肌理细嫩，膻味少，口感好，不油腻，性燥热，冬食暖脾胃补身体，增强抗寒能力，且低脂肪，低胆固醇含量，是理想的肉食品。其副产品价值也高。皮质柔软，毛孔细密，是皮类中的上品；羊毛软中见硬，弹性好，是制作羊毛衫、毛线、毛笔的主要原料；板皮和肠衣在国际市场上享有盛誉。

广丰山羊喜攀高山峭壁、喜干、恶湿。生性胆小易惊，比较机敏，活泼而爱角斗，易于体会人的意图。合群性好，如有一只失群时，其他羊便鸣叫不已。爱清洁，喜采食树枝嫩叶；山羊口唇灵活，嗅觉发达，对于食物先嗅后食（唐小强，1990）。

在冬季、梅雨、枯草季节以及母羊产羔季节，主要补饲花生秧、甘薯藤、米糠、饼粕、酒糟、青饲料等（国家畜禽遗传资源委员会，2011）。

二、特征与性能

（一）体型外貌特征

1. 外貌特征　广丰山羊体质结实，结构匀称，骨骼健壮，体型偏小。全身被毛为白色，粗短。皮肤为白色。头稍长、额宽且平，耳圆长而灵活，眼睑为黄色圈，颌下有须。公、母羊均有角，少数无角。公羊角较粗大，向上外方伸长，呈倒八字形。颈细长，多无肉垂。体躯呈方形或长方形，胸部宽而深，背平，尻斜，腹大，后躯比前躯略高。腿直，蹄质结实。尾短小而上翘（图 78 和图 79）（国家畜禽遗传资源委员会，2011）。

2. 体重和体尺　广丰山羊成年羊体重和体尺见表5-76。

表 5-76　广丰山羊成年羊体重和体尺

性别	只数	体重（kg）	体高（cm）	体斜长（cm）	胸围（cm）
公	20	36.2±10.8	55.6±7.8	60.7±9.8	73.7±8.8
母	91	25.4±5.9	47.3±4.2	51.3±4.8	63.9±6.0

注：2007 年在广丰、玉山、上饶等县、区测定。

资料来源：国家畜禽遗传资源委员会，2011。

（二）生产性能

1. 产肉性能　广丰山羊成年体重公羊 36.19kg，母羊 25.44kg。羔羊 2 月龄断奶体重公羔 7.95kg，母羔 7.46kg。10 月龄平均体重 22.75kg。平均月增重：初生至断奶 3.135kg，初生至 4 月龄 2.013kg。1 岁体重公羊 24kg，母羊 19.5kg（唐小强，1990）。

对 15 头自然饲养条件下的广丰山羊周岁羯羊进行屠宰测定，平均宰前体重 23.3kg，胴体重 11.3kg，眼肌面积 6.55cm²，屠宰率 48.5%，净肉率 35.4%，肉骨比 2.7。据测定，肌肉中含水分 77.83%，粗蛋白 18.68%，粗脂肪 2.40%，粗灰分 0.93%，热值 4.06MJ/kg（国家畜禽遗传资源委员会，2011）。

2. 繁殖性能　广丰山羊公羊 4～5 月龄性成熟，一般一岁开始配种，母羊 4 月龄性成熟，6 月龄开始配种。广丰山羊繁殖率较高，一般母羊年产二胎，每胎 2～5 羔。初产母羊平均产羔率为 127%，3 岁母羊平均繁殖率达 285.6%。母羊发情多集中在春、秋两季，发情周期 18～23d，妊娠期 140～150d，羔羊平均初生重 2.1kg，断奶成活率 85%。利用年限公羊一般 4～5 年，个别 6～8 年，母羊最长可达 10 年以上。

三、研究进展

目前国内专门针对广丰山羊的研究相对较少，不过近年来研究仍有进展。樊睿（2009）在中国 9 个地方品种遗传多样性的微卫星分析研究中，以 9 个中国地方山羊品种和 1 个引进品种共计 563 个个体作为研究对象，采用联合国粮农组织（FAO）和国际动物遗传学会（ISAG）联合推荐的 16 对微卫星引物，以 ABI3100－Avant 全自动基因序列分析仪为平台，结合荧光-多重 PCR 技术对 10 个山羊品种的遗传多样性进行分析研究，为我国地方山羊遗传资源的合理利用及保护提供依据。在 DA/UPGMA 聚类图，和 Structure 软件对 10 个山羊品种分析得出的结果表明：广丰山羊、河南牛腿山羊聚为一类。

蒋梅芳等（1989）在反刍动物血清肝特异酶活性正常值测定研究中，测定了南昌地区广丰山羊的血清中鸟氨酸氨基甲酰转移酶（OCT）、山梨醇脱氢酶（SDH）、谷氨酸脱氢酶（GDH）、精氨酸酶（ARG）的正常指标。测定结果为 OCT：（3.96±3.12）IU/L/分；SDH：（6.66±2.41）mIU/L/分；GDH：（1.31±1.28）mIU/L/分；ARG：（2.89±3.76）IU/L/分。

林孙权等（2008）对广丰县 480 余头广丰山羊病毒性脓疱口疮病的治疗发现，使用人用"双料喉风散"治疗该病的治愈率达 100%，效果明显。另外唐小强（1990）对广丰山羊养殖进行了研究。

四、产业现状

多年来，广丰山羊存栏数量一直稳步增长，1949 年存栏量为 0.59 万只，1995 年为 10.9 万只，2006 年达到 30 万只（国家畜禽遗传资源委员会，2011）。

素有"广丰山羊满山坡"美称的广丰县 2011 年农村养殖山羊的数量更上了一层楼，共达 12 万余只。2013 年，该县年出栏广丰山羊达 20 万只。

现有大型山羊加工企业，如省级农业产业化龙头企业江西省集味堂绿色食品开发有限公司和市级农业产业化龙头企业江西广芝堂绿色食品开发公司，积极开展山羊加工产业，把广丰的山羊腿销往该省各地、沿海发达地区和重庆、甘肃、青海等地。销路较好，极大地激发了农民养殖山羊的积极性。

五、其他

现如今广丰的山羊腿已成了供不应求的"香饽饽"，备受广大市民的青睐。据悉，源自农家的广丰山羊，经江西广芝堂绿色食品公司和江西省食品研究所共同研制开发成"广芝堂"牌山羊腿，主要配料有山羊腿、枸杞子、山羊、桂皮、党参、当归、甘草、料酒等，以肉嫩、味鲜、滋补、健胃而扬名，因此该产品一上市就深受省内外市民的钟爱。

第三十五节　贵州黑山羊

一、概况

贵州黑山羊（Guizhou Black goat）是肉用型山羊地方遗传资源，具有抗逆性强、食性广、耐粗饲、产肉性能好等特点，适宜于高寒山区放牧饲养，从数量上讲是贵州第二大山羊品种。

贵州黑山羊产区养羊历史悠久。在赫章县可乐乡曾出土东汉时期文物——铜羊，黔西县曾出土西汉末年的陶羊等，形态逼真、造型优美。当地彝、回、苗、汉等民族素有养羊习惯，至今仍然保留婚丧嫁娶、立房、祝寿"以羊馈赠"的习俗，养羊成为提供肉食和肥料的主要家庭副业。这些民间习俗对贵州黑山羊的形成和发展有着积极的促进作用（国家畜禽遗传资源委员会，2011）。

贵州黑山羊主产于贵州省盘县、威宁、赫章和水城，分布在毕节、六盘水、黔西南、黔南和安顺所属的29个县。产区集中在云贵高原东面，地势西高东低，地貌复杂，以高原和山地面积居多，大部分为破碎的强切割山原，谷地幽深。最高海拔2 865m，最低海拔735m，平均海拔1 700m。属暖温带温凉春干夏湿气候类型。年平均气温10.6～15.2℃，年最高温度33.6℃，极端最低温度－7.9℃，年积温3 000～4 000℃。相对湿度70％～85％。无霜期183～27 1d（3～10月）。年平均降水量1 000～1 200mm，5～7月为雨季，常年冬、春干旱，夏、秋多雨，雨水充沛，雨热同季。产区田少土多，旱地面积占85％以上。土壤以黄壤、黄棕壤为主，高山脊处为山地灌丛草甸土。水资源条件不均衡，水源有河流、湖泊、水库及天然降水等。贵州草地资源属于喀斯特草原，喀斯特高原山区广泛分布着各类草地。得天独厚的温暖湿润气候，无霜期较长等，又为多种草地植物的生长发育创造了良好条件。因此，草地饲用植物极为丰富，世界上一些著名的优良栽培牧草在贵州都有野生分布，饲用价值高的优良牧草不小于200种。草山草坡面积宽广，166.6万hm²左右，多为次生植被，天然牧草资源丰富。农作物一年两至三熟。产区粮食作物以玉米、马铃薯、荞麦为主（宋章会，2008）。

贵州黑山羊成年公羊体高59.08cm，体长61.94cm，胸围72.81cm，管围8.24cm，体重43.30kg；成年母羊体高56.11cm，体长59.70cm，胸围69.86cm，管围6.97cm，体重35.13kg。周岁公羊胴体重8.15kg，屠宰率43.88％，净肉率30.80％。据威宁、毕节、金沙等地测定：1岁羯羊（13只）胴体重9.55kg，净肉重6.86kg，屠宰率45.59％，净肉率31.30％；成年羯羊（38只），胴体重18.61kg，净肉重13.21kg，屠宰率50.61％，净肉率34.45％（赵有璋，2013）。由于羯羊肥壮，肉质细嫩，故通常将1月龄左右小公羊去势，饲养到3～4岁或更长一点时间屠宰。

贵州黑山羊公羊性成熟年龄为4.5月龄，初配年龄为7月龄，利用年限3年。母羊性成熟年龄为6.5月龄，初配年龄为9月龄，利用年限5年。母羊可全年发情，多数在春、秋两季。发情周期20～21d，发情持续期24～48h，妊娠期149～152d（赵有璋，2013）。海拔较高的地区一般为一年一胎，海拔较低的地区有两年三胎或一年两胎。据1 466胎次调查，初产母羊每胎产羔1.21只，经产母羊每胎产羔1.49只，以第3～6胎双羔率高。初生重1.49kg，断奶重9.15kg，断奶成活率90％（宋德荣等，2009）。

二、特征与性能

贵州省2004年3月发布了DB 52/401-2004《贵州黑山羊》地方标准，具体规定了贵州黑山羊的品种特性和等级评定。该标准适用于贵州黑山羊的品种鉴定和种羊等级评定。

（一）体型外貌特征

1. 外貌特征　贵州黑山羊体型较大，被毛黑色，允许额部有白星，短毛居多。多数有角，鼻平直，额凸，有须，少数有肉垂1～2对，躯长方形，尾小上竖，成年公羊前躯长毛为雄性特征。

2. 体重和体尺　周岁公羊体重16～22kg，体长45～54cm，胸围56～66cm，体高41cm以上；周岁母羊体重15～18kg，体长47～53cm，胸围56～65cm，体高41～48cm。成年公羊体重29～33kg，体长54～62cm，胸围64～74cm，体高51cm以上；成年母羊体重26～29kg，体长54～58cm，胸围64～70cm，体高51～58cm。

（二）生产性能

1. 产肉性能　中等膘力以上，周岁羊屠宰率45%，净肉率32%；成年羊屠宰率47%，净肉率34%。

2. 繁殖性能　在黔西北地区，公、母羊8月龄配种，多秋配春产，一年产一胎；少数两年三产，胎产羔率108%～136%；在黔中南地区，公、母羊6月龄配种，常年发情产羔，春、秋产羔居多，两年三产，胎产羔率150%以上。

（三）等级评定

1. 体重等级　体重等级标准按（表5-77）评定，膘情差，体重达不到标准定为等外。繁殖母羊以配种时体重为定级标准。年龄在10～18月龄（对牙）参照周岁羊指标执行，2岁羊（2对牙）比照周岁羊标准提高一个等级执行（即2对牙羊的三级为周岁羊二级指标，余类推），3岁羊（3对牙）按成年羊指标执行。

表5-77　体重等级

等级	周岁羊（kg）		成年羊（kg）	
	公羊	母羊	公羊	母羊
特	34	30	50	45
一	30	26	44	39
二	26	22	38	33
三	22	18	32	29

资料来源：DB 52/401-2004。

2. 繁殖力等级标准　个体平均胎产羔率不低于130%，个体产羔数以最高胎次评定。繁殖力等级标准见表5-78。

表5-78　繁殖力等级标准

项目		特级	一级	二级	三级
产羔数	初产	2	2	1	1
	经产	3	2	2	1
初生重（kg）	单羔			1.8	
	双羔			1.6	
断奶重（kg）	单羔			12	
	双羔			8	

资料来源：DB 52/401-2004。

三、研究进展

国内畜牧工作者针对贵州黑山羊作了很多研究，这些研究为黑山羊选育、疾病诊断、治疗和饲养管理提供了参考。

近几年，随着国家对地方品种资源保护力度的加大，众多科研工作者展开了黑山羊品种选育及种质资源分子特性的相关研究，利用分子生物学技术构建黑山羊与贵州地方山羊品种进化树，结果发现了部分与黑山羊繁殖和生长的相关功能基因，如FSHR、LHβ、GDF9、MSTN、POU1F1、GFI1B等（宋德荣等，2013）。宋德荣等（2013年）还针对贵州黑山羊与其他地方山羊品种的遗传关系，对FSHR、LHβ、GDF9、MSTN、POU1F1、GFI1B基因多态性研究现状与进展进行了论述。黄勤华等（2010）通过对贵州黑山羊LH①β基因序列进行分析，研究了贵州黑山羊LHβ基因的多态性及其与产仔数间的关系，结果表明LHβ基因138bp位点的多态性与贵州黑山羊繁殖性能之间可能存在相关性。另外，黄勤华等（2008，2010）还以贵州黑山羊为对象研究了促卵泡受体基因（FSHR）和mtDNA Cytb基因的遗传多态性。MSTN（肌肉生长抑制素）基因对羊的产肉量至关重要，石照应等（2012）成功克隆了贵州黑山羊MSTN基因，为后期表达载体的构建、抗体制备奠定了基础。这些研究为贵州黑山羊遗传资源的保护、开发及利用奠定了分子遗传学方面的基础。

毛凤显等（2006）研究了贵州白山羊、贵州黑山羊、黔北麻羊、榕江小香羊4个贵州地方品种的遗传背景，结果表明贵州地方山羊品种比波尔山羊具有较高的遗传多样性，高低顺序是：贵州白山羊＞贵州黑山羊＞黔北麻羊＞榕江小香羊＞波尔山羊；贵州白山羊与贵州黑山羊遗传距离最近，这与其地理分布与品种行成情况相符。陈祥等（2004年）也得到了同样结论，其认为贵州黑山羊和贵州白山羊亲缘关系最近。

为提高低温保存精液的品质，陈宗明等（2012）研究了不同浓度维生素C对贵州黑山羊低温保存精液品质的影响，结果表明在维生素C的添加量为3.0mg/mL时，可以显著提高精液品质。

程朝友等（2012）为了探明贵州黑山羊与波尔山羊杂交对其后代生长性能的影响，以及在人工草地和荒山放牧饲养方式下的生长变化，以波尔山羊为父本与贵州黑山羊为母本进行杂交（贵州纯种黑山羊为对照），对杂交一代初生重、3月龄、6月龄和12月龄体重、体尺等生长性能进行测定和比较，结果表明杂交F_1代各月龄羔羊体重、体高、体长和胸围均得到明显提高，综合性能都得到了很好改善；而通过比较人工草地放牧与荒山放牧饲养方式下的改良效果发现，在人工草地上的杂交优势更为明显。

田兴贵等（2010）测定了5月龄、8月龄、1岁、2岁、3岁贵州黑山羊（母羊）血液20项生化指标。结果表明，三酰甘油含量随黑山羊年龄的增长呈下降趋势，球蛋白含量为2岁黑山羊最高，极显著高于5月和8月龄的含量，显著高于1岁的含量。说明贵州黑山羊具有较好的抗病及抗应激能力。

为了了解贵州规模黑山羊养殖场疫病的防控情况，为建立无重大疫病黑山羊养殖场提供参考。冯杰等（2012）采用凝集试验、间接血凝试验、酶联免疫吸附试验对随机采集的贵州省某县2个黑山羊养殖场的83份黑山羊血清样品进行了羊布鲁氏杆菌、羊传染性胸膜肺炎、口蹄疫、山羊痘血清学调查。结果表明，83份黑山羊血清样品中布鲁氏杆菌病平板凝集试验的阳性率为13.25%，试管凝集试验的阳性率为10.84%；羊传染性胸膜肺炎MCC血清的抗体阳性率为6.94%，MO血清抗体阳性率为8.33%；O型口蹄疫血清抗体阳性率为15.28%，亚洲Ⅰ型口蹄疫血清抗体阳性率为11.11%，A型口蹄疫血清抗体阳性率为0，口蹄疫隐性感染阳性率为0；山羊痘抗体阳性率为61.11%。说明：调查的黑山羊群存在不同程度的布氏杆菌和传染性胸膜肺炎病原感染，口蹄疫和山羊痘的免疫情况不太理想，需要加强相关免疫，应及时淘汰布氏杆菌感染羊只或隔离治疗传染性胸膜肺炎病原感染羊只。

密国辉等（2012）在贵州黑山羊超数排卵技术方案研究中，将处于繁殖季节的18只贵州黑山羊随机分成3组，采用3种方法对其进行同期发情和超数排卵处理。第1组用FSH＋LHRH-A3激素组合处理，第2组用PG＋FSH＋LHRH-A3激素组合处理，第3组用FSH＋PMSG＋LHRH-A3激素组合处理。结果表明，CIDR（Pfizer Australia Pty公司）栓法处理羊只的同期发情率可达100%，发情时间集中在撤除CIDR栓后48h。3个试验组获黄体数分别为7.8、13.8、10.0，获可用胚胎数分别为6.2、12.3、7.7，可用胚回收率分别为78.7%、89.2%、76.7%。经检验证明，第2组可用胚胎数、胚胎回收率与其他两组相比差异均显著，第2组获得的黄体数和第1组相比差异显著。结果表明，综合经济因素和超排效果，3种方法中以PG＋CIDR＋FSH＋LHRH-A3激素组合法最好，可作为贵州黑山羊超数排卵技术方案使用。

四、产业现状

贵州黑山羊的群体数量一直处于增长状态，1981年存栏64万只，1995年存栏68万只，2005年存栏达 149.86 万只。到 2008 年年底存栏 158.86 万只，其中能繁母羊 79.26 万只，用于配种的成年公羊 5.77 万只（国家畜禽遗传资源委员会，2011）。该品种已被列入《贵州省畜禽品种志》，在 2009 年通过了国家畜禽遗传资源委员会鉴定。

毕节地区是贵州黑山羊的主产区，1997 年末存栏 47.1 万只，出栏 23.3 万只，已具资源优势。但品种内存在缺点：一是毛色杂、个体小、体重轻、生长发育缓慢；二是繁殖力低，胎产羔率一般为 108%～136%；三是屠宰率低，周岁羊一般为 40%。为促进毕节地区养羊业的发展，提高其生产性能，1998 年贵州省科技厅立项支持，开展了黑山羊本品种选育研究。该课题的研究大大推动了黑山羊的发展（宋德荣等，2003）。2006—2007 年项目"贵州黑山羊本品种选育技术成果推广应用"在威宁、赫章、纳雍、大方 4 县的 20 个乡镇实施，开展以选种选配技术、提高繁殖力技术、提高羔羊成活率技术为主要内容的高效养殖配套技术推广应用。到 2007 年末，核心群周岁公、母羊体重分别比 2005 年提高了 6.00%、3.58%；选育的黑山羊繁殖率、产肉性能等指标也明显高于 2004 年公布的《贵州黑山羊》品种标准中的相应指标（宋德荣等，2009）。

威宁彝族回族苗族自治县申报的"贵州黑山羊品种选育技术成果推广应用丰收计划"项目于 2006 年在该县黑石头、秀水、雪山、岔河、麻乍 5 个乡镇实施以来，到 2008 年，共实现新增产值 2 944.22 万元，新增纯收益 1 067.25 万元，投入产出比为 1：1.55。

五、其他

贵州省"九五"攻关计划"黑山羊本品种选育与应用研究"课题获得 2002 年获"地区科技进步"二等奖。

"贵州黑山羊本品种选育技术成果推广应用"获得"2009 年贵州省农业丰收计划"二等奖。

"贵州黑山羊高效养殖技术研究及应用"获得"2009 年贵州毕节地区科技成果"一等奖。

第三十六节　黄淮山羊

一、概况

黄淮山羊（Huanghuai goat）包括槐山羊、安徽白山羊和徐淮山羊，属肉皮兼用型山羊地方品种。因体型一致，1980 年全国绵山羊调查组将河南南部的槐山羊、安徽北部的阜阳山羊（安徽白山羊）和江苏北部的徐淮山羊，统一命名为"黄淮山羊"（何绍钦等，2001）。

黄淮山羊原产于黄淮平原，中心产区位于河南、安徽和江苏三省接壤地区，分布于河南省周口地区的沈丘、淮阳、项城、郸城等县（市）；安徽省北部的阜阳、宿县、亳州、淮北、滁州、六安、合肥、蚌埠、淮南等县（市）；江苏省的睢宁县、丰县、铜山县、邳州市和贾汪区等县（市）（国家畜禽遗传资源委员会，2011）。

黄淮平原位于华北平原南部，主要由黄河、淮河下游泥沙冲积形成。地势较为平坦，京杭大运河贯穿南北，将众多湖泊沟通。属暖温带半湿润季风气候，四季分明，年平均气温 14.5℃，无霜期 220d。年降水量 760～1 000mm，降水多集中于夏季；相对湿度 71.5%。年平均日照时数 2 300h。水源充足，土壤肥沃，土壤类型有棕土、褐土、紫色土、潮土、砂姜黑土、水稻土六大类。农作物以小麦、稻谷、大豆、花生、玉米和薯类为主，农副产品及饲料资源丰富（国家畜禽遗传资源委员会，2011）。

除了该流域丰富的自然资源外，人们普遍喜食羊肉，尤其是每逢秋末冬深时更是如此。另外，白菜羊肉汤是历史悠久的上等菜肴，因此羊肉消费市场巨大。在当地农民长期的饲养过程中，经过自然选择和人工选择，使体型较大、生长速度快、性成熟早、产仔率高的公、母羊得以选留，年复一年繁衍后代，久而久之形成了适应于黄淮流域饲养条件和自然环境的黄淮白山羊。该品种以适应性强、肉质鲜美、采食能力强、皮张质量好、抗病力强、遗传稳定等优点深受黄淮流域广大农民的欢迎。

二、特征与性能

（一）体型外貌特征

1. 外貌特征 黄淮山羊被毛为白色，毛短、有丝光，绒毛少，皮肤为粉红色。分有角、无角两个类型，具有颈长、腿长、腰身长的"三长"特征。体格中等，体躯呈长方形。头部额宽，面部微凹，眼大有神，耳小灵活，部分羊下颌有须。颈细长，背腰平直，胸深而宽，公羊前躯高于后躯。蹄质坚硬，呈蜡黄色。尾短，上翘（图 80 和图 81）（国家畜禽遗传资源委员会，2011）。

2. 体重和体尺 黄淮山羊以河南省的体格较大，成年羊体重和体尺见表5-79。

表 5-79 黄淮山羊成年羊体重和体尺

性别	只数	体重（kg）	体高（cm）	体长（cm）	胸围（cm）	胸宽（cm）	胸深（cm）
公	12	49.1±2.7	79.4±2.6	78.0±3.6	88.6±3.9	24.3±1.5	34.2±1.3
母	113	37.8±7.4	60.3±4.5	71.9±6.4	81.4±6.8	17.9±2.3	29.2±2.7

注：2006 年 11 月在沈丘、项城和淮阳等县、市测定。

资料来源：国家畜禽遗传资源委员会，2011。

（二）生产性能

1. 产肉性能 黄淮山羊屠宰性能见表5-80。

表 5-80 黄淮山羊周岁羊屠宰性能

性别	只数	宰前活重（kg）	胴体重（kg）	屠宰率（%）	净肉重（kg）	净肉率（%）	肉骨比
公	15	26.3±1.76	13.5±1.88	51.3±3.85	9.7±1.44	36.9±3.04	2.6±0.25
母	15	18.8±1.51	9.6±1.12	51.1±2.00	6.8±0.76	36.2±1.57	2.4±0.25

注：2007 年 4 月在安徽省阜阳市文集镇测定。

资料来源：国家畜禽遗传资源委员会，2011。

2. 繁殖性能 黄淮山羊公、母羊均为 2～3 月龄性成熟，初配年龄公羊 9～12 月龄、母羊 6～7 月龄。母羊四季发情，但以春、秋季发情较多。发情周期 18～20d，发情持续期 1～3d，妊娠期 145～150d。一年产两胎或两年产三胎，产羔率 332%，最高一胎可产 6 羔。公、母羔平均初生重 2.6kg，羔羊 117 日龄断奶。断奶重公羔 8.4kg，母羔 7.1kg。羔羊断奶成活率 96%（国家畜禽遗传资源委员会，2011）。

三、研究进展

庞训胜（2010）应用抑制消减杂交技术（SSH）对黄淮山羊卵泡期卵巢非闭锁大卵泡（6mm）和小卵泡（4mm）颗粒细胞内差异表达基因进行了研究，建立了消减 cDNA 文库，通过斑点杂交分析，从正向文库中随机挑取 96 个克隆进行差异表达的筛选。结果发现，其中有 8 个与已知功能基因高度相似及 12 个全新的表达序列标签（EST）。说明这些基因参与了自由基的清除，促进颗粒细胞与卵母细胞之间的相互作用，抑制细胞凋亡和对从属卵泡发育的抑制等，有助于进一步探讨山羊多卵泡发育、选择、优势化和排卵机制。

王庆华（2005）对黄淮山羊、长江三角洲白山羊遗传多样性进行了研究，得到了以下结论：① 微卫星各位点的常规指标平均值均高于结构基因座的相应指标均值，微卫星标记揭示群体变异水平较高；微卫星标记所反应的基因流水平低于结构基因座的相应指标，说明该研究中黄淮山羊群体和长江三角洲白山羊群体间的基因交流处于一个较低的水平。②三个层次的数据分析均得到黄淮山羊群体和长江三角洲白山羊群体属于东亚山羊集团，其与黄河流域的山羊遗传距离较近，而与周边国家山羊群体遗传距离较远（蒙古山羊除外）。③三个亚群的基因流分析揭示了黄淮山羊群体与长江三角洲白山羊两个亚群之间的基因流水平低于长江三角洲白山羊两个亚群之间的基因流水平，并且其遗传距离对数与地理距离对数呈现线性关系，表明其群体遗传结构为地理隔离模型。

杨玉敏等（2009）采用 PCR-SSCP 技术对黄淮山羊 FSHβ（follicle-stimulating hormone-β）基因第 2 外显子多态性进行检测分析。结果显示，黄淮山羊 FSHβ 基因有 AA、AB 和 AC 3 种基因型，基因型频率分别为 0.851 4、0.121 6 和 0.027 0；与 AA 型相比 AB 型在 47bp 和 147bp 两处均发生了 C→T 突变，AC 型在 147bp 和 156bp 两处分别发生了 C→T 和 G→A 突变。

管峰等（2006）以绵羊 FecB、GDF9 和 BMP15 为候选基因，同时选择绵羊 6 号染色体与 FecB 基因紧密连锁的 6 个微卫星标记，分析其在黄淮山羊中的多态性及其与产羔数的关系。结果表明，在黄淮山羊中均未发现 FecB、GDF9 基因和 BMP15 基因突变。微卫星 Lscv043、BMS2508、300U、GC101 均为多态位点；而 GC101 与产羔数具有较强的相关性，在 GC1013 种基因型中 200bp/238bp 基因型群体对应的第 1 胎产羔数和第 2 胎产羔数均显著高于其他两种基因型群体的对应产羔数（$P<0.05$）；但是各基因型群体之间第 3 胎产羔数差异不明显；同样基因型 200bp/238bp 对应群体的平均产羔数极显著高于其他两种基因型群体的平均产羔数（$P<0.01$），其他位点的不同基因型群体之间产羔数差异均不明显。这些结果表明，FecB 基因所在区域位点对黄淮山羊产羔数亦具有一定影响，可以作为黄淮山羊早期选育的理论依据。

王瑞芳等（2008）以江苏省睢宁县种羊场 2006 年测量的 165 只黄淮山羊的相关数据为基础，分析了体重与体长、体高、荐高、胸围、管围和腰角宽的相关系数，建立了成年黄淮山羊体重的回归模型。结果表明，体重与体长、体高、荐高、胸围、管围、腰角宽相关系数分别为 0.594、0.802、0.718、0.927、0.729、0.783；所有相关系数均达到极显著水平（$P<0.01$）。建立了成年黄淮山羊体重和主要体尺指标的回归模型：$Y = 0.919X_1 + 0.078X_2 + 0.826X_3 - 52.228$，估测值与实测值之间的相关程度分别为 0.943，决定系数 R^2 为 0.889。

何绍钦等（2001）以波尔山羊为父本，黄淮山羊为母本，开展杂交选育。波黄 F_1 较黄淮山羊体型有明显改进，肉用特征明显，初生重和生长发育得到明显提高。公羔初生重 3.12kg，2 月龄断奶重 14.29kg，6 月龄体重 32.55kg，周岁体重 48.44kg，比黄淮山羊分别提高 1.38kg、3.73kg、11.32kg 和 16.66kg；母羔初生重 2.43kg，2 月龄断奶重 13.51kg，6 月龄体重 27.14kg，周岁体重 40.79kg，比黄淮山羊分别提高 0.83kg、3.84kg、10.60kg 和 13.2kg。

庞训胜等（2010）选择 1～5 岁繁殖正常、体况中等的黄淮山羊母羊 272 只，根据年龄和胎次均衡原则按 2×2×4 试验设计方案分组，比较在夏季肌内注射和子宫内注入、一次应用与两次应用以及 4 种氯前列烯醇应用剂量的诱导发情效果。结果表明，肌内注射或子宫内注入氯前列烯醇均可诱导 55.30% 山羊、平均在处理后 59.50h 发情（$P>0.05$），而对照组试验期间无一只发情。一次处理与间隔 9～12d 二次处理的山羊发情率和异常发情率差异显著（$P<0.05$ 或 $P<0.01$）。二次处理的发情率比一次处理高 22.30%，且异常发情率较低。肌内注射二次氯前列烯醇的羊在处理后 96h 内发情率达 87.0%，优于肌内注射一次和宫内一次注入甚至二次注入的效果。在处理次数相同的条件下，发情间隔时间随剂量增加而下降。综合分析诱导发情的效果，认为最好的处理方式和剂量为二次处理，即在每只先肌内注射 0.15mg 或宫内注入 0.05mg，间隔 9～12d 后再肌内注射 0.10mg。

四、产业现状

21 世纪初，国内羊肉需求量大增，黄淮流域养羊业迅速由皮肉兼用为主转向以肉用为主。此时，波尔山羊作为世界肉用山羊之父从 1998 年开始被引入黄淮流域各省，对黄淮山羊进行了大面积杂交改良，取得了较好的效果，证明了黄淮山羊作为肉用山羊母本的历史作用。但由于盲目炒种和无限制的级进杂交，导致黄淮流域黄淮山羊数量急剧下降，黄淮山羊宝贵的基因逐渐被波尔山羊杂交羊所取代，致使数千万只的黄淮山羊的数量急剧减少。目前纯种的黄淮山羊已经少之又少，面临绝迹的危险（陈家振等，2009）。

黄淮山羊目前采取保护区保护。1986—2001 年，河南、江苏、安徽分别将黄淮山羊收录于地方优良畜禽品种志，并划定保种区，制订保种利用计划。黄淮山羊 1989 年收录于《中国羊品种志》（国家畜禽遗传资源委员会，2011）。

黄淮山羊 1980 年存栏量为 710 余万只，其中河南省 50%、安徽省 35%、江苏省 15%。近年来，存栏量总数有所增加，分布区域略有变化。2005 年存栏量 774.9 万只，其中河南省 66%、安徽省 31%、江苏省 3%。由于产区在 80 种选育时倾向于肉用方向，因此个体有增大趋势（国家畜禽遗传资源委员会，2011）。

五、其他

早在新石器时代黄淮平原就已饲养羊、猪、牛等多种家畜家禽。据《项城县志》记载："宋朝前已有养羊的习惯，宋代以后境内养羊较为普遍。"北宋诗人张耒的《春日怀淮阳六绝》中有"莽莽郊原带古丘，渐渐陇麦散羊牛"之句。明弘治（1488—1505 年）年间的《安徽宿州志》、正德（1506—1521 年）年间的《颍州志》中均有饲养山羊的文字记载。清乾隆（1736—1795 年）时期的《安徽亳州志》中对山羊毛皮作了评价："猾子皮毛直色白、之细小，贵口货不及也"。清宣统三年（1911）《重修项城县志》记载："羊，为农家所畜，率不过三五只，无十百成群者，且皆山羊"。安徽省的界首、河南省的周口等地，历史上就是牲畜交易集散地，因此黄淮山羊是经过产区群众精心选育，逐步形成的适合当地生态环境的优良山羊品种（国家畜禽遗传资源委员会，2011）。

第三十七节　莱芜黑山羊

一、概况

莱芜黑山羊（Laiwu Black goat）又名莱芜大黑山羊，属以产肉、绒为主的山羊地方遗传资源，具有繁殖率高、产绒性能好、肉质鲜美、耐粗饲、抗病力强等优良种质特性（国家畜禽遗传资源委员会，2011）。

莱芜黑山羊饲养历史悠久。其形成原因除独特的自然生态条件以外，也受到齐鲁文化交汇地和发祥地历史人文环境等因素的影响。据 1935 年续修的《莱芜县志》记载，当地山区农民历代都有放牧饲养山羊的习惯，但以前饲养的山羊毛色混杂。泰莱平原在清朝中期成为泰莱山区及周边牛、羊销售输出的集散地，此间原有山羊群体中的黑色山羊，以其肉质好、耐粗饲、抗病力强等特点，受到当地群众的喜爱和来往商贾的青睐。而且用黑山羊肉烹制的羊肉汤，具有汤清肉嫩、不肥不腻、不腥不膻、味道鲜美的特点。19 世纪末至 20 世纪初逐步发展起来的"吃黑山羊肉、喝黑山羊汤"的清真饮食文化，以及当地群众集群放牧习俗，对莱芜黑山羊的高繁殖力、肉绒兼用、被毛黑色等种质性状的定向选育起到促进作用。在当地自然生态环境条件下，经过群众长期精心选育，逐步形成耐粗饲、抗病力强的地方优良遗传资源。20 世纪 60 年代，在山东省组织的畜禽品种调查中，莱芜县畜牧部门发现了"莱芜大黑山羊"这一优秀的地方遗传资源。2009 年 4 月，莱芜黑山羊被列入《山东省地方畜禽遗传资源保护名录》。2009 年 10 月通过了国家畜禽遗传资源委员会的遗传资源鉴定。2010 年 11 月莱芜黑山羊通过了农业部的无公害农产品认证。2012 年 4 月，莱芜黑山羊通过了农业部组织的农产品地理标志登记评审（刘珊珊等，2012）。

莱芜黑山羊中心产区位于北纬 36°33′、东经 117°58′。地处泰莱山区和平原地区，以齐长城（即春秋时期齐国与鲁国分界线）为界，与沂蒙山区相隔，形成了独特的自然生态环境。境内地貌多样，山地、丘陵、平原分别占 60%、20.3% 和 19.7%。海拔最高点 994m，最低点 148m。地形南缓北陡，北部、东部和南部山岭纵横环绕，中、西部为低缓起伏的半圆形盆地，即泰莱平原。气候属于暖温带大陆性季风气候，四季分明，年平均气温 11～13 ℃，极端最高气温 35.9℃（6 月），极端最低气温 −12.2℃（2 月）。年平均降水量 760.9 mm，夏季占 60%，冬、春仅占 18%。日照总时数 2 444 h，无霜期 204 d，有霜期从 11 月初到翌年 3 月初。境内水资源丰富，有雪野、乔店、孔家庄等水库，主要河流牟汶河和汇河流经泰莱平原，于西部汇入孕育"大汶口文化"的大汶河。中心产区现有耕地面积 5.93 万 hm²，宜林宜牧山场面积 8.67 万 hm²，荒山草坡滩地 4.49 万 hm²。年产粮食 5 亿多 kg，年可利用作物秸秆、青干草、树叶、青绿饲料等饲草 10 亿 kg 以上。粮食作物主要有小麦、玉米、花生、甘薯等。山场植物资源丰富，乔木主要有落叶松、刺槐、白毛杨等，落叶灌丛主要有胡枝子、山荆、酸枣等；草本植物以黄被草、结缕草、籽粒苋等为主。优越的地理位置、适宜的气候生态条件和丰富的饲草饲料资源，为莱芜黑山羊遗传资源的形成与发展奠定了良好的基础（刘珊珊等，2012）。

莱芜黑山羊繁殖性能高、耐粗饲、抗病能力强、肉质鲜美，是肉、皮、绒兼用型品种。在社会生产群中群众也饲养着极少部分棕色被毛山羊，特性相似，生长较快，羊绒较少。几年来，通过组群选育、定向培育，形成了稳定的具有高繁殖特性的莱芜黑山羊高繁品系。选育群经产母羊双羔率达到了 77%，胎产羔率达 178.7%，年产羔率 311%。公羊成年体重达 46.3kg，产绒量 348.7；成年母羊体重 28.9kg，产绒量 203.4g。波尔山羊杂交改良莱芜黑山羊一代育肥羔羊，8 月龄体重 31.7kg，屠宰率 48.9%，净肉率 38.6%（徐云华等，2013）。近年来，由于市场价格不稳定。天气变暖，山羊禁牧圈养等因素，莱芜黑山羊的个体产绒量明显下降。根据 2009 年 5 月对农户羊群的调查，成年公羊个体产绒量一般 250g，成年母羊 150g，成年羯羊 300g（刘珊珊等，2012）。

二、特征与性能

（一）体型外貌特征

1. 外貌特征 莱芜黑山羊体格中等，体躯呈长方形，结构匀称。被毛以纯黑为主（占 90%）；少数为"火焰腿"；即背侧部为黑色，四肢、腹部、肛门周围、耳内毛及面部为深浅不一的黄色。皮肤均为黑色。公羊被毛长，头较大，颈粗，前躯发达，大多有粗壮角，角形有剪刀形、倒八字形、捻角形等；母羊被毛稍短，头小而清秀，颈细长，前躯较窄，后躯发育良好，大多数角为倒八字形、板角形等。四肢端正，蹄质坚实。尾短瘦而上翘（图 82 和图 83）（国家畜禽遗传资源委员会，2011）。

2. 体重和体尺 莱芜黑山羊体重和体尺见表 5-81。

表 5-81 不同年龄菜莱芜黑山羊体重和体尺

性别	年龄	只数	体重（kg）	体高（cm）	体长（cm）	胸围（cm）
公	周岁	26	23.6±3.1	51.1±4.0	56.1±5.0	65.2±5.6
	成岁	15	44.0±6.6	60.9±4.1	68.3±5.4	75.4±4.9
母	周岁	32	16.5±4.4	48.2±4.5	52.1±5.8	57.0±6.4
	成岁	104	27.4±6.8	53.6±4.4	60.2±6.5	65.4±7.1

注：2007—2008 年对莱芜黑山羊育种研究所种羊场进行测定。

资料来源：国家畜禽遗传资源委员会，2011。

（二）生产性能

1. 产肉性能 莱芜黑山羊周岁羊屠宰性能见表 5-82。

表 5-82 莱芜黑山羊周岁羊屠宰性能

性别	只数	宰前活重（kg）	胴体重（kg）	屠宰率（%）	净肉重（kg）	净肉率（%）	肉骨比
羯羊	20	40.4±2.9	18.9±1.4	46.8±1.2	15.3±1.2	38.0±0.8	4.3
母	15	29.3±3.7	13.2±1.6	45.1±1.4	11.2±1.2	38.2±0.7	5.6

注：2006 年 12 月在莱芜黑山羊育种研究所种羊场进行测定。

资料来源：国家畜禽遗传资源委员会，2011。

2. 繁殖性能 莱芜黑山羊公、母羊一般 4～6 月龄性成熟；周岁公羊即可用于配种，母羊初配年龄为 7～9 月龄。母羊四季发情，但以春、秋季发情较为集中。发情周期 20d，发情持续期 28～34h，妊娠期 150d，产羔率 164%。公羔初生重 1.9kg（国家畜禽遗传资源委员会，2011）。

三、研究进展

宋美玲等（2006）以莱芜黑山羊、波尔山羊、崂山奶山羊为研究对象，对其 FSHR 基因 5′端调控区及第 1 外显子部分序列进行克隆测序。结果表明，波尔山羊与莱芜黑山羊、崂山奶山羊三者序列的同源性为 98.13%，相应的突变率为 1.87%。3 个品种间共有 27 处发生碱基缺失或插入，且碱基突变区段位于基因的 5′端区转录启动调控区，主要集中在 $-290\sim-210bp$，莱芜黑山羊与崂山奶山羊之间仅出现 3 个碱基的突变。

王凌燕（2006）通过对莱芜黑山羊松果体与下丘脑的组织学与免疫组织化学的研究发现，莱芜黑山羊松果体 5-HT 阳性细胞及纤维随季节呈现明显的变化，主要表现为阳性物质的面积大小与光照密切相关；从冬到夏、从夏到冬，莱芜黑山羊松果体细胞的细胞类型、细胞核及各种细胞器均经历一系列逐步的变化过程；经 MTT 法证明莱芜黑山羊松果体细胞在体外有明显增殖趋势，并且 5-HT 免疫组化染色发现新生细胞仍然具有合成和分泌松果体激素的功能；下丘脑在组织学上由多个核团构成，GnRH 阳性神经元在下丘脑中弥散或成堆分布，几乎存在于下丘脑各个核团中，如视上核、视前核、交叉上核、视上核、室旁核、弓状核等。GnRH 免疫阳性神经纤维呈黄色细丝状或串珠状，多分布在第三脑室附近。

侯衍猛等（2006）通过对莱芜黑山羊发情周期中 FSH、LH、E_2 和 P 分泌规律的研究，发现莱芜黑山羊在发情期和间情期，血浆内的卵泡刺激素（FSH）和黄体生成素（LH）均呈脉冲式分泌，雌激素（E_2）和孕酮（P）为波动式分泌。发情期 FSH 的脉冲周期较间情期长，发情期 LH 的脉冲周期短于间情期。在整个发情周期中，FSH 和 LH 均先后出现 4 个分泌峰，FSH 和 LH 的第 1 个分泌峰分别出现在第 7 和 5 天，其余 3 个分泌峰均同时出现，分别为第 10、15 和 20 天。E_2 和 FSH、LH 均在发情周期的第 20 天达最高峰。P 在间情期一直维持在一个较高水平。

吴馨培等（2006）通过对莱芜黑山羊卵巢 FSHr、LHr 的免疫组化定位研究，从形态学角度理解内分泌调节过程，揭示促性腺激素（GTH）对雌性哺乳动物卵巢调节作用机制。其对处于非繁殖季节的莱芜黑山羊卵巢中 FSHr、LHr 分布进行免疫组化 SABC 方法定位。分别选取相邻的 6 张连续阳性切片，利用光镜观察、图像分析显示，FSHr、LHr 阳性细胞主要分布于卵泡颗粒细胞、膜细胞、卵母细胞、血管周围间质，尤其以在卵泡颗粒细胞、膜细胞的胞质中分布最多。莱芜黑山羊原始卵泡卵母细胞中有两种受体阳性物质分布，在各级卵泡中两种受体阳性细胞数量、染色强度随卵泡发育水平呈正向增加趋势。

侯衍猛等（2007）为探究莱芜黑山羊消化道内 5-羟色胺（5-HT）、生长抑素（SS）、胃泌素（Gas）和血管活性肠肽（VIP）4 种免疫阳性细胞的形态结构和分布规律，采用免疫组织化学 SABC 法，对莱芜黑山羊消化道内分泌细胞进行了免疫组织化学研究。结果显示，消化道中 4 种免疫阳性细胞形态多样，大多呈椭圆形和锥形；5-HT 阳性细胞数量以结肠最多，空肠和回肠次之，幽门腺区、十二指肠和直肠较少，食管、贲门腺区、胃底腺区和盲肠中未见；SS 阳性细胞在幽门腺区数量最多，贲门腺区、结肠、盲肠和直肠中未见；Gas 阳性细胞大量出现于十二指肠，在食管、贲门腺区和盲肠未见；除个别器官（食管、十二指肠和回肠）未见 VIP 阳性细胞外，在消化道的其余各段均有分布。从而得出：莱芜黑山羊消化道内 5-HT、SS、Gas 和 VIP 4 种细胞出现最多的部位分别是结肠、幽门腺区、十二指肠和贲门腺区。

2011 年，有学者对莱芜黑山羊肉肌内脂肪及蛋白质含量等种质特性进行了测定。结果表明，莱芜黑山羊肌内脂肪含量为 13.1%，蛋白质含量为 19.7%。

四、产业现状

莱芜黑山羊 1997 年存栏量为 40 万只，2000 年达 60 万只。后因封山禁牧改为舍饲，农村劳力不足，饲养量下降，2008 年年底存栏量为 22 万只。莱芜黑山羊繁殖力虽有所增加，但体重变小、产绒量下降（国家畜禽遗传资源委员会，2011）。2010 年存栏量 23 万只。其中，中心产区存栏量 10.7 万只，占 46.52％；公羊 2 600 只，用于配种的成年公羊 1 600 只；母羊 10.44 万只，能繁母羊 8 万只；公、母比例为 1：40。

为推动莱芜黑山羊的标准化规模化生产、产业化和品牌化经营，提升产品质量安全水平，积极参与无公害、地理标志认证及标准化示范创建，2010 年 11 月莱芜黑山羊分别通过了省畜牧兽医局的无公害农产品产地认定及农业部的无公害农产品认证，莱芜黑山羊育种研究所于 2010 年 11 月通过第一批省级畜禽养殖标准化示范创建验收，2010 年 12 月莱芜黑山羊地理标志认证工作通过省级现场验收。为了加大科技宣传力度，推广莱芜黑山羊健康养殖技术，《黑山羊下山之后》和《莱芜黑山羊养殖技术》分别于 2009 年 5 月在中央电视台第七套农业节目《科技苑》和 2010 年 11 月在中央电视台第七套农业节目《农广天地》中播出（翟岁显等，1999）。

2010 年 12 月莱芜黑山羊通过了农业部的无公害畜农产品认证，注册了"莱黑"牌动物商标和"香山"牌特色品牌羊肉产品商标，在莱芜市新建专卖店一处，进行销售和专供配送服务。近 10 年来先后向山东省 13 个地市及福建、黑龙江等全国十多个省份推广莱芜黑山羊良种累计 15.6 万只；以开发莱芜黑山羊产品为主，开发出了冷鲜肉、全羊汤、羊肉水饺等各类特色产品，年加工羊肉产品 80 余 t；以开发莱芜黑山羊产品为主，已注册金氏餐饮食品有限公司、马家清真食品有限公司等 9 家加工企业，创出"金家香"、"马家羊汤"等山东省知名品牌，年创利税 500 万元以上（刘珊珊等，2012）。

五、其他

1995 年和 1997 年，山东省和莱芜市科委先后下达莱芜黑山羊保存选育方面的科技计划项目。

1997 年 11 月，山东省科委邀请省内外著名养羊专家对莱芜黑山羊考察、论证，一致认为"莱芜黑山羊具有繁殖力较高、个体大的突出特点，是一个优秀的地方良种"，提出了"突出高繁重点，适当兼顾产绒量与产肉量"的育种目标。

2000 年 12 月山东省科委组织专家对黑山羊保种项目进行鉴定，专家一致认为"莱芜黑山羊高繁殖力性状逐步趋于纯合，性状趋于稳定，形成了遗传性较为稳定的具有高繁殖特性的黑山羊新品系群"、"繁殖性能突出，产绒产肉性能良好"。

2002 年，经莱芜市科技局批准成立了莱芜黑山羊育种研究所，并重新建立了莱芜黑山羊原种场。

有学者经过调查了解，认为造成莱芜黑山羊存栏量下降的主要原因是：①封山禁牧后，群众尚不习惯莱芜黑山羊的舍饲圈养，致使放牧羊群规模变小；②农村青壮劳动力外出打工，一般家庭剩余劳动力均为妇幼老弱，无精力和时间顾及养羊，农户家庭养羊数量减少；③羊肉广受消费者喜爱，且消费不受季节性限制，故消费量增加导致供需失衡，从而使宰杀数量增加（刘珊珊等，2012）。

第三十八节　雷州山羊

一、概况

雷州山羊（Leizhou goat）又称徐闻山羊和东山羊，属于以产肉为主的山羊地方品种，在雷州半岛有相当悠久的饲养历史。据考证，徐闻山羊（雷州山羊）在清代即已开始饲养，以肉肥、味美闻名。当时徐闻县城有一条专门售羊的街道叫"羊行街"，每逢墟日，到羊行街交易的羊只少则几百、多则近千只，其中不乏 60～65kg 的羯羊。据清道光年间的《琼州府志》记载："雍羊是以小羊为栏棚畜之，足不履地，采草木叶以饲之，肥而多脂，味极美"；又据 1930 年出版的《海南岛志》记载："羊以黑褐二色为多，皆饲作肉食，无为毛用者。放牧山野，采食树叶，以空室为羊牢，厚铺羊草，以供卧宿。"由此可见，雷州山羊是在该地区优越的生态条件下，经当地群众多年精心选育形成的适应热带生态环境的优良品种。1989 年雷州山羊被收录于《中国羊品种志》，2000 年被列入《国家畜禽品种保护名录》，

2006年被列入《国家畜禽遗传资源保护名录》（赵有璋，2013）。

与其他肉用山羊品种相比，雷州山羊具有适应性强、抗病力强、耐粗饲、耐湿热和生长繁殖快等特性。母羊4月龄性成熟，5～6月龄可配种受胎。多数母羊一年两胎，少数母羊两年三胎，多为双羔，产羔率150%～200%。雷州山羊，特别是阉羊肉质上乘，脂肪分布均匀，几乎没有膻味，营养丰富，味美多汁。早在20世纪初就已经进入香港等地，颇受食客钟爱，并以"徐闻肥羊"之名蜚声华南各地。雷州山羊产肉性能较高，屠宰率可达49.8%～60.6%。雷州山羊板皮质地优良，其皮革制品柔软、舒适、轻便、弹性好（翟岁显等，1999）。

雷州山羊是原产于雷州半岛一带，主产于雷州半岛的徐闻、雷州、遂溪等县（市）和海南岛。雷州半岛是中国三大半岛之一（南方第一大半岛），地貌以台地、阶地、低丘陵为主。位于北纬21°15′～21°20′、东经109°22′～110°27′，属热带季风气候。夏、秋多台风和暴雨，但冬无严寒、夏无酷暑，暑长寒短，温差不大。年平均气温23℃，1月平均气温16℃，7月平均气温28℃。年平均降水量1 400～1 700mm，5～10月为雨季，9月为暴雨鼎盛期，有明显的干、湿季之分。常年多风，冬季盛行西北风，夏季盛行东南风，年平均风速3m/s。半岛河川短小，呈放射状，由中部向东、南、西三面分流入海。土壤以砖红壤为主，谷地为冲积土，海滨为盐土。主要农作物有水稻、甘薯、甘蔗、花生、芝麻及豆类等。野生牧草茂盛，适合山羊生长。气候温和，水、热、光都适于牧草生长，四季牧草常绿，无枯草期，草山草坡资源丰富，植被类群繁多。宜牧草场总面积21.1万hm²，适合放牧牛羊；灌木林面积6万hm²，一般只适合放牧山羊。还有各种秸秆资源740多万t，也可作为羊的饲料（翟岁显，1999）。

据徐闻县调查，全县适宜放牧面积超过4万hm²，占全县总面积的30.8%。33hm²以上的草坡有44处，总面积达5 333hm²左右。这些草坡多分布在丘陵平原地带，海拔在245m以下。在44处天然草坡上的重要牧草有47种，属于高级牧草品种的有14种，另外还有大量灌木林。该县的土壤除沿海一带是沙质土外，所有的草坡都是砖红黏质土，且地处热带，气温高，夏长冬短，生长期长，产草量也高，一般产草量50～83kg/hm²，最高产草量可达133kg。一般人工种植的象草年产量也有1万kg，高的可达1.5～2万kg。如果将全县4万hm²草坡建设利用好，至少可以饲养5万头羊。可见，该县极适于养羊，加上当地群众一向有养羊的习惯且经验丰富，因此该县是广东省著名的山羊基地之一（徐立德，1984）。

二、特征与性能

广东省2004年1月发布了DB44/T171-2003《雷州山羊》地方标准，具体规定了雷州山羊的品种特性和等级评定。该标准适用于雷州山羊的品种鉴定和种羊等级评定。

（一）体型外貌特征

1. 外貌特征 雷州山羊多为黑色，也有麻色和褐色。全身被毛短而富有光泽，无贼毛。鼻直额稍凸，鬐甲稍高，背腰平直，十字部高，尻短而斜，乳房多呈球状。公、母羊均有须、有角，角向上后方伸展。按体型分为高脚型和矮脚型两个类型。高脚型腹部紧缩，乳房欠发达，多产单羔，好走动，喜攀树枝。矮脚型骨骼较细、腹大，乳房发育良好（图84和图85）。

2. 体尺指标 成年羊主要体尺指标见表5-83。

表5-83 成年羊主要体尺指标

性别	体高（cm）	体长（cm）	胸围（cm）	管围（cm）
公	57	70	77	8
母	55	67	76	7

资料来源：DB44/T 171-2003。

（二）生产性能

成年羊18月龄以上公羊35kg，母羊30kg。肉质鲜美，脂肪分布均匀，膻味较淡。成年羊屠宰率50%，净肉率73%，经产母羊产羔率150%～200%。

羔羊初生体重公羔 2.0kg，母羔 1.5kg；6 月龄公羔 15kg，母羔 12kg；6 月龄屠宰率 45%，净肉率 65%。

（三）等级评定

1. 成年羊分级标准

特级：一级羊中的优秀个体，成年公羊体重在 42kg 以上，成年母羊体重在 37kg 以上的，或者有特殊利用价值的可列为特级。

一级：全面符合品种标准指标的为一级。

二级：符合品种标准中的外貌特征及体尺要求，公羊体重 30kg 以上、母羊体重 27kg 以上的为二级。

三级：凡达不到二级标准的均为三级。

2. 羔羊分级标准

（1）初生分级　符合品种标准的外貌特征，体重达到羔羊体重指标的单羔，或体重不低于 2.0kg 的公（母）双羔列为选育级，凡不符合选育级的列为育肥级。

（2）6 月龄分级

一级：发育良好，符合品种标准的外貌特征，体重达到羔羊体重指标的单羔，或体重不低于 15kg 的公（母）双羔为一级。

二级：符合品种标准的外貌特征，体重 12kg 以上的为二级。

三级：凡达不到二级标准的均列为三级。

三、研究进展

雷州山羊既是我国广东省群体数量比较大的一个地方品种，也是我国劳动人民长期培育而能适应在高温多湿条件下饲养的山羊品种。针对雷州山羊的发展，国内畜牧工作者也作了很多的研究。

王东劲等（2007）利用微卫星 DNA 技术对雷州山羊进行遗传多样性分析，该研究为中国热带、亚热带山羊品种资源开发与利用提供了基础资料和科学数据。

刘艳芬等（2002）用红细胞 C3b 受体花环试验（E-C3bR）和免疫复合物花环试验（E-IC）研究雷州山羊及其杂种的红细胞免疫功能。结果表明，雷州山羊的红细胞不仅具有携带、运输气体和调节体内酸碱平衡的功能，而且还具有重要的免疫功能。杂种山羊的 E-C3bR 花环率平均值高于纯种山羊，而 E-IC 花环率平均值则显著低于纯种山羊（$P<0.05$）。初步认为，杂交不但提高了雷州山羊的生产性能，也提高了以 C3b 为介导的红细胞免疫功能。

刘艳芬等（2000）对不同年龄的雷州山羊进行了部分生理指标的测定。结果显示，雷州山羊的体温、呼吸、脉搏、红细胞数（RBC）、血红蛋白等均随着年龄的增长而降低，至成年时稳定在一定范围，公羊略高于母羊，但组间差异不显著。雷州山羊在初生至 1 周岁时白细胞数逐渐升高，至成年时稳定在初生的水平，且母羊略高于公羊，但差异不显著；成年羊的嗜酸性粒细胞、嗜碱性粒细胞水平显著高于初生和周岁羊，也显著高于其他山羊品种。

叶昌辉等（2001）采用逐步回归的方法对随机抽测的 96 只雷州山羊成年母羊的体重和主要体尺指标进行回归分析，得到雷州山羊成年母羊体重和主要体尺指标的最优回归方程。这明确了雷州山羊成年母羊体重与体尺指标的关系，为今后雷州山羊的选育工作提供了参考。次年，叶昌辉等应用主因子分析的方法对 96 头雷州山羊成年母羊的 8 个主要体尺性状进行统计分析。结果表明，雷州山羊成年母羊的体尺性状可区分为相对独立的 3 个主因子。第一主因子的贡献率为 60.00%，是雷州山羊成年母羊体尺性状变异的主要来源，因此在雷州山羊的选育工作中应以第一主因子为主体进行多个性状的集团选择，提高雷州山羊的选育效率。

刘艳芬等（2003）进行了雷州山羊杂交组合的比较试验，在常规放牧条件下，用波尔（B）、奴比亚（N）、隆林（L'）山羊为父本，本地雷州山羊（L）为母本，分 3 个杂交组合进行筛选试验。结果表明，BL组的产羔率为181%，显著高于对照组的173.7%（$P<0.05$）；NL、L'L组分别为164.7%、161.1%，显著低于BL组和对照组（$P<0.05$）。杂种羔羊初生重分别为2.33kg、1.99kg和1.75kg，均显著高于本地羊1.53kg（$P<0.05$）；8月龄体重分别为24.39kg、20.94kg和17.72kg，较本地羊的14.82kg分别提高了65.57%、41.30%和19.57%（$P<0.05$），杂种羊肉质与本地羊相同。BL和NL杂种羊体型均趋向父本；肌肉丰满，适应性强，因而是改良本地山羊较好的组合。L'L后代生长速度和适应性较差，不宜推广。

刘艳芬等（2001）通过对雷州山羊春季牧食行为的观测，发现雷州山羊具有良好的放牧特性，表现为采食快、爬坡能力强。雷州山羊反刍时间为375.7 min，占全天的26.09%，反刍周期持续时间较一般山羊长，75.67%的反刍时间发生在夜间。因此，有必要改善圈舍条件，减少各种蚊蝇的骚扰，以保证羊只反刍行为的正常进行。另外，雷州山羊具有良好的爬坡牧食性能，在50°坡地仍可正常采食，其站立高度达1.5m，易于采食各种灌木枝叶。

四、产业现状

雷州山羊是广东省山羊品种资源群体数量较大的一个品种。1982年有20多万头，占全省羊只总数35万多头的57.14%。全省各地都有零星饲养，但主要分布在雷州半岛和海南岛一带，以徐闻县为主要产区。该县1982年的饲养量达15 446头，这些羊除在当地内销外，还外销全省各地，以及广西、香港、甚至是越南等地（徐立德，1999）。湛江市1999年统计的雷州山羊存栏近10万头，占广东省山羊总存栏数的1/3。1999年雷州山羊存栏约37.7万只，2006年存栏达68.7万只，其中海南省占83%，广东省占17%（翟岁显等，1999）。

1997年徐闻县建成了雷州山羊保护场，对雷州山羊进行原种场保护，雷州山羊精液和胚胎也已由农业部畜禽牧草种质资源保存利用中心保存。

五、其他

雷州山羊在雷州半岛有相当悠久的饲养历史。据《古令法》、《说文》所述，徐闻山羊是公元276年（晋咸宁二年），从山东烟台地区引进，经过长期饲养、驯化选育而成。另有少数徐闻山羊被毛为麻色和褐色，从头顶上脊骨中央至尾部有一条黑色毛带，身上渗有黑色的杂斑，据说是1217年（南宋嘉定十年）从缅甸引进的山羊同徐闻山羊杂交育成的一个亚品种。

第三十九节　隆林山羊

一、概况

隆林山羊（Longlin goat）属于以产肉为主的广西优良地方品种。原产于云贵高原桂西北山区的隆林各族自治县，故称隆林山羊。隆林山羊以体型大、生长快、产肉性能好而著称，是我国南方山羊体格较大的肉用型地方品种。于1986年列入了《中国家畜家禽品种志》《广西家畜家禽品种志》，并正式命名为"隆林山羊"（梁云斌等，2010）。

隆林山羊是当地少数民族传统文化方式熏陶下经长期自然选择而形成的地方山羊品种。据《西隆州志》记载，自清康熙五年开始，当地即有山羊、马、牛、猪、鸡、鸭等畜禽，可见隆林县早在几百年前就已饲养山羊。隆林县地处云贵高原边缘，山峦重叠、交通闭塞，山羊长期处于封闭状态。当地少数民族历来就喜养山羊，凡遇婚丧大事多以羊送礼，所送山羊以体格大者为荣。当地有宰羊待客的习惯，群众为选用个大的种羊，甚至不惜翻山越岭寻求优良的公羊来配种。隆林山羊经过长期的自然选择和人工选育，逐步形成适应性强、形状独特的地方优良品种（梁云斌等，2010）。

隆林山羊中心产区在广西壮族自治区隆林各族自治县境内，其繁殖中心以该县的德峨、蛇场、克长、猪场、长发、常么等乡镇为主。毗邻的田林县、西林县也有分布。据2005年年底统计，隆林山羊存栏总数为 38.5 万多只（梁云斌等，2010）。

隆林各族自治县位于广西西北部，北纬 24°～25°、东经 104°47′～105°41′。海拔 380～1 950.8m，属云贵高原东南部边缘，在珠江上游的红水河流经境内。地势复杂，高山、深谷波大是其地貌的主要特点。年平均日照时数 1 763.3h；年平均气温 17.7℃；无霜期 290d 以上；年平均降水量为 1 157.9mm；年干燥指数 75.41；主产区境内多吹东北偏东风和西南偏南风，风向频率为 15％；属于低纬度高海拔南亚热带湿润季风气候区。产区自然生态条件对农作物及牧草生长适宜。土壤以山地红壤为主，类型有水稻土、红壤、黄壤、石灰土、冲积土 5 类。土层疏松、肥沃，水源丰富，境内林牧荒山荒坡较多，宜各种林木、牧草的生长，适宜山羊放牧利用。构成培育隆林山羊独特的自然条件。全县有天然草地 14 126万 hm²，每公顷产鲜草 10 050～11 250kg，优良牧草占 53.7％。其中灌木丛与石山灌丛类草地 5 109万 hm²，每公顷产鲜草（含可食枝叶）15 585～26 145kg。这类草场的枝叶青藤等每年 4～11 月均可收刈利用。种植业以旱地作物为主，农作物一年二至三熟，主要种有玉米、稻谷、豆类、瓜菜类等，农副产品丰富（梁云斌等，2010）。

隆林山羊体格健壮、结构匀称、身长体大，体躯近似长方形，肋骨弓张良好，后躯比前躯略高。头大小适中，母羊鼻梁较平直，公羊鼻梁稍隆起。公、母羊均有须髯，耳朵大小适中，耳根较厚，耳尖较薄。公、母羊均有角，幼龄时角呈圆形，成年后略呈扁形，并向上向后向外呈半螺旋状弯曲，也有少数呈螺旋状弯曲。角有黑色和石膏色两种，即白羊角呈石膏色，其他毛色的羊角呈黑色。颈粗细适中，公羊颈略粗于母羊，少数羊颈下有肉垂。四肢粗壮，肌肉发达，蹄色和角色基本一致。毛色较杂，有白色、黑色、黑白花及褐色等。随机抽样调查了 68 头羊，其中白色占 38.23％，黑白花占 27.94％，褐色占 19.11％，黑色占 14.70％。隆林山羊腹下和四肢上部的被毛较粗长，这是它与广西其他山羊的主要区别之一。

隆林山羊生长发育较快。平均体重初生羔羊 2.19kg；6 月龄育成公羊 21.05kg，母羊 17.06kg；周岁母羊 27.8kg（高于都安羊的成年体重）。隆林山羊成年平均体重公羊 52.5kg，母羊 40.29kg，阉羊 72.0kg，成年羊约比都安山羊大 80％。但各种同龄的羊体重相差悬殊，大、小羊之间往往有 1 倍以上的差异，成年母羊甚至有 2 倍之差。因此，选育提高的可能性很大，效果也会很显著。

隆林山羊的繁殖性能较好。据对 36 头产羔母羊统计，在一般农户粗放的饲养管理条件下，年平均繁殖力为 1.66 胎，83 胎共产羔 162 只，平均产羔率为 195.18％，大部分母羊产双羔，少数母羊产三羔和四羔。隆林山羊性成熟年龄一般在 5 月龄左右，母羊一般 8 月龄即开始配种，小公羊正式被利用配种多在 9 月龄。母羊发情周期一般为 21d，也有较短或较长的。发情持续期多数为 2～3d。妊娠期一般为150d 左右。利用年限公羊一般 5 年左右（2～6 岁内使用效果较好），母羊则为 8～10 年（包付银，2007）。

二、特征与性能

（一）体型外貌特征

1. 外貌特征　隆林山羊被毛以白色为主，其次为黑白花色，黑色、褐色、杂色等，腹侧下部和四肢上部的被毛粗长。体质结实，结构匀称。公羊鼻梁隆起，母羊鼻梁平直。耳直立、大小适中。公、母羊均有角和须，角向上向后外呈半螺旋状弯曲，有暗黑色和石膏色两种。颈粗细适中，少数羊的颈下有肉垂。胸宽深，腰背平直，后躯比前躯略高，体躯近似长方形。四肢粗壮。尾短小，直立（国家畜禽遗传资源委员会，2011）。

2. 体重和体尺　隆林山羊体重和体尺见表 5-84。

表 5-84　成年隆林山羊体重和体尺

性别	只数	体重（kg）	体高（cm）	体长（cm）	胸围（cm）	胸宽（cm）	胸深（cm）
公	31	42.5±7.9	65.1±4.6	70.4±5.9	81.9±6.9	18.7±1.9	32.1±2.8
母	166	33.7±5.1	58.5±3.5	64.3±3.8	74.8±4.5	16.4±1.2	18.1±1.7

注：2005 年 12 月在隆林各族自治县德峨、蛇场等乡镇测定。

资料来源：国家畜禽遗传资源委员会，2011。

（二）生产性能

1. 产肉性能 隆林山羊成年羊屠宰后，胴体脂肪分布均匀，肌肉丰满，肉质嫩而美味，肌纤维细致，肌肉化学成分为水分 75.12%、干物质 24.88%、粗蛋白 20.61%、粗脂肪 3.12%、粗灰分 0.98%（国家畜禽遗传资源委员会，2011）。

隆林山羊成年羊屠宰性能见表 5-85。

表 5-85 隆林山羊成年羊屠宰性能

性别	只数	宰前活重（kg）	胴体重（kg）	屠宰率（%）	净肉重（kg）	净肉率（%）	肉骨比
公	11	40.9±12	19.6±6.4	47.9±3.4	15.0±2.0	36.8±4.4	3.3
母	9	37.4±7.5	16.7±3.9	44.7±4.5	13.4±3.6	35.9±3.8	4.1
羯羊	3	38.5	17.7	46.0	13.6	35.3	3.3

注：2005—2007 年在隆林各族自治县德峨乡和抶。

资料来源：国家畜禽遗传资源委员会，2011。

2. 繁殖性能 隆林山羊公、母羊均 4~5 月龄性成熟，初配年龄公羊 8~10 月龄、母羊 7~9 月龄。母羊发情以夏、秋季节为主，发情周期 19~21d，发情持续期 48~72h，妊娠期 150d 左右；年平均产羔 1.7 胎，产羔率 195.2%。公、母羔平均初生重 2.1kg，3 月龄断奶重 14.7kg（国家畜禽遗传资源委员会，2011）。

三、研究进展

为了充分开发和利用隆林山羊肉羊品种资源，国内畜牧工作者也作了很多的研究。

王东劲等（2007）通过对雷州山羊和隆林山羊遗传多样性的微卫星分析，应用 14 对微卫星引物，检测了隆林山羊和雷州山羊不同分布地区的群体遗传多样性水平。隆林山羊（柳州）、隆林山羊（百棚）、雷州山羊（徐闻）、雷州山羊（海南）各群体平均多态信息含量（PIC）分别为 0.645、0.600、0.483、0.518；平均杂合度（H）分别为 0.281、0.421、0.121、0.157；平均等位基因数（k）分别为 5.17、4.93、4.64、4.5。3 组数据综合说明两个山羊品种遗传多样性相对匮乏，群体遗传变异较低；NJ 法聚类分析显示，隆林山羊两个群体先聚为一类，再与雷州山羊（徐闻）聚在一起，最后为雷州山羊（海南），这与两个品种的来源及地理分布基本一致。研究结果为中国热带、亚热带山羊品种资源开发利用提供了基础资料和科学数据。

通过对广西扶绥肉用山羊种羊场 2006—2007 年 686 胎次隆林山羊母羊繁殖性状的按季度统计分析，以揭示母羊繁殖性能随季节的变化规律，结果发现隆林山羊母羊受胎率随着季节的不同呈现出规律性的变化，以春季（3~5 月）最高，平均受胎率为 89.2%；最低是夏季（6~8 月），为 77.2%。断奶成活率以夏季（6~8 月）最高，平均断奶成活率为 96.9%；最低是冬季（12 至翌年 2 月），为 80.4%。

梁家强等（2011）对隆林山羊羔羊提前断奶进行了研究。其选择隆林山羊羔羊 40 只，随机分为对照组和试验组。对照组羔羊随母羊分散饲养，30 日龄时自然补饲，70 日龄自然断奶。试验组羔羊 10 日龄开始采食调教和补饲，50 日龄时将母羊隔离，羔羊在原栏断奶，饲养至 70 日龄。试验结果表明，在圈养条件下对隆林山羊羔羊实行提前人工补饲，提前断奶羔羊的增重差异不显著。而提前断奶组母羊发情率（90%）比自然断奶组（55%）提高 35 个百分点。提前断奶，不影响羔羊生长，并可使母羊提前发情配种，有利于缩短生产周期、繁殖周期，提高繁殖率。该研究说明对隆林山羊羔羊人工提前断奶是可行的。

包付银（2007）对波尔×隆林杂交育成羊育肥期能量和蛋白质的营养需要进行了研究。3~6 月龄舍饲育肥期波隆杂育成羊，日粮总能代谢率平均为 0.49，粗蛋白的消化率平均为 0.63，每增重 1g 体沉积蛋白质需要量为 0.32g。随着日粮营养水平的提高，其肉用性能越好，特别是能量水平的提高，对肉羊的产肉性能影响更大。通过对肉色、酸碱度、电导率、嫩度等指标的测定，认为不同的日粮对波隆杂交育成羊的肉质影响不大。

在广西，香蕉茎叶资源丰富，数量多，易加工处理，价格低，尤其是秋末冬初收获多，可缓解冬季和春季动物青饲料不足的问题。陈兴乾等（2011）以鲜香蕉叶、青贮香蕉茎叶部分或全部替代粗饲料进行饲养试验，研究饲喂香蕉茎叶饲料对隆林山羊生长性能的影响。其将试验分两期进行，一期饲喂鲜香蕉叶，二期饲喂青贮香蕉茎叶；每期将试验羊随机分为 6 个组，对照组和试验 1、2、3、4、5 组，每组饲粮中鲜香蕉叶、青贮香蕉茎叶占粗饲料的比例依次为 0、20％、40％、60％、80％、100％。结果为：日增重一期试验中对照组，试验 1、2、3、4、5 组分别为 53.75g、58.33g、79.17g、55.83g、83.33g、90.42g（$P<0.05$）；二期试验中的相应值为：100.00g、−12.50g、41.67g、25.00g、50.00g、41.70g（$P<0.05$）。各组平均日采食量差异不显著（$P>0.05$）。本试验结果表明，鲜香蕉叶可完全替代粗饲料饲喂隆林山羊，且有良好的增重效果，青贮香蕉茎叶的替代有待进一步探讨。

四、产业现状

隆林各族自治县独特的自然山区资源，为发展隆林山羊养殖提供了有利条件（陈兴乾等，2011）。但是，山羊养殖分布不合理，历年来，只有德峨、猪场、蛇场、克长、介庭 5 个乡镇的养殖量比较大，饲养量和出栏量占全县的 85％以上，而其他 11 个乡镇的饲养量和出栏量只占 15％。因此造成部分乡镇养殖量过大，牧草严重不足，而大部分乡镇的养殖量过小，牧草和秸秆等资源未得到充分利用。再加上山羊饲养管理不科学以及退耕还林的影响，自 2003 年以来，隆林县隆林山羊每年的饲养量不但没有增加，反而有所下降。全县农作物秸秆、优质牧草等资源仍未被充分利用，载畜潜力仍未充分发挥。2007年 9 月，隆林县水产畜牧兽医局对全县山羊生产情况进行了普查；其结果为养羊 3 596 户，山羊存栏 35 727 只，比上年同期统计减少 25.77％，平均每户存栏羊 9.9 只。其中存栏 6～11 只的有 2 940 户，占 81.75％；存栏 12～29 只的有 486 户，占 13.52％；存栏 30 只以上有 170 户，占 4.73％。据有关部门统计，2001 年山羊饲养量为 97 088 只，2004 年发展到 129 121 只，年平均递增率 9.97％；2005 年为 133 828 只，2008 年为 144 638 只，年平均递增率仅 2.62％；而 2010 年饲养量统计只有 82 768 只（黄巾说等，2009）。

近 20 年以来由于单纯追求经济利益最大化，存在"重利用、轻培育，重改良、轻保护"的现象，与 1985 年全区普查的结果比较隆林山羊的体型、体质、产肉性能等多项生产性能指标均有下降现象。据调查，2006 年年底广西全区隆林山羊群体共存栏 38.5 万只，其中能繁母羊 18.32 万只。从统计结果来看，隆林山羊体重和体尺均比 1985 年的统计数有所下降，特别是种公羊体重变化较大（梁云斌，2009）。

目前，隆林山羊尚未建立隆林山羊保护区和保种场，未进行系统选育，处于农户自繁自养状态（国家畜禽遗传资源委员会，2011）。

2004 年隆林山羊被列入《中国畜牧业名优产品荟萃》。

第四十节　凤庆无角黑山羊

一、概况

凤庆无角黑山羊（Fengqing Poll Black goat）属肉用型山羊地方品种，具有适应性广、抗逆性强、耐粗饲、个体大、肉质好等特点。1987 年载入《云南省家畜家禽品种志》。2012 年 6 月凤庆无角黑山羊经过国家级鉴定录入《中国畜禽遗传资源志》。

凤庆无角黑山羊饲养历史悠久，《凤庆县志》《临沧畜牧业区划》《凤庆县畜牧志》均对黑山羊有所记载（李彦屏等，2005）。产区群众，特别是彝族群众历来有养山羊的习惯，养羊已成为当地提供肉食和有机肥料的重要来源。这些民间习俗和当地的自然条件，对凤庆无角黑山羊的形成和发展有着积极的促进作用（国家畜禽遗传资源委员会，2011）。凤庆无角黑山羊是当地各族人民长期自然选育的结果，以其生长快、屠宰率高、肉质细嫩、膻味小，深受县内外消费者喜爱。

凤庆无角黑山羊原产于云南省凤庆县，主要分布于该县的勐佑、三叉河、大寺、洛党、诗礼、凤山6个乡镇，在相邻的云县、永德县的乡镇也有分布。凤庆县地处临沧地区西北部、滇西纵谷南部，位于北纬24°13′～25°02′，东经99°31′～100°13′。境内群山连绵，山川相间，最高海拔3 098m，最低海拔900m。山脉属怒山、云岭两大山系，河流属澜沧江、怒江两大水系。年平均气温16.5℃。年降水量1 307mm。属中亚热带季风气候，有雨热同季和干凉同季的特点。气候温和，日照充足，雨量充沛，干湿分明，素有"山有多高，水有多高，四季如春"之称，适宜农作物的生长。地热丰富，森林覆盖率27%，以针叶树和阔叶树为主（国家畜禽遗传资源委员会，2011）。

凤庆无角黑山羊初生羔羊体重公羔2.35kg，母羔2.17kg；双月断奶公羔9.63kg，母羔9.15kg；哺乳期公羔日增重121.3g，母羔日增重116.3g。周岁公羊体重占成年的50.5%，周岁母羊体重占成年的60.4%。产肉性能较好，自然放牧条件下1周岁羯羊可达28kg（李彦屏等，2005）。凤庆无角黑山羊在海拔2 400m以下的山区、半山区皆能正常生长繁殖，其采食能力强、耐粗饲，各种青草、蒿草、树叶等均为其喜爱的饲草料。

二、特征与性能

（一）体型外貌特征

1. 外貌特征 凤庆无角黑山羊体格大，结构匀称。大多数羊被毛以黑色为主。公羊腿部有长毛，母羊多为短毛，后腿有长毛。额面较宽平，鼻梁平直。两耳平伸。公羊颌下有须。公、母羊均无角，有肉垂。颈稍长胸深宽，背腰平直，体躯略显前低后高，尻略斜。四肢高健，蹄质坚实（国家畜禽遗传资源委员会，2011）。

2. 体重和体尺 凤庆无角黑山羊体重和体尺见表5-86。

表5-86　凤庆无角黑山羊体重和体尺

性别	只数	体重（kg）	体高（cm）	体长（cm）	胸围（cm）
公	30	60.00±1.45	74.00±1.34	78.00±0.98	90.00±1.05
母	30	55.00±1.36	72.00±1.20	70.00±0.85	84.00±1.01

资料来源：国家畜禽遗传资源委员会，2011。

（二）生产性能

1. 产肉性能 凤庆无角黑山羊肉质细嫩、膻味小。肌肉中含水分72.13%、干物质27.87%、粗蛋白22.24%、粗脂肪4.46%、粗灰分1.17%。凤庆无角黑山羊屠宰性能见表5-87（国家畜禽遗传资源委员会，2011）。

表5-87　凤庆无角黑山羊屠宰性能

性别	只数	宰前活重（kg）	胴体重（kg）	屠宰率（%）	胴体净肉率（%）	肉骨比
公	10	45±2.47	25±1.55	55.6±1.06	66.1±1.02	1.95
母	10	40±0.34	22±1.23	55.0±1.02	64.3±1.02	1.8

资料来源：国家畜禽遗传资源委员会，2011。

2. 繁殖性能 凤庆无角黑山羊母羊4～6月龄性成熟，一年四季均可发情，但多集中于5～6月；发情周期18～21d，妊娠期148～155d，一般一年一胎。平均产羔率95%，羔羊成活率95%（国家畜禽遗传资源委员会，2011）。公羊可利用3～4年，母羊可利用5～6年。

三、研究进展

目前国内对凤庆无角黑山羊的研究较少，仅有少量学者对其作了一些研究。

许丽梅（2010）以凤庆无角黑山等 9 个地方山羊品种，1 个引进品种波尔山羊为研究对象，参考国际农粮组织（FAO）和国际家畜研究所（ILRI）联合推荐的引物，选取了其中 10 对微卫星引物，以 ABI3130XL 全自动基因分析仪为平台，结合荧光引物 PCR 技术，对 447 个个体进行检测。结果表明，经遗传距离分析，凤庆无角黑山羊、板角山羊和波尔山羊之间的遗传距离最远（$D_A=0.6340$）；根据聚类分析，凤庆无角黑山羊明显有别于其他云南地方品种，这与其地理分布不一致有关。可能是由于云南省地形复杂多样，自然气候和生态环境类型甚多的原因，才造成了凤庆无角黑山羊有别于其他云南山羊品种。另外，凤庆无角黑山羊是云岭山羊和临沧长毛山羊经多年繁育杂交和后代选育形成的品种，极可能受近交的影响。经 Structure version2.2 软件进行聚类分析，结果显示凤庆无角黑山羊、新疆山羊、柴达木山羊、陕南白山羊和河西绒山羊为第 I 类；龙陵山羊、马关无角山羊、建昌黑山羊为第 II 类；板角山羊为第 III 类；引进品种波尔山羊为第 IV 类。

郝荣超等（2008）对中国部分家养山羊 mtDNA D 环区遗传多样性与进化进行了研究。对凤庆无角黑山羊等 10 个家养山羊品种 140 只个体的 mtDNA D-loop 区进行测序分析，发现整个 D-loop 区为 1 211～1 213bp，共检测到 84 种单倍型，171 个多态位点。其中凤庆无角黑山羊核苷酸多样性（nucleotide diversity，Pi）为 $0.023\ 00\pm0.002\ 42$，单倍型多样性（haplotype gene diversity，Hd）为 0.833 ± 0.081。

李彦屏等（2005）采取随机抽样调查统计的方法，在不同区域对饲养凤庆无角山羊大户和一般农户进行抽样调查。从 2003 年 10 月 7～27 日开始，历时 20d 共调查 8 个乡镇，农户 214 户。另外还调查了饲养方式、数量、饲草消耗等内容，并在乡镇集市对购销活动及部分消费者作了消费调查。张莹等（2008）在《云南山羊地方品种种质资源初探》中也对凤庆无角山羊作了详细介绍。

四、产业现状

近年来由于受封山育林的影响，凤庆无角黑山羊群体数量逐年减少，已由 1998 年的 6.3 万只减少到 2005 年的 5.25 万只。但随着饲养管理的加强，羊肉品质不断提高（国家畜禽遗传资源委员会，2011）。到 2012 年年底，凤庆县无角黑山羊存栏为18 644只，其中能繁母羊7 457只。

第四十一节　罗平黄山羊

一、概况

罗平黄山羊（Luoping Yellow goat）又名长底山羊、鲁布革山羊，属以产肉为主的山羊地方遗传资源，具有体型较大、繁殖率高、抗逆性强、耐潮湿、耐粗饲、生长快等特点。罗平黄山羊位列云南省六大名羊之首，并于 2009 年 7 月通过国家畜禽遗传资源委员会羊专业委员会鉴定及评审。

罗平黄山羊是在当地特殊的自然生态环境作用下，经过群众长期选育，逐步形成的适应云贵高原气候条件、品质独特的山羊遗传资源（国家畜禽遗传资源委员会，2011）。罗平黄山羊品种来源无据可查。据康熙二十四（公元1685）年《罗平周志（卷之二）》赋役志物产毛部"牛、羊、鹿、虎……"，整个牲畜的物产记载中"羊"排列在第二位，这说明罗平县历史上羊的数量已经很多。罗平县是一个多民族混居的区域，彝族的"火把节"为当地的主要传统节日，每年农历 6 月 24 "火把节"时都要杀牛宰羊进行祭祀活动，"火把节"这天吃牛、羊肉已成传统。因此，在罗平县养羊较多的地方也就是彝族人居住较多的地方，其养羊的历史十分悠久（刘振华，2013）。

罗平黄山羊原产于云南省罗平县的九龙、长底、钟山、鲁布革等乡镇，现产区覆盖罗平全县。产区位于北纬 $24°33'\sim25°25'$、东经 $103°57'\sim104°43'$。地处云南、广西、贵州三省（区）交界处，属云南省东部，在滇东高原向广西丘陵过渡的斜坡上，地势西北高，东南低。群山起伏，江河纵横，形成了山区、坝区、河谷槽区及岩溶和喀斯特地形地貌特征。绝大部分为山区和半山区，最高海拔2 467.9m，最低海拔781m。属温带及亚热带气候，年平均气温15.1℃，无霜期282d；年降水量1 743mm，年蒸发量1 463mm，相对湿度81.2%；年平均日照时数1 865h。土壤多为红壤和黄壤，河谷槽区有部分冲积土及黑色腐质土，偏酸性。水源条件不均衡，坝区及河谷区较好，山区多缺水，境内河流为珠江水系。草山草地面积大，主要是灌丛草山，其次为天然草地。农作物以玉米、水稻、荞麦、豆类、薯类为主，饲料作物以芭蕉芋、光叶紫花苕、胡萝卜、白萝卜为主，兼种部分人工牧草（国家畜禽遗传资源委员会，2011）。

二、特征与性能

（一）体型外貌特征

1. 外貌特征 罗平黄山羊被毛主体为黄色，其中深黄色为主，有黑色背线和腹线，两角基部至唇角有两条上宽下窄的黑色条纹，头顶、尾尖、四肢下部、耳边缘为黑色。母羊被毛多为短毛，公羊被毛粗而长，额头正中有粗长鬃毛，体侧下部及四肢为粗长毛（国家畜禽遗传资源委员会，2011）。

该品种体质结实，结构匀称，体格较大。头中等大、窄长，额平而窄，鼻梁平直，耳中等大小且稍向前、向上外伸。角粗壮，呈黑色、倒八字微旋，公羊角弯曲后倾，母羊角直立稍后倾。颈粗、长短适中，少数有肉垂。体躯为长方形，背平直，胸宽深，肋骨拱起，腹部紧凑。四肢粗壮结实，蹄质坚实，呈黑色（国家畜禽遗传资源委员会，2011）。

2. 体重和体尺 罗平黄山羊体重和体尺见表5-88。

表5-88 罗平黄山羊体重和体尺

性别	只数	体重（kg）	体高（cm）	体长（cm）	胸围（cm）
公	20	48.31±8.14	64.65±4.13	70.83±4.79	82.75±6.80
母	80	37.36±7.07	60.48±3.68	66.35±4.72	77.23±5.65

注：2006年11月由罗平县畜禽品种改良站调查组在罗平县老厂、九龙、大水井、鲁布革四个乡镇测定。
资料来源：国家畜禽遗传资源委员会，2011。

（二）生产性能

1. 产肉性能 罗平黄山羊屠宰性能见表5-89。

表5-89 罗平黄山羊屠宰性能

性别	只数	宰前活重（kg）	胴体重（kg）	屠宰率（%）	净肉重（kg）	净肉率（%）
羯羊	10	43.57±10.50	24.04±7.02	55.18±3.69	16.25±4.97	37.30
母	10	38.93±4.51	17.27±1.63	44.36±2.28	12.82±2.10	32.93

注：2006年11月由罗平县畜禽品种改良站调查组测定。
资料来源：国家畜禽遗传资源委员会，2011。

2. 繁殖性能 罗平黄山羊公羊6～8月龄、母羊4～6月龄性成熟，初配年龄公羊12月龄、母羊8～10月龄。母羊常年发情，发情周期19～20d，发情持续期1～2d，妊娠期152d，产后10～14d发情。多采取春、秋两季配种，管理较好的一年可产两胎。产羔率初产母羊130%，经产母羊172%（国家畜禽遗传资源委员会，2011）。

三、研究进展

文际坤等（2001）对罗平黄山羊与波尔山羊杂交效果进行了研究。他们同时设置3个重复的比较试验，在3群罗平黄山羊母羊中同时放入波尔山羊及罗平黄山羊种公羊各1只，通过自由交配观察测定种公羊的配种能力、产羔数量、后代毛色、初生重、各月龄体重；并通过补饲对比试验，测定波×罗 F_1 代的育肥性能；通过屠宰试验、品味试验、肉品理化特性和化学成分分析，研究波×罗 F_1 的产肉性能和肉品品质。结果表明，波尔山羊的配种能力强，后代毛色近似父本的比例为 65.2%，波×罗 F_1 代适应性强，初生重提高 18%，1～11 月龄日增重提高 17.8%；在同等条件下，补饲可使波×罗 F_1 代日增重提高 85.2%，比罗×罗日增重提高 38.7%；每多增重 1kg 耗料量 3.2kg。波×罗 F_1 代 8 月龄胴体重为 15.0kg，净肉重为 11.2kg，分别比同龄罗×罗羊 11.4kg、7.9kg 高 31.58% 和 41.77%；波×罗 F_1 代 11 月龄胴体重为 19.1kg，净肉重为 15.5kg，分别比同龄罗×罗羊的 12.2kg、9.8kg 高 56.56% 和 58.16%。经品味鉴定和肉品理化特性分析，波×罗 F_1 代多汁性、嫩度、香气、香味、膻味、pH、大理石纹、系水率、熟肉率、剪切力无明显差异。

罗平县畜禽品种改良站 2006 年屠宰罗平黄山羊羯羊和母羊共 30 头，经云南农业大学动物营养与饲料重点实验室检测，羯羊的肌肉主要化学成分为：水分 71.2%、干物质 28.8%、粗蛋白 22.89%、粗脂肪 4.99%、粗灰分 0.92%；母羊的肌肉主要化学成分为：水分 74.64%、干物质 25.36%、粗蛋白 20.02%、粗脂肪 4.11%、粗灰分 1.23%（国家畜禽遗传资源委员会，2011）。

王东理（2013）从种公羊的合理使用、怀孕母羊的饲养管理、羔羊的饲养管理、羊舍及产羔房建设和疾病防治 5 个方面对提高罗平黄山羊羊羔的技术措施提出了宝贵建议。

李菜娥（2011）对罗平黄山羊的发展现状以及发展中存在的问题作了介绍，并针对目前的现状提出了发展思路：依法制定科学育种规划；完善保护方案，提高生产性能；适时开展核心场与扩繁场（户）的交流；提高组织化程度，推动产业发展。

四、产业现状

据统计，罗平黄山羊 1997 年存栏约 4 000 只，仅占全县山羊总数的 8%。通过在长底、旧屋基等乡镇组织扩繁群及组建罗平县种山羊保种选育场，开展继代选育、推广种羊等，到 2008 年发展到了 3.7 万只，占全县山羊总数的 49.1%。2011 年年末，罗平县山羊养殖存栏已达 11 万余只，罗平黄山羊存栏 5 万余只，年可出栏罗平黄山羊商品羊 1.2 万～1.5 万只。到"十二五"末，预计罗平县黄山羊存栏将达到 7 万余只，年可出栏黄山羊商品羊 2 万～2.5 万只（刘振华，2013）。

现采用种羊场保护。1992—1994 年对罗平黄山羊毛色及体型外貌进行了选育；1995—1998 年重点选择其生长速度；1999 年建立种羊场，优选公、母羊组建选育核心群。经多年选育，毛色、体型外貌性状遗传性能稳定，繁殖和产肉性能提高。2009 年通过国家畜禽遗传资源委员会鉴定。2010 年 1 月 15 日，农业部发布公告，罗平黄山羊被列入《国家畜禽遗传资源名录》（刘振华，2013）。

五、其他

罗平黄山羊多以放牧为主，圈舍多为高床。部分养羊户给春、秋配种季节的公羊及怀孕后期和哺乳期的母羊适当补饲精饲料。冬季牧草欠缺时，给予全群补饲（国家畜禽遗传资源委员会，2011），其中以光叶紫花苕为主。

第四十二节　美姑山羊

一、概况

美姑山羊（Meigu goat）俗称美姑巴普山羊或巴普山羊，属以产肉为主的山羊地方遗传资源，主产位于四川省凉山彝族自治州美姑县的巴普、井叶特西、农作、九口等地，全县 36 个乡均有分布。2010 年通过国家畜禽遗传资源委员会鉴定（赵有璋，2013）。

据 2000 多年前形成的美姑彝族经典文献《孜孜尼渣》（女王孜孜）记载，古代美姑彝族人民在祭祀神灵、祈求平安的仪式中所使用的动物就是"痴布树尼"——黑白花公山羊。当地彝族人民在婚丧嫁娶、毕摩法事、过年过节、走亲访友、招待贵客时，必须宰杀的牲畜为山羊羔羊。对生产过程中出现双羔、多羔的公、母羊和后代羊十分珍惜，主动选留产羔多、生产快的个体留作种用。经过长期的不断选择，逐步形成了繁殖率高、前期生长发育速度快、产肉性能好、生产性能稳定、性情温驯、易圈养的高原地区山羊类群（赵有璋，2013）。

美姑县地处凉山彝族自治州腹心地带，位于北纬28°01′~28°50′、东经102°52′~103°20′，海拔800~4 041m，是凉山州彝族聚居的主要县之一。气候属高原性气候，县城海拔2 100m左右，全年无霜期210d，年日照时数1 810h，年降水量820mm。年平均气温11.4℃，1月平均气温2℃，7月平均气温19.5℃，昼夜温差大。气候干湿明显，11月至翌年4月为旱季，气候较寒冷，雨雪稀少；5~10月为雨季，气候温暖，降水量约占全年降水量的90%。农作物以玉米、马铃薯、荞麦为主，兼有黄豆、四季豆、燕麦、小麦和水稻。另外还有核桃、花椒、苹果、梨、桃、生漆和蜡虫。有高山草面积约8.0万hm²。畜牧业主要有猪、牛、羊、马，2008年末存栏达90.0多万头（只、匹），其中山羊为19.39万只。

二、特征与性能

（一）体型外貌特征

1. 外貌特征 美姑山羊体格较大，体躯结实。头部中等大，两耳短、侧立，额较宽，鼻梁平直。公、母羊均有角，先向后方呈外八字形，再向两侧扭转。公、母羊均有胡须。颈部长短适中，少数羊颈下有肉垂。背腰平直，尻部斜长。四肢粗壮，蹄质结实，蹄冠黑色。母羊乳房较大，后躯较发达。被毛黑色，多数全黑，少数为黑白花。除胸腹部和腿部有少许长毛外，其余均为短毛（图86和图87）（赵有璋，2013）。

2. 体重和体尺 母羊初生、2月龄、6月龄、周岁、成年体重分别为2.00kg、9.55kg、18.34kg、24.72kg、39.59kg。6月龄母羊体高、体长、胸围、管围分别为50.40cm、52.20cm、59.00cm、6.46cm；成年母羊分别为62.54cm、65.44cm、79.37cm、7.48cm（欧其拉一等，2000）。

（二）生产性能

1. 产肉性能 在放牧与补饲条件下，对4~8月龄羯羊产肉性能的屠宰测定表明，4月龄、6月龄、8月龄羯羊宰前活重分别为18.0kg、21.0kg、28.43kg，胴体重分别为9.43kg、10.78kg、14.67kg，屠宰率均在50%以上，净肉率39%以上。8月龄胴体重比周岁建昌黑山羊的胴体重高16.8%，屠宰率、净肉率分别高5.7个百分点和7.25个百分点。经国家农业部食品质量监督检测中心（成都）测定分析，周岁羯羊后腿肌肉水分含量74.73%，粗蛋白质含量22.3%，粗脂肪含量3.72%，粗灰分0.97%，胆固醇含量41.7mg/100g，18种氨基酸总含量达22.1%。该品种肉肉质细嫩，色泽红润，熟肉味鲜美，膻味轻，口感好，风味独特（王世斌等，2012）。

2. 繁殖性能 公羊3~4月龄出现性行为表现，5~6月龄性成熟，8~10月龄参与配种。母羊3~4月龄初次发情，6~8月龄初配，发情周期为20d左右，发情持续期为24~60h，怀孕期150d左右。母羊可终年发情，平均年产1.7胎。产羔率初产母羊140%，经产母羊200%。初生平均体重公羔2kg，母羔1.9kg（瓦西石波，2013）。

三、研究进展

美姑山羊相关研究尚处在其来源追溯、体质外貌、生产性能等方面的调查研究上，因此相关文献较少。

四、产业现状

2002年美姑县把美姑山羊的中心产区（美姑山羊的原产地）巴普、巴古、牛牛坝、九口、洛俄依甘、拉木阿觉6个乡镇明确划定为美姑山羊保护区。全区内存栏美姑山羊28 760只，美姑山羊饲养户1 660户，其中母羊17 924只（有后备母羊5 134只），公羊3 466只（有后备公羊1 256只），每个乡都有美姑山羊保种群，全部符合美姑山羊地方标准。保护区的种羊群已达到一定的规模，生产经营管理水平也得到提高，取得了一定的经济效益和社会效益（瓦西石波，2013）。

美姑山羊于 2008 年经四川省畜牧食品局认定为无公害畜产品，证书号为 WNCR-SC08-00057；作为凉山州农业地方标准的美姑山羊标准（DB5134/T185-2009）已经四川省凉山质量技术监督局发布并在全州实施；美姑山羊 2009 年列入《国家畜禽遗传资源名录》，并于 2010 年获得国家《美姑山羊农产品地理标志》保护，成为四川省首个获得国家地理标志的畜产品。由美姑县畜牧局和凉山州畜科所共同研究完成的"美姑山羊地方标准及质量控制技术规范的研制"，2011 年获凉山州政府"2008—2009 年度科技进步"一等奖（王世斌等，2012）。

为促进科研与生产的紧密结合，加快科技成果转化为现实生产力，凉山州畜科所在无项目经费支撑的情况下，积极派出科技人员协助指导美姑县畜牧局开展美姑山羊的选育与推广工作。2011 年协助规划了"美姑山羊保种选育场"的建设，2012 年指导完成了"美姑山羊保种选育与产业发展项目建设"（2012—2015 年）的实施方案。县委、县政府高度重视美姑山羊的发展，大力加强省州财政良种补贴、以工代赈、整村推进、现代畜牧业示范等多渠道项目资金的投入。从数量发展速度看，存栏数量由 2009 年末的45 500只发展到 2011 年末的79 400只，两年时间增幅达 74.5%。为提高质量和选育水平，县畜牧局已租地 6.67hm²，一期工程先修建羊舍 200 多平方米及附属设施，从养羊农户中选购符合标准的优秀种公、母羊 100 余只，集中饲养在保种选育场内。计划二期再修建羊舍 400 平方米及配套设施，达到常年饲养基础母羊 200～250 只，规模达1 000～1 200只，每年为农户选择培育优秀种公、母羊，置换不合格种羊；该实施方案从多渠道争取资金，力争到 2015 年末发展到存栏基础母羊 5.63 万只，出栏 12.63 万只，存栏 21.11 万只；已确立公司＋种选育场＋专业合作社＋农户"的养殖方式，初步形成以"龙头企业为依托，专业合作社为载体，农户扩繁养殖为基础"的产业化发展体系（王世斌等，2012）。

第四十三节　宁蒗黑头山羊

一、概况

宁蒗黑头山羊（Ninglang Black Head goat）属以产肉为主的地方山羊遗传资源，具有耐高寒、适应性广、体型大、产肉性能好、繁殖能力强、板皮面积大等特点。2009 年通过国家畜禽遗传资源委员会鉴定。

据《宁蒗彝族自治县志》记载，清雍正、乾隆年间，思姆补约（彝语地名，在今四川省凉山州昭觉县）的补约吉疵阿什支（彝语人名）在频繁的冤家械斗中日觉朝不保夕，便率其百姓远迁至宁蒗定居，在迁居小凉山时带入了该品种。为适应当地地势陡峭险峻、海拔高、气温低、春季干旱、夏季多雨潮湿、秋季阴雨冷凉、冬季干燥严寒的生存环境，同时彝族群众人民是崇尚火与黑色的民族，素来有养羊积肥、喜食羊肉、穿山羊皮褥的习惯，在长期的养羊生产中发现黑头山羊体型大、产肉多，因此在漫长的历史过程中有意识地选留黑头山羊作种用，逐步形成了体型外貌一致的黑头山羊。可以说，宁蒗黑头山羊是长期自然与人工选择而形成、体型外貌独特的遗传资源（国家畜禽遗传资源委员会，2011；徐兴旺，2010）。

宁蒗黑头山羊原产于云南省丽江市宁蒗彝族自治县，中心产区为宁蒗彝族自治县蝉战河乡和跑马萍乡，在战河、永宁坪、新营盘等 11 个乡镇均有分布（国家畜禽遗传资源委员会，2011）。

宁蒗彝族自治县地处云南省西北部，横断山脉中段东侧，青藏高原与云贵高原过渡的结合部，相连四川大凉山，俗称"云南小凉山"。宁蒗县位于东经北纬 26°35′～27°56′、100°22′～101°16′。东西距 90km，南北距 250km，总面积602 500hm²，山地面积占 98.39%，其中海拔 2 500m 以上的高寒面积占全县总面积的 81.90%。境内属金沙江和雅砻江水系，有江河 31 条及泸沽湖、竹地、中海子等 5 个高原湖泊。山大谷深，山形水系复杂，地形空间分布有江边河谷区、二半山区、高原平坝和高寒山区 4 种类型；地貌有高原小盆地、高原条状山地、高原谷地、河流冲积阶地和金沙江峡谷 5 种类型。县境地势北部和西部较高，东部和东南部较低。境内平均海拔2 800m，最高海拔4 510m，最低海拔1 350m，相对高低差3 160m。全县年平均总辐射为578kJ/cm²，年平均日照2 321h，日照率53.80%，年平均气温12.70℃（4.10～19.30℃），≥10℃的积温为3 782℃。年平均降水量918mm，降水多集中在6～9月，占全年降水量的80%～90%。霜期150～170d，相对湿度为69%，年平均风速3.3m/s。属明显的低纬度高原区暖温带山地季风气候，具有"一山有四季，十里不同天"的垂直立体气候特征（国家畜禽遗传资源委员会，2011；徐兴旺，2010）。

该地区土壤有亚高山寒漠土、亚高山灌丛草甸土、暗棕壤、棕壤、黄棕壤、红壤等11个类、20个亚类、30个属、39个种，其中以棕壤和黄棕壤为主。植被属滇中西北部高原亚热带云南松、寒冷带云冷杉亚区，分布有干热河谷灌丛带、矮山针阔叶混交林带、中山云南松针叶林带、亚高山冷杉带和高山灌丛草甸带5个植被类型。草地垂直分布为亚高山草地区、中高山疏林草地区、中高山农区混牧区、中山河谷草丛区（国家畜禽遗传资源委员会，2011；徐兴旺，2010）。

全县耕地面积2.62万hm²，农民人均占有耕地0.11hm²。农作物以马铃薯、荞麦、燕麦、玉米、稻谷、大豆、杂豆等为主。有林地面积32.17万hm²，森林覆盖率达53.40%以上；天然草山草坡面积29.88万hm²，其中可利用净面积23.67万hm²，有山地灌木丛类、山地草丛类、山地灌丛类、高山草甸类、撩荒地类5个草地类型，草地等级分为4等8级，平均产鲜草18.33kg/hm²。种植以鸭茅、多年生黑麦草、红三叶、白三叶品种混播草场0.8万hm²，平均21.45t/hm²，光叶紫花苕0.5万hm²，平均18t/ hm²，年产各类鲜草和农作物秸秆132.89万t（国家畜禽遗传资源委员会，2011；徐兴旺，2010）。

二、特征与性能

（一）体型外貌特征

1. 外貌特征 宁蒗黑头山羊有角个体占80%，角型向外扭转1～2道，呈八字形或向后呈梳子状。头宽额微凸，鼻平直，面部呈楔形。头颈至肩胛前缘为黑色被毛。两耳前伸，颌下有长须，体躯近似长方形，被毛白色致密而长，无绒毛，前肢至肘关节以下、后肢至膝关节以下为黑色短毛。公羊颈粗短，胸宽深，背腰平直，结合良好，肋隆起，蹄质坚实，生殖器官发育良好，睾丸大而对称。母羊颈略长，从颈至前胸为短毛，乳房基部宽广，乳头长而对称、大而柔软。体型公羊较母羊高大（易明周等，2006）。

2. 体重和体尺 宁蒗黑头山羊体重和体尺见表5-90。

表 5-90　宁蒗黑头山羊体重和体尺

性别	只数	体重（kg）	体高（cm）	体长（cm）	胸围（cm）
公	20	41.8±4.2	64.9±7.6	72.2±7.2	81.2±7.2
母	80	37.5±4.1	59.8±4.3	66.7±6.4	73.8±6.0

注：2006年由宁蒗彝族自治县畜牧工作站在蝉战河、三股水、万以西、万马厂、大石洞五个村随机选择核心种羊场及农户正常饲养条件下的羊测定。

资料来源：国家畜禽遗传资源委员会，2011。

（二）生产性能

1. 产肉性能 宁蒗黑头山羊屠宰性能见表5-91。

表 5-91　宁蒗黑头山羊屠宰性能

性别	只数	宰前活重（kg）	胴体重（kg）	屠宰率（%）	净肉率（%）	肉骨比
公	15	30.6±2.5	14.6±2.0	47.71±3.0	37.11±2.8	3.5
母	15	28.3±2.9	12.6±1.3	44.52±0.5	33.39±2.3	3.0

注：2006年7月由宁蒗彝族自治县畜牧工作站分别选择12月龄以上公、母羊各15只测定。

资料来源：国家畜禽遗传资源委员会，2011。

2. 繁殖性能　宁蒗黑头山羊公羊 6~7 月龄性成熟，12 月龄开始配种。母羊全年发情，但发情多集中于春、秋两季。发情周期 20~22d，发情持续期 48~72h，妊娠期 150d 左右。一年产一胎，双羔率 31.20%。羔羊初生重公羔 2.49kg，母羔 2.25kg；4 月龄断奶重公羔 16.35kg，母羔 14.27kg。羔羊断奶成活率 84.40%（国家畜禽遗传资源委员会，2011；徐兴旺，2010）。

三、研究进展

叶绍辉（1998）采用外周血淋巴细胞培养及 Ag-NORs 显带技术，分析了云南龙陵黄山羊、马关无角山羊、路南圭山山羊和宁蒗黑头山羊 4 个保种山羊银染核仁组织区（Ag-NORs）。结果表明，4 个保种山羊核仁组织区银染有多态，龙陵黄山羊雌性核仁组织区银染分布于第 1、2、4、5、25 号染色体，雄性分布于第 1、2、25 号染色体，显示了性别及分布多态性；其余 3 个保种山羊雌雄均有相同的银染数目，并都分布于第 1、2、4、5 和 25 号染色体上。银染显示强度也不同；圭山山羊、马关无角山羊最强，龙陵黄山羊次之，黑头山羊最弱。研究还发现染色体 Ag-NORs 联合的多态性，即黄山羊、圭山羊和马关无角山羊有联合现象，宁蒗黑头山羊无联合现象。山羊的银染显示强度和联合现象可能与山羊的近交有某种联系。

叶绍辉（1999）采用水平板淀粉胶电泳技术对来自云南保种宁蒗黑头山羊的 31 个个体的 39 个基因座位的血液同功酶进行了分析，结果得到 AKP、CES-I、ESD、GOI、ME 和 NP 共 6 个座位出现多态，多态座位 AKPO、CES-I2、ESDB、GOIA、MEB 和 NPB 的基因频率较高；多态座位百分比 $P = 0.1538$，平均杂合度 $H = 0.0679 \pm 0.0241$。该研究首次得到了该羊的遗传多样性特征，为该羊的保种和利用提供了基础数据。

四、产业现状

宁蒗黑头山羊是云南省的一个地方优良种群，以其个体大、产肉多、板皮厚实、繁殖力强、遗传性能稳定及对高海拔地区恶劣气候环境和粗放饲养管理条件有较强适应能力而深受人们的喜爱。为有效保护和开发利用这一地方种群资源，1980 年宁蒗县提出了开展黑头山羊保种选育工作的建议，1983 年、1986 年县人民政府先后两次拨出专款开展保种选育工作。1997 年被云南省畜牧局列为宁蒗黑头山羊供种基地，建立了三股水黑头山羊核心种羊场，扶持 106 户重点户开展了宁蒗黑头山羊的保种选育工作。主要目标是体型外貌一致，提高生长发育速度和繁殖性能。1997 年开始实施宁蒗县黑头山羊育种供种开发研究工作。通过 5 年来的项目建设，宁蒗黑头山羊综合遗传性能得到了较大提高（易明周等，2006）。

1998 年，宁蒗黑头山羊存栏 18 376 只，2008 年年底存栏达到 32 328 只，存栏大幅度增加。10 年时间增长了 75.93%。宁蒗黑头山羊现采用保种场保护。2009 年通过国家畜禽遗传资源委员会鉴定。

第四十四节　黔北麻羊

一、概况

黔北麻羊（Qianbei Brown goat）俗名麻羊，属肉用型山羊地方遗传资源，是贵州省三大优良地方山羊品种之一。该品种是产区劳动人民长期选育和自然选择的产物，对当地的自然生态条件具有良好的适应性，具有耐粗饲、抗病力强、适应性广、肉质鲜美细嫩、皮张品质好、生产性能优等特点（曾琼等，2011）。2009 年 5 月在农业部组织的新遗传资源审查鉴定过程中，农业部专家组对该品种给予了很高评价，认为"黔北麻羊确有特点特色，与成都麻羊有较大区别"，从而顺利地通过了专家组现场鉴定，并于同年 12 月被农业部专家委员会批准为新遗传资源。

黔北麻羊主产于贵州北部的仁怀、习水两地，赤水西南部、遵义西北部、桐梓南部和金沙东北部亦有分布。产区位于贵州高原向四川盆地的倾斜地带。赤水河源于云南的镇雄县，由西向东流经仁怀、习水、赤水县境，入四川合江县汇入长江。赤水河支流切割较深，气候随海拔垂直变化差异显著。海拔1 000～1 200m的高地，平均气温13℃左右；海拔高度600～800m的地带，年平均气温15℃左右；年积温3 000～4 000℃。5～7月为雨季，雨水充沛，雨热同季。由于山峦起伏较大，农业受到一定的限制。例如，习水县的耕地面积仅占总面积的11.7%，其余为荒山、灌丛，牧地宽广，气候温和，天然牧草丰富。地带性土壤以黄壤土和石灰土为主。地带性植被以温湿型灌丛草场为主。产区内有赤水河、乌江两大河流，赤水河贯穿产区，产区内还有许多小河沟溪遍布各地，水资源十分丰富。农业生产以种植业为主，粮食作物主要有水稻、玉米、大豆、小麦、高粱等，经济作物有烤烟、油菜等，为黔北麻羊发展及其种质特点的形成提供了良好的条件（曾琼等，2011）。

二、特征与性能

（一）体型外貌特征

1. 外貌特征　黔北麻羊被毛为褐色，有浅褐色及深褐色两种。两角基部至鼻端有两条上宽下窄的白色条纹，有黑色背线和黑色颈带，腹毛为草白色。被毛较短。体格较大，体质结实，结构紧凑，骨骼粗壮，肌肉发育丰满。头呈三角形，大小适中；额宽平，鼻梁平直；耳小、向外平伸。公、母羊均有角，呈褐色，角扁平或半圆，向后、外侧微弯，呈倒镰刀形。公羊角粗壮、母羊角细小。颈粗长，少数有一对肉垂。体躯呈长方形，胸宽深，肋骨开张，背腰平直，尻略斜。四肢较高，粗壮，蹄质坚实，蹄色蜡黄（图88和图89）（国家畜禽遗传资源委员会，2011）。

2. 体重和体尺　黔北麻羊体重和体尺见表5-92。

表5-92　黔北麻羊体重和体尺

性别	只数	体重（kg）	体高（cm）	体长（cm）	胸围（cm）	胸宽（cm）	胸深（cm）
公	59	41.49±7.28	61.56±3.13	63.85±3.60	79.83±4.50	18.39±2.20	29.67±2.51
母	65	39.83±7.11	59.10±2.88	61.22±3.58	79.12±4.99	18.42±2.25	29.47±2.14

注：2006年10月由习水县畜禽品种改良站测定。

资料来源：国家畜禽遗传资源委员会，2011。

（二）生产性能

1. 产肉性能　黔北麻羊屠宰性能见表5-93。

表5-93　黔北麻羊屠宰性能

性别	只数	年龄（岁）	宰前活重（kg）	胴体重（kg）	屠宰率（%）	净肉重（kg）	净肉率（%）
公	16	1～1.5	31.16±3.62	14.18±2.40	47.50±2.92	11.32±1.96	36.33±2.47
母	10	2～4.5	33.97±3.67	15.74±2.23	46.34±2.66	12.15±1.93	35.77±2.41

注：2006年11月23日由贵州省畜牧技术推广站、贵州大学动物科学学院、遵义市畜禽品种改良站、习水县畜牧局、沿河土家族自治县畜禽品种改良站、沿河土家族自治县山羊实验站共同测定。

资料来源：国家畜禽遗传资源委员会，2011。

2. 繁殖性能　黔北麻羊性成熟较早，公、母羊4月龄性成熟。公羊6月龄配种，母羊8月龄左右配种。全年发情，利用年限6～8年，发情周期21d，怀孕期150d左右，每胎产羔1～3头。出生重公羔1.66kg，母羔1.60kg；哺乳期日增重公羊108.4g，母羊102.36g；90日龄断奶，断奶重公羊11.42kg，母羊10.38kg。羔羊成活率96.83%（曾琼等，2011）。

三、研究进展

为了研究黔北麻羊GDF9基因多态性与产羔性能的关系，罗卫星等（2010）在试验中采用直接测序的方法对黔北麻羊的生长分化因子9（GDF9）基因外显子2核苷酸多态性及其与产羔数的关系进行了分析。结果表明，在黔北麻羊群体GDF9基因外显子2在959bp处存在A→C的碱基突变，导致所编码的氨基酸由谷氨酰胺（Gln）突变为脯氨酸（Pro）。通过最小二乘法分析 SNPs 及其与产羔数的关联，结果表明该突变对黔北麻羊平均产羔数有极显著影响（$P<0.01$），平均产羔数在所检测到的两种基因型中呈现出 AC>AA 的情况，AC 基因型比 AA 基因型平均产羔数多 0.85 只，突变杂合子个体产羔数极显著增加（$P<0.01$）。

肖礼华等（2012）为研究黔北麻羊 GHRH-R 基因多态性及其与生长性状的关系，以相同条件下饲养的 30 只 36～48 月龄母羊为研究对象，利用克隆测序技术，对 GHRH-R 基因的第 2、3 外显子及部分内含子进行 SNPs 位点的检测，并将发现的 SNPs 位点与黔北麻羊生长性状进行关联分析。结果表明，在第 3 内含子 6bp 处 C→A 碱基突变 AA 型基因型个体的体重显著高于 AC 型个体（$P<0.05$），该位点可作为黔北麻羊体重选择的分子标记。

任珍珍等（2010）采用直接测序法检测 LHβ 基因在黔北麻羊中的单核苷酸多态性，以探讨促黄体素 β 亚基基因多态性与黔北麻羊产羔数的关系，以及该基因对黔北麻羊繁殖力的影响。结果表明，LHβ 基因检测到两个突变位点，在外显子 2 第 414 位点发生了 C→A 碱基突变，导致苏氨酸突变为甲硫氨酸；检测到 AA、Aa 两种基因型。A 等位基因频率为0.933 4，a 等位基因频率为0.066 7，两种基因型之间产羔数差异均不显著（$P>0.05$）。在内含子 2 第 718 位点发生了 G→A 碱基突变，检测到 BB、Bb 两种基因型。B 等位基因频率为0.950 0，b 等位基因频率为0.050 0，两种基因型之间产羔数差异均不显著（$P>0.05$）。

刘彬等（2013）利用 PCR-SSCP 技术分析了黔北麻羊生长激素促分泌素受体 G 基因外显子 1'UTR、2'UTR、3'UTR 区及 5'UTR 区的多态性及其与黔北麻羊生长性状的关联。结果表明，在 GHSR 基因外显子 2'UTR 和 3'UTR 区各检测到 2 个 SNP 位点 G996A 和 T1424C，其中 G996A 位点为错义突变，氨基酸由甘氨酸变为丝基酸。表现为 3 种基因型，分别命名为 GG、GA 和 AA；外显子 1'UTR 和 5'UTR 区未发现多态位点。进一步将 G996A 位点与生长性状进行关联性分析，发现 GG 和 GA 基因型个体的体重显著高于 AA 基因型个体，胸深显著低于 AA 基因型个体。初步推断 GHSR 基因 G996A 位点是非常有价值的辅助选择标记，可为黔北麻羊生长性状方向选择提供理论依据。

蔡惠芬等（2012）以黔北麻羊为研究对象，利用 PCR-SSCP 和直接测序技术，对 RERG 基因的第 3、4 外显子和部分第 5 外显子进行多态性检测，结果在第 3 外显子处发现了 1 个 SNP（C264A），进一步将该 SNP 位点与生长性状进行关联分析。结果表明，AB 型个体的体重、体高、体长、胸围、胸深、胸宽、管围均大于 AA 型和 BB 型个体。AA 型和 BB 型个体的体重、体高、胸围与 AB 型个体差异极显著，AA 型个体与 BB 型个体的体长差异显著，AA 型个体与 AB 型个体的体长差异极显著。研究显示，RERG 基因对黔北麻羊的生长有一定影响。

冯会利等（2012）进行了贵州黑山羊和黔北麻羊 MSTN 基因 Dra I 酶切多态性分析。以贵州黑山羊和黔北麻羊为材料，根据山羊 MSTN 基因序列（GenBank 登录号：EF588035）设计一对引物，用 PCR-RFLP 法对该序列进行多态性分析。结果表明，PCR 扩增片段 207bp 处存在 TTTTA 的插入，导致出现一个 Dra I 酶切多态性位点，黑山羊纯合野生型（AA）为优势基因型，杂合型（AB）和纯合突变型（BB）为非优势基因型，A 等位基因为优势基因；黔北麻羊纯合野生型（CC）为优势基因型，杂合型（CD）和纯合突变型（DD）为非优势基因型，C 等位基因为优势基因。

李凌云等（2013）研究了不同水平 $NaHCO_3$ 对黔北麻羊瘤胃体外发酵的影响。其以 5 只安装永久性瘤胃瘘管的黔北麻羊为实验动物提供瘤胃液，以青干草：精饲料＝80：20 为发酵底物（对照），在此基础上分别添加 2%、4%、6%、8% $NaHCO_3$，配制成不同水平缓冲剂的发酵底物，测定累积产气量、产气参数、有机物消化率、pH、铵态氮浓度。结果表明，各处理组不同时间点累积产气量、潜在产气量、有机物消化率均高于对照组，其中添加 2%、4% $NaHCO_3$ 组显著高于对照组（$P<0.05$），但处理组内均随 $NaHCO_3$ 添加量的提高而降低；添加 $NaHCO_3$ 对发酵底物产气速率、pH、铵态氮浓度影响不大（$P>0.05$）。由此可见，低水平 $NaHCO_3$ 有利于黔北麻羊瘤胃发酵状态。

四、产业现状

据调查，黔北麻羊 1981 年存栏 20 万只；1995 年存栏 16.86 万只，略有下降；2005 年存栏 47.63 万只，其中能繁母羊 22.11 万只，用于配种的成年公羊 2.43 万只。现采用保护区保护。20 世纪 90 年代相继开展了黔北麻羊本品种选育和保护工作，建立了扩繁基地和保护区（国家畜禽遗传资源委员会，2011）。

五、其他

黔北麻羊产于贵州北部的仁怀、习水两（市）县，邻近的赤水市、遵义县以及金沙县、桐梓县也有分布。产区历史悠久。当地出土文物有新石器时期的石斧，汉代的铜锅、铜鼎、汉砖以及秦、汉、西晋、北宋等朝代的货币。今日习水县的土城镇，在北宋时是州、县所在地，属政治、经济、文化中心。赤水河贯穿产区，早通舟楫，是贵州北部与渝、川的交通命脉。从古到今，这里商贾云集，当地农副产品、生产资料以及羊肉、皮张和山货等运销渝、川及全国各地，因此也促进了山羊的引进与输出，以及养羊业的发展。从农村杀羊祭祖祭坟的风俗习惯等方面，可以证明产区的养羊历史悠久。当地至今仍然保留婚丧嫁娶、立房祝寿"以羊馈赠"的习俗，而且把养羊作为提供肉食和肥料的重要家庭副业。新中国成立后习水县分别于 1958 年、1967 年从山东、新疆引进绵羊进行饲养，但因地理、环境、气候等自然因素，羊群陆续死亡。本品种选育工作从未进行过，基本上是任其自然发展。当时的山羊品种从毛色上可分为麻、白、黑 3 种，绝大多数属短毛型。随着政府越来越重视山羊业的发展，山羊的收购价格不断提高。当地群众有意识地选择体型大、个体重、生长发育良好的山羊进行饲养，麻羊是体型中最大的，因此越来越多的麻羊被选留下来。麻羊板皮质地致密、伤残少、油性足、富有弹性、张副较大，在市场上很畅销，加之群众有吃烫皮羊肉的习惯，更加促进了当地群众选择饲养麻羊的热情（曾琼等，2011）。

第六章

引入肉用型山羊

第一节 波尔山羊

一、概况

波尔山羊（Boer goat）是世界上著名的肉用山羊品种，被称为世界"肉用山羊之王"，也是世界上著名的生产高品质瘦肉的山羊，以体型大、增重快、产肉多、耐粗饲而著称。波尔山羊是由南非培育的肉用型山羊品种，已被非洲许多国家以及新西兰、澳大利亚、德国、美国、加拿大等国引进。从1995年开始，我国先后从德国、南非、澳大利亚和新西兰等国引入波尔山羊3 000多只，分布在陕西、江苏、四川、河南、山东、贵州、浙江、河北、辽宁、广西等20多个省（市、区）。通过适应性饲养和纯繁后，逐步向四川、北京、山东等省、直辖市推广（赵有璋，2011）。1997年以后又陆续引入该品种羊，2005年后在我国山羊主产区均有分布（国家畜禽遗传资源委员会，2011）。

在南非，波尔山羊对地中海式气候、热带和亚热带气候、半荒漠气候都适应。同时，波尔山羊对从纳米比亚和澳大利亚的干热沙漠气候，到大雪覆盖的德国山区，都有很强的适应能力。波尔山羊采食范围极为广泛，主要采食灌木枝叶，适合于灌木林及山区放牧。在没有灌木或树林的草场也能很好地生存和生产。波尔山羊的抗病力强，对一些疾病，如蓝舌病、肠毒血症及氢氰酸中毒症等的抵抗力很强（赵有璋，2013）。对内寄生虫的侵害也有很强的抵抗力。波尔山羊代谢的水分交换率比绵羊低，热应激时每千克代谢活重的需水量比绵羊少40%。波尔山羊体格强健、适应力强，使用寿命达10年以上。

经过几十年严格的选择改良，目前波尔山羊生长育肥性能优于其他山羊品种，主要表现在成年羊的体重大。波尔山羊成年公、母羊体重分别为120～140kg、70～90kg。在优良草地放牧并补饲精饲料的条件下，波尔山羊的日增重公羊291g，母羊272g。在一般条件下，南非波尔山羊的日增重为120～200g（马月辉，1997）。

波尔山羊的皮下脂肪含量低，胴体分割后，前腿、颈部、躯干的产肉量高。波尔山羊的屠宰率在所有肉羊中最高，8～10月龄时屠宰率为48%，周岁时为50%，2岁时为52%，成年时为56%～60%。最佳上市体重为38～43kg。波尔山羊的肉质细嫩，适口性好，在市场上是紧俏肉品。其板皮的皮革价值较高。一般是以毛的长度及厚度确定板皮质量，其中以毛白色、短而细的板皮质量最好（马月辉，1997）。

波尔山羊自1995年首次从德国引入我国以来，由于其独特的种质特性和产肉性能，国内20多个省、自治区、直辖市又先后分别从南非、澳大利亚和新西兰等地引进该品种。各地除提供良好的饲养管理条件外，并广泛采用包括密集产羔、胚胎移植等繁殖新技术，使波尔山羊的数量迅速增加；同时，在江苏、安徽、河南、陕西、贵州、湖北等省用波尔山羊改良当地山羊效果十分显著（赵有璋，2013）。

二、特征与性能

我国2003年11月发布了GB 19376-2003《波尔山羊种羊》国家标准，2007年7月发布了DB32T 350-2007《波尔山羊》地方标准。后者标准具体规定了波尔山羊的品种特性、外貌特征、生产性能和等级评定等内容，标准适用于波尔山羊的品种鉴定和等级评定。

（一）体型外貌特征

头部粗宽，眼大有神，呈棕色；额部突出，鼻呈鹰钩状；角坚实，公羊角基粗大，角向后、向外弯曲，母羊角细而直；公羊有髯；耳大而长，宽阔下垂。颈粗短，与体型相称；肩宽肉厚，颈肩结合良好。体躯呈圆筒形；前躯发达，肌肉丰满；鬐甲宽阔，胸深而宽；肋骨开张，背部宽阔而平直；尻部宽，臀部和腿部肌肉丰满；腹部紧凑；尾平直，尾根粗、上翘。四肢粗壮、匀称；系部关节坚韧，蹄壳坚实，呈黑色。全身皮肤松软，颈部和胸部有明显皱褶，尤以公羊为甚。眼睑和无毛部分有棕红色斑。全身被毛短而密，有光泽，有少量绒毛。头颈部和耳为棕红色或棕色，并允许延伸到鬐甲部。额端到唇端有一条不规则的白鼻通。体躯四肢为白色，允许有棕红色斑，尾下无毛区着色面积应达75%以上，呈棕红色。公羊阴囊下垂明显，两个睾丸大小均匀、结构良好（图90和图91）。

（二）生产性能

1. 产肉性能 初生重公羔一般为3.0～4.5kg、母羔一般为3.0～4.0kg。6月龄体重公羊一般为22～30kg、母羊一般为18～25kg。周岁体重公羊一般为40～55kg、母羊一般为30～45kg。成年体重公羊一般为70～95kg、母羊一般为50～65kg。屠宰率：6～8月龄活重30～40kg时屠宰率为48%～52%；成年羊屠宰率为50%～56%。皮脂厚度1.2～3.4mm。骨肉比为1：6～7。

2. 繁殖性能 公羊6～8月龄性成熟，10月龄以上可用于配种；母羊6～7月龄性成熟，发情周期为18～22d，10月龄以上可配种。母羊妊娠期146～153d，经产母羊产羔率180%～220%。

波尔山羊多羔率比较高，其中单羔母羊比例为7.6%，双羔母羊比例为56.5%，三羔母羊比例为33.2%，四羔母羊比例为2.4%。在繁殖季节开始时，发情间隔较短，发情周期为13d的母羊占16%；在性活动较低时期，发情周期为25d以上。波尔山羊的泌乳力高，一般1d能产2.5L奶，可较好地维持双羔在哺乳期间的快速生长（300g/d）。

（三）等级评定

体型外貌符合品种特性的前提下，主要以体尺、体重作为等级评定标准（表6-1）。

表6-1 波尔山羊等级评定

年龄	性别	等级	体高（cm）	体斜长（cm）	胸围（cm）	管围（cm）	体重（kg）
周岁	公	特	65.0	75.0	85.0	10	55.0
		一	60.0	70.0	80.0	9	50.0
		二	55.0	65.0	75.0	8	45.0
	母	特	60.0	70.0	80.0	9	45.0
		一	55.0	65.0	75.0	8	40.0
		二	50.0	60.0	70.0	7	35.0
成年	公	特	80.0	90.0	100.0	11	95.0
		一	75.0	85.0	95.0	10	85.0
		二	70.0	80.0	90.0	9	75.0
	母	特	70.0	80.0	95.0	10	65.0
		一	65.0	75.0	90.0	9	60.0
		二	60.0	70.0	85.0	8	55.0

资料来源：DB 32/T 350-2007。

三、研究进展

为了充分利用缺乏性欲的波尔山羊的优秀遗传基因，Sundararaman等（2007）研究了对缺乏性欲的波尔山羊采精的效果。该研究使用电刺激法来采集缺乏性欲的波尔山羊的精液，用于改良当地山羊。波尔山羊公羊年龄都在2～3岁，由于后肢的缺陷丧失了性能力，因此不能够爬跨射精。研究中共采集两只公羊的35份精液，其中一只公羊采集了20份，另外一只公羊采集了15份。对公羊的射精量、精子活力、精子密度、精子成活率和精子畸形率等进行品质分析。研究发现，使用电刺激法采集的精液品质比较好，而其余方式采集的精液品质都非常差。电刺激采精法可以在不损伤公羊的前提下成功采集缺乏性欲的公羊精液。

为了提高波尔山羊精子在低温保存时的质量，Memon 等（2013）设计了 3 组试验来研究影响精子质量的因素。试验一是研究在精液中添加维生素 C 对精液品质的影响；试验二是研究冷却速度对精液品质的影响；试验三是研究波尔山羊冻精在复苏时缓冲稀释液对精液品质的影响。研究发现，维生素 C 浓度在 8.5mg/mL 时可以提高精子的质量，与对照组相比差异显著（$P < 0.05$）。与快速冷却相比，缓慢冷却可以显著提高精子活力、精子顶体完整率和精子存活率（$P < 0.05$）。在精液冷冻时，逐步降温方法可以更好地提高精子活力、精子细胞膜和顶体的完整性以及精子存活率。

刘建伟等（2007）对波尔山羊肉品品质特性进行了研究，发现波尔山羊不同性别和不同部位间肌纤维直径和肌纤维横截面积差异不显著（$P > 0.05$），仅肌纤维密度在不同性别间存在极显著（$P < 0.01$）差异，不同性别波尔山羊母羊肌纤维密度极显著高于波尔山羊公羊，波尔山羊母羊肌肉嫩度要高于波尔山羊公羊。从部位上来说，背最长肌肌纤维密度高于臂三头肌和股二头肌，说明背最长肌肌肉较为细嫩。此外，波尔山羊肉品肌纤维密度存在显著的性别×部位互作，水平组合进行多重比较的结果是：波尔山羊母羊背最长肌＞波尔山羊母羊股二头肌＞波尔母羊臂三头肌＞波尔公羊背最长肌＞波尔公羊股二头肌＞波尔公羊臂三头肌。

波尔山羊与国内本地山羊进行杂交后，杂交改良效果显著，杂种羔羊初生重普遍高于本地山羊。在外形上，杂种羔羊明显趋向父本，表现为头大，额宽，耳扁宽大而下垂，背腰平直，四肢粗壮，前后躯较为丰满。利用波尔山羊来杂交改良唐山奶山羊的产肉性能，既能保证产肉性能的提高，又能保证较大体型的进一步提高。为提高鲁北白山羊的产肉性能，1996 年用波尔山羊冻精颗粒，与鲁北白山羊冷配杂交，明显地提高了杂交后代的生长发育速度和产肉性能；同时，杂交后代对本地生态环境条件也能很好地适应。四川省用波尔山羊对本地山羊进行杂交改良，通过对其生长发育进行系统测定，结果表明波尔山羊与本地山羊杂交，其 F_1 代生长发育速度明显高于本地羊，特别是生长发育前期，生长速度很快，6 月龄便可达到出栏屠宰体重，缩短了育肥时间，体型也比本地羊明显增大，且肉质鲜嫩。表明波尔山羊与四川省本地山羊杂交一代（F_1）羊在生长发育性能方面杂交效果明显。波杂交一代（F_1）羊生长发育快，育肥时间短，缩短了出栏屠宰的饲养期，提高了饲养肉用羊的经济效益，且杂种极易饲养。

四、产业现状

南非波尔山羊育种协会于 1959 年成立，并制定和出版发行了波尔山羊的种用标准（袁安文等，1999）。1970 年，南非实施国家绵、山羊性能和后裔测定计划，波尔山羊被纳入其中。测定分 5 个阶段，包括以下指标：母羊特征、产奶量、羔羊断奶前后的生长率、饲料转化率、公羔体重、在标准化饲养条件下断奶后公羔的生长率、公羊后裔胴体的定性和定量测定。现在，南非大约有 500 万只波尔山羊，在我国主要分布在 4 个省，其中现代改良型波尔山羊约有 160 万只。

我国于 1995 年首次从德国引进 25 只 8 月龄波尔山羊（公羊 10 只、母羊 15 只），饲养于陕西省畜牧所和江苏溧水县。1997 年从新西兰引入 67 只饲养于河南棉纺公司。1997 年秋从南非引入 250 只（公羊 44 只、母羊 206 只），分别饲养于四川（90 只）、徐州（90 只）及陕西、江西、广西和龙泉等地。山东省于 1997 年 12 月底从新西兰引进 100 只，在鲁北地区的无棣县种畜场建立了山东省波尔山羊原种场。1998 年 1 月，山东省自新西兰引进 40 只饲养在山东省畜禽良种推广中心。目前，我国波尔山羊的引种已达到一定规模，正处在纯繁扩群、供种和杂交改良试验阶段，并取得了一定进展（杜美红等，2002）。

五、其他

南非波尔山羊的名称来自荷兰语"Boer"，意思是"农民"。波尔山羊的真正起源尚不清楚，但有资料表明可能来自南非的霍屯督人和游牧部落斑图人饲养的本地山羊，在形成过程中还可能加入了印度山羊、安哥拉山羊和欧洲奶山羊的血缘。根据南非波尔山羊育种协会资料，波尔山羊有 5 个类型：

1. **普通波尔山羊** 肉用体型明显，毛短，体躯有不同的花斑。
2. **长毛波尔山羊** 被毛长而厚，肉质粗糙。
3. **无角波尔山羊** 无角，体型欠理想。
4. **地方波尔山羊** 腿长，体型多变而且不理想，体躯有不同的花斑。
5. **改良型波尔山羊** 是 20 世纪初好望角东部的农场主在选择肉用山羊品种时逐步形成的。

第二节 努比亚山羊

一、概况

努比亚山羊（Nubian goat）原产于非洲东北部的埃及、苏丹及邻近的埃塞俄比亚、利比亚、阿尔及利亚等地，属肉乳兼用型山羊品种。以其中心产区尼罗河上游的努比亚而得名，也称埃及山羊，在英国、美国、印度、东欧及南非等都有分布，现已分布到世界各国。据国内外的资料介绍，在发展肉羊生产中，用努比亚山羊改良本地羊的效果比较好，杂交后代的体型比较丰满，羔羊也出现有双脊背，生长速度快（宗贤燏，2002）。

努比亚山羊具有性情温顺、繁殖力强、生长快、体格大、泌乳性能好等优点。因原产于干旱炎热地区，所以其具有良好的耐热性能，但对寒冷潮湿的气候适应性差，故在我国各地只要不是极冷的地方均能很好地生长繁育。四川省成都市于 1939 年曾引入 90 只，1987 年广西壮族自治区从澳大利亚引入数十只。努比亚公羊和马头母羊杂交，杂交优势十分明显，所产杂交山羊的初生重、日增重、成年体重、日产奶量及屠宰率均在马头山羊的基础上分别提高 1.6kg、65g、32kg、1.2kg、4％以上。很多地方将其作为第一父本，进行杂交改良利用，在肉用性能和繁殖性能方面取得了显著效果（陈林等，2002）。

二、特征与性能

（一）体型外貌特征

1. 外貌特征 努比亚山羊头短小，罗马鼻，鼻梁隆起，耳大下垂，颈长，躯干较短，尻短而斜，四肢细长。公、母羊均无须无角。母羊乳房发育良好，多呈球形。毛色较杂，有暗红色、棕色、乳白色、灰白色、黑色及各种斑块杂色，也有很多红色带有黑色的鳗式条纹。以暗红色居多，被毛细短、有光泽。

2. 体重和体尺 努比亚山羊体重和体尺见表 6-2。

表 6-2 努比亚山羊体重和体尺

性别	年龄	只数	体重（kg）	体高（cm）	体长（cm）	胸围（cm）	管围（cm）
公	周岁	10	62.4	78.6	75.5	90.1	8.8
	成年	5	90.0	85.6	89.0	94.3	9.4
母	周岁	15	48.0	70.5	71.2	80.1	8.3
	成年	20	58.6	72.1	73.6	85.5	8.6

资料来源：蒋小刚等，2011。

（二）生产性能

母羊 6～7 月龄性成熟，繁殖力强，胎均产羔 1.92 只，6 月龄育成率达 92％以上。母羊平均产羔率 192.5％，双羔占 72.9％。努比亚山羊泌乳期为 150～180d，产奶量为 300～800kg。乳脂率为 4％～7％，一年可产两胎，胎产羔率 190％。

三、研究进展

努比亚山羊适应性极强，耐热耐旱，对寒冷和高湿也有一定的适应力。温度在 -10～40℃ 以内，海拔在 200～2 300m 以内，坡度在 40°以内，都可正常生长繁殖。为了改善马头山羊生产性能，陈林等（2002）利用努比亚山羊体格大、体型较丰满、泌乳力强等优势，采用努马杂交组合方案，选用努比亚公羊与本地母羊进行杂交，杂交优势十分明显。所产杂交羊在外貌特征和生产性能方面与马头山羊有很大改变。杂交羊全身被毛主要是淡黄色，部分为棕黄色。公、母羊大多数有角。公羊前躯发达，体躯呈长方形，肉用体型较好；母羊后躯深广，乳房发育良好。成年公羊体高 75.5cm，体长 79.6cm，体重 53kg；成年母羊体高 70.7cm，体长 75.8cm，体重 42.6kg。公、母羊平均屠宰率、净肉率成年羯羊分别为 54.34％和 37.95％，周岁羯羊分别为 49.6％和 35.07％，成年母羊分别为 48.26％和 32.92％，周岁母羊分别为 52.30％和 37.20％。

胡钟仁等（2008）采用 CIDR＋FSH 成熟的山羊超排技术方案，选择 45 只努比亚黑色品系山羊进行超排效果研究。结果表明，超排剂量育成羊低于成年母羊 20％，育成羊获得的黄体数、可用胚数分别达到 12.5 枚和 11.3 枚，经检验差异不显著；超排季节的超排效果 10 月份明显优于 6 月份，6 月份、10 月份回收总胚数分别为 8.8 枚和 15.6 枚，可用胚数分别为 8.2 枚和 14.0 枚，总胚数 10 月份是 6 月份的 1.77 倍，可用胚数是 1.71 倍，两季节获得总胚数、可用胚差异不显著（$P>0.05$）；在超排技术体系中，舍饲和放牧＋补饲饲养方式回收胚胎数、可用胚数差异不显著（$P>0.05$）；两次超排的效果第 1 次明显好于第 2 次，可用胚总数第 1 次比第 2 次多 1.7 枚；超排年龄以 4 岁、3 岁、2 岁母羊超排效果较好，可用胚数分别为 21.2 枚、14.8 枚、13.6 枚，4 岁羊与 1 岁、5 岁羊之间差异显著（$P<0.05$）；左右两侧卵巢观察到的黄体数差异不显著（$P>0.05$）。结果表明，努比亚黑色品系山羊具有较好的繁殖性能。

El-Abid 等（2010）选用 86 只 1998 年 10 月至 2000 年 8 月出生的苏丹努比亚山羊，其父母代都是在传统畜牧背景下饲养的，将其完全随机分组，以研究营养供给、产羔季节等对苏丹努比亚羔羊哺乳期长短的影响。结果显示，平均哺乳期总产奶量 89.18kg，营养供给对哺乳期平均总产奶量的影响非常大；而产羔季节、胎次对哺乳期平均总产奶量的影响不明显。总产奶量与第一个月产奶量密切相关，$r＝0.599$；努比亚山羊平均泌乳期在 81.12d，营养供给和胎次对努比亚山羊泌乳期影响不明显，而产羔季节对努比亚山羊泌乳期有明显的影响。研究表明，通过建立适当的管理措施，可提高努比亚山羊的生产力。

Stemmer 等（2009）描述了英国努比亚山羊的形成，并追踪了在 19 世纪引种到英国的原始努比亚山羊品种。在相关文章提到，努比亚山羊从英国引种到美国、加拿大、非洲、亚洲和拉丁美洲，英国努比亚山羊是集世界不同地区优秀遗传资源于一身，以提高其本身生产性能和适应热带环境的品种。该品种被引种到各大洲后，除了用于纯繁外，主要还是用于杂交改良。虽然人们在很久前就意识到该品种具有宝贵的遗传资源，但还没有意识到该品种在不加以控制的杂交改良中有消失的可能。

为了研究努比亚山羊、阿尔平山羊和努比亚杂种山羊在墨西哥半干旱地区排卵的季节性波动，Lozanoa 等（2000）在自然光照周期和环境条件下开展了为期一年的调查研究。试验选择努比亚母山羊、阿尔平母山羊和努比亚杂种母山羊各 8 只，随后进行分组，并将母羊暴露在公羊能够接触到的范围之内。每周采血两次，同时测定血浆中的孕酮浓度。在血浆孕酮浓度的测定下，所有试验山羊季节性排卵活动都被清楚地绘制成了模式图形。结果显示，排卵周期的长短与基因型差异不显著（$P>0.10$）。然而，努比亚杂种山羊排卵周期的长短在个体上差异显著（$P<0.05$）。此结论表明，起源于不同纬度的母山羊在一年中光照周期变化小、营养合理和外界性刺激相似条件下，在季节性排卵活动中都表现出相似的模式图形。

四、产业现状

努比亚山羊现分布于非洲北部和东部的埃及、苏丹、利比亚、埃塞俄比亚、阿尔及利亚，以及美国、英国、印度等地。用它来改良地方山羊，在提高肉用性能和繁殖性能方面效果较好。

我国在抗日战争时期，从美国引进了几只，用以改良成都近郊的山羊，现在四川省简阳市的大耳羊含有努比亚山羊的血液。到 1984 年、1985 年、1987 年又分别从英国和澳大利亚引进 90 余只，分别放在四川省简阳市和广西壮族自治区扶绥县两地饲养。因该品种生长于干旱炎热地区，耐热性能较萨能奶山羊和吐根堡奶山羊好，因此适宜在热带、亚热带地区生长（宗贤燏，2002）。

努比亚山羊在我国经过了 30 多年的培育，与很多地方品种进行了杂交改良，也起到了一定的效果。2012 年贵州省投资 7 000 多万元在贵州省松桃县建立了"贵州省努比亚牧业发展有限公司、努比亚山羊研究所、努比亚山羊原种场、努比亚杂交改良场"，总占地面积 400hm²，建筑面积 60 000m²，专门用于努比亚山羊的系列培育与研究。

五、其他

努比亚名源于埃及尼罗河第一瀑布阿斯旺与苏丹第四瀑布库赖迈之间地区的称呼。努比亚这个词来自埃及语中的（nub），也是努比亚山羊的发源地，因此用"努比亚"对羊进行命名。美国"华特希尔公司"、英国"KHZ"、中国"贵州省努比亚牧业有限公司"先后分批引进了努比亚山羊，对其进行培育，以适应本国气候。由于努比亚山羊是亚热带品种，因此毛色以棕色、暗红为多见。其换牙时间也明显快于我国其他品种，最快一年可换三对牙，所以不能单以牙齿判定羊的周岁。

第三节　萨能山羊

一、概况

萨能山羊（Saanen goat）是世界最著名的奶山羊品种，原产于瑞士泊尔尼州西南部的萨能山谷。除十分炎热或酷寒的地区外，现已广泛分布在世界各地（赵有璋，2013）。

原产地属阿尔卑斯山区，灌木丛生，牧草繁茂，泉水众多，气候凉爽，适宜放牧。当地居民主要经营奶畜业，为家庭和游客提供鲜奶，生产干酪和出口种羊。优越的自然条件、国家的重视和支持、当地人民的精心选择和良好的培育，形成了这一高产奶山羊品种（赵有璋，2013）。

萨能山羊成年公羊体重 75～95kg，体高 80～90cm；成年母羊体重 55～70kg，体高 70～78cm。泌乳期 10 个月左右，以产后 2～3 个月产奶量最高，305d 的产奶量为 600～1 200kg，乳脂率 3.2%～4.0%。澳大利亚至今保持着产奶量最高的世界纪录，365d 产奶量第一个泌乳期的最高产奶量为 3 296kg，第二个泌乳期的最高产奶量为 3 498kg。萨能山羊产奶量的高低，受营养因素的制约很大，只有在良好的饲养条件下，其泌乳性能才能得到充分发挥。萨能山羊膻味较大，受此影响，奶中膻味也较浓，是其缺点。故挤奶时，应远离公羊，所挤羊奶应尽早利用，不宜搁置太久（赵有璋，2013）。

萨能山羊头胎多产单羔，经产羊多产双羔或多羔，产羔率 170.0%～220.0%。利用年限 6～8 年。萨能山羊适应性广，抗病力强，既可在牧草生长良好的丘陵山地放牧饲养，也可在平原农区舍饲。但由于原产地高燥凉爽，加之其被毛稀、绒毛短、皮下脂肪少，因而怕严寒，不耐湿热，在地势高燥、冬季气温不低于 −16℃、夏季气温不超过 36℃ 的地区饲养较好（赵有璋，2013）。

由于萨能山羊产奶量高、适应性广，许多国家都用它来改良当地山羊品种，并培育出了不少的奶山羊新品种，如英国萨能山羊、以色列萨能奶山羊、德国改良白山羊、荷兰白山羊等。1904 年前后在山东省青岛市的外国传教士将萨能羊引入我国。20 世纪 30 年代，山东、河南、河北、陕西等省饲养量不断增多。20 世纪 80 年代，陕西、四川、甘肃、辽宁、福建、安徽和黑龙江等省又从国外引入了大量的萨能山羊。萨能山羊对我国奶山羊产业的发展起了很大作用。作为父系品种，参与了关中奶山羊、崂山奶山羊等新品种的育成。现在我国的奶山羊绝大多数是萨能山羊及其与当地山羊的杂交种，生产性能因杂交系数、所在地区和饲养水平不同，差异较大，一般一个泌乳期产奶量 400～1 000kg（赵有璋，2013）。

二、特征与性能

云南昆明市实践编制的 DB53/T243-2008《萨能奶山羊饲养技术规范》于 2008 年 1 月 16 日由云南

省质量技术监督局批准发布，并于 2008 年 5 月 1 日正式实施。

（一）体型外貌特征

1. 外貌特征　萨能奶山羊全身被毛为白色短毛，皮肤呈粉红色。具有奶畜典型的楔形体型。体格高大，结构紧凑，体型匀称，体质结实。具有头长、颈长、体长、腿长的特点。额宽，鼻直，耳薄长，眼大突出。多数羊无角，有的羊有肉垂。公羊颈部粗壮，前胸开阔，尻部发育好，部分羊肩、背及股部生有少量长毛；母羊胸部丰满，背腰平直，腹大而不下垂，后躯发达，尻稍倾斜，乳房基部宽广，附着良好，质地柔软，乳头大小适中。公、母羊四肢端正，蹄质坚实，呈蜡黄色（国家畜禽遗传资源委员会，2011）。

母羊乳房基部宽广，向前延伸，向后突出，质地柔软，乳头一对，大小适中。

2. 体重和体尺　萨能奶山羊成年体重公羊 75～95kg，母羊 55～70kg；成年体高公羊 80～90cm，母羊 70～78cm（国家畜禽遗传资源委员会，2011）。

（二）生产性能

1. 产奶性能　萨能奶山羊泌乳性能好，乳汁质量高，泌乳期一般为 8～10 月龄，以第三、四胎泌乳量最高，年产奶 600～1 200kg，最高个体产奶记录 3 430kg。乳脂率 3.8％～4.0％，乳蛋白含量 3.3％（国家畜禽遗传资源委员会，2011）。

2. 繁殖性能　萨能奶山羊性成熟早，为 2～4 月龄，初配时间为 8～9 月龄。母羊发情周期 20d，发情持续期 30h，妊娠期 150d。繁殖率高，产羔率 200％左右。羔羊初生重公羔 3.5kg，母羔 3.0kg；断奶重公羔 30.0kg，母羔 20.0kg；周岁重公羊 50.0～60.0kg，母羊 40.0～45.0kg（国家畜禽遗传资源委员会，2011）。

三、研究进展

徐铁山等（2010 年）测定并比较萨能奶山羊、海南黑山羊及其杂交后代的体重与体高、体斜长、胸深、胸宽、胸围、腰角宽等体尺指标。结果表明，萨能奶山羊和海南黑山羊的杂交后代体重分别比海南黑山羊提高 5.24％和 29.80％，杂交效果显著。

在常规饲养管理条件下，通过对萨能山羊与本地白山羊杂交 F_1 代不同发育阶段体重、初生重、屠宰性能、育肥效果等各种资料数据进行综合、归纳、分析发现，萨杂羊 F_1 代初生重大，生长发育快，饲料报酬高，生产成本低；羔羊当年屠宰，加快了羊群周转速度，缩短了生产周期，提高了出栏率；产肉性能高，肉的品质好，杂种优势明显；当年生的羔羊除留后备外，大多数杂交羊都在当年入冬前屠宰，减轻了越冬的人力和物力消耗，避免冬季掉膘，减少了死亡造成的损失；由于减少了羯羊的饲养量，不养或少养羯羊，从而改变了羊群结构，增加了母羊的比例，有利于扩大再生产。综上所述，萨能奶山羊改良本地白山羊切实可行，改良效果突出，对发展肉羊生产具有重要的现实意义，是农民提高养羊经济效益的有效举措。

冯永淼等（2009）对呼和浩特地区萨能山羊奶和牛奶生化组成进行了测定，并对两种乳生化特性进行了比较研究。结果表明，山羊奶中总蛋白、脂肪、干物质含量均高于鲜牛奶中的含量，乳糖含量较牛奶低，从营养角度考虑萨能山羊乳是比较理想、健康的营养乳。

Aufy 等（2009）将 39 日龄的萨能山羊羔羊分成 4 组（GM、WGM、MR 和 WMR）。GM 组羔羊喂 48d 羊奶；WGM 组羔羊最初喂羊奶，但在 25d 开始断奶，40d 后完全断奶；MR 组羔羊喂 48d 代乳品；WMR 组羔羊最初喂代乳品，然后对 WGM 组羔羊实施断奶计划。在试验期间，每天对各组羔羊总消费量进行记录，每周称重和采血一次，并对血浆样品中的葡萄糖、游离氨基酸和胰岛素进行分析。在 WGM 组和 WMR 组羔羊，断奶显著降低了干物质采食量。尽管如此，在整个研究期间，4 组羔羊体重之间并无明显差异；在断奶 WGM 和 WMR 组羔羊，血浆葡萄糖、氨基酸和胰岛素降低。在试验第 1 周开始不久，与饲喂羊奶的羔羊组（GM 和 WGM）相比，用代乳品饲喂的羔羊组（MR 和 WMR）血浆葡萄糖和游离氨基酸较低。结果表明，断奶影响羔羊葡萄糖和氨基酸代谢，同时也影响胰岛素分泌，而用代乳品饲喂的羔羊只降低血浆中葡萄糖和游离氨基酸，却不影响胰岛素分泌。

Couto 等（2014）将 24 只萨能山羊（15 只经产母羊和 9 只初产母羊）随机分组，用豆粕＋大豆＋酵母粉（SBDY）或只用酵母粉（DY）作为山羊的蛋白质来源，并饲喂磨碎的玉米矿物添加剂和青贮玉米（400g/kg）。目的是评估活性干酵母在产后和泌乳后期作为奶山羊日粮中蛋白质来源的营养价值。为了估测粪便排泄物中的难消化物质，将可用中性洗涤纤维作为内部标识物。这种饲喂方式没有影响奶山羊干物质采食量（DMI）。然而，与初产母羊相比，经产母羊的 DMI 和营养素摄入量相对较高；在产后期间，初产山羊的干物质消化率和总消化养分（TDN）相对要高。在泌乳后期阶段，初产山羊和经产山羊干物质和养分消化率无显著差异；在泌乳结束阶段，初产山羊和经产山羊总消化养分无显著差异。在日粮中饲喂酵母粉的山羊血液中尿素氮较低。因此，使用活性干酵母代替初产山羊和经产山羊日粮中的豆粕是维持饮食营养价值的一个很好选择。

四、产业现状

萨能山羊品种在我国的平原、丘陵地区适应性强，分布广，对我国奶山羊产业的发展起到了很大作用。该品种用作改良父本效果十分显著，在西农萨能奶山羊、关中奶山羊、崂山奶山羊及文登奶山羊等品种的培育过程中发挥了重要作用，并为全国许多省、自治区提供种羊万余只，建成 29 个基地县。萨能奶山羊 1989 年收录于《中国羊品种志》（国家畜禽遗传资源委员会，2011）。

萨能奶山羊是世界奶山羊的代表品种，输入各国后，各国都进行了符合本国国情的定向选育。我国的美国引入萨能奶山羊后，开始饲养在河北定县，后 1937 年因日本侵华战争而转到西北农学院。经过长期的严格选择和精心培育，已形成了适应我国气候条件的体格大、产奶多、繁殖力强、遗传性能稳定、适应性广、改良地方品种效果显著的品种群。过去的几十年，在我国推广的 8 000 余只几乎遍布全国各地，对我国几个优秀地方奶山羊品种的育成起了决定性的作用。国家将其定名为"西农萨能奶山羊"，传统上我国养羊者称其为"萨能奶山羊"。因"西农萨能奶山羊"是我国进行本土化培育而成的新品种，已与"萨能奶山羊"有所区别，因此在奶山羊生产中要加以区分。西北农林科技大学种羊场是目前全国唯一的国家重点萨能奶山羊原种场，饲养有原种西农萨能奶山羊基础母羊 200 余只，进行西农萨能奶山羊的纯种繁育，承担着我国西农萨能奶山羊的主要供种任务（崔中林，2003）。

第七章

培育肉用型山羊

第一节 南江黄羊

一、概况

南江黄羊（Nanjiang Yellow goat）是我国培育的第一个肉用型山羊品种，又称为速成亚洲黄羊。该品种羊于20世纪60年代开始，以努比亚山羊、成都麻羊为父本，南江县本地山羊、金堂黑山羊为母本，采用复杂育成杂交方式，经过不断的选育而培育成功的（国家畜禽遗传资源委员会，2011），具有体格大、生长发育快、繁殖率高、抗病力强、适应能力强、板皮品质好等特性。

南江黄羊中心产区位于四川省南江县，主要分布于南江及周边的瓦池、北极、白院、坪岗、仁和、东垭、黑潭、朱公等13个乡镇，分布在海拔800～1 500m的中（低）山地带。南江县位于四川东北边缘，毗邻陕西汉中市和广元旺苍县。其气候特点是：秋雨冬雪、夏短冬长，年平均气温11～12℃（−8.7～36.5℃），降水量1 400mm左右，相对湿度78%，无霜期220d。在山坡上，冬季间断积雪可长达3个月；雨水量集中在入秋，形成绵雨天。土壤以黄壤沙土为主，肥力较好，含有机质2%～3%。主要农作物有玉米、稻麦、薯类、豆类及小杂粮等以及萝卜、白菜、青菜等蔬菜类；人工种植牧草有三叶草、黑麦草等。山泽林间牧草丰茂，主要由禾本科、豆科、菊科、莎草科和各类杂草、灌杂木（如马桑、林扶、刺槐等）及杂竹类组成的良好天然草场，适宜放养山羊。在南江养羊历史上，这一区域占全县山羊总数的40%～45%（王维春等，2000）。

南江黄羊羊肉细嫩多汁，膻味轻，口感好。因含有努比亚山羊的血液而具有较好的产乳力，胎产三羔以至五羔者，在人工控制哺乳下也能全部成活。断奶成活率历年群体平均为89.67%，2月龄断奶平均窝重23.84kg。南江黄羊具有较强的适应性，在北纬27°12′～121°32′、东经102°20′～121°32′，海拔10～4 359m的自然生态区域内，能保持正常的繁殖和生长，而且抗病力强，特别适宜我国南方各省（区）饲养（杨子爵，1998）。

二、特征与性能

我国2004年8月发布了NY 809-2004《南江黄羊》农业行业标准。具体规定了南江黄羊的品种特性和等级评定。该标准适用于南江黄羊的品种鉴定和种羊等级评定。

（一）体型外貌特征

1. 外貌特征 全身被毛黄褐色，毛短富有光泽。头大小适中，公羊额宽、头部雄壮，母羊颜面清秀。颜面黑黄，鼻梁两侧有一对称的浅黄色条纹。枕部沿背脊有一条黑色毛带，十字部后渐浅。大多数有角，少数无角。耳较长或微垂，鼻梁微隆。公、母羊均有毛髯，公羊颈部及前胸被毛黑黄粗长。少数羊颈下有肉髯。颈长短适中，与肩部结合良好；胸深而广、肋骨开张；背腰平直，尻部倾斜适中；四肢粗壮，蹄质坚实。体躯略呈圆桶形，体质结实，结构匀称。公羊睾丸发育良好。母羊乳房发育良好（图92和图93）。

2. 体重和体尺 南江黄羊体重和体尺见表7-1。

表7-1 南江黄羊各年龄段的体重和体尺

性别	年龄	只数	体重（kg）	体长（cm）	体高（cm）	胸围（cm）
公	6月龄	30	27.83±2.53	63.33±2.12	60.75±2.17	69.60±2.56
	周岁	30	37.72±2.04	69.40±2.37	66.40±2.14	77.03±2.56
	成年	30	67.07±4.91	82.65±3.28	76.55±2.78	93.03±2.57
母	6月龄	120	22.84±2.34	58.16±3.38	55.14±2.66	64.89±2.96
	周岁	100	30.75±1.99	64.34±2.35	61.80±2.39	72.91±2.95
	成年	120	45.60±3.69	72.15±3.12	66.05±2.83	82.67±3.14

资料来源：中国畜禽遗传资源委员会，2011。

（二）生产性能

1. 产肉性能 在放牧条件下，南江黄羊6月龄羊宰前体重、胴体重、净肉重、屠宰率分别为21.55kg、9.71kg、7.09kg、45.06%；12月龄羊分别为30.78kg、15.04kg、11.13kg、48.86%；成年羊分别为50.45kg、28.18kg、21.91kg、55.86%。

2. 繁殖性能 南江黄羊性成熟较早，母羊常年发情。公羊初配年龄为12月龄，母羊为8月龄。初产羊产羔率为154.17%，经产羊为205.35%，平均为194.67%。

（三）等级评定

1. 评定时间 分月龄、周岁、成年三个阶段。

2. 评定内容 包括繁殖性能、体重和体尺、体型外貌。

3. 评定方法

（1）种母羊繁殖性能等级划分见表7-2。

表7-2 繁殖性能等级划分

等级	年产窝数	窝产羔数
特	≥2.0	≥2.5
一	≥1.8	≥2.0
二	≥1.5	≥1.5
三	≥1.2	≥1.2

资料来源：NY 809-2004。

（2）种公羊精液品质 南江黄羊种公羊每次射精量1.0mL以上，精子密度每毫升达20亿个以上，活力0.7以上。公羊每天采精两次，连续采精3d休息1d。

（3）体重和体尺等级划分 体重和体尺等级划分见表7-3。

表7-3 体重和体尺等级划分

年龄	等级	公羊				母羊			
		体高（cm）	体长（cm）	胸围（cm）	体重（cm）	体高（cm）	体长（cm）	胸围（cm）	体重（cm）
6月龄	特	62	65	72	28	58	60	65	23
	一	55	57	65	25	52	54	60	20
	二	50	52	60	22	48	50	55	17
	三	45	47	55	19	44	46	50	15
周岁	特	67	70	82	40	62	66	77	32
	一	60	63	75	35	56	59	70	28
	二	55	58	70	30	52	55	65	24
	三	50	53	65	25	48	51	60	21
成年	特	79	85	99	69	72	75	87	45
	一	72	77	90	60	65	68	80	40
	二	67	72	84	55	60	63	75	36
	三	62	66	78	50	55	58	70	32

注：成年公羊3岁、成年母羊2.5岁。

资料来源：NY 809-2004。

（4）一级羊体重和体尺标准下限见表7-4。

表7-4　一级羊体重和体尺标准下限

年龄	性别	体重（kg）	体高（cm）	体长（cm）	胸围（cm）
6月龄	公	25	55	57	65
	母	20	52	54	60
周岁	公	35	60	63	75
	母	28	56	59	70
成年	公	60	72	77	90
	母	40	65	68	80

资料来源：NY 809-2004。

4. 外貌等级划分　外貌等级先按表7-5规定评出总分，再按表7-6划分等级。

（1）体型外貌评分　见表7-5。

表7-5　体型外貌评分

项目		评分要求	满分	
			公	母
外貌	被毛	被毛黄色、富有光泽，自枕部沿背脊有一条由粗到细的黑色毛带，至十字部后不明显，被毛短浅，公羊颈与前胸有粗黑长毛和神色毛髯，母羊毛髯细短浅	公	母
	头形	头大小适中，额宽而平，鼻微拱，耳大长直或微垂	14	13
	外形	体躯略呈圆桶形，公羊雄壮，母羊清秀	8	6
	小计		6	5
体躯	颈	公羊粗短，母羊较长，与肩部结合良好	28	24
	前躯	胸部深广，肋骨开张	6	6
	中躯	背腰平直，腹部较平直	10	10
	后躯	荐宽、尻丰满斜平适中，母羊乳房呈梨形，发育良好，无附加乳头	10	10
	四肢	粗壮端正，蹄质结实	12	16
	小计		10	10
发育	外生殖器	发育良好，公羊睾丸对称，母羊外阴正常	48	52
	整体结构	肌肉丰满，膘情适中，体质结实，各部结构匀称紧凑	10	10
	小计		14	24
	总计		100	100

资料来源：NY 809-2004。

（2）外貌等级划分　见表7-6。

表7-6　外貌等级划分

等级	公羊	母羊
特	≥95	≥95
一	≥85	≥85
二	≥80	≥75
三	≥75	≥65

资料来源：NY 809-2004。

5. 个体品质等级评定　个体品质根据体重（经济重要性全中0.36）、体尺（经济重要性全中0.24）、繁殖性能（经济重要性权重0.3）、体型外貌（经济重要性权重0.1）指标进行等级综合评定（表7-7）。

表 7-7　综合评定

体型外貌	体重和体尺															
	特				一				二				三			
	繁殖性能				繁殖性能				繁殖性能				繁殖性能			
	特	一	二	三	特	一	二	三	特	一	二	三	特	一	二	三
特	特	特	特	一	二	二	二	二	二	二	三	三	三	三	三	三
一	特	特	一	二	二	二	二	三	二	三	三	三	三	三	三	三
二	特	一	二	二	二	二	三	三	三	三	三	三	三	三	三	三
三	一	一	二	三	二	三	三	三	三	三	三	三	三	三	三	三

三、研究进展

南江黄羊的育种工作开始于 1954 年，当时用成都麻羊和努比亚山羊的杂交后代与金堂黑山羊、本地山羊杂交，主要是以在四川省南江县的北极种畜场、元顶子牧场及场周"三区、十三乡"为基地，经 30 多年培育而成的肉用山羊。在选育初期结合南江的实际情况，提出了明确选育的方向，即被毛黄褐色，体格高大，具有明显的肉用体型结构，生长发育快，繁殖力高，适应性强，耐粗放饲养。自 1964 年起对杂交羊群按性状分类、分群对比观测，从中发现和保留了优秀个体进行培育，并应用限值留种法开展了品种繁育，到 1973 年形成了被毛黄色、体格高大、产肉性能良好的南江黄羊育种群。1995 年 10 月和 1996 年 11 月先后通过农业部、国家畜禽遗传资源管理委员会组织的现场鉴定和复审。1996 年全县南江黄羊总存栏为 10 5591 只，其中等级羊 15 567 只，特、一级羊 5 755 只，占等级羊的 36.97%。这样就初步建立起了高繁殖力群系，选育出 0～3 世代的基础羊群达 294 只（公 24 只、母 270 只），为品系繁育奠定了基础。1998 年 4 月 17 日被农业部命名"南江黄羊"，1998 年 7 月 1 日颁发了《畜禽新品种证书》（王维春等，2000）。

南江黄羊育成后，相关部门采取积极措施，针对羔羊早期生长速度慢、肉用体型不理想等缺点进一步加快了品种选育的研究。在这期间"南江黄羊的选育"课题曾连续列入四川省重点科技攻关项目，在育种群形成的基础上，根据选育目标制定了《南江黄羊品种选育标准》。与此同时，在南江黄羊选育基地区内，形成了以良繁中心（南江黄羊北极种畜场和元顶子牧场）核心群为龙头，选育基础群为枢纽，配种点与大面积种羊户的羊群为基础的"金字塔形"繁育体系，以发挥各级选育组织的功能。选育核心群种羊必须是特级公羊和特、一级母羊中的优秀个体，并且保持合理的羊群结构。公羊流向只能由上向下，母羊流向可由繁殖群向上选送，以保证将质量最好的母羊集中到核心群。繁殖后代羊除部分经选择、培育后选送到核心群以外，其余大多数种羊将送入扩繁群。这种三级繁育体系的建立，可以不断提高品种的生产性能，有效防止品种的退化（张红平等，2006）。在保持南江黄羊已有优良特性的基础上，运用动物遗传育种的基本原理，传统的育种方法与现代生物技术相结合，育种工作者抓紧进行南江黄羊高繁、快长、大型和黑色品系的选育，经四川省"九五"、"十五"畜禽育种攻关项目中"南江黄羊品系选育"课题的实施，黄羊 NP、NG、NB 三（群）系已初步形成，生长速度较为理想（王维春，2006）。

自南江黄羊育种形成以来，已向全国 30 个省（市）推广种羊计 10 万余只，在各地纯繁和杂交效果好、效益高。鉴于南江黄羊具有优良的种质特性，并以肉皮品质上乘为主要特点著称，因而各地络绎不绝地前往产地引种，用于纯繁和杂交改良，其主要经济性状指标均表现出良好的效应（王维春，2005）。

据测定，周岁 F_1 羊体重的杂交优势率为 18.49%～38.49%，与同龄本地羊比较，体重提高可达 66.32%～111.32%。安徽太湖县 2001 年通过引进南江黄羊与本地山羊进行杂交改良，充分发挥品种特征和优势，有效提高了商品羊的产肉率，缩短了饲养周期（王林华等，2004）。

赵永聚等（2005）测量和比较了舍饲条件下的波尔×南江（波南 F_1）与南江黄羊初生、2 月龄、4 月龄、6 月龄、8 月龄的体高、体长、胸围、管围和体重。结果表明，波南 F_1 公、母羊初生重分别比同龄同性别的南江黄羊提高了 19.76%、29.56%，差异极显著（$P<0.01$）；8 月龄时，波南 F_1 公羊体重

比南江黄羊公羊高 6.14kg，提高了 36.70%（P＜0.01）；母羊体重比南江黄羊少 0.38kg，降低了 1.79%，但差异不显著（P＞0.05）。谢喜平等（2007）用福建本地羊种和新引进的南江黄羊种群，采用家系内个体指数法，进行世代扩繁选育，结果表明第 3 世代后备公、母羊的 2 月龄、4 月龄、6 月龄体重比第 1 世代同期提高 13.16%～16.43%，公羊差异显著，母羊差异极显著；初生至 6 月龄平均日增重公羊 95.5g，母羊 90.0g，分别比第 1 世代提高 15.45%、15.38%；第 3 世代公、母羊 6 月龄胸围、体长和体高比第 1 世代提高 5.88%～10.77%，差异均极显著；第 3 世代公、母羊 6 月龄体重、体长、体高和胸围的变异系数与第 1 世代相比均有下降，体型外貌均匀整齐；3 个世代的繁殖性能、羔羊初生重和每个世代内各月龄性别间体重差异均不显著。

崔保维等（2005）通过波尔山羊与南江黄羊杂交试验表明杂交后代具有明显的杂种优势，具体表现在体重显著增加，生长速度加快，胴体重，屠宰率明显提高，适应性增强。

四、产业现状

南江黄羊主要还是分布于巴中市的 167 个乡镇，养羊户 20.3 万户，国内推广地区达到 600 余个市（区、县）。南江黄羊既是南江优势特色产业，更是南江县确定的三大立县产业之一。王明哲（2005）报道，在"十一五"期间该县养羊产值达到 2.48 亿元，占牧业产值的 4.81%，产值比重提高了 1.62 个百分点；农户投资养羊的积极性高涨，新增养羊大户 2 600 多户，新增投资 1.45 亿元。赵峰（2009）报道，近年来，在各方力量的大力支持下，政府紧紧抓住实施科技富民强县专项计划的机遇，重点围绕"南江黄羊"特色产业，以示范场为重点、以基地村为单元、以示范户为细胞，在元潭、关田、寨坡、杨坝等乡镇开展了南江黄羊健康养殖示范基地建设，涌现出了字库、罐坝、水田坪、东坝、石寨、五郎等健康养殖示范村 7 个，科技示范户 600 余户。2005 年抽样调查的 54 个村 176 户养羊户，共出栏黄羊 10 981 只，其中种羊 1 819 只、肉羊 9 162 只，收入达 284.43 万元；户均出栏黄羊 62.39 只，户均收入 16 160.74 元。截至 2009 年 10 月，南江黄羊饲养量达到 87 余万只，出栏 41 万只，产值超 2 亿元，人均养羊收入 500 元以上。

南江黄羊品种培育形成后推广效果良好，这使得南江黄羊的分布面积不断扩大。王维春等（2004）报道其规模已由"八五"期前 15 省（市、区）扩大到全国（除台湾、西藏外）各省（市、区），累计推广种羊（不含民间自由调剂供种）8 万余只，在全国畜牧业区划所列的七大自然生态类型区均有分布。具有如下特点：①西部涉及生态类型复杂、分布最多，所占比重以西南山地区最高为 63.38%，又集中在秦巴山、武陵山系，可见南江黄羊适宜西部，尤其"西广区"的肉山羊开发；②中、东部主要是黄淮海区和东南（沿海）区，引种的比重大幅度上升，尤其是东部由"八五"前的 1.77% 上升至 8.21%，增加 4.64 倍，说明南江黄羊在中、东部更具发展前景；③南江黄羊在黄土高原区所占引种比不大（仅7.79%），但该区域涉及并堪称中、西、东部结合部，对综合我国"南、北方羊文化"的特征，对促进羊业的可持续发展具有重要作用（王维春等，2004）。

南江黄羊近年来的标准化生产也取得了初步成效。2003 年，南江黄羊被国家农业部命名为"无公害羊肉"，并取得质量认证。经过南江黄羊产业发展中心 3 年时间的探索，于 2005 年制定了《南江黄羊标准化养殖模式》，并且在这个基础上与南江县技术监督部门进一步修订制定了相关标准。

依托科研单位技术支撑，与多所高等院校建立学研合作，南江县已经建立了南江黄羊工程技术研究中心，高校专家多次到核心示范场，组织养羊户培训班培训专业技术人员，生产实践的成效显著。

南江黄羊种羊推广中，对引进种羊的客户，从经营方针和管理体制的确立，到规模的大小、饲养场地的选择、生产设施的布局、设计和建设、饲草饲料的全年均衡供应、饲养管理方式及饲养工艺流程、疫病防治，以及产品的产、加、销一体化经营等问题上进行建议与指导。编写了南江黄羊饲养管理的资料和书籍，并录像，制作光盘，赠送技术资料，切实解决广大养羊户在养羊过程中存在的技术、管理等问题，消除养羊户的后顾之忧。

南江黄羊的选育成功，填补了我国无培育肉用山羊品种的空白，对促进我国肉用山羊生产的发展，加快山区人民脱贫致富具有十分重要的意义。

第二节　安徽白山羊新类群

一、概况

安徽白山羊新类群原产于安徽省淮河流域（黄淮海平原南部），是一个历史悠久的优良地方山羊品种，为黄淮山羊的一个地方类群。安徽白山羊新类群是在暖温带半湿润气候条件下经过长期选育而形成的，具有繁殖力高、适应性好、抗病力强、产品质量优等特点，适合短途放牧和舍饲。安徽白山羊新类群属于肉皮兼用型山羊品种，以性早熟、繁殖力高和产品质量好而著称，其板皮属"汉口路"，呈蜡黄色，细致柔软，油润光亮，弹性好，是公认的优质制革原料（程箫，2012）。2009年，安徽白山羊新类群入选省级畜禽遗传资源保护名录。

安徽白山羊新类群主要分布于安徽省阜阳、宿县、亳州、淮北、滁州、六安、合肥、蚌埠、淮南等市（县）中心产区在阜阳、宿州和亳州三市。这一地域平均海拔约35.0m，中心产区属黄淮冲积平原，地势平坦，仅有少量岗、坡、洼地组成的丘陵。气候属暖温带半温润气候区，主要表现为季风明显，气候温和，光照充足，雨量适中，无霜期长，四季分明，春温多变，夏雨集中，秋高气爽，冬季干燥。年最高气温42.0℃，年最低气温－14.0℃（极端低温－21℃），年平均温度13～16℃；年平均无霜期210～240d。年平均降水量740～1 000mm，降水量各月份分配不均，主要集中在雨季，易发生春旱、秋涝。5～9月份为雨季，降水量约占全年的50%；年平均相对湿度70%～80%。年日照2 300h。平均风速为3.2m/s，极速21m/s。安徽白山羊新类群分布区河流属淮河水系，多条河流流经产区。地下水资源丰富，是主要生活生产用水水源。土壤土质有沙质土壤、淤质土壤、砂礓黑土等，土地肥沃。产区内以平原为主，其中耕地面积约183万hm²，占总面积65%以上。耕地主要用于种植粮食作物，只有少量人工栽培牧草。产区内农作物以旱粮为主，一年两熟或两年三熟，盛产小麦、玉米、大豆、甘薯、棉花、花生、高粱、谷子、芝麻、花生、油菜籽、蔬菜、中药材以及苹果、梨、桃、葡萄、湖桑等。境内拥有8万hm²全国最大的连片水果产区，盛产桃、梨、杏、苹果、葡萄、李子、石榴和柿子等温带水果。有大量的农副产品和果树叶可用于草食动物的饲料。

安徽白山羊新类群肉质细嫩，膻味小，板质优良，具有性成熟早、四季发情、产羔率高、耐粗饲、适合于农区圈养和拴牧、抗病力强等优点，是优质羊肉生产和板皮生产的优良品种，同时也是开展杂种优势利用或开展肉用山羊配套系选育的良好母本。近些年来，由于忽视了选育保种工作，从外地引进了一些其他山羊品种，无计划地进行杂交，原安徽白山羊优良性状存在着不同程度的下降，群体数量迅速减少（王宾，2009）。今后应加强品种的保护和本品种选育工作，同时应科学、合理地对其开展综合开发利用。

二、特征与性能

原安徽白山羊曾于1987列入《安徽省地方家畜家禽蜜蜂品种》中。近些年来，畜牧工作人员按照《安徽优质高产肉用山羊新品种（选育）标准》来进行选育安徽白山羊新类群工作。

（一）体型外貌特征

1. 外貌特征　安徽白山羊新类群毛色纯白，呈丝光，被毛有光泽。体躯高、长，体质结实，结构匀称。面部微凹，眼大，鼻梁平直，颔下有髯，耳平伸，稍向前招，嘴尖唇薄。分有角和无角两个类型：有角型，公羊角粗大，母羊角细小，向上向后伸展呈镰刀状；无角型，仅有0.5～1.5cm的角基。公羊头大颈粗，胸部宽深，背腰平直，腹部紧凑，肋骨呈圆筒状，结构匀称，尻微斜，尾粗短上翘，蹄质结实。母羊颈长，胸宽，背平，腰大而不下垂，乳房大并紧缩成球状，后躯发育良好（图94和图95）（陈胜等，2009）。

2. 体重和体尺　安徽白山羊新类群个体中等，羔羊初生重与每胎产羔数和羔羊的性别有密切关系。初生平均体重公羔1.67kg，母羔1.55kg。成年平均体重公羊36.3kg左右，母羊26.1kg左右，各阶段的体尺与增重情况相一致（王宾，2009）。安徽白山羊新类群各个月龄的体尺体重测定数据见表 7-8。

表 7-8　安徽白山羊新类群体尺、体重测定

性别	月龄	只数	体重（kg）	体高（cm）	体长（cm）	胸围（cm）	管围（cm）
公	4	26	9.4±1.49	42.1±3.74	44.2±3.35	50.1±3.62	6.5±0.37
	6	27	12.5±2.43	46.4±3.75	49.2±3.92	53.0±4.32	6.8±0.33
	8	15	14.6±1.16	47.7±1.91	50.8±3.32	56.0±4.10	6.9±0.30
	12	15	18.8±1.51	55.4±2.70	66.2±4.33	65.2±3.53	7.2±0.23
母	4	14	7.7±0.69	40.1±2.65	41.9±3.10	45.7±2.43	6.1±0.31
	6	10	9.7±0.70	43.8±2.44	46.3±2.73	49.5±1.04	6.4±0.30
	8	7	12.4±1.27	45.9±1.94	50.1±2.99	53.3±1.33	6.6±0.35
	成年	15	26.3±1.76	62.1±2.60	66.0±3.86	73.5±3.22	7.7±0.36

（二）生产性能

1. 产肉性能　安徽白山羊新类群周岁公羊和成年母羊的产肉性能测定结果见表 7-9。

表 7-9　安徽白山羊产肉性能测定

性别	月龄	只数	宰前体重（kg）	胴体重（kg）	屠宰率（%）	净肉重（kg）	净肉率（%）	骨重（kg）	骨肉比	眼肌面积（cm²）
公	12	15	18.8±1.51	9.6±1.12	50.7±2.00	6.6±0.76	34.9±1.57	2.8±0.39	2.4±0.25	8.3±0.76
母	成年	15	26.3±1.76	13.5±1.88	51.1±3.85	9.6±1.44	36.2±3.04	3.7±0.51	2.6±0.25	8.0±1.02

2. 繁殖性能　安徽白山羊新类群性成熟早，四季发情，但以春、秋季为发情旺季。纯繁羊群的配种方式为本交，种羊的公、母配比为 1∶30～40。其主要繁殖性能见表 7-10。

表 7-10　安徽白山羊繁殖性能统计

性别	统计数量（只）	性成熟年龄（月）	初配年龄（月）	发情周期（d）	怀孕期（d）	产羔率（%）	羔羊出生重（kg）	羔羊断奶体重（kg）	羔羊成活率（%）
公	38	5	8	—	—	—	2.60±0.42	7.90±1.24	95±1.62
母	105	5	5	21.0±2.2	150.0±1.33	239±5.36	2.41±0.35	7.60±1.30	95±1.66

三、研究进展

原安徽白山羊是产于安徽省淮河流域（黄淮海平原南部）、历史悠久的地方山羊品种。早在明弘治（公元 1488—1506）年间的《安徽宿州志》和正德（公元 1506—1522）年间的《颍州志》中均有饲养山羊的记载。清乾隆（公元 1736—1796）年间的《安徽亳州志》中对这一地区山羊的毛皮作了评价："猾子皮毛直色白、之细小，贵口货不及也。"黄淮海平原南部为我国重要的粮食作物产区，有丰富的农副产品资源，这一地区的农民素有养羊习惯。经过广大劳动人民长期选育，形成了现在的具有耐粗饲、适应性强、繁殖率高，肉和板皮质量优的地方优良品种。后来培育成的安徽白山羊新类群是畜牧工作者先后引进了萨能山羊、马头羊、波尔山羊和南江黄羊等国内外品种改良的结果，在提高羔羊初生重、母羊泌乳性能、产肉性能等方面，收到一定效果；但繁殖力明显下降，板皮品质也有所下降。

张先明（2003）指出，在平均气温最高的 7、8 月份，安徽白山羊平均受胎率和产仔数均最低。宋林等（2011）利用安徽白山羊作为试验材料，研究饲喂代乳料的效果，结果表明利用代乳料可使安徽白山羊羔羊提前到 30 日龄断奶。张育军（2010）通过试验，优化了安徽白山羊精液冷冻程序和冷冻稀释液缓冲剂，并研究了抗冻剂 N，N－二甲基甲酰胺（DMF）和十二烷基磺酸钠的添加效果。

在分子水平研究上，程箫等（2012）以绵羊高繁殖性能主效基因，GDF9 基因和 BMP15 基因为候选基因，采用 PCR-RFLP 方法检测其在安徽白山羊、波尔山羊中的多态性。结果表明，均未能检测到 GDF9 基因的 G8 突变（C→T）及 BMP15 基因的 B4 突变（G→T）。张晓东等（2012）运用 4 个微卫星

标记分析安徽白山羊新类群、安徽白山羊、波尔山羊、萨能奶山羊 4 个种群的群体遗传结构、遗传分化和近交程度。结果显示，安徽新类群的近交程度较大（Fis 值为 0.247），新类群和萨能奶山羊遗传距离最近（0.347 8），其次是波尔山羊（0.576 5），最后是安徽白山羊（0.809 4）。

王丽娟等（2013）对安徽白山羊新品系的生长发育情况进行了研究和总结，发现安徽白山羊新品系的体重和体尺在初生、3 月龄、6 月龄、8 月龄、12 月龄、18 月龄和 24 月龄均表现为公羊大于母羊，公羊的标准差和变异的幅度基本上也比母羊大，说明公羊在体重方面有很大的潜力。另外，安徽白山羊新品系公、母羊在 18 月龄以前的生长发育速度较快，但随着月龄的增加而降低，24 月龄以后除体重、胸围、管围有所增加以外，体长、体高变化都不大。说明安徽白山羊新品系的生长发育基本结束，达到体成熟。安徽白山羊单羔、双羔、三羔、四羔的体重和体尺随同胞数的增多而逐渐下降，这些规律与其他品种山羊或绵羊类似。表明山羊的窝产羔数对体重和体尺有影响，单羔和双羔有先天的生长优势。单羔体重最大，且在周岁内一直保持较高的生长速度，双羔发育时间最早。综合考虑各生长性状，在生产中既要充分利用单羔的生长优势，又要加强对多羔的护理，这一观点与许多相关报道都一致。公羊单羔在 9 月龄左右生长速度达到最快，要及时选种。同时要为种公羊提供充足的营养，并进行配种调教，检验繁殖性能。非留种公羊也要及时出栏，减少饲养成本。母羊单羔和双羔在 8 月龄左右生长速度较快，要保持良好的体质，视其情况进行初配，多羔可适当推迟。与原安徽白山羊比较，安徽白山羊新品系体重和体尺在初生、3 月龄、6 月龄、8 月龄、12 月龄、18 月龄、24 月龄时，比原安徽白山羊的生长发育和增重速度均有显著提高，表明改良原安徽白山羊切实可行。安徽白山羊新品系成年公、母羊的体重分别为 55.3kg 和 45.6kg，比任守文等（2002）报道的原安徽白山羊成年公、母羊的体重（30kg 和 22kg）分别提高了 84.33% 和 107.27%。除体重之外，安徽白山羊新品系在体尺方面也优于原安徽白山羊。

张晓东等（2013）利用 real time PCR 技术，对安徽白山羊不同组织 miR-143 在安徽白山羊心、肝、脾、肺、肾、卵巢、子宫、输卵管、肌肉 9 种组织中的表达丰度进行检测，探明了 miR-143 的组织表达差异，为进一步研究 miR-143 在山羊生长发育及组织分化过程中发挥的作用提供试验依据。

向浩等（2013）研究了酵母培养物对安徽白山羊生长发育的影响，试验表明酵母培养物能促进动物肠道益生菌的生长，抑制有害菌的生长繁殖，并能提供动物生长必需的营养因子，促进动物对营养的吸收利用，在促进动物生长、提高饲料利用率、预防疾病、提高机体免疫力和改善环境等方面具有重要作用。作为一种天然的饲料添加剂，酵母培养物能促进动物对营养的吸收利用，提高饲料利用率。试验证明它对安徽白山羊的生长发育有比较显著的促进作用，且经济效益显著，有较好的推广前景。

为了提高安徽省羊肉生产水平和养羊经济效益，凌英会等（2013）对安徽白山羊经济杂交生产性能进行了测定，并对杂交组合进行了筛选。其引入世界著名肉羊品种波尔山羊和萨能奶山羊，与本地安徽白山羊进行杂交改良，并对安徽白山羊及其二元杂交（波×安、萨×安）、三元杂交（波×萨×安）和级进杂交（波×波×安、波×波×波×安）的生长发育与繁殖性能进行测定。结果显示，0～12 月龄羊的日增重：波安 F3（118.3 g）、波萨安（107.8 g）、波安 F2（110.2 g）、波安 F1（102.5 g）、萨安（84.5 g）分别比安徽白山羊（60.4 g）提高了 95.9%、78.5%、82.5%、69.7% 和 39.9%；产羔率：安徽白山羊（236.0%）＞波安 F1（213.3%）＞萨安（209.0%）＞波萨安（204.2%）＞波安 F2（198.6%）＞波安 F3（189.8%）；2 月龄断奶羔羊成活率：波萨安（94.9%）＞萨安（93.6%）＞波安 F2（93.1%）＞波安 F3（92.5%）＞波安 F1（92.3%）＞安徽白山羊（90.7%）。试验结果揭示了"波萨安"三元杂交的生产效能最高，其次为"波波安"二元级进杂交。

四、产业现状

1988—1996 年该品种存栏量逐渐增加。以中心产区阜阳市为例，全市安徽白山羊从 186.1 万只增加到 301.6 万只，1997 年山羊饲养量达 513 万只。1998 年开始大量引进波尔山羊改良安徽白山羊，纯种安徽白山羊逐渐减少，到 2006 年安徽白山羊的存栏量只有 53.20 万只。安徽白山羊分布地区各市羊只存栏量见表 7-11。

表 7-11　群体数量与规模

类型	阜阳	宿县	亳州	淮北	蚌埠	六安	滁州	淮南	合肥	合计
总存栏量（万只）	53.20	75.12	43.90	15.91	18.80	11.31	10.50	5.47	3.11	237.32
繁殖母羊（万只）	15.96	22.54	13.17	4.77	5.64	3.39	3.15	1.81	0.93	71.36
种公羊（万只）	0.52	0.64	0.38	0.14	0.16	0.10	0.09	0.05	0.03	2.11

安徽省农业委员会畜牧局于 2005 年编制了《安徽省地方畜禽品种资源保护规划》，将安徽白山羊列为省级重点畜禽品种资源。但目前既没有建立相应的保种场和保护区，也没有建立相应的品种登记制度，因此近几年安徽白山羊品种资源受到一定的冲击。

五、其他

安徽白山羊产区先后引进了萨能山羊、马头羊、波尔山羊和南江黄羊等国内外品种进行杂交改良，产肉性能和母羊泌乳性能等生产性能有所提高，但繁殖力明显下降（具体表现为性成熟晚、乏情率高、单羔率增加），板皮品质也下降（撕裂、断裂伸张率和皮厚均匀度等下降，毛色杂乱）。目前仍然以千家万户分散饲养为主，由于饲养管理技术水平低，羊群存在近交现象，因此加快了群体品质退化。安徽白山羊主产区为我国牛、羊肉优势产区之一。近些年，特别是波尔山羊被引进我国之后，安徽白山羊纯种个体的数量不断减少，因此迫切需要加强对安徽白山羊品种资源的保护和进一步合理开发利用。

第三节　天府肉羊

一、概况

天府肉羊（Tianfu goat）是四川农业大学历经 20 多年培育的一个复杂育成杂交选育基础群。育种材料的选择依据：成都麻羊是中国著名地方山羊品种，适应性强、繁殖力高（产羔率 210%）、肉和板皮的品质优良，但个体较小、生长较慢、产奶性能差（平均为 50kg，最高 70kg，泌乳期 190d）；引进英国萨能羊、吐根堡羊和努比亚山羊的适应性强、体格高大、生产速度快、产奶量高（分别为 820kg、720kg 和 450kg），但产羔率较低（分别为 165%、173% 和 190%）；波尔山羊体格较大、生长速度快、产羔率 186%、胴体产肉性能和肥羔及育肥效果优秀，但产奶性能较差（100～150kg）。四川农业大学天府肉羊培育课题组在 1980 年从大邑县和双流县引入成都麻羊（母本）和西农萨能奶山羊进行杂交，1984 年和 1985 年又从英国引进萨能羊、吐根堡羊和努比亚山羊及 1995 年引入波尔羊进行杂交改良，在此基础上选择符合理想要求的个体进行横交固定，已初步形成了具有明显特征、较高生产性能、适合于规模舍饲的大型优质肉山羊新品系，包括 3 种毛色类型，即黄头（R）、黑头（B）和白头（W）。2006 年 6 月经省级鉴定后一致认为，该项目是国内率先采用引进优良品种与本地山羊品种进行复杂育成杂交方法培育出的适合于舍饲的专门化肉山羊新品系，丰富了我国山羊的遗传资源，项目成果达到国内同类研究项目的领先水平（李韵，2008）。

天府肉羊的培育主要是针对我国南方的地理生态特点进行的，采用校企联合育种，建有两个核心育种基地，其中四川农业大学育种场在四川省雅安市。该地位于四川盆地西缘，东邻成都、西连甘孜、南界凉山、北接阿坝。位于北纬 28°51′～30°56′、东经 101°56′～103°23′。海拔高度 515～2629m，平均 556m，是四川盆地向青藏高原的过渡地带，属亚热带湿润季风气候类型。年平均气温 16.2℃（-3.9～37.7℃），年平均日照 1 039.4h，相对湿度 79%，无霜期 300d。年平均降水量 1 774.3mm，有"雨城"之称。以山地丘陵地形为主，森林覆盖率为 95%。野生牧草资源十分丰富，人工牧草以黑麦草、扁蕙牛鞭草、二叶草等为主，农作物以玉米、油菜等为主（汪代华，2010）。

另一个育种场由天府肉羊合作培育单位四川盐亭县汇源牧业公司建立，下属有 32 个二级扩繁场，并成立了以养殖户为主体的天府肉羊养殖专业合作社。该育种场和扩繁场分布于盐亭县的 10 余个乡镇。盐亭县隶属于绵阳市，处于四川盆地中部偏北，位于北纬 30°53′～31°30′、东经 105°12′～105°42′，属川北低山向川中丘陵过渡地带，海拔 334.5～789m，年平均气温为 17.3℃（−5.7～39.5℃），无霜期 295d。平均降水量 869.2mm。属亚热带湿润性季风型气候，以低山和丘陵地形为主，森林覆盖率 55％。农作物以玉米、甘薯、花生、油菜、小麦及豆类等为主，秸秆资源十分丰富，人工牧草以黑麦草、高丹草等为主（汪代华，2010）。

二、特征与性能

（一）体型外貌特征

1. 外貌特征 天府肉羊新品系体格大，体质结实，结构匀称；鼻梁稍隆起，耳大下垂，公、母羊均有角；头、颈、肩结合良好，颈较粗壮；胸部宽深，肋骨开张良好，背腰平直，臀、股部肌肉丰满；四肢粗壮，蹄质坚实，头部为黄色或黑色或白色，体躯被毛白色。母羊乳房发育良好，柔软而有弹性，乳头对称。群体肉用特征明显，体躯呈方块形，与波尔山羊的圆桶体形略有差异（图 96 和图 97）（汪代华，2010）。

2. 体重和体尺 天府肉羊初生重一般在 3.75kg 左右，公羔重于母羔。体重成年母羊 40～70kg，成年公羊 80～135kg。不同月龄羊的体重、体尺见表 7-12。

表 7-12　不同月龄的羊体重和体尺

性别	月龄	体重（kg）	体长（cm）	体高（cm）	管围（cm）	胸围（cm）
公	2 月龄	15.26±1.62	53±4.89	51±4.63	7.46±0.56	55.33±4.21
母	2 月龄	13.6±2.29	51±3.61	48.84±2.04	7.02±0.44	54.4±2.47

资料来源：徐刚毅等，2005。

（二）生产性能

1. 产肉性能 6 月龄和 12 月龄天府肉羊的平均胴体重分别为 13.90kg、22.46kg，屠宰率分别为 51.25％、52.64％，净肉率分别为 76.83％、79.16％，肉骨比分别为 3.54、4.04，眼肌面积分别是 7.36cm^2、12.24cm^2（汪代华，2010）。

2. 繁殖性能 天府肉羊母羊初情期一般为 6 月龄左右，初配月龄为 9 月龄左右，群体平均产羔率为 197.5％；经产母羊和初产母羊 2 个月哺乳期的泌乳量分别为 83.49kg、42.77kg。群体平均妊娠时间 149.2 d（汪代华，2010）。

（三）等级评定

天府肉羊等级评定分别参照表 7-13、表 7-14、表 7-15、表 7-16 和表 7-17。

表 7-13　体质外貌评分标准

项目	满分标准	分值比重
一般外貌	体质结实，结构匀称；鼻梁稍隆起，耳长、宽、光滑而下垂；颈粗壮，胸部宽深，背腰平直；被毛短而有关泽，头颈为黑色或棕色或白色，体躯被毛白色，无杂色斑块	35
体躯	胸部宽深，前胸丰满，背腰平直；腹部容积大、不下垂，尻宽长，倾斜适度；头、肩、背、腰、尻结合良好	30
生殖系统	母羊乳房容积大，附着紧凑，两乳区均匀对称，皮薄毛稀，质地柔软，有弹性；乳头匀称，大小适中。公羊睾丸发育良好，大小适度，对称；附睾明显，适度下垂	20
四肢	四肢粗壮；前肢直，后肢飞节无明显弯曲，筋腱明显，系部坚强有弹性；蹄短而直，蹄踵深，蹄底平，步态稳健	15

资料来源：徐刚毅等，2010。

表 7-14 体质外貌等级评定

等级	分 值	
	成年公羊	成年母羊
特	≥90	≥85
一	85～90	80～85
二	80～85	75～80
三	75～80	70～75

资料来源：徐刚毅等，2010。

表 7-15 体重和体尺等级评定标准

年龄	等级	公				母			
		体重（kg）	体高（cm）	体长（cm）	胸围（cm）	体重（kg）	体高（cm）	体长（cm）	胸围（cm）
周岁	特	52	69	69	83	40	64	67	74
	一	46	66	69	79	35	61	64	70
	二	42	64	67	76	32	59	62	68
	三	38	62	65	73	29	57	62	66
2 岁	特	68	76	78	90	49	66	75	78
	一	62	72	73	85	44	63	72	74
	二	58	70	71	82	41	61	70	72
	三	52	68	69	79	38	59	68	70
3 岁	特	82	84	83	98	51	70	77	85
	一	75	78	78	92	47	67	73	80
	二	70	74	75	90	42	64	70	77
	三	65	70	72	87	37	61	67	74

资料来源：徐刚毅等，2010。

表 7-16 母羊繁殖性能等级评定

	类型	特级	一级	二级	三级
产羔率	初产母羊	≥190%	170%～190%	150%～170%	130%～150%
	经产母羊	≥220%	200%～220%	180%～200%	160%～180%

表 7-17 综合评定标准

项目	分项等级		
	外貌特征	个体生产性能	家族表现
总评等级			
特	特	特	特
一	特	特	一
一	特	一	特
一	一	特	特
二	特	一	一
二	一	特	一
二	一	一	特
二	一	一	一
三	特	一	二
…	…	…	…

资料来源：徐刚毅等，2010。

三、研究进展

徐刚毅等（2005）对天府肉羊与简州大耳羊的体重进行了比较，发现天府肉羊不同年龄的体重比简州大耳羊的高 36.55%～93.75%，差异显著。在天府肉羊与其他波杂羊的比较中可以看出，公羊初生重比其他羊高 6.9%～33.3%，母羊初生重比其他羊高 10.79%～43.62%；2 月龄天府肉羊公羊的体重比其他羊高 4.8%～39.9%，母羊高 10% 左右；6 月龄母羊体重比其他波杂羊高 13.64%～74.18%；周岁和成年公羊体重比其他波杂羊高 20%～40%，母羊与其他羊几乎没有差异。

黄磊等（2010）对 16 只天府肉羊哺乳期（产后 60d）产奶量和乳中营养成分进行了测定，并对其变化规律进行了分析。结果表明，经产母羊哺乳期的泌乳量为 78.99kg，极显著高于初产母羊的 40.76kg（$P<0.01$）。产后 48h 内母羊初乳中的干物质、蛋白质和灰分含量迅速下降，脂肪含量先上升后下降。初产和经产母羊初乳中的干物质含量分别较常乳中高 91.6% 和 119.4%，脂肪含量分别高 79.9% 和 61.7%，乳蛋白含量分别高 218.7% 和 315.4%，灰分含量分别高 142.3% 和 188.9%，乳糖含量变化不大。经产母羊初乳中的干物质、蛋白质、乳糖和灰分含量均高于初产母羊，其中产后 0h 的蛋白质和灰分含量较初产母羊分别高 30.61% 和 20.93%，常乳中的营养成分差异不显著（$P>0.05$）。贾宇（2013）用代乳料饲喂羔羊，研究其对天府肉羊羔羊早期增重的影响。试验分析表明用代乳料进行羔羊的早期断奶是可行的。

倪敏等（2011）对川北地区繁育推广的天府肉羊与本地山羊杂交改良羊（天改羊）的生长性能进行抽样测定，结果表明用天府肉羊改良本地山羊具有明显的杂交优势，天改羊的生产性能显著高于本地山羊。与本地山羊相比，2 月龄天改公羊体重提高了 33.13%，母羊体重提高了 51.25%；9 月龄天改公羊体重提高了 47.31%，母羊体重提高了 59.18%；体尺方面，9 月龄天改公羊的体高、体长和胸围分别比本地山羊提高了 17.35%、18.24% 和 8.14%，天改母羊分别提高了 22.76%、18.96%、14.30%。

李韵（2008）研究表明，天府肉羊 GH 基因 3 个位点均为中度多态，提示天府肉羊仍然具有继续选育和提升生产性能的较大空间。天府肉羊 GH 基因外显子 2、3、5 的多态信息均为中度多态，表明该品系羊经过长期选育已独立成群，但仍存在继续选育和提高生产性能的空间。对天府肉羊品系内不同头色羊的分析结果表明，从生长性状这个指标看，3 种头色羊都同属于一个品系。外显子 2、3 区域的遗传多样性丰富，为积极开展分子水平条件下的遗传标记辅助育种工作提供了重要的科学依据。

提高繁殖性能是加快一个优秀种群推广利用的重要途径。汪代华等（2011）以 150 只天府肉羊产羔母羊为研究对象，扩增 PRLR 基因第 10 外显子，进行 PCR-SSCP 和 SNP 与产羔数的关联分析。结果表明，在 PRLR 基因第 10 外显子序列中发现 2 个突变位点，其中 52bp 处 G→A 突变形成 3 种基因型，分别确定为 AA、AB、BB，AA 基因型经产母羊的产羔数比 BB 型高 0.389 只（$P<0.05$）；220bp 处 T→C 突变形成了另外 3 种基因型，分别确定为 CC、CD、DD，其中 CC 基因型经产母羊的产羔数比 DD 型高 0.407 只（$P<0.05$），比 CD 型高 0.674 只（$P<0.05$）。试验提示 PRLR 基因可能与母羊产羔的繁殖性能密切相关，可以尝试作为天府肉羊新品群繁殖性能标记辅助选择（MAS）育种的候选基因。

生肌因子 5（Myf5）是哺乳动物在胚胎时期调控肌细胞增殖和分化、与肌纤维数量和大小密切相关的调节因子，是生肌调节因子家族（MRFs）的一个成员。韦宏伟等（2011）研究表明，天府肉羊和成都麻羊 Myf5 基因的 AA 型和 AB 型个体的体重均显著高于 BB 型，其中 AA 型和 BB 型个体的体重差异均达到极显著水平，此外 AA 型个体的管围也显著高于 BB 型。在天府肉羊中，Myf5 基因 AA 型和 AB 型个体的体重极显著大于 BB 型（$P<0.01$），AA 型个体的管围显著大于 BB 型（$P<0.05$）。

汪代华等（2010）对天府肉羊种质特性及其重要候选功能基因进行了研究，成功克隆出了天府肉羊 CAST 基因（GenBank 登录号：GU944861），并对其组织表达特性、序列同源性、结构特点和生物信息学进行了分析。同时，通过 CAST 基因的遗传多态性及其与肌肉品质的相关性分析，发现部分基因型与肌肉嫩度显著相关。通过荧光定量检测表明，CAST 基因在天府肉羊的不同组织中均有表达，肌肉组织中的表达高于内脏组织。另外还发现了天府肉羊 MyoG 部分基因型与体重、体长、体高、胸围显著相关。吴婷婷（2013）通过研究天府肉羊 TNNI1 和 TNNI3 基因的克隆、表达及其与肌肉组织学性状相关性，认为在所选择的天府山羊 12 个组织中，TNNI 基因在腹肌中的表达最高，股二头肌其次，与其他组织差异显著。

四、产业现状

针对我国专用肉山羊品种匮乏的现状，四川农业大学从 1980 年开始利用成都麻羊作母本，引进萨能羊、努比亚山羊、吐根堡羊和波尔山羊作父本（波尔山羊为终端父本），以培育出大型优质肉用山羊新品群。2005 年，四川农业大学完成了杂交育种组合筛选，并通过了省科技厅科技成果鉴定。2006 年，按新品系培育要求，以公羊家系血缘关系组建基础群，采用群体继代选育法进行横交固定，辅助分子生物技术进行选育。至 2010 年，"天府肉羊新品系"通过育种成果鉴定（川科鉴字［2010］第 160 号）。作为天府肉羊试验示范推广基地，四川盐亭县对天府肉羊的经济杂交利用效果良好。目前，天府肉羊已累计推广种羊 13 410 只，经济杂交商品羊 193.5 万只，带动盐亭县建成了国家级无公害肉羊生产基地、国家现代肉羊产业技术体系雅安综合试验站的生产基地和以羊业为载体的国家科技富民强县示范点，有效地促进了当地周边地区羊业生产的发展，种羊已辐射推广到江苏、贵州、河南、重庆等多个省（市）（汪代华，2010）。

五、其他

据《绵阳晚报》报道，"天府肉羊品种选育与配套生产技术研究"的问世，创新了我国自主知识产权唯一经过国际认可的大型优质专用肉羊新品系。作为全省扶贫项目，该成果在农村示范以来创造了较高的产值，并被列入国家"十二五"发展规划在农村全面推广。特别是和意大利合作研制的十多个酸奶和奶酪食品，成为"皇家御品"。作为人类宝贵的资源财富，天府肉羊被誉为"全球生态羊"。

第四节　湖北乌羊

一、概况

湖北乌羊（Hubei Black-Bone goat）是我国特有的地方品种，因皮肤、肉色、骨色为乌色而闻名于世（刘胜敏，2010）。湖北乌羊又称乌骨山羊，是一种有吸引力的、食性广、耐粗饲、中等体型、有角、黑头白身的珍稀地方羊种资源，具有一定的药用价值，市场潜力巨大。

湖北乌羊主要分布于湖北省东南部的通山县，地处北纬 29°51′、东经 114°14′～114°58′的幕阜山脉。这一地域的草山草坡、山间林地等自然资源条件比较优越，属亚热带大陆性季风气候，气候温和，降水充沛，日照充足，四季分明，无霜期长。冬季盛行偏北风，偏冷干燥；夏季盛行偏南风，高温多雨。该地近 50 年夏季平均气温 27.2℃，最高气温 32.8℃，冬季平均气温 5.4℃，最低气温 1.6℃。年降水量 1 537.4mm。年平均日照时间 1 754.5h，年平均无霜期 245～258d。森林覆盖率 70％。产区总的地貌可以说是"八山一水一分田"，通山县与外界的交通因为地理环境的因素非常不便利，山里山外几乎是不同的世界。宋代蒋之奇描写到："我爱通羊好，青山便是城。白云深处宿，一枕玉泉声。"羊群生活区域地带性植被为中亚热带常绿阔叶林，树种资源种类繁多，其代表群落有苦槠树林、樟树林、甜槠树林。林中散生树种有长叶石栎、冬青、青栲、油茶、石楠、乌楣栲、丝粟栲、女贞、厚皮香、绵槠等（张腾龙等，2012）。

湖北乌羊肉呈黑色，肉质鲜美，黑色素含量丰富，具有滋阴补阳的双重保健功能，益气补虚，用于腰膝酸痛。羊骨可以祛风止痛，用于治疗风湿、四肢麻木等。羊胎盘可益肾、壮阳、补虚、调经，产后滋补有特效。乌骨羊肉不饱和脂肪酸多，可以降低血脂，减少脂肪在血管内的沉积，解毒强，去除黄褐斑、美容皮肤等作用。另外心、肝、胆、血、肾、甲状腺等均可入药，受到广大消费者的欢迎。

二、特征与性能

（一）体型外貌特征

1. 外貌特征　湖北乌羊全身被毛黑色，部分为灰色或者白色，皮肤为乌色，嘴唇、舌、鼻、眼圈、耳廓、肛门、阴门等处皮肤呈乌色，牙龈、蹄部、骨骼关节、尾尖、公羊阴茎、母羊乳头等为乌色。体格中等，面部清秀。公、母羊都有须髯，部分有肉垂，两耳中等向两侧半前倾，部分公、母羊有角，公羊角大，母羊角小，角为镰刀型，向上向后、向外伸展，为乌色，又称该羊为"乌角羊"。颈部较细长，结构匀称，背腰平直，后躯略高，尻略斜、背线延伸至尾跟。公羊前胸发达。体躯呈长方形，肋骨开张良好，四肢短小。在白羊身上有一条黑色异毛带，从两角基部中点沿颈脊。母羊腹部圆大，乳房发育良好，基部较大，乳头整齐明显，呈圆锥形（刘胜敏等，2010）。

2. 体重和体尺 湖北乌羊公、母羔羊初生重分别为 1.83kg 和 1.60kg；3 月龄断奶体重分别为 9.50kg 和 8.75kg；哺乳至 3 月龄为生长快速期，公、母羔羊平均日增重分别为 85.78g 和 79.44g。湖北乌羊不同月龄体尺与体重见表 7-18。

表 7-18　湖北乌羊不同月龄体尺与体重

年龄	性别	样本数	体重（kg）	体高（cm）	体长（cm）	胸围（cm）	管围（cm）
6 月龄	母	6	13.78±3.48	40.22±2.87	43.47±2.95	51.84±2.04	7.80±0.75
周岁	公	2	24.25±5.16	51.89±4.50	56.41±3.17	66.01±2.73	9.28±0.89
周岁	母	10	23.82±4.02	50.53±3.48	54.48±2.91	65.21±2.82	8.97±0.94
3 岁	公	4	37.88±5.15	56.71±4.02	58.14±3.08	72.34±3.19	10.47±0.76
3 岁	母	13	30.15±4.87	55.28±3.39	58.12±3.77	70.07±3.64	10.18±1.04

资料来源：刘胜敏等，2010。

（二）生产性能

1. 产肉性能 将 2 头 3 岁健康湖北乌羊空腹 24h 后的剖解分析结果为，屠宰重 27.3kg，胴体重 14.1kg，屠宰率 51.65%，净肉重 8.7kg，胴体净肉率 61.7%。公羊眼肌面积平均为 6.12cm²，背膘厚 0.18cm；母羊眼肌面积平均为 5.82cm²，背膘厚 0.20cm（刘胜敏，2010）。

2. 繁殖性能 湖北乌羊性成熟比较早，初情期始于 108 日龄，4～6 月龄性成熟，发情持续期 51h，发情周期 19.5d，妊娠期 147d。公羊适配年龄一般为 7 月龄，母羊一般为 8 月龄，一般利用年限 3～5 年。母羊一年四季都可以发情，配种时间不受限制，但以春季 3～4 月、秋季 9～10 月发情配种较多。通常一年可以产两胎，初产母羊多产单羔。单羔率 85.24%，双羔率 23.07%，经产母羊大多产双羔，有的可产 4 只，但比较罕见。一般产出的单羔个体大，成活率高，双羔次之，羔羊成活率 80% 左右（刘胜敏，2010）。

三、研究进展

湖北乌羊产地的通山人世世代代过的是自给自足的"与世隔绝"的农耕生活。由于这样的自然生态环境和特定条件，本地黑山羊长期近亲繁殖，四川出现了现有的乌骨山羊。乌羊肉质鲜美，真黑色素含量丰富，具有滋阴补阳双重保健功能，在当地人们又将该羊称为"药羊"。

苟本富等（2003）研究分析了 AFLP 标记在乌羊遗传多态性方面应用的可行性和该山羊个体基因组 DNA 的 AFLP 扩散结果，为评价乌羊的遗传稳定性提供了相关的参数，准确评价尚待和其他品种对比研究后确定。

张腾龙等（2012）在自由放牧条件下对乌骨山羊的生活习性与行为进行了观察记录。发现在自由放牧条件下，该羊游走时间较多，路程较远，且游走采食的范围较为固定，长期下去容易对当地植被造成破坏。若采取分区轮牧的方式供湖北乌羊游走采食，则可保护植被和牧草资源，提高植物利用率，减少破坏，实现长期植被和牧草的可持续利用。各项观测数据显示，湖北乌羊对南方山区的环境适应性较强、食性广、采食能力强，适于山区放牧饲养。韩燕国等（2012）对湖北乌羊的体尺与体重关系展开了研究，测定了湖北乌羊 5 个体尺性状，并用 SAS 软件分析了它们与体重之间的相关、对体重的直接和间接影响以及对体重的决策程度，分别建立了公羊及母羊体重与体尺的最优回归模型。湖北乌羊公羊及母羊体尺对体重的最优回归模型分别为：$Y = -23.2124 + 0.8616X_3$ 和 $Y = -39.2923 + 0.7873X_3 + 0.1981X_4$，其中 X_3 表示体长，X_4 表示胸围。

王党伟等（2012）分析了湖北省通山县 86 只成年湖北乌羊的 20 项血液生理指标。通过比较公、母羊各项指标之间的差异，得出平均血红蛋白含量、平均红细胞体积、红细胞分布宽度、平均血小板分布宽度等 5 项指标在性别之间均差异极显著（$P<0.01$），血小板压积在性别之间差异显著（$P<0.05$），其余 14 项血液生理指标在性别之间均没有显著性差异（$P>0.05$）。黄永富等（2012）通过试验分析舍饲和放牧对湖北乌羊血液生理生化指标的影响，对乌羊舍饲提出了控制饲养密度及注重营养均衡搭配等建议。何春波等（2012）测定了湖北乌羊 12 项血液生化指标，与猪、鸡、牛等畜禽相比，湖北乌羊球蛋白（GLOB）含量较高，并指出这些差异可能与湖北乌羊有较强的抗病性有关。刘桂琼等（2012）比较分析了湖北乌羊和酉州乌羊血液生化指标的差别，发现湖北乌羊的血清谷草转氨酶（AST）、胆固醇（TC）、球蛋白（GLOB）和低密度胆固醇（LDL-C）极显著高于其他山羊（$P<0.01$）；过氧化氢脱氢酶（LDH）、白球比（A/G）以及高密度胆固醇（HDL-C）极显著低于其他山羊（$P<0.01$）。同样指出了这些差异在一定程度上可能与湖北乌羊比其他山羊具有较强的抗应激能力和抗病性有关，部分差异可能还与其独特的乌质性状有关。

刘辰晖等（2013）随机选择 138 只湖北乌羊，采集并分析其 20 项血液生理指标与 13 项血液生化指标，对比各项生理指标和生化指标间的相关性。结果表明，在乌羊群体中共有 5 项生理生化指标间存在极显著的相关性（$P<0.01$），在成年母羊中 LDL-C 与 MCV 间存在极显著的正相关（$P<0.01$）；在育成母羊中则相反，其他指标不存在类似的相关性。在育成母羊与育成公羊中仅有 HDL-C 与 PCT 间表现出了一致的相关性。这些结果证明生理生化指标间的相关性受到年龄和性别的显著影响。种玉晴等（2013）用 13 个 SNP 分子标记对 122 只湖北乌羊个体进行基因分型，计算个体基因型杂合度，另外测定湖北乌羊的血液黑色素指标（即褐黑素含量、碱溶黑色素、总黑色素、酪氨酸酶活性），并利用 SAS 软件对个体基因杂合度和血液黑色素进行关联分析。结果表明，基因杂合度与血液黑色素含量之间无显著关联，在生产中改变个体基因杂合度水平提高生产性能时并不会影响黑色素含量。但碱溶黑色素与褐黑素之间呈极显著相关（$P<0.01$）；酪氨酸酶活性分别与褐黑素、碱溶黑色素之间具有显著或极显著相关（$P<0.05$ 或 $P<0.01$）。姜勋平等（2013）用 13 个 SNP 分子标记对湖北乌羊 107 个个体进行基因分型，计算个体基因杂合度，并采用单变量模型分析基因杂合度水平对湖北乌羊 10 个血液生化指标的影响。结果表明，基因杂合度水平仅对肌酸激酶有显著影响（$P<0.05$）；磷酸肌酸激酶与动物的应激有关，其含量低表明抗应激能力强。结果表明，基因杂合度控制在 0.38～0.54 时，磷酸肌酸激酶含量相对较低，可能抗应激能力也较强。

王党伟（2013）利用 14 个 SNP 作为遗传标记，通过 PCR-SSCP 和 PCR-RFLP 试验技术基因分型，基于基因频率利用软件分析，从分子水平研究湖北乌羊群体遗传结构及湖北乌羊与酉州乌羊，麻城黑山羊、南江黄羊和波尔山羊之间的亲缘关系，旨在为湖北乌羊选育工作提供参考。该结果为，14 个 SNP 位点在乌骨山羊群体中观察杂合度平均为 0.3463，期望杂合度平均为 0.3449，有效等位基因数平均为 1.5830。在研究群体中相同的 14 个 SNP 标记，湖北乌羊的有效等位基因、杂合度，多态信息含量和 Shannon 指数均比与酉州乌羊、麻城黑山羊、南江黄羊、波尔山羊高。而湖北乌羊与其他 4 个山羊群体间的 F 检验结果 Fst 和 Fit 分别为 0.1468 和 -0.0245；表明 14.68% 的遗传变异是由不同的山羊群体间引起的，82.32% 遗传变异是由各群体内引起的，2.45% 的遗传变异来自远交。Nei 氏标准遗传距离类聚分析，湖北乌羊和波尔山羊之间遗传距离最远，两者的遗传一致性系数最小；湖北乌羊和麻城黑山羊遗传距离最近，对应的遗传一致度系数最大。

四、产业现状

据《湖北日报》报道，国家肉羊产业技术体系岗位科学家、华中农业大学姜勋平教授及其团队一直从事通山乌骨山羊的研究工作。通山乌骨山羊繁育及示范推广产业基地包含 1 个乌骨山羊研发中心、1 个核心保种场和 3 个繁育场。基地现有乌骨山羊 1 000 多只，其中核心种群 400 余只，将建立具有 800 只母羊的核心种群。养殖湖北乌羊不仅经济效益高而且饲料成本低。由于该品种羊稀有珍贵，数量稀少，尽管每只羊售价为 5 000～8 000 元，但市场仍供不应求。养殖湖北乌羊已成为一个新型短、稳、快、高收入的致富好项目。目前，湖北通山县乌骨山羊原种场正开展 MOET 快速扩繁项目，有望在近年培育出优秀的乌骨山羊新品系。

通山县申报的"通山乌骨山羊"农产品地理标志在 2013 年全国第三次农产品地理标志登记专家评审会上，经审查符合登记保护条件，入选农产品地理标志产品。

五、其他

通过对湖北乌羊放牧行为的观察发现，湖北乌羊胆小怕人，一旦有人靠近，就会迅速离开，神经较敏感，容易受惊。对于食性广的湖北乌羊来说，当地山区较多的灌木类植物，湖北乌羊均会采食，尤其喜好嫩叶，这种情况与武雪山羊的觅食行为比较接近。另外湖北乌羊爱清洁干燥，对于食物和饮水的质量有一定要求，当食物和饮水被污染破坏时，便不会食用。因此，对于羊舍内的粪尿需要及时清理，以保持羊圈清洁干燥。湖北乌羊全天需要很长的休息时间。根据这种情况，在平时的饲养过程中，应尽量做好御寒、防暑、灭蚊等相关工作，保持羊舍周围环境的安静，给湖北乌羊提供舒适的休息环境。湖北乌羊适应性强，容易驯养，在饲养时应尽量为其创造与自然条件相似的环境，对一些不利家养的行为模式只能因势利导。否则，容易引起一些行为的反常，甚至造成不必要的经济损失（张腾龙等，2012）。

第五节　简州大耳羊

一、概况

简州大耳羊是努比亚山羊与简阳本地麻羊经过 60 余年，在海拔 300～1 050m 的亚热带湿润气候环境下通过杂交、横交固定和系统选育而形成的，具有体格高大、生长速度快、繁殖力强、产肉性能高、肉质鲜嫩、膻味小、风味独特、板皮品质优良等特点（彭洁，2005）。

简州大耳羊中心产区在四川省简阳市老君乡、五指乡、武庙乡、丹景乡。分布在简阳市境内的贾家镇、高明乡、太平乡、三岔镇、石板镇、石桥镇、三星镇、清风乡等 12 个乡镇。主产区位于四川盆地西部、龙泉山东麓、沱江中游。产区海拔 630～1 050m，平均海拔 840m；最高温度 38.7℃，最低 -5℃，全年平均气温 17.1℃；年降水量 882.9 mm。农作物主要有水稻、玉米、甘薯、小麦、豌豆、花生等，草地以灌丛草地、林间草地、田间草地为主（范景胜等，2011）。

四川省制定了简州大耳羊的地方标准（DB 51/538-2005）。2012 年 10 月 11 日至 13 日，国家畜禽遗传资源委员会组织召开简州大耳羊新品种现场审定会，专家组审定并通过将简州大耳羊作为一个新品种。2013 年 1 月 24 日，国家畜禽遗传资源委员会审定通过简州大耳羊正式成为新中国成立以来继南江黄羊后我国培育的第二个肉羊品种。3 月 19 日，四川简阳市为"一只羊"举行了授牌大会。

二、特征与性能

（一）体型外貌特征

1. 外貌特征　简州大耳羊的毛色以棕黄色和黑色居多，也有杂色或身躯有各种色斑，呈一羊多色，有光泽。头呈三角形，似骆驼脸面，鼻梁微拱，有角或无角，无胡须或有少量胡须，少数有肉髯，耳长（15～20cm）且宽大下垂。头颈相连处呈圆形，颈较长呈长方形。结构匀称，体型高大，胸宽而深，背腰平直，尻部短而斜，骨骼结实，四肢粗壮，蹄质坚硬。

2. 体重和体尺　简州大耳羊初生重公羔 2.98kg，母羔 2.85kg。周岁体重公羊 47.51kg，母羊 35.10kg。成年公羊平均体重 65kg、平均体高 76cm、平均体斜长 87cm、平均胸围 97cm；成年母羊平均体重 46kg、平均体斜长 74cm、平均体高 67cm、平均胸围 82cm（李秀定，2013）。

（二）生产性能

1. 产肉性能　在放牧补饲条件下，6 月龄、8 月龄、10 月龄、12 月龄胴体重分别为 13.11kg、18.68kg、19.97kg、20.68kg，屠宰率分别为 47.63%、50.06%、49.78%、48.09%。其产肉量在 6～8 月龄段补饲育肥效果较好。6 月龄、12 月龄成年公羊和母羊胴体重分别为 35.41kg、21.91kg，屠宰率分别为 51.98％、49.20％，净肉率分别为 40.14％、37.93％（彭洁，2005）。

2. 繁殖性能 简州大耳羊四季发情，以春秋两季发情最多。公羊性成熟年龄 4～5 月龄，母羊 4 月龄。初配时间公羊 8～10 月龄，母羊 6～7 月龄。发情周期为 19.66d，发情持续时间 1～2d，怀孕期 148.66d，发情间隔时间 70～90d。羔羊初生重 3.18kg，哺乳期 69.14d，羔羊成活率 96.98％，年产 1.75 胎；产羔率 200％左右，单羔占 14.4％，双羔占 67.2％，三羔占 12.3％，四羔占 7.1％。从胎产情况看，第 1 胎 197％，第 2 胎 224％，第 3 胎 212％，第 4 胎 218％，第 5 胎 214％（彭洁，2005）。

三、研究进展

简州大耳羊是 20 世纪 40 年代起，先后三次从英国、美国引进努比亚山羊在简阳市龙泉山脉一带与本地山羊进行复杂杂交，经过长期选育形成的优良山羊品种。1982 年，四川农业大学著名养羊学家刘相模教授将其命名为"简阳大耳羊"（范景胜等，2011）。简州大耳羊的育成主要经历三个阶段：1981 年以前的引种及杂交创新阶段，1981 年到 1997 年的横交固定阶段，1998 年以来的选育提高阶段。国内畜牧工作者在简州大耳羊的育成过程中作了很多研究。

20 世纪 40 年代，华西医科大学将美国赠送的 10 只努比亚山羊放在简阳市龙泉山一带，用于改良本地山羊。新中国成立后，畜牧部门选派技术人员指导农户开展选种选配工作，加快了杂交改良步伐。在 80 年代以前的几十年里，群众仅根据养殖经验进行选种选配，因种源少、改良面小、饲养管理粗放、无补饲及防疫驱虫习惯，故简州大耳羊的体格和生长发育优势不明显。根据 1981 年简阳市畜牧局的普查测定，努×本杂交羊初生重公羔 2.2kg，母羔 1.9kg；成年体重公羊 40kg，母羊 30kg，屠宰率为 40％。努×本杂交羊群体数量达 5 万余只（范景胜等，2011）。

1981 年，通过对杂交羊群体的对比观察发现，努×本杂交后代具有耳大生长速度快、体格高大、肉质好、产肉性能高、膻味轻、耐粗饲等优点，深受当地养羊户和消费者的欢迎。因此，可用含有努比血源的公羊和含努比血源的母羊进行交配，开展横交固定工作。1984 年、1985 年先后从英国、美国引进努比亚山羊对简州大耳羊进行导血，以提高其生产性能。到 1997 年底，简阳市简州大耳羊存档 15.8 万只，平均初生重公羊 2.73kg，母羊 2.65kg；成年体重公羊 68kg，母羊 45kg。公、母羊初生重和成年体重分别比第一阶段有所提高（范景胜等，2011）。

1998 年，简阳市组织畜牧科技人员对简州大耳羊品种资源进行调查，并在此基础上制定了《简阳大耳羊选育标准》，确定了以耳大下垂、有角或无角、被毛以黄色、黑色为主，允许有少量杂色，体格高大健壮，生长发育快，适应性强，产肉率和屠宰率均高为主要选育方向，正式启动了简州大耳羊新品种选育工程，将简州大耳羊饲养数量较多、品质较好的老君乡、五指乡、坛罐乡等 20 个乡镇规划为简州大耳羊选育区。到 2004 年，简州大耳羊经过系统选育，初生重公羔达 2.98kg，母羔达 2.85kg；成年体重公羊 72.63kg，母羊 48.73kg。2004 年通过四川省畜禽品种审定委员品种审定并命名。在此阶段，标准化养殖配套技术全面推广，饲养管理水平不断提高，扩大了养殖规模，提高了劳动效率和饲草利用率，养羊效益进一步提高。近年来，简阳市建立了简州大耳羊原种场 2 个，老君乡、五指乡等 7 个乡镇建立了简州大耳羊选育核心群，在选育区发展了简州大耳羊选育户，形成了以简州大耳羊原种场、基础群场和选育户相结合的育种体系（范景胜等，2011）。

范景胜等（2012）以简州大耳羊四代核心群为试验素材，对简州大耳羊生长发育规律进行了分析，结果表明简州大耳羊个体大、生长发育快，在舍饲条件下，公、母羔羊 2 月龄断奶平均体重分别为 15.21kg、13.39kg，6 月龄公、母羊体重分别达到 30.74kg、24.62kg，周岁公、母羊体重分别为 48.55kg、37.24kg，成年公、母羊体重分别为 73.92kg、50.26kg。简州大耳羊 2 月龄断奶，6 月龄公、母羊平均日增重分别为 129.42g 和 93.58g。简州大耳羊生长发育曲线表明，断奶至 8 月龄体重呈直线上升趋势，8 月龄开始生长速度减缓，说明简州大耳羊具有早期生长快的特点。郑水明等（2002）也对简州大耳羊生产性能作了研究，结果表明简州大耳羊是一个具有生长速度快、体格高大、繁殖能力强、屠宰率高、产肉性能好的肉用山羊品种。初生重公羔 3.26kg，母羔 2.89kg；0～2 月龄日增重公羊达

185.32g，母羊达 157.00g；周岁公羊和 1～6 月龄母羊均可保持 100g 以上的日增重。成年（24 月龄）平均体重公羊 68.12kg，母羊 47.53kg；成年平均体高公羊 79.31cm，母羊 67.03cm。7 月龄公羊屠宰率达到 49.62%，净肉率 38.79%。一年产仔 1.75 窝，第 1 胎产仔平均 1.53 只，2～5 胎平均产仔 2.17只。俄木曲者等（2012）采用 SPSS 软件对 256 只简州大耳羊黑色类群成年母羊进行主要体尺与体重间相关性分析、通径分析和回归分析，并用分析结果推测了简州大耳羊黑色类群主要体尺对体重的影响程度，建立了两个体尺与体重间的回归模型。结果表明，各主要体尺性状在不同程度上影响着简州大耳羊黑色类群成年母羊的体重，其中胸围、体长达到了极显著相关。分析结果认为，在简州大耳羊黑色品系选育和生产研究中，应结合传统选育方法和新方法，以胸围为主要选育指标，兼顾体长，可减少资源浪费，缩短世代间隔，会取得较好的效果。

陈祖秋等（2012）对简州大耳羊初乳成分作了动态分析研究，试验对简州大耳羊初乳各组分在 48h 内的动态变化进行了测定分析发现，经产和初产母羊初乳中干物质和蛋白质含量差异较大，但不显著。这可能与初产母羊正处于生长发育阶段有关。分娩之后 48h 内，初乳中各组分含量趋于下降，干物质、脂肪、蛋白质的含量下降迅速。因此，在羔羊出生后的 48h 内一定要保证足量的初乳供应，使羔羊接受足量的营养物质和免疫球蛋白，从而保证羔羊成活率和被动免疫力的获得。

郑水明（2001）用波尔山羊对简州大耳羊进行杂交改良，结果表明用波尔肉用山羊改良简州大耳羊能显著提高后代的生长速度，杂种优势明显。杂种一代羔羊应在 6～8 月龄出栏屠宰，以后杂种优势明显降低。为了增大本地川东白山羊体型，增加效益，提高生产性能，重庆市开县于 2009 年从四川省简阳县引进简阳大耳公羊 60 只，与本地白山羊开展经济杂交。据冉启云报道（2012），杂交一代适应性较强，与父本具有相似的外貌。繁殖产羔率有所增加，体重也相应提高。李启兴等（2012）以努比亚羊、简州大耳羊与贵州黑马羊进行杂交对比试验，结果显示简马杂 F_1 和努马杂 F_1 羔羊哺乳期的体高、体长、胸围和管围均大于贵州黑马羊，具有父本的产肉性能特点。同时，简马杂 F_1 比贵州黑马羊经济效益多增收。张贵强等（2013）将简州大耳羊种公羊引入喀斯特高寒山区，与贵州黑山羊进行杂交，以改良贵州黑山羊中心产区的产肉性能。试验对引入的简州大耳羊种公羊进行了包括行为学观察、生产性能与生理指标的测定，抗病能力观察以及繁殖性能测定的适应性研究。该试验得出，简州大耳羊种公羊可以作为喀斯特高寒山区发展养羊业的优良杂交父本进行推广。

四、产业现状

简州大耳羊是四川省优良的品种之一。简阳市 1 000 只以上的规模羊场有 6 个，200 只规模羊场 8个，简阳市简州大耳羊总数达 46 万只，其中繁殖母羊 32.20 万只，种公羊 6 547 只；20 个简州大耳羊扩繁乡镇的简州大耳羊数量为 285 766 只，其中繁殖母羊 168 964 只，种公羊 2 352 只。选育核心区 8个乡镇（包括核心种羊场）的简州大耳羊 63 003 只，繁殖母羊 33 346 只，占总数的 52.93%；后备母羊 12 355 只，占总数的 19.61%；配种公羊 513 只，占总数的 0.81%；后备公羊 1 029 只，占总数的1.63%；公羔 7 537 只，占总数的 11.96%；母羔 8 223 只，占总数的 13.05%（熊朝瑞等，2013）。四川省制定了《简阳大耳羊标准》和《简阳大耳羊选育标准》，有四川正东农牧集团有限责任公司、广东大哥大牧业有限公司 2 个龙头企业，带动全市建立标准化养羊示范基地村 44 个，3 000 余户农户实施标准化养羊。2009 年四川正东农牧集团有限责任公司获得"有机羊肉"产品认证。同时，简阳大哥大牧业有限公司 2011 年养殖纯种简州大耳羊 2 765 只，年销售种羊 12 000 只，商品羊 4 万只以上。据统计，简阳市 2008 年存栏山羊 45.54 万只，出栏山羊 123.05 万只。简阳人民对羊肉的喜爱使简阳成为羊肉消耗大市。不论是在炎热的夏季还是寒冷的冬季，当地人一日三餐都喜食羊肉。据统计，全市羊肉汤馆有869 家，年消费活羊 50 万只以上，人均年消耗羊肉 6kg。简阳羊肉汤也是闻名全国，简阳市连续 5 年举办中国简阳"羊肉美食"文化节，在"中国·简阳第七届羊肉美食文化节"期间，广东大哥大集团有限公司创作了一首《简阳大耳羊之歌》；中央电视台七频道《每日农经》栏目曾以"一锅汤熬掉 50 万只羊"宣传报道简阳羊肉汤。现简州大耳羊已经被推广到海拔 260～3 200m、气候－8～42℃的自然区域，但仍生长良好，繁殖正常。

目前简阳市种草养殖肉山羊产业仍存在一些亟待解决的问题。如在饲草供应、秸秆利用、品种选育、品种保护、疾病防控、资金、人才技术、基础设施、政策支撑等方面。为使简州大耳羊优质肉山羊品种走上标准化、产业化的发展道路，应针对各种问题，创造新的现代化养殖模式。

五、其他

据《四川日报》消息，2013 年 8 月 29 日，记者从简阳市羊业办公室获悉，10 月份 60 只简州大耳羊远赴尼泊尔，并承担起扶贫的光荣使命，这是简州大耳羊首次跨出国门。据相关负责人介绍，在简阳和尼泊尔间牵线搭桥的是"国际小母牛组织（NGO）"。该组织是一家全球非盈利性慈善机构，通过提供家畜及饲养技能培训，让贫困家庭自力更生并最终脱贫。

第八章

其他特色肉用型羊

第一节 酉州乌羊

一、概况

酉州乌羊（Youzhou Black goat）属肉皮兼用型地方山羊品种，加入当地一些中草药煲食后，具有较强的滋阴补肾、强身健体、提神等功效，又称之为"药羊"。酉阳县建制已有2 000多年的历史，1131年改寨为州，名为酉州，酉州乌羊因产地而得名（国家畜禽遗传资源委员会，2011）。由于产区交通不便，信息闭塞，发展滞后，直到20世纪90年代该品种才得到逐步重视和发展。据研究，酉州乌羊和川东白山羊的亲缘关系较近，两者地理分布相同，外部形态也有很多相似之处。因此乌羊有可能是由川东白山羊中某些个体发生基因突变，然后经长期自然选育、封闭繁育形成的。

酉州乌羊中心产区在重庆市酉阳土家族苗族自治县境内，主要分布于酉阳的板溪、铜鼓、板桥、龙潭、钟多、江丰、楠木、李溪等乡镇。酉州乌羊产地处渝、鄂、湘、黔结合部的武陵山区腹地，位于北纬28°19′28″～29°24′18″、东经108°18′25″～109°19′02″。属亚热带湿润季风气候，海拔263～1 895m。年积温4 341～6 228℃，常年平均气温17.1～17.8℃。气候温和、湿润，降水充沛，光照不足。无霜期为222～288d，年降水量为1 000～1 500mm。全县生态环境好，草场资源丰富，生有许多名贵的药材，如杜仲、天麻、金银花等。产区水资源丰富，为富含矿物质的岩洞水和溶洞水，有著名的河流乌江、阿蓬江、酉水河、麻旺河等。土壤有黄棕土、潮土和柴色土三类。荒地、林地、草山草坡资源丰富，牧草种数多，生长繁茂。酉州乌羊以采食灌丛及悬钩子属为主。境内海拔落差大，植被垂直分带明显，亚热带中低山常绿阔叶林，优势树种为壳叶科、樟科、山茶科、杜鹃科；亚热带低山主要为次生针叶林，优势树种为松、杉、柏等。次生灌丛草地类型，是产区主要植被类型。境内有木本植物72科、155属、225种，草本植物2 000种以上，蕨类植物20种、8科、14属，可作牧草的禾本科70余属、200余种、兰科30多属、70余种，且药用植物达300余种。宽阔的林地和草地，丰富的植被为该羊的繁殖发展提供了较好的自然生态条件（夏元友等，2005）。可以说乌羊"吃的是中草药，喝的是矿泉水"，羊群晚上归牧后基本不补饲。

酉州乌羊是在完整的喀斯特地貌的疏林及灌丛草地生态环境中，形成了具有适应性强、善游走攀岩、体质健壮、耐粗饲和抗病力强等特性。

二、特征与性能

（一）体型外貌特征

1. 外貌特征 酉州乌羊全身皮肤、眼、鼻、嘴、肛门、阴门等处可视黏膜为乌色。多数全身被毛白色，背脊有一条黑色脊线，两眼线为黑色，部分四肢下部为黑色，有少量黑色或麻色被毛，毛短，富有光泽（国家畜禽遗传资源委员会，2011）。体质紧凑结实，体型中等，呈楔形。公羊头稍比母羊头大，母羊头小清秀，面线直，两侧直平额窄；公、母羊大多数有角，少数无角，角粗大，向上、向后、向外伸展；公羊有额毛和髯，颈短粗，母羊颈细长，少数有髯和肉垂。胸部发达，背腰平直，后躯高于前躯，臀部稍倾斜；母羊腹大而不下垂；四肢长短适中，前肢如柱，粗壮有力，后肢微弯，蹄质坚实，略呈黄白色，尾短（图 98 和图 99）。

2. 体重和体尺　西州乌羊成年体重和体尺见表 8-1。

表 8-1　西州乌羊成年体重和体尺

性别	只数	体重（kg）	体高（cm）	体斜长（cm）	胸围（cm）
公	23	31.03±9.49	55.02±6.68	61.22±8.11	69.80±7.62
母	79	27.86±4.58	51.38±4.67	56.73±5.43	17.15±5.71

注：2006 年由重庆市酉阳土家族自治县畜牧局测定。

资料来源：国家畜禽遗传资源委员会，2011。

（二）生产性能

1. 产肉性能　西州乌羊屠宰性能见表 8-2。

表 8-2　西州乌羊屠宰性能

性别	只数	宰前活重（kg）	屠宰率（%）	净肉率（%）	肉骨比
公	15	24.91±2.99	43.32±2.61	29.83±1.98	2.68
母	15	20.01±2.57	43.24±1.96	29.82±2.19	2.69

注：2006 年由重庆市畜牧技术推广站在酉阳测定。

资料来源：国家畜禽遗传资源委员会，2011。

2. 繁殖性能　西州乌羊公、母羊均 6 月龄性成熟，公羊 8 月龄开始配种利用，母羊 6 月龄开始发情配种。母羊常年发情，但多集中在春、秋两季发情配种；发情周期 20～21d，发情持续期 48～60h；妊娠期 146～150d。一年产两胎，经产母羊产双羔率 84.4%、产单羔率 15.6%。初生重公羔 2.1kg，母羔 1.8kg；2 月龄断奶重公羔 9.8kg，母羔 9.5kg。羔羊断奶成活率 86%（国家畜禽遗传资源委员会，2011）。

三、研究进展

目前对于西州乌羊这个山羊品种种质特性的研究比较少。

王高富等（2013）测定了西州乌羊 12 项血液生化指标，旨在从生化特性方面研究该品种的种质特征。结果表明，3～4 岁西州乌羊血清中 TP 和 GLOB 酶活性显著高于 3 岁以下各年龄阶段。各项生化指标在成年羊性别间无显著差异。ALT 与西州乌羊成年母羊体重、体斜长之间存在显著负相关；TG 与体斜长之间存在显著负相关；LDL-C 与体斜长和胸围之间存在显著负相关。为了解和掌握西州乌羊的血液生理生化指标，周鹏等（2012）利用全自动生化分析仪对 108 头西州乌羊进行了血液生理生化指标测定，测定结果反映了西州乌羊的生理机能特性，初步建立了西州乌羊的血液生理生化指标的参考值，为今后加强西州乌羊的饲养管理提供了参考。通过对 13 项血液生化指标的测定发现，碱性磷酸酶、血清总蛋白、血清球蛋白、肌酸激酶和乳酸脱氢酶高于山羊的正常值。血清白蛋白低于山羊正常值，其他指标均处在正常值范围内。

应用胚胎移植技术扩繁西州乌羊，能够提高其繁殖速度，加快西州乌羊的开发保护进程。赵金红等（2012）以 14 头纯种西州乌羊为供体羊，以重庆本地山羊为受体羊进行胚胎移植。利用激素初次对西州乌羊进行超数排卵，得到了较理想的效果，为以后工作的顺利进行打下了坚实的基础。

四、产业现状

西州乌羊群体选育程度不高，故多年来其数量保持基本稳定。

2008 年西州乌羊存栏数为 9 500 只，其中种用公羊 450 只、能繁母羊 4 862 只。2009 年通过了国家畜禽遗传资源委员会鉴定（国家畜禽遗传资源委员会，2011）。为了进一步规范西州乌羊的保种选育，酉州畜牧兽医局与重庆市畜牧科学院、市畜牧技术推广总站，成立了标准编制小组，编制完成了《酉州乌羊》地方标准。西州乌羊采用保种场保护，在酉阳土家族苗族自治县板溪乡建有保种场。西州乌羊选育程度低，当地群众一般仅注重毛色、肤色选择。

重庆的草食牲畜是畜牧业的重要组成部分，畜牧业既是重庆市农业和农村经济中的一大支柱产业，也是重庆市农业和畜牧业产业结构调整的重点和方向。据调查，2010 年，酉阳县山羊饲养量实现 100 万只，出栏 55.2 万只，年出栏山羊 300 只以上的示范户有 36 户。作为一个具有独特品种特征的山羊类群，近年来西州乌羊成为酉阳县草食牲畜生产发展的重头戏。2010 年，西州乌羊存栏量达 25 000 余只，年投入保种资金接近 100 万元。目前已建成西州乌羊原种场 1 个，西州乌羊资源保护场 1 个，纯种扩繁场 5 个，正在逐步建设以板溪镇、板桥乡、楠木乡、铜鼓乡、龙潭镇、李溪镇等乡镇为核心的西州乌羊保种区（张璐璐等，2012）。

提高劳动生产率和养羊的整体水平，建立核心场和保种区，制订优质重要的繁育、推广计划，逐步形成核心场，是发展西州乌羊产业化的先决条件。现应以主产区的西州乌羊为基础群，按照区划和布局建立若干个区域性、规模化的纯种羊繁殖场。按照合作育种和良种推广的模式，将核心种羊场、种羊繁育场和商品羊生产场有机结合起来。应用同期发情、人工授精、胚胎移植等繁殖新技术，提高种羊繁育能力，加快纯繁速度（张璐璐，2012）。

五、其他

自西州乌羊在酉阳土家族苗族自治县被发现以来，作为一个具有独特生物学特性的地方山羊类群，得到了农业部、重庆市农业委员会、西南大学、重庆市畜科院、市畜牧技术推广总站等的关注。该羊主要在酉阳土家族苗族自治县境内选育、扩群和推广，少量调出到重庆、湖南、北京、广西、广东等地饲养繁殖和科研院所用于品种特征特性等方面的研究。重庆师范大学、第三军医大学、西南大学、重庆市畜牧技术推广总站等单位先后开展了西州乌羊肌肉蛋白质、氨基酸含量、生理生化指标、板皮品质等的测定、分析与研究。结果表明，乌羊表型特征明显且稳定，RAPD 研究分析说明乌羊群体内的遗传相似为 0.953 4。表明个体间指数变幅小，表型遗传稳定。对乌羊肉质营养价值研究初步结论为，肉质细嫩多汁且营养成分丰富，蛋白质与氨基酸组成及必需氨基酸含量优于本地其他山羊品种，4 种鲜味氨基酸（Glu、Lys、Asp、Ala）（除 Ala 外）的含量均明显高于本地其他山羊品种，其开发、利用前景广阔。西州乌羊是一个稀有的且具有特定观赏价值、经济价值、潜在药用价值的地方山羊类群。因此，加强西州乌羊的科研工作，在保存稀有遗传资源、维护生物资源安全、培育山羊新品系与开发实验动物等方面具有十分重要的意义（方亚等，2005）。

第二节 兰坪乌骨绵羊

一、概况

兰坪乌骨绵羊（Lanping Black-Bone sheep）属以产肉为主的绵羊地方品种，是云南省兰坪县特有的世界上唯一呈乌骨乌肉特征的哺乳动物，是一个十分珍稀的动物遗传资源。兰坪乌骨绵羊肉质鲜美，所含黑色素具有很高的保健、药用价值（和四池等，2011）。该品种绵羊于 2009 年 10 月份通过了国家遗传资源鉴定委员会专家组的鉴定验收，同年被列入《国家畜禽遗传资源名录》（杨素文，2011）。

兰坪乌骨绵羊中心产区为云南省玉屏山脉兰坪县通甸镇，集中分布在该镇的龙潭、弩弓、金竹、水俸和福登村。产地通甸镇位于兰坪县东部，离金顶县城 53km，辖区有 13 个村民委员会（860 个自然村），总面积 521.33km²。东邻丽江市的石头乡，南与剑川县上兰乡及兰坪县金顶镇交界，西与拉井镇、石登乡接壤，北同河西乡相连。海拔在 2 237～3 688m。全县有林地 25 990hm²，草地面积 22 933hm²，耕地 3 110.6hm²（旱地占 84%）。历年最高气温 29.5℃，最低气温 −12℃，年平均气温 12℃。每年 5～10 月份进入雨季，历年最高降水量 1 215.9mm，最低降水量 676.3mm，平均降水量 950mm。全年有霜期 210d。海拔高，山地占总面积的 90% 以上（李伟彪，2009）。农作物以玉米、马铃薯、燕麦、荞麦和芸豆为主。主要栽培牧草有黑麦草、鸭茅、红三叶和白三叶等。草山草坡面积大，饲料资源丰富（国家畜禽遗传资源委员会，2011）。

兰坪乌骨绵羊为典型的类似于乌骨鸡的"乌骨乌肉"特征，解剖后可见骨骼、肌肉、气管、肝、肾、胃网膜、肠系膜和羊皮内层等呈乌黑色，而不是传统的鲜红色（邓卫东等，2009）。随年龄的增长，不同组织器官黑色素沉积顺序和程度有所不同。兰坪乌骨绵羊外观与当地普通绵羊没有差别，但仔细观察可发现其牙龈、视网膜、肛门和腋窝乌黑。该羊在食用时膻味较一般绵羊小，且多次食用的群众认为其对胃病和风湿病有一定的治疗作用，当地群众称之为"喝刮（白族语：黑骨羊）"（国家畜禽遗传资源委员会，2011）。异地引种杂交试验证明，兰坪乌骨绵羊的乌骨乌肉性状可遗传，是十分珍稀的遗传资源。

二、特征与性能

（一）体型外貌特征

1. 外貌特征 兰坪乌骨绵羊头大小适中，绝大多数无角，只有少数公、母羊有角，角呈半螺旋状，向两侧、向后弯曲。颈短无褶皱，胸深宽，背平直。体躯相对较短，四肢粗壮有力，尾短小，呈圆锥形。头及四肢被毛覆盖较差，被毛粗。在被毛颜色中，全身黑色者约占43%；体躯为白毛，但颜面、腹部及四肢有少量黑毛者，占49%；被毛黑白花者占8%左右（赵有璋，2013）。兰坪乌骨绵羊公羊外貌见图100。

2. 体重和体尺 成年公羊体重47.0kg，体高66.5cm；成年母羊体重37.0kg，体高62.7cm。

兰坪乌骨绵羊的体重、体尺见表8-3。

表8-3 兰坪乌骨羊体重、体尺测定

性别	头数	体重（kg）	体高（cm）	体斜长（cm）	胸围（cm）	尾长（cm）	尾宽（cm）
公	20	42	68.62	71	85.81	19.7	3.1
母	80	34.36	67.7	70.33	78.46	18.2	2.8

注：在龙潭、弩弓、桃树、金竹和福登五个村测定。

资料来源：国家畜禽遗传资源委员会，2011。

（二）生产性能

1. 产肉性能 兰坪乌骨绵羊的屠宰性能见表8-4。

表8-4 兰坪乌骨绵羊屠宰性能

性别	只数	宰前活重（kg）	胴体重（kg）	屠宰率（%）	眼肌面积（cm²）	肉骨比
公	15	46.3±1.32	22.76±0.66	49.2±1.62	15.2±0.51	4.95
母	15	36.26±2.82	15.75±1.78	43.4±1.78	13.92±0.92	4.87

资料来源：国家畜禽遗传资源委员会，2011。

2. 繁殖性能 兰坪乌骨绵羊母羊妊娠期5个月；大部分母羊两年产三胎，羔羊出生重约2.5kg；羔羊成活率约95%。

兰坪乌骨绵羊的繁殖性能见表8-5。

表8-5 兰坪乌骨羊繁殖性能的测定结果

性别	性成熟年龄（月龄）	初配月龄	发情周期（d）	妊娠时间（月）	发情季节	发情持续时间（h）	羔羊初生重（kg）
母	7	13	15～19	5	秋	24～28	2.5
公	8	15	—	—	秋		

三、研究进展

2002 年，河北省高碑店市选用云南省的乌骨羊与小尾寒羊杂交，选育出一个新的品种，即乌骨杂交羊，并在当地逐渐发展壮大，初步形成特色产业。杂交后的乌骨羊由原来的一胎产一羔提高到了产2～3 羔，饲养周期缩短了 2～3 个月，成年羊平均体重增加超过 20kg，出肉率由原来的 40% 提高到50%（农影，2013）。

毛华明等（2005）对兰坪乌骨绵羊进行 IR 光谱分析，结果表明乌骨绵羊黑色素的基本结构与乌骨鸡基本一致，主要是真黑色素。黑色素在乌骨绵羊组织器官中的沉积表现出明显的时（年龄）空（组织器官）差异，即随着年龄的增加，组织器官中的黑色素含量也随之增加；各组织器官中黑色素含量高低顺序为：肝脏＞气管、心脏、肾脏＞脾脏、肺脏＞舌、肌肉、皮肤＞骨骼，与乌骨鸡的沉积模式有所不同。邓卫东等（2006）比较了乌骨绵羊、兰坪本地非乌骨绵羊和罗姆尼羊的血液生理生化指标，初步发现乌骨绵羊的酪氨酸酶含量高，抗氧化能力和免疫机能强。指出乌骨绵羊乌质性状的形成可能是由于高含量的酪氨酸酶催化合成了高含量的真黑色素沉积在肌肉和其他组织与器官的缘故。

近年来，乌骨绵羊作为新种小反刍动物种群在云南省兰坪县首次得到鉴定。据 2006 年报道，兰坪乌骨绵羊的肌肉、骨表面层、肾脏、内皮、心脏、肺脏和气管的颜色都比本地绵羊的更深红。从乌骨绵羊里提取的黑色素的红外光谱与乌骨鸡的相同。因此，乌骨绵羊可能和乌骨鸡一样，将来可以作为新的天然黑色素资源，并且对人体健康具有潜在的开发价值。对乌骨绵羊生理和遗传特性的研究表明，乌骨绵羊血浆的色氨酸酶、酪氨酸酶的活性及肾脏功能都显著高于本地绵羊。然而，目前对云南兰坪乌骨绵羊的屠宰性状了解得还很少，对此可利用的数据也几乎没有。云南农业大学等单位通过对云南兰坪乌骨绵羊和本地绵羊的屠宰性状及肉品质比较，评估兰坪乌骨绵羊的屠宰性状和肉品质，为今后开发乌骨绵羊肉制品提供了依据。研究表明，与本地绵羊相比，兰坪乌骨绵羊体重较轻，可能是由于品种、基因组成及低摄食量等因素造成的。

肉中水分、钙、磷、蛋白质和脂肪的含量可以影响肉的品质。理化分析结果表明，兰坪乌骨绵羊中的水分、蛋白质、钙和磷比本地绵羊的高，但脂肪少，并且在乌骨绵羊的背最长肌中磷含量显著高于本地绵羊。此外，范江平等（2012）的研究表明，本地绵羊的烹饪损失率比乌骨绵羊的高，本地绵羊肉的剪切力值显著高于乌骨绵羊。剪切力值能客观反映肌肉的嫩度。根据试验的剪切力值，可将乌骨绵羊肉列为非常嫩的级别。在感官测试上，乌骨绵羊的嫩度分值也比本地绵羊的好，这表明乌骨绵羊具有较细的肌纤维。因此，兰坪乌骨绵羊从磷含量、烹饪损失率、剪切值及嫩度上都好于本地绵羊，显示出其在肉类生产上潜在的开发价值。

分子水平上，毛华明（2009）的科研团队在兰坪乌骨绵羊上克隆了绵羊酪氨酸酶基因（TYR）、小眼球相关转录因子（MITF）基因、黑色素皮质素受体 1（MC1R）、酪氨酸酶相关蛋白 1（TYRP1）和野灰位点（Agouti）基因，并由此在 GenBank 上注册基因序列 16 条。通过 PCR-RFLP 方法，检测兰坪乌骨绵羊、兰坪本地非乌骨绵羊和罗姆尼羊 TYR 和 MC1R 基因多态性，研究结果表明 TYR 和MC1R 基因与乌骨绵羊乌质性状有显著关系，TYRP1 基因与乌骨绵羊乌质性状可能没有关联。

2010 年 5 月，安徽省宁国市天行健绵羊生态养殖有限公司从原产地云南省兰坪县远距离引种 160只具有典型乌骨特征的云南乌骨绵羊，刘旭光等（2010）对兰坪乌骨绵羊在新生态环境下的适应能力作了研究。通过观察和分析引种后原种和自繁羊群在新的生态条件和饲养管理条件下的成活和抗病"生理指标"生长发育和繁殖等性能，结果表明虽然引入地与原产地距离遥远，生态差异大，但羊群各方面表现良好，云南乌骨绵羊能够适应安徽省宁国市的自然生态环境和气候条件。

赵素梅等（2012）对乌骨绵羊肌肉全长 cDNA 文库中 ATP5O、NDUFA12、UQCRH 基因的分子特性和组织表达谱进行了分析。从乌骨绵羊肌肉组织全长 cDNA 文库获得了 3 个新基因，序列分析表明，这 3 个基因与已知的任何绵羊和山羊的基因核苷酸序列均不相同，但这 3 个基因与其他哺乳动物的ATP 合成酶亚基 O（ATP5O）、NADH 脱氢酶 1α 亚基（NDUFA12）、泛醇-细胞色素 C 还原酶铰链蛋白（UQCRH）基因高度相似（GenBank 登录号：FJ546085、FJ546078 和 FJ546083）。组织表达谱显示，这 3 个基因在羊的肌肉、心脏、肝脏、脾脏、肺脏、肾脏和脂肪组织都有表达，但是在不同组织中的表达量不同。该研究结果为这 3 个基因的功能研究奠定了基础。

四、产业现状

据《新纂云南通志》记载，在西汉时期兰坪县境内牲畜的饲养就有一定的规模，因此农户饲养绵、山羊的历史比较悠久。土著绵羊的来源现还没有确切的考证，但从外貌结构、生活特性上讲，它与相邻的迪庆藏族自治州的迪庆绵羊非常相似，应同属藏系短毛型山地粗毛羊。由于兰坪处于滇西北横断山脉纵深处的三江并流腹地，过去交通不便，环境相对封闭，羊群处于自繁状态，因此很少有外来血缘引入。1970 年前后曾引进高加索羊和茨盖羊进行改良，但至 1980 年前后中断。早在 1950 年，群众在宰杀绵羊时就发现有少数羊只在宰杀后有皮肤呈淡紫、淡黑，齿龈乌黑，骨骼、肌肉、气管、肝、肾、胃网膜、肠膜均呈乌黑，血呈酱紫色的典型的"乌骨乌肉"特征。1970 年前后发现此特征的羊只增多。当地开始称其为"乌骨羊"，可惜的是当时未能引起畜牧科技部门与政府的重视。1999 年 5 月，再次在兰坪县通甸镇的龙潭和弩弓两个村发现有相当数量的这种羊只。为了保护好当时仅存的 200 多只乌骨绵羊，兰坪县畜牧局于 2000 年启动了"乌骨羊保护工程"。至 2007 年底存栏发展到 2 600 余只（李伟彪，2009）。

近年来，兰坪乌骨绵羊遗传资源保护工作得到了各级政府的高度重视和支持，云南农业大学、云南省畜牧兽医科学院等科研院所积极开展了乌骨绵羊相关课题的研究，有力地促进了兰坪乌骨绵羊的保种工作。该品种于 2009 年列入《国家畜禽遗传资源名录》。到 2012 年 6 月，全县乌骨绵羊存栏 8 321 只，其中兰坪群兴牧业开发有限责任公司乌骨绵羊原种场通过选种选育，制定育种技术方案和选育标准，饲养核心群 653 只，保留有 4 个家系种公羊 37 只，种母羊 616 只，并通过了云南省农业厅审批，核发了省级《种畜禽生产经营许可证》。目前，该公司正在与云南省畜牧兽医科学院开展乌骨绵羊胚胎生产和冷冻精液制作技术合作项目，加快兰坪乌骨绵羊种质资源良种扩繁与保存。同时，在县畜禽品种改良站的组织指导下，全县发展了乌骨绵羊养殖场（户）208 个，其中种公羊 662 只，基础母羊 7 006 只，生产规模达到 7 668 只（和四池等，2013）。

五、其他

乌骨羊的药膳性是乌骨羊的特殊性所在，羊肉鲜嫩可口，无腥味。乌骨乌肉特征明显，已被证实可祛风除湿，活血化瘀，降血脂，治胃肠不适，清除体内自由基抗氧化（抗衰老），肝解毒功能强，抗肿瘤，抑制流感病毒，益气补肾，美容，是健康美味食品。消费者对乌骨羊肉特别青睐，乌骨羊供不应求。由于乌骨羊吃草不中毒，民间依据此理，有用乌骨羊油和血解蛇毒及无名毒的尝试。

兰坪乌骨绵羊特有的乌质性状引起了人们的广泛关注，在原产地的市场价格不断攀升。一般肉用成年羊每只售价 2 000～3 000 元，种羊价格每只高达万元以上，养殖效益较好。保护和选育提高兰坪乌骨绵羊新品种性能、扩大品种种群数量，对发展兰坪的地方特色畜牧产业、增加贫困山区农民收入具有重要意义（和四池等，2013）。

第三节　弥勒红骨山羊

一、概况

弥勒红骨山羊（Mile Red Bone goat）属肉乳兼用型山羊地方遗传资源。康熙年间，羊已成为弥勒县各族人民生活中不可缺少的重要资料。20 世纪 80 年代，在当地羊群中发现红骨山羊，并单独隔离饲养，始终保持自群闭锁繁育，逐步形成性状独特的弥勒红骨山羊资源（国家畜禽遗传资源委员会，2011）。该羊是近年来在云南省红河州的弥勒县、泸西县被发现的，属圭山山羊中的新类群，与普通山羊相比齿龈和牙齿呈粉红色，屠宰解剖后全身骨骼呈红色或淡红色，是山羊种群中稀有的独特品系，2009 年被列为云南省畜禽遗传资源保护品种，2010 年被列为《国家畜禽遗传资源目录》，并最终命名为"弥勒红骨山羊"（邵庆勇等，2012）。

弥勒红骨山羊的中心产区云南省弥勒县东山镇属带状分布的山区，东西长 10km。海拔最高 2 300m，最低 2 000m。年平均气温 14.5℃，最高气温 32℃，最低气温－2℃；无霜期 220～280d。年降水量 960mm，相对湿度 65%。分雨、旱两季，5～10 月份为雨季，降雨多集中在 6～8 月份，11 月至翌年 4 月份为旱季，1～2 月份偶有降雪。土壤均为红壤土，属水源缺乏地区，无河流、山泉、水库，人畜饮水主要依靠雨季雨水形成的坝塘、家庭水窖等。荒山荒坡面积大，均为疏松森林山地草丛类，以禾本科牧草为主，其次为豆科、莎草科、菊科等，主要牧草有黄背草、扭黄草、旱茅、龙须草、白皮草等，无大规模连片草场。森林覆盖率达 55%，适合山羊放牧的灌木林较多。主要粮食作物有玉米、小麦、荞麦、马铃薯（国家畜禽遗传资源委员会，2011）。

弥勒红骨山羊适应性，抗病性强。经检测该品种羊在屠宰性能、遗传性能、血液生化指标、矿物质含量等多项指标均明显优于本地圭山山羊，其体内的锶含量较普通山羊高 1～6 倍，具有较高的科研价值及经济价值。

二、特征与性能

（一）体型外貌特征

1. 外貌特征　弥勒红骨山羊被毛以红褐色或黄褐色为主，其次为黑色。皮薄而有弹性。体质结实，结构匀称，体型中等，体躯丰满，近似长方形。头小，额稍内凹，呈契形；眼大有神，耳小直立。牙齿、齿龈呈粉红色。公、母羊均有须有角，角多呈倒八字形并向外螺旋扭转。胸宽深，肋骨开张良好，背腰平直，尻稍斜，腹大充实。四肢骨骼粗壮、结实（图 101 和图 102）（国家畜禽遗传资源委员会，2011）。

2. 体重和体尺　弥勒红骨山羊的体重和体尺见表 8-6。

表 8-6　弥勒红骨山羊体重和体尺

性别	只数	体重（kg）	体高（cm）	体斜长（cm）	胸围（cm）
公	19	37.5±1.6	62.9±5.6	65.2±7.0	79.7±7.9
母	81	30.8±2.2	60.5±5.1	62.8±6.8	75.5±6.0

注：2006 年 10 月 23～26 日由红河州畜牧兽医站、弥勒县畜牧兽医站测定。
资料来源：国家畜禽遗传资源委员会，2011。

（二）生产性能

1. 产肉性能　体型大，成年羯羊体重可达 65～88kg；产肉多，经对 4 户的 328 只羊进行统计发现，周岁、2 岁龄、3 岁龄的母羊和公羊（含羯羊）的平均体重分别为 20.55kg 和 32.25kg、31.50kg 和 56.44kg、41.08kg 和 78.56kg；肉质好，肉质细嫩，口感鲜香，膻味小；微量元素含量高，微量元素锶和锌的含量是普通山羊的 4～6 倍。弥勒红骨山羊屠宰性能见表 8-7。

表 8-7　弥勒红骨山羊屠宰性能

性别	只数	宰前活重（kg）	胴体重（kg）	屠宰率（%）	净肉重（kg）	净肉率（%）	肉骨比
公	9	36.6±1.8	13.5±1.8	36.89±5.84	10.57±2.7	28.87±6.0	3.6
母	11	28.7±1.4	14.0±1.8	48.78±6.9	10.96±2.3	38.18±5.1	3.6

注：2006 年 10 月 23～26 日由红河州畜牧兽医站、弥勒县畜牧兽医站测定。
资料来源：国家畜禽遗传资源委员会，2011。

2. 繁殖性能　弥勒红骨山羊公羊 5 月龄性成熟，18 月龄开始配种；母羊 8 月龄开始发情，12 月龄开始配种。母羊常年发情，秋季较为集中，发情周期 18～22d，发情持续期 24～48h，妊娠期 150d。一般一年产一胎，初产母羊产羔率 90％，经产母羊产羔率 160％（国家畜禽遗传资源委员会，2011）。

三、研究进展

红骨山羊是云南独有的品种资源，其红色的骨骼特征是区别非红骨圭山山羊（简称非红山羊）的典型性状。了解红骨山羊生长过程中骨矿元素沉积及其调节因子、相关基因的代谢规律将为人和其他的动物骨代谢紊乱性疾病的研究和治疗提供科学依据。研究结果如下：①对成年红骨山羊及非红骨山羊的骨矿主要元素进行检测分析表明，成年红骨山羊胫骨骨矿成分中钙、磷、铬、钡、锂、钒、锌等元素的含量均显著低于非红骨山羊，而锶含量显著高于非红骨山羊。②对成年红骨山羊及非红骨山羊的血液生化指标研究结果显示，红骨山羊血钙、血磷含量及血清碱性磷酸酶及骨性碱性磷酸酶活性均高于非红骨山羊；对红骨山羊 0～12 月龄骨代谢相关血液生化指标变化的分析结果表明，红骨山羊血钙、血磷含量随月龄增加有明显的下降趋势，同时其血清碱性磷酸酶及骨性碱性磷酸酶也有一定下降趋势。③以红骨山羊为对象扩增了山羊的 VDR 基因编码区片段序列，获得两段山羊维生素 D 受体基因的编码区片段序列。结果表明两段序列均与牛的 VDR 基因编码区序列（ref｜XM-613129.3）有较高的同源性（分别为87％、94％）。④采用荧光定量 PCR 技术对成年红骨山羊及非红骨山羊的 VDRmRNA 表达量的研究表明，红骨山羊肾脏 VDRmRNA 表达量显著高于非红骨山羊；肝脏 VDRmRNA 表达量比非红骨山羊略高；总体趋势，红骨山羊 VDRmRNA 表达量显著高于非红骨山羊。⑤应用 RFLP 技术对获得的山羊 VDR 基因的编码区片段序列中的 Taq I 酶切位点进行多态性分析，结果在红骨山羊及非红骨山羊中并未发现该位点的多态性（顾丰颖，2009）。

徐志强等（2012）以全放牧条件下 17～19 月龄红骨圭山山羊（弥勒红骨山羊）和非红骨圭山山羊各 8 只，公、母各半为研究对象，对其进行活体、胴体和屠体测定，比较两者之间活体指标和屠体性状的差异。红骨山羊和非红骨山羊的活体指标、胴体体尺各指标间均无显著性差异，但屠宰性能指标中红骨山羊的胴体净肉重显著高于非红骨山羊（$P<0.05$），肉骨比极显著高于非红骨山羊（$P<0.01$），胴体骨骼重显著低于非红骨山羊（$P<0.05$）。红骨圭山山羊（弥勒红骨山羊）具有骨骼轻、产肉率高、肉骨比较高等特点，在生产上具有较好的利用与开发前景。谷大海等（2011）比较了云南圭山红骨山羊（弥勒红骨山羊）和非红骨山羊两者之间肉品质物理参数、感官评定及肌纤维特性指标，探索红骨山羊肉品质形成的规律及食用品质。试验结果表明，宰后 45min 红骨山羊背最长肌红度值显著高于非红骨山羊（$P<0.05$），宰后 24h 红骨山羊股二头肌的亮度值和黄度值显著低于非红骨山羊（$P<0.05$）；红骨山羊背最长肌和股二头肌的剪切力显著高于非红骨山羊（$P<0.05$），两种山羊背最长肌的肌纤维直径和密度、熟肉率和失水率差异不显著（$P>0.05$）；感官评定指标显示红骨山羊膻味评分显著低于非红骨山羊（$P<0.05$），总体口感评分显著高于非红骨山羊（$P<0.05$）；两种山羊的嫩度、多汁性、油腻程度和结缔组织评分结果差异不显著（$P>0.05$）。

四、产业现状

20 世纪 80 年代，弥勒红骨山羊在东山乡存栏 861 只。近年来，由于独特的红骨性状，数量得到迅速发展。2009 年建立起 2 户核心群及 7 个保种区，共存栏 3 169 只，其中成年公羊 143 只、成年母羊 1 780 只，活羊市场售价目前每千克已达 120～160 元。2012 年发展弥勒红骨山羊养殖户 60 户，存栏达到 4 215 只。

红骨山羊被列入云南省畜禽遗传资源保护品种及《国家畜禽遗传资源目录》以来，东山镇多举措抓实红骨山羊品种保护及开发工作，积极发展红骨羊养殖，拓宽农户增收渠道。截至 2012 年，全镇共扶持 8 户核心养殖户，发展养殖户 100 余户，养殖红骨山羊 4 000 余只。进行技术培训 20 余场次，发放宣传材料 8 000 余份，现鲜活红骨山羊每千克售价达 120～125 元，预计每年实现农户增收 343 750 元。

五、其他

对于弥勒红骨山羊的养殖开发要做到以下几点：①重保护，做好红骨山羊保护工作。②抓培训，提升养殖技术水平。积极组织开展技术培训，引导农户推广应用综合配套技术，提高品种质量和生产性能，促进传统粗放型养殖模式向标准化生产转变。③加强协作，开展科研技术交流。加强与相关科研部门技术协作，合力开展红骨山羊技术交流及科学研究，全面了解红骨山羊出现的原因。④树品牌，拓宽农户增收渠道。大力宣传红骨山羊的营养价值及肉质中矿物质的保健作用，打响东山红骨山羊品牌。

<h1 style="text-align:center">第四节　榕江小香羊</h1>

一、概况

榕江小香羊（Rongjiang Small goat）又称黔东南小香羊，是肉皮兼用型品种。该品种羊具有肉质细嫩、膻味轻、体型小、耐粗饲、性成熟早、繁殖性能高、抗逆性强等特点，适应在山区和林区放牧饲养。

榕江小香羊的中心产区为贵州省黔东南苗族侗族自治州西部和南部的雷山、榕江两县，地理位置为北纬25°36′~26°28′、东经107°55′~108°44′。属于中亚热带湿润季风气候带，具有气候温和、热量丰富、降水充沛、无霜期长等气候特点。平均温度16.5℃，极端高温39.5℃，极端低温−8.9℃。最热的7月日平均温度26.9℃，最冷的1月日平均温度7.6℃。年总积温6 635℃，10~20℃积温4 521℃。无霜期256~290d。年降水量为1 211~1 500mm。全县草场面积7.37万hm²。常见牧草品种有60余种，其中禾本科45种、豆科5种、莎草科5种、蕨科5种，另外还有丰富的可饲用中草药材资源。草地群落的优势种和建设种主要是禾本科，常见的牧草品种有白芒、芭芒、金茅、黄背茅、鸭嘴茅、云香草、竹节草、白三叶、紫云英、铁扫帚、野葛根、野生大豆等。榕江土壤主要有红壤、红黄壤、黄壤、黄棕壤。自然土壤深厚，质地适中，土质肥沃，富含牧草生长所需的钾元素，适宜于多种植物生长（赵熙贵等，2001）。

二、特征与性能

（一）体型外貌特征

1. 外貌特征　榕江小香羊个体矮小，体型紧凑，结构匀称；毛色以白色为主（约占80%），其次为麻、黑和褐色，极少数有黑白花色；头上宽下窄，略长，大小适中；公羊额较宽平，头顶多有卷毛，角多呈八字形，长短适中而粗壮，少数有卷螺形角；颈毛较长，眼大有神；母羊头清秀，角为八字形，较长而细；公羊有髯毛；两耳斜立，大小适中，头颈结合良好，无肉垂，胸部宽深，肋开张，腹较大而背平，四肢短小粗壮、结实有力，肌肉发育丰满适中（图103和图104）（廖正录等，1998）。

2. 体重和体尺　廖正录等（1998）对主产区405只榕江小香羊成年公、母羊的体重和体尺测定结果见表8-8。

表8-8　成年公、母羊体重和体尺

性别	体重（kg）	体高（cm）	体斜长（cm）	胸围（cm）
公	27.65±5.44	53.14±4.54	60.05±8.96	70.01±4.93
母	27.01±6.48	50.11±4.53	56.54±8.91	66.22±8.56

资料来源：廖正录等，1998。

（二）生产性能

1. 产肉性能　初生羔羊平均个体重1.56kg，1周岁平均体重20.43kg。平均体重成年公羊28kg左右，成年母羊22.66kg（宋章会，2007）。屠宰率达46.14%，净肉率为31.54%（廖正录等，1998）。

2. 繁殖性能　小香羊性成熟早，公羊2月龄就有爬跨行为，一般3~4月龄开始配种，发情周期为16~18d，母羊妊娠期145~150d。第1胎多为单羔，2~3胎以后双羔比例占60%左右，3~4羔比例占6%，年产羔率达279.4%（宋章会，2007）。

三、研究进展

多年来，国内畜牧工作者针对小香羊繁殖性能的遗传机理以及对保护品种资源和定向育种方面作了很多研究。

简承松等（1999）利用线粒体 DNA 研究贵州白山羊、贵州黑山羊、榕江小香羊和黔北麻羊 4 个山羊种群的遗传关系，认为贵州白山羊、贵州黑山羊的亲缘关系最近，其次与黔北麻羊的亲缘关系较近，而三者与榕江小香羊的关系最远，从而证明榕江小香羊是一个独立的种群。

梁庭敏等（1999）选择 4 只 6 月龄榕江小香羊进行屠宰测定和肉质分析，探讨榕江小香羊肌肉组织中的化学、氨基酸及脂肪酸组成的特点，结果显示榕江小香羊 6 月龄羔羊肉鲜嫩多汁，蛋白质含量高达 20.85%，100g 鲜肉中 17 种氨基酸含量达 20.57g，其中人体 8 种必需氨基酸含量达 9.18g，占氨基酸总量的 44.63%，而谷氨酸和天门冬氨酸两种鲜味氨基酸占氨基酸总量的 25.5%，脂肪含量仅为 1.28%；肌肉中 6 种主要脂肪酸的累计组成占肌肉脂质总脂肪酸的 80.8%，不饱和脂肪酸占肌肉脂质总脂肪酸的 55.27%。说明榕江小香羊肉是一种风味比较浓郁，羊肉成熟后味道鲜美，香气溢人的肉食品。

陈祥等（2004）对榕江小香羊、贵州白山羊、贵州黑山羊和黔北麻羊 4 个贵州地方山羊品种，以及南江黄羊和波尔山羊进行 RAPD 分析，其结果与贾永红（1999）的完全吻合。至此，无论是从核内遗传物质，还是从核外遗传物质，贵州山羊 4 个品种的亲缘关系都得到了相互印证，充分证明了在遗传上榕江小香羊是一个独立的品种。杨家大等（2004）对小香羊群体遗传结构的 RAPD 分析表明，小香羊品种的遗传基础较单一，遗传多样性贫乏，个体间的遗传背景比较相似。他建议应该把小香羊的保种工作与选育工作有机结合起来，可以在主产区内建立保种场，开展品系繁育，多建立一些支系。这样不仅能使原有的优良性状得以保存，还能使较多的优良性状同时得到提高，然后再通过品系间交流种羊，可以达到控制群体的近交系数缓慢上升、丰富和扩展种群的遗传结构的目的。

罗卫星等（2010）对榕江小香羊 16 个个体和贵州白山羊 13 个个体细胞色素 b 基因全序列进行了测定，通过遗传多样性和系统发育分析，探讨了榕江小香羊系统地位。结果表明，在 2 个贵州山羊群体中共观察到 8 种单倍型，2 种单倍型共享，其中贵州白山羊有 7 种单倍型，榕江小香羊有 3 种单倍型；榕江小香羊单倍型多样性（Hd）为 0.625，核苷酸多样性（Pi）为 0.00189，贵州白山羊的 Hd 和 Pi 分别为 0.923 和 0.003 24，贵州白山羊遗传多样性比榕江小香羊丰富。结合从 GenBank 中检索获得的野生山羊、岩羊、绵羊细胞色素 b 基因序列构建分子系统发生树，结果显示榕江小香羊和贵州白山羊与胃石山羊亲缘关系最近，与我国野生岩羊亲缘关系较远。

田兴贵等（2011）利用 PCR-RFLP 技术对 67 只贵州小香羊生长激素基因外显子 1 到内含子 2 序列、外显子 3 到外显子 5 序列分别进行 $HaeⅢ$ 和 $FokⅠ$ 内切酶酶切位点多态性检测。结果表明，所扩增的生长激素基因外显子 1 到内含子 2 序列存在 $HaeⅢ$ 酶切位点多态性，并表现为 2 种基因型 AA 和 AB，基因频率分别为 0.73 和 0.27，等位基因 A 的频率（0.87）高于等位基因 B（0.13）；外显子 3 到外显子 5 序列中未检测到 $FokⅠ$ 酶切位点多态性。

朱红刚等（2011）采用 PCR-RFLP 方法对 67 只贵州小香羊 MSTN 基因内含子 2 和外显子 3 进行了多态性分析。结果表明，所扩增内含子 2 中存在 $Bsp1286Ⅰ$ 酶切多态位点，杂合型（AB）为优势基因型，无纯合野生型（AA）和纯合突变型（BB）；所扩增内含子 2 和外显子 3 中存在 $BstBⅠ$ 酶切多态位点，杂合型（CD）为优势基因型，纯合野生型（CC）和纯合突变型（DD）为非优势基因型，D 等位基因为优势基因，且含有 2 个 $TatⅠ$ 正常酶切位点，但不存在多态性，不存在 $BsmFⅠ$ 酶切位点。

主性等（2012）以贵州小香羊为试验材料，颈静脉采血后，提取血液全基因组 DNA，根据 GenBank 山羊 FSH-β 基因序列（S64745.1）设计引物，采用限制性内切酶片段长度多态性方法对 FSH-β 基因内含子 1 和内含子 2 的序列进行多态性检测。结果表明，在两段特异性扩增产物中存在限制性酶切位点，不存在 RFLP 多态性。

石照应等（2012）利用单链构型多态性（SSCP）技术对贵州小香羊 GH 基因 5′端侧翼区多态性进行筛选，并分析其与生长性能指标的关系。结果表明，贵州小香羊 GH 基因 5′端侧翼区第 60 位、372 位发现 C→T 的突变，均产生 3 种基因型，其中第 60 位突变产生 AA 型、AB 型和 BB 型，AA 型为优势基因型，A 等位基因为优势等位基因，且各生长性能指标（体重、体长、体高、胸围、管围）呈现 AA 基因型＞AB 基因型＞BB 基因型，但差异不显著（$P>0.05$）；而第 372 位突变产生 CD 型、CC 型和 DD 型，其中 CD 型为优势基因型，各基因型群体间的各项生长性能指标均没有显著差异（$P>0.05$）。GH 基因 5′端侧翼区存在多样性，但该多态性对贵州小香羊生长性能的影响甚微。石照应等（2012）还利用 PCR-SSCP 分析了贵州小香羊雌激素受体（estrogen receptor，ESR）基因外显子 1 和 4 的多态性。结果表明，贵州小香羊 ESR 基因外显子 1 和 4 的 SSCP 均呈现一种带型，命名为 AA 基因型（野生型），不存在多态性。贵州小香羊 ESR 基因外显子 1 和 4 序列的保守性高，该基因序列与贵州小香羊繁殖力的相关性有待进一步研究。

四、产业现状

1994 年，贵州省农业厅畜牧局、省畜禽品种改良站组织省内有关专家、教授到榕江县的塔石乡进行小香羊的实地考察和相关技术指标测定、肉质品味鉴定等，确认该羊为优良地方品种，其肉质为羊肉中之上品，暂定命名为"黔东南小香羊"。1996 年，榕江小香羊存栏总数为 13 347 只（其中雷山 9 450 只，榕江 3 897 只），其中繁殖母羊 8 004 只，占 60.0%；公羊 843 只，占 6.3%；繁殖公、母羊比 1：10.3。据调查，由于香羊产区的多数乡村交通、通讯、经济文化较落后，信息闭塞，加之本州养羊业生产水平较低，因而在羊群的繁殖上多为近亲交配，引入外血进行改良的情况极少，用于杂交改良的繁殖母羊约在 3%；在群体结构中，用于配种的种公羊为 777 只，占群体公羊数的 92%。香羊的繁殖目前均为自然交配，每只公羊交配的母羊数一般为 10～13 只，公羊的利用率还较低（廖正录等，1998）。

该品种已被列入《西南四省区畜禽品种遗传资源多样性补充调查报告（贵州篇）》。同时，榕江小香羊已建立了一个保种场和三江、塔石两个保种区。在 2008 年，贵州省榕江小香羊存栏数为 16.8 万只（宋章会，2008）。

五、其他

关于小香羊品种来源有两种说法：一是据历史资料记载，雷山一带的小香羊是 1729 年清政府对苗疆实行"改土归流，安屯设堡时"，羊只随着 830 名屯兵逆都柳江和清水江从广西、湖南带进苗疆的，在雷山特定的自然生态环境条件、社会经济条件和特殊的民风习俗条件下，通过长期的野外放牧，封闭式的自繁自养高度近亲繁殖，以及当地群众长期选择培育形成的地方优良土著品种。二是据资料记载，榕江的瑶族为板瑶，是从广西迁入，最先居住在深山密林中，有 300 多年历史，瑶族刚迁入榕江时就开始养羊的。由于长期野外牧羊，封闭饲养，高度近交，加上自然环境选择而形成具有特色和适应当地自然环境的地方羊种。远来的亲朋、外归的亲属及过往宾客吃到榕江小香羊肉时，感觉味道清香、鲜嫩、可口、膻味轻，故获"小香羊"之美称。

第五节　滩　　羊

一、概况

滩羊（Tan sheep）是我国独特的裘皮用绵羊品种，二毛裘皮轻盈美观，羊毛纤维细长而均匀，富有丝样光泽和弹性，羊肉肉质细嫩，味道鲜美，风味独特。滩羊具有体质结实，耐粗饲，耐干旱，适应放牧，抗逆性与抗病力强，遗传性能稳定等特点，并对荒漠、半荒漠化恶劣生态环境具有很强的适应能力（杨易等，2011）。滩羊既是载入《中国畜禽遗传资源目录》的重点地方保护品种，也是国家羊种重点保护对象（张晓梅，2010）。

滩羊主要产于宁夏贺兰山东麓的银川市附近各县。产区地貌复杂，海拔一般为 1 000～2 000m。滩羊具有典型生态地理分布特性，生活在狭窄的生态区域。产区属于中温带大陆气候干草原和荒漠草原区，具有冬长夏短、春迟秋早、干旱少雨、风大沙多、寒暑并列、日照充足、蒸发强烈等气候特点。产区年降水量为 180～300mm，多集中在 7～9 月份，年蒸发量为 1 600～2 400mm，为降水量的 8～10 倍。热量资源丰富，日照时间长，年日照时数为 2 180～3 390h，日照率为 50%～80%，超过 10℃的年积温达 2 700～3 400℃，年平均气温为 7～8℃，夏季中午炎热，早晚凉爽；冬季较长，昼夜温差较大。土壤有灰钙土、黑炉土、栗钙土、草甸土、沼泽土、盐渍土等。土质较薄，土层干燥，有机质缺乏，矿物质含量丰富，主要含碳酸盐、硫酸盐和氯化物，水质矿化度较高，低洼地盐碱化普遍。产区植被稀疏低矮，以耐旱的小半灌木、短花针茅、小禾草及豆科、菊科、藜科等植物为主。产草量低，但干物质含量高，蛋白质丰富，饲用价值较高。

因特殊的生长环境，滩羊羊肉色泽鲜红，脂肪乳白，分布均匀，含脂率低。肌纤维清晰致密，有韧性和弹性，外表有风干膜，切面湿润不沾手。肉质细嫩，不膻不腥，是公认的优质羊肉。在放牧条件下，成年羯羊体重可达 50～60kg，成年母羊体重也有 40～50kg。二毛羔羊体重为 6～8kg，脂肪含量少，肉质更为细嫩可口。滩羊肉的鲜美，历来就广为人知。

二、特征与性能

我国 2008 年 6 月 1 日实施了新的《滩羊》国家标准，替代了于 1981 年 1 月 1 日实施的旧标准。新标准规定了滩羊的品种特性和等级评定外，完善了滩羊体尺、产毛、产肉及繁殖性能的指标，适用于滩羊的品种鉴定和等级评定。

(一)体型外貌特征

1. 外貌特征　成年滩羊体格中等，体质结实，全身各部位结合良好，鼻梁稍隆起，耳有大、中、小三种。公羊有螺旋形角，并向外伸展，母羊一般无角或有小角。背腰平直，胸较深，四肢端正，蹄质坚实。尾根部宽大，尾尖细圆，呈长三角形，下垂过飞节。体躯毛色纯白，光泽悦目，多数头部有褐、黑、黄色斑块。被毛中有髓毛细长柔软，无髓毛含量适中，无干死毛。毛股明显，呈长毛辫状，前后躯表现一致（图 105 和图 106）。

2. 体重和体尺　滩羊春季剪毛后，一级成年羊的体重和体尺下限见表 8-9。

表 8-9　滩羊体重和体尺下限

性别	体重（kg）	体高（cm）	体斜长（cm）	胸围（cm）
公	43	69	76	87
母	32	63	67	72

(二)生产性能

1. 产肉性能　滩羊产肉性能见表 8-10。

表 8-10　滩羊产肉性能

类型	胴体重（kg）	屠宰率（%）
滩乳羔肉	3～10	48～50
滩羔羊肉	8～15	43～48
成年羯羊肉	15～25	45～47
成年母羊肉	13～20	40～41

资料来源：GB 4631-2006。

2. 繁殖性能　公羊 6～7 月龄，母羊 7～8 月龄性成熟。适配年龄公羊 2.5 岁，母羊 1.5 岁。季节性发情，母羊发情周期为 17～18d，发情持续期 26～32h，妊娠期 149～156d，其中以 153d 为最多。

公、母羊可利用到6～7岁；产羔率101％～103％。滩羊母羊繁殖性能，滩羊羔羊初生重和哺乳期日增重等分别见表8-11和表8-12。

表 8-11　滩羊母羊繁殖性能

年龄	测定时间	参配母羊（只）	产羔数（只）	断奶成活数（只）	成活率（％）	死亡率（％）
1.5岁	2007	120	112	100	89.4	10.6
成年	2007	120	118	107	93.8	6.2

资料来源：GB/T 4631-2006。

表 8-12　滩羊羔羊初生重和哺乳期日增重

性别	时间	测定数量（只）	初生重（kg）	90日断奶重（kg）	哺乳期日增重（g）
公	2007	120	3.66±0.48	16.78±2.72	145.78±5.62
母	2007	120	3.42±0.38	16.25±2.45	142.56±4.86

资料来源：GB/T 4631-2006。

三、研究进展

对于滩羊的科学研究，已涉及群体、个体、细胞和分子等各个水平。杨智明等（2010）于2003年5～10月在宁夏盐池荒漠草地进行了滩羊放牧强度试验，测定了宁夏滩羊采食量、采食率和草地产草量。结果表明，在整个放牧季，草地现存量波动明显，滩羊放牧强度对试验区荒漠草地现存量峰值的出现时间及出现次数有明显影响；滩羊日采食量与放牧强度呈负相关，其回归方程为：$Y=2.04-0.54X$（$R^2=-0.85$，$n=55$）。滩羊采食量呈现先增加后减少的趋势，具有周期波动特性；滩羊采食率在整个放牧季呈单峰变化趋势；试验草地的适宜利用率为10％～15％。因此实践中不能仅依靠草地现存量去确定草地载畜量，这往往会被草地现存量"过剩"的假象所迷惑，造成草地超载、退化。钱文熙等（2007）研究了在放牧、舍饲两种饲喂方式下8月龄滩羊肉品风味前体物——还原糖、硫胺素、氨基酸和脂肪酸等的含量。结果表明，滩羊肉质品质主要是由遗传因素决定的，而放牧、舍饲两种特定喂养方式对其肉品风味影响不大。张培松等（2012）探索了共轭亚油酸在滩羊免疫应激方面的影响，结果显示在日粮中添加2％的共轭亚油酸会有效减轻滩羊因免疫而引起的应激反应。

孙红霞等（2009）以控制绵羊高繁殖力的BMPR-IB、BMP15和GDF9基因为候选基因，采用PCR-RFLP方法分析滩羊BMPR-1B、BMP15和GDF9基因多态性与繁殖性状的关系。结果表明，含有BMPR-IB基因突变的滩羊具有产双羔的潜力，可以作为滩羊选种选育的一项指标。而BMP15基因的B4突变（G→T）和GDF9基因的G8突变（C→T）在滩羊上不表现多态性，因此排除了BMP15基因的B4突变和GDF9基因的G8突变是影响滩羊繁殖机能的可能性。

顾亚玲等以69只宁夏滩羊为研究对象，运用PCR-RFLP技术，对已证实控制绵羊生长速度的主效基因GH进行检测，统计各基因型与滩羊初生重、二毛重、3月龄及6月龄体重之间的关联性，结果显示AB基因型是影响滩羊生长速度的优势基因型。

张巧娥等（2008）通过研究日粮中补充甘草对舍饲滩羊羊肉风味的影响时发现，甘草有提高滩羊增重的趋势，同时显著提高了滩羊肉的粗蛋白和粗脂肪含量，这说明甘草有改善羊肉品质的作用。在滩羊日粮中补充甘草，对肾脂和皮下脂肪的脂肪酸尤其是亚油酸（C18∶2）含量有提高作用，说明甘草可提高滩羊羊肉的风味。张巧娥等（2009）通过研究发现日粮中添加甘草提取物可以提高滩羊的日增重，降低饲料消耗，从而降低了舍饲滩羊的饲养成本，提高了饲养滩羊的经济效益。

陈亮等（2013）研究柠条包膜青贮在滩羊养殖中的应用效果。通过试验得出结论，即利用柠条包膜青贮饲料代替玉米秸秆黄贮饲喂滩羊，可缓解农牧区饲料短缺问题，达到促进滩羊生长、提高增重效果、降低饲喂成本、增加养殖效益的目的。

宁夏大学农学院李伟等（2013）为探明宁夏滩羊肉的特征香气成分，采用顶空固相微萃取法（HS-

SPME）提取滩羊肉的挥发性风味物质，结合气质联用技术（GC-MS）和气相色谱——嗅闻技术（GC-O）对其挥发性风味物质和主体风味物质进行分析。试验选取 $75\mu m$ CAR/PDMS 萃取头、60℃萃取温度、30min 萃取时间，萃取物经 GC-MS 和 GC-O 分析，鉴定出 43 种挥发性化合物，其中烃类 5 种、醛类 12 种、酮类 5 种、醇类 6 种、酸类 6 种、酯类 7 种、杂环类（含硫、含氮或含氯）2 种。确定对宁夏滩羊肉风味贡献较大的物质分别为己醛、庚醛、己酸乙酯、壬醛、1-壬醇和肉豆蔻酸。

与其他羊肉相比滩羊肉优势明显，最突出的特点是：① 肌纤维细。②具有极好的系水性，熟肉率最高达 65％，普通羊肉仅有 50％～55％。③口感好，滑爽细嫩，膻味轻，滋味美，肌肉间脂肪含量少且均匀，热量低，食之不腻。④肌膜薄，非常适合涮、烤、炒、炖。与其他品种相比，滩羊含有较多提高人体免疫力的谷胱甘肽和较低的胆固醇（表 8-13）。

表 8-13　盐池滩羊与其他羊肉特殊成分对照

品种	羰基化合物（mg/100g）	次黄嘌呤（mg/100g）	谷胱甘肽（mg/100g）	胆固醇（mg/100g）
滩羊	1.00	0.80	2.01	28.83
小尾寒羊	1.22	0.41	1.87	49.43
细毛羊	1.31	0.30	1.67	44.17

资料来源：薛菡虹，2012。

四、产业现状

1992 年陕西、甘肃、宁夏、内蒙古滩羊存栏 321.2 万只，其中宁夏主产区有 200.3 万只，占滩羊总数的 62.36％。2005 年宁夏的滩羊存栏降到 89 万只，比 1992 年的 200.3 只减少了 44.4％，比 2002 年的 170 万只减少了 52.3％，总数减少过半（郭天芬等，2007）。2006 年末，甘肃省共有滩羊 48.60 万只，其中母羊 38.04 万只（其中基础母羊 26.24 万只），公羊 10.57 万只（其中用于配种的成年公羊 0.76 万只），育成羊及哺乳羔羊 21.60 万只（公 9.80 万只、母 11.80 万只），基础公、母羊占全群比例的 1.56％和 54％。1986 年甘肃省滩羊存栏 90.5 万只，2006 年存栏 48.6 万只，数量减少了将近一半（田贵丰等，2011）。

2011 年年底，盐池县滩羊饲养量达 250.8 万只，同比增长 17.64％，存栏 99.2 万只，出栏 151.6 万只，羊肉产量 1.81×10^4t；盐池县滩羊基础母羊核心群 7 万只，优秀种公羊 3 000 只左右。"盐池滩羊"商标（第 29 类）于 2005 年 6 月经国家工商行政管理总局商标局核准注册，2008 年"盐池滩羊"商标荣获自治区"著名商标"称号，2010 年"盐池滩羊"商标被国家工商行政管理总局商标局认定为"中国驰名商标"，目前申请使用该商标的企业和个人达 52 家（薛菡虹，2012）。作为宁夏羊肉的代表，盐池滩羊肉在区内外享有极高的声誉，远销北京、天津、上海、西安和深圳等大中城市。

五、其他

滩羊是我国古老的地方裘用绵羊品种，起源于我国三大地方绵羊品种之一的蒙古羊，在当地的自然资源和气候条件下，经风土驯化和当地劳动人民精心选留培育形成的一个特殊绵羊品种。滩羊由于体躯是白色，因此在古代又被称之为"白羊"。外地商人看到这种羊所产的裘皮与众不同，毛色洁白，光泽如玉，花穗美观，轻而且暖，是羊产裘皮中的佳品，又大都是在草滩上放牧，为了区别产地和裘皮品种的不同，便把这种羊皮叫"滩皮"，同时民间将滩羊裘皮称为"二毛皮"，"二"在古代有"白"的意思和衡量毛股长短至少达到两寸的意思。

滩羊肉是羊肉中的精品。"盐池滩羊"是我国优质品牌羊肉之一，其肉质细嫩，脂肪少而分布均匀，胆固醇含量低，无膻味，营养丰富，羊肉具有特殊风味。有防止神经系统老化和促进消化、清火、明目、解毒、滋补等功效。甘肃省靖远县的"靖远羊羔肉"，是结合靖远传统烹饪加工技艺而做出的。以其肉质细嫩、味道鲜美、清纯爽口等特点，享誉省内外，颇受广大消费者的喜爱。

清代以前的史书中，关于滩羊的记述很难找到。在乾隆二十年（公元 1755 年）出的《银川小志》中有："宁夏各州，俱产羊皮，灵州出长毛麦穟，狐皮亦随处多产"，"穟"有禾采之貌，形容其美观漂亮之意。乾隆四十五年《宁夏府志》（公元 1780 年）记载："中卫、灵州、平罗，地近边，畜牧之利尤广"，并把"香山之羊皮"与"夏朔之稻、灵之盐、宁安之枸杞"并列为宁夏当时最富著的四大物产之一。滩羊裘皮在清末已闻名于世，《甘肃新通志》记载："裘，宁夏特佳。"二毛皮毛质细润，洁白如雪，光泽如玉，毛穗自然成绺，纹似波浪，弯曲有九道之多，故称"九道弯"。二毛裘皮在当代也是宁夏五宝之一（宁夏五宝包括二毛皮、枸杞、甘草、贺兰石、发菜）。

第六节　同　　羊

一、概况

同羊（Tong sheep）又名"同州羊"、"茧耳羊"，是我国著名的肉毛兼用脂尾半细毛羊种。具有被毛柔细、肉质肥嫩、羔皮洁白、花穗美观具珍珠样弯曲以及脂尾硕大等特性（马章全等，1993）。此外，同羊抗逆性很强，特别适应于干旱与半干旱地区的生态条件，是我国优良的绵羊品种之一（耿荣庆，2002）。

同羊原产于陕西省原同州府所在地的大荔县，中心产区在白水、浦城、合阳、澄城、洛川等县；主要分布于陕西省渭南和咸阳两市北部，延安市南部和铜川市少数县有零星分布。同羊产区位于北纬 33°31′～35°57′、东经 106°21′～110°31′。地处陕西省渭北象山、黄龙山、乔山、嵯峨山一带的浅山缓坡区及洛河两岸。地貌多为苔原、丘陵及少量山地，地势自西向东、由北向南逐渐降低，海拔 330～1 500m。产区属半干旱和半湿润易旱区，年平均气温 6～17℃，无霜期 150～240d；年降水量 526～721mm，多集中于 7～9 月份，年蒸发量 1 300～1 400mm，相对湿度 58%～75%；年日照时数 1 966～2 504h；风速 1～4.2m/s。水源充足，主要河流有洛河、渭河、黄河等，水质较好。土壤多为淡栗钙土，呈弱碱性。农作物有玉米、小麦、杂粮及经济作物等。草场为半干旱的灌木草丛类，牧草以禾本科、菊科及其他杂草类为主，豆科牧草较少（国家畜禽遗传资源委员会，2011）。

同羊屠宰率 53% 以上，净肉率 41% 以上。羊肉细嫩多汁，味美而色泽鲜明，尾脂成块，洁白如玉，食之肥而不腻；瘦肉绯红，肌纤维细嫩，烹之易烂，食之可口。至今，同羊肉仍为陕西关中地区广大人民群众所喜爱。当地饭馆所售水盆羊肉、羊肉泡馍、腊羊肉等食品所用的主要材料，均以同羊肉为上选，商家常以同羊的肥脂尾为幌子招待顾客。同羊被毛为同质和基本同质的半细毛，所产羔皮自古驰名，羔皮的特点是颜色洁白，具有珍珠样卷曲，花案美观悦目，即所谓珍珠皮，自唐作为皇室之贡品。据明、清资料记载，今大荔羌白、官池镇古系同羊皮的集散地，来自河北、山西等地的商贾，裘侩争相抢购。但现在产品极少，市场罕见。我国著名养羊学专家、中国农业大学蒋英教授曾评价同羊是"集优质半细毛、羊肉、脂尾和珍贵的毛皮集于一身"的品种。这不仅在中国，就是世界上亦是稀有的绵羊品种，堪称世界绵羊品种资源中非常宝贵的基因库之一。同羊的主要缺点是产羔率低，仅 105% 左右；产毛量不高，平均 1.5～2.5kg（雷兆勤，2000）。

1982 年，同羊被国家列入首版《中国羊品种志》中的地方优良绵羊品种。同年，陕西省标准局颁布了由陕西省农业局提出、西北农学院李建平和马章全起草的同羊企业标准。

二、特征与性能

（一）体型外貌特征

1. 外貌特征　同羊被毛为纯白色，多为圆锥状毛丛覆盖。按羊毛品质分为同质半细毛、基本同质半细毛和异质毛 3 种。外形具有"耳茧、角栗、肋箸、尾扇"四大特征。体质结实，体格较大。头大小中等，公羊较宽短，母羊较清秀。面部狭长，鼻梁微隆，耳较大而薄、向下倾斜。公、母羊均无角，部分公羊有栗状角痕。颈较长，部分个体颈下有一对肉垂。体躯略显前低后高，胸部较宽深，肋骨较细、拱张良好。公羊背部微凹，母羊背部短直、较宽。腹部圆大。尻较斜短，母羊较公羊稍长宽。四肢细长，蹄质坚实（图 107 和图 108）。尾有长脂尾和短脂尾两个类型（国家畜禽遗传资源委员会，2011）。

2. 体重和体尺　同羊成年羊体重和体尺见表 8-14。

表 8-14　同羊成年羊体重和体尺

性别	只数	体重（kg）	体高（cm）	体长（cm）	胸围（cm）	胸深（cm）	尾长（cm）	尾宽（cm）
公	27	68.3±4.7	54.2±5.9	63.3±5.6	76.9±6.6	32.4±2.1	32.4±1.8	17.6±3.5
母	45	47.1±2.6	61.2±3.8	60.7±5.6	77.1±5.7	27.9±2.5	26.1±8.1	15.3±3.2

注：2007 年 3 月对白水县同羊原种场成年羊随机测定。
资料来源：国家畜禽遗传资源委员会，2011。

（二）生产性能

1. 产肉性能　据测定，同羊羊肉中含水量 48.1%，含粗蛋白 24.2%，粗灰分 1.0%；谷氨酸占氨基酸总量的 13.2%，不饱和脂肪酸占脂肪酸含量的 59.2%；高级脂肪酸中油酸占 38.5%，亚油酸占 22.4%，亚麻酸占 0.2%。同羊羯羊屠宰性能见表 8-15（国家畜禽遗传资源委员会，2011）。

表 8-15　同羊羯羊屠宰性能

年龄	只数	宰前活重（kg）	胴体重（kg）	屠宰率（%）	净肉率（%）	肉骨比
成年	8	62.5±3.8	33.4±2.7	53.4±2.7	45.1±3.5	5.4
周岁	10	42.3±1.8	27.8±1.5	65.7±3.2	56.1±4.6	5.8

注：2006 年白水县同羊原种场对 18 只羯羊进行屠宰性能测定。
资料来源：国家畜禽遗传资源委员会，2011。

2. 繁殖性能　同羊公、母羊 6～7 月龄性成熟，1.0～1.5 岁初配。母羊全年可发情配种，但 1～2 月份和 6～7 月份发情较少；发情周期 17～21d，发情持续期 1.5～2.5d，妊娠期 5 个月；多数羊两年三胎，少部分可年产两胎，年平均产羔率 105%。初生重公羔 3.6kg，母羔 3.3kg；断奶重公羔 26.1kg，母羔 23.6kg（国家畜禽遗传资源委员会，2011）。

三、研究进展

专门对于同羊这一品种所展开的科学研究很少见于报道，一般都将同羊与其他品种进行对比研究。徐晓莉等（2012）以包括同羊在内的 7 个绵羊群体（蒙古苏尼特羊、内蒙古乌冉克羊、滩羊、大尾寒羊、小尾寒羊、同羊、湖羊）的体尺、形态及生态特征指标为研究对象，先进行数据统计分析，确定主成分，得到主成分值，再以主成分值进行样品系统聚类，探讨群体间的遗传分化。结果表明，选取累计贡献率达到 85% 时的 3 个特征值作为主成分，将 7 个绵羊群体按其生存环境的降水量分为两大类，内蒙古苏尼特羊、内蒙古乌冉克羊和滩羊生活在较干旱地区，大尾寒羊、小尾寒羊、同羊以及湖羊生活在较湿润地区。认为在畜禽品种区域分类上，生态因子是一个重要因素。高丽霞等（2008）以包括同羊在内的 4 个绵羊品种（小尾寒羊、滩羊、同羊、欧拉羊）共计 196 只羊为研究材料，采用 PCR-SSCP 技术，对绵羊 TGF-β1 基因 6～7 外显子区间内的 805 bp 序列进行多态性分析，发现了一个多态位点，猜想该突变位点可能与产羔率相关。

冯忠义等（1989）对同羊的放牧行为进行了观测研究，得出同羊反刍时间长为 631.89min，占全天 24h 的 43.9%，反刍次数 27 次，是绵羊一般值的 3 倍。反刍与采食时间比（R∶G）为 2.41，远远大于一般值 0.5～1.0。贾敬肖等（1986）对同羊的染色体组型进行了初步研究，发现 X 染色体相对长度同羊与湖羊相比无显著差异，而同羊 X 染色体与蒙古羊的 X 染色体有显著差异。

同羊不足之处是一胎多单产，且体重与产肉性能和国外著名肉羊品种尚有差距。因此，早在 20 世纪 60 年代，产区群众为提高同羊繁殖力，自发地从山东、河南等地引进与同羊相同生产方向的小尾寒羊，除纯繁外，多与当地同羊及其杂种羊进行二元或多元杂交繁育。后经 20 余年观测结果认为，小尾寒羊放牧性能远不如同羊和其他杂种羊，肉质也显逊色，唯其多胎性可资利用。后按当时制订的寒同杂种羊归属办法，将来源基本搞清楚，符合同羊特征特性的个体归为同羊，不符合者用同羊进行回交，直至结合了两品种优点又酷似同羊外形特征者视为多胎群体。结合同羊科研与科技推广项目，于1987年有目的有计划地从小尾寒羊中心产区的山东省梁山县畜牧兽医站引入15只（3公12母），先在同羊产区的澄城和合阳两县进行导入试验。90年代初以含小尾寒羊血统1/4和1/8公、母羊分别进行互交，经观测导入效果，确定以含小尾寒羊1/4血统的群体为主继续扩大繁育，并测定其各主要性状。1999年，制定了多胎同羊个体表型鉴定（试行）标准。到21世纪初，形成了具有同羊与小尾寒羊优点、体型外貌基本一致、适应性强、遗传性稳定的多胎类群羊。后经原白水县种羊场和周围各县（市）羊相互交流及繁育提高，该类群数量迅速增加，目前约存栏2万只。

四、产业现状

随着产区林业和果业的发展，同羊以放牧为主改为舍饲或半舍饲后，效益降低，致使群体数量锐减。2006年存栏约3 000只，仅为1981年的8.2%，处于濒危状态。主产区北移25～85km，许多地区的同羊被杂种羊所代替，分布范围明显缩小。饲养方式改为舍饲后，成年羊体重提高17.8%～34.4%，育成羊体重增长16.0%～22.3%；屠宰率和净肉率分别提高6.68%和7.37%；繁殖率明显提高，多数母羊两年产三胎，少数母羊一年产两胎（国家畜禽遗传资源委员会，2011）。

经长期选育，被毛同质和基本同质的羊数量增加，异质毛个体减少。长脂尾羊数量日益下降，半截尾和莲花尾个体不断增多。据2001年春季对496只母羊的鉴定，特级羊、一级羊占61.3%，比1986年增加23.2%；二级羊占21.2%。77只种公羊中特级羊、一级羊占85.7%，比1986年增加了37.2%（国家畜禽遗传资源委员会，2011）。

为加强同羊品种的保种选育工作，1976年陕西省人民政府决定在同羊中心产区的白水县建立种羊场，进行同羊保种选育和利用。1982年，同羊被国家列入首版《中国羊品种志》中的地方优良绵羊品种。同年，陕西省标准局颁布了由省农业局提出、西北农学院李建平和马章全起草的同羊第一个企业标准。1985年，陕西省确定白水县种羊场为全省重点良种畜禽保种场。2001年，该场被国家农业部列为全国重点良种畜禽种质资源保种单位。2005年同羊被农业部再次定为国家级畜禽种质资源保护品种。2008年农业部确定白水县同羊原种场为国家级同羊保种场，并正式授牌命名（杨朝霞等，2012）。

五、其他

同羊育成于至今1 500年以前的西魏至唐代期间，产于陕西省大荔县的沙苑地区。据《寰宇记》记载，沙苑从西魏文帝大统七年开始开发利用，宇文泰战胜高欢后，认为沙苑水草茂盛适于发展畜牧业，在当地建立了专供皇室产品需要的沙苑牧场。贺云鸿于乾隆五十一年撰《大荔县志》卷三有"沙苑九千顷，自隋唐至宋置监为牧地"。据《唐六典》记载"沙苑监……养陇右（今甘肃东部）诸牧牛羊以供宴会、祭祀、尚食"之用。从而可见，同羊是甘肃地区的蒙古羊输入沙苑后，在当地水草茂盛的优良放牧条件下，经过长期风土驯化和人工培育形成的一个地方品种。这一品种的选育自陇右诸牧牛羊进入沙苑的西魏开始，至唐代育成。因而明天启五年云南按察付使马朴所撰《同州志》物产篇云"茧耳羊……自唐入贡"。又云"畜则茧而羊，耳如茧（耳薄而透亮如蚕茧）、尾如扇（脂尾庞大如扇子）、角如栗（角小形如板栗子）、肋如箸（肋骨纤细如竹筷子）、肉味不膻，他即有勿良也"。清乾隆五十一年贺云鸿撰《大荔县志》卷三物产篇云"《图书编》同州沙苑出（羊）耳小味美"，都说明茧耳羊产于同州（即今大荔）沙苑。所谓茧耳羊即同州羊之别名，其体型、性能之描述，均与现代同羊相似，且当地再无其他绵羊品种资料记述。据《澄怀录》记载，苏东坡烂蒸同州羊，品评同羊肉时在陕西扶风为官。说明同羊在宋代于关中道已有广泛的分布，而不是仅局限于大荔沙苑了（雷兆勤，1984）。

近30多年，由于上级有关部门的重视与支持，同羊核心产区与同羊原种场的保种选育工作取得了重大进展。以同羊保种选育为中心任务的白水同羊原种场自1976年建场以来，做了大量卓有成效的工作；加之与西北农林科技大学进行长期密切合作，开展了一系列的科学研究与科技推广工作。既基本探明了同羊的种质特性，又促进了同羊品质的选育提高，也指导了生产。例如，制定并实施了不同选育阶段的完整方案，制定并应用了第一个同羊省颁标准，通过 12 项课题的 43 个专题研究，对同羊解剖结构特点、生理生化特性、行为生态习性、类缘关系、遗传育种、肉质与产肉性能、羊毛理化特性、繁殖及其控制技术、饲草与饲养管理和效益经营 10 个主要内容与方法，进行了较深度的揭示，填补了同羊及其同类羊研究的空白。同行专家多次鉴定认为，"取得了同羊选育史上前所未有的突破性重大进展"，"研究成果达国内领先水平，部分成果为国际先进"。先后获得省科技进步二、三等奖各一项及地、厅级奖多项。羊场被列为全省重点优良畜禽资源原种场，同羊被农业部作为国家级畜禽种质资源保护品种予以支持。

第七节 乌珠穆沁羊多脊椎新类群

一、概况

乌珠穆沁羊多脊椎新类群是肉脂兼用短脂尾粗毛羊品种乌珠穆沁羊的一个新类群，但作为一个新类群品系被提出的时间并不长，因脊椎数目多于普通羊而闻名。一般绵羊的胸腰椎总数 19 个（T13L6），而乌珠穆沁羊多脊椎新类群的胸腰椎数总数有 20 个（T13L7、T14L6）、21 个（T14L7）。因为胸腰椎总数的增加，所以其羊个体体长、体重、产肉率均有所增加。

乌珠穆沁羊多脊椎新类群产于乌珠穆沁草原。乌珠穆沁草原东临兴安盟及哲里木盟、南靠昭乌达盟、西接阿巴哈纳尔和阿巴嘎两旗、北以蒙古人民共和国为界。东西长 33km 左右、南北宽 300km，总面积达80 000km 以上。产区因靠近大兴安岭，所以雨量较多、土质也佳，牧草生长良好。全年降水300mm 左右，多集中于七月和八月。冬季积雪厚度平均约 40cm，积雪期一般为 120～150d。土壤大部分为黑土和栗钙土。属于大陆性气候，年平均气温为 0.3℃，无霜期 108～123d（5 月中旬至 9 月上旬）。该区域内水草比较充足，共有大小河流 30 多条，泉子 100 余眼，湖泊约 200 个。河流、水泉和湖泊水量充足，水质良好，可供饮用。主要河流，如乌拉盖河、高力罕河、廷吉嘎河等以及主要淖尔，如苏林淖尔等。由于水热及土壤等条件，牧草生长繁茂，草场牧草以禾本科为主，此外尚有豆科、菊科等。常见且较多的有羊草、针茅、早熟禾以及冷蒿和直立黄芪等，有些草场上还有较多的野葱、野韭和瓦松等含水较多的之外、该地产草量较高，一般而论每公顷可产鲜草1 500～4 000kg(刘震乙等,1982)。

乌珠穆沁羊多脊椎新类群适于终年放牧饲养，具有增膘快、蓄积脂肪能力强、产肉率高、性成熟早等特性，适于利用牧草生长旺盛期，开展放牧育肥或有计划的肥羔生产。

二、特征与性能

（一）体型外貌特征

1. 外貌特征 乌珠穆沁羊多脊椎新类群体质结实，体格高大，体躯长，被腰宽平，肌肉丰满。公羊大多有角，成螺旋形，母羊多数无角。耳大下垂，鼻梁隆起。胸宽深，肋骨开张良好，背腰宽平，后躯发育良好，有较好的肉用羊体型。尾肥大，尾中部有一纵沟，将尾分成左右两半。羊毛色全身白色者较少，约 10%，体躯花色者约 11%，体躯白色、头颈黑色者占 62%左右。

2. 体重和体尺 成年乌珠穆沁羊多脊椎新类群体尺和体重测定见表 8-16。

表 8-16 成年乌珠穆沁羊体尺和体重

年龄	性别	体重（kg）	体高（cm）	体长（cm）	胸围（cm）
成年	公	74.43±7.15	71.1±3.52	77.4±2.93	102.9±4.29
	母	58.40±7.76	65.0±3.10	69.7±3.79	93.4±5.75

（二）生产性能

1. 产肉性能　乌珠穆沁羊多脊椎新类群平均胴体重 17.90kg，屠宰率 50%，平均净肉重 11.80kg，净肉率为 33%；乌珠穆沁羊肉水分含量低，富含钙、铁、磷等矿物质，肌原纤维和肌纤维间脂肪沉淀充分。

2. 繁殖性能　乌珠穆沁羊多脊椎新类群是作为纯种繁育胚胎移植的良好受体羊，后代羔羊体质结实抗病能力强，适应性较好。但产羔率较低，仅为 100%。

三、研究进展

由于乌珠穆沁羊多脊椎新类群的独特特性，很多科学研究都围绕多脊椎与该品种产肉力关系展开。

张立岭等（1997）早就对多脊椎的蒙古羊有过研究，并由此展开了对动物脊柱进化规律与趋势的探讨。其认为蒙古羊（包括乌珠穆沁羊）的多脊椎与多肋骨证明它是一个古老的品种，而且也是对环境适应的一种表现。同时，蒙古羊的多脊椎特征有重要的研究价值，是发育遗传学研究领域不可多得的研究材料，在生产上也极具开发应用价值。多脊椎蒙古羊（乌珠穆沁羊）的体格较一般羊的大，这样体表面积与体积的比例则相对较小，因而在耐寒能力方面有明显优势，使其更适应于产地的自然环境。

张立岭等（1998）曾对多脊椎的蒙古羊（包括多脊椎乌珠穆沁羊）进行了屠宰试验，结果表明多 1 节胸椎或多 1 节腰椎羊的产肉性能明显优于普通羊。T14L6 和 T13L7 型羊比普通羊的活重分别多 7.61kg、4.77kg；胴体重分别多 5.59kg、4.12kg；净肉重分别多 4.90kg、3.36kg；胸椎和腰椎长度分别多 2.53cm、2.22cm。虽然 T14L6 和 T13L7 的椎骨总数都是 20 个，但前者的产肉性能要优于后者。

在 1996 年，张立岭等就指出，乌珠穆沁羊多脊椎个体除了在适应性上有优势外，在产肉性能上也有优势。多 1~2 个椎骨的羊，净肉量也比普通羊多 2~4kg。又由于多脊椎性状被证明是基因突变的结果，从而是可遗传变异的，因此利用多脊椎羊提高产肉性能比引种杂交有更多的优点。因为不必出高价从国外引种，没有引入有害基因的风险，不改变饲养管理方式，不增加经营成本，不会损害蒙古羊原有的优良品质和出色的适应性。另外，张立岭等还进行了乌珠穆沁羊 Homeobox 基因突变与椎骨数变异的研究，指出乌珠穆沁羊的椎骨数量变异是由于同源框基因 Homeobox 的一些对位点突变引起的。占乌珠穆沁羊 20% 的 14 个胸椎个体和 40% 的 7 个腰椎的个体都属于多椎骨羊，以及 3% 的 14 个胸椎 7 个腰椎的多椎骨羊等，都是 Homeobox 不同对位点的隐性突变纯合子、多胸椎和多腰椎基因的基因频率分别为 0.45 和 0.63，基因型频率分别为 0.2047 和 0.3967。在正常胸椎数（T13）和正常腰椎数（L6）的羊中，杂合子频率明显高于纯合子频率。多脊椎是乌珠穆沁羊的重要遗传特征。

张立岭等（1997）对蒙古羊多脊椎基因群体遗传学的研究结果显示，无论在经济价值上还是在绵羊自身的适应性上多脊椎羊都具有重要意义。14 个胸椎和 7 个腰椎羊比例的逐渐上升趋势，并非是人们有意选择的结果，而是在选择体型大、适应性强、产肉多的种羊时，多脊椎个体往往优先入选的间接选择的结果。测定表明，蒙古羊单枚胸椎的长度平均为 2.4cm，单枚腰椎的长度平均为 3.5 cm。因此，T14L6 和 T13L7 型羊的脊柱比 T13L6 型羊的脊柱长 2.4~3.5cm；类似地，T14L7 型羊的脊柱比 T13L6 的脊柱长 6.00cm。于是，这 3 类多脊椎羊的背最长肌也相应地分别加长 2.4cm、3.5cm、6.0cm。眼肌面积也有增加，成年羊中的 T13 型和 T14 型的眼肌面积分别为 18.20cm^2、20.66cm^2，8 月龄羊羔的相应眼肌面积分别为 17.45cm^2、19.40cm^2。因此，多脊椎羊的胴体重、净肉重、瘦肉量、瘦肉率等都高于普通型羊。

绵羊主要通过皮肤散热，体型大的羊的体表面积与体积的比值相对较小，因而有利于绵羊保持体温。对于生活在冬季漫长而又严寒的内蒙古高原上的蒙古羊来说，体型大的多脊椎羊更有利于适应这种环境并且提高生存与繁殖的机会，因此自然选择压力也倾向于选择多脊椎型个体。上述各种因素的综合作用结果，使得多脊椎突变基因不断增加和积累，多脊椎羊也得以生存和发展，使其在群体中的比例逐渐上升，似乎有取代野生型基因和普通型羊的趋势。尽管 T13+ 和 T14- 的频率比较接近，在 0.5 左右波动，但是相对稳定，后者有增加的趋势，并且已经略占优势。L7- 的频率提高较快，在大约 15 年的时间里，从 0.629 8 提高到 0.835 2。7 个腰椎的羊的比例从 1982 年的 40％左右上升到 1996 年的大约 70％。蒙古羊的这种向多脊椎发展的明显趋势，一方面表明了自然选择力量与人工选择力量的同向性所导致的协同效应，另一方面也反映出野生型基因向多脊椎型突变的频率高于反向突变频率。无论从哪个角度考虑，T14－和 L7－都应该属于隐性有利突变基因，在地方品种选育、肉用羊及毛用羊育种工作中，有极高的研究应用价值。因为无论是把肉用还是毛用作为绵羊育种目标，多脊椎羊都符合选种要求，其脊柱加长不仅增加了产肉量，而且也加大了绵羊的皮肤面积，因而也有利于提高绵羊的剪毛量。多脊椎蒙古羊是世界绵羊品种中的一个极宝贵的遗传资源，今后应该在继续深入研究其遗传选择方法的同时，开展多脊椎基因的分子特性研究，如确定蒙古羊 Homeobox 基因组的位置、其 DNA 分子的碱基顺序、突变基因的克隆和转基因等。

墨锋涛等（2004）在综述畜禽育种中发现了多脊椎个体生产性能的变化以及多脊椎的遗传方式，并有重点地从 DNA 分子的角度对其遗传机理的研究进展进行了介绍。多脊椎畜禽品种在中轴骨骼的数目上比正常型个体多 1～2 个甚至更多。在羊品种中，主要是蒙古羊和乌珠穆沁羊等。细毛羊中 14 个胸椎的个体比例大约是 0.05％，大尾寒羊中 14 个胸椎的个体比例约为 10％。阿勒泰羊中 14 个胸椎个体的比例也较高。但这些品种中 14 个胸椎个体和 7 个腰椎个体的比率远远低于蒙古羊和乌珠穆沁羊。乌珠穆沁羊多胸椎个体的比例为 17.36％～28.1％，多腰椎个体的比例为 39％～41％。蒙古羊中多脊椎个体的比例为 12.7％～24.5％。相对正常型来说多脊椎畜禽具有个体大、产肉性能高的特点。其脊椎数目增加，脊柱加长，导致背最长肌随之加长加粗，腹腔容积增大，个体更加粗壮强健。多脊椎畜禽个体的脊椎数目增加一般在胸椎和腰椎，即胸椎数目加一或腰椎数目加一，或胸腰椎数目均加一。

四、产业现状

2013 年内蒙古东乌珠穆沁旗畜牧兽医局工作站工作人员抽样统计了几个肉产品加工企业收购自旗内各苏木镇的羊只。共统计 2 260 只乌珠穆沁羊屠宰羔羊，多脊椎乌珠穆沁羊占采取样本的 63.37％。其中 13 个胸椎、7 个腰椎乌珠穆沁羊（T13＋L7）806 只，占 35.66％；（T14＋L6）脊椎乌珠穆沁羊 482 只，占 21.33％；（T14＋L7）脊椎乌珠穆沁羊 144 只，占 6.37％；普通乌珠穆沁羊（T13＋L6）828 只，占 36.64％。

五、其他

根据《农产品地理标志管理办法》规定，锡林郭勒盟农牧业科学研究所申请对"乌珠穆沁羊"农产品实施农产品地理标志保护。经过初审、专家评审和公示，符合农产品地理标志登记程序和条件，农业部已于 2008 年 8 月 31 日准予登记。

2013 年 9 月 6 日，"第八届乌珠穆沁肉羊节"在东乌旗举办。乌珠穆沁羊以肉质鲜嫩、产肉量大而闻名。该旗为了提高乌珠穆沁肉羊的知名度，已经连续 8 年举办肉羊节。

第八节 长江三角洲白山羊

一、概况

长江三角洲白山羊（Yangtse River Delta White goat）又名海门山羊，是长江三角洲地区农村主要当家畜种之一，是我国优良的肉、皮、毛（笔料毛型）兼用地方山羊品种。该品种羊具有早熟性强、繁殖力高以及肉质细嫩多汁等优良特性，是我国重点保护的 78 个家畜品种之一。

长江三角洲白山羊产区位于我国东海之滨的长江三角洲，东临黄海，西至镇江和南京，南到钱塘江南岸，北邻通扬运河，地跨江、浙两省和上海市。产区位于中纬度地带，属亚热带气候，温和湿润，有季风调节气候，雨量充沛。年平均气温为 15～16℃，年降水量为 1 200～1 400mm，相对湿度为 80％，无霜期为 220～240d，宜于农业和多种经营的发展。境内水源丰富，湖泊星罗棋布，河流交织如网。广大平原多为江河和湖泊泥沙淤积而成，富有机质，土壤肥沃，属砂质黏土。农作物有水稻、小麦、大麦、玉米、甘薯、红豆、油菜及棉花等。一年两熟，部分地区三熟。产区人多地少，土地利用集约，无放牧地。由于有大量农副产品和水陆野生植物，养羊的饲料来源比较丰富。

二、特征与性能

（一）体型外貌特征

1. 外貌特征 长江三角洲白山羊全身毛色洁白，被毛紧密、柔软、富有光泽。公羊颈背及胸部被有长毛，大部分公羊额毛较长。皮肤呈白色。体格中等偏小，体躯呈长方形，面微凹，耳向外上方伸展。公、母羊均有角，向后上方伸展，呈倒八字形；公、母均有须。公羊背腰平直，前胸较发达，后躯较窄；母羊背腰微凹，前胸较窄，后躯较宽深。蹄壳坚实，呈乳黄色。尾短而上翘（图109和图110）（国家畜禽遗传资源委员会，2011）。

2. 体重和体尺 长江三角洲白山羊体重和体尺见表8-17。

表 8-17 长江三角洲白山羊体重和体尺

性别	只数	体重（kg）	体高（cm）	体长（cm）	胸围（cm）	胸宽（cm）	胸深（cm）	管围（cm）
公	20	35.9±3.8	62.3±3.8	65.4±3.7	80.9±3.7	17.4±2.1	28.9±2.6	9.0±1.2
母	106	20.0±3.7	58.4±3.2	52.1±3.4	62.2±4.4	13.0±1.4	23.0±1.9	6.3±0.3

注：2006年12月在江苏省海门市种羊场测定。
资料来源：国家畜禽遗传资源委员会，2011。

（二）生产性能

1. 产肉性能 长江三角洲白山羊周岁羊屠宰性能见表8-18。

表 8-18 长江三角洲白山羊周岁羊屠宰性能

性别	只数	宰前活重（kg）	胴体重（kg）	屠宰率（%）	净肉率（%）	肉骨比
公	12	21.2	10.1	47.6	39.4	4.8
母	10	14.2	6.0	42.3	34.4	4.4

注：根据2006年12月南京农业大学在江苏省海门市种羊场的测定，周岁羊肌肉鲜样中含粗蛋白17.10%，粗脂肪5.58%，粗灰分1.19%。
资料来源：国家畜禽遗传资源委员会，2011。

2. 繁殖性能 长江三角洲白山羊公、母羊均在4～5月龄性成熟，初配年龄公羊7～8月龄、母羊5～6月龄。母羊常年发情，发情多集中于春、秋季。发情周期18.6d，发情持续期2.5d，妊娠期143.75d；两年三产或一年两产，产羔率230%，最高一胎产6羔。羔羊平均初生重1.37kg，45～60日龄断奶重8kg左右（国家畜禽遗传资源委员会，2011）。

三、研究进展

作为长江三角洲地区固有的山羊品种，长江三角洲白山羊是在特定生态环境条件下经过长期选育而成的地方良种。据记载，秦代大将蒙恬在浙江省湖州府（今吴兴县）善琏镇传授制笔技术，由此可见长江三角洲白山羊是一个历史悠久的品种（王兰萍等，2009）。

关于长江三角洲白山羊的研究涉及了群体、个体、分子等各个水平。姜勋平等（2001）分析了12头长江三角洲白山羊公羊418个后代在1996—1998年共4 095个生长记录，发现长江三角洲白山羊生长规律符合Gompertz模型，生长的最大体重、拐点体重和拐点月龄分别为50.0kg、18.4kg和5.2月，其遗传力分别为0.196、0.196和0.445；初生至断奶日增重平均为108.6g，其遗传力为0.415；断奶至8月龄平均日增重为118.0g/d，遗传力为0.338；1～8月龄体重对生长模型参数影响最大。

熊伟等（2007）对长江三角洲白山羊初生重非遗传因素（出生年份、出生类型、出生季节、性别、母亲年龄）的研究结果表明，除年份外其他因素对初生重都有显著的影响。山羊窝产羔数对初生重的影响是显著的，尤其是窝产羔数为单羔数与产双羔及三羔之间的差异极显著；春、冬季出生的羔羊初生重明显偏低，秋季出生的羔羊初生重显著高于其他 3 个季节；公羔的出生重极显著高于母羔；母羊产羔年龄在 3～4 岁时，所产羔羊的初生重最大，4 岁以后所产羔羊初生重有所回落，母羊产羔年龄在 2 岁时所产的羔羊的初生重最小。

李拥军等（2002）对长江三角洲白山羊羯羊进行了为期 40～60d 的短期育肥试验，每日补饲精饲料 1.2kg，可使日增重提高 65%，收入提高 32%。表明长江三角洲白山羊短期育肥能提高日增重，缩短养羊周期，增加养羊经济效益。哺乳期羔羊从产后 10d 开始补料，对促进羔羊的生长效果比较显著。通过提早补料可以促进前胃发育，增加对植物性饲料的消化能力，提前出现反刍活动，提高了对疾病的抵抗力，有效地减少了羔羊的发病率和死亡率。提早补料诱使羔羊采食，提前产生条件反射，使断奶提前了 1 个月。

硒对山羊的生长发育、繁殖具有重要作用。江苏省从连云港以南至长江口，沿海南北形成一条近十几个县的严重缺硒带。因此，每年 3～5 月份羔羊在断奶后 1～2 个月内白肌病症状较为明显。曹少先等（2005）研究了补硒对长江三角洲白山羊生长及血液和组织含硒量的影响。结果表明，适当补硒对促进山羊生长、提高羊肉含硒量显著效果，每日每羊补喂 100g 颗粒料（含硒量 1.1mg），促生长效果较好，日增重增加 211.4%，肝硒含量增加 107.7%，肉硒含量增加 200%，血硒含量增加 13.7%。

曹少先等（2002）运用 RAPD 和 AFLP 两种分子标记对长江三角洲白山羊、黄淮山羊、波尔山羊的遗传多样性进行了初步研究。结果表明，AFLP 方法多态性更丰富，36 个选择性引物组合中有 29 个引物组合表现出多态性，共产生多态标记 92 个，平均每个引物组扩增 3.17 个多态标记，多态频率达 32.8%；长江三角洲白山羊与黄淮山羊具有较近的遗传距离，而与波尔山羊的遗传距离最远。王兰萍等（2006）以结构基因座和微卫星标记检测长江三角洲白山羊群体的遗传多样性。结果表明，微卫星标记揭示的群体遗传多样性高于结构基因座。7 个微卫星座位的平均杂合度、多态信息含量及有效等位基因数分别为 0.886 7、0.877 4 和 11.290 7。9 个结构基因座上的平均杂合度、多态信息含量及有效等位基因数分别为 0.176 7、0.145 7 和 1.283 7。说明其群体内的遗传变异程度较大、遗传多样性较丰富，因而选育的潜力较大，对今后的保种和利用具有重要意义。

陈启康等（2006）利用比较基因组学原理，以绵羊多产性基因为候选基因，分析长江三角洲白山羊繁殖性状相关的遗传多样性。结果表明，3 个基因（BMP-IB、BMP15、GDF9）的 6 个位点（Fec^B、$FecX^H$、$FecX^I$、$FecX^G$、$FecX^B$、$FecG^H$）均无多态性。表明 3 个基因 6 个突变位点并不控制长江三角洲白山羊繁殖性能，绵羊的多产基因在长江三角洲白山羊中不存在，二者遗传相差较远。

王兰萍等（2008）采用淀粉凝胶多座位电泳法检测长江三角洲白山羊扬州群体结构基因座遗传变异，并分析群体的遗传共适应特性。结果表明，在显隐性-共显性模式中未发现座位间的遗传共适应现象，而在共显性-共显性模式中 Tf-Lap、Tf-X-p、Lap-Es-D 和 Lap-X-p 组合都存在遗传共适应。表明在长江三角洲白山羊扬州群体结构基因座间存在遗传共适应性，可能对维持座位间的遗传平衡状态起主要作用。该研究在检测长江三角洲白山羊扬州群体结构基因座位遗传变异的基础上，分析群体的遗传共适应特性，从而作为评价群体基因库属性、寻找遗传组合与选择标记以及确立合理的保护与开发利用方法的基础依据之一。

张寒莹（2008）采用 PCR-SSCP 技术，将 GDF-9 基因作为目的基因，对长江三角洲白山羊、黄淮山羊以及波尔山羊 187 只个体进行多态性检测，分析山羊 GDF-9 基因两个外显子区的遗传多样性，并分析了各多态位点与山羊繁殖性状之间的关系，探讨调控山羊繁殖力的基因位点，为长江三角洲白山羊的选育和保种提供理论基础。在此基础上，进一步利用生物信息学软件对 GDF-9 基因的氨基酸组成、序列的特征进行了分析，并进行了结构和功能的预测。该研究结果表明，长江三角洲白山羊 GDF-9 基因第二外显子 562bp 处纯合型个体产羔数显著高于杂合型个体，可以用该位点对海门山羊繁殖性状进行标记辅助选择。

王庆华（2005）采用中心产区典型群随机抽样方法和多种电泳技术，检测了 53 只黄淮山羊、30 只长江三角洲白山羊编码血液蛋白 17 个结构基因座上的变异，引用国内外 21 个山羊群体相同资料进行比较分析，探讨其系统发生树关系。研究表明：①黄淮山羊、长江三角洲白山羊结构基因座平均杂合度分别为0.082 6和0.089 9；平均多态信息含量分别为0.069 9和0.089 9；平均有效等位基因数分别为1.000 0和1.153 3。②黄淮山羊与长江三角洲白山羊群体对于"东亚集团"的隶属度分别为0.844 5、0.898 1，与"南亚集团"的隶属度分别为0.744 0、0.820 1，说明黄淮山羊群体与长江三角洲白山羊群体应属于"东亚山羊集团"而非"南亚山羊集团"。③NJ聚类与模糊聚类均在一定程度上吻合品种的地理分布，但所揭示的两山羊群体之间的相对关系并不一致，可能是由于不同聚类方法所依据的标准不同的缘故，总而言之，模糊聚类更符合品种育成史实。④对黄淮山羊群体、海门和扬中长江三角洲白山羊群体进行基因流水平的研究结果表明，长江三角洲白山羊两亚群之间的基因流水平（Nm＝8.4001）高于黄淮山羊群体与长江三角洲白山羊群体之间基因流水平（Nm＝5.730 9），Nm的对数（M）研究揭示了两山羊群体遗传结构满足距离隔离模式，遗传距离与其地理距离成正比。

四、产业现状

近年来受杂交改良的影响，纯种长江三角洲白山羊数量逐步下降。例如，崇明县1992年存栏19.29万只，2005年存栏8.18万只，但其个体不断增大，产肉性能有所提高（国家畜禽遗传资源委员会，2011）。

据施友超（2010）统计表明，目前崇明县共有养羊户4万多户，常年存栏白山羊24万头，年出栏20万头左右；其中，养殖户规模在10头以上的全县共有2 000多户，在百头以上的有20多户，最大的养殖规模近千头。

五、其他

长江三角洲白山羊的养殖方式由过去的拴牧转变为圈养，羊舍也由过去的地面平养转变为离地高架网上饲养。饲草以杂草、农作物秸秆为主，适当的人工种植饲草可作为补饲。在专业农民培训、白山羊相关项目培训带动下，养殖设施设备日益科学、完善，农户的养羊水平有了较大提高，科学养羊技术开始在生产中得到应用，平均每头母羊两年三胎，羔羊断奶日龄从原来的60日龄提早到45日龄，肉羊10月龄出栏体重达35kg以上，较之前的27kg有了明显增加，这一切均为推动白山羊产业发展提供了条件（施友超等，2010）。

长江三角洲白山羊羊毛洁白，富有弹性，光泽好，是制毛笔的优质原料，是我国乃至世界唯一能生产优质笔料毛的山羊品种。被农业部列入《国家级畜禽遗传资源保护名录》，又是我国重点保护的138个国家级畜禽遗传资源保护品种之一（朱东华等，2005）。

第九节　中卫山羊

一、概况

中卫山羊（Zhongwei goat）又称沙毛山羊，是世界上唯一生产白色裘皮的山羊品种，也是我国优良的地方品种之一。该品种羊形成历史悠久。早在明代，《宁夏府志》已有"中卫之枸杞，香山之羊皮"的记载。中卫山羊是由当时生息于中卫一带的蒙古粗毛山羊，在其特定的生态条件下，经过当地劳动人民长期精心选育形成的。由于手捻粗毛有沙沙之声，故得名"沙毛山羊"，20世纪70年代改名为"中卫山羊"（国家畜禽遗传资源委员会，2011）。中卫山羊品种的形成与当地的自然条件、牧草种类、国民经济发展有着密切的关系。此品种经过长期的培育和发展，形成了具有民族特色的且珍贵的中卫山羊品种。中卫山羊具有耐粗饲、耐湿热、对恶劣环境条件适应性好、抗病力强、耐渴性强的特点。有饮咸水、吃咸草的习惯。该羊以其良好的适应性、稳定的遗传性和独特的生产性能在我国畜牧业中占有一席之地（张振伟等，2012）。

中卫山羊产区分布于宁夏回族自治区西部和西南部、甘肃省中部，其中宁夏的中卫市和甘肃的景泰、靖远县为中心产区。数量多，质量好，其中又以中卫和景泰两县交界处的香山一带质量最好。产区属典型的大陆性气候，风沙大，尤以春季为甚。地形较复杂，多为山地丘陵，地表沟壑纵横，起伏不平，属于半荒漠地带。海拔为1 200～2 000m。年平均气温为8℃左右，1月份平均气温为－8.3℃，极端最低气温－29℃，7月份平均气温22.5℃，极端最高气温为39.1℃。年平均降水量190.7mm，集中在6～9月份。年蒸发量1 800～3 565mm，为降水量的10～14倍。四季气候变化很大，寒冷期长，夏季酷热，水源稀缺，人畜饮水和农田灌溉主要靠泉水、窖水和井水。许多地表因长期蒸发而结碱。土壤多为灰钙土、栗钙土。平滩地区土层较厚，山地土层薄而贫瘠，岩石裸露，土壤pH 7.5～8.3。牧草稀疏，覆盖度为15％～37％，平均产青草0.84kg/hm²，多为耐旱、耐盐碱的藜科、菊科等多年生植物和小灌木。主要牧草有白蒿、砂蒿、茵陈蒿、索草、骆驼蓬、羊胡子草、碱草、碱蓬、香茅草和芨芨草等。产区农业生产条件差异很大，可分为河流区、川旱区和山塬区三种不同类型地带。川旱区水源贫乏，气候干旱，为中卫山羊的主要分布区，羊只质量好。山塬区地势陡峭，牧草较为丰盛，是羊只的夏季牧场。

中卫山羊所产的羊肉肥瘦分布均匀、肉质细嫩、味道鲜美、无膻味、口感好、风味独特，备受消费者的青睐，被普遍认为优于其他品种的羊肉，在国内外享有盛誉；所产的裘皮花案清晰，花穗美观，轻暖如玉；所产的毛具有白色真丝样光泽，被誉为"中国的马海毛"；所产的羊绒柔软细长，俗称"金丝绒"（李文波，2006）。自2003年政府正式推行了退牧还草、封山禁牧政策以来，中卫山羊开始转为舍饲，从而改变了传统的生产方式。这些也为草原植被的恢复和防止生态环境恶化提供了可靠保障，但同时也使中卫山羊的生产面临新的问题和挑战（张振伟等，2012）。

二、特征与性能

我国2008年6月1日实施了新的《中卫山羊》国家标准，替代了于1984年5月1日实施的旧标准。新标准规定了中卫山羊的品种特性和等级评定，适用于中卫山羊的品种鉴定和等级评定。

（一）体型外貌特征

1. 外貌特征 中卫山羊体质结实，结构匀称，体格中等，头清秀，鼻梁平直，额部着生毛缕，垂至眼部，颌下有髯。公羊有向上、向后、向外伸展的大角，母羊有镰刀状角。背腰平直，四肢结实，全身各部结合良好，披覆有浅波状长毛。毛色有纯白、纯黑两种，纯白居多，具有丝样光泽。成年羊被毛分内外两层，内层为绒，外层为毛。以纤维重量计：绒约占26.0％，毛约占74.0％。平均毛股长公羊23.0cm，母羊20.0cm。其中，无有髓毛占89.5％，有髓毛占7.0％，两型毛占3.5％。毛的细度平均为50.0μm，绒细度为14.0μm。沙毛羔羊全身披覆有波浪形弯曲的毛股，排列整齐，光泽悦目，形成特有的花案，体躯主要部位表现一致。沙毛羔羊被毛由绒和两型毛组成。

2. 体重和体尺 春季剪毛后一级羊（1.5岁时）体重和体尺下限见表8-19。

表8-19 中卫山羊体重、体尺下限

性别	体重（kg）	体长（cm）	体高（cm）	胸围（cm）
公	26	62	60	72
母	20	53	59	79

资料来源：GB/T 3823-2008。

（二）生产性能

1. 产肉性能 中卫山羊产肉性能见表8-20。

表8-20 中卫山羊产肉性能

类型	胴体重（kg）	屠宰率（％）
沙毛羔羊	2.7～4.0	46～54
当年羔羊	11.0～15.0	46～50
成年母羊	11.8～15.0	38～42
成年羯羊	13.0～18.0	43～45

资料来源：GB/T 3823-2008。

2. 繁殖性能 公羊 8 月龄，母羊 5～6 月龄性成熟，适配年龄公羊为 1.5 岁。季节性多次发情，母羊发情周期为 17d，发情持续期 24～48h，妊娠期 150d，经产母羊产羔率 103%。

三、研究进展

叶勇等（2009）对舍饲条件下中卫山羊不同生理阶段的生产性能进行了观察和统计分析，并与放牧时的相关资料进行了对比。结果发现，舍饲条件下中卫山羊各生理阶段的体重，育成羊、成年羊除体长外的各主要体尺指标均比放牧条件下有明显上升趋势。但对产绒量、毛绒品质的影响不明确。动物营养学者们还对中卫山羊母羊、羯羊在不同营养水平下，所表现的繁殖性能、屠宰性能等方面的研究作出了一些探索。遗传育种方面，对中卫山羊的研究报道较少，只有少数学者，如张爱玲（2006）和季香等（2008）分别选择了包括中卫山羊在内的多个山羊品种进行了基因多态性及其遗传结构的研究。

关于中卫山羊营养方面的报道比较多。李文波等（2011）对 3～7 岁的中卫山羊母羊羔羊的初生体重和体尺以及裘皮特性作对比分析，探讨母羊年龄对羔羊的影响。分析表明，不同年龄阶段羔羊初生体重较为接近，体高和体长均以 3 岁母羊的羔羊最大，胸围以 8 岁母羊的羔羊最大。花万里等（2012）选取 3～4 岁体重相近、产羔期相近、健康状况良好的带母羔泌乳母羊 60 只，进行中卫山羊羔羊 0～5 月龄生长发育规律的研究。研究表明，从出生到 5 月龄的过程中，中卫山羊羔羊体重绝对增长和体尺（体高、体斜长、胸围和管围）增长强度均以够毛期最大，而体躯指数和胸围指数均以够毛期最小，且小于出生时。因此得出，从出生到够毛期是中卫山羊羔羊生长的高峰期。

张振伟等（2013）通过一系列饲喂试验，从不同角度对中卫山羊各阶段的舍饲环境、日粮营养等作了研究。包括不同蛋白水平日粮对中卫山羊育成母羊消化率影响、不同能量水平对中卫山羊羔羊初生重的影响、不同营养水平对育成母羊的影响，舍饲条件下不同出生年份对羔羊初生重的影响以及对羯羊肉质的影响等。

四、产业现状

20 世纪 60 年代至 80 年代末，中卫山羊曾风靡一时，因其产品市场好，遗传性能稳定，适应性强而备受养殖区农户的青睐。高峰时宁夏主产区的饲养量达 50 万只以上，其皮、绒价格一路走高，高峰时每千克羊绒卖到 200 多元，一张山羊皮卖到 80 元左右，从而造就了一大批绒毛皮张贩运大户。成立于 1956 年、作为全国唯一的中卫山羊保种场——中卫山羊选育场建场 50 年来，在中卫山羊的发展过程中起到了保种、选育、推广的作用，先后向全国 20 多个省区提供优质种羊 2 万余只，最高时羊只存栏达 2 万只。

作为一个世界名牌羊种，进入 20 世纪 90 年代后，受草场退化、市场价格下降等多种因素影响，中卫山羊不断惨遭淘汰。从品种保护的角度出发，2001 年，宁夏回族自治区和农业部先后将中卫山羊列入自治区和国家畜禽品种资源保护名录加以保护。2002 年农业部投资 200 万元，用于中卫山羊选育场的基础设施建设，并每年下拨山羊保护费 30 万元。尽管如此，中卫山羊下滑的步伐并没停止。2002 年农牧厅的调查数据显示，中卫山羊主产区尚存栏 15 万只。时隔 3 年后，中卫山羊在宁夏的存栏不足 2 万只。以中卫山羊选育场为例，淘汰率达 86%，山羊存栏仅 1 500 只。据调查，中卫山羊数量减少有以下几个原因。首先 20 世纪 90 年代以后，中卫山羊由于其生产性能的限制，各地纷纷引进辽宁、内蒙古绒山羊进行繁殖或杂交改良，中卫山羊的保护选育工作因此被忽视。产区草场属半荒漠草原，植被稀疏，加之降雨持续偏少，草场超载退化严重，羊只吃不饱长期营养不良。2003 年封山禁牧后，中卫山羊由放牧改为圈养，山羊生活习性的改变，使羊只发情期推迟，繁殖率下降，产绒率也出现不同程度的下滑。

2014 年，中华人民共和国农业部公告（第 2061 号）公布，根据《畜牧法》第十二条的规定，结合第二次全国畜禽遗传资源调查结果，对《国家级畜禽遗传资源保护名录》（中华人民共和国农业部公告第 662 号）进行了修订，确定了 159 个畜禽品种为国家级畜禽遗传资源保护品种。中卫山羊位列其中。

五、其他

畜禽品种资源是国家重要的战略性资源，畜禽品种的保护是造福子孙后代的大事。中卫山羊是宁夏仅有的两个国家级种质资源之一，因此，必须站在国家畜禽品种保护的战略高度，认识中卫山羊保护的重要性，增加保护经费，实行特殊政策；划出一定的草场，允许轮牧；大力开展中卫山羊的选种选配工作，建立中卫山羊的监测和评估体系，确保中卫山羊保种工作的健康发展。

第十节　济宁青山羊

一、概况

济宁青山羊（Jining Gray goat）是我国及世界上优异的种质资源，以其性成熟早、遗传性稳定、耐粗抗病、全年发情、多胎高产、羔皮品质好、早期生长快等品种特性而著称（蔡泉，2008）。该羊是中国著名裘用地方山羊品种，以产优质的青猾皮而著称于世，济宁青山羊剥制的猾子皮板薄毛细，波浪形花案清晰美观，光泽秀丽，是我国专用羔皮山羊品种之一和传统出口特产。又以繁殖率高为特点入选国家畜禽品种志，历史最高存养量达 1 000 多万只。济宁青山羊所产羊肉脂少味美，深受消费者喜爱（王福刚等，2009）。

济宁青山羊产于山东省西南部，主要分布在菏泽和济宁地区。以曹县、郓城、菏泽、鄄城、单县、成武、定陶、金乡、嘉祥、邹县等县数量多，且质量好。产区属温带大陆性季风气候，地形除梁山、巨野、嘉祥有零星山丘外，均为黄河冲积平原及湖洼地。地势西高东低，略有起伏，海拔50m 左右。境内河流、湖泊多。土壤为黏土、沙土和碱土。产区春、秋季短，冬夏季长，四季分明。年平均气温 13.2～14.1℃，极端最高气温 42℃，极端最低气温－21.8℃。年平均相对湿度为 68%。年降水量650～820mm，多集中在 6～8 月份，最大积雪深度为 13～19cm，无霜期为 200～206d。农作物主要有小麦、大豆、玉米、高粱、谷子、甘薯、棉花、花生等。林木有杨树、柳树、榆树、刺槐、桐树等，另外还有柳条、蜡条和柽柳。野生牧草有拉秧草、节节草、水盖草、星星草、芦草、茅草等。产区地势平坦，气候温和，雨量适中，无霜期长，农林副产品充足，为饲养济宁青山羊创造了良好条件。

济宁青山羊是我国乃至全世界不可多得的高繁殖力山羊品种，这个品种数百年来保持着闭锁的繁殖方式，没有受外来品种的影响，是在当地生态环境条件下，经劳动人民多年的自然选择和人为选择培育而成的，是研究山羊高繁机制的良好素材（陈永军等，2008）。防止这一优良品种和优良基因的流失，国家现已建立了青山羊保种区和保种场。2006 年将济宁青山羊列为国家级畜禽遗传资源保护品种，2009 年济宁青山羊被列入《山东省畜禽遗传资源保护名录》，为实施济宁青山羊的保护工作奠定了基础。

二、特征与性能

（一）体型外貌特征

1. 外貌特征　济宁青山羊体小，结构紧凑，前躯较窄，后躯宽深，腹围较大，四肢结实，头呈三角形，额宽，鼻直，额部多有淡青色白章，公羊头部有卷毛，母羊则无。公羊四肢粗壮，前肢略高于后肢；母羊后肢略高于前肢；尾小上翘。骨骼健壮，肌肉发育良好。被毛由黑白两种纤维组成，外观呈青色，全身有"四青一黑"特征，即背部、唇、角、蹄为青色，两前膝为黑色（图 111 和图112）。

2. 体重和体尺　近年来，由于经济类型的转变（裘用型转向肉用型），人们对青山羊的选育方向也发生了改变，青山羊体型和体重较过去偏大。济宁青山羊的体重和体尺见表 8-21。

表 8-21　济宁青山羊体重和体尺

性别	只数	体重（kg）	体高（cm）	体长（cm）	胸围（cm）
公	100	27.2±3.2	62.0±2.3	67.3±4.1	75.8±7.0
母	400	22.2±2.2	55.4±3.7	63.2±3.9	72.1±5.1

注：2007 年在山东省梁山县黄河青山羊保种场和嘉祥县济宁青山羊原种场 2～2.5 岁公、母羊进行测定。

资料来源：国家畜禽遗传资源委员会，2011。

（二）生产性能

1. 产肉性能　济宁青山羊个体较小，屠宰率较低，屠宰率和净肉率分别约为 35.6%、29.5%。但该品种繁殖率高，因此产肉总量亦高，可弥补个体的不足。青山羊所产羊肉肉色为红色，颜色比其他羊肉略重，脂肪雪白坚硬，煞是鲜艳（王福刚等，2009）。青山羊肉质细嫩，营养丰富，风味独特，肉色、大理石花纹、pH、系水力等各项指标均比白山羊、波白杂交一代表现突出（许腾等，2010）。青山羊除了羊肉脂肪含量低外，可消化蛋白质的含量较高，氨基酸种类齐全，饱和脂肪酸含量也高于绵羊肉、猪肉和牛肉，钙、磷、铁、铜、锌、镁的含量均高于猪肉和牛肉。其周岁羊屠宰性能见表 8-22。

表 8-22　济宁青山羊周岁羊屠宰性能

性别	宰前活重（kg）	胴体重（kg）	屠宰率（%）	净肉重（kg）	净肉率（%）
公	21.2	10.1	47.6	39.4	4.8
母	14.2	6.0	42.3	34.4	4.4

2. 繁殖性能　济宁青山羊初情期在 3～4 月龄，早的在 2 月龄。初配适龄母羊为 6 月龄，公羊为 7 月龄。青山羊四季均能发情配种，尤以春、秋季节旺盛，发情周期 15～17d，发情持续期 1～2d，妊娠期平均 146d，产后发情期平均 25d。母羊多胎高产，1 岁前即可产第一胎，母羊年产两胎或两年三胎，初产繁殖率 204%，经产繁殖率可达 326%，平均产羔率 293.65%，最多时一胎可产七羔，羔羊成活率 95%。只是产四只以上羔羊的母羊，其哺乳力明显不足，羔羊成活率有所下降。母羊一般可繁殖利用 5～6 年（张爱民，2008）。

三、研究进展

由于济宁青山羊是中国山羊品种中繁殖率最高的，因此围绕其繁殖性状的研究比较多，主要集中在激素水平和分子水平上。葛仕豪等（2007）对处于繁殖季节的济宁青山羊进行放射免疫分析法测定血浆内促性腺激素（FSH、LH）和性激素（E_2、P）的含量。结果表明，整个发情周期中 FSH、LH 和 E_2 均先后出现 4 个分泌峰，FSH 的 4 个分泌峰分别晚于 LH 峰 2d 出现。E_2 的分泌峰除第 3 个分泌峰出现在第 10 天之外，其余 3 个峰均与 LH 峰同时出现。P 在发情周期的第 5 天开始逐渐升高，间情期（第 7～17 天）维持在一个较高的水平（$P>0.05$），发情前一天（第 18 天）骤然下降。在发情期和间情期，FSH 和 LH 分泌方式均呈脉冲式，E_2 和 P 为波动式分泌。发情期 FSH 的脉冲频率较间情期低（$P>0.05$），而 LH 的脉冲频率则高于间情期（$P>0.05$）。

刘宵等（2012）为研究济宁青山羊出生后发育阶段 GnRH 及 GnRHR 在下丘脑内的形态学分布和变化规律，采用链霉亲和素-生物素-过氧化物酶复合物（strept avidin biotin-peroxidase complex，SABC）免疫组织化学方法，对 0、2 月龄、4 月龄和 6 月龄雌性济宁青山羊下丘脑中 GnRH 及 GnRHR 的分布进行了同步研究。结果显示，GnRH 和 GnRHR 免疫阳性细胞在下丘脑内广泛存在，主要分布于视前内侧区、乳头体、视上核和视交叉上核。随月龄增长，GnRH 和 GnRHR 阳性细胞不断增大，数量不断增多，其中 0～2 月龄是最快的时期。结果表明，下丘脑分泌的 GnRH 及 GnRHR 对生后发育阶段济宁青山羊性成熟的启动及维持有重要作用。

何远清等（2006）研究发现，骨形态发生蛋白BMP15（bone morphogenetic protein 15）基因中影响Belclare和Cambridge绵羊高繁殖力的突变位点对济宁青山羊的高繁殖力没有显著影响。焦彩兰等（2006）以控制Romney Inverdale绵羊和Romney Hanna绵羊高繁殖力的骨形态发生蛋白BMP15基因为候选基因，采用PCR-RFLP方法检测BMP15基因在高繁殖力山羊品种（济宁青山羊）以及低繁殖力山羊品种（内蒙古绒山羊、安哥拉山羊、波尔山羊）中的多态性，同时研究该基因对济宁青山羊高繁殖力的影响。结果表明，在BMP15基因的两个突变位点未发生与Inverdale绵羊相同的V31D突变，也未发生与Hanna绵羊相同的Q23Ter突变，对济宁青山羊的高繁殖力没有显著影响。储明星等（2006）以高繁殖力山羊品种（济宁青山羊）、中等繁殖力山羊品种（安徽白山羊、波尔山羊和文登奶山羊）以及低繁殖力山羊品种（辽宁绒山羊和北京本地山羊）为试验材料，采用RFLP方法对在生殖中起重要作用的BMPR-IB基因进行多态性检测，未发现有碱基突变。吴泽辉等（2006）的研究则表明，GDF9（生长分化因子）基因可能是控制济宁青山羊多胎性能的一个主效基因或是与之存在紧密遗传连锁的分子标记。梁琛等（2006）研究初步认为，FSHβ基因可能是控制济宁青山羊多胎性能的一个主效基因或是与之存在紧密遗传连锁的一个标记。

汪运舟等（2011）比较了多胎高产的济宁青山羊与单胎的沂蒙黑山羊发情期卵巢组织中MTR1A（褪黑素受体）的差异表达量，研究发现发情期褪黑素受体基因在卵巢组织中的高表达是限制济宁青山羊卵巢排卵和产羔数的重要因素之一；卵巢组织是褪黑素作用的重要靶器官，褪黑素对于山羊卵巢组织的发育、成熟和排卵具有重要影响。研究结果对于阐明褪黑素受体调控山羊生殖机能的作用机理提供了基础研究数据。

同海妮等（2013）采用免疫组织化学、Western Blotting和qRT-PCR方法，研究GHR和IGF-IR在济宁青山羊子宫内分布和表达的发育性变化，探究GH/IGF-I轴对济宁青山羊子宫生长发育的调节机理以及与繁殖性能之间的关系。不同年龄段济宁青山羊子宫中存在GHR和IGF-IR受体，主要分布于子宫血管内皮细胞、基质细胞、子宫平滑肌细胞和腺管上皮细胞。GHR mRNA和IGF-IR mRNA的表达规律与GHR阳性细胞和IGF-IR阳性细胞数量上的变化趋势基本一致，分别在初情期（60日龄）和性成熟（120日龄）出现高峰，因此，初情期和性成熟期是子宫发育成熟最快的时期。

四、产业现状

1980年济宁地区饲养青山羊60多万只。但由于个体小、生长慢，在近年来肉用养羊业发展的趋势下，再加上青猾皮滞销，因此群众饲养青山羊的积极性大大降低，青山羊数量大幅度减少。2007年调查表明，济宁市仅存养4 900只，母羊3 400只，其中能繁母羊1 100只，公羊1 500只（用于配种的成年公羊70余只）（蔡泉，2008）。

2004年，济宁青山羊地方标准（DB37/T511-2004）发布并实施。

五、其他

济宁青山羊具有很好的商品开发价值。山羊烧制的单县羊肉汤始创于17世纪清代嘉庆年间，距今已200多年的历史。肉汤色白似奶、水脂交融、质地纯净、鲜而不腻，不仅是一道可口的美食，而且冬饮保暖，夏饮清凉，常饮有滋补益阳、温中健脾、祛寒保健的功效，深受全国消费者的青睐，已被列入《中华名菜谱》。济宁树立品牌意识、名牌意识、商标意识，瞄准高端消费市场，打"绿色""有机牌""安全牌"，充分挖掘提升产品的档次和品位，加快实施商标注册和品牌保护，全面推进"十大品牌"创建工程。济宁青山羊、鲁西黄牛、小尾寒羊、微山麻鸭、汶上芦花鸡被列入《山东省十大地方畜禽品种名牌》。山东臻嘉食品进出口有限公司生产的"臻嘉冷冻冰鲜牛羊肉"荣获全国食品博览会金奖。山东科龙畜牧产业有限公司生产的济宁青山羊冷鲜肉被山东畜牧博览会评为银奖。

国家现代肉羊产业技术体系

国家肉羊产业技术研发中心：

  首席科学家：旭日干（内蒙古大学教授，中国工程院院士）

肉羊遗传育种与繁殖研究室：

  主任：荣威恒

  成员：杜立新、李发弟、金海国、储明星、廖洪武、姜勋平、王建国

肉羊疾病防控研究室：

  主任：刘湘涛

  成员：刘晓松、宁长申

肉羊营养与饲料研究室：

  主任：刁其玉

  成员：张建新、金海、张英杰、侯广田、王锋

肉羊加工研究室：

  主任：张德权

  成员：罗海玲

肉羊环境与产业经济研究室：

  主任：李秉龙

  成员：王金文、张子军

国家肉羊产业技术综合试验站（共 23 位试验站站长）：

  衡水试验站（闫振富）、太原试验站（赵有英）、锡林郭勒盟试验站（钱宏光）、巴彦淖尔试验站（王文义）、赤峰试验站（李瑞）、海拉尔试验站（张志刚）、呼和浩特试验站（任俊光）、朝阳试验站（王国春）、公主岭试验站（马惠海）、合肥试验站（丁建平）、东营试验站（朱文广）、洛阳试验站（王玉琴）、雅安试验站（徐刚毅）、贵阳试验站（毛凤显）、昆明试验站（邵庆勇）、宝鸡试验站（周占琴）、永昌试验站（姜仲文）、西宁试验站（余忠祥）、银川试验站（杨新君）、阿勒泰试验站（郝耿）、石河子试验站（徐义民）、塔城试验站（王平）、巴州试验站（左北瑶）。

国家现代肉羊产业技术体系技术示范县：120 个

国家现代肉羊产业技术体系岗位专家团队成员：93 人

国家现代肉羊产业技术体系综合试验站技术骨干：360 人

BI 165001 B43002-89. 巴什拜羊 [S].

DB32/T 350-2007. 波尔山羊 [S].

DB 51/T 654-2007. 成都麻羊 [S].

DB 65/T 2710-2007. 多浪羊 [S].

DB 52/401-2004. 贵州黑山羊 [S].

DB42/023-91. 宜昌白山羊 [S].

DB51/248-1995. 建昌黑山羊 [S].

DB44/T171-2003. 雷州山羊 [S].

DB62/T 490-2002. 欧拉羊 [S].

DB53/T243-2008. 萨能奶山羊饲养技术规范 [S].

GB 19376-2003. 波尔山羊种羊 [S].

GB 4631-2006. 湖羊 [S].

GB/T 2033-2008. 滩羊 [S].

GB/T 22909-2008. 小尾寒羊 [S].

GB/T 22912-2008. 马头山羊 [S].

GB/T 26613-2011. 呼伦贝尔羊 [S].

GB/T 3822-2008. 乌珠穆沁羊 [S].

GB/T 3823-2008. 中卫山羊 [S].

NY 809-2004. 南江黄羊 [S].

NY 810-2004. 湘东黑山羊 [S].

NY 811-2004. 无角陶赛特种羊 [S].

NY/T 1816-2009. 阿勒泰羊 [S].

阿布力孜·吾斯曼，哈丽旦·阿不都热合曼，吴海荣，等. 2012. 多浪羊一年两产繁育技术的初步研究 [J]. 中国草食动物科学，32（3）：42-44.

阿德力，阿依古丽，陈卫国. 2009. 哈萨克羊品种资源及利用建议 [J]. 新疆畜牧业（1）：48-49.

阿德力. 2005. 萨福克羊和巴什拜羊、小尾寒羊的杂交生产性能测定 [J]. 新疆畜牧业（4）：29-31.

阿斯娅·买买提，买买提伊明·巴拉提，尼加提·艾尼瓦尔. 2012. 对塔什库尔干羊种公羊体重、体尺常规参数的研究 [J]. 四川畜牧兽医，39（12）：29-31.

阿斯娅·买买提，买买提伊明·巴拉提，努尔比亚木·萨吾提. 2013. 吐鲁番黑羊种公羊体质量、体尺参数的研究 [J]. 河南农业科学，42（1）：125-128.

安清聪，金显栋，陈育枝，等. 2008. 不同蛋白质水平日粮对云岭黑山羊泌乳期生产性能的影响 [J]. 中国畜牧兽医，35（5）：137-139.

巴合提·巴拉孜汗，恰布丹·阿孜拜，叶尔克江·吾拉哈孜，等. 2008. 阿勒泰羊品种退化原因及选育提高措施 [J]. 中国牧业通讯（20）：36.

白俊艳，庞有志，宋世贺. 2007. 公羊和胎次对大尾寒羊产羔数的影响 [J]. 河南农业科学（10）：102-104.

白俊艳，庞有志，张省林，等. 2011. 大尾寒羊体尺性状的遗传参数估计 [J]. 畜牧与饲料科学，32（3）：6-10.

白俊艳，庞有志，赵淑娟，等. 2012. 豫西脂尾羊微卫星 DNA 多态性研究 [J]. 黑龙江畜牧兽医（1）：47-48.

白俊艳，张省林，庞有志，等. 2011. 大尾寒羊产羔数对胎次的回归分析 [J]. 畜牧与饲料科学（2）：9-10.

白俊艳，赵淑娟，王玉琴，等. 2011. 豫西脂尾羊血液蛋白的多态性研究 [J]. 中国畜牧兽医（12）：134-137.

白文林，王杰，尹荣焕，等．2005．成都麻羊和波尔山羊生长激素基因 HaeⅢ多态性的比较研究［J］．黑龙江畜牧兽医（8）：13-14．

白元宏，马振云．2004．河北乡不同类型藏羊主要生产性能测定［J］．青海畜牧兽医杂志，34（3）：52．

白跃宇，谭旭信，朱红卫．2010．豫西脂尾羊资源调查及开发利用［A］．中国畜牧兽医学会养羊学分会：434-436．

包付银．2007．波尔×隆林杂交育成羊育肥期能量和蛋白质营养需要的研究［D］．南宁：广西大学．

包毅，李丽华，赵保忠，等．2001．放牧条件下道赛特羊、萨福克羊与乌珠穆沁羊杂交试验的对比分析［J］．内蒙古畜牧科学，22（3）：28-29．

毕力格巴特尔，辛满喜，巴达玛，等．2014．察哈尔羊生长发育规律研究［J］．中国草食动物科学，34（2）：12-14．

毕晓丹，储明星，金海国，等．2005．小尾寒羊高繁殖力候选基因 ESR 的研究［J］．遗传学报，32（10）：1060-1065．

边仕育，刘凌，尔什，等．2004．建昌黑山羊本品种选育效果［J］．中国草食动物（Suppl. 1）：102-103．

蔡海霞，杨浩哲，王跃卿，等．2003．波尔山羊与伏牛白山羊杂交效果研究初报［J］．中国草食动物，23（4）：21-23．

蔡惠芬，陈志，罗卫星，等．2012．RERG 基因多态性与黔北麻羊生长性状的相关性研究［J］．广东农业科学，39（13）：152-154．

蔡泉．2008．济宁青山羊品种资源调查［J］．中国草食动物，28（6）：64．

蔡欣，苟兴能，董绍森，等．2011．北川白山羊基因组与表型性状相关的多态性 RAPD 标记［J］．中国兽医学报，31（10）：1505-1508．

蔡原．2002．无角陶赛特羊在甘肃河西走廊地区适应性及杂交效果的研究［D］．兰州：甘肃农业大学．

曹少先，陈启康，杨利国，等．2005．补硒对海门山羊生长及血液和组织含硒量的影响［J］．家畜生态学报，26（1）：32-34．

曹少先，杨利国，姜勋平，等．2002．波尔山羊和江苏本地山羊的 AFLP 和 RAPD 分析［J］．中国农业科学，35（10）：1291-1296．

曹忻，赵有璋．2006．无角陶赛特羔羊和波德代羔羊的生长发育模型［J］．甘肃农业大学学报，41（2）：15-19．

常景周，徐稳柱，胡前进，等．2000．小尾寒羊改良豫西脂尾羊杂交一代效果研究［J］．中国草食动物，2（2）：13-14．

常新耀，谢红兵，魏刚才．2008．小尾寒羊肉营养成分分析［J］．光谱实验室，25（4）：640-643．

陈冰．2008．河南地方山羊品种遗传多样性的微卫星标记分析及与体尺性状的关系［D］．郑州：河南农业大学．

陈红艳，马月辉，叶绍辉．2007．云南地方绵羊品种遗传多样性的微卫星分析［J］．当代畜牧（1）：29-30．

陈家振，王涛，张振军．2009．黄淮山羊品种资源亟待保护［J］．中国畜牧业协会、全国畜牧总站：153-155．

陈静，边连全，张飞，等．2010．特克塞尔、无角陶塞特、白萨福克肉羊肉质指标的比较研究［J］．食品科技，35（4）：126-128．

陈亮，张凌青，巫亮，等．2014．饲喂柠条包膜青贮饲料对滩羊育肥效果的影响［J］．黑龙江畜牧兽医（1）：97-99．

陈林，毛德柱，向怀云．2002．努比山羊在南方山区饲养观察及杂交利用［J］．中国草食动物，22（5）：30-32．

陈启康，沙文锋，顾拥建，等．2006．海门山羊多胎种质资源发掘与创新［J］．中国畜牧业协会：229-235．

陈胜，程广龙，朱德建，等．2009．安徽白山羊的体性状和肉用性能测定［J］．畜牧与饲料科学，30（4）：150-153．

陈韬，董文明，葛长荣，等．1999．云南山羊体尺和屠宰性能测定［J］．草食家畜（1）：15-18．

陈韬，董文明，李兴楼，等．1999．云南山羊肉质研究［J］．畜牧与兽医，31（5）：14-16．

陈韬，范江平，葛长荣，等．1998．云南三个地方山羊品种产肉性能及肉质比较［J］．中国养羊（2）：36-38．

陈韬，葛长荣，范江平，等．1998．昭通山羊产肉性能及肉质特性［J］．草食家畜（2）：17-20．

陈维德，阿凡提，李俊年，等．1995．无角陶赛特和萨福克羊在新疆的杂交利用研究［J］．中国养羊（3）：1-3．

陈维伟．2007．巴音布鲁克羊肉质下降原因分析及应对措施［J］．青海畜牧兽医杂志，37（1）：52-53．

陈伟平，赵淑娟，庞有志，等．2008．伏牛白山羊染色体核型分析［J］．黑龙江畜牧兽医（5）：13-15．

陈喜英．2008．豫西脂尾羊资源现状、问题与建议［J］．河南农业（23）：47．

陈祥，廖正录，李国红，等．2004a．贵州白山羊遗传结构的 RAPD 分析［J］．四川畜牧兽医，31（8）：20-21．

陈祥，廖正录，李国红，等．2004b．贵州地方山羊品种的 RAPD 分析［J］．动物学研究，25（2）：141-146．

陈祥，廖正录，张勇，等．2005．贵州黑山羊遗传结构的 RAPD 分析［J］．四川畜牧兽医，32（2）：25-26．

陈兴乾，罗美姣，方运雄，等．2011．饲喂香蕉茎叶对隆林山羊生长性能的影响［J］．广西畜牧兽医，27（2）：69-72．

陈永军，赵中权，张家骅，等．2008．1周岁大足黑山羊体重与体尺的相关性研究［J］．四川畜牧兽医（12）：36-38．

陈永军，赵中权，张家骅，等．2008．济宁青山羊高繁殖力基因研究进展［J］．畜牧兽医杂志，27（6）：62-64．

陈志，罗卫星，刘若余，等．2013. 贵州白山羊 GFI1B 基因多态性与生长性状的相关性 [J]．基因组学与应用生物学 (2)：159-164.

陈宗明，密国辉，许厚强，等．2012. 维生素 C 对贵州黑山羊低温保存精液品质的影响 [J]．贵州农业科学，40 (6)：146-147.

陈祖秋，徐刚毅．2012. 简阳大耳羊初乳成分动态分析 [J]．中国畜牧兽医学会养羊学分会：391-393.

程朝友，杨德文，付正仙，等．2012. 波尔山羊与贵州黑山羊杂交的改良效果 [J]．贵州农业科学，40 (7)：139-141.

程俐芬，张明伟，高晋生．2007. 山西省养羊业发展思路及情况介绍 [J]．中国畜牧业协会羊业分会、全国畜牧总站：7-11.

程美玲，赵素梅，黄英，等．2010. 云岭黑山羊 FSH 基因表达量与其产羔数相关性研究 [J]．云南农业大学学报（自然科学版），25 (6)：807-810.

程箫，任春环，张子军，等．2012. 安徽白山羊、波尔山羊 GDF9 和 BMP15 基因的 RFLP 分析 [J]．安徽农业大学学报，39 (3)：352-355.

程箫．2012. 安徽白山羊新类群 MC4R、GDF9 基因遗传效应分析及 IGF-1 真核表达载体构建 [D]．合肥：安徽农业大学.

程志斌，贾俊静，葛长荣，等．2008. 云南地方云岭黑山羊和龙陵黄山羊羔羊生长及屠宰性能的研究 [J]．畜牧与兽医，40 (12)：54-56.

储明星，方丽，叶素成．2006. 山羊高繁殖力骨形态发生蛋白受体 IB 候选基因的 RFLP 分析 [J]．农业生物技术学报，14 (1)：139-140.

储明星，桑林华，王金玉，等．2005. 小尾寒羊高繁殖力候选基因 BMP15 和 GDF9 的研究 [J]．遗传学报，32 (1)：38-45.

储明星．2001. Booroola 羊 FecB 基因的遗传标记研究进展 [J]．国外畜牧科技，28 (2)：37-40.

崔保维，杨廷位．2004. 波尔山羊改良南江黄羊的效应研究 [J]．福建畜牧兽医，26 (2)：30-32.

崔凯，刘月琴，张英杰，等．2011. 脂质体介导 FecB 基因转染太行山羊精子的研究 [J]．河北农业大学学报，34 (1)：97-100.

崔中林．2003. 奶山羊无公害养殖综合新技术 [M]．北京：中国农业出版社.

达文政，李颖康，吴艳华，等．2003. 肉羊专用品种-萨福克羊的类型和生产性能 [J]．中国草食动物 (1)：143-144.

达州市畜牧食品局．2000. 万源板角山羊产业开发掀起热潮 [J]．四川畜牧兽医，27 (12)：60.

邓书湛，刘若余，吴芸．2009. 马头山羊线粒体细胞色素 b 基因遗传多样性研究 [J]．贵州畜牧兽医，33 (1)：10-12.

邓卫东，毛华明，孙守荣，等．2006. 乌骨绵羊和非乌骨绵羊血液生理生化指标的比较研究 [J]．中国畜牧杂志，42 (17)：13-16.

邓雯，庞有志，洪子燕，等．1998. 豫西脂尾羊排卵规律及胚胎生长发育规律的研究 [J]．洛阳农专学报，18 (2)：1-5.

邓雯，庞有志，赵茹茜，等．2006. 河南大尾寒羊体重生长特性的研究 [J]．中国畜牧杂志，42 (17)：1-4.

邓雯，庞有志，赵茹茜，等．2007. 河南大尾寒羊繁殖性能影响因素分析 [J]．黑龙江畜牧兽医 (4)：46-48.

邓银才，刘强，享世安．1990. 陕南白山羊现状考察报告 [J]．畜牧兽医杂志 (3)：24-25.

邓缘，李昊帮，胡雄贵，等．2008. 湘东黑山羊同期发情技术的研究 [J]．湖南畜牧兽医 (6)：8-9.

邓灶福，康晖，欧阳叙向．2007. 湘东黑山羊球虫病的防治 [J]．畜牧与饲料科学，28 (6)：64-65.

董传河，杜立新．2011. 山羊 GDF9 基因多态性与产羔数关联分析研究 [J]．山东农业大学学报（自然科学版），42 (2)：227-237.

董焕清，朱荣文，倪世军，等．2004. 布尔山羊与陕南白山羊杂交优势分析 [J]．畜牧兽医杂志，23 (6)：9-10.

董淑霞，康静，王永军，等．2010. 草原优良新品种-呼伦贝尔羊简介 [J]．畜牧兽医科技信息 (3)：104-105.

董文艳，任艳玲，李敏，等．2011. ESR 基因多态性与洼地绵羊高繁殖力相关性的研究 [A]．重庆市人民政府、中国畜牧兽医学会、中国农学会. 第五届中国畜牧科技论坛论文集 [C]．重庆市人民政府、中国畜牧兽医学会、中国农学会：86-90.

董玉珍．2001. 玉米秸秆对舍饲育肥绵羊的矿物质营养及精料补饲水平的研究 [D]．太谷：山西农业大学.

杜美红，李步高，张纪刚，等．2002. 波尔山羊在我国应用前景探析 [J]．草食家畜 (2)：23-25.

杜美红，李步高，周忠孝．2005. RAPD 分析山西主要地方山羊品种的遗传多态性 [J]．畜牧兽医学报，36 (2)：202-204.

杜智勇，林尖兵，覃成，等．2008. 贵州白山羊 GDF9 基因外显子 2 的多态性研究 [J]．畜牧与兽医，40（4）：46-48.

俄木曲者，范景胜，陈天宝，等．2012. 简阳大耳羊黑色类群成年母羊体重与体尺指数回归分析 [J]．中国草食动物科学，32（5）：13-16.

樊睿．2009. 中国 9 个地方山羊品种遗传多样性的微卫星分析 [D]．杨凌：西北农林科技大学.

范桂霞，马志华，李菲，等．2007. 非繁殖季节诱导太行山羊发情排卵效果的研究 [J]．中国草食动物（1）：91-93.

范江平，毛华明，孙守荣．2012. 云南兰坪乌骨绵羊和本地绵羊的屠宰性状及肉品质比较 [J]．黑龙江畜牧兽医（12）：69-71.

范景胜，熊朝瑞，王永，等．2011. 简阳大耳羊品种的形成及利用 [A]．中国畜牧业协会．《2011 中国羊业进展》论文集 [C]．中国畜牧业协会：315-317.

范景胜，熊朝瑞，郑水明，等．2012. 简阳大耳羊生长发育规律研究 [J]．四川畜牧兽医，39（9）：31-32.

方光新，喻世刚，秦崇凯，等．2010. 早期断奶对巴音布鲁克羊羔羊应激和免疫的影响 [J]．新疆农业科学，47（3）：619-626.

方亚，彭祥伟，黄勇富，等．2005. 重庆酉州乌羊资源现状及利用建议 [J]．中国草食动物，25（6）：61-62.

封建民，王涛．2004. 呼伦贝尔草原沙漠化现状及历史演变研究 [J]．干旱区地理，27（3）：356-360.

冯德明．2003. 肉羊生产技术指南 [M]．北京：中国农业大学出版社.

冯国胜，杨学斌，施进文．2014. 浅析肉羊产业发展方向 [J]．中国畜牧兽医文摘（4）：31.

冯会利，石照应，田兴贵，等．2012. 贵州黑山羊和黔北麻羊 MSTN 基因 DraI 酶切多态性分析 [J]．西南农业学报，25（1）：282-285.

冯杰，田兴贵，主性，等．2012. 贵州规模养殖场黑山羊主要疫病的血清学调查 [J]．贵州农业科学，40（9）：157-160.

冯克明，杨会国，候广田，等．2006. 道塞特、萨福克与阿勒泰羊 5 月龄杂交公羔肉品质分析 [J]．中国畜牧兽医，33（12）：110-112.

冯卫民，毛金花，张新梅，等．2005. 萨福克羊、哈萨克羊、小尾寒羊杂交后代生产性能比较 [J]．中国草食动物，25（5）：27-28.

冯永森，张海，张俊霞．2009. 呼和浩特地区萨能山羊乳生化成分的分析 [J]．畜牧与饲料科学，30（6）：116-117.

冯宇哲．2011. 青海省引进部分优良种羊技术评价-夏洛莱羊、无角陶赛特、萨福克、小尾寒羊 [J]．草食家畜（4）：10-14.

冯忠义，孙效民，张建昌，等．1988. 同羊放牧行为的观测研究初报 [J]．家畜生态学报（2）：23-25.

付锡三，朱万岭，等．2011. 乐至黑山羊养殖瓶颈与技术研究初探 [A]．2011 中国羊业进展论文集 [C]．中国畜牧业协会：312-314.

付永，夏热甫，肖非，等．2009. 哈萨克羊、阿勒泰羊、巴什拜羊遗传多样性的 AFLP 分析 [J]．中国草食动物，29（4）：6-10.

高爱琴，陶晓臣，李虎山，等．2010. 性别与年龄对巴美肉羊肉品质的影响 [J]．黑龙江畜牧兽医（科技版）（1）：55-57.

高晋芳，刘宗正，韦林盖，等．2014. 蒙古羊脂肪来源间充质干细胞的分离培养及体外分化诱导 [J]．山东大学学报（理学版）（1）：20-24.

高腾云，范德修，淡瑞芳，等．2003. 牛腿山羊与槐山羊杂交一代的屠宰性能测定 [J]．中国草食动物（suppl. 1）：118.

高志英，桂峰，马奔，等．2010. 巴尔楚克羊品种资源调查 [J]．草食家畜（2）：33-34.

葛仕豪，高立坤，侯衍猛，等．2007. 济宁青山羊发情周期内促性腺激素和性激素分泌规律的研究 [J]．西南农业学报，20（6）：1348-1352.

耿荣庆，常洪，杨章平，等．2002. 湖羊起源及系统地位的研究 [J]．西北农林科技大学学报（自然科学版），30（3）：21-24.

耿荣庆，常洪，杨章平，等．2002. 湖羊遗传检测与形态学特征的研究 [J]．扬州大学学报，23（3）：37-40.

耿荣庆．2002. 湖羊、同羊起源及系统地位的研究 [D]．扬州：扬州大学.

耿岩．2008. 巴音布鲁克羊的起源和系统地位的研究 [D]．扬州：扬州大学.

龚海峰，曾招发，霍小燕，等．2013. 湘东黑山羊常见疾病的防治 [J]．湖北畜牧兽医（3）：43-45.

苟本富，魏泓，邹国林．2003. 乌羊遗传多态性的 AFLP 分析 [J]．四川畜牧兽医，30（12）：27-28.

古兰白尔·木合塔尔，吴海荣，艾合买提江·吐尔逊，等．2013．稀释液中添加维生素 E 对和田羊冷冻精液品质的影响［J］．黑龙江动物繁殖，21（1）：9-11．

谷大海，徐志强，曹振辉，等．2011．云南圭山红骨山羊和非红骨山羊肉品质比较研究［J］．中国畜牧兽医，38（5）：210-213．

顾丰颖．2009．红骨山羊与非红骨山羊骨代谢及 VDR 基因的研究［D］．昆明：云南农业大学．

顾亚玲，马丽娜，许斌，等．2010．生长激素基因多态性与滩羊生长性状关联性研究［J］．安徽农业科学，38（19）：10088-10089．

顾玉兰，于成江，白丁平．2006．PMSG 诱导新疆军垦细毛羊、哈萨克羊、湖羊同期发情的研究［J］．西北农业学报，15（4）：48-50．

关伟军，马月辉，周雪雁，等．2005．太行黑山羊成纤维细胞系建立与生物学特性研究［J］．中国农业科技导报，7（5）：25-33．

管峰，艾君涛，庞训胜，等．2006．黄淮山羊微卫星多态性及其与产羔数相关性的研究［J］．中国畜牧杂志，42（23）：4-7．

管永平，卓娅．2002．巴音布鲁克羊选育方向探讨［J］．草食家畜（1）：26-28．

郭洪杞，罗杰．2006．南江黄羊与贵州白山羊杂交改良试验［J］．江苏农业科学（3）：134-136．

郭洪杞．2011．不同水平中草药对贵州白山羊饲养效果的影响［J］．粮食与饲料工业（10）：45-46．

郭晶，李新宇，李隐侠，等．2013．湖羊 TGF-β1 基因特征、表达及其与排卵数的相关性分析［J］．中国农业科学，46（21）：4586-4593．

郭淑珍，马登录，牛小莹，等．2013．欧拉羊与山谷型藏羊杂交后代各年龄段生长速度分析［J］．畜牧兽医杂志，32（1）：23-25．

郭淑珍，牛小莹，格桂花，等．2010．欧拉羊与乔科羊杂交后代屠宰性能分析［J］．畜牧兽医杂志，29（3）：6-8．

郭天芬，高雅琴，刘存霞，等．2007．滩羊产业现状分析及发展建议［J］．畜牧兽医科技信息（5）：10-11．

郭小雅．2006．乌珠穆沁羊的遗传分化与系统地位研究［D］．扬州：扬州大学．

郭孝，介晓磊，哈斯通拉格，等．2009．日粮中添加高微量元素苜蓿青干草对杜泊羊生产性能的影响［J］．草业科学，26（1）：100-104．

国家畜禽遗传资源委员会．2011．中国畜禽遗传资源志·羊志［M］．北京：中国农业出版社．

海拉提·库尔曼，依明·苏来曼，杜曼，等．2012．巴什拜羊与野生盘羊后代杂种的适应性分析［J］．新疆农业大学学报，35（2）：129-131．

韩学平．2009．欧拉型藏羊体重与体尺指标的回归分析［J］．中国畜牧兽医（6）：199-201．

韩燕国，王党伟，何春波，等．2012．湖北乌羊体尺与体重的关系研究［A］．中国畜牧兽医学会养羊学分会．中国畜牧兽医学会养羊学分会 2012 年全国养羊生产与学术研讨会议论文集［C］．中国畜牧兽医学会养羊学分会：366-369．

郝称莉，李齐发，乔永，等．2008．湖羊肌肉组织 H-FABP 和 PPARγ 基因表达水平与肌内脂肪含量的相关研究［J］．中国农业科学，41（11）：3776-3783．

郝荣超，昝林森，刘丑生，等．2008．中国部分家养山羊 mtDNA D 环区遗传多样性与进化［J］．遗传，30（9）：1187-1194．

何春波，王党伟，刘桂琼，等．2012．湖北乌羊血液生化指标测定及其相关性分析［J］．中国畜牧杂志，48（19）：11-13．

何绍钦，张京跃，王贻发，等．2001．波尔山羊与黄淮山羊杂交选育效果初报［J］．畜牧兽医杂志，20（3）：9-12．

何小龙，李蓓，刘永斌，等．2013．蒙古羊 ADAMTS1 基因外显子 3 多态性检测及在卵巢和子宫组织中差异表达分析［J］．畜牧兽医学报，44（3）：399-406．

何学谦，陈昌维，张谊，等．2010．应用氯前列醇对建昌黑山羊同期发情处理的效果观察［J］．畜牧与饲料科学，31（8）：35-36．

何远清，储明星，王金玉，等．2006．6 个山羊品种高繁殖力候选基因 BMP15 多态性研究［J］．安徽农业大学学报，33（1）：61-64．

和四池，和良．2011．兰坪乌骨绵羊多点保种技术方案［J］．中国畜牧业（15）：74-76．

和四池，朱蔚群，张兴仁．2013．兰坪乌骨绵羊现状分析及开发利用探讨［J］．云南畜牧兽医（2）：18-20．

洪琼花，袁跃云，李卫娟，等．2008．云南羊产业发展现状及前景［J］．云南畜牧兽医（3）：23-25．

侯衍猛，汤连升，王树迎，等．2007．莱芜黑山羊消化道内分泌细胞的免疫组织化学研究［J］．解剖学报，38（5）：585-588．

胡大君，康凤祥．2013．"昭乌达肉羊"新品种的培育［J］．中国畜牧兽医文摘，29（3）：57-58．

胡大君，王海龙，胡日查．2012．昭乌达肉羊生长发育规律的研究［J］．中国畜牧兽医文摘（1）：25-26．

胡大君，王海龙．2012．昭乌达肉羊冷冻精液推广应用实验报告［J］．中国畜牧兽医文摘（2）：54-55．

胡建宏，王立强，李青旺．2002．小尾寒羊精液冷冻温度曲线初步研究［J］．西北农林科技大学学报（自然科学版），30（1）：85-88．

胡钟仁，洪琼花，武红得，等．2008．努比亚山羊黑色品系超排影响因素及效果比较［J］．中国畜牧兽医，35（7）：73-75．

花万里，张振伟，叶勇，等．2012．中卫山羊羔羊生长发育规律的研究［A］．中国畜牧兽医学会养羊学分会．中国畜牧兽医学会养羊学分会 2012 年全国养羊生产与学术研讨会议论文集［C］．中国畜牧兽医学会养羊学分会：415-416．

黄进说，罗仁彬，龚天洋．2009．隆林黑山羊产业发展优势与难点浅析［J］．中国草食动物，29（5）：47-49．

黄磊，徐刚毅，韦宏伟，等．2010．天府肉羊哺乳期产奶量及乳中营养成分变化［J］．中国草食动物，30（1）：15-18．

黄启超，程志斌，李世俊，等．2008．龙陵黄山羊羔羊的屠宰性能及肉质理化特性研究［J］．云南农业大学学报，23（5）：634-637．

黄勤华，刘若余，邓书堪．2009．贵州白山羊与湖南马头山羊 mtDNA Cytb 基因系列比较及系统进化研究［J］．安徽农业科学，37（25）：11897-11899．

黄勤华，刘若余，吴芸，等．2008．贵州黑山羊 mtDNA Cytb 基因遗传多样性分析［J］．安徽农业科学，36（26）：11240-11241．

黄勤华，王太明，胡万林，等．2010．贵州黑山羊 FSHR 基因第 1 外显子遗传多态性分析［J］．中国畜禽种业，6（1）：140-141．

黄勤华，张超，胡万林，等．2010．贵州黑山羊促黄体素 β 基因多态性及其与产羔数的关系［J］．贵州农业科学，38（6）：162-164．

黄生强，欧阳叙向，袁峥嵘，等．2007．湘东黑山羊 BM1329 微卫星标记的遗传多态性研究［J］．家畜生态学报，28（4）：74-77．

黄正泽，张家霖．1997．北川白山羊品种简介［J］．四川草原（1）：58-59．

黄正泽．2003．北川白山羊品种选育研究初报［J］．中国草食动物（Suppl. 1）：40-41．

吉尔嘎拉，满达，姚明，等．2005．苏尼特羊肉的营养和保健价值的研究［J］．中国草食动物，25（6）：55-56．

吉尔嘎拉，青格勒图，王志新，等．2003．乌冉克羊及其生产性能的研究［J］．内蒙古农业大学学报（自然科学版），24（2）：7-10．

吉进卿，过效民，孟昭君，等．2003．伏牛白山羊品种资源保护措施［J］．河南畜牧兽医，24（8）：35．

季香，马月辉，叶绍辉，等．2008．山羊 mtDNA 多态性及其遗传结构的研究［J］．云南农业大学学报（2）：220-224．

加尼玛·扎依克，阿克木·依明．2012．塔什库尔干羊品系建设与饲养管理［J］．新疆畜牧业（5）：29-31．

贾斌，陈杰，赵茹茜，等．2003．新疆 8 个绵羊品种遗传多样性和系统发生关系的微卫星分析［J］．遗传学报，30（9）：847-854．

贾敬肖，张莉．1986．同羊染色体组型研究初报［J］．畜牧兽医杂志（4）：4-6．

贾琦珍，杨菊清，罗康波，等．2012．特克斯县哈萨克羊品种资源概况［J］．新疆畜牧业（1）：23-26．

贾永红，史宪伟，简承松，等．1999．贵州四个山羊品种 mtDNA 多态性及起源分化［J］．动物学研究，20（2）：9-13．

贾志海，郭宝林．2003．培育肉用新品种　促进肉羊产业化［J］．中国畜牧杂志，39（5）：5-6．

简承松，张亚平，李通权，等．1999．黔东南小香羊与贵州原有其他山羊品种的线粒体 DNA 多态性比较［J］．西南农业学报，12（4）：86-91．

姜勋平，刘桂琼，杨利国，等．2001．海门山羊生长规律及其遗传分析［J］．南京农业大学学报，24（1）：69-72．

姜勋平，王党伟，韩燕国，等．2013．湖北乌羊个体基因杂合度对血液生化指标的影响［J］．东北农业大学学报，44（12）：68-72．

蒋琨，姚新荣，高林，等．2006．云岭黑山羊主要繁殖性能变化规律的探讨［J］．中国草食动物，26（5）：40-42．

蒋梅芳，邵莹，方中，等．1989．反刍动物血清肝特异酶活性正常值测定研究［J］．江西农业大学学报，11（3）：74-75．

蒋桥明，邓玉英，江明生，等．2010．不同季节隆林山羊繁殖性能的调查情况［J］．畜禽业（8）：59-61．

蒋小刚，韦锦益，磨勤，等．2011．努比亚山羊引种饲养观察报告［J］．广西畜牧兽医，27（5）：300-301．

焦彩兰，储明星，王金玉，等．2006．山羊高繁殖力候选基因 BM P15 的 RFLP 分析［J］．扬州大学学报，27（3）：31-34．

金花，卓娅．2003．巴音布鲁克羊品种资源介绍［J］．新疆畜牧业（1）：22-23．

井明艳，孙建义，赵树盛，等．2004．沙葱、地椒和大蒜素对绵羊体增重效果的影响［J］．饲料研究（8）：4-6．

决肯．阿尼瓦什，库木尼斯汗．加汗，哈米提．哈凯莫夫，等．2007．野生盘羊与巴什拜羊第二代杂种羔羊生长发育规律的研究［J］．新疆农业科学，44（2）：212-216．

决肯·阿尼瓦什，克木尼斯汗·加汗，海拉提，等．2010．导入野生盘羊瘦肉基因培育巴什拜羊新品系［J］．新疆农业大学学报，33（5）：427-430．

决肯·阿尼瓦什．2010．巴什拜羊生物学特性及其遗传多样性研究［D］．南京：南京农业大学．

克木尼斯汉·加汉，杨晓刚，海拉提·胡尔曼．2002．巴什拜羊羔羊体重增长规律的探讨［J］．新疆畜牧业（3）：20．

克木尼斯汉·加汉．2010．地方优良绵羊品种——巴什拜羊［J］．中国草食动物，30（3）：78-81．

孔凡勇，柳云华，高红起，等．2011．石屏青绵羊遗传资源调查与保护［A］．中国畜牧业协会．《2011 中国羊业进展》论文集［C］．中国畜牧业协会：96-99．

寇东琳．2013．福建山羊卵巢 cDNA 文库构建及产羔性状相关基因多态性分析［D］．福州：福建农林大学．

寇玉存，陈志琴．2000．陕南白山羊［J］．中国牧业通讯（12）：31．

兰志刚，李卫娟，李东江，等．2012．云岭山羊卵母细胞玻璃化冷冻的研究［J］．中国畜牧兽医，39（8）：161-164．

郎侠，吕潇潇．2011．兰州大尾羊微卫星 DNA 多态性研究［J］．中国畜牧杂志，47（1）：14-17．

雷芬，唐晓辉，张国洪，等．2006．成都麻羊的发展与研究［J］．草业与畜牧（12）：44-45．

雷雪芹，陈宏，刘波，等．2003．蒙古羊、兰州大尾羊和哈萨克羊随机扩增多态 DNA 分析［J］．西北农林科技大学学报（自然科学版），31（4）：59-62．

雷兆勤．1984．同羊产地小考［J］．农业考古（2）：340．

雷兆勤．2000．陕西同羊［J］．中国畜牧杂志，36（3）：58-59．

李莱娥．2011．浅谈罗平黄山羊种质资源保护的发展思路［J］．畜牧兽医科技信息（2）：37-38．

李成斗．2011．陕南白山羊产业现状及发展对策［J］．畜牧兽医杂志，30（5）：95-96．

李达，孙伟，倪荣，等．2012．绵羊 FecB 基因遗传多样性及其产羔数的关联分析［J］．畜牧兽医杂志，31（2）：1-5．

李栋元，李景云，杨具田，等．2011．兰州大尾羊 mtDNA D-loop 和 Cytb 区序列分析与多态性研究［J］．中兽医医药杂志，13（5）：14-17．

李凤，严成，吴照民，等．1999．北川白山羊血清血脂测定［J］．绵阳经济技术高等专科学校学报，16（4）：32-34．

李桂英，金荣，赵保忠，等．2008．利用乌珠穆沁羊产双羔遗传性能提高繁殖成活率的可行性研究［J］．内蒙古科技与经济（5）：4．

李海，饶丽娟，石长青，等．2001．多浪羊的生理生化常值测定［J］．畜禽业，1（5）：10-11．

李虎山，吴明宏，王海平，等．2010．巴美肉羊与小尾寒羊养殖效益对比分析［J］．中国草食动物（1）：474-475．

李虎山，张瑞琴，李美霞．2011．南非美利奴羊引入巴彦淖尔市的适应性研究及杂交巴美肉羊应用效果［A］．中国畜牧业协会．《2011 中国羊业进展》论文集［C］．中国畜牧业协会：318-322．

李焕玲，王金文，张果平，等．2006．杜泊羊、小尾寒羊及其杂一代生产性能的测定［J］．家畜生态学报，27（5）：11-14．

李金保，别克·木哈买提，库拉西，等．2008．地方良种阿勒泰羊［J］．新疆畜牧业（1）：31-33．

李俊杰，桑润滋，金东航，等．2004．提高萨福克羊超数排卵的效果研究［J］．黑龙江畜牧兽医（9）：13-15．

李俊年，杨冬梅，刘季科，等．2001．澳大利亚萨福克羊及无角陶塞特羊对新疆的生态适应性及杂交后代利用研究［J］．应用生态学报，12（1）：80-82．

李力．2006．四川各地黑山羊分子遗传特征研究［D］．成都：四川大学．

李凌云，莘海亮，田兴舟，等．2013．不同水平 $NaHCO_3$ 对黔北麻羊瘤胃体外发酵的影响［J］．江苏农业科学，41（5）：158-160．

李美霞，田建，孙艳炯，等．2011．同期发情、人工授精技术在巴美肉羊多胎新品系培育中的研究与应用［A］．中国畜牧业协会．《2011 中国羊业进展》论文集［C］．中国畜牧业协会：141-144．

李梦婕，朱丹，齐萌，等．2012．尧山白山羊肠道寄生虫感染情况调查［J］．中国畜牧兽医，39（3）：191-194．

李娜，杨鹰，万洁，等．2013．攀西黑山羊群体的 AFLP 遗传多样性研究［J］．家畜生态学报，34（2）：22-26.

李萍，岳宏伟．2011．和田羊不同方法同期发情效果比较［J］．草食家畜（3）：45-46.

李萍．2011．新疆和田羊种质资源的保护和利用现状［J］．当代畜牧（5）：39-40.

李启兴，杨思维，宋德荣．2012．努比亚羊、简阳大耳羊与贵州黑马羊杂交对比试验［J］．黑龙江畜牧兽医（12）：78-80.

李秋艳，张忠诚，阎凤祥，等．2001．影响小尾寒羊同期发情效果因素的研究［J］．畜牧兽医杂志，20（2）：7-8.

李锐，杨章平，冀德君，等．2010．新疆阿勒泰羊 MSTN 基因序列的多样性分析［J］．家畜生态学报，31（6）：8-10.

李淑红，王京仁．2003．稀土添加剂对湘东黑山羊育肥性能的影响［J］．江西饲料（1）：4-5.

李述刚，侯旭杰，许宗运，等．2005．新疆柯尔克孜羊肉营养成分分析［J］．现代食品科技，21（1）：118-119.

李述刚，马美湖，侯旭杰，等．2008．南疆地方品种羊肉主要矿物质含量比较研究［J］．食品研究与开发，29（10）：142-146.

李述刚，许宗运，侯旭杰，等．2005．新疆多浪羊肉营养成分分析［J］．肉类工业（4）：27-29.

李泰云，韩小康，丁彦红，等．2011．沂蒙黑山羊发情周期不同阶段卵巢中 FSHR 和 LHR 基因表达规律的研究［J］．中国兽医科学，41（9）：954-959.

李天达，刘丑生，王志刚，等．2008．马头山羊成纤维细胞系的建立与生物学特性分析［J］．生物工程学报，24（12）：2056-2060.

李婉涛，刘延鑫，赵绪永，等．2007．伏牛白山羊 mtDNAD-loop 序列多态性和系统进化分析［J］．中国农学通报，23（3）：33-36.

李维彪．2009．兰坪乌骨羊种质资源研究进展［J］．中国畜禽种业，5（6）：58-60.

李伟，罗瑞明，李亚蕾，等．2013．宁夏滩羊肉的特征香气成分分析［J］．现代食品科技，29（5）：1173-1177.

李卫娟，邵庆勇，杨庆然．2006．龙陵黄山羊胚胎移植试验［J］．云南畜牧兽医（2）：28-29.

李文波，张振伟，刘占发，等．2011．中卫山羊母羊年龄对羔羊初生体重、体尺与裘皮品质的影响［A］．中国畜牧业协会．《2011 中国羊业进展》论文集［C］．中国畜牧业协会：286-288.

李文波．2006．中卫山羊养殖与利用［M］．银川：宁夏人民出版社．

李文文，张利平，吴建平，等．2013．甘南藏羊 GH 基因第 4 外显子多态性与肉用性能的相关性分析［J］．甘肃农业大学学报，48（1）：10-14.

李晓锋，马月辉，熊琪，等．2013．麻城黑山羊微卫星标记多态性分析［J］．湖北农业科学，52（18）：4454-4457.

李鑫玲，李世俊，曹振辉，等．2008．成年云岭黑山羊的屠宰性能及肉质理化特性研究［J］．云南农业大学学报，23（4）：519-522.

李秀定．2013．浅谈简州大耳羊品种资源的保护及利用［J］．中国畜禽种业，9（4）：68-70.

李延春，马占峰，王国春，等．2001．夏洛莱羊的胚胎移植试验报告［J］．辽宁畜牧兽医（3）：15-16.

李彦屏，张春利，李文章，等．2005．凤庆无角黑山羊种质资源调查报告［A］．中国畜牧业协会．全国畜禽遗传资源保护与利用学术研讨会论文集［C］．中国畜牧业协会：502-505.

李颖康，达文政，吴艳华，等．2003．肉羊专用品种——萨福克羊的类型和生产性能［J］．中国草食动物，23（1）：48-49.

李拥军，黄永宏，张果平，等．2002．长江三角洲白山羊短期肥育效果的研究［J］．中国草食动物（Suppl. 1）：146-147.

李勇．2013．介绍两个黑山羊品种［J］．农村百事通（18）：48-49.

李瑜鑫，王宏辉，王建洲，等．2007．无角陶赛特羊杂交改良西藏河谷型绵羊试验［J］．中国草食动物，27（4）：35-36.

李韵．2008．天府肉羊 GH 基因多态性及其与生长性状的关联性研究［D］．雅安：四川农业大学．

李再明．2005．肉毛兼用型优质绵羊——德国肉用美利奴羊［J］．农村百事通（24）：47-95.

李贞子，杨富民，杨具田，等．2011．不同月龄'兰州大尾羊'肉营养成分分析［J］．甘肃农业大学学报，46（6）：24-28.

李振，靳辉，黄洋，等．2012．晋中绵羊耳成纤维细胞系建立［J］．中国草食动物科学，32（3）：9-12.

李助南，袁微．2009．麻城黑山羊选育效果观测［J］．安徽农业科学，35（19）：8996-8997.

栗东卿，陈永学，赵秋玲，等．2006．呼伦贝尔羊两年三产的研究与应用［J］．畜牧与饲料科学，奶牛版，27（6）：75-76.

梁琛，储明星，张建海，等．2006．FSHβ 基因 PCR-SSCP 多态性及其与济宁青山羊高繁殖力关系的研究［J］．遗传，

28（9）：1071-1077.

梁富武．2010．乌珠穆沁羊的选育攻关［J］．中国牧业通讯（17）：38-39.

梁家强，蒙自龙，玉耀贤，等．2011．隆林山羊羔羊提前断奶试验［J］．广西畜牧兽医，27（1）：9-12.

梁术奎．2012．胚胎移植技术在昭乌达肉羊育种中的应用［J］．畜牧与饲料科学，33（5）：120-121.

梁庭敏，周万能，杨昀，等．1999．黔东南小香羊肌肉组织中氨基酸和脂肪酸组成的研究［J］．中国草食动物（5）：38-40.

梁云斌，许典新．2010．隆林山羊品种资源调查［J］．中国草食动物，30（5）：68-70.

梁云斌．2009．浅析广西地方山羊品种资源现状与发展对策［J］．广西畜牧兽医，25（1）：10-13.

梁志峰，辛彩霞，嵇道仿，等．2007．杜泊绵羊和湖羊杂交一代的生产性能研究［J］．新疆农垦科技（5）：38-39.

廖信军．2006．采用微卫星DNA标记评估洼地绵羊群体遗传多样性［D］．扬州：扬州大学.

廖正录，潘成辉．1998．黔东南小香羊资源调查报告［J］．贵州畜牧兽医，22（1）：8-10.

林尖兵，杜智勇，覃成，等．2007．贵州白山羊BMP15基因多态性研究［J］．畜牧与兽医，39（12）：21-24.

林娝娝，高中元，袁亚男，等．2012．PPARα和PPARγ基因在不同脂尾型绵羊脂肪组织中的发育性表达研究［J］．畜牧兽医学报，43（9）：1369-1376.

林孙权，黄良柏，翁老土，等．2008．治疗山羊病毒性脓泡口疮病心得［J］．江西畜牧兽医杂志（4）：52.

凌英会，王丽娟，张晓东，等．2013．安徽白山羊经济杂交生产性能测定与杂交组合筛选［J］．安徽农业大学学报，40（2）：180-184.

刘宝凤，周沙沙，王景霖，等．2013．Lep和LEPR基因在不同脂尾型绵羊脂肪组织中的mRNA表达研究［J］．畜牧兽医学报，44（7）：1014-1022.

刘彬，宋桃伟，罗卫星，等．2013．GHSR基因多态性与黔北麻羊生长性状关联性分析［J］．广东农业科学，40（22）：161-165.

刘博丹，邢凤，梁志朋，等．2014．和田羊体重体尺、血液生理生化指标及其相关［J］．四川农业大学学报（2）：194-198.

刘长国，罗军，杨公社，等．2003．陕西省境内5个山羊品种遗传背景的RAPD分析［J］．西北农林科技大学学报（自然科学版），31（3）：19-24.

刘臣华，鲁修琼．2006．湖北马头山羊的保种与开发利用［J］．中国草食动物，26（1）：23-25.

刘辰晖，姜勋平，刘桂琼，等．2013．湖北乌羊血液生理生化指标间的相关性分析［J］．中国草食动物科学，33（6）：24-27.

刘德稳，陈冰，傅彤，等．2011．鲁山牛腿山羊体尺性状与微卫星标记的相关分析［J］．西南大学学报（自然科学版），33（12）：18-24.

刘根娣．2010．兰州大尾羊生长发育规律与屠宰性能及肉质分析研究［D］．兰州：西北民族大学.

刘桂琼，黄勇富，何春波，等．2012．湖北乌羊和西州乌羊血液生化指标比较分析［J］．中国草食动物科学，32（3）：32-35.

刘桂琼，姜勋平，孙晓燕，等．2010．肉羊繁育管理新技术［M］．北京：中国农业科学技术出版社.

刘建斌，李发弟，刘月琴，等．2006．非繁殖季节太行山羊胚胎移植方案研究［J］．甘肃农业大学学报，41（5）：5-9.

刘建伟，郑世学，王彦平，等．2007．波尔山羊肉品品质特性的研究［J］．河北农业大学学报，30（4）：80-84.

刘敏，张志军，古丽娜•巴哈，等．2012．大蒜素对哈萨克羊血清生化指标的影响［J］．饲料研究（2）：45-47.

刘珊珊，王新波，沈彦锋，等．2012．莱芜黑山羊的保存利用和发展措施［J］．家畜生态学报，33（5）：102-105.

刘珊珊，王新波，沈彦锋，等．2012．莱芜黑山羊种质资源调查［J］．中国草食动物科学，32（4）：85-88.

刘胜敏，刘桂琼，阮绪强，等．2010．乌骨山羊新种质特性研究［A］．中国畜牧兽医学会养羊学分会．中国畜牧兽医学会养羊学分会全国养羊生产与学术研讨会议论文集［C］．中国畜牧兽医学会养羊学分会：375-377.

刘树常，顾传学．1991．法国夏洛莱肉羊在河北省的适应性及行为习性的观察［J］．中国畜牧杂志，27（1）：33-34.

刘田勇，宋正民，樊宁．2009．进口肉种羊与晋中绵羊杂交一代肉用性能的测评报告［J］．农业技术与装备（11）：41-44.

刘武军，喻世刚，方毅，等．2009．早期断奶对哈萨克羊体重及体尺的影响［J］．新疆农业科学，46（3）：661-667.

刘希斌．2006．松辽黑猪和豫西脂尾羊的成纤维细胞系的建立［D］．曲阜：曲阜师范大学.

刘霞，马海明，门正明．1999．兰州大尾羊转铁蛋白多态性研究［J］．甘肃农业大学学报，34（4）：358-360.

刘宵，王树迎，尹玉涛，等．2012．济宁青山羊生后发育阶段 GnRH 与 GnRHR 阳性细胞在下丘脑分布规律的研究［J］．畜牧兽医学报，43（8）：1186-1191．

刘旭光，吕彦喆，张子军，等．2013．兰坪乌骨绵羊的引种适应性观察［J］．家畜生态学报，34（9）：69-72．

刘艳芬，林红英，彭元冲．2000．不同年龄雷州山羊若干生理指标［J］．西南农业大学学报，22（6）：530-531．

刘艳芬，刘铀，林树斌，等．2003．雷州山羊杂交组合的比较试验［J］．畜牧与兽医，35（4）：16-18．

刘艳芬，刘铀，叶昌辉，等．2001．雷州山羊繁殖性能及其影响因素的研究［J］．四川畜牧兽医，28（3）：18-20．

刘艳芬，谢为天，林红英，等．2002．雷州山羊及其杂交后代的红细胞免疫功能研究［J］．中国兽医科技，32（1）：24-25．

刘一江．2006．应用 B 超监测大足黑山羊卵泡波和排卵数［D］．重庆：西南大学．

刘远，李文杨，林仕欣，等．2012．BMPR-IB、BMP15、GDF9 基因作为闽东山羊多胎性能候选基因的研究［J］．家畜生态学报，33（1）：19-22．

刘振华．2013．罗平黄山羊［J］．畜牧兽医科技信息（10）：67．

刘震乙，文浴兰，沙里．1982．乌珠穆沁羊品种志［J］．内蒙古农牧学院学报（1）：1-6．

刘志英，杨国荣，王春元，等．2012．不同中草药复方制剂对云岭黑山羊生产性能及免疫功能的影响［J］．草业学报，21（3）：266-274．

刘中，江富华，胡万川．1985．承德无角山羊的特点［J］．河北农业大学学报，8（2）：45-60．

刘重旭，王凭青，张宝云，等．2011．贵州白山羊和古蔺马羊脂联素基因多态性及其与繁殖性能的关联研究［J］．中国农业科学，44（9）：1916-1922．

柳广斌．2008．多浪羊高繁殖力候选基因研究［D］．呼和浩特：新疆农业大学．

柳淑芳，姜运良，杜立新．2003．BMPR-IB 和 BMP15 基因作为小尾寒羊多胎性能候选基因的研究［J］．遗传学报，30（8）：755-760．

卢景郁，丁福才，张林广．2008．（夏洛莱羊×小尾寒羊）繁殖性能试验［J］．中国畜禽种业，4（3）：74．

鲁生霞，常洪，杜垒，等．2004．东亚近海大陆绵羊群体遗传分化研究［J］．畜牧兽医学报，35（2）：129-133．

鲁生霞，常洪，角田健司，等．2005．利用结构基因座分析小尾寒羊、滩羊群体遗传分化水平［J］．中国农业科学，38（9）：1890-1897．

陆灵勇．2011．马关无角山羊品种简介［J］．畜禽业（10）：26-27．

吕海英，郑买全，张文．2012．青绵羊养殖现状及保种对策［J］．中国畜牧兽医文摘（12）：31．

吕绪清．2007．小尾寒羊在高寒地区的适应性及其与本地呼伦贝尔羊的杂交效果［J］．中国畜牧杂志，43（19）：60-62．

罗惠娣，毛杨毅，张亚萍，等．2013．无角陶赛特羊和地方绵羊品种微卫星多态性分析及品种间杂种优势预测［J］．中国草食动物科学，33（3）：11-15．

罗军，田冬华，李声永，等．2004．全混合日粮颗粒料补饲羔羊的增重效果分析［J］．中国畜牧杂志，40（11）：47-48．

罗卫星，史忠辉，刘贞德，等．2010．黔北麻羊 GDF9 基因多态性与产羔性能关系的研究［J］．黑龙江畜牧兽医（12）：56-58．

罗卫星，杨忠诚，刘若余．2010．利用 mtDNA Cytb 基因探讨黔东南小香羊系统地位［J］．西南农业学报，23（2）：575-578．

罗延，赵晓梅．2010．古蔺马羊品种资源调查报告［J］．四川畜牧兽医，37（7）：42-43．

罗艳梅，张超，赵中权，等．2011．大足黑山羊卵泡抑素 cDNA 的克隆、序列分析及组织表达［J］．中国农业科学，44（22）：4700-4705．

骆志强，陈瑛，蒋文生，等．2004．无角陶赛特羊与多浪羊杂交改良效果初探［J］．中国草食动物，24（5）：27-28．

马保华，赵晓娥．2000．实用型炔诺酮阴道栓诱导陕南白山羊同期发情［J］．动物医学进展，21（4）：131-133．

马桂变，张理峰．2010．尧山白山羊品种资源调查及开发利用建议［J］．河南畜牧兽医（综合版），31（12）：22-23．

马海明，门正明，韩建林．2002．兰州大尾羊血红蛋白多态性的研究［J］．甘肃农业大学学报，37（1）：16-20．

马海明，门正明，黄生强，等．2004．兰州大尾羊血液蛋白多态性研究［J］．湖南农业大学学报（自然科学版），30（4）：351-354．

马学光，杜古拉，梁洪云，等．1994．巴音布鲁克羊杂交改良试验［J］．新疆畜牧业（6）：12-13．

马友记．2013．我国绵、山羊育种工作的回顾与思考［J］．畜牧兽医杂志，32（5）：26-28．

马月辉．1997．波尔山羊的性能及利用［J］．国外畜牧科技，24（5）：36-38．

马章全，邓清晰．1993．同羊种质特性与肉毛生产调控［M］．陕西：天则出版社．

马桢，郝耿，杨会国，等．2012．阿勒泰羊品种资源现状及发展思路［J］．草食家畜（2）：10-12．

马正花，王杰，郜勇，等．2007．成都麻羊的生长速度研究［J］．西南民族大学学报（自然科学版），33（3）：502-506．

买买提明，古丽格娜，马月辉，等．2011．柯尔克孜羊的种质资源保护存在的问题及利用措施［J］．草食家畜（2）：4-6．

买买提明巴拉提，多里坤努尔，早热古丽，等．2001．麦盖提羊断奶体重与体尺相关性的研究［J］．陕西农业科学（自然科学版）（5）：16-17．

买买提明巴拉提，哈米提哈凯莫夫，决肯阿努瓦什，等．1999．羔羊肉型巴什拜羊产肉性能的研究［J］．辽宁畜牧兽医（6）：1-2．

买买提伊明·巴拉提，胡加买提·克衣木，柳广斌，等．2009．托克逊黑羊羊肉营养成分的分析研究［J］．四川畜牧兽医，36（4）：34-35．

买买提伊明·巴拉提，柳广斌，卡地尔·肉孜，等．2009．多浪羊羊奶营养成分研究［J］．中国草食动物，29（2）：62-63．

麦合莫提江·阿不力米提，买买提伊明·巴拉提，热孜瓦古丽·米吉提，等．2012．多浪羊、塔什库尔干羊、萨福克羊杂交改良效果的研究［J］．草食家畜（1）：33-37．

毛朝阳．2009．鲁山牛腿山羊饲喂大豆糖蜜粕试验研究［J］．河南畜牧兽医（综合版），30（11）：8-9．

毛凤显，皇甫江云，赵有璋．2006．贵州地方山羊品种遗传背景的微卫星分析［J］．畜牧与兽医，38（2）：13-15．

毛凤显．2004．贵州和邻近地区山羊品种微卫星遗传多样性及微卫羊体重等性状的遗传连锁研究［D］．兰州：甘肃农业大学．5-66．

毛国锦．2006．优质皮肉兼用羊-建昌黑山羊［J］．农村百事通（23）：42．

毛华明，邓卫东，孙守荣，等．2005．云南乌骨绵羊的发现及其特征性状的研究［J］．云南农业大学学报，20（1）：89-93．

毛晓霞，万双秀．2009．生殖激素对绵羊卵母细胞体外成熟的影响［J］．上海畜牧兽医通讯（1）：33-34．

毛学荣．2005．高寒牧区放牧条件下陶塞特羊与欧拉型藏羊杂交试验［J］．家畜生态学报，26（4）：100-102．

毛学荣．2005．欧拉型藏羊的肉质分析［J］．青海畜牧兽医杂志，35（3）：3-4．

毛学荣．2005．欧拉型藏羊生长发育规律的研究［J］．青海畜牧兽医杂志，35（4）：8-9．

毛学荣．2005．欧拉型藏羊屠宰试验［J］．青海畜牧兽医杂志，35（3）：9-10．

毛杨毅，罗惠娣，郭慧慧，等．2010．八个绵羊品种遗传多样性分析及引进肉用品种与地方品种杂种优势预测［J］．家畜生态学报，31（2）：9-15．

毛杨毅，罗惠娣，郭慧慧，等．2010．波尔山羊和山西省地方山羊品种微卫星DNA多态性分析及群体间杂种优势预测［J］．中国草食动物，30（4）：5-9．

米尔卡米力·麦麦提，于苏甫·热西提．2012．巴尔楚克羊品种资源现状及保护利用措施［J］．新疆畜牧业（1）：27-28．

密国辉，陈宗明，韦雄，等．2012．贵州黑山羊超数排卵技术方案研究［J］．广东农业科学，39（17）：113-115．

墨锋涛，贾青．2004．畜禽多脊椎性能及其遗传机理的研究进展［J］．动物科学与动物医学，21（5）：41-43．

母志海，李洪军，褚世玉．2008．夏洛莱羊与小尾寒羊杂交效果［J］．吉林畜牧兽医，29（12）：37-38．

乃比江，刘宜勇，郭小平，等．2008．伊犁河谷哈萨克羊现状及发展对策［J］．草食家畜（4）：12-13．

尼满，宫昌海，早尔克，等．2007．巴音布鲁克羊山区冷季的补饲效果［J］．草食家畜（2）：46-47．

尼满，吐芽．2009．新疆巴音布鲁克羊现状及发展对策［J］．草食家畜（3）：23-24．

倪敏，汪代华，赵文伯，等．2011．天府肉羊新品系在川北地区的杂交改良效果［J］．四川畜牧兽医，38（11）：30-31．

牛华锋．2008．十个绵羊品种mtDNA遗传多态性与系统进化研究［D］．杨凌：西北农林科技大学．

牛志涛，吕长鹏．2011．巴尔楚克羊与多浪羊体重体尺肉用性能比较［J］．当代畜牧（6）：37．

农影．2013．乌骨杂交羊受宠［J］．致富天地（6）：69．

努尔太，努尔扎提．2006．萨福克羊和巴什拜羊杂交一代生产性能测定［J］．中国草食动物，26（2）：26-27．

诺科加，完么才郎，完马单智，等．2011．天峻县高原型藏羊不同年龄主要生产性能测定［J］．青海畜牧兽医杂志，41（1）：13-14．

欧晋平，黄生强，欧阳叙向，等．2009．湘东黑山羊GDF9B基因的克隆与测序分析［J］．湖南农业科学（5）：149-150．

欧其拉一，吉克武技，吉克拉洛，等．2000．美姑山羊的性能和效益 [J]．中国草食动物，2（3）：47-48.

欧阳熙，王杰，王永，等．1994．西藏藏山羊产品资源调查研究 [J]．西南民族学院学报（自然科学版），20（1）：57-62.

潘红梅，陈四清，王可甜，等．2009．重庆板角山羊细管冷冻精液的研究 [J]．中国畜牧杂志，45（17）：16-19.

潘红梅，张凤鸣，张利娟，等．2012．重庆板角山羊超数排卵效果研究 [J]．中国畜牧业（22）：66-67.

庞训胜，王子玉，应诗家，等．2010．高繁殖力黄淮山羊大卵泡颗粒细胞上调表达基因的研究 [J]．畜牧兽医学报，41（8）：955-961.

庞训胜，杨利国，王永祥，等．2001．在夏季应用氯前列烯醇诱导黄淮山羊发情的效果 [J]．中国草食动物，3（5）：6-9.

彭洁．2005．简阳大耳羊 [J]．云南畜牧兽医，04：25.

浦亚斌，马月辉，王端云，等．2002．发展中的国内和国外肉羊业 [J]．中国草食动物（Suppl.1）：29-32.

祁成年，杨建军，方雷．2007．利用血液蛋白多态性分析策勒黑羊与和田羊、卡拉库尔羊遗传距离 [J]．塔里木大学学报，19（1）：7-9.

祁玉香，余忠祥．2006．欧拉型藏羊 [J]．中国草食动物，26（4）：62-65.

祁玉香，余忠祥．2007．欧拉型藏羊屠宰试验研究 [J]．四川畜牧兽医，34（4）：25-28.

祁昱．2008．中国 10 个山羊品种遗传多样性的微卫星分析 [D]．杨凌：西北农林科技大学．

祁云霞，乌恩旗，索峰，等．2012．巴美肉羊发情期外周血 E2 和 P4 浓度变化规律与排卵数关系研究 [J]．中国畜牧兽医，39（11）：154-157.

钱宏光，布仁，李占斌，等．2000．德国肉用美利奴羊与内蒙古毛肉兼用细毛羊杂交一代生产性能分析 [J]．内蒙古畜牧科学，21（3）：13-14.

钱宏光，李蕴华，刘佳森，等．2010．德国肉用美利奴羊繁殖规律及遗传参数的估计 [J]．畜牧与饲料科学（Z1）：95-96.

钱文熙，阎宏，崔慰贤．2007．放牧、舍饲滩羊肌体风味物质研究 [J]．畜牧与兽医，39（1）：17-20.

乔自林，李明生，冯若飞，等．2012．欧拉羊胚肾细胞的分离培养和鉴定 [J]．安徽农业科学，40（2）：850-851.

秦刚，马奔，朱向军．2012．巴尔楚克羊品种退化原因及选育提高措施 [J]．新疆畜牧业（5）：32-33.

秦秀娟，李宏图，哈斯其其格，等．2003．呼伦贝尔羊与杜泊肉用绵羊杂交的效果观察 [J]．内蒙古畜牧科学，24（4）：27-28.

秦孜娟，王建民，李福昌，等．2001．鲁北白山羊不同肥育模式的效果 [J]．中国畜牧杂志，37（1）：37-38.

邱翔，王杰，黄艳玲，等．2008．成都麻羊肉理化性状的研究 [J]．安徽农业科学，36（17）：7256-7259.

邱晓，王晓光，刘亚红，等．2012．荒漠草原区不同饲草组合对苏尼特羔羊饲喂效果研究 [J]．畜牧与饲料科学，33（12）：104-107.

曲丽香，李红军．2004．洼地绵羊与小尾寒羊育肥对比试验 [J]．家畜生态，25（4）：63-65.

曲丽香．2004．波尔山羊与鲁北白山羊杂交一代育肥试验 [J]．山东畜牧兽医（1）：5.

冉启云．2012．简阳大耳羊与川东白山羊的杂交试验 [J]．中国畜牧兽医文摘（3）：55-56.

冉汝俊，李光兰，马亭安，等．1998．肉用羊与洼地绵羊杂交试验 [J]．内蒙古畜牧科学（4）：7-8.

冉汝俊，李金林，曹顶国．2003．洼地绵羊与四个羊种分子遗传标记的比较研究 [J]．中国草食动物，23（6）：10-11.

饶家荣，陈培富，彭和禄，等．1999．宁蒗黑绵羊红细胞免疫功能研究及其意义 [J]．草食家畜（4）：6-8.

饶家荣，王旭东，彭和禄，等．1999．马关无角山羊红细胞免疫功能研究 [J]．天津畜牧兽医，16（1）：16-17.

热孜瓦古丽·米吉提，买买提伊明·巴拉提，依巴代提·米吉提，等．2012．绵羊羊肉氨基酸成分的比较研究 [J]．新疆农业科学，49（8）：1552-1556.

热孜瓦古丽·米吉提．2012．多浪羊、塔什库尔干羊、萨福克羊三元杂交后代产肉性能及肉品质的研究 [D]．乌鲁木齐：新疆农业大学．

任坤刚，于成江，康康，等．2008．4 个微卫星座位多态性与萨福克羊体尺指标相关性的初步研究 [J]．西北农林科技大学学报自然科学版，36（1）：43-48.

任鑫亮，高雅英．2012．呼伦贝尔羊的特性及饲养管理措施 [J]．畜牧与饲料科学，33（3）：122-123.

任艳玲，沈志强，李敏，等．2011．洼地绵羊 FecB 基因多态性与其产羔数关系的研究 [J]．中国畜牧兽医，38（7）：159-162.

任珍珍，蔡惠芬，罗卫星，等．2010．黔北麻羊生长分化因子9和骨形态发生蛋白15基因遗传变异分析［J］．中国畜牧兽医，37（7）：99-102.

任智慧．2005．无角道赛特肉羊引入我国后繁殖性能的变化规律［J］．畜牧兽医杂志，24（4）：6-7.

荣威恒，王峰，刘永斌，等．2010．巴美肉羊舍饲条件下生长发育规律的研究［J］．畜牧与饲料科学（6）：118-119.

容斌．2013．昭通市山地畜牧业发展建议［J］．云南畜牧兽医（2）：34-35.

若山古丽·肉孜．2013．吐鲁番黑羊种质特性的初步研究［D］．乌鲁木齐：新疆农业大学．

桑布．1998．苏尼特羊［J］．当代畜禽养殖业（7）：18-19.

莎丽娜．2009．自然放牧苏尼特羊肉品质特性的研究［D］．呼和浩特：内蒙古农业大学．

邵庆勇，于钦秀，赵智勇，等．2010．不同发育阶段圭山山羊胚胎常规冷冻保存研究［J］．中国草食动物，30（6）：15-17.

邵庆勇，赵智勇，杨红远，等．2012．弥勒红骨山羊重复超数排卵及胚胎移植研究［A］．中国畜牧兽医学会养羊学分会．中国畜牧兽医学会养羊学分会2012年全国养羊生产与学术研讨会议论文集［C］．中国畜牧兽医学会养羊学分会：255-257.

施友超，黄松明．2010．崇明白山羊产业发展的再思考［J］．上海畜牧兽医通讯（5）：88.

石国庆．2006．湖羊多胎机制研究［D］．南京：南京农业大学．

石红梅，杨勤，丁考仁青，等．2011．导入四川贾洛羊血液提高欧拉羊产肉性能试验研究［J］．畜牧兽医杂志，30（2）：6-8.

石照应，陈蓉，曲月秀，等．2012．贵州小香羊ESR基因外显子1和4的多态性［J］．贵州农业科学，40（11）：155-156.

石照应，曲月秀，陈蓉，等．2012．贵州小香羊GH基因5′端侧翼区多态性与生长性能的关系［J］．贵州农业科学，40（12）：151-154.

石照应，主性，冯会利，等．2012．贵州黑山羊肌肉生长抑制素基因cDNA克隆及其蛋白抗原表位预测［J］．贵州农业科学，40（5）：116-121.

石中强，徐艳，王树迎，等．2012．沂蒙黑山羊子宫中FSHR和LHR基因在发情周期内的表达规律［J］．山东农业大学学报（自然科学版），43（1）：48-54.

时乾．2007．湖羊部分繁殖性状及其羔羊生长发育研究［D］．南京：南京农业大学．

史洪才，武坚，朱二勇，等．2006．BMPR-IB基因作为新疆多浪羊多胎性能候选基因的研究［J］．中国草食动物，26（2）：12-14.

司衣提·克热木．2012．喀什地区地方优良肉羊品种间杂交利用效果的研究［J］．当代畜牧（5）：40-41.

斯琴巴特尔，毕力格巴特尔，辛满喜，等．2013．6月龄乌珠穆沁羊屠宰对比试验［J］．中国草食动物科学，33（6）：80-82.

四川三农新闻网．2013．四川：简州大耳羊获国家级新品种授牌［J］．中国畜禽种业（4）：158.

宋代军，单天锡，张家骅，等．2002．川东白山羊小型个体与波尔山羊和南江黄羊杂交效果初探［J］．草食家畜（3）：20-21.

宋德荣，李孟年，刘章忠，等．2003．贵州黑山羊本品种选育效果初报［J］．贵州畜牧兽医，27（5）：1-2.

宋德荣，彭华，周大荣，等．2009．贵州黑山羊本品种选育的技术措施及效果报道［J］．贵州畜牧兽医，33（3）：30-31.

宋德荣，王棋文，申小云，等．2013．贵州黑山羊基因多态性研究进展［J］．江苏农业科学（12）：5-8.

宋桂敏，张学炜，郑丽萍，等．2001．波尔山羊改良鲁北白山羊试验效果［J］．草食家畜（4）：27-29.

宋林，徐辉，王扎根．2011．安徽白山羊多胎羔羊饲喂代乳料效果研究［J］．现代农业科技（11）：322-325.

宋美玲，尚友国，于艳，等．2006三个山羊品种FSHR基因部分序列的克隆与分析［J］．山东农业大学学报（自然科学版），37（3）：397-401.

宋艳画，宋善道，孙燕，等．2007．应用微卫星对大足黑山羊进行亲缘关系鉴定［J］．西南大学学报（自然科学版），29（7）：121-125.

宋章会．2007．贵州山羊生产现状调查与发展对策［J］．贵州畜牧兽医，31（5）：12-13.

宋章会．2008．贵州地方山羊品种（类群）资源调查及保护与利用对策探讨［D］．贵阳：贵州大学．

苏德斯琴，毕力格巴特尔，辛满喜，等．2014．察哈尔羊肉用性能和肉质特性研究［J］．中国草食动物科学，34（1）：11-16.

孙光东，张贵江，王宝志，等．2003．夏洛莱羊与当地细毛羊经济杂交效果的测定［J］．黑龙江畜牧兽医（6）：29-30.

孙红霞，田秀娥，王永军．2009．BMPR-IB、BMP15和GDF9基因作为滩羊繁殖性状主效候选基因的研究［J］．西北农业学报，18（5）：17-21.

孙金梅，常洪，野泽·谦，等．1997．陕南白山羊抽样遗传检测报告［J］．西北农林科技大学学报（自然科学版），25（6）：9-13.

孙俊峰，薛仰全．2011．特克塞尔羊与蒙哈混血羊杂交一代产肉性能的研究［J］．中国畜牧兽医，38（5）：203-205.

孙伟，李达，马月辉，等．2012．湖羊GHR和IGF-Ⅰ基因表达的发育性变化及其与肉质性状的关联［J］．中国农业科学，45（22）：4678-4687.

孙竹珑．1991．藏山羊肌肉组织学特性研究［J］．西南民族学院学报（自然科学版），17（3）：48-54.

索峰，刘永斌，特日格勒，等．2012．巴美肉羊INHA和INHBA基因多态性与产羔数关系研究［J］．华北农学报，27（3）：115-119.

索效军，陈明新，张年，等．2010．麻城黑山羊的种质和适应性研究［J］．家畜生态学报，31（2）：25-28.

索效军，张年，李晓锋，等．2011．麻城黑山羊及杂交后代的胴体品质与肉质特性［J］．西北农业学报，20（5）：10-16.

索效军，张年，熊琪，等．2013．麻城黑山羊母羊体质量与体尺的回归分析［J］．东北农业大学学报，44（12）：63-67.

覃成，杜智勇，林尖兵，等．2008．贵州白山羊ALK6基因6个外显子的多态性分析［J］．贵州农业科学，36（1）：118-120.

覃志洪，余陆均，王同军，等．2001．应用安哥拉山羊改本地建昌黑山羊的研究［J］．中国草食动物（Suppl. 1）：213-216.

谭丽，柳林，赵兵，等．2008．建昌黑山羊繁殖性能调查报告［J］．草业与畜牧（7）：43-44.

谭旭信，王金遂．2008．伏牛白山羊资源调查与应用［A］．中国畜牧兽医学会养羊学分会．全国养羊生产与学术研讨会议论文集（2007-2008）［C］．中国畜牧兽医学会养羊学分会：288-290. .

谭英江，唐开．2013．南江黄羊与川东白山羊的杂交试验［J］．中国畜牧兽医文摘（9）：50-51.

汤科，温文婷，付锡三，等．2009．微卫星标记OarHH35，OarHH55和BM1329与乐至黑山羊产羔数相关性研究［J］．四川动物，28（3）：363-367.

唐小强．1990．广丰山羊养殖经验介绍［J］．江西畜牧兽医杂志（1）：45.

唐雪峰，李建柱，郭志明．2013．特克赛尔、萨福克与小尾寒羊杂交一代羔羊育肥性能比较［J］．黑龙江畜牧兽医（5）：59-60.

陶德布仁．2005．萨、苏杂种羔羊与苏尼特羔羊育肥增重及屠宰率的比较［J］．畜牧与饲料科学，26（6）：46.

陶佳喜．2003．麻城黑山羊的特性及生活习性［J］．农业科技通讯（10）：22.

陶卫东，郑文新，高维明，等．2007．阿勒泰羊肥羔生产产业化技术措施及市场前景分析［J］．新疆畜牧业（2）：7-8.

陶卫东，郑文新，蒙永刚，等．2012．柯尔克孜羊品种资源及开发利用建议［J］．中国草食动物科学（5）：84-86.

陶晓臣，高爱琴，王志新，等．2011．昭乌达肉羊肉用性能和肉质特性研究［J］．畜牧与饲料科学，32（3）：3-5.

陶晓臣，刘兴亮，高爱琴，等．2012．不同品种绵羊背最长肌PRKAG3和LPL基因的表达差异［J］．中国陕西横山：4.

滕亚君．2012．圭山山羊组织中矿物质含量的ICP-AES法测定［J］．科技传播（23）：103-199.

田大华，张殿荣，晋鹏，等．2001．德国肉用美利奴羊与兴安细毛羊杂交一代产肉性能的研究［J］．内蒙古畜牧科学（2）：17-18.

田贵丰，孔宪炜．2011．甘肃滩羊品种遗传资源调查报告［J］．畜牧兽医杂志（4）：60-63.

田果良，唐道廉，田瑛，等．2010．夏洛莱羊在内蒙古繁育及杂交利用的探讨［J］．畜牧与饲料科学（1）：35-36.

田建，李文慧，王平，等．2011．胚胎移植技术在巴美肉羊多胎新品系培育中的研究与应用［J］．四川简阳：308-311.

田树军，闫长亮，杨慧欣，等．2007．小尾寒羊羔羊超数排卵及卵母细胞玻璃化冷冻保存效果研究［J］．黑龙江畜牧兽医（6）：9-11.

田兴贵，朱红刚，王家鹏，等．2011．贵州小香羊生长激素基因的PCR-RFLP多态性分析［J］．贵州农业科学（4）：136-139.

田兴贵，朱红刚，主性，等．2010．贵州黑山羊母羊血液生化指标测定分析［J］．家畜生态学报（6）：57-60.

田亚磊，常中克，孙宇，等．2009．伏牛白山羊体尺与体重的相关性分析［J］．浙江农业科学（5）：1023-1025.

田亚磊，高腾云，陈碾管，等．2009．豫西脂尾羊体尺与体重的相关性分析［J］．江西农业学报（5）：111-113.

田亚磊，高腾云，张花菊，等．2009．鲁山牛腿山羊体重与体尺性状相关性分析［J］．江苏农业科学（6）：288-291.

田亚磊，朱东亮，张聪，等．2009．太行黑山羊体重、体尺的相关性分析［J］．陕西农业科学（5）：31-32．

田亚磊，宗珊颖，吉进卿，等．2010．河南大尾寒羊屠宰性能和肉质特性研究［J］．云南农业大学学报（自然科学版）（2）：226-229．

同海妮，白淑，王树迎，等．2013．GHR 和 IGF-IR 在济宁青山羊子宫内分布和表达的发育性变化［J］．畜牧兽医学报（9）：1392-1399．

佟玉林．2005．开发利用乌珠穆沁羊双羔率遗传性能提高繁殖率可行性研究［A］．中国畜牧业协会．全国畜禽遗传资源保护与利用学术研讨会论文集［C］．中国畜牧业协会：446-450．

童子保，徐惊涛，罗晓林，等．2006．陶赛特羊和特克赛尔羊在青海湟源地区的生长发育测定分析［J］．青海畜牧兽医杂志（4）：22-23．

瓦西石波．2013．美姑山羊保护与开发利用现状及发展对策［J］．中国畜禽种业（2）：40-42．

汪代华，张珂，徐刚毅，等．2011．天府肉羊新品群 PRLR 基因第 10 外显子多态性与产羔数的关联分析［J］．中国畜牧杂志，47（3）：10-13．

汪代华．2010．天府肉羊种质特性及重要候选功能基因研究［D］．雅安：四川农业大学．

汪善荣，程志斌，曹振辉，等．2008．成年龙陵黄山羊的屠宰性能及肉质理化特性研究［J］．云南农业大学学报，23（4）：523-527．

汪水平，王文娟，汪学荣，等．2010．舍饲大足黑山羊羔羊肉品理化性状及食用品质的研究［J］．安徽农业科学，38（33）：18874-18876．

汪霞，叶绍辉，苗永旺，等．1997．云南马关保种无角山羊血液蛋白多态性研究［J］．云南农业大学学报，12（4）：56-61．

汪运舟，曾启繁，陈维云，等．2011．多胎与单胎山羊发情期卵巢褪黑素受体基因的差异表达研究［J］．中国农学通报，27（3）：262-267．

汪运舟，曾启繁，陈维云，等．2011．多胎与单胎山羊发情期卵巢褪黑素受体基因的克隆测序分析［J］．山东农业大学学报（自然科学版），42（2）：238-242．

王宾．2009．安徽白山羊品种资源的保护与开发［A］．中国畜牧业协会、全国畜牧总站．《2009 中国羊业进展》论文集［C］．中国畜牧业协会、全国畜牧总站：166-168．

王成林．2012．山羊品种遗传资源介绍［J］．青海畜牧兽医杂志，42（2）：39-41．

王大广，吕礼良，王晓阳，等．2007．特克赛尔肉羊胚胎移植效果［J］．吉林农业科学，32（1）：44-46．

王党伟，刘桂琼，黄勇富，等．2012．舍饲和放牧对湖北乌羊血液生理生化指标的影响［A］．中国畜牧兽医学会养羊学分会．中国畜牧兽医学会养羊学分会 2012 年全国养羊生产与学术研讨会议论文集［C］．中国畜牧兽医学会养羊学分会：386-388．

王党伟，刘桂琼，姜勋平．2012．湖北乌羊血液生理指标的测定与分析［J］．中国草食动物科学，32（2）：29-31．

王党伟．2013．基于遗传标记的乌骨山羊群体遗传结构的研究［D］．武汉：华中农业大学．

王德芹，王金文，崔绪奎．2012．鲁西黑头肉羊多胎品系［J］．农村百事通（4）：51-81．

王德芹，王金文，张果平，等．2006．杜泊羊、特克塞尔羊与小尾寒羊杂交对比试验［J］．中国草食动物，26（1）：7-9．

王东劲，侯冠彧，王文强，等．2007．雷州山羊和隆林山羊遗传多样性的微卫星分析［J］．中国农学通报，23（12）：37-41．

王东理．2013．提高山羊羔成活率的技术措施［J］．中国畜牧兽医文摘（9）：59．

王福刚，何绍钦，刘召乾，等．2009．济宁青山羊养殖现状与发展对策［J］．中国畜牧兽医，36（8）：189-192．

王福香，杜高唐，郭建国，等．2013．巴美肉羊与洼地绵羊杂交试验［J］．山东畜牧兽医（9）：14-15．

王高富，黄勇富，任航行，等．2013．西州乌羊血液生化指标测定及其相关性分析［J］．中国农学通报，29（35）：47-52．

王桂芝，王建民．2000．山东地方绵羊品种遗传距离的研究［J］．山东畜牧兽医（2）：1-3．

王桂芝，王建民．2001．山东地方绵羊品种血液蛋白质多态性研究［J］．中国畜牧杂志，37（1）：8-10．

王海平．2010．巴美肉羊培育方法的研究与应用［A］．中国畜牧兽医学会养羊学分会．中国畜牧兽医学会养羊学分会全国养羊生产与学术研讨会议论文集［C］．中国畜牧兽医学会养羊学分会：467-468．

王辉暖，冉汝俊，李金林，等．2002．洼地绵羊血液蛋白 Hb 和 Tf 多胎性研究试验［J］．中国草食动物（Suppl．1）：90-91．

王惠生，陈海萍．2002.绵羊山羊科学引种指南［M］．北京：金盾出版社．

王建刚，盛熙辉，郁枫，等．2006.杜泊羊血液蛋白质多态性分析［J］．黑龙江畜牧兽医（4）：15-18.

王建民，秦孜娟，李福昌，等．1999.鲁北白山羊繁殖效率及影响因素研究［J］．中国草食动物（5）：28-30.

王杰，陈明华，华太才让，等．2006.四川9个黑山羊品种（群体）微卫星DNA多态性研究［J］．畜牧兽医学报，37（11）：1124-1129.

王杰，郭鹏燕，王永，等．2005.四川9个黑山羊品种（群体）的DNA指纹分析［J］．西南民族大学学报（自然科学版），31（6）：82-85.

王杰，华太才让，欧阳熙，等．2006.藏山羊微卫星DNA多态性研究［J］．西南民族大学学报，自然科学版，32（3）：538-544.

王杰，金鑫燕，王永，等．2007.成都麻羊NSTN基因的克隆测序［J］．西南民族大学学报（自然科学版），33（3）：493-497.

王杰，马正花，王永．2008.成都麻羊与7个山羊品种（群体）的AFLP遗传多样性研究［J］．西南民族大学学报（自然科学版），34（4）：688-693.

王杰，欧阳熙，王永，等．2007.成都麻羊的生态地理分布及其生态类型［J］．西南民族大学学报（自然科学版），33（6）：1312-1315.

王杰，沈富军，欧阳熙，等．2001.安哥拉山羊与建昌黑山羊及其杂种后代的DNA指纹分析［J］．中国畜牧杂志，37（3）：13-15.

王杰，王蕊，傅昌秀，等．2007.成都麻羊与四川9个黑山羊品种（群体）乳的生化组成及酪蛋白多态性研究［J］．西南民族大学学报，33（1）：68-73.

王杰，王永，邓军，等．1993.藏山羊研究［J］．资源开发与保护（1）：53-56.

王杰，徐金瑞，沈富军，等．2005.安哥拉山羊改良建昌黑山羊生产马海毛横交方案的研究［J］．畜牧兽医学报，36（6）：550-554.

王杰，钟勇，欧阳熙，等．1994.高原型和山谷型藏山羊生态特征比较研究［J］．西南民族学院学报（自然科学版），20（3）：293-298.

王金宝，池春梅，余群，等．2011.新发现的地方优良山羊品种--闽东山羊［J］．闽东农业科技（2）：11-12.

王金宝，池春梅．2008.闽东山羊遗传资源的历史形成、现状和展望［J］．闽东农业科技（2）：15-16.

王金宝，林上槐，叶耀辉，等．2009.闽东山羊遗传资源的调查报告［J］．中国畜禽种业，5（1）：42-44.

王金宝，叶耀辉，池春梅，等．2009.闽东山羊特征性及生产性能的初步观测［J］．闽东农业科技（2）：15-18.

王金文，崔绪奎，王德芹，等．2011.鲁西黑头肉羊多胎品系培育［J］．中国草食动物，31（1）：13-17.

王金文，崔绪奎，张果平，等．2011.鲁西黑头肉羊种质特性研究［J］．山东畜牧兽医，32（6）：14-16.

王金文，崔绪奎，张果平，等．2012.鲁西黑头肉羊与小尾寒羊肉质性状的比较研究［J］．家畜生态学报，33（4）：52-56.

王金文，王德芹，张果平，等．2007.杜泊绵羊与小尾寒羊杂交肥羔肉质特性的研究［J］．中国畜牧杂志，43（3）：4-6.

王金文，赵红波，李焕玲，等．2005.杜泊绵羊与小尾寒羊杂交一代育肥试验［J］．中国畜牧杂志，41（5）：47-49.

王金文．2008.绵羊肥羔生产［M］．北京：中国农业大学出版社．

王俊海，姜永红，肖延光，等．2010.大尾寒羊品种资源现状与保护利用对策［J］．山东畜牧兽医，31（5）：60-61.

王兰萍，耿荣庆，常洪，等．2009.长江三角洲白山羊群体间的基因流［J］．江苏农业学报，25（2）：320-323.

王兰萍，耿荣庆，常洪．2008.长江三角洲白山羊扬州群体的遗传共适应特性［J］．江苏农业学报，24（4）：451-454.

王丽娟，凌英会，张晓东，等．2013.安徽白山羊新品系生长发育规律的研究［J］．安徽农业大学学报，40（2）：185-190.

王丽娜，张微．2008.呼伦贝尔肉羊业发展分析及战略选择［J］．内蒙古统计（6）：59-60.

王林华，阮的乐，方献春．2004.南江黄羊杂交改良效果分析［J］．湖北畜牧兽医（1）：19-20.

王凌燕．2006.莱芜黑山羊松果体与下丘脑的组织学与免疫组织化学的研究［D］．泰安：山东农业大学．

王平，马兰花，王春景．2008.萨福克羊杂交改良本地羊的效果［J］．现代农业科技（15）：283.

王庆华，常洪，杨章平，等．2006.黄淮山羊与长江三角洲白山羊遗传多样性研究［J］．安徽农业科学，34（16）：4010-4011.

王庆华．2005.黄淮山羊、长江三角洲白山羊遗传多样性的研究［D］．扬州：扬州大学．

王琼．2013．新疆三个绵羊品种高繁殖力候选基因的遗传多态性及其表达量研究［D］．乌鲁木齐：新疆农业大学．

王蕊，王杰，张小建，等．2006．四川各地黑山羊品种（群体）乳的生化组成与酪蛋白多态性研究［J］．中国草食动物，26（6）：14-16.

王瑞芳，庞训胜，王锋，等．2008．黄淮山羊体尺体重性状的相关及回归分析［J］．畜牧与兽医，40（8）：47-49.

王世斌，傅平，敖学成，等．2005．杂交改良建昌黑山羊提高繁殖力效果分析［J］．中国草食动物，25（2）：58-60.

王世斌，傅平．2012．美姑山羊成果转化与新品种培育的展望［J］．草业与畜牧（12）：36-38.

王同军，覃志洪，佘陆均．2000．关于建昌黑山羊品种保护及开发利用的思考［J］．西昌农业高等专科学校学报，14（2）：77-81.

王同军．2003．建昌黑山羊体尺体重相关性研究［J］．四川畜牧兽医，30（9）：22-23.

王维春，陈瑜，贾旌旗，等．2004．南江黄羊的应用效果及注意问题［J］．中国草食动物（Suppl．1）：120-121.

王维春，熊朝瑞，周光明．2000．南江黄羊肉用品种选育研究［J］．四川畜牧兽医，27（Suppl．1）：40-42.

王维春．2005．南江黄羊的生产应用及前景展望［A］．中国畜牧兽医学会养羊学分会．中国畜牧兽医学会养羊学分会全国养羊生产与学术研讨会议论文集［C］．中国畜牧兽医学会养羊学分会：140-144.

王维春．2006．南江黄羊高繁新品系的遗传选育进展［J］．四川草原（2）：47-48.

王文义，王海平，李美霞，等．2008．巴美肉羊羔羊补饲配合饲料育肥示范效果分析［A］．中国畜牧兽医学会养羊学分会．全国养羊生产与学术研讨会议论文集（2007-2008）［C］．中国畜牧兽医学会养羊学分会：287-288.

王欣荣，张利平，许海霞．2011．不同年龄草地型藏羊屠宰性能及肉品质比较［J］．中国草食动物，31（2）：30-31.

王欣荣，张利平．2005．小尾寒羊血液蛋白（酶）多态性与产羔数的比较研究［J］．中国草食动物，25（2）：31-33.

王旭，2010．多胎多浪羊及其F1高繁殖力候选基因研究［D］．乌鲁木齐：新疆农业大学．

王阳铭，黄勇富，冯大胜，等．2000．板角山羊不同育肥方式的增重效果［J］．畜禽业（12）：36-37.

王阳铭，王晋，黄勇富，等．2000．南江黄羊与板角山羊的杂交效果［J］．草食家畜（1）：20-21.

王永，王杰，郑玉才，等．1998．成都麻羊血液生化遗传标记的研究［J］．西南民族学院学报（自然科学版），24（3）：65-71.

王玉，吕新龙，沙志娟，等．2002．呼伦贝尔肉羊的发展与草原合理利用［J］．内蒙古畜牧科学，23（6）：26-28.

王玉琴，张娜娜，刘小芳，等．2011．微卫星标记与太行黑山羊生长性状的相关研究［J］．畜牧与兽医，43（6）：17-21.

王元兴，杨若飞，张有法，等．2003．肉用绵羊与湖羊杂交产羔性能的研究［J］．畜牧与兽医，35（12）：18-19.

王泽文．1999．苏尼特羊与涮羊肉［J］．当代畜禽养殖业（6）：40-41.

王兆平，张海晓．2008．吐鲁番黑羊［J］．中国畜禽种业（17）：27.

王兆平．2010．两个各具特色的地方肉绵羊良种［J］．农村百事通（6）：42-43.

王者勇，王本琢，赵云贞，等．2002．用氯前列烯醇对鲁北白山羊进行同期发情处理效果的观察［J］．动物科学与动物医学，19（12）：12-13.

王芝红，李延春，马占峰．2006．夏洛莱羊超数排卵及鲜胚移植技术应用的试验［J］．现代畜牧兽医（8）：7-9.

王志刚，吴建平，刘丑生，等．2010．用微卫星标记分析中国山羊品种的遗传多样性和群体遗传结构［J］．农业生物技术学报，18（5）：836-845.

韦宏伟，徐刚毅，汪代华，等．2011．Myf5基因多态性与山羊生长性状相关分析［J］．中国畜牧杂志，47（7）：15-17.

魏景钰，胡大君，隔日勒图雅．2013．昭乌达肉羊新品种简介［J］．中国畜牧兽医文摘（8）：39-40.

魏锁成，宋昌军．2009．欧拉羊血清FSH、LH与年龄及妊娠状态的关系研究［J］．中国草食动物，29（2）：18-20.

温青娜．2010．哈萨克羊和中国美利奴羊DRB1基因SSCP多态性与细粒棘球蚴病遗传抗性的关联分析［D］．石河子：石河子大学．

文际坤，叶瑞卿，阮晓贵．2001．波尔山羊与鲁布革山羊杂交效果研究［J］．中国草食动物，3（5）：20-23.

文永照．2012．川中黑山羊（乐至型）繁殖性能研究［A］．中国畜牧业协会．中国羊业进展论文集［C］．中国畜牧业协会：88-92.

乌兰其其格，钮河．2011．杜泊羊的适应性生长规律观察报告［J］．畜牧与饲料科学（11）：10-15.

乌云毕力克，高志英，艾尔肯江，等．2012．引入德国美利奴羊与巴音布鲁克羊杂交F1代产肉性能的研究［J］．当代畜牧（8）：40-41.

吴宝玉，吴国明，马立超，等．2006．承德无角山羊［J］．中国畜禽种业，2（2）：48.

吴荷群，陈文武，刘彩虹，等．2013．萨福克羊与新疆阿勒泰羊、细毛羊杂交F1生产性能测定［J］．中国草食动物科学，33（3）：72-74.

吴景胜，叶尔肯·努．2009．双羔素对巴什拜羊繁殖性能的影响［J］．当代畜牧（3）：46-47.

吴名安，吴岗．2000．饲养板角山羊十四要［J］．四川畜牧兽医，27（5）：37.

吴庶青，侯先志，敖长金，等．2003．苏尼特羊妊娠后期限制饲养对其羔羊初生重的影响［J］．动物营养学报，15（4）：59-62.

吴婷婷．2013．天府肉羊 TNNI1 和 TNNI3 基因的克隆、表达及其与肌肉组织学性状相关性研究［D］．雅安：四川农业大学．

吴向丰，桑润滋．2006．小尾寒羊超数排卵期间血清 FSH、LH、E_2 水平的变化研究［J］．黑龙江畜牧兽医（10）：48-49.

吴晓东，苏雷，和协超，等．2005．受体品种、体重及移植季节对杜泊羊胚胎妊娠率和新生羔羊体重的影响［J］．动物学研究，26（6）：627-631.

吴馨培，王树迎．2006．莱芜黑山羊卵巢 FSHr、LHr 的免疫组化定位研究［J］．生命科学研究，10（4）：367-371.

吴泽辉，储明星，李学伟，等．2006．山羊生长分化因子 9 基因外显子 2 的 PCR-SSCP 分析［J］．中国农业科学，39（4）：802-808.

吴照民，张廷华，严成，等．1999．北川白山羊母羊繁殖特性研究［J］．绵阳经济技术高等专科学校学报，16（3）：47-50.

武志娟，陈明华，万洁，等．2013．5 个黑山羊品种（群体）微卫星标记的遗传多样性研究［J］．中国畜牧兽医，40（6）：146-152.

夏元友，彭春江，郑义．2005．酉州乌羊品种特性及生产性能初探［J］．畜禽业（7）：44-45.

向德超．1985．川东白山羊染色体的组型分析［J］．四川畜牧兽医（4）：1-3.

向浩，凌英会，张晓东，等．2013．酵母培养物对安徽白山羊和波尔山羊生长发育的影响［J］．中国草食动物科学，33（2）：33-36.

肖非．2009．新疆绵羊种质资源调查、保护及遗传多样性［D］．石河子：石河子大学．

肖建华，邹丰才，毕保良，等．2011．宁蒗县黑绵羊消化道寄生虫调查及其防治研究［J］．中国畜禽种业，7（5）：89-90.

肖礼华，史忠辉，曾琼，等．2012．黔北麻羊 GHRH-R 基因多态性与生长性状的关联分析［J］．中国草食动物科学，32（5）：8-10.

肖玉琪，钱建共，张有法，等．2003．湖羊不同杂交组合产肉性能的研究［J］．中国畜牧杂志，39（2）：35-36.

谢海强，杨永强，宋桃伟，等．2013．贵州白山羊和黔北麻羊 TFAM 基因部分外显子多态性研究［J］．广东农业科学，40（16）：138-140.

谢喜平，黄勤楼，陈岩锋，等．2007．引进的南江黄羊系统选育研究［J］．福建农业学报，22（3）：279-282.

谢拥军，阳建辉，李旭红．2009．复合酶制剂对湘东黑山羊羔羊生产性能的影响［J］．岳阳职业技术学院学报，24（6）：79-81.

信金伟，毛学荣，余忠祥，等．2007．欧拉型藏绵羊血红蛋白多态性研究［J］．湖北农业科学，46（2）：193-195.

熊朝瑞，范景胜，王永，等．2013．简阳大耳羊的种质特性［J］．黑龙江畜牧兽医（5）：40-41.

熊金洲，赵本弟，闻群英，等．2007．对郧西县马头山羊保种及杂交改良工作的思考与建议［J］．养殖与饲料（5）：82-85.

熊伟，钱红娟，周敏敏，等．2007．影响海门山羊初生重的非遗传因素的研究［J］．上海畜牧兽医通讯（6）：38-39.

徐刚毅，刘相模，张红平．2005．天府肉羊培育效果初报［J］．四川畜牧兽医（10）：38.

徐红伟，柏家林，冯玉兰，等．2013．兰州大尾羊心脏型脂肪酸结合蛋白（H-FABP）基因克隆及其同源性比较［J］．中国农业科学，46（3）：639-646.

徐红伟，臧荣鑫，杨具田，等．2009．兰州大尾羊遗传资源保护与开发利用［J］．中国畜牧兽医，36（8）：88-90.

徐红伟，臧荣鑫，杨具田，等．2010．兰州大尾羊 H-FABP 基因荧光定量 PCR 检测方法的研究［J］．中国畜牧兽医，37（6）：84-88.

徐建忠，吴承智，周建业．2004．波尔山羊与贵州白山羊杂交效果初报［J］．动物科学与动物医学，21（8）：42-43.

徐景新．1988．承德无角山羊角基的遗传［J］．遗传（6）：25-26.

徐立德．1984．雷州山羊的调查［J］．广东农业科学（6）：38-40.

徐青．2009．黄淮山羊舍饲养殖技术［J］．现代农业科技（16）：283-284．

徐铁山，邢慧，周汉林，等．2010．萨能奶山羊杂交海南黑山羊效果分析［J］．西北农业学报，19（4）：14-16．

徐晓莉，杨章平，刘贤慧，等．2012．7个绵羊群体形态及生态特征的主成分分析［J］．家畜生态学报，33（5）：16-19．

徐兴旺，赵庭辉，杨七独，等．2010．宁蒗黑头山羊遗传资源调查报告［J］．中国畜禽种业，6（2）：44-46．

徐云华，曹洪防，李强，等．2001．莱芜黑山羊高繁品系培育［J］．山东畜牧兽医（6）：13-14．

徐志强，曹振辉，荣华，等．2012．云南红骨山羊和非红骨圭山山羊屠宰性能的测定［J］．云南农业大学学报（自然科学），27（4）：526-529．

许丽梅．2010．10个山羊群体遗传多样性的微卫星分析［D］．兰州：甘肃农业大学．

许腾，张春辉，付伟．2010．菏泽农区青山羊养殖现状调查［J］．山东畜牧兽医，31（10）：70-71．

薛菡虹．2012．对盐池滩羊产业发展的思考［J］．宁夏农林科技，53（8）：12-13．

闫华志，江文桥，闫华停，等．1998．伏牛白山羊的饲养管理［J］．当代畜禽养殖业（1）：4-5．

闫景娟．2004．中国新疆八个绵羊群体微卫星DNA的遗传多样性研究［D］．呼和浩特：内蒙古农业大学．

严成．2000．北川白山羊种质特性及羊肉品质的研究［D］．杨凌：西北农林科技大学．

严达伟，连林生，陈韬，等．2003．马关无角山羊种质特性研究［J］．动物科学与动物医学，20（12）：54-56．

阎明毅．2006．欧拉羊选育核心母羊群的组建测定［J］．青海畜牧兽医杂志，36（1）：21-22．

杨朝霞，马章全，杨晓明．2012．同羊保种与利用的新思考［J］．家畜生态学报，33（3）：107-109．

杨光，李忠全，崔玉林，等．2012．贵州白山羊传染性胸膜肺炎流行病学调查报告［J］．中国畜牧兽医文摘（7）：119-120．

杨会国，侯广田，薛正芬，等．2007．陶赛特羊、萨福克羊与阿勒泰羊杂交公羔产肉性能的研究［J］．中国草食动物，27（6）：27-29．

杨会国，於建国，郝耿，等．2013．和田羊线粒体DNA D-loop区序列研究［J］．新疆农业科学，50（5）：959-962．

杨家大，简承松，魏泓，等．2004．小香羊群体遗传结构的RAPD分析［J］．贵州农业科学，32（1）：7-9．

杨家大，简承松，朱文适，等．2002．黔湘渝4个山羊品种亲缘关系的RAPD分析［J］．贵州农业科学，30（1）：14-17．

杨利国，陈世林，张作仁，等．2004．湖北马头山羊［J］．中国草食动物（Suppl. 1）：111-113．

杨利国，张作仁，陈世林，等．2004．鄂西北马头山羊繁殖性能分析［J］．中国草食动物，24（4）：35-38．

杨培昌，施运科，李朝苍，等．2008．楚雄州云岭山羊遗传资源调查［J］．云南畜牧兽医（Suppl. 1）：98-102．

杨清芳．2011．五个山羊品种遗传多样性的微卫星分析［D］．保定：河北农业大学．

杨瑞基，魏玉明，王凯，等．2006．高寒牧区德国肉用美利奴羊、边区莱斯特羊和甘肃高山细毛羊杂交F1生长发育及肉用性能观测试验报告［J］．中国草食动物，26（5）：32-33．

杨苏文．2011．兰坪乌骨绵羊安全越冬存在的问题和措施［J］．湖北畜牧兽医（11）：18-20．

杨文平，岳文斌，董玉珍，等．2000．添加不同水平锌、铁和钴对绵羊增重及体内代谢的影响［J］．饲料研究（3）：11-12．

杨文平，岳文斌，董玉珍，等．2000．盐化秸秆加精料日粮对绵羊生产性能和消化的影响［J］．中国畜牧杂志，36（4）：5-7．

杨文平，张桂贤，张春香，等．2006．蛋氨酸铜对绵羊增重及体内代谢的影响［J］．饲料研究（8）：7-8．

杨易，谢文静，杨雷，等．2011．宁夏滩羊FSHR基因多态性研究［J］．安徽农业科学，39（35）：21795-21796．

杨永林．2008．高性能萨福克羊的品种特性及杂交利用［J］．新疆农垦科技，31（2）：40-41．

杨玉敏，丁建平，张子军，等．2009．黄淮山羊FSHβ基因第2外显子SSCP多态性研究［J］．安徽农业大学学报，36（3）：461-463．

杨云艳，陈文．2013．转变发展方式-促进龙陵黄山羊发展［J］．云南畜牧兽医（6）：29．

杨在宾，杨维仁，张崇玉，等．1999．大尾寒羊生长期能量需要量及代谢规律研究［J］．山东农业大学学报，30（2）：1-7．

杨在宾，杨维仁，张崇玉，等．2004．大尾寒羊能量和蛋白质需要量及析因模型研究［J］．中国畜牧兽医，31（12）：8-10．

杨智明，李建龙，杜广明，等．2010．宁夏滩羊放牧系统草地利用率及草畜平衡性研究［J］．草业学报，19（1）：35-41．

杨子爵．1998．南江黄羊［J］．中国养羊（3）：4-4．

姚军．2005．中国肉羊新品种培育的研究［J］．中国草食动物，25（3）：50-52．

姚新荣，耿文诚，沐兴良，等．2001．波尔山羊与云岭黑山羊杂交改良效果初报［J］．中国草食动物，3（1）：10-12．

冶政云，马增义，肖西山，等．2000．陶赛特绵羊与藏系绵羊杂交试验［J］．中国草食动物，2（6）：15-17．

叶昌辉，谢为天，何启聪．2001．雷州山羊成年母羊体重及体尺指标的回归分析［J］．四川畜牧兽医，28（11）：19-21．

叶尔肯，阿尔达克·木合塔尔．2008．去势对哈萨克羊羔羊早期增重效果的影响［J］．当代畜牧（4）：6-7．

叶瑞卿，袁希平，黄必志，等．2008．补饲能量蛋白饲料提高云岭山羊繁殖力研究［J］．中国草食动物，28（4）：6-11．

叶绍辉，苗永旺，宿宾，等．1999．宁蒗保种黑头山羊血液蛋白多态性研究［J］．草食家畜（2）：39-42．

叶绍辉，苗永旺，宿兵，等．1998．龙陵黄山羊遗传多样性同功酶电泳研究［J］．中国养羊（3）：23-25．

叶绍辉，苗永旺，宿兵，等．2000．云南保种山羊血液同工酶遗传多样性研究［J］．中国畜牧杂志，36（2）：9-11．

叶绍辉，彭和禄，林世英，等．1996．云南龙陵黄山羊的核型及C-带和Ag-NOR_s研究［J］．云南农业大学学报，11（2）：96-99．

叶绍辉，彭和禄，刘爱华，等．1998．云南保种山羊的银染核仁组织区研究［J］．中国养羊（1）：2-3．

叶绍辉，彭和禄，王文，等．1999．云南龙陵黄山羊线粒体DNA限制性酶切分析［J］．云南农业大学学报，14（1）：55-58．

叶勇，李文波，刘占发，等．2009．舍饲与放牧条件下中卫山羊生产性能对比分析［J］．中国草食动物，29（5）：32-34．

易明周，查天发，沈宗云，等．2006．宁蒗黑头山羊选育研究初报［J］．上海畜牧兽医通讯（3）：34．

易顺华，何宝祥，马径军，等．2008．广西都安山羊肝功能状况调查［J］．广西农业科学，39（3）：374-376．

于海平，白志宇．2010．吕梁黑山羊品种资源亟待保护和利用［J］．中国畜禽种业，6（12）：57-58．

于跃武，张新梅．2005．萨福克羊与哈萨克羊小尾寒羊杂交一代产肉性能测定［J］．当代畜牧（9）：26-28．

亏开兴，金显栋，杨世平，等．2007．龙陵黄山羊的种质特性［J］．畜禽业（1）：31-32．

余万平，李永明，覃远芳，等．2005．宜昌白山羊寄生虫病防治初探［J］．中国畜牧杂志，41（4）：52-53．

余小领，李学斌，肖华，等．2011．太行黑山羊的地理分布及其饮食文化开发利用［J］．河南科技学院学报（自然科学版），39（3）：50-54．

余忠祥，毛学荣，马利青，等．2003．高寒牧区放牧条件下萨福克羊与藏羊杂交效果研究［J］．家畜生态，24（3）：34-36．

余忠祥．2008．特克塞尔、无角陶赛特公羊与小尾寒羊杂交试验研究［J］．青海畜牧兽医杂志，38（2）：13-15．

余忠祥．2009．青海省河南县欧拉羊品种资源调查及研究报告［J］．畜牧与饲料科学，30（10）：120-124．

於建国，董红，季跃光，等．2011．和田羊品种资源现状与保护利用措施［J］．草食家畜（2）：7-9．

於建国，田可川，徐新明，等．2013．和田羊mtDNAD-loop区遗传多样性研究［J］．中国草食动物科学，33（2）：19-22．

俞红贤．1999．藏羊肺组织形态测量指标及其与高原低氧的关系［J］．中国兽医科技（7）：15-16．

喻世刚，梅晓红，秦崇凯，等．2010．早期断奶对巴音布鲁克羊母羊血清生长类及生殖激素浓度的影响［J］．新疆农业科学，47（4）：818-821．

袁安文，薛立群，蒲祖松．1999．我国波尔山羊的发展现状与展望［J］．湖南畜牧兽医（2）：4-5．

袁得光．2003．萨福克、无角陶塞特杂交小尾寒羊一代育肥试验［J］．中国草食动物，23（1）：14．

袁力，陈淑才．2013．沂蒙黑山羊发展情况调查及对策［J］．农业知识（1）：42-44．

苑存忠．2004．山东地方绵羊品种遗传进化与多样性研究［D］．泰安：山东农业大学．

岳文斌，张春香，裴彩霞．2007．肉羊生态养殖工程技术［M］．北京：中国农业出版社．

臧荣鑫，杨具田，徐红伟，等．2010．兰州大尾羊血液蛋白（酶）多态性的研究［J］．中兽医医药杂志，29（2）：21-23．

曾琼，史忠辉．2011．贵州省黔北麻羊的形成及利用［J］．中国草食动物，31（4）：75-77．

扎西，黄万军，马婧莉，等．2008．欧拉型藏羊与小尾寒羊杂交试验分析［J］．中国畜牧兽医，35（10）：134-135．

翟岁显，马龙．1999．刍议雷州山羊的开发［J］．湛江海洋大学学报，19（2）：54-57．

张爱玲，马月辉，李宏滨，等．2006．利用微卫星标记分析6个山羊品种遗传多样性［J］．农业生物技术学报，14（1）：38-44．

张爱民．2008．鲁西南青山羊资源开发与利用［J］．农技服务，25（3）：59-71．

张安福．2008．马头山羊与波尔山羊杂交效果研究［D］．长沙：湖南农业大学．

张榜，张晖，李正时，等．2003．布尔山羊与陕南白山羊杂交效果分析［J］．畜牧兽医杂志，22（6）：30-31．

张成虎.2010. 兰州大尾羊种质资源的保护和发展 [J]. 中国畜牧杂志，46（18）：7-9.

张春艳，吴细波，闻群英，等.2008. 利用胚胎冷冻法保护马头山羊地方良种的方法学研究 [J]. 中国农学通报，24（6）：17-22.

张德福.1993. 湖羊多产的生殖内分泌机理研究 [J]. 草与畜杂志（4）：8-11.

张贵强，蒋会梅，曹娟.2013. 简阳大耳羊种公羊引入喀斯特高寒山区适应性研究 [J]. 畜牧与饲料科学，34（9）：21-22.

张果平，王金文，黄庆华，等.2010. 影响杜泊羊超数排卵和胚胎移植效果的因素研究 [J]. 家畜生态学报，31（4）：60-64.

张寒莹.2008. 长江三角洲白山羊 GDF-9 基因第一、第二外显子序列多态及生物信息学分析 [D]. 南京：南京农业大学.

张红平，李利，王维春.2006. 南江黄羊选育及推广应用 [J]. 中国畜牧杂志，42（21）：58-59.

张宏博，李云，靳烨，等.2012. 巴美肉羊净肉质量与净肉率预测模型建立 [J]. 肉类研究（5）：6-9.

张宏博，刘树军，腾克，等.2013. 巴美肉羊屠宰性能与胴体质量研究 [J]. 食品科学，34（13）：10-13.

张家骅.2006. 高繁殖率大足黑山羊亟待保护和培育 [J]. 科学咨询，决策管理（2）：22-23.

张静芳，王新庄，石奎林，等.2010. 河南大尾寒羊超数排卵研究 [J]. 河南农业科学（8）：134-137.

张立岭，吉尔嘎拉，周卫，等.1996. 乌珠穆沁羊脊椎数变异的群体遗传特性研究 [J]. 内蒙古畜牧科学（4）：1-3.

张立岭，钱宏光，李蕴华，等.2001. 动物 Homeobox 基因研究进展 [J]. 内蒙古畜牧科学，22（1）：9-12.

张立岭，斯琴毕力格，张世铨.1998. 多脊椎蒙古羊的胸腰椎长度对产肉性能的影响 [J]. 中国畜牧杂志，34（3）：24-25.

张立岭，斯琴毕力格.1997. 动物脊柱的进化与蒙古羊脊椎变异间的关系 [J]. 内蒙古农牧学院学报，18（3）：1-6.

张立岭，斯琴毕力格.1997. 蒙古羊多脊椎基因的群体遗传学研究 [J]. 遗传（1）：67-69.

张立岭.1996. 乌珠穆沁羊 Homeobox 基因突变与椎骨数变异的研究 [J]. 内蒙古农牧学院学报，17（3）：29-33.

张立岭.2001. 蒙古羊目前存在的问题与进一步研究的内容 [J]. 中国草食动物，3（2）：38-40.

张灵先.2005. 伏牛白山羊的饲养管理 [J]. 河南畜牧兽医，26（4）：24.

张璐璐，景开旺.2010. 渝东黑山羊资源现状与利用 [A]. 中国畜牧业协会、全国畜牧总站、国家绒毛用羊产业技术体系.2010 中国羊业进展 [C]. 中国畜牧业协会、全国畜牧总站、国家绒毛用羊产业技术体系：88-91.

张璐璐，尹权为.2012. 酉州乌羊资源现状与发展前景 [A]. 中国畜牧业协会.2012 中国羊业进展论文集 [C]. 中国畜牧业协会：23-26.

张明伟，程俐芬，高晋生，等.2011. 广灵大尾羊品种资源的现状与保护 [A]. 中国畜牧业协会.《2011 中国羊业进展》论文集 [C]. 中国畜牧业协会：294-297.

张明伟，李荣峰，程俐芬，等.2003. 进口萨福克羊在山西的纯繁情况 [J]. 中国草食动物（Suppl.1）：85.

张娜娜，王清义，毛薇，等.2010. 伏牛白山羊 6 个微卫星标记的遗传多样性分析 [J]. 河南农业科学（2）：92-96.

张年，陈明新，索效军，等.2009. 宜昌白山羊种质特性及其利用 [J]. 湖北农业科学，48（11）：2789-2791.

张培松，周玉香，牛彦强，等.2012. 共轭亚油酸对滩羊免疫应激的影响研究 [J]. 安徽农业科学，40（3）：1505-1506.

张巧娥，杨库，周玉香.2008. 日粮中补充甘草对舍饲滩羊羊肉风味的影响 [J]. 黑龙江畜牧兽医（9）：36-37.

张若宁.2009. 广西都安县绿色山羊养殖业发展思路探讨 [J]. 畜牧与饲料科学，30（4）：172-173.

张腾龙，姜勋平，李先喜，等.2012. 乌骨山羊生活习性与行为的初步研究 [J]. 中国草食动物科学，32（3）：36-38.

张廷华，雅文海，雷良煜，等.1995. 夏洛莱羊与藏羊杂交试验研究报告 [J]. 中国养羊（4）：7-8.

张文远等.2005. 肉羊饲料科学配制与应用 [M]. 北京：金盾出版社.

张先明.2003. 温度对安徽白山羊受胎率和产仔数的影响 [J]. 安徽农业科学，31（1）：108-110.

张显成，徐成钦.2005. 成都麻羊的历史渊源与性状特点 [J]. 四川畜牧兽医，32（10）：46.

张晓东，凌英会，韩春杨，等.2012. 安徽白山羊新品系种质特性与遗传多样性分析 [J]. 畜牧与兽医，44（11）：5-11.

张晓东，凌英会，李运生，等.2013. 安徽白山羊不同组织 miR-143 表达丰度的 Real-time PCR 检测 [J]. 中国草食动物科学，33（2）：5-8.

张晓梅.2010. 宁夏滩羊文献分析 [J]. 安徽农业科学，38（35）：20134-20135.

张晓佩，刘远，李文杨，等.2011. 福建省 3 个主要地方山羊品种的 RAPD 分析 [J]. 家畜生态学报，32（5）：10-13.

张新兰，何小龙，乌仁图雅，等.2008. 蒙古羊的起源、驯化、分化及保种措施 [J]. 畜牧与饲料科学，29（6）：36-

38.

张兴波，牟之桂．2009．波尔山羊与川东白山羊的杂交试验［J］．畜牧市场（6）：41.

张秀春，代全席．2003．萨能山羊改良本地白山羊初报［J］．畜禽业（10）：27-29.

张秀海，赵芬．2013．鲁中山地绵羊品种介绍［J］．科学种养（12）：53-54.

张旭刚，李周权，赵中权，等．2012．大足黑山羊与周边黑山羊品种（群体）mtDNA D-loop 序列多态性研究［J］．中国畜牧杂志，48（11）：11-14.

张谊，邓兴菊，代兴霞．2012．四川省会理县建昌黑山羊能繁母羊的秋季配种关键技术［J］．畜牧与饲料科学，33（8）：99-100.

张谊，邓兴菊，徐聪，等．2011．浅谈会理县黑山羊圈养技术的推广［J］．畜禽业（10）：38-39.

张英杰，刘月琴，储明星．2001．小尾寒羊高繁殖力和常年发情内分泌机理的研究［J］．畜牧兽医学报，32（6）：510-516.

张英杰，赵有璋，刘月琴，等．2003．微卫星 DNA 标记在三个山羊品种中的遗传多态性研究［J］．中国草食动物，23（4）：7-9.

张莹，郭成裕，高子尧．2008．云南山羊地方品种种质资源初探［J］．中国畜牧兽医，35（11）：163-165.

张育军．2010．安徽白山羊精液冷冻保存技术研究［D］．合肥：安徽农业大学．

张运伟．2012．万源板角山羊生产现状与发展对策［J］．四川畜牧兽医，39（8）：11-13.

张振伟，花万里，刘占发，等．2012．不同营养水平日粮对中卫山羊育成母羊的影响［J］．中国草食动物科学（Suppl. 1）：333-335.

张振伟，俞春山，叶勇，等．2013．舍饲条件下中卫山羊不同生理阶段采食量的研究［J］．草食家畜（1）：29-31.

张作仁，熊金洲，闻群英，等．2006．不同营养水平日粮对马头山羊种公羊体重和精液品质影响的研究［J］．中国草食动物，26（6）：19-21.

赵芳．2012．太行黑山羊资源调查及开发利用［A］．中国畜牧兽医学会养羊学分会 2012 年全国养羊生产与学术研讨会议论文集［C］．中国畜牧兽医学会养羊学分会：145-146.

赵国华，韩伟．2010．山地草甸草原围栏草场短期放牧育肥哈萨克羊增重效果试验［J］．新疆畜牧业（1）：29-30.

赵恒亮．2013．中草药添加剂对育肥羊增重效果的试验［J］．农村养殖技术（3）：67.

赵红军，孙春慧，王喜平，等．2010．伏牛白山羊屠宰性能及肉质性状初探［J］．河南畜牧兽医（综合版），31（10）：5-7.

赵金红，王高富，陈静，等．2012．西州乌羊胚胎移植效果初报［J］．上海畜牧兽医通讯（1）：25.

赵淑娟，庞有志，邓雯，等．2008．河南大尾寒羊血液蛋白多态性与多羔性的关系研究［J］．河南农业科学（5）：107-110.

赵淑娟，庞有志，赵芙蓉．2001．河南大尾寒羊的种质特性与保种对策［J］．洛阳农业高等专科学校学报，21（1）：30-32.

赵素梅，高士争．2012．乌骨绵羊肌肉全长 cDNA 文库中 ATP5O、NDUFA12、UQCRH 基因的分子特性和组织表达谱分析［J］．畜牧与兽医（Suppl. 1）：201-202.

赵庭辉，徐兴旺，汪春艳，等．2010．宁蒗黑绵羊遗传资源保护、开发与利用对策探讨［J］．中国畜牧杂志，46（8）：27-30.

赵熙贵，龙建辉，李永松．2001．榕江小香羊形成与发展［J］．中国草食动物（Suppl. 1）：90-92.

赵霞，达来，苏和．2001．胚胎移植技术在纯种德国肉用美利奴羊选育中的应用研究［J］．内蒙古畜牧科学，22（2）：12-14.

赵艳芳，孟宝山，胡格金，等．2012．探索提高呼伦贝尔短尾羊产肉性能的适宜途径［J］．畜牧与饲料科学，33（2）：86-87.

赵永聚，刘仲雄，王晓霞，等．2005．波尔山羊与南江黄羊杂交试验初报［J］．畜牧与兽医，37（3）：28.

赵有璋，李发弟，张子军，等．2009．无角陶赛特品种绵羊种质特性及其应用的研究［J］．中国工程科学，11（5）：88-96.

赵有璋．2001．试论 21 世纪初叶中国养羊业的持续发展问题［J］．中国草食动物（Suppl. 1）：6-12.

赵有璋．2011．羊生产学［M］．北京：中国农业出版社．

赵有璋．2013．中国养羊学［M］．北京：中国农业出版社．

赵玉琴，张佳兰，刘小林，等．1996. 汾黄流域吕梁黑山羊血液蛋白型遗传检测报告［J］．畜牧兽医杂志（2）：6-9.

赵智勇，邵庆勇，洪琼花，等．2002. 圭山山羊胚胎移植试验［J］．云南畜牧兽医（4）：42.

赵中权，何晶晶，李周权，等．2011. 大足黑山羊生理生化指标测定［J］．畜牧与兽医，43（2）：60-62.

赵中权，李周权，张家骅．2012. INHα亚基基因的多态性与山羊产羔数的相关性分析［J］．中国畜牧杂志，48（5）：11-13.

赵中权，刘小艳，张旭刚，等．2011. 新批准的西南地区5个山羊遗传资源mtDNA D-loop遗传多样性与亲缘关系研究［J］．黑龙江畜牧兽医（19）：9-12.

赵中权，张家骅，李周权，等．2008. 大足黑山羊种质特性［J］．中国畜牧杂志，44（15）：9-10.

郑爱武．2008. 大力发展太行黑山羊，走特色养殖之路［A］．中国畜牧业协会．《2008中国羊业进展》论文集［C］．中国畜牧业协会：107-108.

郑建琳，王庆国，张秀红，等．2003. 沂蒙黑山羊焦虫病的诊断与防治［J］．山东农业科学（2）：44.

郑水明，陈仕明．2002. 简阳大耳羊生产性能研究［J］．中国草食动物（Suppl. 1）：65-67.

郑水明．2001. 波尔肉用山羊改良简阳大耳羊效果初报［J］．中国草食动物（Suppl. 1）：150-151.

中国科学院西北高原生物研究所．1985. 高原生物学集刊［M］．北京：科学出版社．

中国羊品种志编写组．1989. 中国羊品种志［M］．上海：上海科学技术出版社，4.

中华人民共和国统计局．2013. 中国统计年鉴［M］．

钟银祥，杨忠诚，王武．2003. 板角山羊的鉴定与选择［J］．畜牧与兽医，35（8）：18.

钟银祥．2005. 重庆城口县板角山羊资源情况调查［J］．贵州畜牧兽医，29（1）：12-14.

钟永晓．2007. 特克赛尔与小尾寒羊、藏羊杂交一代羊生产性能测定［J］．上海畜牧兽医通讯（5）：27.

种玉晴，姜勋平，刘桂琼，等．2013. 湖北乌羊基因杂合度与血液黑色素之间的关联分析［J］．中国草食动物科学，33（4）：11-13.

重庆市大足县农业委员会．2011. 大足县扎实推进黑山羊特色产业发展［J］．南方农业，5（7）：14-14.

周光明．2003. 西南地区羊品种资源的合理利用［J］．农村养殖技术（16）：42.

周鹏，黄勇富，王高富，等．2012. 酉州乌羊生理生化指标的研究［J］．上海畜牧兽医通讯（4）：32-33.

周泽晓，冉雪琴，王嘉福．2009. 贵州白山羊GDF9基因编码区1007位点的多态性［J］．中国畜牧兽医，36（12）：74-77.

周泽晓，王嘉福，冉雪琴．2012. 贵州白山羊GDF 9和BMP15基因多态性与产羔数的相关性研究［J］．中国畜牧杂志，48（21）：9-14.

朱东华，徐忠，管生．2005. 长江三角洲白山羊繁殖性能调查研究［J］．中国草食动物，25（2）：35-36.

朱红刚，田兴贵，杨正梅，等．2011. 贵州香羊MSTN基因的多态性［J］．中国兽医学报，31（9）：1377-1381.

朱吉，欧阳叙向，杨仕柳，等．2006. 不同补饲水平对湘东黑山羊肥羔屠宰性能及肉质的影响［J］．湖南农业大学学报（自然科学版），32（4）：412-414.

朱剑凯．2010. 豫西脂尾羊肉理化品质的分析［J］．肉类工业（11）：26-27.

朱金秋，李力，叶丰，等．2005. 四川5个山（绵）羊品种随机扩增多态DNA分析［J］．中国畜牧杂志，41（3）：11-15.

朱乃军．2012. 麻城黑山羊饲养技术［J］．农村养殖技术（9）：18-19.

朱乃军．2012. 麻城黑山羊品种介绍［J］．中国畜牧业（4）：54-56.

主性，田兴贵，吴飞，等．2012. 贵州小香羊FSH-β基因部分序列的RFLP多态性［J］．贵州农业科学，40（1）：111-113.

宗贤爝．2002. 肉羊生产中又一个好父本品种-努比山羊［J］．养殖与饲料（5）：14.

左北瑶，钱宏光，王子玉，等．2011. 供体年龄对德国肉用美利奴羊超数排卵及胚胎移植效果的影响［J］．中国草食动物，31（5）：11-13.

左福元，孔路军，赵智华，等．2005. 重庆本地山羊群体遗传关系的RAPD分析［J］．西南农业大学学报（自然科学版），27（2）：193-196.

Degen A A. 1977. Fat-tailed Awassi and German Mutton Merino Sheep Under Semi-Arid Conditions［J］. The Journal of Agricultural Science，88：693-698.

Almeida A M，Kilminster T，Scanlon T et al. 2013. Assessing carcass and meat characteristics of Damara，Dorper and

Australian Merino lambs under restricted feeding [J]. Tropical Animal Health and Productiom, 45: 1305-1311.

Ahmed A A et al. 2009. Effect of weaning and milk replacerfeeding on plasma insulin and relatedmetabolites in Saanen goat kids [J]. Italian Journal of Animal Science (Suppl. 2): 256-258.

Stemmer A. 2009. Development and worldwide distribution of the Anglo Nubian goat [J]. Tropical and Subtropical Agro-ecosystems, 11: 185-188.

Clemente, N. 2012. Reproductive activity of Suffolk ewes in seasonal anestrus after being exposed to Saint Croix or Suffolk rams [J]. Journal of Applied Animal Research, 40: 203-207.

Couto G L. 2014. Nutritive value of diets containing inactive dry yeast for lactating Saanen goats [J]. Revista Brasileira de Zootecnia-Brazilian Journal of Animai Science, 43: 36-43.

Kioumarsi H, Yahaya Z S Rahman W A. et al. 2011. A New Strategy that Can Improve Commercial Productivity of Raising Boer Goats in Malaysia [J]. Asian Journal of Animal and Veterinary Advances, 6: 476-481.

Yeaman J C. 2013. Growth and feed conversion efficiency of Dorper and Rambouillet lambs [J]. Journal of Animal Science, 91 (10): 4628-4632.

Leymaster K A. 1993. Comparison of texel- and suffolk-sired crossbred lambs for survival, growth, and compositional traits [J]. Journal of Animal Science, 71: 859-869.

El-Hassan El-Abid K. 2010. A study on some non-genetic factors and their impact on milk yield and lactation length of sudanese nubian goats [J]. Australian Journal of Basic and Applied Sciences, 4 (5): 735-739.

Kaulfuss K H, Giucci E, Süss R et al. 2006. An ultrasonographic method to study reproductive seasonality in ewes isolated from rams [J]. Reproduction in Domestic Animals, 41: 416-422.

Georges M. 2006. Polymorphic microRNA-target interactions: a novel source of phenotypic variation [J]. Cold Spring Harbor Symposia on Quantitative Biology, 71: 343-350.

Sundararaman M N. Kalatharan J. Edwin M J. 2007. Attempts to achieve semen collections from incapacitated boer bucks by electro-ejaculation [J]. Asian Journal of Animal and Veterinary Advances, 2: 244-246.

Lozanoa M T R. 2011. Seasonal variation in ovulatory activity of Nubian, Alpine and Nubian × Criollo does under tropical photoperiod (22°N) [J]. Tropical and Subtropical Agroecosystems, 14: 973 -980.

Cockett N E. 2005. The callipyge mutation and other genes that affect muscle hypertrophy in sheep [J]. Genetics Selection Evolutio (Suppl. 1): S65-S81.

Quan F. 2011. Multiple factors affecting superovulation in poll dorset in China [J]. Reproduction in Domestic Animals, 46: 39-40.